ÉDOUARD BRANLY

ANCIEN ÉLÈVE DE L'ÉCOLE NORMALE SUPÉRIEURE

AGRÉGÉ DE L'UNIVERSITÉ

DOCTEUR ÈS SCIENCES

Cours Élémentaire

DE

PHYSIQUE

RÉDIGÉ CONFORMÉMENT

AUX PROGRAMMES OFFICIELS DU 31 MAI 1902.

QUATRIÈME ET TROISIÈME B,

SECONDE, PREMIÈRE ET PHILOSOPHIE A ET B.

5e Édition — 1905

PARIS

Vve CH. POUSSIELGUE

ÉDITEUR

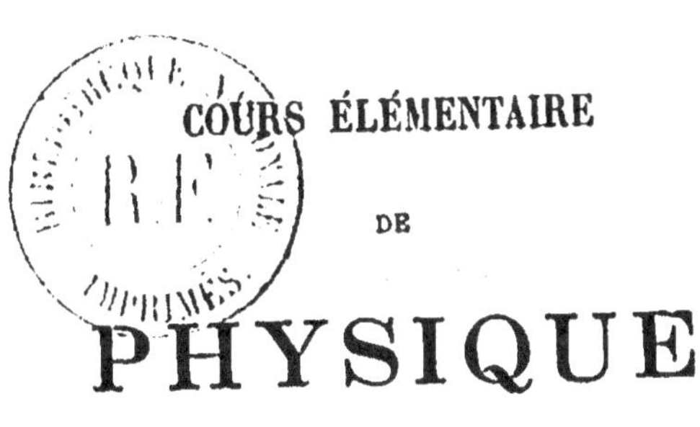

COURS ÉLÉMENTAIRE

DE

PHYSIQUE

DU MÊME AUTEUR

Traité élémentaire de physique, rédigé conformément aux programmes officiels du 31 mai 1902 : Seconde et Première C et D ; mathématiques A et B. (*Sous presse*). Broché............ **8 fr. 75**

Relié en demi-chagrin, plats toile, dos souple, tr. jaspée. **12 fr. 50**

Problèmes de physique (baccalauréats ès sciences, classique et moderne). *Énoncés et Solutions.* In-12 broché........... **1 fr. 50**

ÉDOUARD **BRANLY**
ANCIEN ÉLÈVE DE L'ÉCOLE NORMALE SUPÉRIEURE
AGRÉGÉ DE L'UNIVERSITÉ
DOCTEUR ÈS SCIENCES

Cours Élémentaire

DE

PHYSIQUE

RÉDIGÉ CONFORMÉMENT
AUX PROGRAMMES OFFICIELS DU 31 MAI 1902.
QUATRIÈME ET TROISIÈME B,
SECONDE, PREMIÈRE ET PHILOSOPHIE A ET B.

CINQUIÈME ÉDITION

PARIS

Vᵛᵉ CH. POUSSIELGUE
ÉDITEUR

NOTIONS DE MÉCANIQUE

La mécanique est la science qui traite du mouvement et de ses causes.

MOUVEMENTS

La ligne qu'un point matériel en mouvement décrit dans ses positions successives se nomme sa **trajectoire**. Une trajectoire est rectiligne ou curviligne. Un corps en mouvement se nomme *mobile;* le chemin qu'il parcourt est appelé *espace.*

MOUVEMENT UNIFORME

1. Mouvement rectiligne uniforme. — Un mouvement rectiligne est *uniforme* si le *mobile* parcourt dans le même sens des espaces égaux en des temps égaux, quelque petits que soient ces temps.

$$\overline{\quad\quad \underset{O}{|}\quad\quad \underset{M}{|}\quad\quad\quad}$$

Fig. 1.

On nomme **vitesse** l'espace constant v parcouru en une seconde. Si l'on observe le déplacement du mobile à partir du moment où il passe en un certain point O (fig. 1), l'espace OM qu'il a parcouru est v après une seconde, $2v$ après deux secondes,... vt après t secondes;

$$e = vt$$

est la relation entre l'espace parcouru e et le temps t employé à le parcourir.

L'espace parcouru est proportionnel au temps; la vitesse a pour mesure le quotient de la longueur parcourue par le temps employé à la parcourir. Les mouvements uniformes se distinguent les uns des autres par leurs vitesses. Ainsi, la Lune parcourt 1 kilomètre par seconde; la vitesse de propagation du son est de 340 mètres par seconde, à 15°, dans l'air; la vitesse de propagation de la lumière dans le vide est de 300 mille kilomètres par seconde.

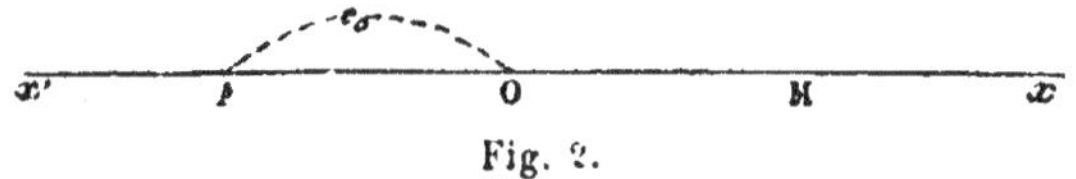

Fig. 2.

Lorsque, à l'origine du temps, le mobile a déjà parcouru un espace AO ou e_0 dans le sens du mouvement (fig. 2), l'espace parcouru au temps t est $e_0 + vt$.

MOUVEMENT VARIÉ

2. Tout mouvement dans lequel le mobile ne parcourt pas des espaces égaux dans des temps égaux est dit *varié*.

Définition de la vitesse. — D'après le principe de l'inertie (**27**), le mouvement d'un mobile ne varie que lorsqu'une force agit sur lui; et si, à un instant donné t, la force qui fait varier le mouvement cesse d'agir, le mouvement devient uniforme. On appelle *vitesse d'un mouvement varié*, à l'instant t, la vitesse du mouvement uniforme qui succède à cet instant au mouvement varié, quand la force qui agit sur le mobile vient à être supprimée.

3. Mouvement rectiligne uniformément varié. — Si la vitesse ainsi définie varie proportionnellement au temps, le mouvement est dit *uniformément varié*, la variation γ de la vitesse par seconde est appelée **accélération**.

4. Mouvement uniformément accéléré. — Le mouvement est dit uniformément accéléré si la vitesse croît proportionnellement au temps; v_0 désignant la vitesse au temps zéro, la vitesse sera $v_0 + \gamma$ après une seconde, $v_0 + \gamma t$ après t secondes.

$$v = v_0 + \gamma t$$

est la relation entre la vitesse et le temps.

De la *loi des vitesses* on déduit la *loi des espaces*, qui exprime l'espace parcouru depuis un temps zéro jusqu'au temps t.

$$\text{On trouve} \quad e = e_0 + v_0 t + \frac{\gamma t^2}{2}.$$

e_0 étant l'espace parcouru au moment où l'on commence à compter le temps.

L'une des deux lois comprend l'autre; la vérification de l'une suffit pour faire reconnaître qu'un mouvement est uniformiément accéléré.

Si $e_0 = 0$ et $v_0 = 0$, ce qui est le cas d'un mobile qui part du repos à l'origine du temps, la vitesse et l'espace parcouru sont donnés par $v = \gamma t$ et $e = \frac{\gamma t^2}{2}$ (chute dans le vide d'un corps pesant qui part du repos sans vitesse initiale).

5. Mouvement uniformément retardé. — Le mouvement est dit *uniformément retardé* si la vitesse décroît proportionnellement au temps.

Désignons par v_0 la vitesse initiale, $v_0 - \gamma$ sera la vitesse après une seconde, $v_0 - 2\gamma$ après deux secondes, $v_0 - \gamma t$ après t secondes,

$$v = v_0 - \gamma t.$$

De la loi des vitesses on déduit la loi des espaces :

$$e = e_0 + v_0 t - \frac{\gamma t^2}{2}.$$

6. Mouvement périodique. — Parmi les mouvements variés, le mouvement périodique est un de ceux que l'on rencontre le plus souvent en physique.

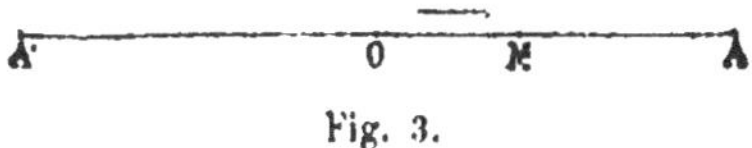

Fig. 3.

On appelle ainsi le mouvement d'un mobile qui repasse par la même position à des intervalles de temps égaux (fig. 3 et 4). Le mou-

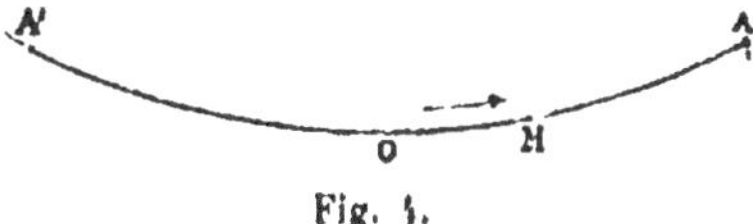

Fig. 4.

vement du pendule d'une horloge, le mouvement du piston dans le cylindre d'une machine à vapeur, le mouvement de la terre autour du soleil sont des mouvements périodiques.

Une période est le temps qui sépare deux passages consécutifs du mobile au même point M et dans le même sens.

L'amplitude du mouvement est la distance qui sépare sur la trajectoire une position extrême A ou A' de la position O d'équilibre.

7. Représentation graphique d'un mouvement. — Il est avantageux de représenter par un tracé graphique les particularités du mouvement d'un mobile. Sur une droite horizontale appelée ligne des **abscisses**, on porte une succession de longueurs égales ab, bc, cd, figurant des temps égaux. A chacun des points de division, on élève une perpendiculaire ou **ordonnée** sur laquelle on prend une longueur proportionnelle à l'espace parcouru au temps correspondant. La courbe obtenue en réunissant par un trait continu les extrémités des ordonnées caractérise le mouvement considéré.

Un mouvement *uniforme*, c'est-à-dire un mouvement où les espaces NG, PH... parcourus en des temps égaux ab, bc, cd... sont égaux, est représenté par une ligne droite MP (fig. 5).

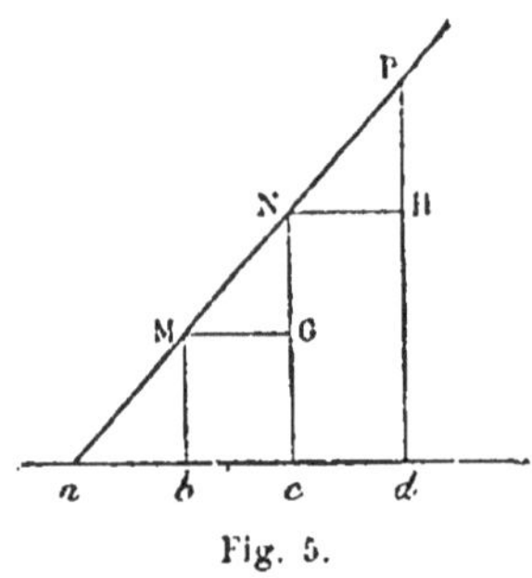

Fig. 5.

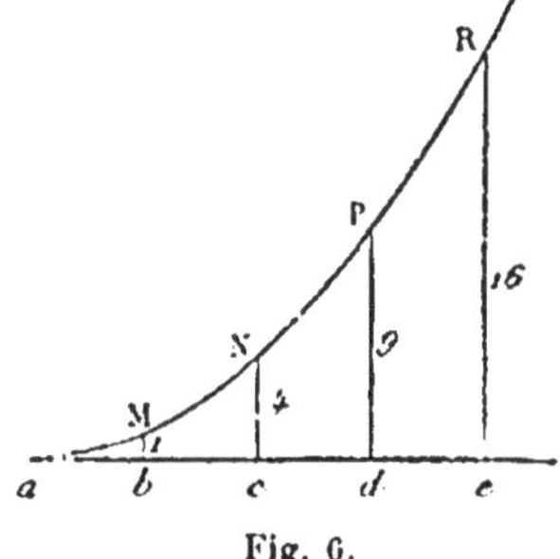

Fig. 6.

Pour un mouvement *uniformément accéléré* où l'espace est exprimé en fonction du temps par $e = \frac{1}{2} g t^2$, les ordonnées Mb, Nc, Pd, Re aux temps 1, 2, 3, 4, seront $e_1 = \frac{1}{2} g$, $4e_1$, $9e_1$, $16e_1$ (fig. 6).

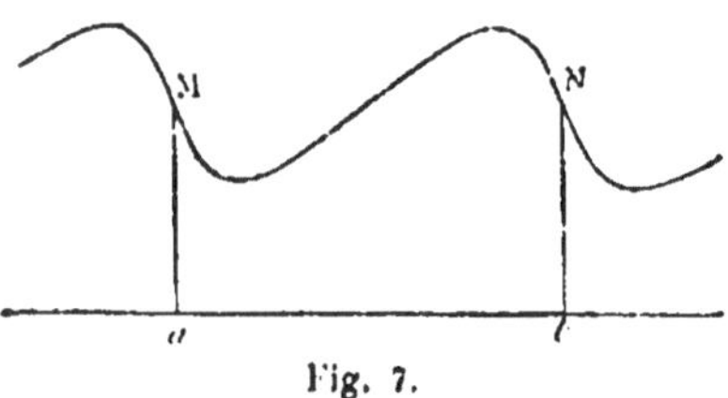

Fig. 7.

Dans le cas d'un mouvement *périodique* (6), la courbe se reproduit à des intervalles de temps égaux, le temps *ab* qui sépare deux ordonnées égales Ma, N*b* semblablement placées sur la courbe est égal à la *période* (fig. 7).

Nous aurons souvent l'occasion de recourir aux constructions graphiques pour figurer les variations d'un phénomène. L'emploi des courbes représentatives s'est généralisé avec grand profit dans toutes les sciences théoriques ou appliquées.

MOUVEMENT D'UN SYSTÈME MATÉRIEL

8. Nous avons considéré le mouvement d'un point matériel; le mouvement d'un système de points matériels résulte du mouvement des différents points.

Le système a un *mouvement d'ensemble* si les différents points restent aux mêmes distances relatives pendant leur mouvement.

Dans ce cas, lorsque tous les points du corps possèdent au même instant des vitesses égales et parallèles, le mouvement est appelé *mouvement de translation* (mouvement d'un corps solide qui tombe, mouvement d'un train de chemin de fer); la vitesse commune est la vitesse du mouvement de translation.

Si chaque point du corps reste dans son mouvement à la même distance d'un axe fixe, ou décrit une circonférence dont le plan est perpendiculaire à l'axe, le mouvement est appelé *mouvement de rotation* (mouvement d'un fléau de balance, mouvement de la terre autour de son axe).

FORCES

9. **Forces.** — Un corps ne peut modifier de lui-même son état de repos ou de mouvement (27). Toute cause qui engendre ou modifie le mouvement d'un corps est appelée *force*.

La pesanteur est une force qui fait tomber les corps à la surface de la terre; l'effort qu'un être animé exerce sur un corps pour le pousser ou le tirer est une force; l'attraction d'un aimant sur un morceau de fer est une force.

Une force est définie par : 1° le *point d'application* ou la position du point sur lequel la force agit directement; 2° la *direction* ou la droite que suit le point d'application s'il cède librement à l'action de la force ; 3° l'*intensité* ou l'effort exercé par la force.

Forces égales. — Lorsque deux forces appliquées dans la même direction au même point d'un corps en repos lui donnent le même mouvement, on dit que leurs *intensités sont égales.*

Forces en équilibre. — On dit que des forces agissant simultanément se neutralisent ou *se font équilibre* quand elles ne produisent aucun mouvement ou quand on peut les supprimer sans que le mouvement du corps auquel elles sont appliquées soit changé.

Deux forces égales, appliquées au même point et directement opposées se font équilibre.

10. Représentation d'une force. — On représente une force en menant par son point d'application A une ligne ayant la direction de la force et dont la longueur AF est proportionnelle à l'intensité (fig. 8).

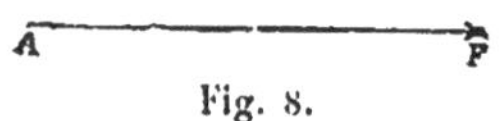

Fig. 8.

On peut encore représenter une force par un certain nombre de petites droites égales à l'unité de force distribuées uniformément sur une unité de surface menée perpendiculairement à la direction de la force par son point d'application. Le nombre de ces droites exprimera en magnétisme le *flux de force* par unité de surface.

11. Mesure des forces. — On compare les forces entre elles à l'aide de **dynamomètres.** — Un dynamomètre est un *ressort* en acier fixé à l'une de ses extrémités à un support; à l'autre extrémité on fait agir une force. Le ressort se déforme, la déformation croît avec l'effort exercé par la force. Deux forces égales produisent la même déformation.

On *mesure* une force en la comparant à une force déterminée choisie pour unité. Une force est double, triple de l'unité de force, si elle produit le même effet que 2 ou 3 forces égales à l'unité de force agissant ensemble.

Peson. — Comme exemple de dynamomètre usuel nous décrirons le *peson* (fig. 9). Il consiste en une lame d'acier flexible recourbée en son milieu en forme de V; chacune des

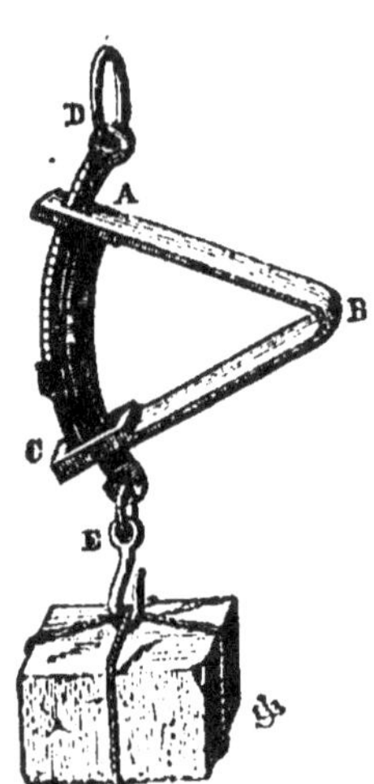

Fig. 9.

branches du V porte à l'une de ses extrémités un arc de cercle métallique qui traverse librement l'autre branche; L'arc CD, fixé en C à la branche inférieure est terminé par un anneau D qui sert à suspendre le dynamomètre, l'arc AE, fixé en A à la branche supérieure porte en E un crochet auquel on applique la force. Les deux branches du ressort fléchissent plus ou moins suivant l'effort exercé en E sur l'arc métallique AE. L'arc métallique CD dépasse la branche BA et le rapprochement des deux branches se mesure sur une division que porte l'arc CD.

L'instrument étant fixé en D, on le *gradue* en appliquant successivement en E des forces égales à 1, 2, 3,... *n* unités de forces et en marquant chaque fois un trait au point où s'arrête la branche BA.

Si l'on applique ensuite au crochet une force à mesurer, la division à laquelle s'arrête le bord de la branche BA fait connaître le nombre d'unités de force qui équivaut à la force.

12. Transport d'une force en un point de sa direction. — Une force F appliquée en un point A d'un corps peut être appliquée en un point quelconque B de sa direction, invariablement lié au point A, sans que son action soit changée.

C'est ainsi qu'en suspendant au crochet d'un peson un poids P, directement, puis par l'intermédiaire d'une corde, on observe dans les deux cas la même flexion.

Deux forces égales et de sens contraires, agissant en des points différents d'un corps solide, mais suivant la même droite, se font équilibre comme si elles étaient appliquées au même point.

COMPOSITION DES FORCES

13. Résultante et composantes. — On appelle *résultante* de plusieurs forces agissant simultanément une force unique, de grandeur déterminée, susceptible de produire seule le même effet que l'ensemble des forces données ; celles-ci sont appelées *composantes*.

Plusieurs forces appliquées à un corps ne peuvent être remplacées par une force unique que dans certains cas particuliers.

COMPOSITION DES FORCES APPLIQUÉES EN UN POINT. — Des forces appliquées en un même point ont une résultante. En effet, ces forces, quelles qu'elles soient, ne peuvent imprimer à ce point qu'un mouvement dans une direction déterminée : une force unique est donc capable de produire le même effet.

14. Composition de deux forces agissant suivant une même droite. — Deux forces dirigées dans le même sens ont une résultante de même sens égale à leur somme. Deux forces dirigées en sens contraires ont une résultante égale à leur différence et ayant le sens de la plus grande des deux forces. Par conséquent la résultante de plusieurs forces qui agissent suivant une même droite est égale à la somme algébrique de ces forces.

15. Composition de deux forces concourantes. — Parallélogramme des forces. — On démontre que deux forces, F et F', de directions différentes, ont une résultante R *représentée en grandeur, en direction et en sens par la diagonale* AD *du parallélogramme* construit sur les droites AB et AC représentatives des forces (fig. 10).

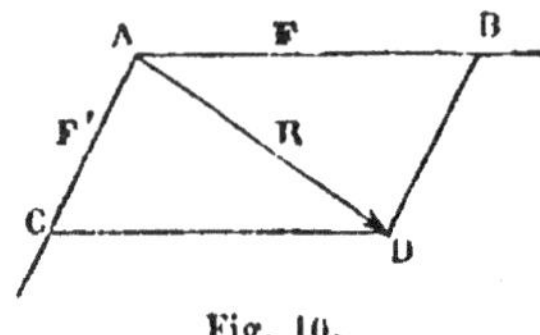

Fig. 10.

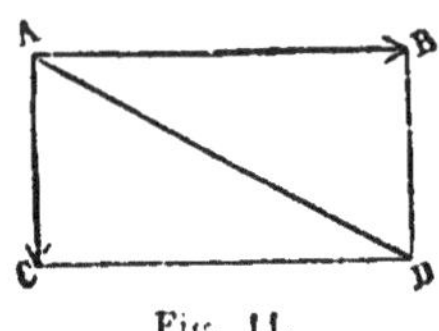

Fig. 11.

Si les deux composantes sont rectangulaires, le parallélogramme devient un rectangle (fig. 11).

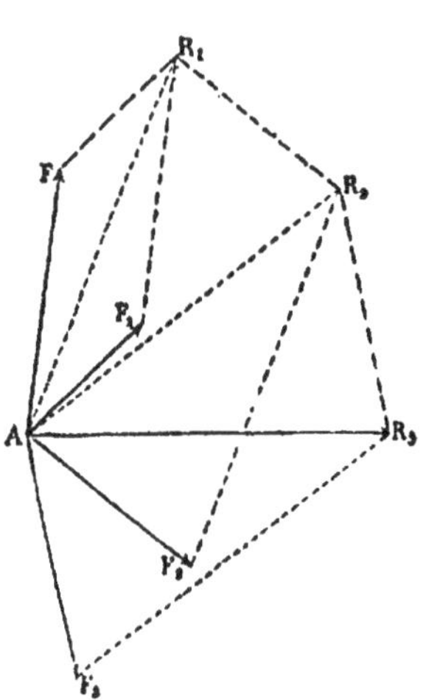

Fig. 12.

Si l'on a mené en A l'une des forces F, puis par l'extrémité B une droite égale et parallèle à la force F', la résultante des deux forces F et F' s'obtient en joignant au point A l'extrémité D.

Dans le triangle ACD, la résultante R est toujours inférieure à la somme $F + F'$. Si les forces sont rectangulaires, $R^2 = F^2 + F'^2$.

16. Composition de plusieurs forces concourantes. — Soient F, F_1, F_2, F_3 les forces à composer. On mène à l'extrémité de F une parallèle égale à F_1 et de même sens, on joint R_1 A, AR_1 est la résultante de F et de F_1 ; on compose

AR$_1$ et F$_2$ en menant par R$_1$ une parallèle égale à F$_2$ et de même sens, on joint R$_2$A ; AR$_2$ est la résultante de AR$_1$ et de F$_2$ ou de F, F$_1$ et F$_2$, On compose AR$_2$ et F$_3$... (fig. 12).

Cas de trois forces. — Pour trois forces AF, AF$_1$, AF$_2$ qui ne sont pas dans un même plan, la résultante AR est la diagonale du

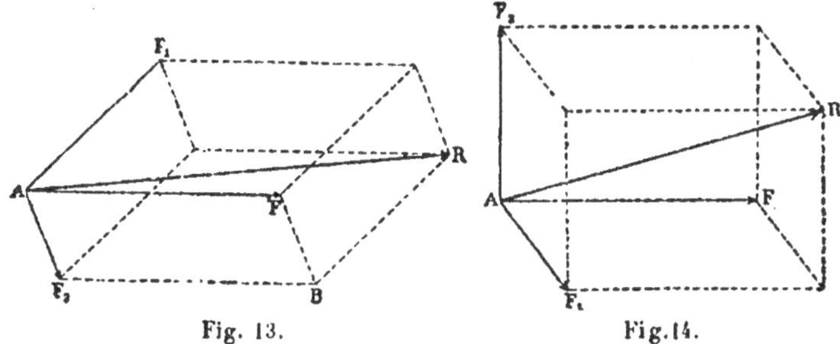

Fig. 13.   Fig.14.

parallélipipède dont les trois forces sont les trois arêtes (fig. 13). Ce parallélipipède est rectangle si les trois forces concourantes sont deux à deux rectangulaires. Dans ce cas, $R^2 = F^2 + F_1{}^2 + F_2{}^2$ (fig. 14.)

17. Conditions d'équilibre. — Pour que des forces concourantes se fassent équilibre, il faut que leur résultante soit nulle.

S'il n'y a que deux forces, la résultante ne peut être nulle que si les deux forces sont égales et contraires.

18. Décomposition d'une force. — On peut remplacer une force donnée par plusieurs autres appliquées au même point et produisant le même effet, car si la force AD peut être substituée aux deux forces BA et AC (fig. 10), inversement deux forces telles que AB et AC peuvent remplacer AD.

Tandis qu'à deux forces données il ne correspond qu'une résultante, *la décomposition d'une force AD en deux autres peut se faire d'une infinité de façons.*

Chaque composante peut se décomposer à son tour.

Il est utile de décomposer une force dont l'effet ne peut s'exercer que dans une direction déterminée. L'étude du plan incliné de Galilée dans la pesanteur en fournit un exemple.

COMPOSITION DES FORCES PARALLÈLES. — Des forces parallèles, appliquées en divers points d'un corps solide, admettent en général une résultante.

19. Composition de deux forces parallèles de même sens.

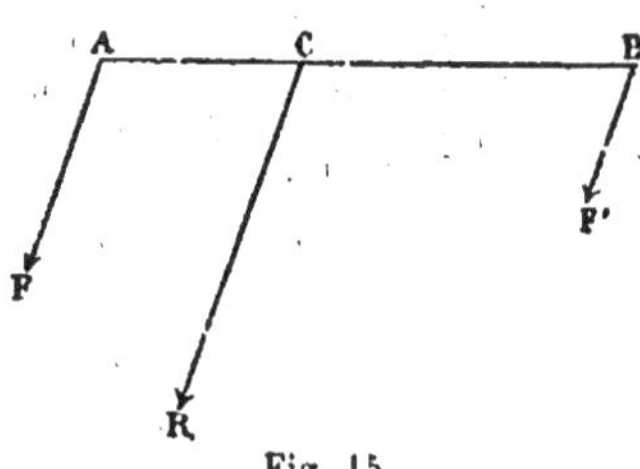

Fig. 15.

— On démontre que deux forces parallèles F et F', appliquées en deux points A et B d'un corps ont une résultante R *égale à leur somme* F + F' de même direction et de même sens. La résultante est appliquée entre AB en un point C qui partage AB *en deux segments inversement proportionnels aux intensités des forces* (fig. 15).

$$\frac{AC}{BC} = \frac{F'}{F}$$

ou $AC . F = BC . F'$.

Si les deux forces sont égales, le point C sera au milieu de AB ; si la force F est double de F', le segment CA sera moitié de CB.

20. Composition de deux forces parallèles de sens contraires.

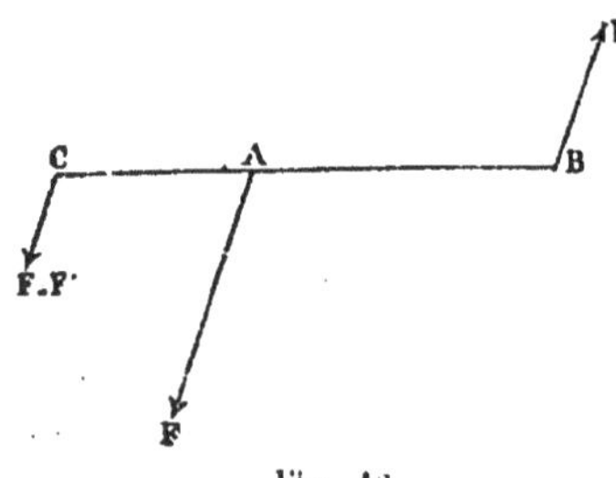

Fig. 16.

— Les deux forces F et F' ont une résultante R qui leur est parallèle, elle est *égale à leur différence* F — F' et de même sens que la plus grande. Le point d'application de la résultante est situé sur le prolongement de AB, du côté de la plus grande en un point C tel que les distances CA et CB *soient inversement proportionnelles aux intensités des forces* F *et* F' (fig. 16).

$$\frac{AC}{BC} = \frac{F'}{F}$$

ou $AC . F = BC . F'$

21. Couple.

— Si les deux forces F et F' diffèrent très peu l'une de l'autre, la résultante F — F' est très petite et son point d'application s'éloigne beaucoup sur le prolongement de AB[1]. Dans

(1).   En effet de $\dfrac{AC}{BC} = \dfrac{F'}{F}$

On déduit $\dfrac{AC}{BC - AC} = \dfrac{F'}{F - F'}$

ou $AC = AB . \dfrac{F'}{F - F'}$.

le cas particulier de deux forces égales, la règle est inapplicable.

Un système de deux forces égales, parallèles, dirigées en sens contraires et appliquées en deux points différents porte le nom de *couple* (fig. 17). Le plan des deux forces est le plan du couple.

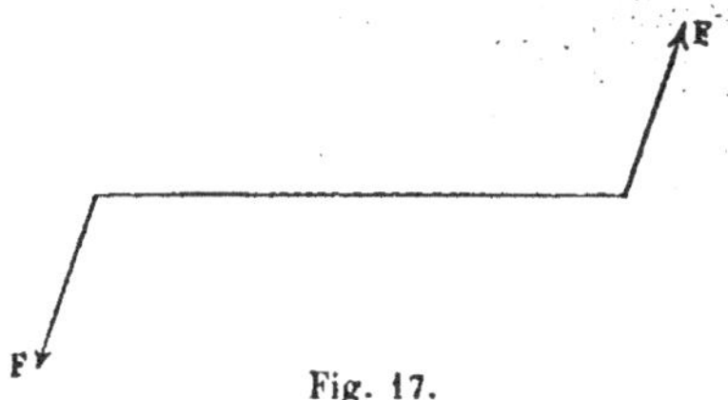

Fig. 17.

22. Composition de plusieurs forces parallèles de même sens.

— En composant d'abord deux forces F et F_1, on obtient une première résultante partielle R_1, celle-ci composée avec une force F_2 conduit à une résultante R... (fig. 18).

La résultante générale est toujours égale à la somme de toutes les forces parallèles. Son point d'application O s'appelle **centre des forces parallèles.**

Nous avons vu que le point C d'application de la résultante de deux forces parallèles (**19**) est donné par la proportion

$$\frac{AC}{BC} = \frac{F'}{F};$$

la position de ce point ne dépend ni de la direction commune des

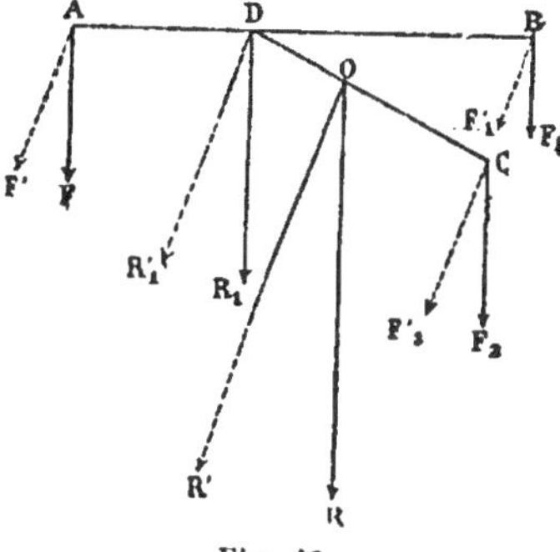

Fig. 18.

forces ni de leur valeur absolue, pourvu que le rapport de leurs intensités ne varie pas.

Les points d'application des résultantes successives jouissent de la même propriété et par conséquent aussi le point d'application de la résultante générale. *La position du centre des forces parallèles reste donc la même* quand on fait varier la direction commune des forces (F en F', etc... fig. 18) et quand on altère toutes les forces dans un même rapport.

Le *centre de gravité* d'un corps pesant est le centre des forces parallèles qui proviennent de l'action de la pesanteur sur les particules du corps. Les pôles d'un aimant placé dans un champ magnétique uniforme sont aussi des centres de forces parallèles.

23. Composition de forces parallèles quelconques.

— Si les forces parallèles sont dirigées les unes dans un sens, les autres en sens contraire, on composera d'abord les premières qui donneront une résultante R ; les autres composées à part conduiront à une résultante R'; on composera enfin les deux résultantes de sens contraires R et R' (fig. 19).

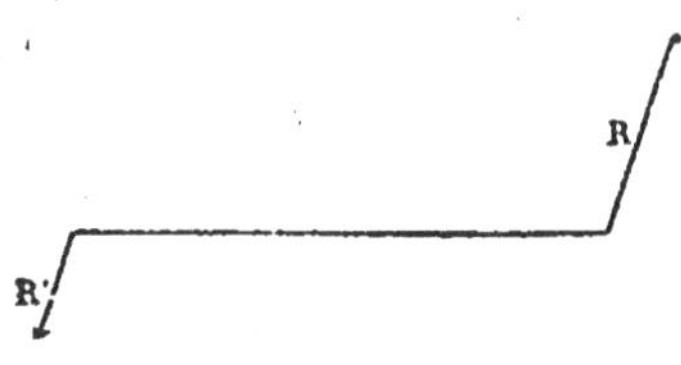

Fig. 19.

24. Décomposition d'une force en forces parallèles. — Une force peut être décomposée d'une infinité de façons en composantes parallèles.

25. Propositions relatives aux couples. — *1° Un couple ne peut être remplacé par une force unique ; il ne tend pas à entraîner le corps, il tend à le faire tourner jusqu'à ce que la ligne qui joint les points d'application ait pris la direction des deux forces, alors les deux forces sont exactement opposées et se font équilibre.*

2° Plusieurs couples appliqués à un même corps peuvent toujours être remplacés par un couple unique qu'on appelle **couple résultant.**

PRINCIPES DE LA MÉCANIQUE

26. On se prosose en mécanique, soit de trouver le mouvement d'un corps quand on connaît les forces qui lui sont appliquées, soit inversement de déterminer les forces quand on connaît le mouvement.

La solution de ces deux problèmes est fondée sur plusieurs principes *déduits de l'observation des phénomènes naturels.*

27. PRINCIPE[1] DE L'INERTIE. — *Un point matériel ne peut de lui-même modifier son état de repos ou de mouvement.* Il demeure indéfiniment en repos s'il est en repos ; s'il se meut, il continue à se mouvoir d'un mouvement rectiligne et uniforme. Pour que l'état de repos ou de mouvement d'un point vienne à être modifié, une action extérieure est nécessaire. Cette action s'appelle une *force* (9).

L'inertie dans le repos s'observe aisément. Une bille posée sur un plan horizontal reste en repos. Quant à l'inertie dans le mouvement,

---

(1) Le terme *principe* a la même signification que le mot *loi*, mais il désigne une proposition qui se rapporte à un nombre considérable de phénomènes, tandis que le mot *loi* n'est relatif qu'à un seul ou à un nombre restreint.

un examen attentif des phénomènes la fait concevoir. Une bille lancée sur un plan horizontal prend un mouvement rectiligne. Le mouvement se continue d'autant plus longtemps et est d'autant plus voisin d'être uniforme que la bille et le plan sont mieux polis. On admet que le mouvement persisterait indéfiniment sans se modifier si le frottement sur le plan et la résistance de l'air étaient nuls.

Un grand nombre de faits confirment le principe de l'inertie. Si un train lancé sur une voie ferrée éprouve un arrêt brusque par le fait d'un obstacle, les voyageurs sont précipités contre les parois des wagons avec la vitesse du train. Quand on saute d'une voiture en marche, les pieds sont arrêtés par le sol tandis que le reste du corps est projeté dans le sens du mouvement parce qu'il a conservé la vitesse de la voiture. Un cavalier parcourant une route au galop est lancé par dessus la tête de sa monture, si celle-ci vient à buter ou à s'arrêter brusquement.

28. PRINCIPE DE L'INDÉPENDANCE DE L'EFFET D'UNE FORCE ET DU MOUVEMENT ANTÉRIEUREMENT ACQUIS. — *La vitesse imprimée par une force à un point matériel est la même, que ce point parte du repos ou qu'il soit déjà en mouvement.*

Prenons un exemple : un corps qu'on laisse tomber dans l'intérieur d'un wagon en mouvement est animé au moment de sa chute de la vitesse de translation du wagon, il garde cette vitesse à tous les instants de sa chute, car il vient rencontrer le plancher au même point que si le wagon était au repos : cependant, la vitesse du mouvement vertical de chute est la même que si le corps était parti du repos et n'avait pas eu de mouvement de translation.

Dans le cas particulier où plusieurs forces agissent *successivement dans une même direction* sur un point matériel, les vitesses qu'elles lui imprimeraient séparément s'ajoutent. On en déduit la nature du mouvement produit par une force constante.

29. **Mouvement produit par une force constante.** — *Une force constante engendre un mouvement uniformément varié.*

Fig. 20.

Soit un mobile A animé d'une vitesse v_0 suivant AX (fig. 20); d'après le principe de l'inertie, le mobile devrait conserver cette vitesse; mais si nous faisons agir sur lui dans la même direction une force constante, cette force lui imprimera en une seconde une vitesse γ qui sera la même que si le mobile était au repos et s'ajoutera à la vitesse v_0. Si la force cessait d'agir, le mobile conserverait la vitesse $v_0 + \gamma$, mais si la force continue son action pendant la seconde suivante, elle communiquera encore au mobile une vitesse γ et la vitesse deviendra $v_0 + 2\gamma$. Après t secondes, la vitesse sera devenue $v_0 + \gamma t$; le mouvement sera donc uniformément varié.

Réciproquement, un mobile animé d'un mouvement rectiligne uniformément varié est sollicité par une force constante dont la direction est celle du mouvement.

En effet : 1° le mobile est soumis à l'action d'une force puisque le mouvement n'est pas uniforme; 2° le mouvement étant rectiligne, la force est dirigée suivant la droite que décrit le mobile, car si la force avait pendant un instant une direction différente, le mobile changerait de direction; enfin, 3° la force est constante, car une force variable donnerait au mobile pendant des temps égaux, des accroissements de vitesse inégaux.

Si, à un temps t, la force qui fait varier le mouvement cesse d'agir, le mouvement qui succède au mouvement varié est, d'après le principe de l'inertie, un mouvement uniforme dont la vitesse constante est la *vitesse du mouvement varié* au temps t (**2**).

30. PRINCIPE DE L'INDÉPENDANCE DES EFFETS DES FORCES. — *Quand plusieurs forces agissent simultanément sur un point matériel, chacune agit comme si elle était seule.*

En particulier, si plusieurs forces constantes f, f', f'' agissent *dans une même direction* sur un point matériel, elles lui communiquent en une seconde une vitesse γ égale à la somme des vitesses j, j', j'' que produirait chacune des forces, car chacune des forces exerce le même effet que si elle était seule, et les vitesses s'ajoutent. Ces vitesses communiquées en une seconde par des forces constantes s'appellent des accélérations (**3**).

Il en résulte que si une force f communique à un point matériel une accélération j, une force $2f$ lui communiquera une accélération $2j$ et il faudra une force nf pour lui communiquer une accélération nj.

31. Proportionnalité des forces aux accélérations. — D'après ce qui précède, la force F qui doit agir sur un corps pour lui communiquer une vitesse γ par seconde *sera proportionnelle à cette vitesse* et aura pour expression $F = M\gamma$.

32. Masse d'un corps. — M est un coefficient qui varie avec la substance et les dimensions du corps en mouvement, on peut le considérer comme représentant la quantité de matière à entraîner, on l'appelle **masse du corps**. La force nécessaire pour communiquer une vitesse γ à un corps est proportionnelle à cette vitesse et à la masse M du corps.

Les corps lourds ont une masse plus forte que les corps légers et l'on démontre que **les masses des différents corps sont proportionnelles à leur poids.**

En effet, la pesanteur ayant pour caractère d'imprimer à tous les corps une même vitesse par seconde, égale à g, les forces qui font tomber deux corps ou les *poids* de ces deux corps sont exprimés par

$$P = Mg \quad \text{et} \quad P' = M'g;$$

M et P variant proportionnellement puisque g est constant, les masses et les poids deviennent doubles, triples en même temps.

33. Unité de masse. — On prend pour unité de masse la masse du gramme ou la millième partie de la masse d'un bloc inaltérable de platine iridié, appelé *kilogramme*, conservé au Bureau International des Poids et Mesures.

Cette unité de masse est la masse de tout corps qui a le même poids que le gramme, c'est en particulier la masse d'un centimètre cube d'eau pure à 4°. Une masse qui pèse m grammes vaut m unités de masse. *La masse d'un corps et son poids en grammes sont exprimés par le même nombre.*

34. Unité de force. — L'unité de force se nomme **dyne**; d'après la relation $F = M\gamma$, c'est une force qui communique à une masse d'un gramme une accélération d'un centimètre.

35. PRINCIPE DE L'ÉGALITÉ DE L'ACTION ET DE LA RÉACTION. — Lorsque deux points agissent l'un sur l'autre, les choses se passent comme si un ressort intermédiaire tendu appuyait également sur les deux points.

Si un point A reçoit une action du point A', il exerce à son tour sur A' une réaction égale et contraire.

Le principe de l'égalité de l'action et de la réaction s'étend à des corps de dimensions finies et à un système de corps agissant sur un autre système.

TRAVAIL

Une force n'a d'effet utile que si elle déplace son point d'application. On dit alors qu'elle accomplit un **travail**. Un manœuvre en soulevant un poids à une certaine hauteur, la vapeur en poussant le piston d'un corps de pompe, effectuent des travaux.

DÉPLACEMENT DU POINT D'APPLICATION
DANS LA DIRECTION DE LA FORCE

36. Travail d'une force constante. — Soit une force constante appliquée en un point A d'un corps ; supposons que le déplacement AA' du point a lieu dans la direction de la force (fig. 21), le travail

Fig. 21.

de la force est par définition le *produit de la force par le déplacement de son point d'application.*

$$W = Fe.$$

Le travail d'une force est donc proportionnel à la force et au déplacement de son point d'application. *Le temps n'entre pas dans la définition du travail.*

Un travail pour lequel $Fe = 1$ est l'*unité de travail.* C'est en particulier le travail accompli par l'unité de force quand son point d'application se déplace de l'unité de longueur.

37. Travail moteur, travail résistant. — Quand le déplacement a lieu dans le sens de la force, la force produit un travail dit *moteur,* on le compte positivement. Le travail d'une force P déplaçant son point d'application de h centimètres est $+ Ph$.

Si le déplacement a lieu en sens inverse de la force (par suite de la présence d'autres forces ou par suite d'un mouvement antérieurement acquis), le travail de la force est dit *résistant* ; on le compte négativement.

Quand, par exemple, on soulève un poids à la main, le point d'application se meut dans la direction de l'effort exercé par la main, le travail de la main est moteur ou positif. Comme le point d'application se déplace en sens inverse des forces de la pesanteur, le travail du poids est résistant ou négatif.

38. Travail d'une force variable. — Lorsque le point d'application se meut dans la direction de la force, mais que la force est variable, on décompose l'espace parcouru en trajets assez petits Δs, $\Delta s'$... pour que la force puisse être considérée comme constante sur chacun d'eux, le travail sera $F\Delta s$ sur un de ces courts trajets, $F'\Delta s'$ sur le suivant, le travail total sera la somme $F\Delta s + F'\Delta s' + ...$ Cette somme s'écrit pour abréger : $\Sigma F\Delta s$. C'est par une somme de ces *travaux élémentaires* qu'on évalue le travail du piston dans le cylindre d'une machine a vapeur.

DÉPLACEMENT DU POINT D'APPLICATION
DANS UNE DIRECTION DIFFÉRENTE DE CELLE DE LA FORCE

39. Décomposons la force F en deux composantes : Δf dans la direction du déplacement et $\Delta f'$ dans la direction perpendiculaire (fig. 22). La force n'agit efficacement que par sa composante Δf dans la direction du déplacement. La composante normale $\Delta f'$ ne déplace pas le point d'application et ne produit pas de travail. On appelle travail de la force F le travail de la composante efficace ou le *produit du déplacement par la projection de la force sur la direction de ce déplacement.*

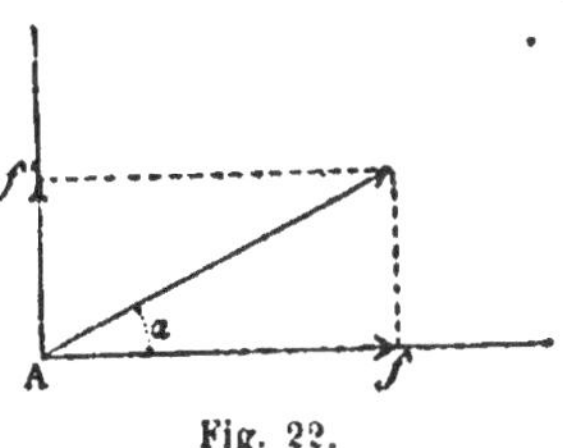

Fig. 22.

Le travail est moteur (**37**) si la projection de la force est dirigée suivant le déplacement. Les **forces motrices** font un *angle aigu* avec la direction du déplacement de leur point d'application, les **forces résistantes** font un *angle obtus* avec la direction du déplacement.

ÉQUIVALENCE DE LA FORCE VIVE ET DU TRAVAIL

40. Tout corps en mouvement peut produire du travail, c'est ainsi que l'air en mouvement pousse les navires à voile, entraîne des moulins, déplace les nuages; l'eau en mouvement fait tourner des roues hydrauliques, transporte des bateaux; un boulet de canon perce une plaque de blindage. Le corps en mouvement, air, eau ou boulet de canon, diminue de vitesse en même temps qu'il travaille. Il y a une relation entre la vitesse et la masse du corps en mouvement d'une part et le travail effectué d'autre part.

Si l'on appelle **force vive** le demi produit de la masse m du corps en mouvement par le carré de sa vitesse v, on reconnaît que *le travail effectué est égal à la force vive anéantie.*

$$\mathrm{F}e = \frac{1}{2} mv^2$$

un corps de vitesse v et de masse m peut donc en perdant sa vitesse produire un travail dont la valeur est $\frac{1}{2} mv^2$.

La chute des corps va nous fournir un nouvel exemple de cette égalité.

Il a fallu dépenser un travail Ph pour soulever à une hauteur h un corps pesant de poids P; laissons-le tomber de cette hauteur, il consomme le travail Ph; en même temps il a acquis une vitesse v et par suite une force vive $\frac{1}{2} mv^2$;

Si le même corps est lancé verticalement avec une vitesse v, il possède au départ une force vive $\frac{1}{2} mv^2$; quand il s'est élevé d'une hauteur h, il a perdu sa vitesse et en même temps sa force vive, mais il a acquis une capacité de travail égale Ph.

En résumé, la *force vive acquise par le corps pesant* pendant sa descente *est égale au travail dépensé, et le travail effectué* pendant sa montée *est égal à la force vive anéantie.*

Il n'y a pas seulement égalité numérique entre la force vive d'un corps en mouvement et le travail qu'il effectue, il y a *transformation équivalente*, puisque le travail est remplacé par une force vive et la force vive par un travail.

Si le mobile ne part pas du repos, mais a une vitesse v_0 quand la force F commence à agir sur lui, le théorème de l'équivalence de la force vive et du travail a pour expression :

$$\frac{1}{2} mv^2 - \frac{1}{2} mv_0^2 = \mathrm{F}e.$$

La variation de la force vive du mobile est égale au travail.

41. Une masse en mouvement a une capacité de travail, elle peut effectuer un travail en perdant sa vitesse et ce travail est précisément égal au travail qui avait été dépensé pour lui communiquer sa vitesse. La capacité de travail d'un corps se nomme son **énergie.**

42. Théorème des forces vives. — La relation entre la force vive et le travail s'étend à un système de points matériels. C'est le *théorème des forces vives*; voici son énoncé :

La variation de la somme des forces vives de tous les points d'un système pendant un temps quelconque est égale à la somme algébrique des travaux de toutes les forces appliquées aux différents points pendant ce temps

$$\frac{1}{2} mv^2 - \frac{1}{2} mv_0^2 + \frac{1}{2} m'v'^2 - \frac{1}{2} m'v_0'^2 + \ldots = W.$$

$$\text{ou } \frac{1}{2} \Sigma mv^2 - \frac{1}{2} \Sigma mv_0^2 = W.$$

Cela veut dire que si le système considéré présente un accroissement de la somme de ses forces vives, cet accroissement est dû à la dépense d'un travail égal reçu par le système et effectué par un agent extérieur. *Inversement*, ce même travail peut être restitué par le système quand il perd son accroissement de force vive et il peut être utilisé à l'extérieur.

Lorsque *le mouvement du système est uniforme*, la vitesse et par conséquent la force vive des différents points est constante et *la somme algébrique des travaux des forces est nulle*, ce qui signifie que le travail moteur est compensé par un égal travail résistant.

Phases successives du fonctionnement d'une machine. — Le travail résistant d'une machine comprend le travail des outils actionnés ou travail utile et le travail des résistances passives (frottements, etc...)

Pendant la mise en marche de la machine, le travail du moteur qui produit le mouvement est d'abord supérieur au travail résistant et la somme algébrique des travaux est positive; la force vive des organes augmente donc et par suite leur vitesse.

La vitesse continuant à croître, les résistances absorbent une portion de plus en plus grande du travail moteur fourni. Quand elles l'absorbent entièrement, la vitesse ne croit plus et le mouvement devient uniforme. *C'est alors que la somme algébrique des travaux des forces est nulle.* A cause des résistances passives, le travail utile est toujours inférieur au travail moteur.

Si le moteur cesse d'agir, la machine fonctionne par sa vitesse acquise, mais les résistances continuent à absorber du travail; les organes consomment alors leur force vive qui se comporte comme une réserve de travail. La vitesse diminue et la machine s'arrête quand elle a épuisé sa force vive.

Dans une machine telle qu'une *machine à vapeur* où le mouvement est *périodique*, les différents points reprennent les mêmes positions relatives et les mêmes vitesses à des intervalles de temps égaux appelés périodes. *Pour une période ou un nombre entier de périodes*, la variation de la force vive totale est donc nulle et par conséquent, la somme algébrique des travaux des forces; par conséquent, dans un semblable intervalle, le travail moteur total est égal au moteur résistant total.

MACHINES

43. Pour surmonter une résistance, il est souvent avantageux d'interposer entre la force et la résistance un appareil intermédiaire qui transmet la force. Un semblable appareil est une **machine**.

La transmission de l'effet des forces se fait dans une machine par l'intermédiaire de ses organes. Une *machine simple* est une machine dont les organes se réduisent à une seule pièce solide. Une *machine composée* est un ensemble de machines simples associées.

Les machines qui servent à transmettre un travail mécanique n'ont pas toutes le même but à remplir. Les unes n'ont qu'à déterminer un changement de direction sans modifier la valeur des facteurs du produit *force et déplacement* qui représente le travail. C'est le cas de la *poulie*. D'autres ont pour objet de modifier les facteurs du produit Fe de façon à faire croître la force en diminuant le chemin parcouru ou inversement; *le travail reste constant*. Le *levier*, le *treuil*, la *vis*, appartiennent à ce groupe. Les machines de ce groupe permettent dans certains cas de réaliser avec une faible force des travaux qui exigeraient de très grands efforts si on faisait agir directement la force sur le corps qui offre la résistance; toutefois il est essentiel de faire remarquer qu'une machine ne fait que transformer et utiliser le travail dont on dispose, *elle n'en crée pas*. Ce que l'on gagne en force, on le perd en chemin parcouru. C'est ce qu'on exprime en disant qu'il y a **conservation du travail**.

Parmi les machines simples, nous étudierons le levier.

44. LEVIER. — Un levier est une barre rigide, mobile autour d'un point fixe et à laquelle sont appliquées deux forces appelées *puissance* et *résistance*. Les perpendiculaires abaissées du point fixe sur les directions de la puissance et de la résistance sont appelées les *bras du levier*. D'après la position relative des points d'application des forces et du point fixe, on distingue trois genres de levier. Nous ne considérerons que le cas où la puissance et la résistance sont deux forces parallèles.

45. Levier du premier genre. — *Le point d'appui est compris entre les points d'application des deux forces.* Quand l'équilibre est établi, la résultante R des deux forces P et P' (19) passe par le point d'appui O; elle est égale à leur somme.

La réaction du point d'appui fait équilibre à cette résultante (fig. 23). Un *fléau de balance* est un levier du premier genre à bras égaux; la *balance romaine* est un levier du premier genre à bras inégaux; chacune des branches d'une pince coupante ou d'une paire de ciseaux est un levier du premier genre dont la vis est le point d'appui.

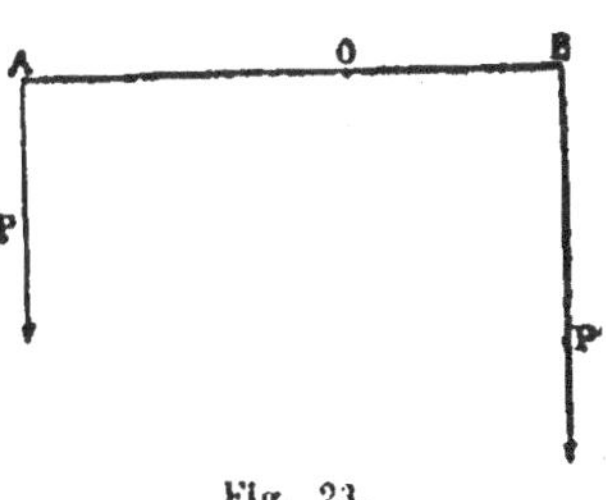

Fig. 23.

La résultante R étant appliquée en O, quand les forces P et P' se font équilibre, on a d'après la règle de la composition des forces parallèles la relation :

$$P.OA = P'.OB.$$

Lorsque la longueur OA est égale à 10 fois la longueur OB, il suffit d'une force 1 appliquée en A pour faire équilibre à une force 10 appliquée en B. Toutefois, si le levier facilite de cette façon le travail, en permettant de le réaliser avec une faible force, il ne l'augmente pas, car l'arc AA' parcouru par

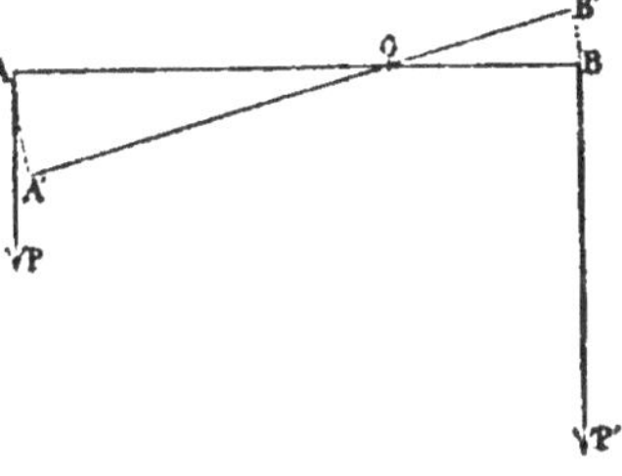

Fig. 24.

l'effort P lorsque le levier tourne autour du point O est 10 fois plus long que l'arc BB' parcouru par la résistance, il en résulte que le travail de la force P n'est pas supérieur au travail de la force P', *il lui reste égal*. En effet, les forces demeurant tangentes aux arcs décrits, pour un angle ω de rotation autour du point O, le travail de la force P est P.OA.ω; le travail de la force P' est P'.OB.ω; ces deux travaux sont égaux, en vertu de la relation P.OA = P'.OB. Il y a **conservation du travail**.

46. Levier du second genre. — *La résistance se trouve entre le point d'appui et la puissance.* La puissance et la résistance sont de sens contraires; leur résultante est égale à la différence.

Le bras de levier de la puissance étant plus long que le bras de levier de la résistance, ce levier est favorable à la puissance qu'il permet de diminuer; il est désavantageux au point de vue de la vitesse.

C'est la disposition du second genre que l'on emploie quand on se sert d'un levier pour soulever une pierre.

La brouette est un levier du second genre, l'axe de la roue sert de point d'appui, la résistance est le fardeau posé dans la brouette, la puissance est dans les bras. Les avirons d'une barque, chacune des branches d'un casse-noisette sont des leviers du second genre.

Dans les pompes on utilise fréquemment des leviers du second genre (fig. 25).

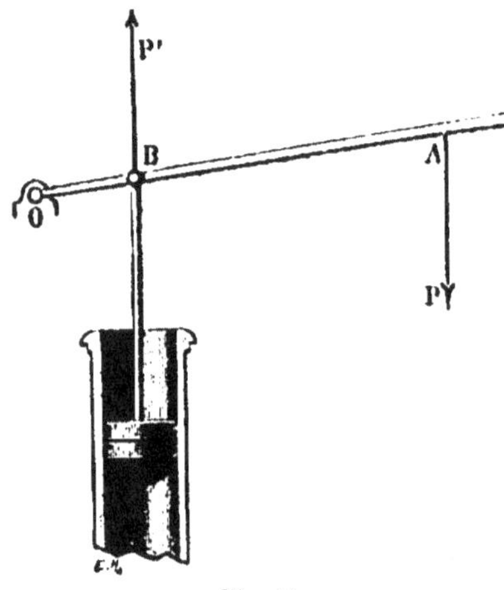

Fig. 25.

47. Levier du troisième genre. — *La puissance se trouve entre le point d'appui et la résistance.* Ce levier est favorable à la rapidité du mouvement et désavantageux au point de vue de la force, car le bras de levier de la résistance est plus grand que celui de la puissance.

La pédale du rémouleur est un levier du troisième genre (fig. 26), de même que chacune des branches des pincettes de nos foyers.

Dans le corps de l'homme et des animaux, le mécanisme des mouvements a lieu

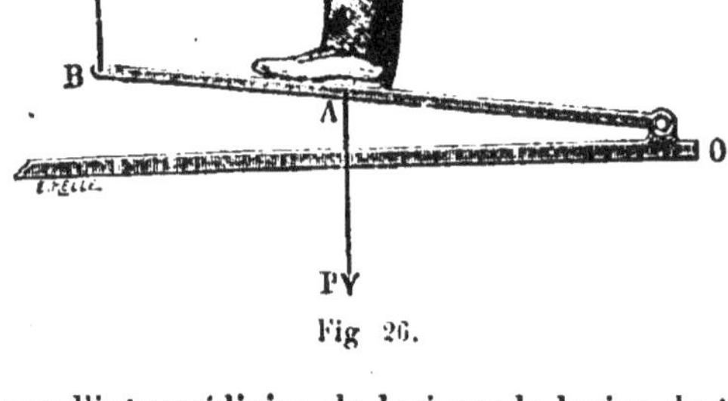

Fig 26.

par l'intermédiaire de leviers; le levier du troisième genre est celui que l'on y rencontre le plus fréquemment.

PHYSIQUE

OBJET DE LA PHYSIQUE

48. Modifications chimiques. — Les corps peuvent subir des changements qui altèrent leurs propriétés d'une façon permanente : tel est le cas d'une pierre calcaire qui se transforme en chaux par la calcination ou du plomb fondu qui se change en une poussière jaune d'oxyde de plomb quand on le chauffe au contact de l'air. Ces phénomènes sont dits *chimiques*.

49. Modifications physiques. — D'autres' phénomènes dits *physiques* se manifestent dans les corps, sans amener de modification permanente dans leur nature; citons le changement d'état de l'eau que l'action d'un foyer de chaleur. transforme en vapeur, ou encore le changement d'un bâton de verre qu'on électrise par le frottement. Ces modifications ont le caractère d'être temporaires, elles cessent avec la cause qui les a produites. C'est à l'étude de ces modifications passagères que se borne la physique proprement dite.

50. Observation; expérimentation. — Deux méthodes conduisent à la connaissance des phénomènes physiques : l'observation et l'expérimentation.

L'*observation* précède l'expérimentation; c'est l'examen attentif des phénomènes tels qu'ils se présentent dans la nature. L'*expérimentation* s'applique à isoler les phénomènes les uns des autres, à provoquer la reproduction d'un phénomène spécial pour l'étudier à loisir, et à varier les conditions dans lesquelles il s'accomplit pour reconnaître sa cause et l'influence des circonstances qui l'accompagnent.

51. Branches de la physique. — Certains phénomènes physiques se présentent comme indépendants; d'autres se rapportent manifestement à une cause commune ou à un même *agent physique*.

On a cherché à réduire le plus possible les agents physiques, et toutes les fois qu'un fait nouveau est observé, on s'efforce de le rattacher à d'autres mieux connus. En procédant ainsi, on est parvenu à classer les phénomènes physiques en un petit nombre de groupes qui constituent les branches de la physique : phénomènes *calorifiques*, phénomènes *sonores*, phénomènes *optiques*, phénomènes *électriques* et *magnétiques*. Quelques-uns de ces groupes se rapportent à un sens spécial.

52. Lois physiques. — Dans chacun de ces groupes, ayant reconnu par l'observation et par l'expérimentation des effets communs à différents corps dans certaines conditions, on a formulé des *lois physiques*. Ex. : *tous les corps sont pesants ; tous les corps s'électrisent par le frottement*. Une loi permet de prévoir les phénomènes qui se produiront dans des circonstances déterminées. Une loi physique qui s'adresse à un effet mesurable est représentée par un tracé graphique ou par une relation algébrique. Ex. : *à une température donnée, la densité d'un gaz est proportionnelle à sa force élastique*.

53. Théories physiques. Hypothèses. — Pour plusieurs groupes on a réussi à établir entre les phénomènes d'un même groupe un lien qui permet de les déduire d'un fait fondamental ; c'est ainsi que les phénomènes sonores ont été reconnus dépendre de mouvements vibratoires qui se propagent dans un milieu élastique.

La comparaison des phénomènes lumineux et des phénomènes sonores conduit à admettre que la lumière se propage comme le son et doit aussi être attribuée à un mouvement vibratoire. Le milieu élastique nécessaire à la propagation paraissait manquer dans le cas de la lumière, puisque la lumière se propage dans le vide. On a pourtant constitué une théorie optique, analogue à la théorie acoustique, en faisant l'*hypothèse* d'un milieu spécial appelé **éther** qui remplirait l'espace et serait susceptible d'entrer en vibration. Nos moyens actuels d'expérimentation ne nous permettent pas de constater par nos sens l'existence du mouvement vibratoire lumineux, comme nous constatons l'existence du mouvement vibratoire sonore, mais il est infiniment probable qu'il nous apparaîtrait tel que nous l'avons supposé si nous étions en état de porter assez loin notre observation directe.

Certains phénomènes électriques s'expliquent également par l'hypothèse d'un mouvement vibratoire électrique.

Une hypothèse heureuse constitue un *moyen* d'investigation précieux, car elle permet d'établir une théorie reliant convenablement les faits et de déduire de cette théorie des faits nouveaux.

54. Divisions de la physique. — D'après le groupement des phénomènes physiques, nous diviserons l'étude de la physique en six parties : 1° Propriétés générales des corps ; 2° Pesanteur ; 3° Chaleur ; 4° Acoustique ; 5° Optique ; 6° Électricité et Magnétisme.

PROPRIÉTÉS GÉNÉRALES DES CORPS

55. Étendue. — La matière est *étendue;* on entend par là qu'un corps occupe une certaine partie de l'espace. Le *volume* d'un corps est la portion de l'espace qu'il occupe.

56. Divisibilité. — Un corps peut être divisé en fragments. La divisibilité peut être poussée fort loin : l'or se réduit en feuilles très minces, quelques milligrammes de fuchsine colorent en rouge plusieurs litres d'eau; la divisibilité des substances odorantes est extraordinairement grande.

57. Compressibilité. Intervalles moléculaires. — Un corps paraît formé d'une agrégation de particules très petites ou molécules. Il convient d'admettre que les molécules ne se touchent pas. En effet, tous les corps diminuent de volume quand on les comprime ou quand on abaisse leur température, et comme deux molécules ne peuvent occuper en même temps la même place dans l'espace, cette diminution de volume ne se conçoit que par la variation de grandeur d'*intervalles intermoléculaires* invisibles au microscope. Ces intervalles ne doivent pas être confondus avec les lacunes des substances poreuses telles que les cavités d'une éponge, les pores de la craie et des pierres filtrantes, les stomates des feuilles, etc.

58. Élasticité. — En même temps que les corps sont compressibles, ils sont *élastiques;* c'est-à-dire que, s'ils ont subi une déformation par l'effet d'une action mécanique, ils *tendent à reprendre leur forme initiale* aussitôt que la cause de déformation cesse d'agir.

L'élasticité peut être mise en jeu par compression, par traction, par torsion, par flexion.

Nous avons utilisé plus haut l'élasticité par flexion dans l'emploi des dynamomètres (11).

ETATS DES CORPS

Les corps de la nature se présentent à nous sous trois états différents.

59. État solide. — Les solides (bois, fer, etc.) ont *une forme et un volume déterminés*, ils opposent une résistance à un changement de forme ou de volume. Les particules sont liées les unes aux autres par des forces attractives dites *forces de cohésion*. Ces forces sont parfois considérables, car il faut exercer une traction de près de 100 kilogrammes dans le sens de la longueur pour rompre une tige d'acier de 1 millimètre carré de section. La distance à laquelle ces forces s'exercent est extrêmement petite. Il ne suffit pas en effet de placer l'une sur l'autre deux surfaces de verre bien polies, *ab*, *cd*, pour qu'elles adhèrent; toutefois si on les fait glisser à la main l'une contre l'autre avec pression, elles s'attachent et ne peuvent ensuite être séparées qu'avec effort. Ces glaces, une fois unies, ne se séparent pas même dans le vide, ce qui montre que l'effet ne provient pas de la pression atmosphérique[1] (fig. 27).

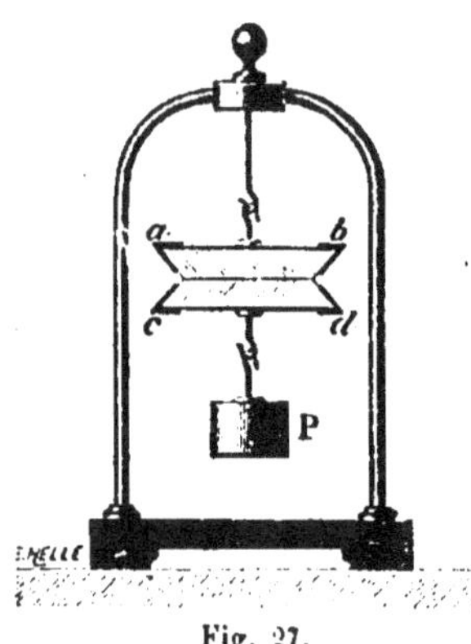

Fig. 27.

Un solide soumis à une traction ou à une compression n'éprouve souvent qu'un changement de volume extrêmement faible; en outre, si l'écart moléculaire dépasse une certaine limite, le solide ne reprend pas son volume primitif, on dit que la *limite d'élasticité* a été dépassée. Aux corps appelés vulgairement *élastiques*, tels que le caoutchouc, on peut faire subir une déformation notable sans dépasser leur limite d'élasticité. Les corps *cassants* ne peuvent être déformés d'une façon sensible sans que leur limite d'élasticité soit atteinte.

(1) On réserve le nom de *cohésion* à l'attraction qui s'exerce entre des particules de même nature, on appelle souvent *adhésion* l'attraction qui s'exerce entre des particules de substances différentes. C'est par adhésion qu'un crayon laisse une trace sur le papier, que la peinture peut être fixée aux murs.

60. État liquide. — Les liquides (eau, huile, mercure, etc.) *ont un volume déterminé* comme les solides, mais *ils n'ont pas de forme propre* et se moulent sur les vases qui les reçoivent; ils se terminent par une *surface libre*. Les molécules liquides peuvent glisser avec une extrême facilité les unes sur les autres [1].

Les liquides sont *plus compressibles que les solides*, mais ils le sont encore très peu.

Ils sont *parfaitement élastiques*, sans présenter de limite d'élasticité; en effet, quelle que soit la force qui les comprime, ils reprennent toujours leur volume initial quand la force a cessé son action et cette élasticité ne diminue pas par l'usage, comme cela a lieu pour les solides.

61. État gazeux. — Les gaz (air, vapeurs, etc.) *n'ont ni forme ni volume déterminés*, leurs molécules paraissent indépendantes; ils sont beaucoup *plus compressibles que les liquides* et leur *élasticité est parfaite* comme celle des liquides. On démontre cette *compressibilité* et cette *élasticité* en engageant un piston de cuir graissé dans un tube épais en verre fermé à l'une de ses extrémités (fig. 28). Quand on enfonce vivement le piston, l'air qui remplit le tube est fortement comprimé; réduit au quart et même au dixième de son volume, il reprend son volume primitif et chasse le piston dès qu'on cesse la pression [2].

Les gaz *n'ont pas de surface libre;* ils sont dénués de cohésion et se distinguent des liquides par leur **expansibilité** qui leur permet

Fig. 28.

d'occuper tout le volume qui leur est offert. Un gaz peut être assimilé à un ressort constamment tendu qui fait effort pour se détendre, ses molécules se repoussent et exercent contre les parois du vase qui les

---

(1) Elles ont toutefois entre elles une certaine cohésion qui les empêche de se disperser. Si l'on plonge une tige de verre dans un liquide qui la mouille, par exemple dans l'eau, et qu'on la retire ensuite, une goutte liquide reste suspendue à l'extrémité inférieure de la tige. Le liquide qui touche immédiatement le verre est retenu par l'*adhésion* du liquide au solide, mais le reste de la goutte est suspendu par la *cohésion* du liquide sur lui-même. — La forme sphéroïdale des gouttes de pluie est encore une preuve de la cohésion des liquides.

(2) Cet appareil a reçu le nom de *briquet à air* à cause de la chaleur que dégage la compression brusque de l'air qu'il renferme.

renferme une pression ou **force élastique**. On met en évidence cette force élastique en plaçant sous la cloche d'une machine pneumatique une vessie munie d'un robinet; dégonflée quand le robinet était ouvert, puis fermée, elle ne renferme que très peu d'air; la force élastique de l'air qu'elle contient fait équilibre à la force élastique de l'air de la cloche (fig. 29). Si l'on diminue progressivement la pression dans la cloche en y faisant le vide, la vessie se gonfle par l'expansibilité du gaz qu'elle contient (fig. 30). Quand on fait rentrer l'air dans la cloche, la vessie s'affaisse de nouveau.

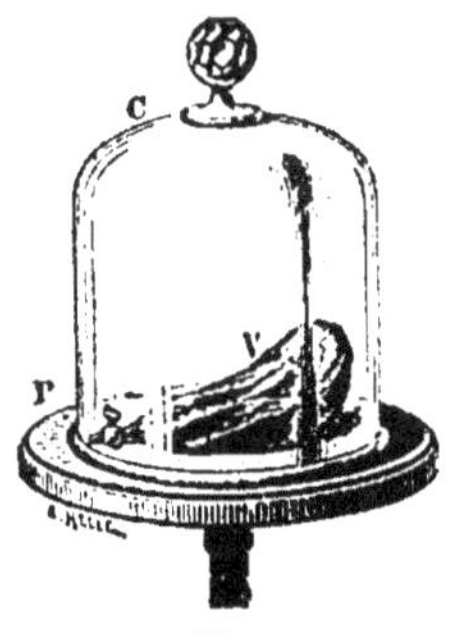
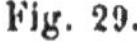
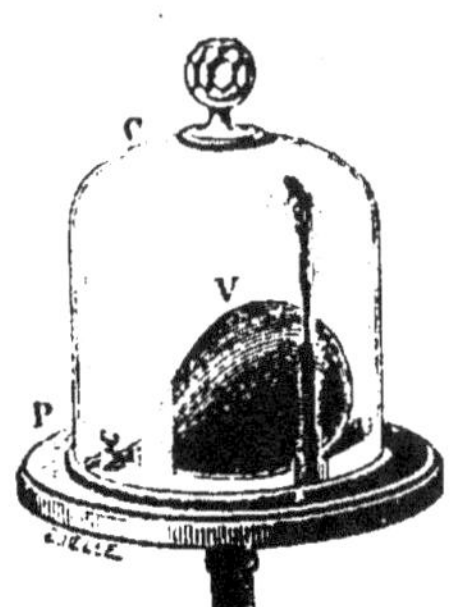

Fig. 29.   Fig. 30.

Un même corps, tout en conservant sa nature chimique, peut se présenter sous les trois états physiques précédents : *état solide, état liquide, état gazeux* (glace, eau liquide, vapeur d'eau). Ses molécules paraissent rester identiques à elles-mêmes, mais elles sont inégalement liées dans les trois états.

62. États intermédiaires. — Entre les trois états que nous avons définis, on observe des états intermédiaires. Les *corps mous* se placent entre les liquides et les solides, ils ont l'apparence des solides, mais leur limite d'élasticité est très rapidement atteinte, et des forces très faibles déterminent en eux des déformations notables et permanentes.

UNITÉS

63. — Mesurer une grandeur, c'est la comparer à une grandeur fixe de même nature que l'on appelle *unité;* chaque espèce de grandeur a son unité particulière.

La mesure est exprimée par un nombre suivi du nom de l'unité. C'est ainsi que la mesure d'une longueur sera par exemple représentée par 15 mètres. Deux grandeurs de même nature sont dans le même rapport que leurs mesures. La mesure d'une même grandeur varie en raison inverse des unités qui servent à l'évaluer.

Anciennes unités. — Les unités choisies pourraient être complètement indépendantes les unes des autres. C'était le cas des anciennes unités où la *toise* était l'unité de longueur, la *perche* l'unité de mesure agraire, la *livre* l'unité de poids, le *setier* l'unité de capacité.

64. Relations entre les unités. — Les grandeurs que l'on étudie, en géométrie, en mécanique ou en physique, ne sont pas indépendantes; il existe entre elles des relations qui permettent de définir toutes les unités avec trois unités, seules arbitraires et dites **unités fondamentales**; les autres unités sont appelées **unités dérivées**.

SYSTÈME D'UNITÉS ADOPTÉ EN PHYSIQUE

65. Unités fondamentales. — Les trois unités fondamentales adoptées sont les unités de *longueur*, de *temps* et de *masse*.

Unité de longueur. — L'unité de longueur est le *centimètre*, centième partie du mètre. Le *mètre* est la distance qui sépare, à la température de la glace fondante, deux traits de repère tracés sur une règle en platine iridié (90 de platine et 10 d'iridium) conservée au Bureau international des Poids et Mesures. (Le mètre est très voisin de la quarante-millionnième partie du méridien terrestre.)

Unité de temps. -- L'unité de temps est la *seconde*. La seconde est la 86 400ᵉ partie du jour solaire moyen [1].

Unité de masse. — C'est la masse d'un *gramme* ou la millième partie de la masse d'un bloc de platine iridié conservé au Bureau international des Poids et Mesures (établi égal [2] à la masse d'un décimètre cube d'eau distillée, à 4°).

---

(1) La durée du *jour solaire vrai* ou du temps qui sépare deux passages consécutifs du soleil au méridien éprouve de petites variations qui sont périodiques. On a imaginé un soleil fictif passant au méridien à des intervalles de temps égaux à la moyenne de tous les jours solaires vrais de l'année. Cet intervalle est le *jour solaire moyen*.

(2) L'étalon de masse n'est pas *rigoureusement* égal à la masse d'un décimètre cube d'eau; la différence est toutefois négligeable.

En raison du choix des trois unités fondamentales, ce système est dit **système centimètre, gramme, seconde** (C. G. S.)

66. Unités dérivées. — On choisit les unités dérivées de façon à faire disparaître les coefficients numériques dans les relations qui existent entre les différentes grandeurs. Prenons pour exemple le choix de l'unité de surface. On a démontré que la surface d'un rectangle est proportionnelle au produit des mesures de ses côtés, ce qui est exprimé par la relation $S = K.ab$. Pour un carré de côté a, on aura $S' = Ka^2$. Si l'on prend pour **unité de surface** l'aire d'un carré dont le côté est égal à l'unité de longueur, ou le *centimètre carré*, on aura $S' = 1$ lorsque $a = 1$ et le coefficient K deviendra égal à l'unité. — **L'unité de volume** est le centimètre cube, cube dont l'arête est égale à un centimètre.

L'unité de vitesse (1) est la vitesse d'un corps qui parcourt d'un mouvement uniforme un centimètre en une seconde. **L'unité d'accélération** est l'accélération d'un mouvement uniformément varié (4) dont la vitesse s'accroît d'un centimètre en une seconde.

Unité de force. — Entre une masse M et la force F qui lui communique une accélération γ, existe la relation $F = M\gamma$ (**31**).

D'après cela, on choisit pour unité de force la **dyne** : c'est une force qui communique à une masse de 1 gramme une accélération de 1 centimètre par seconde. Le poids d'un gramme à Paris étant une force qui communique en chute libre à la masse d'un gramme une accélération de 981 centimètres, tandis que par définition une dyne ne communique à cette même masse qu'une accélération de un centimètre, le poids d'un gramme à Paris vaut 981 dynes (**31**). La dyne vaut donc $\frac{1}{981}$ du poids d'un gramme à Paris (un peu plus d'un milligramme).

Unité de travail. — Si l'unité de force est la dyne et l'unité de longueur le centimètre, l'unité de travail, d'après la relation $T = Fe$ est un travail accompli par une dyne lorsqu'elle déplace son point d'application d'un centimètre dans la direction où elle agit. Cette unité de travail, qu'on pourrait appeler *dyne-centimètre* a reçu le nom d'**erg.**

Nous définirons plus tard les autres unités dérivées à propos des grandeurs qu'elles servent à mesurer.

67. Unités pratiques. — Pour éviter dans les applications des mesures représentées par des nombres extrêmement grands ou extrêmement petits, on fait usage d'*unités pratiques*, multiples ou sous-multiples des unités précédentes.

Le **mètre**, le **décamètre**, l'**hectomètre**, le **kilomètre**, sont des multiples de l'unité de longueur; le **millimètre** est un sous-multiple.

Le **joule** est un multiple de l'unité de travail. Il vaut 10 millions d'ergs (10^7).

UNITÉS DE LA MÉCANIQUE INDUSTRIELLE

68. Unités fondamentales. — En mécanique, on prend pour unités fondamentales une unité de *longueur*, une unité de *temps* et une unité de *force*.

Pour unité de longueur, on adopte le *mètre*. — Pour unité de temps, on prend la *seconde du jour solaire moyen*. — Pour unité de force, on prend le *kilogramme* ou le *poids* d'un bloc de platine iridié conservé au Bureau international des Poids et Mesures. L'effort exercé sur un dynamomètre par l'unité de force dépend du lieu de l'observation.

69. Unités dérivées. — L'unité de surface est le *mètre carré*, l'unité de volume est le *mètre cube*, l'unité de vitesse est la vitesse d'un corps qui parcourt d'un mouvement uniforme 1 mètre en une seconde; l'unité d'accélération est l'accélération d'un mouvement uniformément varié dont la vitesse varie de 1 mètre en une seconde.

Unité de masse. — D'après la relation $F = M\gamma$, l'unité de masse est la masse d'un corps qui prendrait une accélération d'un mètre sous l'action d'une force d'un kilogramme. Le poids d'un tel corps est donné par l'équation $F = M\gamma$, où $M = 1$ et $\gamma = 9^m81$, accélération de la chute libre; on a ainsi $F = 9,81$ kilogrammes; l'unité de masse est à Paris la masse de 9,81 décimètres cubes d'eau.

Unité de travail. — D'après la relation $T = Fe$, on choisit pour unité de travail, le **kilogrammètre**, ou travail effectué par une force d'un kilogramme déplaçant son point d'application d'un mètre.

Comme l'unité de force, l'unité de masse et l'unité de travail varient un peu avec le lieu de l'observation. Ces variations sont toutefois trop petites pour qu'on s'en préoccupe dans les mesures industrielles.

D'ailleurs ces unités deviendraient bien déterminées si l'on prenait pour unité de force la *valeur du kilogramme à Paris*. L'unité de masse serait alors en tout lieu la masse de 9,81 décimètres cubes d'eau. L'unité de travail serait le kilogrammètre de Paris [1].

Puissance. — Vu l'importance du temps dans l'évaluation de l'effet utile d'une machine, on ne se borne pas à mesurer un travail, on note le temps pendant lequel ce travail est effectué et on appelle *puissance* d'une machine son travail par seconde. Une puissance s'exprime soit en kilogrammètres, soit en *chevaux-vapeur*. On désigne par **cheval-vapeur** [2] un travail de 75 kilogrammètres accompli en une seconde.

La puissance d'une machine s'exprime encore en *watts* (un moteur d'une puissance d'un watt débite un joule par seconde).

70. Remarques sur les systèmes d'unités. — Les systèmes d'unités que nous avons définis ont eu pour point de départ commun le *système métrique*.

Dans le système métrique, établi en France en 1795, à part l'unité de temps, il n'y avait en apparence qu'une unité indépendante, l'*unité de longueur*, le **mètre**. Les autres unités s'en déduisaient :

1° par des définitions géométriques (unités de surface, de volume).

2° par une définition *arbitraire* (unité de force : poids à Paris d'un décimètre cube d'eau à 4° dans le vide).

---

(1) Une force de 1 kilogramme vaut à Paris 981 000 dynes; pour convertir un kilogrammètre en ergs, dans l'expression $T = Fe$, où $T = 1$ kilogrammètre, $F = 1$ kilogramme et $e = 1$ mètre, remplaçons F par 981 000 dynes, e par 100 centimètres : nous avons $T = 981\ 000\ 00$ ou $9,81 . 10^7$. Le kilogrammètre de Paris vaut 9,81 joules.

(2) Un cheval de force moyenne employé à un travail *continu* pendant plusieurs heures ne peut fournir qu'un travail notablement inférieur à 75 kilogrammètres par seconde.

PESANTEUR

71. Tous les corps sont pesants. — A la surface de la terre, tout corps abandonné à lui-même *tombe*, c'est-à-dire se dirige vers le sol s'il n'est pas soutenu. C'est un fait vulgaire pour les corps solides et les corps liquides tombant dans l'air, nous démontrerons plus tard que les gaz ne font pas exception (**152**).

72. Pesanteur. — La force qui détermine la chute des corps est appelée *pesanteur*.

La pesanteur agit sur tous les corps. Elle exerce son action sur toutes les molécules, car si on divise un corps quelconque en parties de plus en plus petites, jusqu'à le réduire à l'état de poussière, chacune de ses parties est pesante.

Les forces de la pesanteur sont donc des forces *appliquées* aux particules de tous les corps; nous chercherons leur *direction* et leur *intensité*.

73. Direction de la pesanteur. Fil à plomb. — La direction de la pesanteur est la ligne que suit un corps pesant quand il tombe librement. Cette direction est encore donnée par le *fil à plomb*.

Un *fil à plomb* est un fil flexible F suspendu à un point fixe par son extrémité supérieure et portant à l'autre extrémité un corps pesant tel qu'une balle de plomb (fig. 31). A cause de sa flexibilité, le fil se tend suivant la direction que lui donne l'effort de la balle de plomb.

La direction de la pesanteur est *la même en un même lieu* pour tous les corps, quels que soient leur volume, leur forme et leur nature. En effet, plusieurs corps qu'on laisse tomber successivement du même point viennent rencontrer le sol en

Fig. 31.

un même point; de même plusieurs fils à plomb terminés par différents corps pesants placés au voisinage les uns des autres sont parallèles au repos.

74. Verticale. — *La direction du fil à plomb en repos est désignée sous le nom de verticale.* En un lieu elle est perpendiculaire à la surface d'un liquide en repos.

Pour le vérifier, on suspend un fil à plomb au-dessus d'un vase plein d'eau en y faisant plonger la balle de plomb. Une équerre à

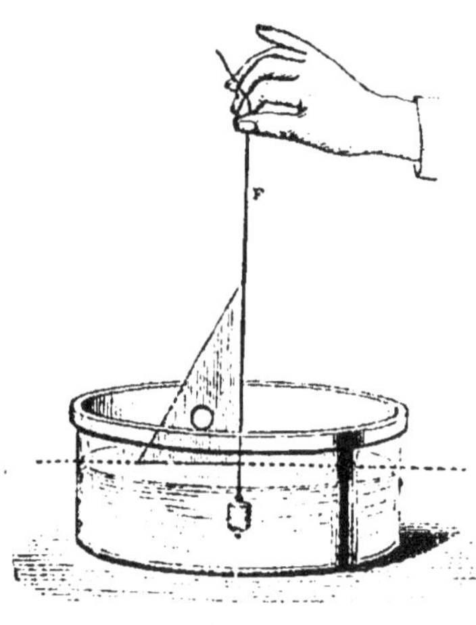

Fig. 32.

dessin, appliquée contre le fil par un côté de son angle droit, suit la surface de l'eau tout le long de son autre côté. quel que soit le plan vertical dans lequel on le place (fig. 32). Le fil est donc perpendiculaire à la surface de l'eau. Le fil à plomb est employé en maçonnerie pour vérifier la verticalité d'un mur ou l'horizontalité d'une ligne sur un plan. Dans le premier cas, le fil doit être parallèle au mur sur toute sa longueur. Dans le second cas, le fil à plomb est fixé à une double équerre (niveau des maçons) que l'on pose sur la ligne. Si la ligne est horizontale, le fil passe devant un repère tracé au milieu du pied de l'appareil.

Plan horizontal. — On appelle *plan horizontal* tout plan perpendiculaire à la verticale. En un lieu donné, la surface libre des eaux tranquilles est un plan horizontal.

75. La direction de la pesanteur passe par le centre de la Terre. — La surface d'un liquide en repos ne nous semble plane que si elle est de petite étendue; en réalité, la surface des océans qui entoure en grande partie le globe terrestre est sensiblement sphérique; en chaque lieu, elle forme un plan horizontal qui se confond avec le plan tangent à la sphère terrestre; les verticales en différents points sont perpendiculaires aux plans tangents de la sphère en ces points et vont se rencontrer au centre (fig. 33). La pesanteur est donc dirigée vers le centre de la Terre.

En deux points A et A′ éloignés l'un de l'autre, les verticales font
un angle sensible : l'angle des ver-
ticales de Paris et de Barcelone est
supérieur à 7° ; deux fils à plomb distants d'un kilomètre font entre eux un
angle peu différent d'une demi-minute,
mais dans un appartement deux fils à
plomb sont parallèles, car leur angle
échappe à toute mesure.

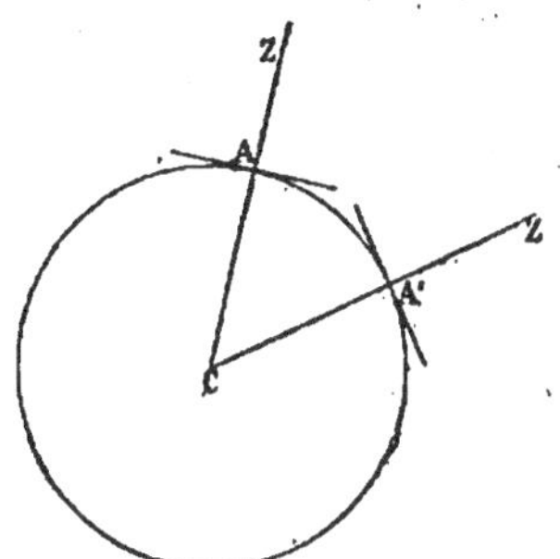

Fig. 33.

76. Poids d'un corps. — Un corps
pesant est formé de molécules solli-
citées chacune par une force dirigée
suivant la verticale du lieu ; ces forces parallèles et de même sens
ont une résultante unique **(22)**, verticale, égale à leur somme, appelée *poids* du corps. Le *poids d'un corps est la résultante des actions
exercées par la pesanteur sur tous les points du corps;* c'est aussi
la pression exercée par ce corps sur un obstacle qui l'empêche de
tomber.

Théoriquement, on avait pris pour **unité de poids** le poids d'un
centimètre cube d'eau pure à 4°. Pratiquement, l'unité de poids est
le poids d'un gramme ou la millième partie du poids d'un bloc de
platine iridié, appelé *kilogramme,* conservé au Bureau international
des Poids et Mesures.

77. Centre de gravité. — Le centre de gravité d'un corps est le
*point d'application G de la résultante des
forces parallèles exercées par la pesanteur
sur les particules de ce corps* (fig. 34).

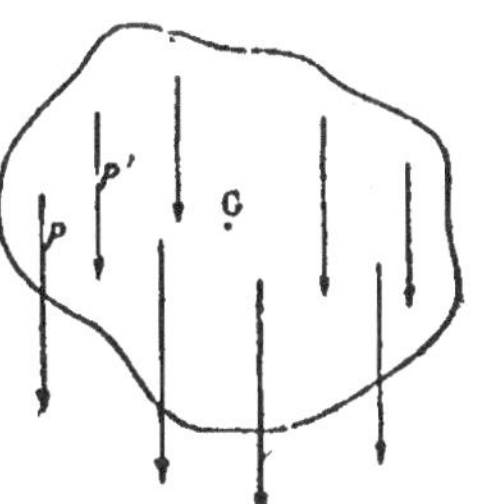

Fig. 34.

Quand on change l'orientation d'un corps,
l'action de la pesanteur sur les molécules du
corps ne change pas et le poids total, égal à
la somme des poids des molécules, reste le
même. Si la forme du corps est invariable et si
la distribution de la matière n'y est pas modifiée,
le centre de gravité conserve la même position
par rapport au corps, car un *centre de forces
parallèles* ne varie pas de position quand les forces changent de direction *sans changer de grandeur ni de point d'application* **(22)**. Si l'intensité
de la pesanteur vient elle-même à varier, ce qui arrive lorsque le corps
est porté dans un lieu différent, toutes les forces parallèles appliquées
aux molécules sont altérées dans le même rapport et le centre des forces

parallèles ou le centre de gravité conserve encore la même position.

78. Détermination géométrique du centre de gravité. —
La position du centre de gravité dans un corps homogène (où la
matière est uniformément distribuée) ne dépend que de sa forme. Des
corps homogènes de forme semblable ont leurs centres de gravité
semblablement placés.

Pour un corps de forme géométrique, la recherche du centre de
gravité est un problème de géométrie.

Quand il y a dans un corps homogène un *centre de symétrie*, ce
point est le centre de gravité : en
effet, le corps peut alors être décomposé en groupes de deux masses
égales m et m', m_1 et m'_1,... également distantes de ce point. Pour
chaque groupe, les poids des deux
masses sont des forces égales qui
se composent en une seule appliquée
au centre de symétrie (fig. 35).

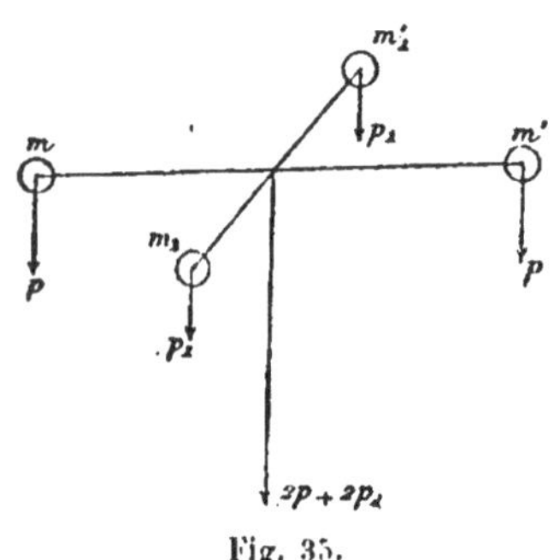

Fig. 35.

La résultante totale qui est le
poids du corps est la somme de ces
résultantes partielles de même direction et elle est appliquée comme
elles au centre de symétrie.

D'après cela, le centre de gravité d'une sphère est son centre, le
centre de gravité d'un cylindre à base circulaire est le milieu de la
droite qui joint les centres des deux bases, le centre de gravité d'un
parallélipipède est le point de concours des diagonales.

Une surface, une ligne pesante ont un centre de gravité puisque
chaque petite partie de la surface ou de la ligne est pesante. Dans un
cercle et un polygone régulier, le centre de gravité est le centre;
dans un rectangle, c'est le point de concours des diagonales.

79. Détermination expérimentale du centre de gravité. —
Toutes les actions de la pesanteur sur un corps pouvant être remplacées par leur résultante appliquée au centre de gravité, il suffit de
soutenir ce centre pour que l'effet de la résultante soit annulé. Il est
toutefois nécessaire que les molécules du corps soient agglomérées et
que le centre de gravité soit *invariablement lié au corps*.

De ce que *un corps pesant reste immobile en équilibre si son
centre de gravité est soutenu*, on déduit une méthode physique de
détermination du centre de gravité d'un corps *quelconque*.

On suspend le corps par un de ses points A à l'extrémité d'un fil flexible, le poids du corps est annulé lorsque l'équilibre est établi, cela a lieu quand le centre de gravité s'est placé sur la verticale du point B de suspension du fil; le centre de gravité G se trouve donc sur le prolongement du fil. Il en sera de même si l'on soutient le corps par un autre point C. Le centre de gravité se trouvera au point de rencontre des deux prolongements du fil dans les deux expériences (fig. 36).

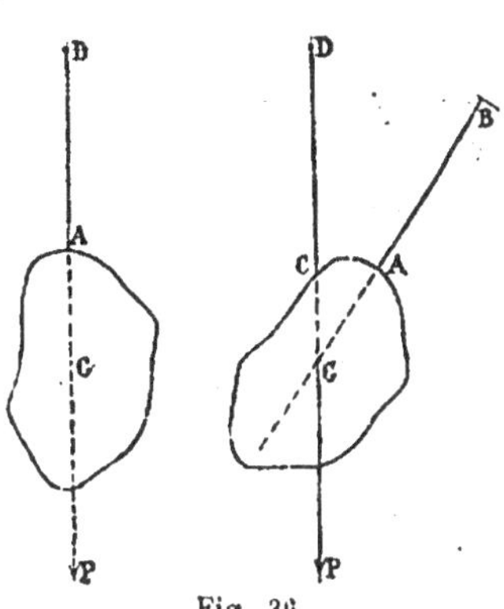

Fig. 36.

80. Équilibre d'un corps solide mobile autour d'un axe (ou d'un point fixe). — Il faut pour l'équilibre que le centre de gravité soit soutenu *ou que la verticale menée par ce point passe par l'axe fixe.*

Cet équilibre a trois manières d'être : 1° il est *stable* lorsque le centre de gravité est au-dessous de l'axe (fig. 37); le corps écarté

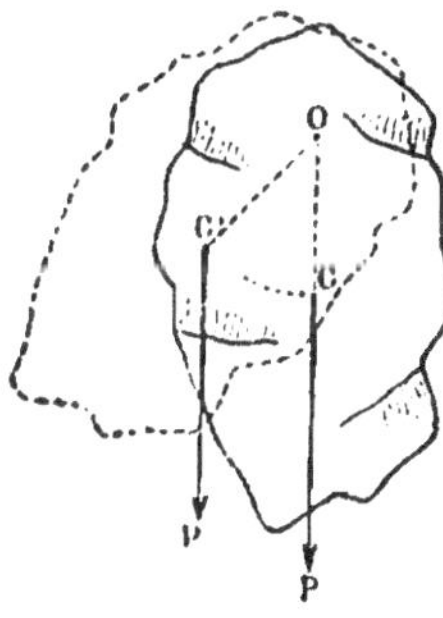

Fig. 37.

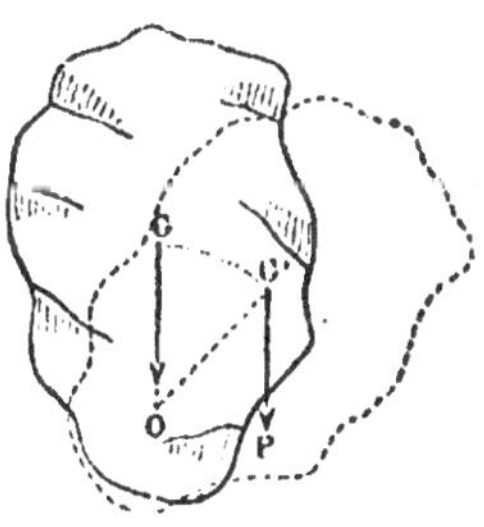

Fig. 38.

un peu de sa position d'équilibre *y est ramené* par l'action de son poids, le centre de gravité tendant toujours à descendre. 2° Il est *instable* lorsque le centre de gravité est au-dessus de l'axe (fig. 38); si dans ce cas, le corps est tant soit peu dérangé de sa position d'équilibre, *il s'en éloigne sans retour* par l'action de son poids. Le centre de gravité est descendu et ne peut remonter de lui-même. 3° Il est *indifférent* lorsque l'axe passe par le centre de gravité et le centre de gravité ne descend alors ni ne monte dans le mouvement du corps ; le poids du corps est annulé par la résistance de l'axe dans toutes les positions possibles.

81. Équilibre d'un corps solide reposant sur un plan résistant horizontal. — S'il n'y a qu'un point de contact avec le plan, il faut pour l'équilibre que la verticale menée par le centre de gravité rencontre le plan horizontal au point d'appui.

Si le corps solide repose sur un plan horizontal par un certain nombre de points, il faut pour l'équilibre que la verticale menée par le centre de gravité tombe à l'intérieur de la base de sustentation : cette base est le polygone convexe formé en réunissant les points d'appui (fig. 39).

L'équilibre est d'autant plus stable que la base de sustentation a une plus grande surface et que le centre de gravité est plus bas. En effet, un plus grand déplacement du corps peut alors avoir lieu sans

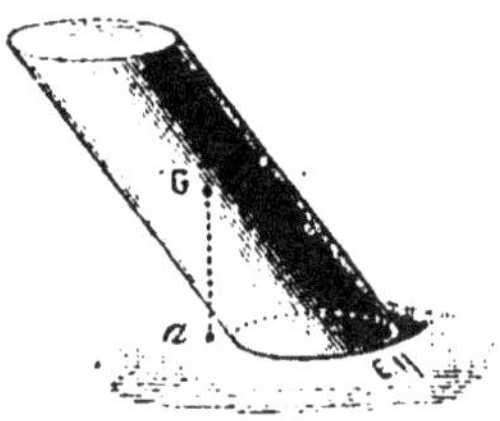

Fig. 39.　　　　　Fig. 40.

que la verticale du centre de gravité tombe en dehors de la base de sustentation.

Lorsque la verticale du centre de gravité vient à rencontrer le plan d'appui en dehors du polygone d'appui (fig. 40), le corps tombe du côté où le pied *a* de la verticale rencontre le plan.

Ces considérations sur la position du centre de gravité trouvent leur application dans l'équilibre du corps humain, dans la construction et le chargement des voitures, etc.

LOIS DE LA CHUTE DES CORPS

82. Première loi. — *En un même lieu, tous les corps tombent également vite dans le vide.*

Deuxième loi. — **Loi des espaces.** — *Les espaces parcourus par un corps qui tombe librement dans le vide en partant du repos, sont proportionnels aux carrés des temps employés à les parcourir.*

Troisième loi. — **Loi des vitesses.** — *Les vitesses acquises par un corps qui tombe librement dans le vide en partant du repos, sont proportionnelles aux temps écoulés depuis le commencement de la chute.*

Les deux dernières lois caractérisent un *mouvement uniformément accéléré.* Elles ne sont pas distinctes, puisque l'une est la conséquence de l'autre (4). Elles sont exprimées par les relations :

$$e = \frac{1}{2}\, g t^2, \qquad v = g t.$$

Ces formules montrent que l'accroissement constant de vitesse par seconde ou l'**accélération**, qu'on représente par la lettre g est le double de l'espace parcouru pendant la première seconde de chute. Le nombre g varie un peu avec le lieu du globe où se fait la chute. A Paris, g est égal à 981 centimètres. Donc un corps qui tombe à Paris en chute libre parcourt 490,5 centimètres dans la première seconde de sa chute.

Nous savions déjà qu'un corps suit en tombant une direction verticale et que par conséquent le poids d'un corps est une force *constante en direction,* en un lieu déterminé. De ce que le mouvement est uniformément accéléré, il résulte que le poids d'un corps est une force qui reste *constante en grandeur,* pendant la durée de la chute (**29**).

VÉRIFICATIONS EXPÉRIMENTALES

83. Première loi. **Chute dans le vide.** — Des corps de nature et de formes diverses tombent inégalement vite dans l'air; la différence est manifeste pour une balle de plomb et une feuille d'or. Ces inégalités disparaissent dans le vide.

Pour montrer que tous les corps tombent également vite dans le vide, on prend un grand tube cylindrique en verre ayant environ 2 mètres de hauteur et 7 à 8 centimètres de diamètre (fig. 41); ce tube est terminé à ses deux extrémités par deux garnitures métalliques

Fig. 41.

dont l'une se prolonge par un robinet que l'on peut visser sur une machine pneumatique. On a introduit dans le tube des corps différents : un grain de plomb, un morceau de liège, une feuille d'or, une barbe de plume. Après avoir fait le vide, on retourne brusquement le tube; tous les corps qu'il contient tombent et gagnent en même temps l'extrémité inférieure. En laissant rentrer un peu d'air et en retournant de nouveau le tube, la rapidité de la chute devient inégale, les corps les plus légers sont en retard ; et d'autant plus qu'on a laissé rentrer l'air plus complètement.

La force qui fait tomber un corps dans le vide est son poids. La force qui le fait tomber dans l'air est *la différence entre son poids et la résistance de l'air*, la résistance de l'air s'opposant au mouvement. Pour une même forme extérieure et une même vitesse, la résistance de l'air est la même, elle est donc une fraction d'autant plus grande du poids que le poids est plus petit.

Lorsque le corps qui tombe n'a pas une grande densité et offre une surface étendue, la résistance de l'air devient importante, elle croît en outre avec la vitesse du corps qui tombe[1]. La résistance de l'air retarde la chute des flocons de neige, assure la descente lente des parachutes utilisés autrefois par les aéronautes, elle permet le vol des oiseaux.

L'influence de la résistance de l'air sur la chute des corps peut être mise en évidence sans appareil spécial. Sur un disque de métal ayant le diamètre d'une pièce de cinq francs en argent on pose un disque de papier un peu moins large. Tenant alors le disque horizontalement, on le laisse tomber à plat d'une certaine hauteur, le papier suit le métal qui lui ouvre le passage et le soustrait ainsi à la résistance de l'air. Il tombe comme il tomberait dans le vide, aussi vite que le métal.

La chute des liquides est également modifiée par la présence de l'air, on le démontre par l'expérience du **marteau d'eau**. C'est un tube de verre rempli d'eau aux deux tiers; après avoir fait bouillir l'eau pendant quelques instants pour chasser l'air, on a fermé le tube à la lampe. En retournant le tube brusquement, l'eau tombe *en bloc* et vient choquer le fond avec un bruit sec qu'on a comparé à un coup de marteau. Dans l'air, le liquide serait tombé en se divisant en gouttelettes par l'effet de l'interposition de particules d'air.

Tous les corps tombant également vite dans le vide, les lois du mouvement de chute des corps peuvent être étudiées avec un corps quelconque. A cause de la difficulté d'opérer dans le vide, on opère dans l'air, mais dans des conditions où la résistance de l'air n'a pas d'effet appréciable.

---

(1) Lorsque la résistance de l'air est considérable, elle devient à un moment de la chute, pour une certaine valeur de la vitesse, égale au poids du corps; la force résultante étant désormais nulle, la vitesse ne varie plus et le mouvement de chute se maintient *uniforme* (**27**).

84. Deuxième loi. Loi des espaces. — La rapidité croissante de la chute d'un corps rend difficile l'observation précise de l'espace parcouru, car une petite erreur dans la mesure du temps entraîne une erreur notable dans la mesure de l'espace. On s'est d'abord proposé de *ralentir* le mouvement sans en changer la loi ; ce ralentissement facilite les observations ; en outre comme la résistance de l'air décroît rapidement avec la vitesse, la diminution de la vitesse du mobile atténue l'effet de la résistance de l'air.

85. Plan incliné de Galilée[1]. — Galilée employait un plan incliné le long duquel la chute avait lieu. Le frottement est rendu très faible avec une bille qu'on laisse rouler sur le plan.

Figurons la section du plan incliné par un plan perpendiculaire à son intersection avec le plan horizontal (fig. 42). L'angle BAC est l'angle plan du dièdre formé par le plan incliné avec le plan horizontal, BA est *la ligne de plus grande pente;* c'est cette ligne que suit la bille M. D'après la règle du parallélogramme des forces, le poids MP peut être décomposé (**18**) en deux forces MH et ME, l'une perpendiculaire et l'autre parallèle au plan incliné.

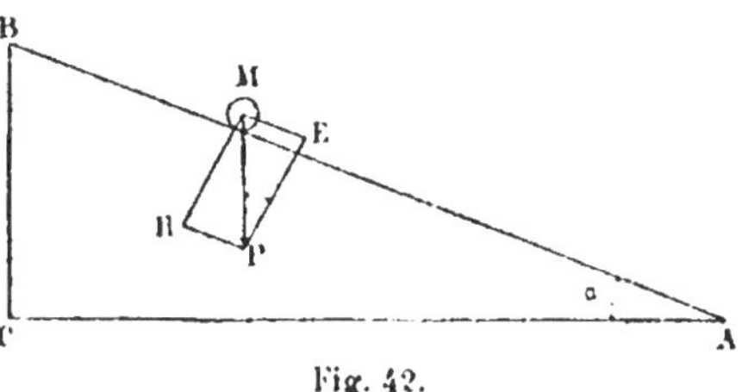

Fig. 42.

L'effet de la composante MH est annulé par la résistance du plan, la composante ME agit seule sur la masse pour la faire descendre.

Les triangles MPE, BAC ayant leurs angles égaux sont semblables ; on a donc :

$$\frac{ME}{MP} = \frac{BC}{BA} \quad \text{d'où} \quad ME = MP\frac{h}{l};$$

h représentant la hauteur et l la longueur du plan.

ME est constant comme MP, le mouvement n'est donc pas modifié dans sa nature. Le mouvement est d'autant plus ralenti que ME est plus petit.

On constate que les espaces parcourus sont **1, 4, 9** pour des temps **1, 2, 3**; ils sont donc proportionnels aux carrés des temps.

86. Machine d'Atwood. — En chute libre, la force qui entraîne la masse d'un corps est le poids de ce corps. Dans la machine d'Atwood, la force agissante est un poids *constant* comme dans la chute libre, mais on réduit son effet en l'employant *à entraîner une masse plus considérable que la sienne.*

La machine d'Atwood se compose d'une colonne au sommet de laquelle est disposée une *poulie* très légère R, à gorge creuse, mobile autour d'un axe horizontal. Sur la poulie s'enroule un fil de soie inextensible et très fin sup-

---

(1) **Galilée,** né à Pise (1564-1642), physicien et astronome.

portant à ses extrémités deux masses égales M (fig. 43). Le poids du fil étant négligeable, les poids des deux masses se font équilibre dans toutes les positions du fil. Mais si l'on charge l'une des masses d'une masse additionnelle m, le poids de cette masse est la force agissante. En chute libre, ce poids n'entraînerait que sa propre masse m, ici il fait tomber l'ensemble $2M + m$.

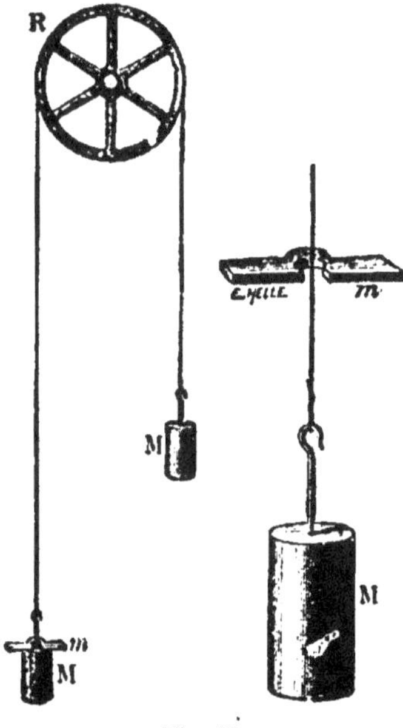

Fig. 43.

Fig. 44.

Marche des expériences. — La masse qui descend se meut parallèlement à une règle verticale divisée en centimètres, le long de laquelle on fixe à diverses hauteurs avec une vis de pression un curseur métallique plein C. (fig. 44). Une horloge à secondes H munie d'un cadran fait partie de l'appareil et compte le temps (fig. 45).

Pour mesurer l'espace parcouru pendant un temps donné, on remonte la masse $M + m$ et on maintient sa base inférieure en face du zéro de la règle divisée. Par une disposition spéciale, le système $M + m$ cesse d'être soutenu à l'instant où le battement de l'horloge marque le commencement de la seconde du zéro du cadran. Après quelques tâtonnements, on parvient à placer le curseur en un point de la règle tel qu'on entende simultanément le battement de l'horloge commençant la deuxième seconde et le choc de la masse sur le curseur.

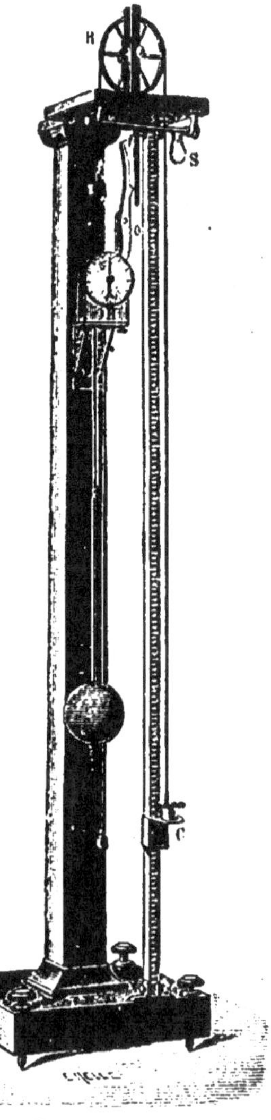

On ramène le système $M + m$ au zéro, on recommence l'expérience

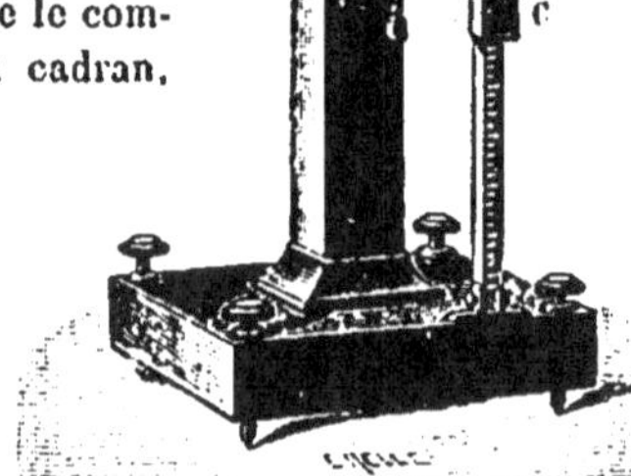

Fig. 45.

et on cherche à quelle division il faut placer le curseur plein pour que le poids
le frappe après deux secondes de chute.

On mesure ainsi les distances c_1, c_2, c_3, c_4, parcourus en 1, 2, 3, 4
secondes. Supposons égal à 10 cen-
timètres, l'espace e_1 parcouru après
une seconde, nous trouverons :

$$e_1 = 10$$
$$e_2 = 40 = 10.4$$
$$e_3 = 90 = 10.9$$
$$e_4 = 160 = 10.16.$$

*Les espaces parcourus sont donc
proportionnels aux carrés des
temps.*

87. Appareil Morin. — Le
plan incliné de Galilée et la
machine d'Atwood sont des appareils d'expérimentation inté-
ressants, mais pour la démonstration elle-même de la loi des
espaces, ils n'ont plus qu'un
intérêt historique, l'appareil
graphique du général Morin
permettant la vérification directe des lois de la chute *libre*
(fig. 46).

Description. Cet appareil se
compose d'un cylindre de bois A
de 2 mètres environ de hauteur,
rendu vertical à l'aide de vis
calantes et pouvant recevoir
d'un mécanisme d'horlogerie un

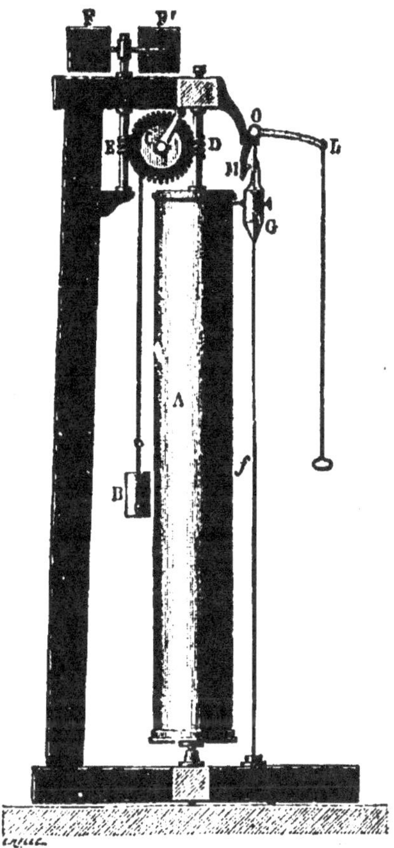
Fig. 46.

mouvement de rotation uniforme autour de son axe, de manière
qu'un point de la circonférence de sa base tourne d'arcs égaux dans
des temps égaux.

En regard du cylindre tournant uniformément[1] on laisse tomber

(1) Dans les cours, la rotation du cylindre s'obtient par la chute d'un poids B suspendu à une corde enroulée sur un treuil C. La corde en se déroulant fait tourner une
roue dentée qui engrène à la fois par des vis sans fin D et E avec l'axe du cylindre et
avec un autre axe muni de quatre ailettes F. Les ailettes entraînées avec une vitesse
croissante frappent l'air et éprouvent une résistance qui augmente rapidement avec la
vitesse. Le mouvement du cylindre est d'abord accéléré par la chute du poids, mais à
un certain moment la résistance opposée par l'air devient égale au poids qui est cons-

une masse cylindro-conique G en fer, portant un crayon horizontal
dont la pointe est pressée légèrement par un petit ressort contre la surface du cylindre recouverte d'une
feuille de papier. Cette masse est munie d'oreilles o, o'
glissant sur des fils d'acier verticaux f bien tendus qui
la guident dans sa chute (fig. 47).

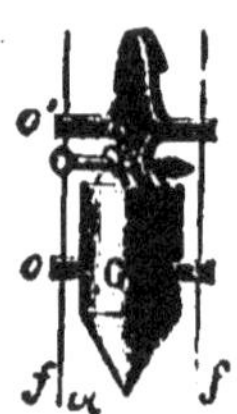

Fig. 47.

Courbe tracée sur le cylindre. — La masse étant
maintenue immobile devant le cylindre tournant, le
crayon trace sur la surface du cylindre une circonférence. Si la masse tombe devant le cylindre en repos, le crayon trace
une ligne verticale suivant une arête du cylindre. Lorsque le cylindre
tourne pendant la chute de la masse, le crayon rencontre les génératrices successives du cylindre en des points de plus en plus bas et

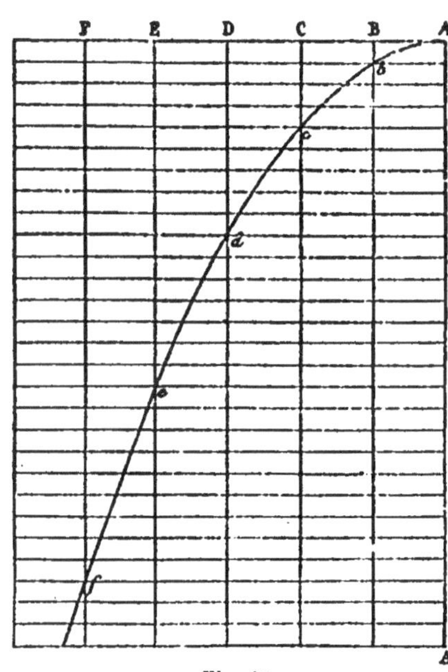

Fig. 48.

trace sur sa surface une
courbe dont l'étude fait con
naître la nature du mouvement de chute.

Supposons prises sur la
circonférence de la base
supérieure du cylindre des
longueurs égales AB, BC,
CD, DE ; elles représentent
des arcs égaux décrits dans
des temps égaux entre eux
pendant le mouvement uni-
forme du cylindre. Menons
par les points de division
B, C, D, E des génératrices
équidistantes : la courbe
tracée par le crayon les
rencontre à des distances
de la circonférence de la
base supérieure qui repré-
sentent les hauteurs de chute après des temps 1, 2, 3, 4...

On détache du cylindre la feuille de papier qui le recouvrait, après

tant, et dès lors, conformément au principe de l'inertie, le mouvement du cylindre
se maintient uniforme avec la vitesse qu'il avait acquise. Ce résultat est obtenu quand
le poids moteur a parcouru à peu près les trois quarts de sa course. C'est à ce moment
qu'on fait tomber la masse cylindro-conique G à l'aide d'un levier LOM dont on abaisse
la longue branche à l'aide d'un cordon.

l'avoir coupée suivant la génératrice verticale AA' qui passe par le point de départ du crayon et on la déroule sur un plan (fig. 49). La droite AF perpendiculaire à AA' est le développement de la circonférence de base du cylindre; les longueurs B*b*, C*c*, D*d*..., hauteurs de chute après des temps 1, 2, 3... sont représentées par les nombres 1, 4, 9, 16, 25... $Cc = 4\,Bb$, $Dd = 9\,Bb$, $Ee = 16\,Bb$, $Ff = 25\,Bb$.

La longueur des verticales B*b*, C*c*... croît donc proportionnellement aux carrés des longueurs AB, AC[1] ou *proportionnellement aux carrés des temps.*

Le poids et la forme de la masse qui tombe rendent l'effet de la résistance de l'air entièrement négligeable, du moins pour cette petite hauteur de chute. Le frottement du crayon sur le papier est assez faible pour n'apporter aucune perturbation.

88. TROISIÈME LOI. **Loi des vitesses.** — La loi des espaces étant vérifiée, il n'est pas besoin de nouvelles expériences pour démontrer la loi des vitesses, puisque l'une des deux lois est une conséquence de l'autre (**4**). Nous allons cependant indiquer comment on vérifie la loi des vitesses avec la machine d'Atwood.

Conformément au principe de l'inertie (**27**), si la force qui agissait sur un mobile cesse d'agir, celui-ci continue à se mouvoir, mais *uniformément*, et la vitesse de ce mouvement uniforme est précisément la vitesse du mouvement varié à l'instant où l'action de la force qui modifiait le mouvement a été supprimé.

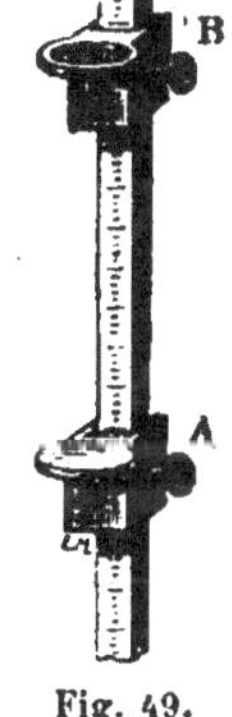

Fig. 49.

On obtient d'après cela les vitesses acquises par le système à différents instants en arrêtant par un curseur annulaire B, après 1, 2, 3 secondes de chute, la masse additionnelle *m* qui a une forme allongée (fig. 43); la masse M continue à descendre d'un mouvement uniforme; on l'arrête à son tour, à l'aide d'un curseur plein A, exactement une seconde après l'arrêt de la masse additionnelle par le curseur annulaire. La distance AB des deux curseurs (fig. 49) représente la vitesse du système mobile au moment où le poids additionnel a été supprimé.

On mesure ainsi les vitesses v_1, v_2, v_3... du système mobile après 1, 2, 3 secondes de chute et on constate que *les vitesses sont proportionnelles aux temps :* $v = \gamma t$.

89. Accélération dans la machine d'Atwood. — Les différences successives $v_2 - v_1$, $v_3 - v_2$, $v_4 - v_3$ sont les accroissements de vitesse pendant les secondes successives; ces accroissements sont égaux, ils représentent *l'accélération* γ.

(1) Cette propriété définit la courbe appelée *parabole*. La forme parabolique du tracé prouve donc la loi des espaces.

Les deux lois du mouvement de chute dans la machine d'Atwood sont formulées par les équations $e = \frac{1}{2}\gamma t^2$, $v = \gamma t$.

Si l'on fait *croître la masse additionnelle*, γ augmente, mais la loi des espaces et la loi des vitesses se vérifient toujours et le mouvement de chute reste uniformément accéléré. On en conclut que les deux lois se vérifieraient encore en chute libre.

En chute libre, γ prend une valeur g **(82)**, d'où les deux équations :

$$e = \frac{1}{2} g t^2, \quad v = g t$$

90. Mouvement des projectiles. — Un projectile est un corps pesant lancé dans l'air avec une vitesse initiale. Si le projectile était soustrait à l'action de la pesanteur et si l'air n'offrait pas de résistance, aucune force n'agirait sur lui et, d'après le *principe de l'inertie*, son mouvement serait rectiligne et uniforme. Sa vitesse serait en grandeur et en direction, la vitesse initiale. Mais, comme le projectile est pesant, son poids lui communique une vitesse verticale de haut en bas. Nous ferons abstraction de la résistance de l'air. En vertu du principe de *l'indépendance de l'effet d'une force et du mouvement antérieurement acquis* **(28)**, le projectile sera à tout instant animé de 2 vitesses ; 1° sa vitesse initiale, 2° la vitesse de sens contraire que son poids lui imprime.

Nous examinerons successivement le cas où la vitesse initiale est verticale et le cas où elle est oblique.

I. Vitesse initiale verticale. — Soit un projectile lancé **verticalement** avec une vitesse initiale b ; son poids lui communique pendant la première seconde une vitesse descendante g qui se retranche de b, ce qui fait qu'après une seconde, la vitesse est $b - g$; après 2 secondes, la vitesse du projectile sera $b - 2g$; après t secondes, elle sera $b - gt$; c'est l'expression de la vitesse dans un mouvement uniformément retardé **(5)**. Le projectile cessera de s'élever quand sa vitesse sera devenue nulle.

Une seconde avant d'atteindre sa limite supérieure, le projectile avait encore une vitesse g ; deux secondes avant cette limite, il avait une vitesse $2g$...

A partir du moment où sa vitesse est devenue nulle, le projectile redescend sans vitesse initiale d'un mouvement uniformément accéléré par l'action de son poids. Sa vitesse est g après une seconde de chute, $2g$ après deux secondes... A des temps équidistants de l'instant de vitesse nulle, il a donc la même vitesse, soit en montant, soit en descendant.

Des vitesses égales correspondent aussi à une même hauteur au-dessus du sol. En effet, la hauteur dont un poids P devra s'élever verticalement à partir d'un niveau h' pour perdre sa vitesse v' satisfait à l'égalité $\frac{1}{2} m v'^2 = P h'$ et en descendant d'une hauteur h' à partir du point culminant il prend une vitesse v' qui satisfait à la même égalité $Ph' = \frac{1}{2} mv'^2$ (40).

Les vitesses étant égales en valeur absolue à une même hauteur au-dessus du sol, dans la montée comme dans la descente, quand le projectile a atteint le sol dans sa chute, il a repris une vitesse b égale à la vitesse avec laquelle il avait été lancé verticalement de bas en haut.

L'*appareil Morin* (87) permet d'obtenir les espaces parcourus aux différents instants du mouvement. Lorsque le cylindre enregistreur a pris un mouvement uniforme, on lance, à l'aide d'une arbalète, de bas en haut et verticalement, le poids armé de son crayon avec une vitesse telle qu'il ait une vitesse nulle un peu avant d'atteindre le haut du cylindre. Le poids s'élève jusqu'à une certaine hauteur et retombe. Dans le mouvement ascendant, comme dans le mouvement descendant, le crayon a marqué sa position sur la feuille de papier qui recouvre le cylindre tournant. Après avoir développé la feuille du tracé, on mène au sommet de la courbe obtenue une tangente horizontale et une ligne verticale. La verticale coupe en leurs milieux toutes les cordes menées parallèlement à la tangente horizontale (fig. 50).

D'après cela, si l'on considère une position M du projectile, le temps qu'il met pour gagner de là le point culminant A est représenté par la longueur Mc. Le temps qu'il emploie ensuite pour redescendre

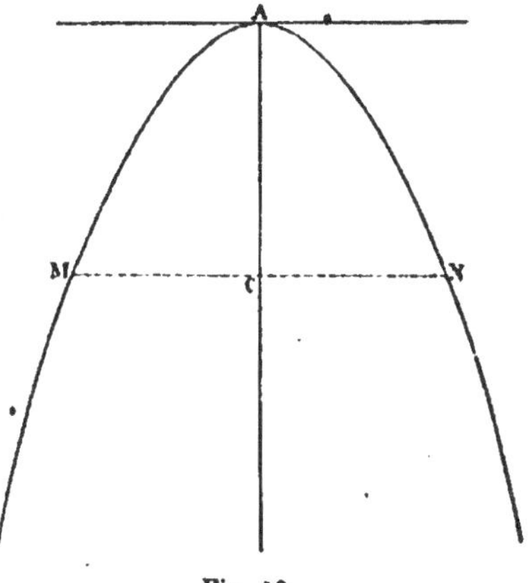

Fig. 50.

du point culminant au même niveau N est représenté par la longueur Nc; ces deux temps sont égaux puisque les deux longueurs Mc et Nc sont *égales*.

II. Vitesse initiale oblique. — Soit un projectile lancé **obliquement** avec une vitesse V. Il aura à tout instant une vitesse résultante obtenue en composant la vitesse initiale V et la vitesse verticale que lui imprime son poids. Sa trajectoire sera donc une courbe plane contenue dans un plan vertical mené par la direction de sa vitesse initiale.

D'autre part la vitesse oblique V peut être décomposée en deux autres, l'une verticale Ob, l'autre horizontale Oa et le projectile peut être considéré comme lancé verticalement avec une vitesse Ob, en même temps qu'il est entraîné horizontalement avec la vitesse Oa (fig. 51).

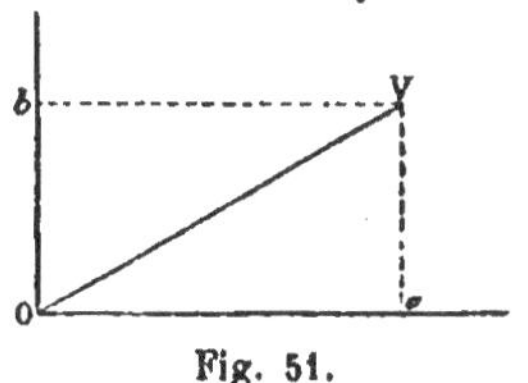

Fig. 51.

Tandis que la composante horizontale d'entraînement a reste constante, la composante verticale a une valeur constammont décroissante, elle est égale à $b - gt$ au temps t, comme nous l'avons établi dans le premier cas.

A chaque instant du mouvement, la vitesse verticale $b - gt$ et la vitesse horizontale a se composent, suivant la règle du parallélogramme pour donner au projectile sa vitesse (fig. 52).

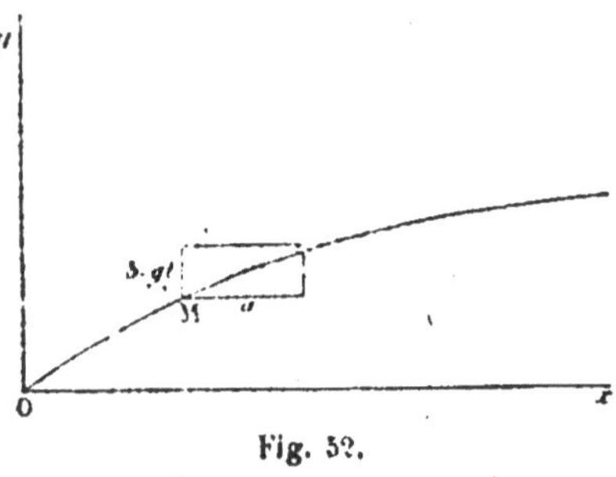
Fig. 52.

L'angle que cette vitesse résultante fait avec l'horizontale va en diminuant de plus en plus à mesure que le projectile s'élève, puisque la composante verticale décroît; il en résulte que la pente de la courbe diminue jusqu'au point culminant. En ce point, la vitesse est horizontale et égale à a. A partir de ce point, le projectile s'abaisse et la courbe est descendante. D'après l'étude d'un projectile lancé verticalement, *les vitesses verticales étant égales en valeur absolue en deux points de même niveau*, la pente aura la même valeur absolue en deux points de la trajectoire à égale distance du sol, car le déplacement horizontal du projectile a lieu suivant un mouvement uniforme de vitesse a. Deux points de même niveau sont à la même distance de la verticale du point culminant et cette verticale divise en parties égales les cordes parallèles à la tangente horizontale du sommet.

En résumé, en des temps équidistants de l'arrivée au sommet de la courbe, le projectile a des vitesses égales et ses hauteurs au-dessus du sol sont égales.

La trajectoire est la même parabole que celle qui est tracée sur le cylindre enregistreur de l'appareil Morin par un projectile lancé verticalement de bas en haut avec la vitesse b, lorsqu'un point de la surface du cylindre parcourt en une seconde l'espace a.

BALANCE

91. Mesure des poids. — Peser un corps, c'est mesurer son poids ou chercher combien de fois ce poids contient l'unité de poids. A cet effet, on compare le poids d'un corps au poids de blocs de laiton gradués en grammes (*poids marqués*) et contenus dans une boîte de poids. Cette comparaison se fait avec une *balance*.

Dans le langage usuel, le mot *poids* signifie poids en grammes. Un corps est dit peser 10 grammes, s'il a le même poids que le bloc de laiton marqué 10 grammes dans la boîte de poids.

92. Description d'une balance. — Une balance (fig. 53) se compose d'un levier rigide appelé *fléau*, mobile en son milieu autour d'un axe horizontal.

Le fléau porte à ses extrémités deux *plateaux* égaux, librement suspendus, destinés à recevoir le corps à peser et les poids marqués.

Suspension du fléau et des plateaux. — L'axe de rotation du fléau est formé par l'arête vive O d'un prisme triangulaire P en acier très dur appelé *couteau* qui traverse le milieu du fléau E (fig. 54). Cette arête s'appuie sur

Fig. 53.

un petit plan d'acier horizontal formé de deux parties x et y situées l'une en avant, l'autre en arrière du fléau et supportées par une colonne verticale.

Chacun des plateaux repose par un crochet sur l'arête d'un couteau horizontal en acier, fixé à chaque extrémité du fléau. Les arêtes de ces couteaux, parallèles à l'arête du couteau central, sont tournées vers le haut (fig. 55). Par ce mode de suspension, le centre de gravité d'un plateau se place toujours dans la verticale de l'arête de son couteau, *quelle que soit la position* de

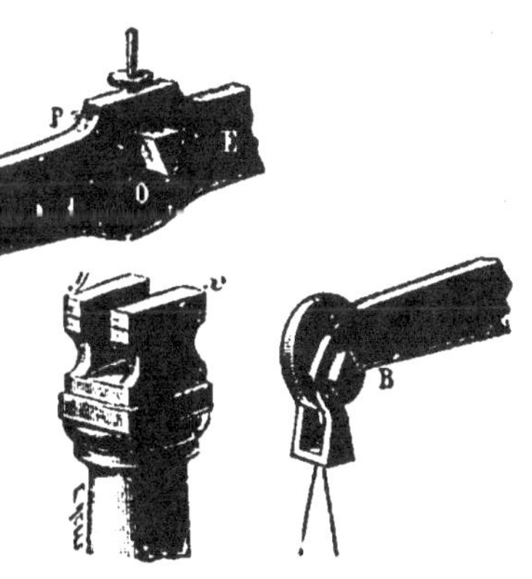

Fig. 54.   Fig. 55.

la charge qu'il supporte et quelle que soit l'inclinaison du fléau.

Ligne du fléau, bras du fléau. — Soient a, O et b les intersections des arêtes des couteaux par un plan mené perpendiculairement à ces arêtes en leurs milieux (fig. 56), la ligne ab est la *ligne du fléau*. Les distances horizontales des points a et b à la verticale du point O sont égales, on les appelle les *bras du fléau*. Si les plateaux ont le même poids, la résultante de leurs poids passe par le point O.

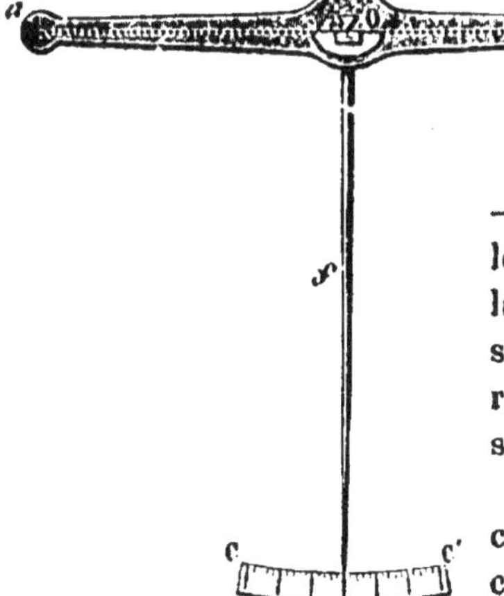

Fig. 56.

Fonctionnement d'une balance. — Quand il y a équilibre à vide, le centre de gravité G se place sur la verticale qui passe par l'axe de suspension, et le poids de l'appareil est détruit par la résistance du support.

Si l'on met une charge p d'un côté, le fléau s'incline en $a'b'$, son centre de gravité G quitte la verticale de l'axe de suspension et vient en G', *le poids du fléau* agit en sens contraire de la charge et *limite la déviation;* un nouvel équilibre s'établit quand la résultante de la charge p appliquée en b' et du poids ϖ du fléau appliqué en G' passe par l'axe de suspension (fig. 57).

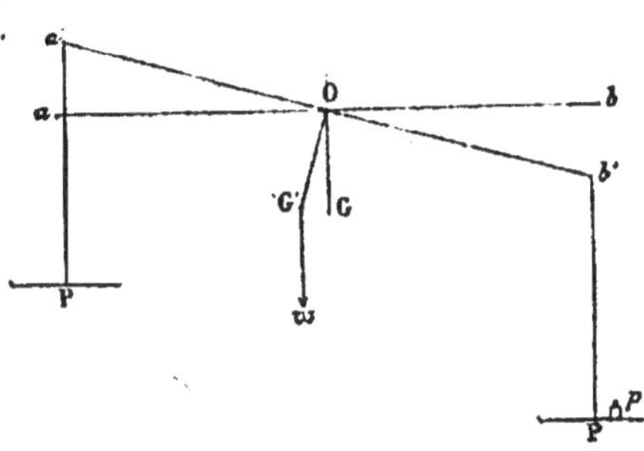

Fig. 57.

93. Stabilité de la balance. — La condition la plus essentielle à remplir par une balance est la stabilité de l'équilibre (80). Pour cela, *le centre de gravité G du fléau doit être situé au-dessous de l'axe de suspension.*

Si le centre de gravité du fléau était situé au-dessus (fig. 58) de l'axe de suspension, l'équilibre serait instable, car le poids du fléau agirait dans le sens de la surcharge pour faire bas-

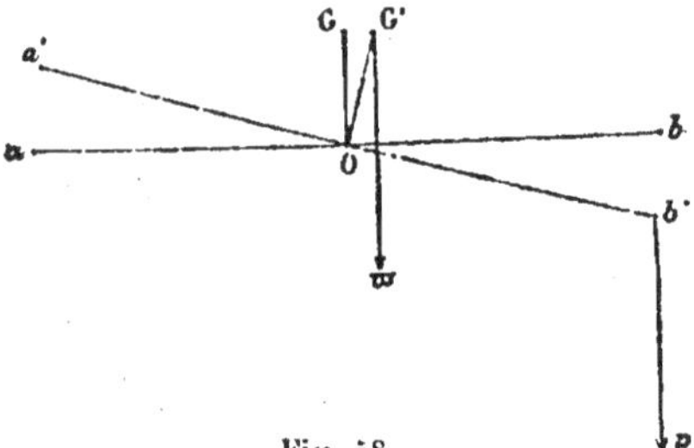

Fig. 58.

culer la balance de 90° (fig. 59). La balance serait dite *folle*.

Si le centre de gravité était situé sur l'axe même de suspension, le poids du fléau serait toujours annulé par la résistance de l'axe. Dans ce cas la balance vide serait en équilibre *indifférent* dans toutes les positions. Pour toute surcharge, la balance bascule de 90°.

94. Justesse d'une balance. -- *Une balance est juste si le fléau reste horizontal quand on met des poids égaux dans les deux plateaux.*

L'horizontalité du fléau se reconnaît par une aiguille *f* fixée perpendiculairement à la ligne du fléau et dont l'extrémité se meut sur un petit arc de cercle divisé CC'. L'aiguille est verticale quand la ligne du fléau est horizontale, elle pointe alors sur le zéro de la graduation (fig. 56). Par construction, la ligne du fléau a été établie horizontale quand les plateaux sont vides [1].

Conditions de justesse. — Pour qu'une balance soit *juste*, il faut *que les deux bras du plateau soient égaux.*

En effet, l'équilibre horizontal établi avec les plateaux vides subsiste en plaçant des poids égaux dans les deux plateaux si ces plateaux sont suspendus rigoureusement à la même distance de l'axe, car alors la résultante des deux poids égaux passe par l'axe de suspension (19).

95. Méthodes de pesées. — **Simple pesée.** — On place dans un des plateaux le corps que l'on veut peser. On met dans l'autre plateau des poids marqués jusqu'à ce que le fléau redevienne horizontal. Si la balance est juste, le poids du corps en grammes est lu sur les poids marqués.

Double pesée. — On ne peut compter sur la justesse d'une balance, car il est très difficile de réaliser rigoureusement l'égalité des bras du fléau ; on obtient toutefois des pesées très exactes par la méthode de la *double pesée* dite *méthode de Borda* [2]. Elle consiste à placer le corps dans l'un des plateaux et à lui faire équilibre dans l'autre avec de la grenaille de plomb : c'est ce qu'on appelle *faire la tare.* Sans toucher à la tare, on remplace ensuite le corps par les poids marqués nécessaires pour rétablir l'équilibre. Les poids et le corps faisant successivement équilibre *dans le même plateau* à une même tare, exer-

---

(1) Si l'horizontalité n'est pas à ce moment parfaite, une petite surcharge fixe, placée d'un côté du fléau permet toujours de l'obtenir.
(2) **Borda**, né à Dax (1733-1799).

cent exactement le même effort et ont par conséquent le même poids.

96. Sensibilité d'une balance. — Puisque la méthode de la double pesée dispense de rechercher une justesse absolue, la qualité la plus impo. tante d'une balance est la **sensibilité.**

Une balance en équilibre sous l'action de poids égaux est dite *sensible au milligramme* quand une surcharge d'un milligramme dans un plateau déplace l'aiguille indicatrice d'une division sur l'échelle.

Conditions de sensibilité. — Considérons une balance où *les trois points de suspension du fléau et des plateaux sont en ligne droite.*

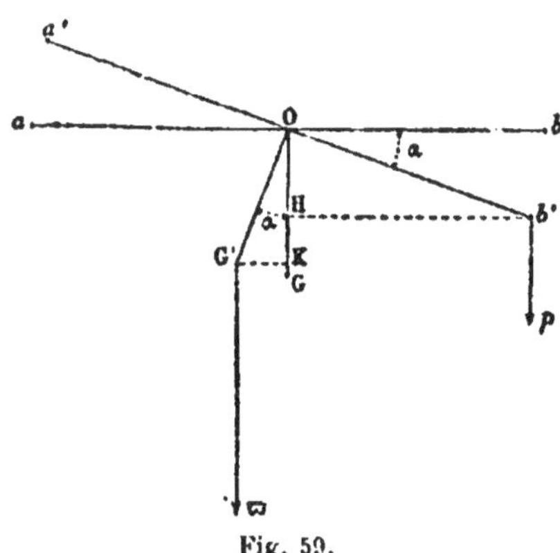

Fig. 59.

L'équilibre horizontal étant établi, les plateaux et leurs charges ont une résultante qui passe en O et est détruite par la résistance du support. On pose dans l'un des plateaux une *surcharge p*, le fléau s'incline en *a'b'* et son centre de gravité G vient en G'. Les deux seules forces qui agissent pour faire tourner le fléau sont le poids p appliqué en b' et le poids ϖ du fléau appliqué en G'.

Abaissons de G' et b' des perpendiculaires G'K et b'H sur la verticale qui passe en O. Quand un nouvel équilibre est établi, pour un angle d'inclinaison α (fig. 59), la résultante des deux forces ϖ et p doit être dirigée suivant la verticale du point O et, d'après la règle de la composition des forces parallèles **(19)**

$$\varpi.\text{G'K} = p.b'\text{H}, \quad \text{d'où} \quad p = \varpi.\frac{\text{G'K}}{b'\text{H}};$$

la surcharge p qui fait incliner le fléau d'un angle déterminé bOb' est d'autant plus petite que :

1° *le poids ϖ du fléau est plus petit*;

2° *que les bras du fléau sont plus longs*, car b'H croit proportionnellement à Ob' ou Ob (pour une déviation invariable);

3° que *le centre de gravité du fléau est plus voisin de l'axe de rotation*, car G'K est proportionnel à OG' ou OG.

97. Les conditions que l'on cherche à réaliser dans une bonne balance sont les suivantes :

Axes de suspension du fléau et des plateaux, parallèles et dans un même plan (on a alors une sensibilité indépendante de la charge);

Bras du fléau rigoureusement égaux (pour la justesse);

Bras du fléau longs et légers, centre de gravité du fléau au-dessous de l'arête du couteau central, mais très voisin de cette arête (pour la sensibilité).

Pour diminuer le poids du fléau et accroître sa longueur, conditions qui paraissent incompatibles, on forme le fléau d'une lame

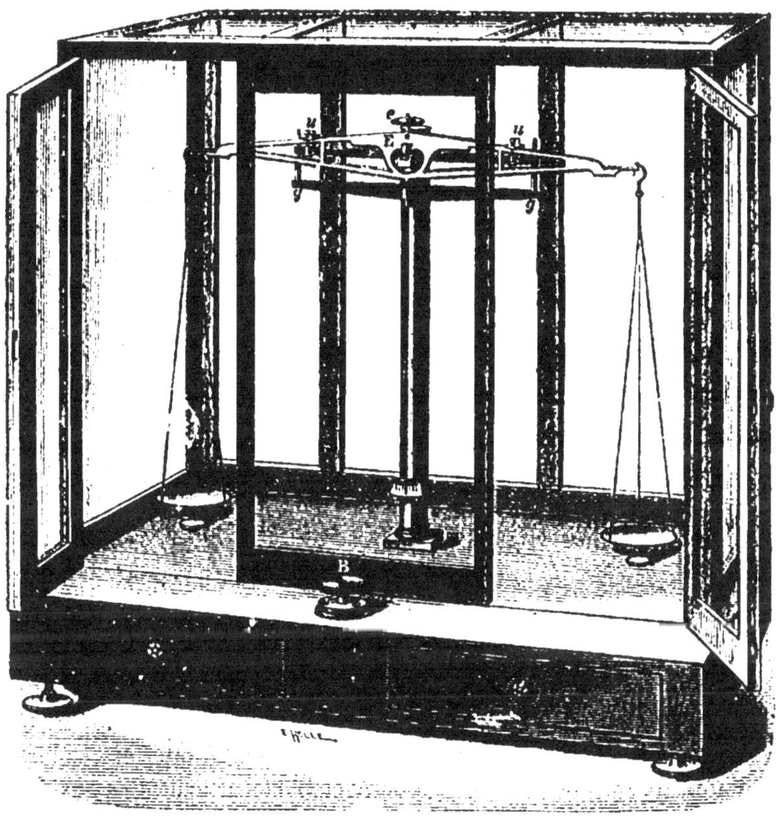

Fig. 60.

métallique placée *de champ* et ayant la forme d'un losange *évidé*; ce qui augmente la légèreté sans compromettre la résistance à la flexion.

On relève ou on abaisse le centre de gravité du fléau en faisant monter ou descendre un écrou taraudé *e* mobile sur une tige filetée verticale qui surmonte le fléau (fig. 60).

98. Balance de précision (fig. 60). — Une balance de précision est renfermée dans une cage de verre qui la protège contre les poussières et contre l'agitation de l'air au moment de la pesée. L'air intérieur de la cage est desséché avec de la chaux vive et on n'ouvre les portes que pour introduire des poids. Les poids sont manœuvrés avec une pince.

Un support r ayant la forme d'une fourche, mis en mouvement par un bouton B extérieur à la cage, permet de soulever le fléau quand la balance ne fonctionne pas, ce qui empêche l'usure de l'arète du couteau et du plan sur lequel il repose. On a soin de soulever aussi le fléau toutes les fois que dans une pesée on met un poids sur un plateau ou qu'on l'ôte [1].

On construit couramment des balances de précision sensibles au milligramme pour une charge d'un kilogramme. On est arrivé à une sensibilité beaucoup plus grande.

99. Balance hydrostatique. — C'est une balance dans laquelle le plan d'acier qui supporte le couteau du fléau peut s'élever et s'abaisser à volonté, à l'aide d'une crémaillère logée dans la colonne qui porte la balance (fig. 85). Des crochets placés à la partie inférieure de chaque plateau permettent d'y suspendre un corps qu'on peut plonger dans un liquide (**129**).

100. Balance de Roberval. — Les plateaux P, au lieu d'être suspendus par des cordons au dessous du fléau, sont posés sur les extrémités des bras du fléau. Les bras du fléau sont égaux entre eux (fig. 61).

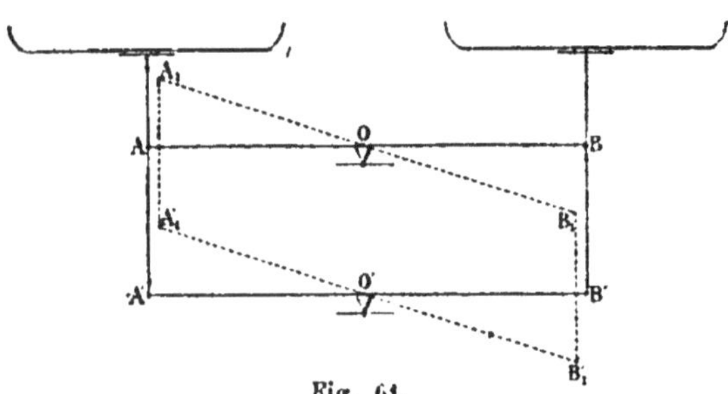

Fig. 61.

Afin que les plateaux restent horizontaux, les tiges qui les supportent sont assujetties à rester verticales. Articulées en A et B aux extrémités du fléau AB, elles se prolongent en A' et B' et s'articulent aux extrémités d'un second fléau A'B'. Les deux fléaux oscillent autour des couteaux de suspension O et O'. Dans ces oscillations, le parallélogramme AA'B'B se déforme, mais les articulations fonctionnent de telle façon que les côtés AA' et BB' se maintiennent verticaux. Les poids et les corps agissent comme s'ils étaient situés aux centres mêmes des plateaux, et leur position sur les plateaux n'influe pas sur l'équilibre.

(1) Le fléau soulevé repose par des pointes u sur des godets assujettis à la fourche r et entraînés avec elle dans son élévation et sa descente; la verticalité du mouvement de la fourche est assurée par des guides g que soutient une barre horizontale fixée à la colonne du support (fig. 61).

101. Bascule. — La bascule diffère de la balance ordinaire en ce que les *deux bras du fléau sont inégaux.* Le fléau ayant été établi horizontal à plateaux vides, si le bras du plateau qui reçoit les poids est 10 fois plus long que le bras du plateau qui reçoit le corps à peser, un poids marqué de 10 kilogrammes permettra de faire équilibre à un fardeau de 100 kilogrammes.

102. Balance romaine. — Si la bascule donne le moyen de peser de lourdes charges avec des poids peu encombrants, la balance romaine est encore plus simple, elle n'exige pas de poids marqués. Son fléau a des bras inégaux (fig. 62). L'axe de suspension est soutenu par un anneau. L'extrémité du court bras de levier AB, porte un crochet destiné à porter l'objet à peser. Un *poids mobile* invariable P peut glisser le long de l'autre bras AC. Le fléau est équilibré de façon à être horizontal en l'absence du poids P et du corps à peser. Ayant ensuite suspendu le corps à peser au crochet, on fait glisser le poids P le long du bras AC jusqu'à ce que le fléau redevienne horizontal. Si la distance du poids P à l'axe de suspension vaut 10 fois la longueur AB, l'objet à peser est 10 fois plus lourd que le poids P.

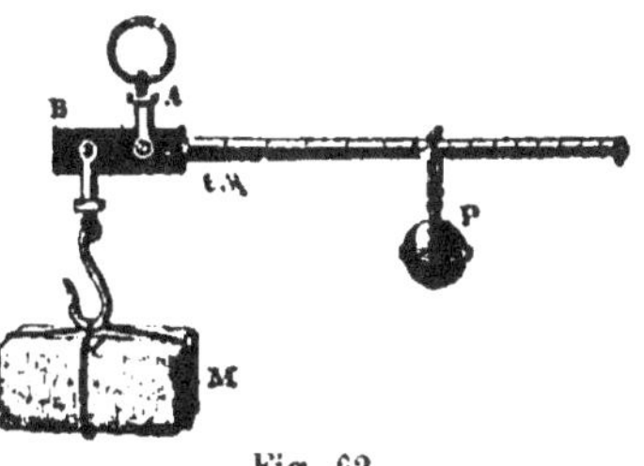

Fig. 62.

Une graduation a été faite avec des poids connus et des divisions tracées sur le bras AC marquent les points où doit être avancé le poids P pour faire équilibre à 1, 2, 3... kilogrammes.

POIDS ABSOLU D'UN CORPS

103. Invariabilité de la masse; variabilité du poids. — Le même nombre exprimant la masse d'un corps et son poids en grammes, l'opération qui donne le poids d'un corps en grammes donne aussi sa masse; cette opération qui est une pesée se fait avec une balance. Si un corps exerce sur le plateau d'une balance le même effort qu'un bloc de laiton marqué M grammes, l'égalité d'effort subsistera, *quel que soit le lieu de l'observation.* La masse du corps sera trouvée égale à celle de ce bloc de laiton en tous les points du globe.

La balance donne le poids d'un corps en grammes ou son poids comparé au poids d'un gramme, c'est ce qu'on appelle le *poids relatif* du corps.

104. Poids absolu. — Un dynamomètre, c'est-à-dire un ressort, n'est pas un instrument de comparaison et il éprouve une déformation qui croît avec l'effort vrai exercé par le corps pesant qu'il supporte. La valeur absolue de cet effort ou le *poids absolu* d'un corps est invariable en un même lieu et reste invariable si le corps né subit pas de changements. Mais *le poids absolu d'un même corps varie avec la localité où on l'observe*, il est plus grand au pôle qu'à l'équateur.

Le poids P d'un corps est la force qui le fait tomber. Cette force est liée à la masse M du corps sur lequel elle agit et à l'accélération g qu'elle lui communique par la relation $P = Mg$ (**32**). D'après cette relation, le poids absolu d'un corps est égal à son poids en grammes multiplié par g. Le poids en grammes M est invariable, mais g varie avec l'altitude et la latitude du lieu où l'on se trouve (**113**). Le poids absolu d'un corps s'exprime en dynes.

DENSITÉS

105. Densités ; poids spécifiques. — Tous les corps n'ont pas la même masse sous le même volume. La masse d'un corps homogène étant, comme son poids, proportionnelle à son volume, la *densité ou masse spécifique d'un corps homogène est la masse de l'unité de volume de ce corps*. La densité d'une substance est le poids en grammes d'un centimètre cube[1] de cette substance.

Désignons par D la densité d'un corps, par V son volume, sa masse sera exprimée par $M = VD$.

En prenant pour unité de longueur le centimètre et pour unité de masse le gramme, la densité de l'eau pure à 4° est égale à l'unité, car la masse et le volume d'un centimètre cube d'eau étant égaux à l'unité, la relation $M = VD$ où $V = 1$ et $M = 1$ donne $D = 1$. La densité du mercure à 0° est 13,59. Il en résulte que le poids en grammes

---

(1) Le volume d'un corps variant avec la température, une même masse ne possède pas toujours un même volume et la masse de l'unité de volume d'un corps n'est déterminée que si on indique sa température.

d'un centimètre cube d'eau étant 1, le poids en grammes d'un centimètre cube de mercure est 13,59.

On appelle *poids spécifique* d'une substance le poids absolu de l'unité de volume ou d'un centimètre cube de cette substance : le poids spécifique d'un corps de densité D est Dg, il s'exprime en dynes.

Tandis que la densité d'un corps a une valeur invariable, son poids spécifique varie comme g avec le lieu de l'observation. La densité de l'eau à 4° est partout égale à 1 ; son poids spécifique à Paris est 981 dynes. De même la densité du mercure à 0° est partout égale à 13,59 ; son poids spécifique à Paris est 13,59.981. Les densités et les poids spécifiques sont bien distincts, mais en un même lieu, les poids spécifiques (Dg et D'g) sont proportionnels aux densités (D et D').

PENDULE

106. *Un* pendule *est un corps pesant mobile autour d'un axe fixe horizontal appelé axe de suspension qui ne passe pas par son centre de gravité.* D'après cette définition, un balancier d'horloge, un fléau de balance sont des pendules.

On appelle **pendule simple** un pendule idéal formé par un point matériel pesant A suspendu à l'une des extrémités d'un fil inextensible et sans poids, l'autre extrémité du fil est soutenue par un point fixe. C'est un pendule *irréalisable*, mais sa conception a été utilisée pour établir théoriquement les lois du mouvement pendulaire. Tout autre pendule est appelé **pendule composé**.

107. Mouvement pendulaire. — *Le mouvement d'un pendule est déterminé par son poids.* Considérons d'abord un pendule simple, oscillant *dans le vide* et n'exerçant aucun frottement contre son point d'appui. Lorsque le fil est vertical, le

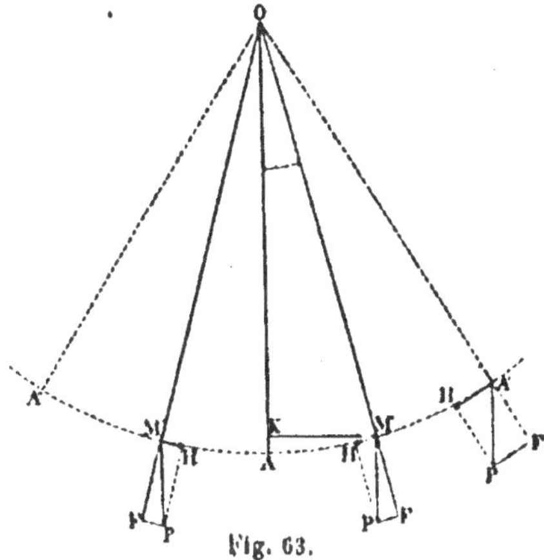

Fig. 63.

poids du point A agissant suivant la direction même du fil est détruit par la résistance du point d'appui O, et il y a équilibre.

Écartons le pendule et amenons-le en OA′ (fig. 63); si on l'abandonne, il tombe et oscille autour de sa position d'équilibre OA dans un plan vertical invariable. En effet, le poids A′P se décompose suivant la règle du parallélogramme en deux composantes A′F et A′H dans le plan PA′O ou A′OA. La composante A′F, dirigée suivant le prolongement du fil a pour effet de le tendre; la composante perpendiculaire A′H produit le mouvement du point. La force A′P et sa composante A′F se trouvant dans le plan vertical A′OA, c'est dans ce plan que se maintient la composante A′H, le point A′ reste dans ce plan et y décrit une circonférence de centre O [1].

La composante efficace M′H décroît avec l'angle d'écart. Quand le point matériel est arrivé en A, la force qui agit sur lui est devenue nulle, mais il ne s'arrête pas, car il a une vitesse acquise, égale à la somme des vitesses qui lui ont été communiquées par la composante efficace dans sa chute de A′ en A. C'est en A que la vitesse est maximum; en vertu de cette vitesse acquise, le point matériel s'élèvera de l'autre côté, mais de ce côté, la composante efficace agit en sens contraire du mouvement, et, dans une position quelconque M″ symétrique de M′, elle diminue la vitesse d'une quantité précisément égale à celle dont elle l'a augmentée en M′. La totalité de la vitesse imprimée par la pesanteur de A′ en A sera annulée quand le point matériel se sera élevé jusqu'en A″, point symétrique de A′ par rapport à la verticale. En A″ la vitesse est nulle. De A″ la molécule redescendra jusqu'en A, remontera en A′ et exécutera autour de la verticale OA une série indéfinie d'oscillations égales.

L'angle d'écart maximum A″OA s'appelle l'*amplitude*. L'*oscillation simple* est le passage d'une position extrême A″ à une autre position extrême consécutive A′. L'*oscillation complète* comprend deux oscillations simples, de sens opposés, de A″ en A′, et de A′ en A″.

108. Durée de l'oscillation simple. — Le mouvement du pendule est un mouvement oscillatoire périodique. La durée en secondes d'une oscillation *simple*, dans le cas des oscillations d'*amplitude très petite*, est exprimée par la formule

$$t = \pi \sqrt{\frac{l}{g}},$$

---

[1] Le mouvement est le même que si la rotation s'effectuait autour d'un axe fixe perpendiculaire au plan AOA′.

indépendante de l'amplitude ; l est la longueur OA du pendule, g est l'accélération de la pesanteur ou la vitesse acquise en une seconde par un corps qui tombe en chute libre dans le vide ; π est le rapport de la circonférence au diamètre [1].

109. Pendule composé. — On ne peut réaliser un pendule simple, tout pendule est un pendule composé (fig. 64).

Comme pour un pendule simple, le mouvement d'un pendule composé est un mouvement oscillatoire périodique autour de sa position d'équilibre. Dans la position d'équilibre du pendule, son centre de gravité G est sur la verticale du point de suspension O.

La durée de l'oscillation *simple* d'un pendule quelconque *dans le vide* est représentée dans le cas des oscillations très petites par l'expression $\pi\sqrt{\dfrac{l}{g}}$, où l désigne la longueur

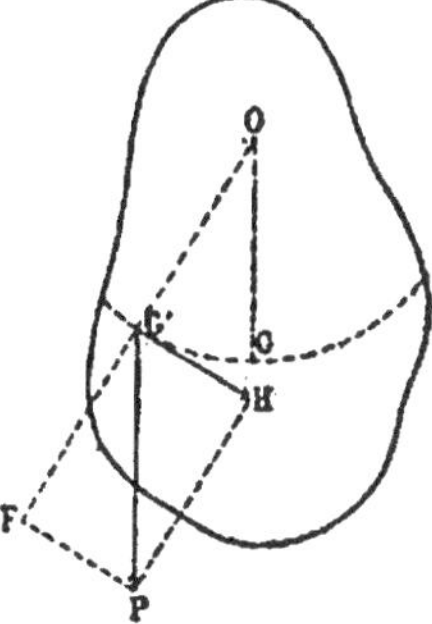

Fig. 64.

d'un pendule simple qui a la même durée d'oscillation que le pendule composé et qu'on appelle **pendule synchrone**.

LOIS DU PENDULE

Les lois du pendule se déduisent de l'expression de la durée des petites oscillations $\pi\sqrt{\dfrac{l}{g}}$.

110. Isochronisme des petites oscillations. — *En un même lieu, pour de très petites amplitudes, la durée des oscillations d'un même pendule est constante, malgré les variations de l'amplitude.* En effet, cette durée ne dépend pas de l'amplitude, puisque l'amplitude n'y figure pas.

En mesurant avec un chronomètre la durée de cent oscillations, puis celle des cent suivantes, on vérifie que cette durée reste la même quand l'amplitude diminue, qu'elle soit de 4 ou 5 degrés ou de 2 degrés. La vérification est d'autant plus précise que les amplitudes sont plus petites.

(1) Si l'amplitude n'est plus très petite, la durée de l'oscillation croît avec l'amplitude, elle s'obtient en multipliant $\pi\sqrt{\dfrac{l}{g}}$ par un facteur qui ne dépend que de l'amplitude.

111. Loi des accélérations. *Dans des localités différentes, la durée d'une oscillation d'un même pendule varie en raison inverse de la racine carrée de l'accélération de la pesanteur.*

$$\frac{t}{t'} = \frac{\sqrt{g'}}{\sqrt{g}}.$$

Les deux lois précédentes concernent un pendule de forme quelconque; les deux suivantes pour lesquelles la connaissance de la longueur du pendule est nécessaire, se vérifient habituellement avec des pendules formés d'une sphère pesante de très petit diamètre par rapport à la longueur du fil; dans ce cas, la longueur du pendule synchrone est très approximativement la distance du centre de la sphère au point de suspension.

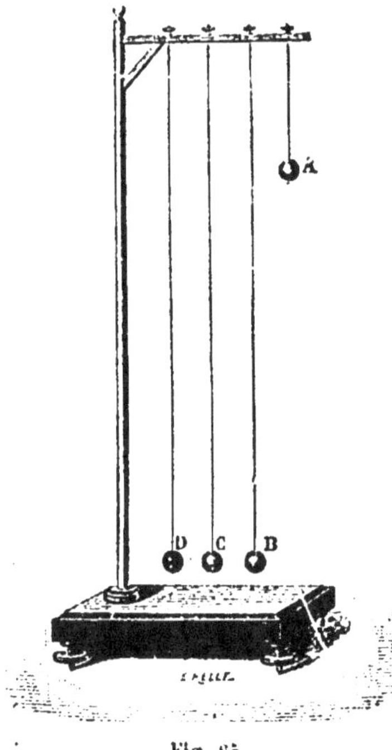

Fig. 65.

112. Loi des longueurs. — *En un même lieu, la durée d'une oscillation est proportionnelle à la racine carrée de la longueur du pendule.*

Si les longueurs sont entre elles comme les nombres 1, 4, 9..., les durées d'oscillation croissent comme 1, 2, 3... Deux pendules B et A (fig. 65) ayant pour longueurs 1 mètre et 25 centimètres, le premier fait une oscillation quand le second en fait deux.

113. Loi de la matière du pendule. — *Pour des pendules de même longueur, en un même lieu, la durée de l'oscillation ne dépend ni de la masse ni de la substance du pendule.* Cela résulte de ce que g a la même valeur pour tous les corps (**83**). On vérifie cette loi avec des pendules B, C, D (fig. 65), formés de fils de même longueur, soutenant des boules de même diamètre et de diverses substances : plomb, ivoire, etc..

On se sert du pendule pour la mesure du temps. On l'emploie aussi à la détermination de l'intensité de la pesanteur.

APPLICATION DU PENDULE AUX HORLOGES

114. Une horloge est un appareil dans lequel une aiguille se déplace sur un cadran d'angles égaux en des temps égaux.

Une horloge comprend trois parties : un *moteur*, un *régulateur* et un système de *roues dentées servant d'intermédiaire* entre le moteur et le régulateur.

Moteur. — Le moteur est un poids P suspendu à l'extrémité d'une corde qui s'enroule sur un cylindre horizontal O (fig. 66). Le poids tombe et fait tourner le cylindre. Le cylindre porte une première roue dentée centrée sur son axe par laquelle le mouvement est communiqué à tout le système du rouage [1].

Régulateur. — Comme le mouvement du poids tend à s'accélérer dans sa chute, on adapte à l'appareil un *régulateur* qui régularise la marche du moteur en suspendant son action à des intervalles de temps égaux. A chaque reprise du mouvement les conditions redeviennent les mêmes qu'au départ, le mouvement est ainsi fractionné en mouvements successifs très courts, d'égale durée, qui font avancer chacun d'une façon saccadée et également l'aiguille du cadran.

Dans une horloge, le régulateur est un pendule dont la tige porte une lentille suspendue à l'une de ses extrémités, tandis qu'elle est mobile autour d'un axe horizontal à l'autre extrémité. Le régulateur agit sur la dernière roue du rouage ou *roue d'échappement* par un mécanisme variable appelé *échappement*.

Fig. 66.

Échappement à ancre. — Dans ce mode d'échappement, la roue d'échappement porte de longues dents bien égales légèrement inclinées dans le même sens. Au-dessus de cette roue oscille, avec le pendule auquel il est rattaché, un arc métallique appelé *ancre* qui pivote

---

(1) Le *rouage* se compose de roues successives dont chacune porte sur son axe un pignon qui engrène avec la roue précédente ; le mouvement du moteur se transmet ainsi de roue en roue depuis la première roue.

autour d'un axe fixe en O (fig. 67). Les bras de l'ancre sont terminés par deux crochets qui s'engagent alternativement entre les dents de la roue.

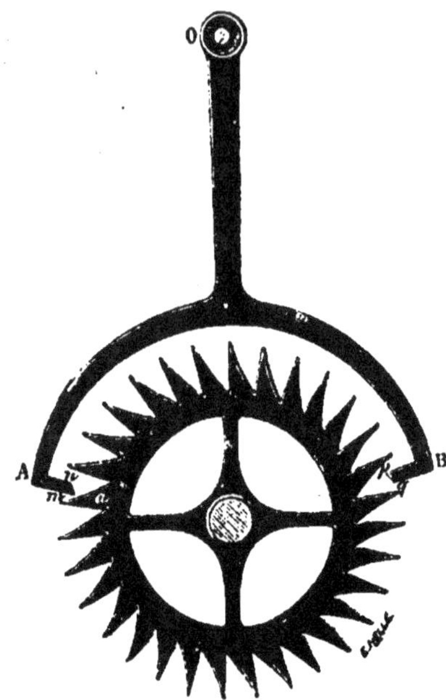

Fig. 67.

Quand le pendule oscille de gauche à droite, le crochet A de l'ancre se rapproche de la roue et s'engage entre deux dents. La roue d'échappement est brusquement immobilisée et avec elle tout le rouage. En revenant de droite à gauche, le pendule dégage le crochet A. La dent a s'échappe et la roue tourne légèrement, mais le crochet B se rapproche à son tour et s'engage entre deux dents. Puis le crochet B s'écarte, la roue tourne de nouveau et ainsi de suite.

Les oscillations du pendule ne tarderaient pas à s'éteindre à cause des frottements, elles sont entretenues par le mouvement même du moteur. A cet effet, les deux crochets A et B de l'ancre sont taillés en biseau et présentent du côté de la roue des surfaces planes mn, pq, inclinées en sens contraires. La dent qui échappe communique une impulsion au pendule par son frottement sur le biseau et cette impulsion suffit pour entretenir le mouvement. Les oscillations conservent très sensiblement la même amplitude et sont *rigoureusement isochrones*.

Pendule compensateur. — Le mouvement d'une horloge n'est régulier que si le pendule conserve une longueur constante. Or, si la température s'élève, la longueur du pendule augmente et en même temps la durée des oscillations, ce qui fait que l'horloge retarde. On évite ces variations par l'emploi de *pendules compensateurs*.

Un mode de compensation très répandu dans les horloges est réalisé par le *pendule à gril*. Dans cette disposition, le système qui relie la lentille pesante au point de suspension est formé par une tige de fer F qui porte un cadre rectangulaire; sur la base du cadre s'élèvent deux tiges de laiton L portant en haut une traverse d'où partent deux tiges de fer descendantes. Ces deux tiges sont à leur tour reliées en bas par une traverse d'où s'élèvent deux nouvelles tiges de laiton réunies par une dernière traverse à laquelle on suspend une tige de f — F qui soutient la lentille (fig. 68).

La dilatation des tiges de fer se fait de haut en bas et tend à abaisser la lentille, tandis que la dilatation des tiges de laiton L se fait de bas en haut et tend à la faire remonter. La compensation, une fois réalisée, subsiste à toute température.

115. Balancier à ressort spiral. — Le pendule est applicable aux horloges fixes, mais il ne l'est pas aux montres qui doivent marcher dans toutes les positions. Dans une montre, le balancier n'est plus un pendule, c'est une roue circulaire très mobile, soustraite dans ses oscillations à l'action de la pesanteur. Le balancier reçoit son mouvement d'un fin ressort, contourné en spirale et appelé *spiral.* Ce ressort est fixé par l'une de ses extrémités a et attaché par l'autre extrémité au pourtour de l'axe mobile du balancier (fig. 69). Si le balancier est écarté légèrement dans un sens, le

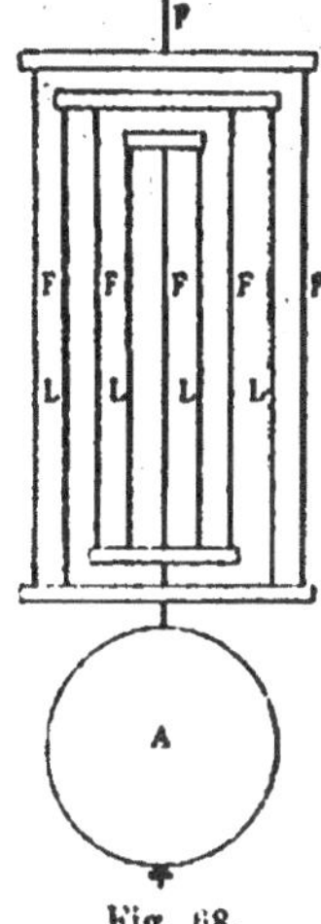

Fig. 68.

ressort se tend et, en revenant par son élasticité à sa position primitive, il entraîne le balancier en sens inverse. Dans les déformations de sens contraires qu'il éprouve alternativement, le ressort fait osciller le balancier autour de sa position d'équilibre et les oscillations du balancier sont, comme celles du ressort, indépendantes de l'amplitude, c'est-à-dire *isochrones.*

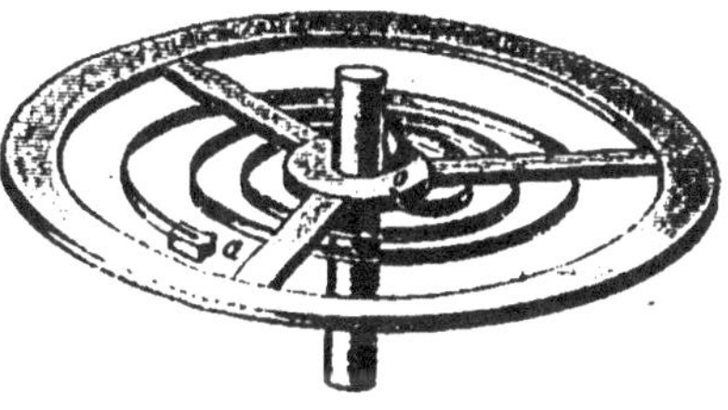

Fig. 69.

Le balancier circulaire détermine des arrêts à des intervalles de temps égaux sur la roue d'échappement que le moteur entraîne par l'intermédiaire du rouage. Ce sont encore les dents de la roue d'échappement qui entretiennent, par la force du moteur, le mouvement du balancier en lui donnant une impulsion au moment où elles se dégagent.

Dans une horloge qui retarde on raccourcit le balancier. Dans une montre on laisse invariable la grandeur du balancier, c'est le ressort spiral qu'on raccourcit.

MESURE DE L'INTENSITÉ DE LA PESANTEUR

116. D'après la relation $P = Mg$, le nombre g qui représente l'accélération de la pesanteur en un lieu déterminé, représente aussi le poids de l'unité de masse ou l'*intensité de la pesanteur*. En effet, si l'on fait $M = 1$, on a $P = g$; le poids d'une masse égale à un gramme exprimé en dynes est donc le même nombre que l'accélération de la pesanteur mesurée en centimètres.

Pour déterminer g en un·lieu donné, on observe la durée t d'une oscillation d'un pendule composé et la longueur l du pendule simple synchrône, (**109**) et d'après l'expression de la durée d'une oscillation on écrit

$$g = \frac{\pi^2 l}{t^2};$$

g et l s'expriment avec la même unité de longueur et t en secondes.

Résultats. — En un lieu donné, l'intensité de la pesanteur diminue quand on s'élève dans l'atmosphère, *elle est inversement proportionnelle au carré de la distance au centre de la terre*.

En des localités différentes, la valeur de l'intensité *réduite au niveau de la mer* dépend de la latitude; elle augmente légèrement de l'équateur. au pôle; l'une des causes de cet accroissement est l'aplatissement de la terre aux pôles, d'après lequel la distance d'un point de la surface au centre diminue de l'équateur au pôle.

Valeurs de g réduites au niveau de la mer.

Latitude de 0⁰ (Equateur)	978,10
Latitude 45⁰	980,61
Latitude 48⁰50'11'' (Paris)	980,96 [1]
Latitude 90⁰ (pôle)	983,11

117. La pesanteur est un cas particulier de l'attraction universelle. — L'attraction est une force qui tend à rapprocher deux points matériels quelconques. D'après une loi découverte par Newton [2], deux corps s'attirent *proportionnellement à leurs masses et en raison inverse du carré de leurs distances.* Cette loi est la loi de l'attraction

---

(1) La valeur de g à Paris est habituellement prise égale à 981.
(2) **Newton** (Isaac), mathématicien et physicien anglais (1612-1727).

des planètes par le soleil. Les planètes tomberaient sur la surface solaire comme des corps pesants si leur mouvement de rotation venait à cesser.

La chute d'un corps à la surface du globe résulte de l'attraction qu'exerce sur lui la sphère terrestre. La symétrie exige que l'attraction d'une couche sphérique homogène soit dirigée suivant son rayon. C'est pour cette raison que le poids d'un corps est une force dirigée vers le centre de la Terre.

118. Démonstration de la rotation de la terre par le pendule. — Quand un pendule est suspendu par un point et libre de se mouvoir dans tous les sens, il oscille dans un plan vertical invariable.

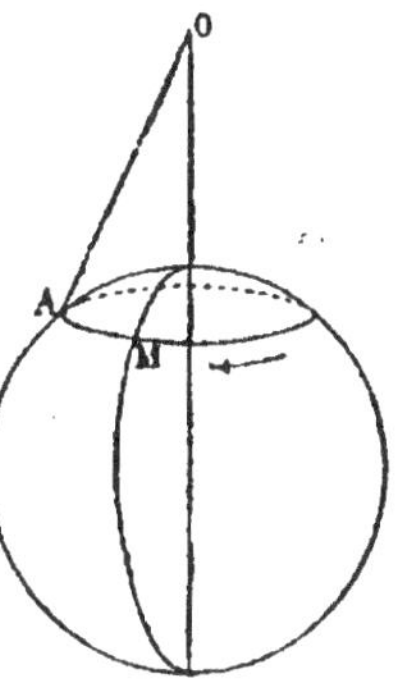

Supposons un pendule OA ayant son point d'appui en O sur le prolongement de l'axe des pôles de la terre, le plan dans lequel il oscille restant invariable, la terre tourne au-dessous du pendule (fig. 70).

Ses différents méridiens viennent successivement coïncider avec le plan d'oscillation du pendule. Un observateur qui se trouve en M sur un méridien se croit fixe et comme il tourne de l'est à l'ouest, il voit le plan d'oscillation du pendule se déplacer en sens inverse, c'est-à-dire de l'ouest à l'est et décrire une circon-

Fig. 70.

férence complète en 24 heures. Ce déplacement apparent du plan d'oscillation d'un pendule démontre le mouvement de rotation de la terre autour de la ligne de ses pôles.

HYDROSTATIQUE

119. Fluides. — Un fluide est un corps dont les particules ont très peu de cohésion et *se déplacent très facilement les unes par rapport aux autres*. Il prend la forme du vase qui le renferme.

Les fluides sont parfaitement élastiques, ils diminuent plus ou moins de volume quand on les comprime, mais reprennent leur volume primitif quand la compression cesse.

120. Liquides. — Un liquide est un fluide très peu compressible qui se termine par une surface libre. Le nom de *fluides incompressibles* est souvent donné aux liquides par opposition au nom de *fluides compressibles* réservé aux gaz.

L'hydrostatique a pour objet l'étude des conditions d'équilibre des liquides.

Pression. — Sur une surface plane de surface S, uniformément pressée, la pression P est proportionnelle à la surface ; la pression par unité de surface est $p = \dfrac{P}{S}$.

Une pression s'exprime en dynes ; l'unité de pression vaut une dyne par centimètre carré. Dans l'industrie, les pressions s'expriment en kilogrammes par centimètre carré.

121. Principe de la transmission des pressions dans un liquide[1]. — Dans un liquide, une pression se transmet également dans tous les sens. L'hydrostatique repose sur le principe de la transmission des pressions ou **principe de Pascal**[2]. Voici comment on peut l'énoncer :

Si, sur une portion plane de la surface d'un liquide enfermé de tous côtés, on exerce une pression, cette pression se transmet intégralement à toute portion plane de même surface prise sur la paroi ou dans l'intérieur du liquide, quelle que soit son orientation.

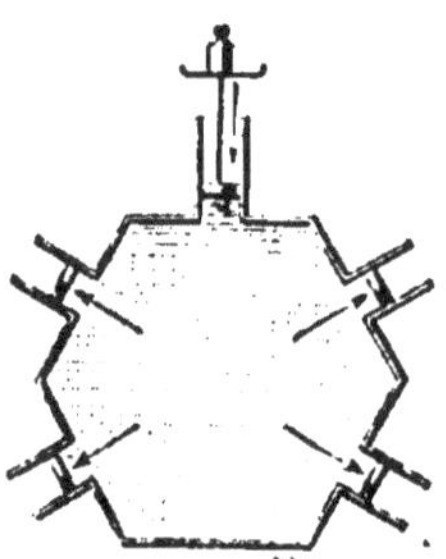

Fig. 71.

Le principe de la transmission des pressions résulte de la fluidité parfaite des liquides et s'appliquerait à un liquide soustrait à l'action de la pesanteur.

Concevons un vase de forme quelconque rempli de liquide et portant 5 tubulures identiques fermées par des pistons de même diamètre (fig. 71). Une pression exercée du dehors sur l'un des pistons se transmet à travers le liquide et l'équilibre n'a lieu que si on exerce du dehors sur les quatre autres pistons des pressions égales à la première.

(1) Une pression exercée sur un corps solide se transmet inégalement sur des surfaces égales du solide prises dans diverses directions, à cause des liaisons qui donnent au solide sa rigidité.

(2) **Pascal** (Blaise), né à Clermont-Ferrand, géomètre et physicien (1623-1662).

Supposons les surfaces des pistons inégales : une pression de
1 kilogramme exercée par unité de surface d'un piston de surface *s*
se transmettra intégralement par le liquide sur chaque unité de
surface d'un second piston. Si celui-ci a une surface S, il faudra
le charger de S kilogrammes pour maintenir l'équilibre. Les
pressions qui se font équilibre sur
des surfaces *s* et S sont *proportionnelles aux surfaces;* c'est le
principe de la presse hydraulique. qui permet d'exercer un
effort considérable avec une force
faible.

122. Presse hydraulique. —
La presse hydraulique est formée
de deux corps de pompe verticaux de sections très inégales

Fig. 72.

s et S réunis par un tube (fig. 72). Dans chacun des corps de pompe
glisse un piston. Un petit effort *ps* appliqué sur *s* transmet à S un
effort *p*S 50 fois plus grand si $S = 50\ s$.

LIQUIDES PESANTS

123. Un liquide pesant contenu dans un vase se place au fond du
vase de manière à offrir à la partie supérieure une **surface libre** en
contact avec l'atmosphère.

Horizontalité de la surface libre. — La surface libre d'un liquide
pesant en équilibre est *plane*, car elle réfléchit la lumière comme un
miroir plan en donnant des images symétriques des objets. Elle est
de plus *horizontale* ou perpendiculaire en chaque lieu à la direction
de la pesanteur. Nous en avons vu la démonstration expérimentale (**74**).
La surface libre d'un liquide renfermé dans un vase supporte une
pression uniforme. C'est la pression exercée par l'atmosphère. Cette
pression est nulle si le vase est placé dans le vide.

124. Pressions intérieures. — Dans un liquide pesant, le poids
des couches supérieures se transmet, comme toute pression, aux
couches inférieures, et des surfaces égales, prises dans le liquide, à
des hauteurs différentes, supportent des pressions inégales.

125. Pression sur un élément plan horizontal à l'intérieur d'un liquide. — Considérons un vase *cylindrique* renfermant un liquide de poids spécifique δ (fig. 73). La pression sur une tranche

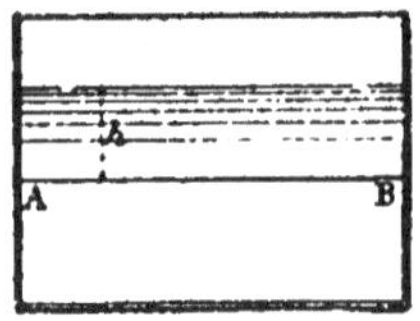

Fig. 73.

horizontale AB de surface S et de profondeur h est égale au poids $Sh\delta$ du cylindre liquide compris entre la surface libre et cette tranche. En effet, les parois du vase se tapissent d'une couche liquide *extrêmement mince*, contre laquelle le reste du liquide glisse sans frottement; il n'y a par suite entre le liquide et le vase aucune adhérence qui puisse soutenir une partie du liquide.

La pression étant proportionnelle à la surface S d'une tranche horizontale, elle est la même sur des surfaces égales de cette tranche. La pression sur l'unité de surface est donc $h\delta$ et sur un élément s elle est $sh\delta$ ou $shDg$.

La pression sur un élément d'une tranche horizontale dans l'intérieur d'un liquide est ainsi égale au *poids d'une colonne liquide ayant pour base l'élément et pour hauteur sa distance au niveau libre*. Cette pression est la même que si le filet cylindrique qui a s pour base et h pour hauteur *était isolé du reste du liquide*.

Quelle que soit la forme du vase, nous admettrons que la pression sur un élément s situé à une profondeur h est constamment $sh\delta$.

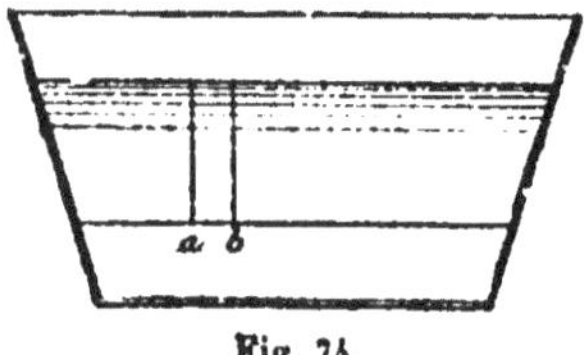

Fig. 74.

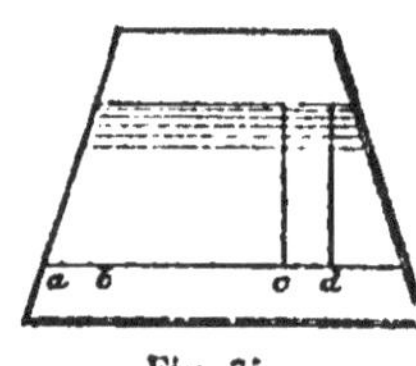

Fig. 75.

Dans un vase de forme cylindrique ou évasée par le haut (fig. 74), la pression sur un élément ab est exercée directement par un filet qui s'appuie sur l'élément. Dans un vase rétréci à la partie supérieure (fig. 75), la pression en cd est exercée directement par un filet de poids $sh\delta$; en ab la pression est la même, mais elle est exercée indirectement, par transmission.

Pression de bas en haut. — Si une surface liquide située dans un plan horizontal supporte *de haut en bas* une pression égale au poids d'une colonne ayant pour base la surface et pour hauteur la distance au niveau, elle doit, en vertu de l'équilibre, supporter *de bas en haut* une pression égale et contraire, sans quoi elle se déplacerait.

Pression sur une surface solide. — Une surface solide occupant la position d'une surface liquide doit éprouver les mêmes pressions puisque ces pressions ne proviennent que du liquide qui appuie sur la surface. Voici d'ailleurs comment on le vérifie.

Un disque de verre poli, très léger *ab*, appelé *obturateur*, est tenu par un fil et appliqué contre un cylindre de verre T dont la base est rodée à l'émeri (fig. 76); le cylindre étant plongé dans l'eau, le disque de verre se trouve maintenu contre le cylindre sans qu'il soit nécessaire de tendre le fil. Si l'on verse de l'eau légèrement teintée dans le cylindre, le disque se détache par son propre poids, quand il éprouve une même pression de la part du liquide à l'intérieur et à l'extérieur; ceci arrive quand le niveau de l'eau à l'intérieur du vase est le même qu'à l'extérieur.

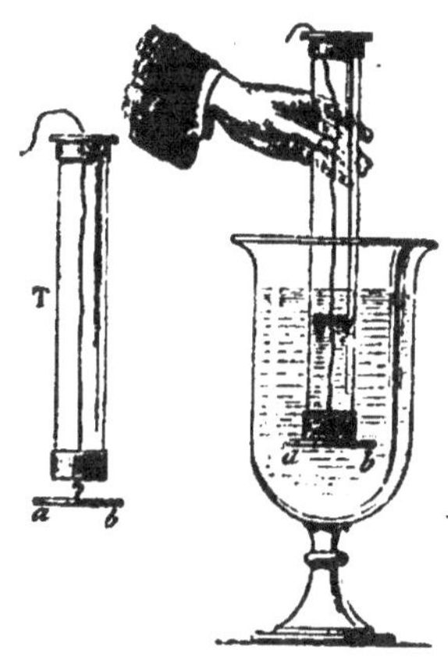

Fig. 76.

Différence de pression sur deux éléments égaux à des niveaux différents. — Dans un liquide pesant en équilibre, la pression croît avec la profondeur. La pression que supporte un élément *ab* (fig. 77) dans un vase quelconque à la profondeur h est $sh\delta$, la pression que supporte un élément égal *a'b'* dans le même vase à la profondeur h' est $sh'\delta$; la différence des pressions sera $s\delta(h'-h)$ ou le *poids d'une colonne cylindrique*

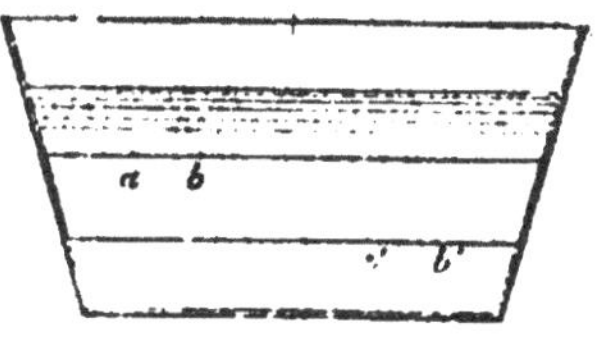

Fig. 77.

du liquide ayant l'élément pour base et la distance des deux plans horizontaux pour hauteur.

126. Pressions sur les parois des vases. — Un liquide pesant exerce des pressions sur le fond et sur les parois latérales du vase qui le contient.

Pression sur le fond. — Nous supposerons que le fond du vase est plan et horizontal.

Si nous considérons un élément de surface sur le fond, la pression qu'il supporte est égale au poids d'une colonne liquide ayant pour base la surface de cet élément et pour hauteur la distance du fond à la surface libre (**125**). Il en est de même pour tous les éléments et *la somme des pressions est égale au poids* $Sh\delta$ *d'une colonne liquide* *ayant pour base la surface S du fond et pour hauteur la distance verticale au niveau libre et cela* **quelle que soit la forme du vase.**

Il faut ajouter à cette pression la pression Sp exercée par le milieu extérieur sur une portion de la surface libre égale à la surface du fond ; p étant la pression du milieu extérieur par unité de surface de la surface libre. La pression totale sur le fond sera $Sp + Sh\delta$.

Démonstration expérimentale (fig. 78). — Un support est garni d'un anneau dont le bord inférieur bien dressé peut être fermé par

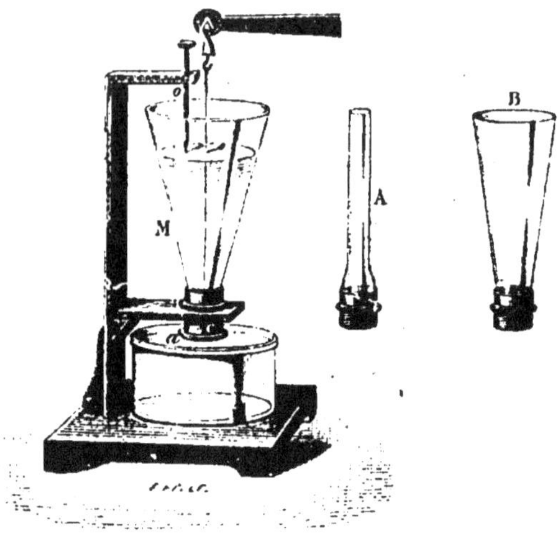

Fig. 78.

un obturateur de verre *a* suspendu au moyen d'un fil à l'un des bras d'une balance hydrostatique (**99**).

On établit l'équilibre avec une tare placée dans l'autre plateau de la balance. La hauteur de la balance est réglée pour que l'obturateur ferme exactement l'ouverture de l'anneau quand le fléau est horizontal. On met un poids à côté de la tare de l'obturateur et on visse successivement dans l'anneau des vases de formes diverses, M, A, B qui ont tous l'obturateur pour fond. En versant lentement et graduellement de l'eau dans le vase, le fond mobile se détache toujours quand le liquide a atteint *une même hauteur h*, marquée par une pointe *o* disposée latéralement.

La pression exercée sur le fond est la pression qui détache l'obturateur, elle est indépendante de la forme du vase, elle ne dépend que de la surface du fond et de sa distance au niveau libre. On constate de plus, en plaçant des poids marqués au lieu d'eau sur l'obturateur, que cette pression est égale au *poids d'une colonne cylindrique* ayant pour base le fond et pour hauteur la hauteur commune dans les différents vases.

Pressions sur les parois latérales. — Par suite de la transmission des pressions, les parois latérales éprouvent aussi des pressions.

L'existence de ces pressions est démontrée par l'écoulement qui se produit quand on pratique une ouverture dans la paroi latérale d'un vase plein d'eau, le liquide jaillit; *la pression est normale*, car la direction du jet est normale à la paroi. Le jet s'infléchit ensuite sous l'action de la pesanteur. En appliquant le doigt contre l'orifice, on sent d'ailleurs un effort du liquide qui va en augmentant avec la distance à la surface libre.

La pression normale que supporte un *très petit élément* plan d'une paroi latérale est égale au *poids d'une colonne qui a pour base cet élément et pour hauteur la distance verticale de cet élément au niveau du liquide* dans le vase; en effet, en raison de ce que les pressions se transmettent avec une égale intensité dans tous les sens, c'est la pression que supporterait le même élément si on le faisait tourner autour d'un de ses points de manière à le rendre horizontal. Sur une petite portion s de la paroi, dont la distance au niveau supérieur dans le tube est h, la pression est $sh\delta$.

Cette pression peut devenir très grande, même avec une petite quantité de liquide. Citons comme exemple l'expérience du *tonneau de Pascal*. Un tonneau dressé sur une de ses bases est surmonté d'un tube de petit diamètre fixé perpendiculairement à sa base supérieure (fig. 79). Le tonneau et le tube sont remplis d'eau. Si le tube est assez long, la pression sur les parois peut les faire éclater.

Fig. 79.

C'est la pression latérale de l'eau qui exerce sur les digues des efforts énormes et tend à les renverser; pour cela, les digues doivent être beaucoup plus larges à leur base qu'à leur partie supérieure.

127. Résultante verticale des pressions exercées sur les parois d'un vase. — Il ne faut pas confondre la pression exercée sur le fond d'un vase et la pression sur le support qui soutient le vase. Des vases de même fond, mais de formes diverses, remplis jusqu'à la même hauteur, supportent sur leur fond horizontal la même pression **(126)**, mais ils n'ont pas le même poids; en effet, les composantes verticales des pressions latérales s'ajoutent aux pressions supportées par le fond ou s'en retranchent suivant leur sens, de sorte que *l'effort exercé par le vase entier sur une balance est égal au poids du liquide qu'il renferme*, accru du poids du vase.

Supposons trois vases, A, B, C, ayant la même base et dans lesquels un liquide s'élève à la même hauteur.

Dans le vase *cylindrique* A (fig. 80), sur chaque élément de paroi latérale

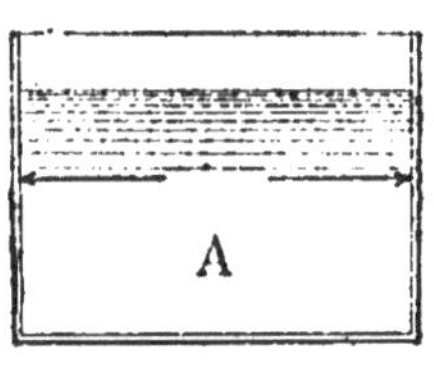

. Fig. 80.

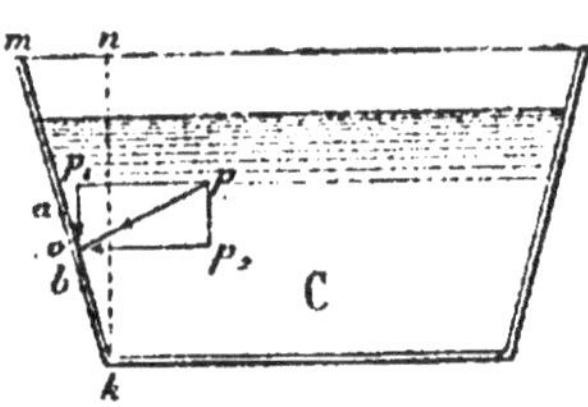

Fig. 81.

la pression est normale à la paroi et par conséquent horizontale, elle n'a pas d'action sur une balance; les composantes horizontales sont d'ailleurs égales deux à deux et opposées. Dans ce cas, la pression sur le fond et le poids du liquide ont la même valeur.

Dans le vase C (fig. 81), *évasé à sa partie supérieure*, la pression sur le fond est inférieure au poids du liquide. La pression sur un élément de la paroi latérale tel que *ab* est normale à la paroi et dirigée suivant O*p*, nous pouvons la décomposer en une composante horizontale Op_2 et une composante verticale Op_1; les composantes telles que Op_2 n'ont pas d'action sur la balance. On démontre que la somme des composantes verticales telles que Op_1 est égale au poids du liquide contenu dans l'espace triangulaire *mnk*.

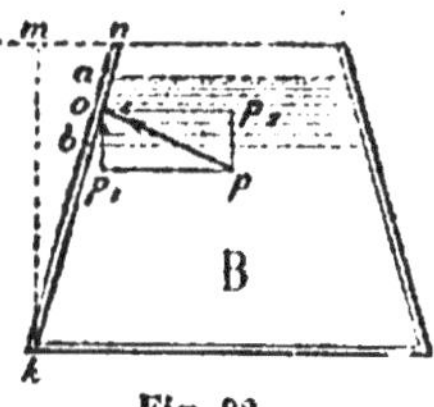

Fig. 82.

Pour le vase B (fig. 82), *rétréci à sa partie supérieure*, la pression sur le fond est supérieure au poids du liquide. On peut répéter les mêmes décompositions, mais ici les composantes verticales tendent à soulever le vase et leur résultante est égale au poids d'un liquide occupant l'espace triangulaire *mnk*.

128. Recul dû à l'écoulement. — *Tourniquet hydraulique*. Nous avons remarqué que les composantes horizontales des pressions exercées sur les parois latérales d'un vase sont sans influence sur le plateau d'une balance. On prouve toutefois leur existence par le tourniquet hydraulique. C'est un vase conique R portant à sa partie inférieure deux tubulures *a* en prolongement, dont les extrémités sont recourbées horizontalement en sens contraire et librement ouvertes. Le vase est rempli d'eau et mobile autour d'un axe vertical C (fig. 83). L'eau s'écoule à la fois par les deux ouvertures et l'appareil tourne en *sens inverse* de l'écoulement. Les portions de tubes opposées aux ouvertures sont en effet le siège de pressions horizontales qui sont contrebalancées si les ouvertures des tubes sont bouchées par des obturateurs (fig. 84); le mouvement se produit dès que les ouvertures sont découvertes.

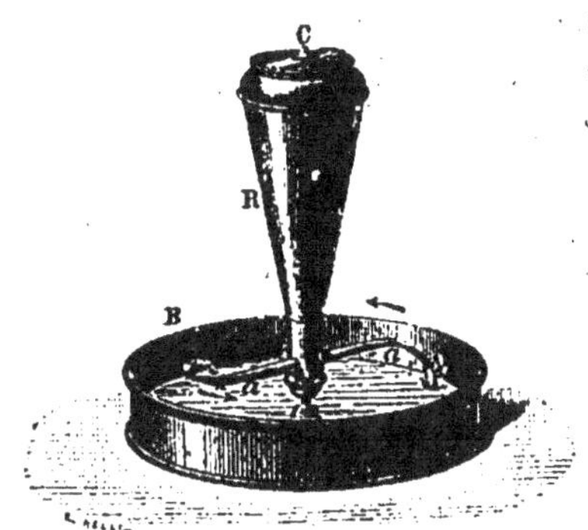

Fig. 83.

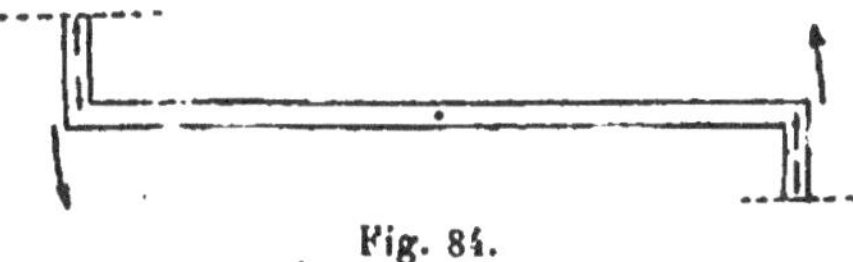

Fig. 84.

PRESSIONS SUR LES CORPS IMMERGÉS

129. Principe d'Archimède [1]. — Un liquide agit sur un corps qui y est plongé comme il agirait sur les parois d'un vase. Ces pressions ont une résultante verticale unique, dite **poussée** du liquide; elle est dirigée de bas en haut et *égale au poids du liquide déplacé par le corps.*

Démonstration expérimentale (fig. 85). — A l'un des

Fig. 85.

(1) **Archimède** de Syracuse (287-212, avant J.-C.).

plateaux d'une *balance hydrostatique* (**106**) on suspend un cylindre de laiton creux C et au-dessous un cylindre massif D qui peut entrer exactement dans l'intérieur du cylindre creux et dont le volume est par conséquent égal au volume intérieur du cylindre creux. Le système étant équilibré sur l'autre plateau avec une tare B, on fait descendre le fléau de la balance hydrostatique et on plonge le cylindre massif dans un vase plein d'eau; l'équilibre est rompu et le fléau s'incline du côté de la tare *comme si le cylindre massif perdait une partie de son poids.* On remplit d'eau le cylindre creux; le cylindre massif

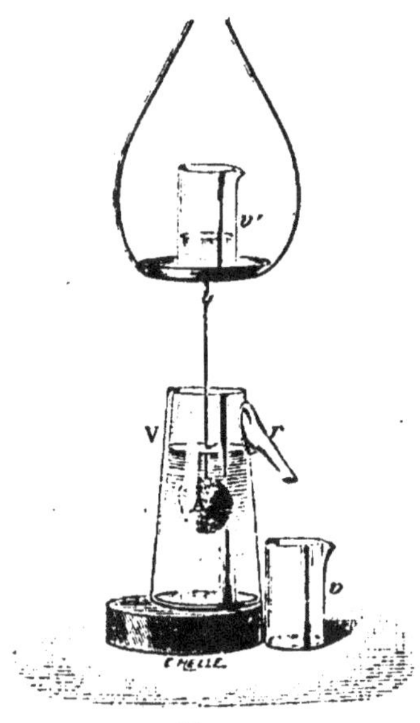

Fig. 86.

étant alors complètement plongé dans l'eau, l'équilibre est rétabli et le fléau de la balance est redevenu horizontal. La poussée est donc égale au poids de l'eau qui remplit le cylindre creux ou de l'eau que déplace le cylindre massif.

Démonstration pour un corps de forme quelconque. — Pour opérer avec un corps A de forme quelconque, on place sur un des plateaux de la balance un vase vide v' et on suspend au même plateau le corps A. On établit l'équilibre sur l'autre plateau avec une tare. Au-dessous du corps A on a disposé un récipient V muni latéralement d'une tubulure recourbée r formant un *trop plein* exactement rempli d'eau jusqu'à la tubulure. Si l'on abaisse le fléau de la balance pour faire plonger le corps A dans ce récipient, l'équilibre est rompu, la balance penche du côté de la tare, ce qui démontre l'existence d'une poussée verticale. Il s'est écoulé un volume de liquide égal au volume du corps, on le recueille en v; l'équilibre se rétablit quand ce liquide est versé en v' (fig. 86). La poussée subie par le corps est donc égale au poids du liquide déplacé. Si les deux vases v et v' ont été choisis de même poids, on rétablit l'équilibre en remplaçant le vase v' vide par le vase v dans lequel le liquide écoulé a été recueilli.

130. Corps immergés et corps flottants. — D'après le principe d'Archimède, tout corps plongé dans un liquide est sollicité par deux forces verticales : 1° le poids P du corps dirigé de haut en bas et appliqué à son centre de gravité ; 2° la poussée verticale ϖ dirigée de bas en haut, égale au poids du liquide déplacé et appliquée au centre de gravité du liquide déplacé.

La force qui fait tomber le corps est la différence $P - \varpi$. La différence entre le poids absolu du corps et la poussée est son *poids apparent*.

$P > \varpi$: le corps est plus lourd que le liquide déplacé et descend au fond du liquide, mais sa chute est moins rapide que dans l'air, car la force qui le fait tomber est inférieure à son poids dans l'air.

$P < \varpi$: le corps est, à volume égal, plus léger que le liquide déplacé, la poussée l'emporte sur son poids, il remonte vers la surface. A mesure qu'il sort de l'eau, la poussée diminue ; il arrive un moment où *la poussée devient égale au poids qui reste invariable*. A ce moment, le corps cesse de monter, il *flotte et son poids est égal au poids du liquide déplacé*.

$P = \varpi$: le corps peut rester immergé où on le place dans le liquide sans monter ni descendre.

Voici comment on peut réaliser ces trois cas. Un œuf plongé dans

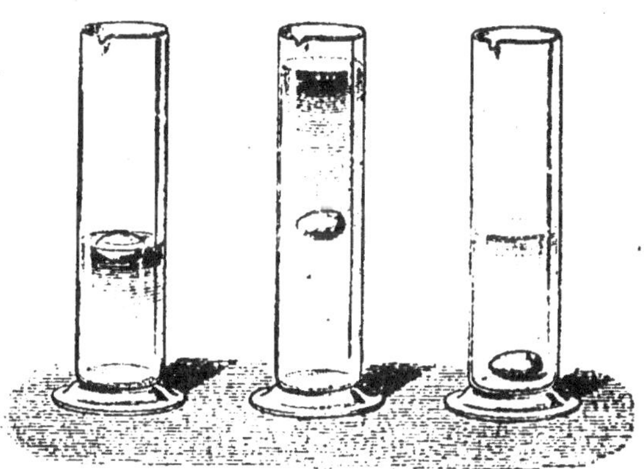

Fig. 87.

l'eau pure tombe au fond, car sa densité moyenne est supérieure à celle de l'eau ; dans l'eau saturée de sel marin, il flotte ; dans un mélange en proportions convenables d'eau pure et d'eau salée, il reste où on le place (fig. 87).

131. Équilibre des corps flottants. — Pour qu'un corps flottant soit en équilibre il faut que : 1° *le poids du liquide déplacé soit égal* *au poids total du corps flottant; 2° le centre de gravité du corps et le centre de gravité du liquide déplacé soient sur une même verticale.*

1° Le poids d'un corps flottant ou en équilibre à l'intérieur d'un liquide est égal au poids du liquide déplacé ; on peut le constater avec un vase V rempli d'eau jusqu'à un trop plein. On pose sur le liquide un corps A moins dense que l'eau ; le corps flotte et déplace une certaine quantité de liquide. Le poids du liquide écoulé en *v* est égal au

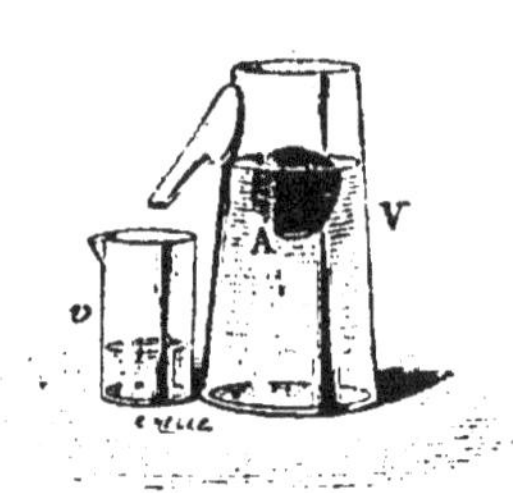

Fig. 88.

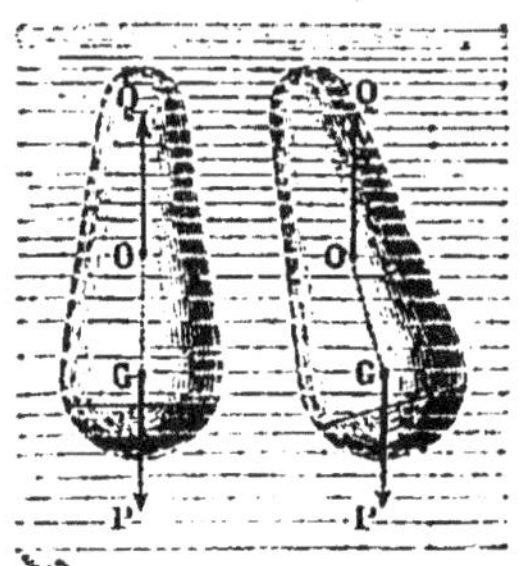

Fig. 89.

poids du corps A (fig. 88). C'est ainsi qu'un navire s'enfonce jusqu'à ce qu'il déplace un poids d'eau égal à son propre poids.

2° Si le centre de gravité G et le centre de poussée O ne se trouvaient pas *sur une même verticale*, les deux forces égales appliquées en G et en O formeraient un couple qui dirigerait le corps jusqu'à ce que les deux points fussent ramenés sur une même verticale (fig. 89). On rend au besoin l'équilibre *stable* en lestant le corps plongé avec un corps lourd, ce qui fait descendre le centre de gravité.

132. Réaction exercée par un corps sur le liquide dans lequel il est plongé. — Un corps plongé subit une poussée, de bas en haut, de la part de l'eau, mais il exerce aussi une réaction égale sur l'eau, dirigée de haut en bas. C'est une application du principe général de l'*égalité de l'action et de la réaction* (38).

Sur un des plateaux d'une balance (fig. 90) on place un vase à trop plein V rempli d'eau jusqu'à la tubulure recourbée et venant déboucher au dessus d'un vase vide *v*; on équilibre le tout de l'autre côté par une tare *t*. Dans le vase V on plonge un corps quelconque soutenu par un support S *indépendant* afin que son poids n'agisse pas sur le plateau de la balance; le niveau monte et le liquide déplacé par le corps s'écoule dans le vase *v*. Le plateau de la balance s'incline, accusant une poussée exercée par le corps sur l'eau dans laquelle il est plongé. Pour rétablir l'équilibre, il suffit d'enlever l'eau du vase v. La poussée exercée sur l'eau par le corps de haut en bas est donc

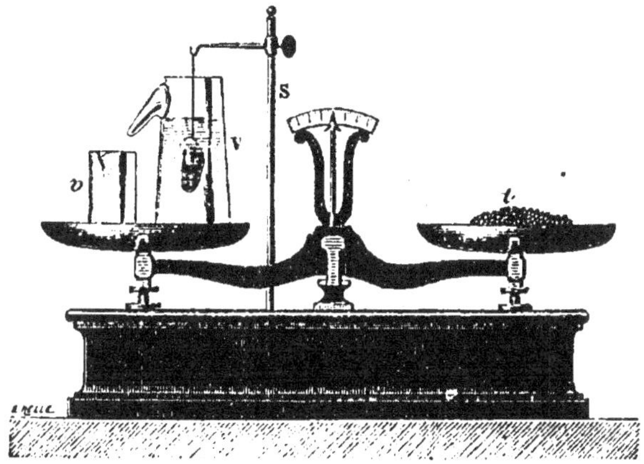

Fig. 90.

égale au poids du liquide déplacé, elle augmente le poids apparent du liquide.

DÉTERMINATION DES DENSITÉS

133. La *densité d'un corps est la masse d'un centimètre cube de ce corps* ou le quotient de sa masse par son volume.

Comme le volume d'un corps en centimètres cubes est exprimé par le même nombre que le poids en grammes d'un égal volume d'eau à 4°, nous obtiendrons la densité d'un corps en mesurant :

1° la masse du corps ou son poids en grammes M ;

2° le poids en grammes M' d'un volume d'eau à 4° égal au volume du corps à $t°$.

Le quotient est la densité du corps à $t°$[1] ; $D_t = \dfrac{M}{M'}$.   Le poids en grammes M'' d'un volume d'eau à $t°$ égal au volume du corps différant peu de M'[2], on a pratiquement $D_t = \dfrac{M}{M''}$.

---

(1) La densité d'un corps est le quotient de deux poids ; sa valeur est donc un nombre indépendant du choix des unités.

(2) On a $D_t = \dfrac{M}{M'} = \dfrac{M}{M''} \cdot \dfrac{M''}{M'} = \dfrac{M}{M''} \cdot e_t$

car, par définition, $\dfrac{M''}{M'}$ est la densité de l'eau à $t°$.

e_t diffère très peu de l'unité, ainsi $e_{15} = 0{,}999125$. On a donc sensiblement $D_t = \dfrac{M}{M''}$.

MÉTHODE DU FLACON

134. Corps liquides. — *Appareil.* — Le flacon employé est un réservoir cylindrique en verre mince surmonté d'un tube capillaire et d'un entonnoir B fermé par un bouchon. Un trait de repère O est marqué sur le tube capillaire (fig. 91). On détermine successivement les poids de liquide et d'eau contenus à la même température dans le flacon jusqu'au trait.

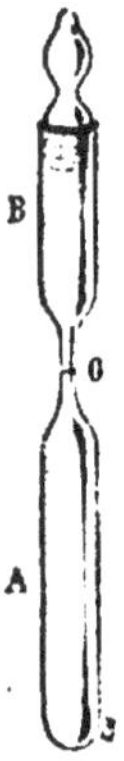

Expérience. — Le flacon plein de liquide jusqu'au trait est porté sur le plateau d'une balance, on établit l'équilibre avec une tare placée dans l'autre plateau. Puis on vide le flacon, on le dessèche intérieurement et on le reporte vide sur son plateau, on achève de faire équilibre à la tare avec M grammes de la boîte de poids : M est le poids en grammes *du liquide* contenu dans le flacon jusqu'au repère.

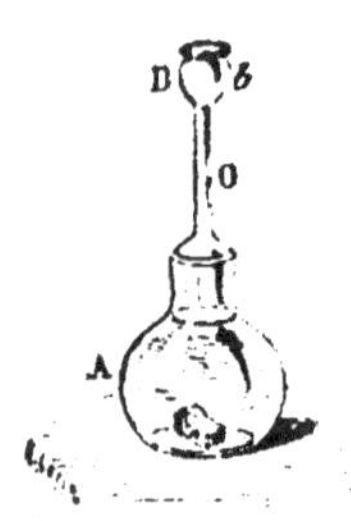

Fig. 91.

En répétant l'expérience avec de l'eau distillée, on obtient le poids en grammes M″ de l'eau contenue dans le flacon.

135. Corps solides. — *Appareil.* — Le flacon A est fermé par un bouchon creux que surmonte un tube capillaire. Un trait de repère O est marqué sur le tube capillaire (fig. 92).

Expérience. — Le flacon plein d'eau distillée jusqu'au trait est porté sur une balance à côté d'un fragment du corps solide. Après avoir fait la tare, on enlève le corps; on rétablit l'équilibre par M grammes qui représentent le poids du corps en grammes.

Les poids marqués et le flacon étant enlevés, on introduit le corps dans le flacon en évitant les

Fig. 92.

bulles d'air, on replace le bouchon et on enlève l'excès d'eau qui dépasse le trait.

Le flacon est alors reporté sur le plateau de la balance; il est maintenant trop léger; les poids M″ qui rétablissent l'équilibre représentent l'eau sortie ou le poids en grammes d'un volume d'eau égal au volume du corps.

136. Détermination du volume d'un vase. — La forme géométrique d'un vase n'est pas habituellement assez régulière pour que

son volume puisse être calculé exactement; on obtient une grande
précision en pesant l'eau qu'il renferme.

Ayant fait la tare d'un vase plein d'eau, on le vide, les M″ grammes
qu'il faut placer à côté du vase vide pour faire équilibre à la tare
expriment le volume (en centimètres cubes) de l'eau contenue ou
le volume du vase.

S'il s'agit d'un vase de petites dimensions, tel que le réservoir
d'un thermomètre, on obtient le volume en déterminant le poids
en grammes du mercure qui le remplit, le quotient de ce poids par la
densité du mercure donne la capacité cherchée.

Construction d'un vase gradué. — On place le vase vide dans le
plateau d'une balance et on met un poids marqué à côté de lui, par
exemple 500 grammes. Après avoir fait la tare du tout, on enlève le
poids de 500 grammes et on verse de l'eau dans le vase jusqu'à faire
équilibre à la tare. On trace un repère horizontal au niveau de l'eau;
on a un vase gradué dont le volume est de 500 centimètres cubes.

<h2 style="text-align:center">MÉTHODE DE LA BALANCE HYDROSTATIQUE</h2>

Cette méthode, basée sur le principe d'Archimède, peut s'appliquer à des masses volumineuses.

137. Corps solides. — *Expérience.* — Un
fragment du corps solide est suspendu par un fil
métallique fin sous le plateau d'une balance; on
établit l'équilibre de l'autre côté avec une tare.
On immerge le corps complètement dans l'eau
(fig. 93), la balance s'incline du côté de la tare;
les poids M″ placés du côté du corps pour rétablir l'équilibre représentent la poussée subie par
le corps plongé ou le poids en grammes *d'un
volume d'eau* égal au volume du corps.

On enlève le corps en laissant sous le plateau
le fil qui le supportait et on rétablit l'équilibre
par un poids M ; c'est le *poids du corps en grammes.*

138. Corps liquides. — *Expérience.* — Au-
dessous de l'un des plateaux d'une balance on
suspend avec un fil métallique fin une boule de

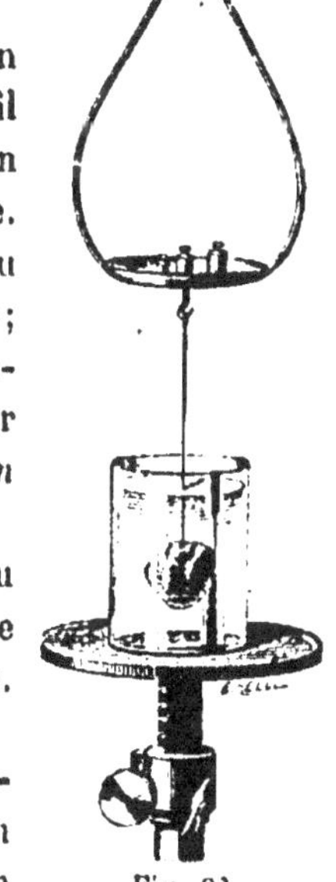

Fig. 93.

verre lestée avec du mercure et on lui fait équilibre avec une tare. La boule est immergée complètement dans le liquide étudié. L'équilibre est rompu par la poussée, les M grammes qui rétablissent l'équilibre représentent la poussée ou le *poids en grammes du liquide déplacé* par la boule.

On détermine de même façon le *poids en grammes* M" *de l'eau déplacée* par la boule.

139. Détermination du volume extérieur d'un corps solide. — Le corps solide est suspendu par un fil fin au dessous du plateau d'une balance, on fait la tare sur l'autre plateau. On immerge le corps complètement dans l'eau. Il faut placer M" grammes du côté du corps pour rétablir l'équilibre : ce nombre M" représente en même temps le poids en grammes de l'eau déplacée et son volume en centimètres cubes ou le volume du corps.

TABLE DE DENSITÉS

Aluminium	2,6	Verre (Crown)	2,6
Cuivre	8,8	Quartz	2,63
Fer	7,5	Alcool	0,816
Platine	21,2	Acide sulfurique	1,85
Argent	10,5	Mercure	13,59
Zinc	7	Huile d'olive	0,92

ARÉOMÈTRES

Les aréomètres servent à déterminer, par une simple lecture, l'état de concentration de certains liquides industriels.

140. Un aréomètre est un *flotteur* formé d'un tube *cylindrique* en verre lesté à sa partie inférieure de façon à se maintenir vertical et en équilibre stable dans un liquide. Le poids du liquide déplacé devant être toujours égal au poids total du flotteur (**131**), l'aréomètre s'enfonce d'autant moins que la densité du liquide est plus grande.

Le **pèse-acides** ou pèse-sels de Baumé[1], destiné aux liquides plus denses que l'eau, est lesté de façon à s'enfoncer dans l'eau pure à peu près jusqu'au *haut de la tige*. On marque 0 au point d'affleurement, l'instrument est ensuite plongé dans une solution de 85 parties d'eau en poids et 15 de sel marin, il s'y enfonce moins que dans l'eau, puisque cette solution est plus dense que l'eau. On marque 15 au nouveau point d'affleurement. L'intervalle

---

(1) **Baumé,** chimiste français (1728-1804).

de 0 à 15 est divisé en 15 parties égales et la graduation est prolongée au-
dessous (fig. 94). L'instrument marque 66° dans l'acide
sulfurique au maximum de concentration, ayant pour densité 1,84.

Le pèse-esprits de Baumé, employé pour les liquides
moins denses que l'eau, est lesté de façon à s'enfoncer jusqu'au *bas de la tige* dans une solution de 90 parties en poids
d'eau distillée et 10 de sel marin. On marque 0 au point
d'affleurement. Dans l'eau pure il s'enfonce davantage, on
marque 10 au point d'affleurement. On divise l'intervalle
en 10 parties égales, et on prolonge les divisions jusqu'à
l'extrémité supérieure du tube (fig. 95).

141. Alcoomètre centésimal de Gay-Lussac[1].
— Cet instrument fait connaître directement le volume d'*alcool pur* ou *absolu* que contiennent 1000
volumes d'un mélange d'alcool et d'eau. Il est lesté
de manière que dans l'eau distillée l'affleurement ait
lieu au bas de sa tige (fig. 96).

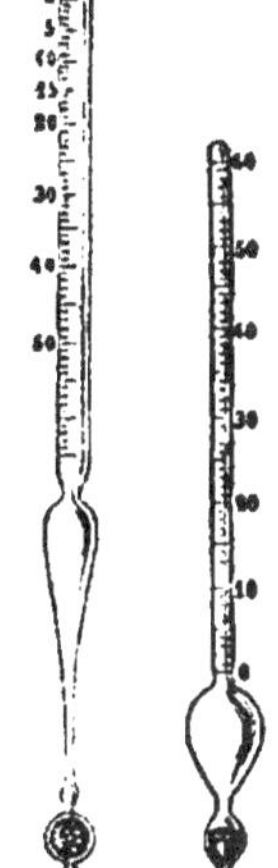

Fig. 94.   Fig. 95.

On prépare des mélanges d'alcool et d'eau dans des vases gradués
où l'on verse 5, 20, 15... 50... 95 volumes d'alcool pur; on complète
dans chaque vase le volume 100 avec de l'eau.

On plonge l'aréomètre successivement dans ces divers mélanges, on marque 0 au point d'affleurement dans l'eau pure,
5 dans la liqueur qui contient 5 centièmes de son volume d'alcool, 10 dans la liqueur suivante... 100 dans l'alcool absolu;
chaque intervalle est divisé en 5 parties égales. L'instrument
s'enfoncera dans un liquide alcoolique jusqu'à la division 46,
si ce liquide renferme 46 *centièmes de son volume* d'alcool pur
(46 litres d'alcool pur par hectolitre de liquide alcoolique[2]).
Un thermomètre doit être plongé dans le liquide en même
temps que l'alcoomètre, car la graduation se fait à 15° et
pour un essai effectué à une température différente, une correction est indispensable.

Les degrés de l'alcoomètre ne sont pas égaux. Les indications
de l'instrument ne s'appliquent qu'à des mélanges contenant
seulement de l'alcool et de l'eau. Aussi on ne peut déterminer la
richesse alcoolique d'un vin qu'après une distillation.

Fig. 96

---

(1) **Gay-Lussac**, né à Saint-Léonard (Haute-Vienne) 1778-1850).
(2) C'est ce qu'il importe de connaître au point de vue des impôts que prélève le fisc.

LIQUIDES SUPERPOSÉS

142. Si l'on verse dans un flacon plusieurs liquides de densités diffé-rentes sans action chimique les uns sur les autres, ces liquides *se superposent par ordre de densité*, le plus lourd au fond et les *surfaces de séparation sont horizontales*.

Une molécule d'un liquide plus dense ne peut se maintenir au milieu d'un liquide moins dense, car la poussée qu'elle subit est infé-rieure à son poids et elle tombe au fond du vase.

La surface libre est horizontale; la vérification qui a été faite pour un liquide unique ( ) est en effet indépendante des portions liquides sous-jacentes.

Les *surfaces de séparation sont horizontales.* Car s'il n'en était pas ainsi, deux surfaces égales prises sur un plan horizontal situé au dessous d'une surface de séparation ne supporteraient pas la même pression.

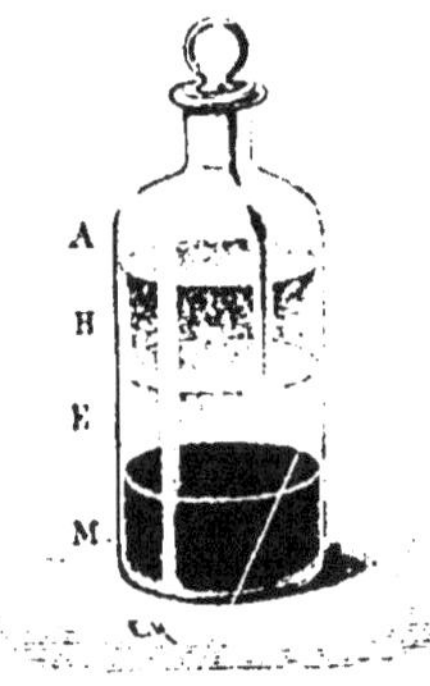

Fig. 97.

Fiole des quatre éléments. — On met dans un flacon du mercure, de l'eau et de l'huile; on agite, les liquides se mélangent, mais par le repos ils se séparent de nou-veau; le mercure gagne le fond, l'eau se place au-dessus, puis l'huile; enfin l'air forme le quatrième élément (fig. 97).

143. Niveau à bulle d'air. — Un niveau à bulle d'air est un instrument *qui sert à vérifier l'horizontalité d'une ligne droite* sur laquelle on le place.

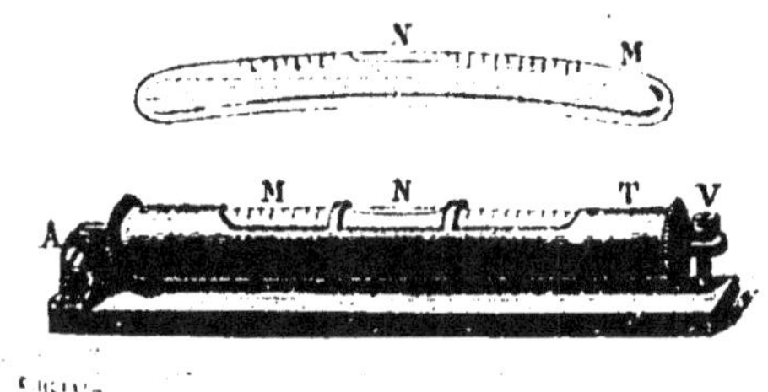

Fig. 98.

C'est un tube de verre fermé aux deux bouts et légèrement convexe. Il contient un liquide qui ne le remplit pas complè-tement et une bulle d'air. Il est placé dans une monture dont la *base* a été rendue exactement parallèle à la surface libre du liquide et se trouve *horizontale* quand la bulle N est comprise *entre deux repères transversaux* de la partie convexe du tube (fig. 98).

Quand on place la base suivant une droite qui n'est pas horizontale, la surface libre du liquide qui est toujours horizontale, n'est pas parallèle à la base et la bulle n'est plus comprise entre les repères.

Pour reconnaître avec un niveau à bulle d'air si un plan est horizontal, on place la base du niveau successivement suivant deux droites du plan à peu près rectangulaires entre elles; si ces deux droites sont horizontales, le plan est horizontal, car il contient deux horizontales qui ne sont pas parallèles.

VASES COMMUNIQUANTS

144. ÉQUILIBRE D'UN LIQUIDE. — Quand un liquide est renfermé dans deux ou plusieurs vases de formes quelconques qui communiquent entre eux, l'ensemble ne forme qu'un *vase unique*; par suite, les *surfaces libres* dans chaque vase *sont horizontales* et toutes ces surfaces sont *dans un même plan horizontal.*

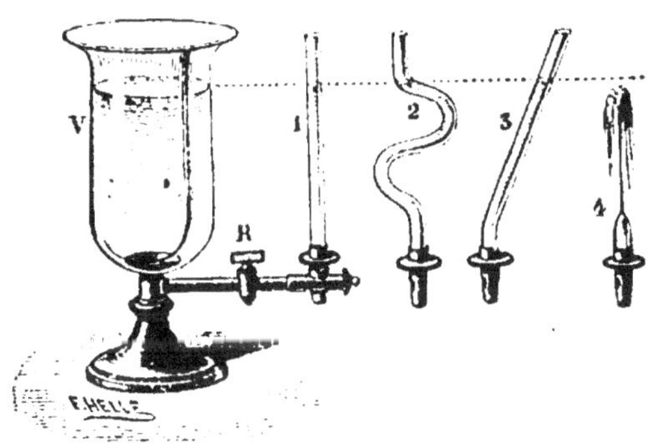

Fig. 99.

Vérification expérimentale. — On prend un large vase V sur la paroi latérale duquel est mastiqué un conduit métallique horizontal muni d'un robinet R et d'une tubulure dans laquelle on peut ajuster des tubes en verre 1, 2, 3 de formes diverses (fig. 99). Le vase V ayant été rempli d'eau, le liquide monte dans le tube et les surfaces libres s'établissent sur un même plan horizontal.

La même vérification se fait sans appareil spécial avec deux vases quelconques réunis à leur partie inférieure par un tube en caoutchouc. Un liquide qu'on y a versé prend le même niveau dans les deux vases, quelle que soit la position relative qu'on leur donne.

145. Applications. — Les mers et les océans sont logés dans d'immenses vases communiquants; pour cette raison ils ont un même niveau (à peu près sphérique). C'est ce niveau qu'on prend pour point de départ des altitudes à la surface du globe. Le niveau des mers intérieures peut être différent.

L'explication des jets d'eau et des puits artésiens se déduit encore de la théorie des vases communiquants. La distribution de l'eau dans les villes et le jeu des écluses dans un canal ont pour point de départ le même principe.

Jets d'eau. — Si dans la tubulure du vase V, on ajuste un tube 4 (fig. 99) trop court pour que le liquide puisse s'y élever au même niveau qu'en V, à l'ouverture du robinet R, le liquide s'élève en gerbe verticale.

Pour installer un jet d'eau, on fait arriver au centre d'un bassin un tuyau qui communique avec un réservoir élevé plein d'eau jouant le rôle du vase V, l'eau jaillit et retombe dans le bassin.

Puits artésiens. — Imaginons une couche de sable perméable intercalée entre deux couches imperméables d'argile; supposons de plus

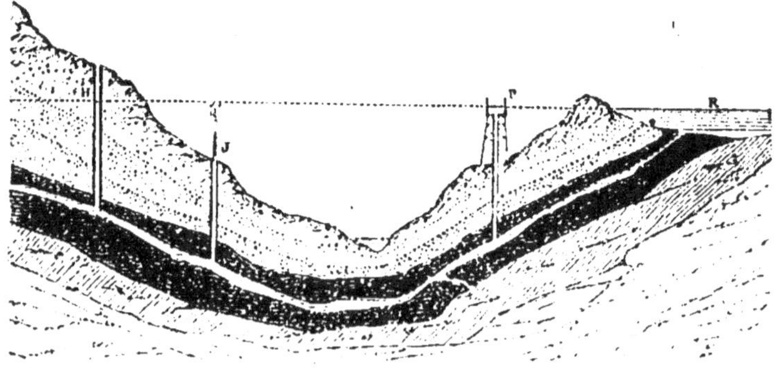

Fig. 100.

les trois couches courbées et la couche perméable affleurant à des niveaux élevés (fig. 100). Si vers le milieu de la cuvette ainsi formée, on perce un puits en traversant la couche imperméable supérieure, on rencontre une nappe d'eau d'infiltration retenue dans le sable. Les niveaux de la nappe liquide tendent à former un plan horizontal comme dans des vases communiquants; le même niveau tendant à s'établir dans le tube du puits, il se produit un jet d'eau. L'eau du puits de Grenelle à Paris, provient ainsi d'une couche de sable comprise entre deux couches d'argile, et imbibée par la pluie qui tombe sur ses surfaces d'affleurement en Champagne et en Normandie.

Distribution de l'eau dans les villes. — L'eau qui sert à alimenter une ville est accumulée dans un grand réservoir central où elle s'élève plus haut que le toit des maisons. De ce réservoir partent de gros tuyaux dont les ramifications se distribuent aux différents étages. Quand on ouvre un robinet qui ferme une conduite de distribution, l'eau qui s'échappe tend à s'élever au niveau du réservoir. La vitesse d'écoulement du liquide croît avec la différence de niveau entre le robinet et le réservoir.

Écluses. — Les canaux sont composés de parties successives ou *biefs*. Dans chacune de ces parties le niveau est horizontal. D'une partie à la suivante il y a une variation brusque de niveau. Une portion de canal courte et étroite, appelée *écluse*, est intercalée entre les deux biefs, elle est séparée du bief supérieur par une porte A et du bief inférieur par une porte B.

Pour faire passer un bateau du bief supérieur au bief inférieur, on ouvre A, l'écluse se remplit d'eau qui prend le niveau du bief supérieur et reçoit le bateau; on ferme A et on fait écouler l'eau de l'écluse par une vanne pratiquée en B; le bateau descend lentement au niveau du bief inférieur et il y passe quand on ouvre B.

La manœuvre à exécuter pour le passage inverse se conçoit aisément.

146. Niveau d'eau. — Le niveau d'eau est un tube métallique dont les deux extrémités sont coudées et terminées par deux fioles

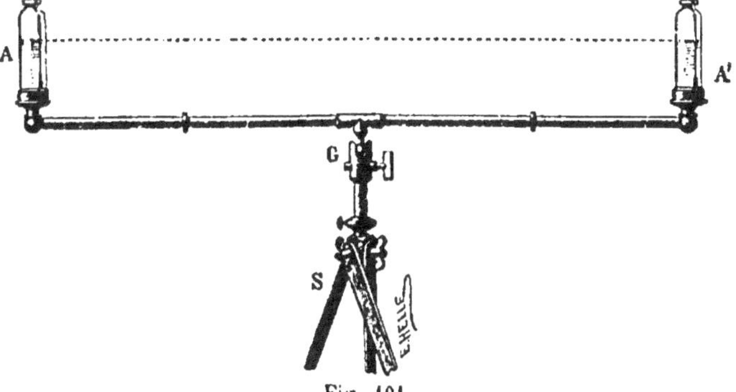

Fig. 101.

A et A' en verre (fig. 101). Le tube est maintenu en son milieu par un trépied articulé S. On verse de l'eau colorée dans le système de ces vases communiquants et on utilise dans les nivellements le plan horizontal qui passe par les surfaces libres dans les deux fioles.

Pour trouver la distance verticale de deux points A et B du sol, on fait fixer en A une règle divisée le long de laquelle peut glisser une mire (fig. 101), on met l'œil près du niveau n' et on dirige le rayon visuel suivant les deux niveaux en n' et n; *le rayon visuel est alors bien horizontal.* Un aide fait mouvoir lentement la mire jusqu'à ce

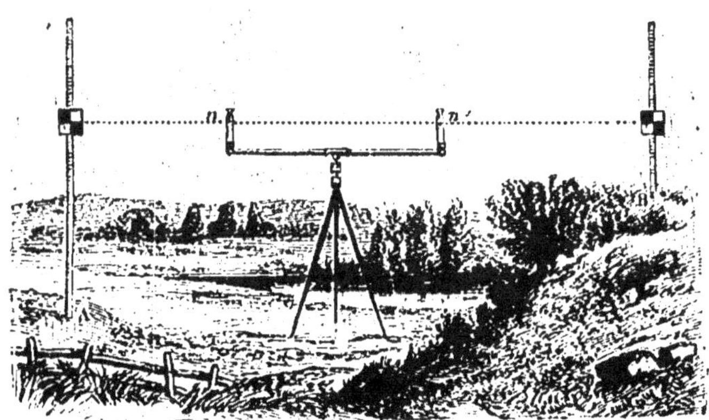

Fig. 102.

qu'on le prévienne que le rayon visuel rencontre le centre de la mire. La distance de ce centre au point A est lue sur la règle. L'aide transporte la règle verticale en B, on place maintenant l'œil en n et on s'aligne sur n'; le centre de la mire est amené sur le rayon visuel et sa distance au point B est lue sur la règle. La différence de niveau cherchée est la différence des hauteurs lues sur la règle dans les deux cas.

147. ÉQUILIBRE DE DEUX LIQUIDES. — Quand deux vases communiquants renferment des liquides différents *non miscibles*, le liquide le plus lourd occupe le tube de communication et les *hauteurs des surfaces libres des deux liquides au-dessus de leur surface de séparation sont en raison inverse des densités*[1].

Versons d'abord du mercure, puis de l'eau au-dessus du mercure, dans l'une des branches. La *surface de séparation* en E sera horizontale (fig. 103), comme nous l'avons indiqué (**142**).

---

(1) Si les liquides étaient *miscibles*, le liquide inférieur pénétrerait lentement dans le liquide supérieur malgré son poids. Ce phénomène est appelé *diffusion des liquides.*

Les pressions sur deux surfaces égales de la surface de séparation
en E et E′ devant être égales, la pression
exercée en E′ par le mercure et transmise de
bas en haut en E doit faire équilibre à la
pression que la colonne d'eau exerce directement sur E. Soient h et h' les hauteurs
des deux liquides, D et D′ leurs densités, la
pression exercée par le mercure sur l'unité
de surface en E′ a pour valeur $h'D'g$ (**125**),
la pression exercée par l'eau sur l'unité de
surface en E a pour valeur hDg; ces deux
pressions doivent être égales.

On doit donc avoir :

$$hD = h'D' \quad \text{ou} \quad \frac{h}{h'} = \frac{D'}{D}.$$

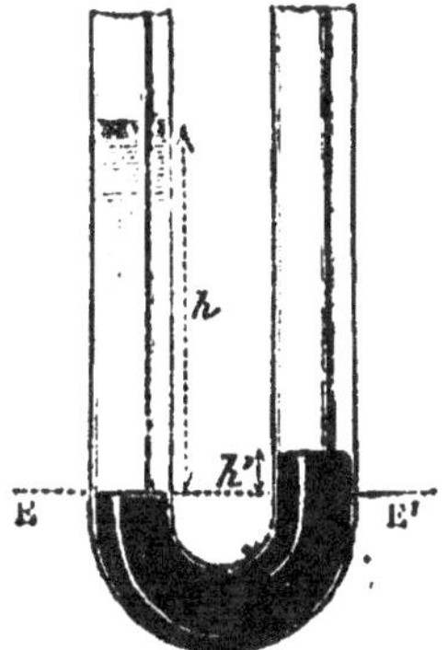

Fig. 103.

Nous avons supposé l'égalité des pressions exercées sur les surfaces libres des deux liquides.

CAPILLARITÉ

148. Au voisinage d'un corps solide la surface d'un liquide, au lieu de
rester horizontale se courbe ; le liquide est *soulevé* par rapport au niveau
général s'il *mouille* le solide [1], il est déprimé s'il ne le mouille pas.

L'action de la paroi sur le liquide ne s'exerce qu'à une très petite distance,
c'est pourquoi dans un vase large, la surface reste plane et horizontale au
milieu du vase; mais il n'en est plus de même dans un tube très étroit.
Dans un tube très étroit (*capillaire*) la surface libre du liquide prend une
forme concave (dite *ménisque concave*) si le liquide intérieur mouille le tube,
et le liquide intérieur est soulevé au dessus du niveau extérieur (fig. 104),
en *mn*, contrairement aux lois de l'hydrostatique. Si le liquide ne mouille pas
le tube, sa surface libre prend une forme convexe (*ménisque convexe*) et le
niveau intérieur est déprimé au-dessous du niveau extérieur en *n* (fig. 105).

La différence de niveau à l'intérieur et à l'extérieur du tube est la même
dans le vide, ce qui prouve que la pression de l'air n'a aucune influence sur
le phénomène. *La différence de niveau varie en raison inverse du diamètre
du tube*, ce diamètre étant mesuré au point où se forme le ménisque.

Quand le tube est mouillé par le liquide, la différence de niveau *ne dépend*

---

(1) Un liquide mouille un solide si l'*adhésion* qui maintient le liquide en contact avec
le solide est supérieure à la *cohésion* qui maintient chaque molécule liquide en contact
avec les molécules liquides voisines.

ni de l'épaisseur du tube ni de sa nature ; elle dépend de la nature du liquide
et de sa température. Dans un tube de verre bien nettoyé, de 1^{mm} de dia-

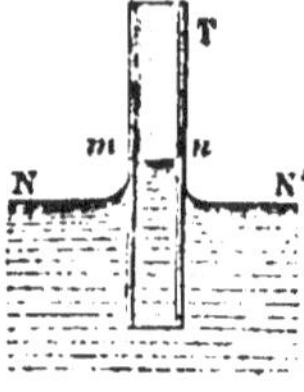
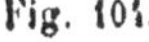

Fig. 104.

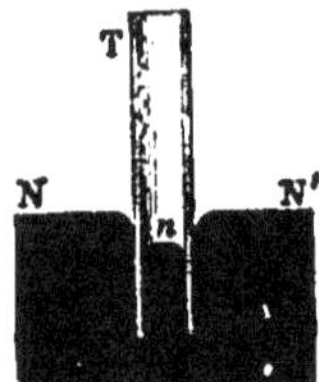

Fig. 105.

mètre et à 8°, l'eau s'élève de 30^{mm}, l'alcool de 12, l'éther de 10. La hauteur
soulevée diminue quand la température s'élève.

Les choses se passent comme si la production d'un ménisque dans un tube
donnait lieu à une force verticale, agissant sur le liquide *de la convexité vers
la concavité*. C'est une force soulevante dans le cas d'un ménisque concave,
déprimante dans le cas d'un ménisque convexe.

La capillarité explique un grand nombre de phénomènes journaliers. Quand
un morceau de sucre est en contact par quelques points avec de l'eau, le
liquide monte dans les petits tubes capillaires que forment les pores du sucre.
L'eau mouille jusqu'au sommet un tas de sable dont elle baigne la base. De
même le suif fondu s'élève par capillarité entre les fils de la mèche d'une
bougie et l'huile monte dans la mèche d'une lampe. C'est de la même façon
que s'explique encore l'ascension de la sève dans les végétaux. Certains
insectes peuvent marcher à la surface de l'eau parce que leurs pattes sont
couvertes d'un enduit gras qui les empêche d'être mouillées et tout autour
l'eau est déprimée. Ils s'enfoncent quand on dissout avec de l'éther l'enduit
qui couvre leurs pattes.

STATIQUE DES GAZ

Un gaz est un fluide *expansible, compressible* et *élastique*.

149. Expansibilité. — Un gaz prend la forme du vase qui le
renferme, mais par suite de son expansibilité, le remplit tout entier au
lieu d'occuper seulement le fond comme le fait un liquide. *Un gaz ne
présente pas de surface libre.*

On met en évidence l'expansibilité des gaz en plaçant sous une
cloche une vessie fermée à l'aide d'un robinet et ne contenant qu'un
peu de gaz. Si l'on raréfie l'air de la cloche, la vessie se gonfle de
plus en plus à mesure que le degré de vide augmente (**61**).

150. Compressibilité et élasticité. — Les gaz sont *beaucoup plus compressibles que les liquides*. Les gaz sont *parfaitement élastiques;* ayant diminué de volume quand on les comprime, ils reprennent exactement leur volume primitif quand la compression cesse (**61**).

151. Transmissibilité des pressions. — Comme les liquides (**121**), *les gaz transmettent intégralement dans tous les sens les pressions qu'on leur fait subir.*

Imaginons un récipient (fig. 106) muni en A d'un corps de pompe où glisse un piston et en B, C, D, de tubulures auxquelles sont adaptés des tubes recourbés contenant un liquide qui a le même niveau dans les deux branches. Si l'on enfonce le piston, la pression se transmet en tous sens et fait monter d'une même quantité le liquide des tubes.

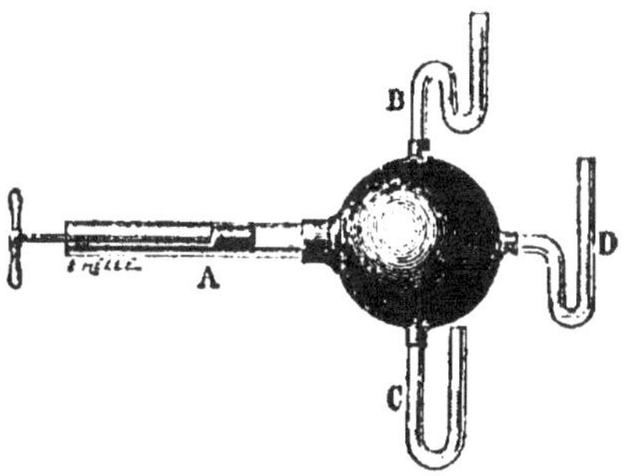

Fig. 106.

On réalise une expérience analogue à celle de la presse hydraulique en réunissant un sac de caoutchouc à un soufflet par un tube (fig. 107). Sur le sac sont posés

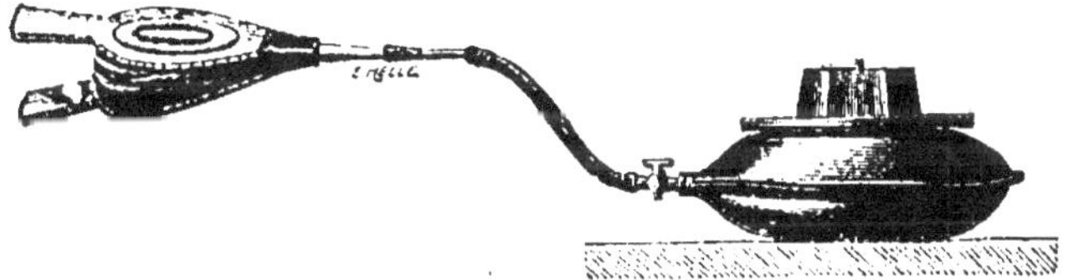

Fig. 107.

une planche et un poids. On injecte de l'air avec le soufflet, le sac se gonfle et un petit effort exercé par le soufflet sur la section s du tube devient capable de soulever le poids en se transmettant sur la surface S de contact de la planche et du sac qui est beaucoup plus grande. Si la surface ainsi pressée est égale à 500 fois la section du tube, un effort de 10 grammes suffit pour soulever 5 kilos placés sur la planche.

PESANTEUR ET PRESSION DES GAZ

152. Pesanteur des gaz. — Bien qu'on ne les voie pas tomber à la surface de la terre comme les solides et les liquides, *l'air et les gaz sont pesants.*

Pour démontrer la pesanteur d'un gaz, on suspend au-dessous de l'un des plateaux d'une balance un ballon d'une dizaine de litres, plein de gaz et fermé par un robinet. On établit l'équilibre par une tare dans l'autre plateau (fig. 108).

On fait le vide dans le ballon, le fléau s'incline du côté de la tare. On rétablit l'équilibre en ajoutant du côté du ballon m grammes qui représentent le poids en grammes du gaz sorti (13 grammes environ pour 10 litres d'air à la pression ordinaire). La densité d'un gaz est beaucoup plus faible que celle d'un liquide. Le poids absolu du gaz est mg.

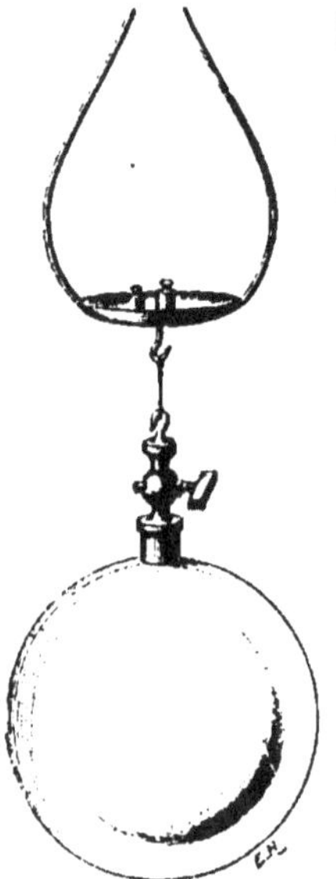

Fig. 108.

153. Pressions exercées par un gaz pesant. — Les gaz étant pesants, une couche gazeuse presse par son poids sur une couche placée au-dessous d'elle et celle-ci transmet cette pression aux couches inférieures en l'accroissant de son propre poids.

Comme dans un liquide, *tous les points d'un même plan horizontal, dans un gaz en équilibre, supportent la même pression.*

Dans un récipient *de grande hauteur*, la différence des pressions à deux niveaux différents A et B est égale au poids d'un cylindre ayant pour base l'unité de surface et pour hauteur la *distance verticale des niveaux* (**125**) La pression exercée par le gaz sur un centimètre carré de la paroi du récipient croît donc avec la distance verticale de cette paroi au sommet du récipient. Un liquide étant peu compressible, l'accroissement de pression au niveau inférieur B dans un récipient rempli de liquide n'accroît que d'une façon insensible la masse contenue dans l'unité de volume. Pour un gaz dont la compressibilité est beaucoup plus grande l'accroissement de densité est notablement plus important.

PRESSION ATMOSPHÉRIQUE

154. L'atmosphère est une couche d'air[1] retenue par attraction qui enveloppe le globe terrestre, et le suit dans sa translation le long de son orbite aussi bien que dans sa rotation autour de la ligne des pôles. La surface du globe supporte une *pression* égale au poids de la colonne d'air qui forme l'atmosphère. Ce poids ne peut pas être calculé directement, car on ne connaît pas la hauteur de la colonne; en outre, elle n'est pas homogène, car les couches inférieures sont comprimées par les couches supérieures et leur densité augmente à mesure qu'on se rapproche du sol.

L'expérience du baromètre due à Torricelli[2] donne la valeur précise de la pression exercée par l'atmosphère sur l'unité de surface.

155. Expérience du baromètre. — On prend un tube de verre, fermé par un bout, de 7 à 8 millimètres de diamètre intérieur et de 85 centimètres environ de longueur. On le remplit de mercure et après avoir bouché l'extrémité ouverte avec le pouce en ayant soin de n'emprisonner aucune bulle d'air, on le renverse dans une cuvette pleine de mercure. Si le pouce est alors retiré et ne soutient plus la colonne de mercure, le liquide descend dans le tube et se fixe à une hauteur voisine de 76 centi-

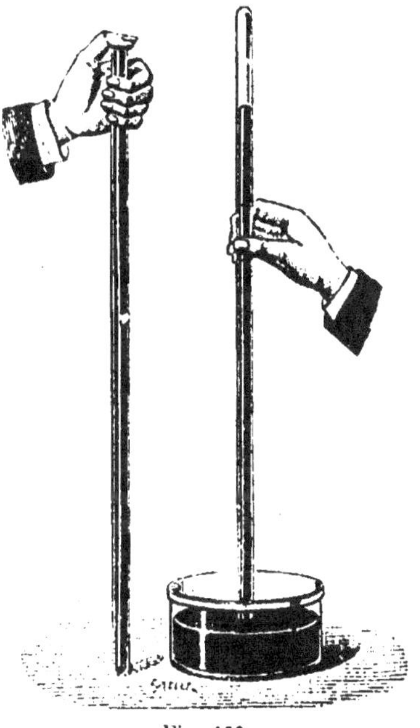

Fig. 109.

mètres au-dessus du niveau du mercure dans la cuvette, laissant au-dessus de lui un espace vide d'air que l'on appelle **chambre barométrique** (fig. 109).

(1) L'air qui enveloppe notre globe est un mélange de plusieurs gaz : pour 100 litres, il y a sensiblement 21 litres d'oxygène, 79 litres d'azote et en outre une petite quantité de vapeur d'eau, d'acide carbonique, des traces d'argon, d'ammoniaque, d'acide azotique, etc. L'air tient en suspension d'innombrables poussières, minérales ou organiques.
(2) **Torricelli,** savant italien (1608-1647).

La hauteur de la colonne de mercure soulevée est indépendante du diamètre et de la forme du tube. Si l'on *incline* le tube, la distance *verticale* BD des niveaux dans le tube et dans la cuvette reste invariable (fig. 110).

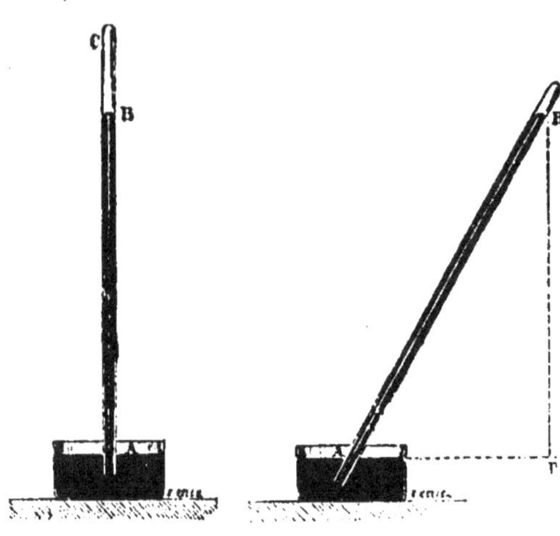

Fig. 110.

156. Interprétation de l'expérience du baromètre. — Puisque la masse entière du mercure est en équilibre, dans le tube et dans la cuvette, la pression doit être *la même sur des surfaces égales du plan horizontal* de la surface libre dans la cuvette (**125**). Dans le tube, la surface *mn* (fig. 111) supporte la pression due au poids de la colonne soulevée et cette pression seule, car la chambre barométrique est vide de toute matière pondérable. Au-dessus de *m'n'*, en dehors du tube, la pression de l'air extérieur agit seule ; cette pression est donc égale à la pression de la colonne de mercure soulevée dans le tube.

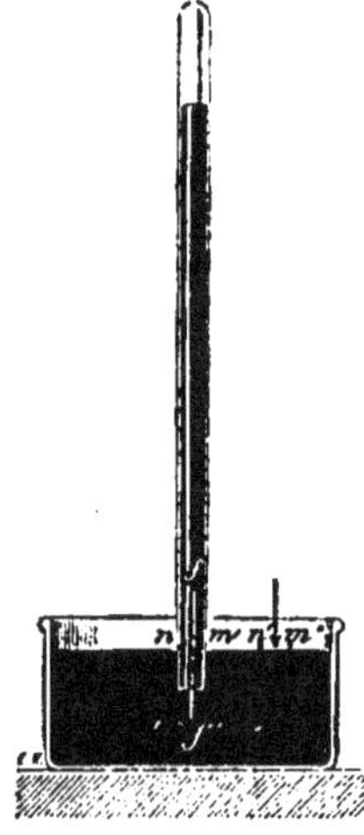

Fig. 111.

157. Valeur de la pression atmosphérique. — La pression exercée par l'atmosphère sur une surface de 1 centimètre carré est égale au poids d'une colonne de mercure ayant pour base 1 centimètre carré et pour hauteur la *différence verticale des niveaux dans le tube et dans la cuvette*. En prenant 76 centimètres pour hauteur *moyenne* de la colonne soulevée, le poids en grammes de cette colonne ou la pression d'*une atmosphère* sera

$$1.76.13,6 = 1033^{gr}6$$

Le poids de cette colonne en dynes est à Paris

$$1033,6.981.$$

Les hauteurs de différents liquides qui exerceraient sur une même surface une pression égale à la pression atmosphérique doivent être en *raison inverse de leurs densités* (**147**),

$$\frac{h'}{h} = \frac{D}{D'}.$$

La hauteur h' d'une colonne d'eau qui mesurerait la pression atmosphérique serait $h' = \frac{hD}{D'}$ où $D = 13,6$ et $D' = 1$; ce serait $76.13,6 = 1033^{cm},6$ ou $10^{m}33$. La vérification a été faite par Pascal avec un long tube de verre fermé par le haut; la colonne soulevée dépassait 10 mètres[1].

158. Expérience du Puy-de-Dôme. — Si c'est vraiment le poids de l'air qui maintient soulevé le mercure dans le baromètre, la hauteur de la colonne doit être plus faible quand on s'élève dans l'atmosphère puisqu'on laisse au-dessous de soi des couches d'air qui ne pressent plus sur le mercure de la cuvette. Sur les indications de Pascal, l'expérience du tube de Torricelli ayant été faite en même temps au bas et au sommet du Puy-de-Dôme, *la colonne barométrique fut trouvée moindre en haut qu'en bas* de 8 centimètres et demi.

Cette expérience démontre bien que c'est à la pression de l'air qu'il faut attribuer l'ascension du mercure dans le baromètre.

159. Effets de la pression atmosphérique. — L'existence de la pression atmosphérique passe habituellement inaperçue parce que les pressions exercées sur un objet placé dans l'air s'équilibrent sensiblement[2]. On démontre l'importance de cette pression par diverses expériences.

Crève-vessie. — On applique sur la platine d'une machine pneumatique le bord *bien dressé* d'un cylindre de verre fermé à son ouverture supérieure par une vessie tendue et solidement fixée sur le pourtour (fig. 112). La membrane pressée par l'air intérieur et par l'air extérieur supporte la même pression sur les

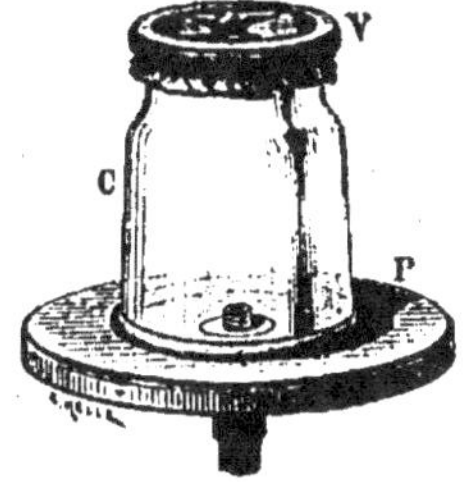

Fig. 112.

<hr>

(1) Si la hauteur du tube est inférieure à $10^{m}33$ dans le cas de l'eau (à 76 centimètres dans le cas du mercure), le liquide soulevé remplit complètement le tube et exerce contre le haut du tube une pression d'autant plus forte que la différence entre $10^{m}33$ et la hauteur du tube est plus grande.

(2) Par la respiration, la pression atmosphérique est transmise aux liquides de nos tissus qui sont également pressés à l'intérieur et à l'extérieur.

deux faces et reste plane. Si l'on fait le vide sous la membrane, l'air extérieur exerce sur la face supérieure une pression qui va en croissant et creuse la membrane jusqu'au moment où elle éclate avec bruit. On peut varier l'expérience en plaçant la membrane dans une direction verticale ou inclinée, car la pression atmosphérique s'exerce sur toutes les surfaces, quelle que soit leur orientation.

Hémisphères de Magdebourg. — Ce sont deux demi-sphères creuses en laiton de 10 centimètres de diamètre environ. Leurs rebords peuvent s'appliquer l'un contre l'autre et un cuir annulaire enduit de suif rend la fermeture hermétique. L'un des hémisphères porte un tube à robinet qui peut être vissé sur la platine d'une machine pneumatique et permet de faire le vide dans l'appareil, l'autre hémisphère est surmonté d'un anneau. Quand l'air intérieur a été extrait et que le robinet est fermé, il faut un effort très considérable pour vaincre la pression atmosphérique qui les maintient appliqués l'un contre l'autre. Si l'on ouvre le robinet R, on entend un sifflement dû à la rentrée de l'air et les hémisphères se séparent sans difficulté, la pression extérieure étant alors équilibrée par la pression intérieure (fig. 113).

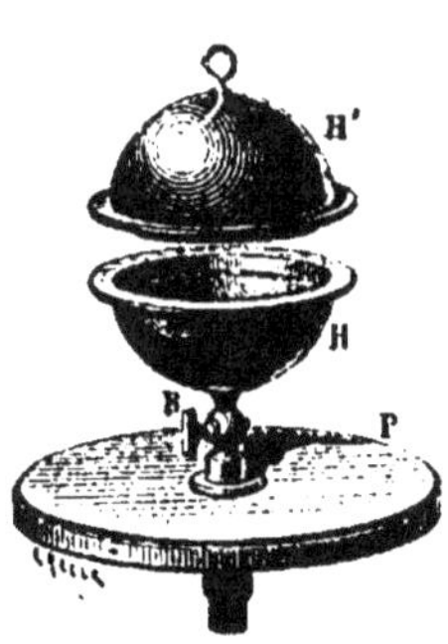

Fig. 113.

BAROMÈTRES

160. Un **baromètre** *est un appareil destiné à mesurer avec précision à un instant donné la pression atmosphérique.*

Construction d'un baromètre. — L'appareil de Torricelli construit avec un soin spécial constitue le *baromètre à cuvette.* Il faut satisfaire à plusieurs conditions pour construire un bon baromètre.

1° Il convient d'employer du *mercure pur* parce que le mercure impur adhère au verre et n'a pas une densité bien définie.

2° Il faut *éviter dans la chambre barométrique tout gaz* qui déprimerait la colonne mercurielle; pour cela, il ne doit pas rester d'air interposé entre le mercure et le tube, car cet air gagnerait peu à peu la partie supérieure du tube. De même le mercure et le tube devront être parfaitement desséchés.

Fig. 114.

On prend un tube A bien propre et bien sec, de 7 à 8 millimètres de diamètre et de 85 centimètres environ de longueur, fermé à l'une de ses extrémités et terminé à l'autre par une partie plus étroite D qui est soudée à un petit ballon B muni de deux tubulures m et p (fig. 114). La tubulure m, effilée et fermée, plonge dans du mercure pur et sec chauffé vers 120°. La tubulure p communique par un robinet avec une machine pneumatique. On fait le vide dans l'appareil ; on brise ensuite la pointe de la tubulure m, le mercure monte en B et coule lentement dans le tube A. Le remplissage terminé et l'appareil étant refroidi, on détache le ballon d'un trait de lime en D. En chauffant ensuite légèrement le tube B, on fait déborder le mercure en D. On bouche alors l'extrémité avec le doigt, on renverse le tube dans une cuvette à mercure et on le redresse.

161. Baromètre normal. — Le baromètre normal est le simple tube de Torricelli, fixé ainsi que la cuvette, à une planche solidement assujettie contre un mur. La cuvette est en fonte, on adapte à l'une de ses parois une potence qui porte un écrou dans lequel monte ou descend une vis en fer v terminée par deux pointes (fig. 115). Pour faire une observation, on amène la pointe inférieure en contact avec le mercure de la cuvette puis

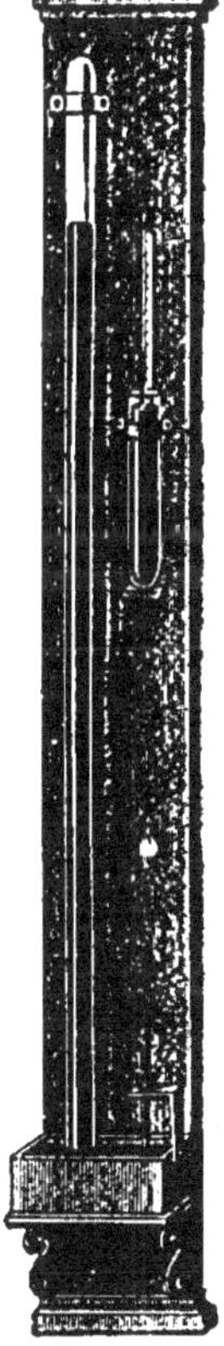

Fig. 115.

on mesure au cathétomètre[1] la distance de la pointe supérieure de la vis au sommet du mercure dans le tube. On y ajoute la distance verticale des deux pointes déterminée antérieurement.

Dans un tube qui a moins de 3 centimètres de diamètre, le mercure affecte au sommet de la colonne la forme d'un ménisque convexe et se tient un peu plus bas que dans un tube plus large (**148**). On doit ajouter la *dépression capillaire* à la hauteur observée.

Comme on ne peut observer toujours à la même température la hauteur de la colonne de mercure soulevée dans le baromètre, on rend

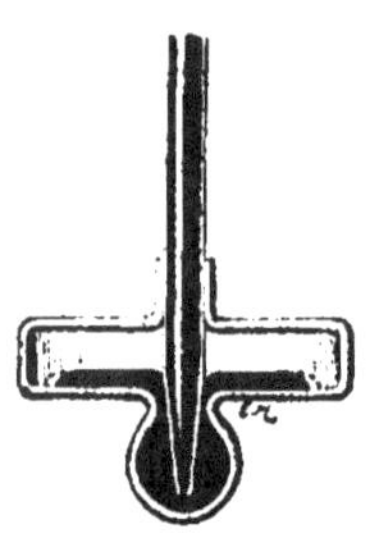

les diverses observations comparables entre elles en calculant pour chaque mesure la hauteur H_0 de mercure à $0°$ qui exerce la même pression que la hauteur H à $t°$.

Pour permettre d'effectuer cette correction, la température est donnée par un thermomètre plongé dans un tube contenant du mercure et de même diamètre que le tube barométrique (fig. 115).

Fig. 116.

On emploie souvent comme baromètres d'appartement des baromètres dont la cuvette offre une partie cylindrique très large et un fond renflé en boule (fig. 116). Le tube barométrique plonge

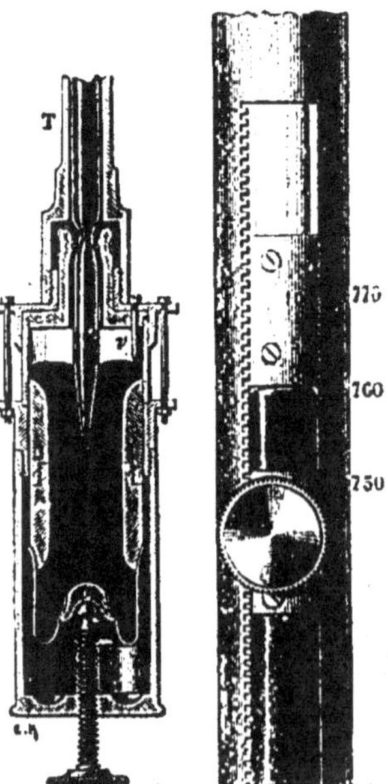

dans la boule. Le niveau s'étale en une *large goutte* dans la partie cylindrique sans atteindre les bords verticaux et se maintient à une hauteur très sensiblement invariable. L'échelle est fixe et son zéro correspond au niveau supérieur de la goutte dans la cuvette.

162. Baromètre de Fortin[2]. —

Le baromètre normal n'est pas transportable; le baromètre de Fortin joint à une grande précision l'avantage de ne pas exiger une installation fixe. Il se compose d'un tube de verre plongé dans une *cuvette à fond mobile*.

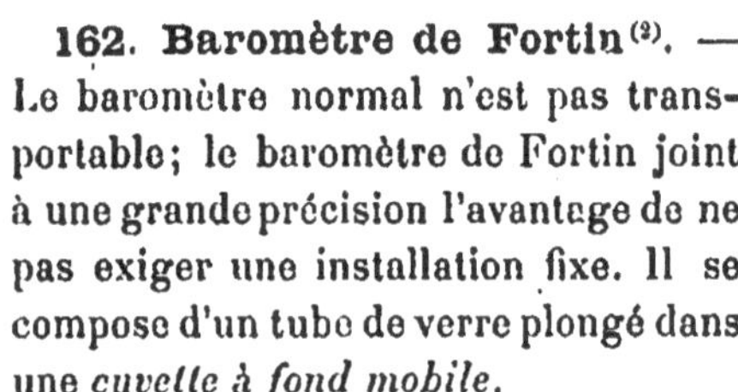

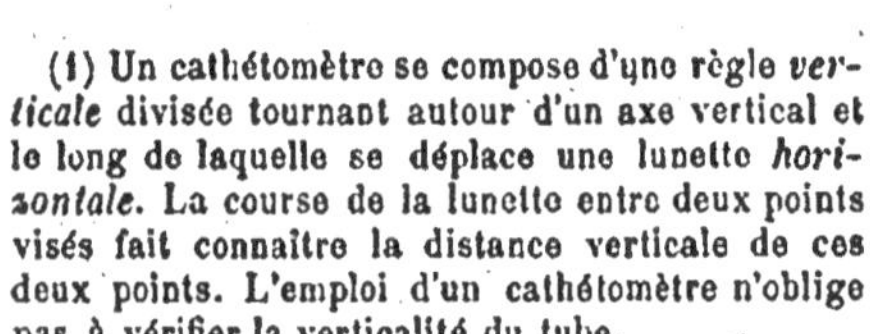

Fig. 117.   Fig. 118.

(1) Un cathétomètre se compose d'une règle *verticale* divisée tournant autour d'un axe vertical et le long de laquelle se déplace une lunette *horizontale*. La course de la lunette entre deux points visés fait connaître la distance verticale de ces deux points. L'emploi d'un cathétomètre n'oblige pas à vérifier la verticalité du tube.

(2) **Fortin**, constructeur d'instruments de physique.

Cuvette (fig. 117). — La cuvette est un vase cylindrique de verre
compris entre deux anneaux de
buis, elle a pour fond un sac de
peau de chamois qu'on soulève ou
qu'on abaisse par le moyen d'une
vis V ; on amène ainsi la surface du
mercure en contact avec une pointe
en ivoire *v* qui pénètre par le couvercle de la cuvette et sert de point
de départ à une graduation tracée
sur l'étui métallique qui renferme le
tube. A chaque observation on déplace le fond mobile jusqu'à ce que
ia pointe d'ivoire paraisse toucher
son image, vue par réflexion sur le
mercure.

Lecture sur le tube. — L'étui qui
entoure le tube est percé de deux
fentes longitudinales parallèles et
opposées, laissant voir le ménisque
du mercure (fig. 118). La graduation qui part de la pointe d'ivoire
est tracée sur le bord de l'une des
fentes.

Un curseur se déplace le long
de la gaine métallique. On fait en
sorte que le plan horizontal passant
par les bords supérieurs de deux
échancrures opposées du curseur
soit tangent au sommet du mé-

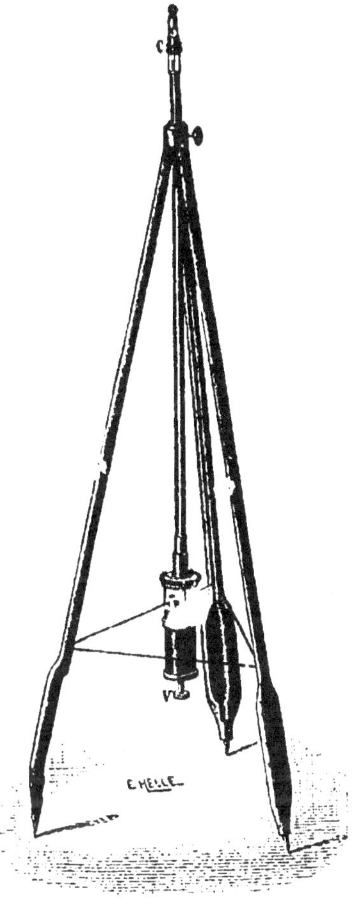

Fig. 119.

nisque dans le tube. On lit le numéro de l'échelle qui correspond à
ce niveau.

Suspension du baromètre. — Pour installer l'instrument, on peut simplement suspendre le baromètre
contre un mur comme un fil à plomb, par l'anneau qui
surmonte sa gaine. En voyage on fixe le baromètre à
à un trépied (fig. 119) à l'aide d'une *suspension de
Cardan* qui permet au tube de tourner librement
autour de deux axes croisés rectangulairement aa' et

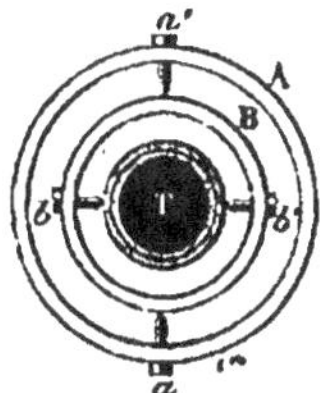

Fig. 120.

bb' passant par le centre de la section du cylindre (fig. 120); il prend une position rigoureusement verticale sous l'action de son poids.

Transport de l'instrument. — Pour transporter l'instrument, on relève avec la vis le fond de la cuvette, l'air qui surmonte la cuvette est chassé à travers une peau de chamois qui fixe le tube à la cuvette; on fait remonter le mercure de la cuvette jusqu'à ce qu'on éprouve une légère résistance. Le tube est alors rempli jusqu'au sommet. On peut retourner le baromètre et le déplacer sans que le mercure produise de choc capable de briser le tube et sans avoir à craindre de rentrée d'air.

163. Baromètre à siphon. — C'est un baromètre dont la cuvette n'est plus indépendante du tube. Il est formé d'un tube de verre recourbé, à deux branches parallèles et inégales : la plus courte est ouverte, l'autre est fermée et sa longueur atteint environ 1 mètre. L'appareil étant horizontal, on remplit la grande branche de mercure pur et sec jusqu'à la courbure du tube ; on redresse ensuite lentement l'appareil sans laisser rentrer d'air, la petite branche en bas ; le mercure baisse dans la grande branche, monte dans la petite jusqu'à ce que la différence des niveaux du mercure dans les deux branches fasse équilibre à la pression atmosphérique qui agit en m. Une échelle divisée en millimètres, dont le zéro est placé vers le milieu du tube, porte une graduation ascendante vers C et une graduation descendante vers m. La somme des deux lectures $h + h'$ représente la pression atmosphérique (fig. 121).

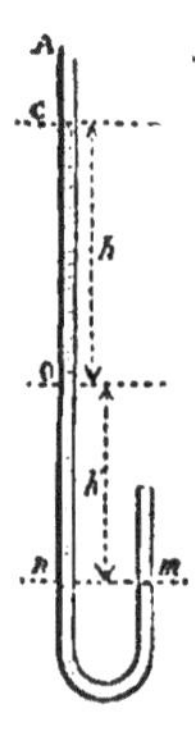

Fig. 121.

Baromètre à cadran. — C'est un baromètre à siphon dont les indications sont amplifiées. Sur le mercure de la branche ouverte flotte une petite masse de fer m attachée à un fil qui s'enroule sur une poulie P et soutient à son extrémité un contrepoids n. Une aiguille équilibrée CD est fixée sur l'axe de la poulie et parcourt la circonférence d'un cadran divisé. Le flotteur suit le mouvement ascendant ou descendant du mercure et fait tourner en même temps l'aiguille (fig. 122).

164. Baromètre métallique. — Le baromètre de Vidie est une boîte en laiton en forme de cylindre aplati, hermétiquement close et dans laquelle on a fait le vide. Un ressort intérieur empêche la boîte de s'écraser par la pression atmosphérique. La surface supérieure est une lame métallique *flexible*, à surface ondulée (fig. 123), qui s'infléchit ou se redresse proportionnellement à la variation de la pression atmosphérique (analogie avec la membrane du crève-vessie). Les déplacements sont très faibles, ils sont amplifiés en même temps qu'ils sont transmis par une série de leviers à une aiguille mobile sur un cadran. La graduation se fait par comparaison avec un baromètr à mercure. Comme l'élasticité du métal subit des modifications lentes, la comparaison

Fig. 123.

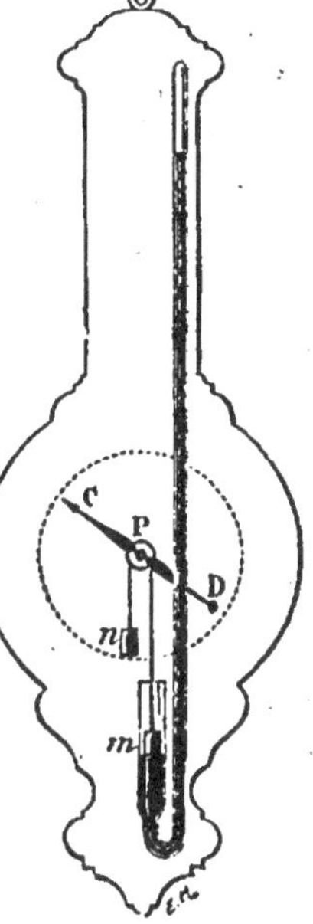

Fig. 122.

avec le baromètre à mercure doit être répétée de temps en temps.

Dans le *baromètre enregistreur* Richard (fig. 124) une série de boîtes ondulées *b*, vides d'air comme celles du baromètre de Vidie et munies de ressorts antagonistes sont vissées l'une sur l'autre. Leurs flexions s'ajoutent ; la somme de ces flexions est transmise par un système de leviers à

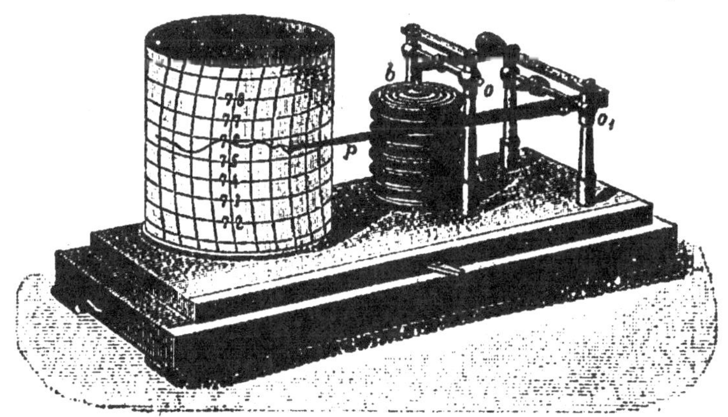

Fig. 124.

une longue aiguille dont l'extrémité libre porte une plume *p* chargée d'encre. Cette plume appuie légèrement sur une feuille de papier

quadrillé recouvrant un cylindre vertical auquel un mécanisme d'horlogerie fait faire un tour en une semaine. La courbe (fig. 125) que trace

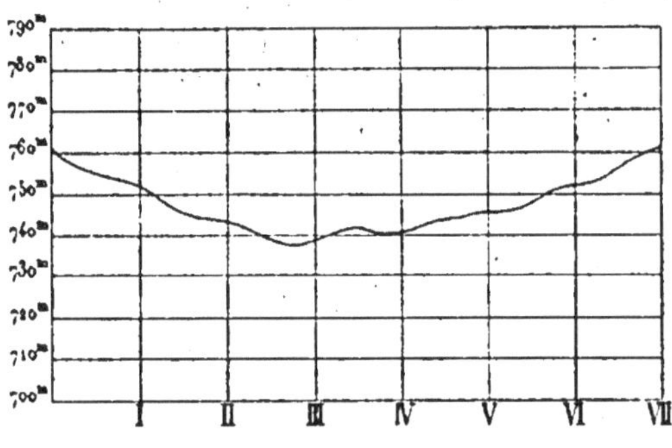

Fig. 125.

la plume permet de suivre les variations de la pression atmosphérique.
Un point de cette courbe répond à une abscisse qui donne l'heure, il se
trouve sur une ordonnée à une hauteur qui fait connaître la pression.

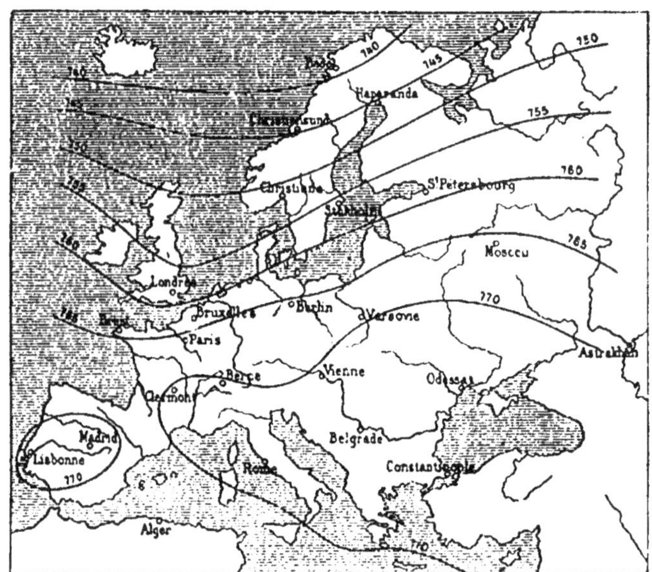

Fig. 126.

Courbes isobares. — Les hauteurs barométriques enregistrées
dans les divers observatoires de l'Europe (et réduites au niveau de la

mer) sont communiquées télégraphiquement au Bureau central météorologique de Paris. On trace pour chaque jour les courbes *isobares* ou de même pression barométrique (fig. 126). Ces courbes représentent à un moment déterminé l'état général de l'atmosphère; l'examen des déplacements des courbes de même pression peut servir à donner des indications utiles pour la prévision du temps.

165. Variations barométriques. — Si l'on observe le baromètre en un même lieu par un temps calme, on voit la hauteur du mercure éprouver des variations régulières et présenter chaque jour deux maximums et deux minimums. A Paris, l'écart entre le maximum et le minimum est faible (à peine 1 millimètre); les maximums ont lieu vers dix heures du matin et dix heures du soir, les minimums vers quatre heures du matin et quatre heures du soir.

Très régulières au voisinage de l'équateur, les variations diurnes sont souvent masquées dans nos régions par des variations accidentelles, liées aux circonstances atmosphériques. Habituellement le baromètre baisse *brusquement* à l'approche des tempêtes et se relève par les temps calmes et sereins. Dans l'Ouest de l'Europe le baromètre baisse *graduellement* quand le temps devient pluvieux [1].

166. Mesure des hauteurs par le baromètre. — Soit h la différence des colonnes barométriques en deux stations A et B; si la densité de l'air compris entre ces deux stations est supposée constante, ce qu'on peut admettre pour des hauteurs qui ne dépassent pas une centaine de mètres, les hauteurs de mercure et d'air h et H qui exercent une même pression, sont en raison inverse des densités **(147)**.

$$\frac{H}{h} = \frac{13,59}{0,001293}.$$

0,001293 poids en grammes d'un centimètre cube d'air [2].

Pour des hauteurs plus grandes, cette proportion est inexacte, car la densité de l'air décroît quand on s'élève. Une formule spéciale donne la distance verticale de deux stations quand on connnaît les hauteurs barométriques et les températures aux deux stations.

---

(1) Ces remarques font employer le baromètre pour obtenir des renseignements sur la marche *probable* des phénomènes atmosphériques. Les baromètres à cadran portent à cet effet en regard de leurs divisions des indications sur le temps. Ces indications n'offrent pas de certitude.

(2) Le baromètre baisse d'environ un millimètre quand on s'élève de 10 mètres.

COMPRESSIBILITÉ DES GAZ

167. Le volume d'une masse de gaz dépend de sa température et de sa pression.

Loi de Mariotte[1]. — *Les volumes que prend une même masse de gaz*, à température constante, *sont inversement proportionnels aux pressions qu'elle supporte.*

D'après cette loi, si une masse de gaz occupe un volume V sous la pression p, elle occupera des volumes $\dfrac{V}{2}$, $\dfrac{V}{3}$ ... sous des pressions $2p$, $3p$... et des volumes $2V$, $3V$... aux pressions $\dfrac{p}{2}$, $\dfrac{p}{3}$...

V et V' désignant les volumes d'une masse de gaz, à une même température, sous des pressions p et p' on aura :

$$\frac{V}{V'} = \frac{p'}{p}.$$

Cette loi se vérifie pour tous les gaz, quelle que soit leur nature. Il en résulte que si deux gaz occupent des volumes égaux sous une pression p, leurs volumes changeront sous une pression p', mais ils seront encore égaux.

La loi de Mariotte s'énonce encore : *La densité d'un gaz*, à température constante, *varie proportionnellement à la pression qu'il supporte.*

En effet, si le volume du gaz est réduit au tiers de sa valeur primitive, chaque nouveau centimètre cube renfermera la même masse que 3 des centimètres cubes anciens et la densité ou la masse de l'unité de volume deviendra triple. La densité sera ainsi proportionnelle à la pression, puisque la pression qui a réduit le gaz au tiers de son volume est triple de la pression primitive.

Notons qu'on appelle **force élastique** d'un gaz la réaction qu'il exerce contre la pression qu'il supporte. La force élastique et la pression ont la même valeur, d'après le principe de l'égalité de

---

(1) **Mariotte** (abbé), né en Bourgogne (1620-1684).

l'action et de la réaction (35), et ces deux termes sont employés l'un pour l'autre.

168. Vérification de la loi de Mariotte. — I. **Pressions peu supérieures à la pression atmosphérique.** — La vérification se fait avec le *tube de Mariotte*. C'est un tube de verre recourbé, à branches inégales, dont la grande branche est ouverte et la courte branche fermée. Le long de chaque branche sont tracées des divisions : les unes, en regard de la longue branche sont d'*égale longueur ;* les autres, sur la petite branche, correspondent à des *capacités égales.*

A l'aide d'un entonnoir, on commence par verser du mercure sec dans la grande branche et, en inclinant légèrement le tube pour faire sortir un peu de gaz de la petite branche, on met le mercure de niveau dans les deux branches. Les niveaux étant à la même hauteur, le mercure éprouve

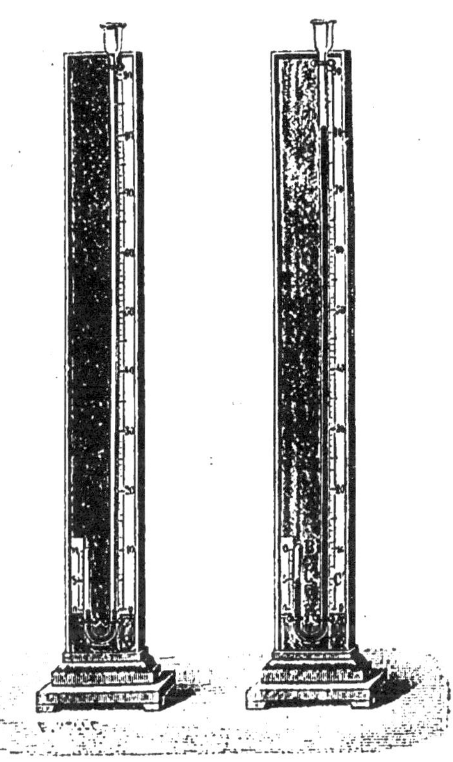

Fig. 127.

des pressions égales sur le plan horizontal des surfaces libres (fig. 127), et *la force élastique de l'air emprisonné dans la petite branche fait équilibre à la pression atmosphérique.*

On ajoute alors dans la grande branche du mercure dont la pression fait décroître le volume du gaz et l'on s'arrête quand ce volume est réduit à moitié. A cet instant, la hauteur C'A dans le grand tube, au-dessus d'un plan horizontal mené par la surface du mercure dans la courte branche, est égale à la colonne soulevée dans un baromètre voisin. La force élastique du gaz vaut deux atmosphères, car elle fait équilibré à la hauteur C'A accrue de la pression atmosphérique qui s'exerce librement en A; elle est donc *devenue double quand le volume a été réduit à moitié.*

II. Pressions inférieures à la pression atmosphérique. — On prend un tube de verre B de 1 mètre environ, fermé à l'une de ses extrémités et divisé en parties d'égale capacité. On y verse du mercure et on y laisse une certaine quantité d'air; puis, après l'avoir

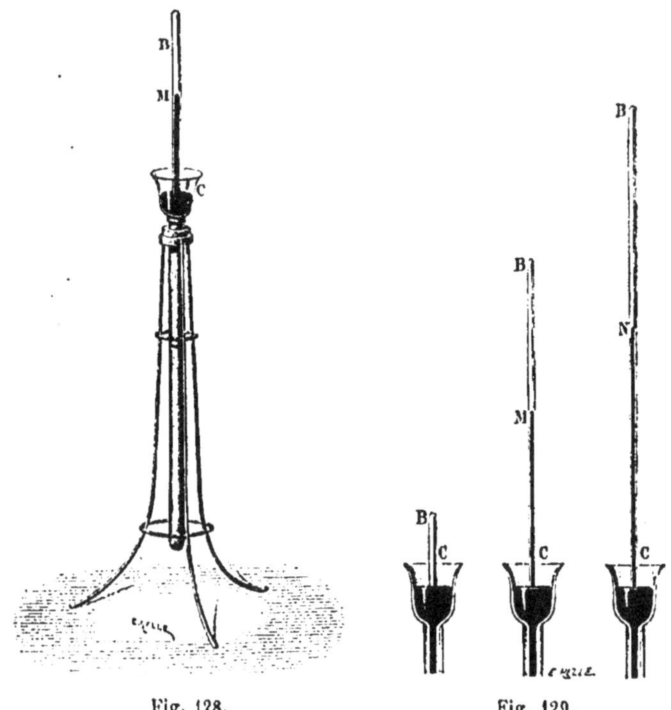

Fig. 128.   Fig. 129.

fermé avec le doigt, on le retourne dans une *cuvette profonde* C, dont le fond est formé d'un gros tube de fer (fig. 128). On enfonce le tube jusqu'à ce que le niveau soit le même dans le tube et dans la cuvette (fig. 129). *L'air emprisonné,* dont le volume est lu sur le tube, *est à la pression atmosphérique* II, puisque la surface du mercure est de niveau, à l'intérieur et au dehors du tube, comme s'il était partout en contact avec l'air extérieur.

Si l'on soulève alors le tube, le mercure monte au-dessus du niveau de la cuvette en même temps que le volume du gaz augmente. La pression de la colonne de mercure soulevée s'ajoute à la pression du gaz pour faire équilibre à la pression atmosphérique qui s'exerce sur la surface extérieure du mercure (fig. 129). Lorsque le volume du gaz a doublé, la colonne soulevée jusqu'au niveau M est égale à $\frac{H}{2}$, la force élastique du gaz est la pression qu'il faut y adjoindre pour compléter la pression atmosphérique H, c'est $\frac{H}{2}$.

Si l'on donne au gaz un volume triple de son volume primitif; la colonne soulevée jusqu'en N vaut $\frac{2H}{3}$, la pression complémentaire est $\frac{H}{3}$, c'est la force élastique du gaz (fig. 129).

Lorsque le volume du gaz est devenu double, triple, etc., sa force élastique a donc été réduite à la moitié et au tiers de sa force élastique initiale.

III. Pressions notablement supérieures à la pression atmosphérique. — La loi de Mariotte est en défaut quand la pression s'élève notablement au-dessus de la pression atmosphérique.

Voici un moyen de le constater, au moins pour certains gaz; on place deux tubes gradués semblables, l'un à côté de l'autre, sur une cuvette à mercure. Ils renferment des volumes égaux d'air et d'un gaz facilement liquéfiable, tel que l'acide sulfureux ou l'ammoniaque. Les tubes et la cuvette sont introduits dans un épais cylindre de verre AB, plein d'eau et surmonté d'un corps de pompe où s'enfonce un piston à vis V. On comprime l'eau à l'aide du piston, la pression est transmise au mercure et à chacun des gaz. Des volumes égaux sous une même pression initiale H, au lieu de subir la même diminution prennent des volumes différents sous une pression n H (fig. 130). *On constate que les gaz facilement liquéfiables sont plus compressibles que l'air;* les différents gaz offrent des écarts variables.

Les mesures très précises de Regnault[1]

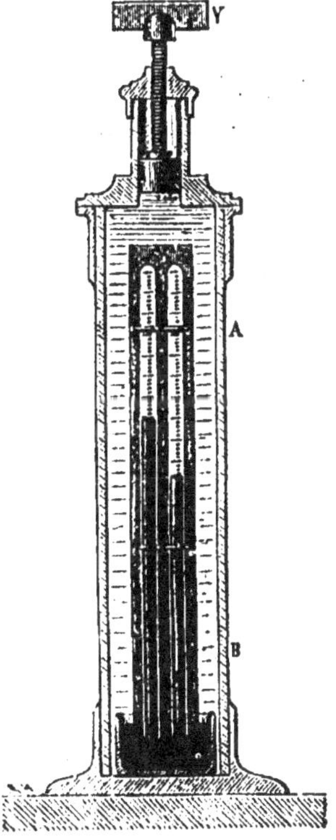

Fig. 130.

(1) **Regnault** (Victor), auteur de recherches très exactes sur les gaz et les vapeurs (1810-1878).

ont fait voir que les gaz difficilement liquéfiables et l'air atmosphérique lui-même n'obéissent qu'à peu près à la loi de Mariotte. Les recherches de Regnault, relatives à la température ordinaire et poussées seulement jusqu'à 27 atmosphères, ont été complétées et étendues par Amagat[1].

169. Résultats. — La loi de Mariotte n'est rigoureusement exacte pour aucun gaz; toutefois, des gaz suffisamment éloignés de leur point de liquéfaction suivent d'assez près la loi de Mariotte, pour que dans les *calculs usuels* on puisse l'appliquer à de faibles variations de pressions.

MANOMÈTRES

170. Les manomètres *sont des instruments qui servent à mesurer la force élastique des gaz et des vapeurs.*

La *force élastique* d'un gaz est la pression qu'il exerce sur une surface de 1 centimètre carré. Dans les mesures industrielles on exprime les forces élastiques en kilogrammes.

Dans les déterminations scientifiques on les évalue en dynes.

MANOMÈTRES INDUSTRIELS

171. Manomètre à air libre. — Dans le manomètre à air libre, on fait équilibre à la force élastique du gaz par une colonne de mercure qui s'élève dans un tube.

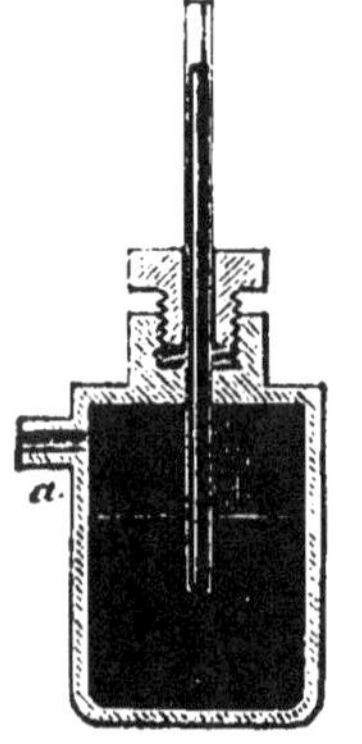

Fig. 131.

Souvent le manomètre à air libre a la forme d'une *large* cuvette en fer contenant du mercure et fermé à sa partie supérieure par un bouchon à vis. Dans ce bouchon est mastiqué un long tube, ouvert à ses deux extrémités et plongeant dans la cuvette (fig. 131). Le gaz ou la vapeur pénètre par un ajutage latéral *a* et exerce sa pression sur le mercure de la cuvette. Celui-ci monte dans le tube à une hauteur qu'on lit sur une règle divisée verticale, parallèle au tube et dont le zéro part du niveau dans la cuvette. Le diamètre de la cuvette est assez large pour que les variations de niveau y soient pratiquement négli-

(1) **Amagat,** professeur à l'université catholique de Lyon.

geables. La hauteur lue doit être augmentée *de la hauteur barométrique* II[1].

Pour des pressions supérieures à 4 ou 5 atmosphères, la longueur
du tube des manomètres à air libre étant embarrassante, on fait usage
de manomètres métalliques.

172. Manomètres métalliques. — Le manomètre métallique
Bourdon (fig. 132) se compose d'un tube de laiton, à section ellip-
tique et à parois minces et flexibles, contourné
en spirale sur une longueur d'une spire et
demie. Une des extrémités du tube est fixe,
elle est ouverte et mise en communication
par un robinet avec le réservoir à pression,
l'autre extrémité est fermée et libre ainsi que
le reste du tube. L'extrémité fermée entraîne
une aiguille qui se déplace sur un cadran
divisé. Quand la pression augmente à l'intérieur du tube, la spirale tend à *se dérouler*,
ce qui fait varier la position de l'extrémité
fermée et par suite de l'aiguille sur le cadran[2].

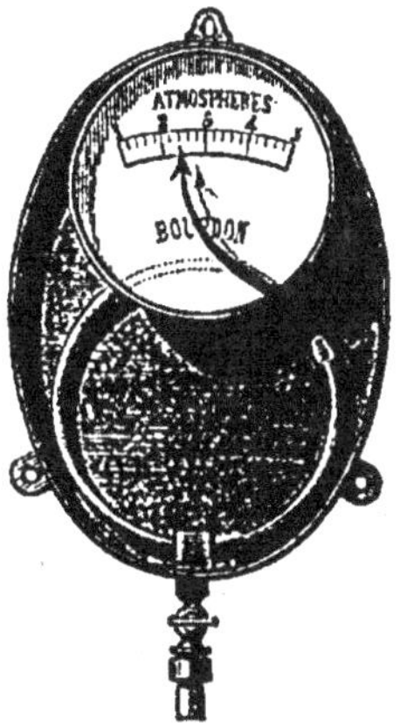

Les manomètres métalliques se graduent
par comparaison avec un manomètre à air
libre. Par suite des altérations que les pièces

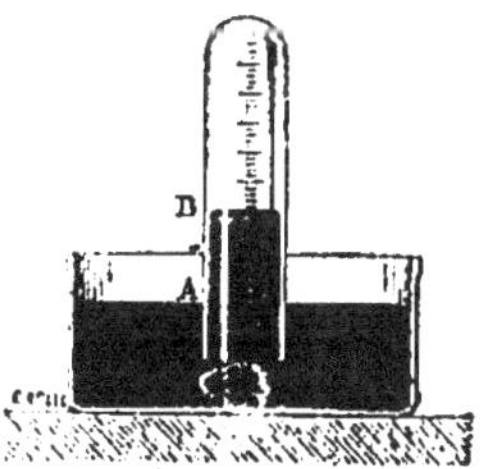
Fig. 132.

métalliques subissent dans leur élasticité, la graduation doit être
répétée de temps en temps.

**173. Mesure de la force élastique d'un
gaz dans une éprouvette.** — Soit une éprouvette renfermant un certain volume de gaz
(fig. 133); appelons *h* la hauteur de la colonne
liquide soulevée AB, la force élastique du
gaz ajoutée à la pression de la colonne *h*
contrebalance la pression atmosphérique;
elle équivaut donc à la pression d'une colonne

Fig. 133.

(1) Si le liquide du manomètre n'est pas du mercure, la force élastique du gaz sera
mesurée *en colonne de mercure* par $II + h\frac{d}{D}$, *h* hauteur du liquide, *d* densité du
liquide, D densité du mercure.

Une force élastique inférieure à la pression atmosphérique serait représentée
par $II - h\frac{d}{D}$.

(2) Une pression extérieure aurait pour effet d'enrouler davantage la spirale. Des
baromètres métalliques ont été construits sur ce principe.

liquide de hauteur H — h, H étant la hauteur du liquide considéré qui mesure la pression atmosphérique.

LOI DU MÉLANGE DES GAZ

Deux gaz mis en présence ne se superposent pas, comme des liquides, par ordre de densité, ils se mélangent intimement comme s'ils se pénétraient ; cette pénétration est appelée *diffusion*.

174. Loi du mélange des gaz. — Quand on mélange plusieurs gaz entre lesquels il n'y a pas d'action chimique, chacun d'eux *se diffuse uniformément dans tout le volume* qui lui est offert, comme s'il était seul ; *la force élastique du mélange est égale à la somme des forces élastiques qu'aurait chacun d'eux s'il occupait seul le volume total du mélange.* Cette loi est due à Dalton .

Prenons plusieurs gaz à la même température, ayant des volumes v, v', v'', avec des forces élastiques respectives p, p', p''.

Réunissons-les dans un volume V ; si chacun d'eux occupait seul tout l'espace V, les forces élastiques respectives x, x', x'' seraient données, conformément à la loi de Mariotte, par les équations :

$$\frac{v}{V} = \frac{x}{p}. \qquad \frac{v'}{V} = \frac{x'}{p'}.$$

D'après la loi énoncée plus haut, la force élastique du mélange est :

$$P = x + x' + x''... = \frac{vp}{V} + \frac{v'p'}{V} + \frac{v''p''}{V} + \cdots$$

La loi du mélange des gaz peut être vérifiée en faisant passer dans une même enceinte de volume V des masses gazeuses, à la même température, de pressions et de volumes connus, et en mesurant la pression du mélange.

Les gaz mélangés se comportent comme s'ils étaient de même nature. Dans le cas particulier où ils ont la même force élastique, cette force élastique ne change pas s'ils occupent un volume total égal à la somme de leurs volumes. C'est à ce cas particulier que se rapporte une expérience de vérification due à Berthollet[2].

175. Expérience de Berthollet. — Il prit deux ballons égaux munis de garnitures à robinets, remplis l'un d'acide carbonique,

---

(1) **Dalton,** savant anglais (1766-1844).
(2) **Berthollet,** chimiste français (1748-1822).

l'autre d'hydrogène à la même pression, ferma les robinets et vissa
les deux ballons l'un sur l'autre en
plaçant le ballon rempli du gaz le plus
léger au-dessus du ballon contenant
le gaz le plus lourd. L'ensemble fut
descendu dans les caves de l'Observa-
toire de Paris où la température est
invariable. Vingt-quatre heures plus
tard, l'équilibre de température entre
les ballons et le milieu étant établi,
les robinets furent ouverts (fig. 134).
Après une communication de plusieurs
heures, les robinets furent fermés et
le contenu de chaque ballon fut exa-
miné séparément.

La proportion des deux gaz *était la
même dans chacun des deux ballons*,
ce qui montre que chacun d'eux occupait la capacité totale comme si cette

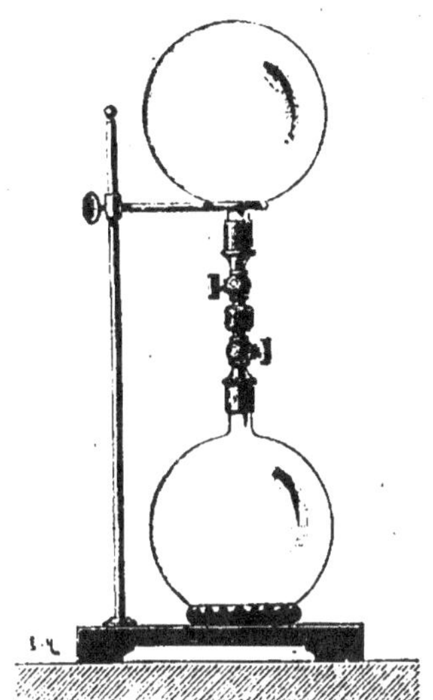

Fig. 134.

capacité avait été vide; en outre *la pression du mélange était égale à
la pression initiale.*

PRINCIPE D'ARCHIMÉDE APPLIQUÉ AUX GAZ

176. En raison de la mobilité de leurs molécules et de leur poids.
les liquides exercent une poussée de bas en haut sur les corps plongés ; de même, un *corps plongé dans un gaz
éprouve une poussée verticale dirigée de bas en
haut et égale au poids du gaz qu'il déplace.*
L'existence de cette poussée se démontre par
le baroscope.

Le **baroscope** est un fléau de balance portant à l'une de ses extrémités une petite sphère
pleine B et à l'autre une grosse sphère creuse
A. Elles se font équilibre dans l'air (fig. 135).
Si l'on fait le vide autour du baroscope, le
fléau s'incline du côté de la grosse sphère. La
grosse sphère est donc plus pesante dans le

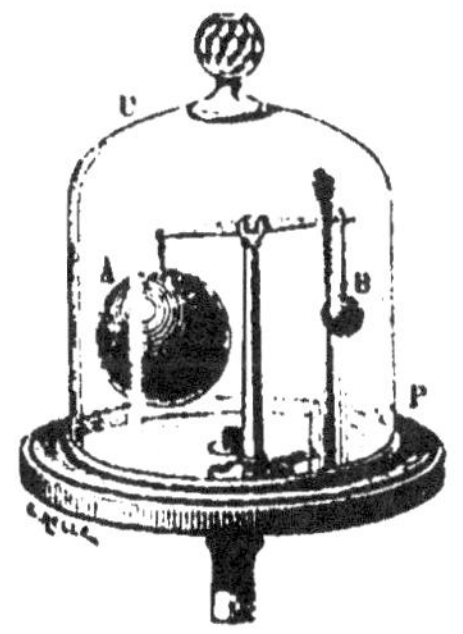

Fig. 135.

vide que la petite et elle ne lui fait équilibre dans l'air que parce

qu'elle déplace un volume d'air plus grand et éprouve une plus forte
poussée[1].

L'effort exercé par un corps sur le plateau d'une balance n'est pas
son poids réel, mais son **poids apparent**. Le poids réel est égal au
poids apparent accru de la poussée que le corps éprouve dans l'air.
Pour cette raison, les pesées précises doivent subir une correction
s'adressant aux corps soumis à la pesée et aux poids marqués qui
n'ont leur valeur nominale que dans le vide.

177. Corps immergés et corps flottants. — On peut appliquer
à un corps plongé dans un gaz les conséquences du principe d'Archimède établies pour les liquides (**130**).

1° Un corps *plus lourd* que le gaz qu'il déplace, *descend* entraîné
par son poids apparent;

2° S'il a le *même poids* que le gaz déplacé, il se *maintient* en place
sans s'élever ni tomber;

3° S'il est *moins lourd* que le gaz déplacé, la poussée qu'il subit
est supérieure à son poids, et il *monte* jusqu'à des couches plus
légères, où la poussée et le poids ont des valeurs égales.

Ces deux derniers cas peuvent se rapporter à la fumée, aux nuages
et aux aérostats.

AÉROSTATS

On appelle *aérostats* des ballons formés d'une enveloppe mince et
imperméable contenant un gaz plus léger que l'air.

178. Construction des aérostats. — La première ascension
aérostatique, due aux frères Montgolfier, eut lieu en 1783, à Annonay.
Leur ballon était gonflé avec de l'air chaud. Une corbeille en fils
métalliques remplie de matières enflammées était fixée au-dessous
d'une large ouverture pratiquée à la partie inférieure d'un globe en
toile doublée de papier, ayant environ 12 mètres de diamètre. Le
ballon se remplit de gaz chauds plus légers que l'air extérieur et
subit une poussée supérieure à son poids. En s'élevant, il atteignit

---

(1) Dans l'expérience de vérification du principe d'Archimède (**129**) les cylindres
suspendus au plateau de la balance éprouvent des poussées de l'air dans lequel ils sont
plongés. On a pu négliger ces poussées, car elles restent les mêmes dans les deux équi-
libres. En effet, l'eau versée dans le cylindre creux se substitue au point de vue de la
poussée dans l'air au cylindre massif qui est plongé dans l'eau.

une couche d'air où la *poussée était égale à son poids*. La température du gaz intérieur diminua ensuite peu à peu et le ballon
redescendit lentement.

Le gonflement se fait actuellement avec de l'hydrogène ou du gaz
d'éclairage que l'on introduit par un col
allongé qui termine inférieurement le
ballon. L'enveloppe est légère, mais
résistante ; c'est un sac à peu près sphérique de taffetas de soie, verni sur les
deux faces. Une nacelle en osier est
retenue par des cordes attachées à un
filet qui enveloppe l'hémisphère supérieure du ballon et **répartit** uniformément la charge sur toute la surface
(fig. 136).

179. Force ascensionnelle. —
Tout aérostat plongé dans l'air est
soumis à deux forces : 1° le poids P de
l'enveloppe, du gaz intérieur et des
accessoires ; 2° la poussée P′, égale au
poids de l'air total déplacé.

On appelle *force ascensionnelle* la différence P′ — P. On l'évalue ordinairement en kilogrammes.

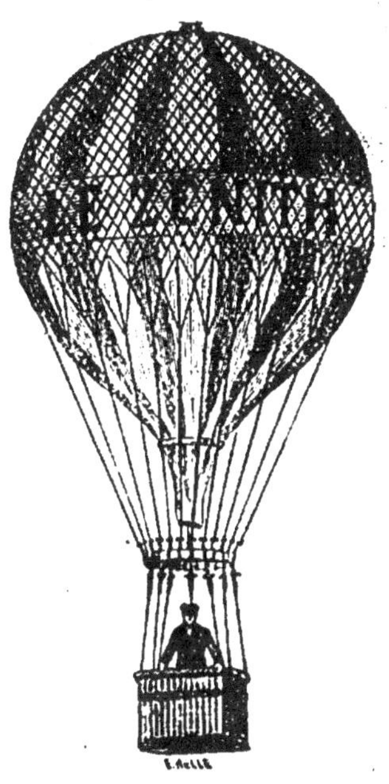

Fig. 136.

Manœuvre de l'aérostat. — Un abaissement de la colonne barométrique apprend que l'on s'élève, un accroissement démontre que
l'on descend. La hauteur barométrique observée permet de calculer la
hauteur à laquelle on se trouve. La manœuvre se fait à l'aide de *lest*
ou sable que les aéronautes emportent avec eux et à l'aide d'une *soupape*
placée à la partie supérieure du ballon. Pour s'élever, on diminue le
poids du ballon sans modifier la poussée, en jetant du lest ; pour descendre, on augmente le poids du ballon en ouvrant la soupape au moyen
d'une corde, ce qui laisse échapper du gaz et rentrer de l'air extérieur.

180. Direction des aérostats. — Avec le lest et la soupape,
l'aéronaute est maître de monter ou de descendre, mais il ne peut effectuer aucun mouvement latéral. Le diriger, c'est le faire manœuvrer
dans toute direction comme un navire sur l'eau. Une solution consiste
à imiter la navigation à vapeur, c'est-à-dire à employer une force

motrice qui prend son point d'appui sur l'air et imprime à l'aérostat une vitesse supérieure à celle du vent dans la direction où il se déplace.

Historique. — L'expérience des frères *Montgolfier*[1] eut lieu en 1783, le physicien *Charles*[2] la répéta à Paris trois mois plus tard en substituant l'hydrogène à l'air chaud et posa toutes les règles pratiques de la construction des aérostats.

Dans son acension scientifique de 1804, *Gay-Lussac* atteignit 7000 mètres, hauteur qu'on ne peut guère dépasser sans danger.

Le problème de la direction préoccupe depuis longtemps les inventeurs. L'essai de correspondance par ballons tenté pendant le siège de Paris en 1870 n'eut guère de succès, les ballons furent dispersés au gré des courants aériens. En 1872, Dupuy-de-Lôme construisit un premier ballon dirigeable. L'expérience des commandants *Renard* et *Krebs*, à Meudon en 1884 marque un grand progrès. Leur aérostat, de forme allongée, pour atténuer la résistance de l'air, était muni d'une hélice à l'avant et d'un gouvernail à l'arrière ; un mouvement très rapide était donné à l'hélice par un moteur électrique très léger, mais l'aérostat ne put acquérir qu'une vitesse propre de 6 mètres par seconde, inférieure à la vitesse moyenne du vent.

MACHINE PNEUMATIQUE

Une **machine pneumatique** *sert à raréfier un gaz contenu dans un vase clos*. La première machine pneumatique a été construite par Otto de Guéricke[3].

181. Description et fonctionnement. — Une machine pneumatique se compose d'un cylindre creux ou *corps de pompe* C, percé à sa base d'un orifice fermé par une soupape S qui donne accès par un tuyau à un récipient R contenant le gaz à extraire. Dans le corps de pompe se meut un piston creux fermé par une soupape S' qui s'ouvre comme S, de bas en haut (fig. 137). Le piston P étant abaissé, les soupapes S et S' sont fermées.

On soulève le piston. Il laisse au-dessous de lui dans le corps de pompe un espace vide d'air ; par sa force *élastique*, le gaz du récipient soulève la soupape S et par son *expansibilité*, il pénètre en partie dans le corps de pompe ; la soupape S' reste fermée par la pression atmosphérique.

(1) Étienne et Joseph **Montgolfier**, fabricants de papier à Annonay.
(2) **Charles**, né à Nancy (1746-1823).
(3) **Otto de Guéricke**, bourgmestre de Magdebourg (1602-1685).

Quand le piston s'arrête au bout de sa course, la force élastique
du gaz cesse de décroître dans
le corps de pompe et la soupape S, également pressée sur
ses deux faces, retombe par son
poids.

On abaisse le piston. La soupape S reste fermée et s'oppose
au retour dans le récipient du
gaz du corps de pompe; le gaz
du corps de pompe, isolé du récipient, est comprimé puisque
son volume diminue; sa force
élastique augmente jusqu'à dépasser la pression atmosphérique qui agit au-dessus du

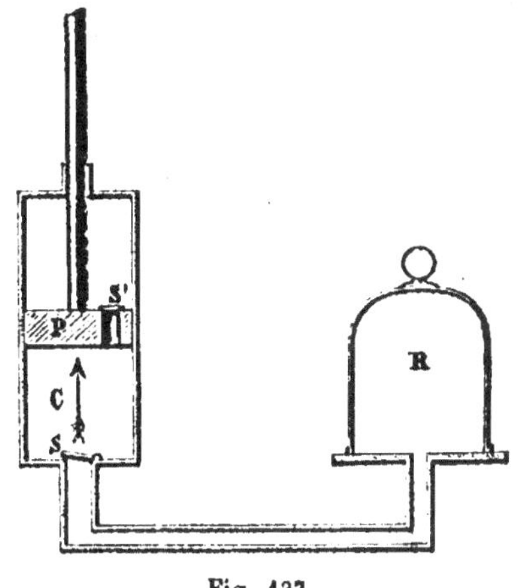

Fig. 137.

piston; à ce moment la soupape S' se soulève. Tout le gaz du corps
de pompe s'est échappé quand le piston, au bas de sa course, vient
à toucher la base du corps de pompe.

Répétition de la manœuvre. — On est revenu aux conditions du
début, mais la force élastique a diminué dans le récipient, puisque le
gaz qui y était primitivement s'est partagé entre le récipient et le
corps de pompe.

On lève de nouveau le piston, le gaz du récipient se partage encore
entre le récipient et le corps de pompe; le gaz du corps de pompe,
isolé comme précédemment quand le piston s'abaisse, s'échappe
encore à l'extérieur.

Chaque course descendante de piston extrait un volume de gaz égal
au volume du corps de pompe, et le récipient se vide de plus en plus.

182. Force élastique dans le récipient après n coups de piston,
— Désignons par R le volume du récipient et du tuyau qui va au corps de
pompe, et par C la capacité du corps de pompe.

Au début, le piston étant en contact avec le fond du corps de pompe, la
masse gazeuse du récipient a un volume R et une force élastique H; après
que le piston a été soulevé, cette masse occupe le volume R + C. Conformément à la loi de Mariotte, sa force élastique nouvelle H_1 satisfait à l'équation

$$\frac{H_1}{H} = \frac{R}{R + C}$$

$$\text{d'où} \quad H_1 = \frac{R}{R + C} H.$$

Le gaz du corps de pompe est expulsé dans l'atmosphère pendant la descente du piston. Quand on soulève de nouveau le piston, la masse gazeuse restée dans le récipient, à la pression H_1, occupe le volume $R + C$; sa force élastique devient H_2;

$$H_2 = \frac{R}{R + C} H_1 = \left(\frac{R}{R + C}\right)^2 H;$$

c'est la pression du gaz du récipient après deux coups de piston.

Après n coups de piston, la pression dans le récipient sera :

$$H_n = \frac{R}{R + C} H_{n-1} = \left(\frac{R}{R + C}\right)^n H.$$

Avec une machine parfaite, la force élastique dans le récipient $\left(\frac{R}{R + C}\right)^n$ tend vers zéro si n augmente indéfiniment, car la fraction $\frac{R}{R + C}$ est inférieure à l'unité.

183. Emploi de deux corps de pompe (fig. 138). — A mesure que le gaz est raréfié dans le récipient, sa pression sur la face inférieure du piston décroît constamment, tandis que la pression de l'atmosphère sur la face supérieure reste constante. L'effort de l'opérateur qui soulève le piston, *égal à la différence des pressions sur les deux faces, va donc en augmentant.*

On facilite le jeu de la machine en associant deux corps de pompe qui fonctionnent parallèlement; ces deux corps de pompe en cristal C et C′ contiennent chacun un piston et communiquent par leur partie inférieure avec un seul et même conduit O qui s'ouvre au centre du plateau sur lequel est posé le récipient. Les tiges T et T′ des deux pistons sont des crémaillères et engrènent avec une roue dentée R qui reçoit un mouvement alternatif d'une manivelle à deux poignées M et M′. L'une des extrémités du levier

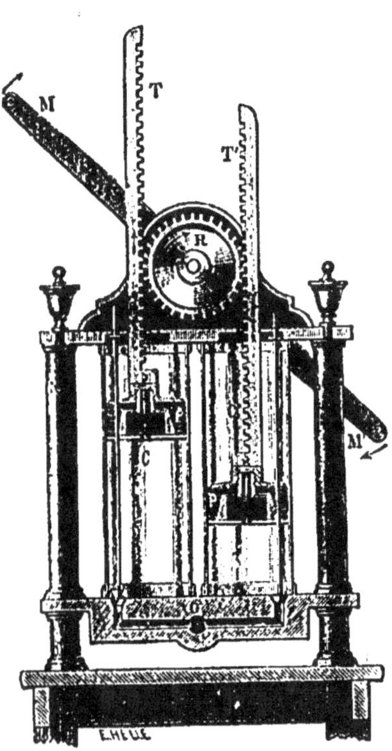

Fig. 138.

s'élève quand l'autre s'abaisse et l'un des pistons monte quand l'autre descend. Les pressions exercées par l'atmosphère sur les faces supé-rieures des deux pistons se font équilibre puisque par l'intermédiaire des crémaillères l'une tend à faire tourner la roue dans un sens et l'autre en sens inverse. L'effort à vaincre est égal à *la différence des pressions sur les faces inférieures des pistons*[1].

La manœuvre de la machine à deux corps de pompe est encore

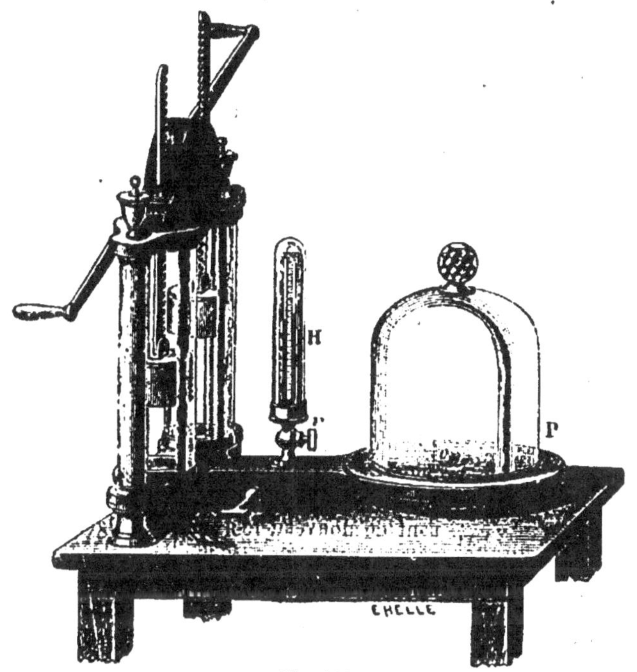

Fig. 139.

pénible, car, outre les différences de pression, l'opérateur doit vaincre les frottements des pistons contre les corps de pompe.

Il faut noter qu'avec deux corps de pompe, *le vide se fait deux fois plus vite* qu'avec un seul, car à chacun des mouvements, l'air du récipient passe dans un corps de pompe.

(1) Ces pressions ont une différence maximum quand la force élastique du gaz com-primé a atteint la pression atmosphérique ; cette différence est elle-même sensiblement égale à une atmosphère après un grand nombre de coups de piston, car la force élas-tique du gaz sous le piston ascendant est à ce moment très faible. Comme la force élastique de l'air comprimé ne devient alors égale à la pression atmosphérique que vers le bas de la course du piston, l'effort maximum ne doit être exercé que sur un parcours très peu étendu et le travail total est peu considérable. Avec un seul corps de pompe, le même effort serait exercé pendant toute la course ascendante du piston.

Cette machine pneumatique est représentée dans son ensemble par la figure 139.

184. Piston et soupape. — Le piston est formé d'un noyau en cuivre D offrant une base élargie sur laquelle sont empilées des rondelles de cuir graissé C, que l'on serre avec un écrou E, pour établir un bon contact entre les parois du piston et celles du corps de pompe (fig. 140).

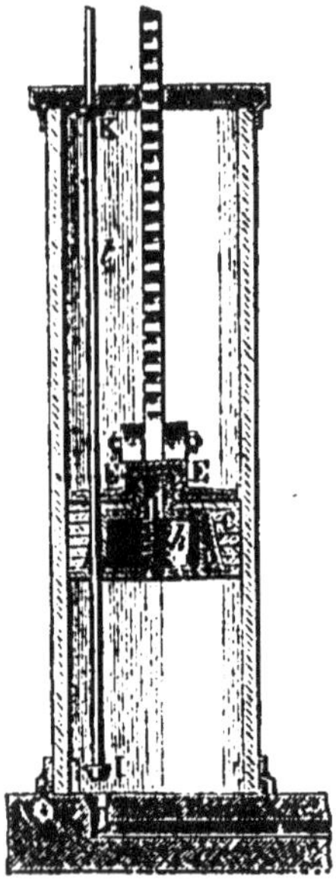

Le noyau métallique du piston est percé d'un canal qui le traverse entièrement; l'extrémité inférieure de ce canal est fermée par une soupape que maintient un petit ressort en hélice *h*. Quand le piston descend, la force élastique de l'air comprimé surmonte la très faible résistance du ressort et soulève la soupape.

Le piston est traversé par une tige *t* qui y passe à frottement dur et porte inférieurement une soupape I en forme de tronc de cône. Cette soupape s'engage dans l'orifice conique du tuyau qui mène au récipient. Le piston, en se soulevant, entraîne avec lui la tige, mais aussitôt que la soupape abandonne l'ouverture du conduit, la tige est arrêtée par un renflement K fixé à sa partie supérieure; elle reste alors immobile, tandis que le piston continue à monter en glissant sur la tige. Lorsque le piston redescend, la tige le suit encore pendant un instant et appuie la soupape dans l'orifice; le piston continue à descendre en glissant de nouveau le long de la tige. Ce fonctionnement assure la communication *automatique* du récipient et du corps de pompe, alors que la force élastique du gaz du récipient serait devenue trop petite pour soulever d'elle-même une soupape.

Fig. 140.

Manomètre. — On apprécie le degré de vide à l'aide d'un petit baromètre à siphon dont la branche fermée n'a que 30^{cm} de hauteur. Ce baromètre tronqué est logé dans une éprouvette à parois épaisses H qui communique avec le récipient par un robinet *r* (fig. 139 et 141). Le mercure reste appliqué contre le sommet de la branche fermée, tant que la force élastique dans le récipient est supérieure à 30^{cm} de mercure; au-dessous de 30^{cm}, le mercure descend. La force élastique est mesurée par la différence des niveaux dans les deux branches. Lors du vide, le niveau serait le même dans les deux tubes. La limite d'effet de la machine est atteinte lorsque les niveaux deviennent stationnaires, malgré le fonctionnement.

Platine. — La platine est un plateau circulaire en verre dépoli P, parfaitement dressé, au centre duquel s'ouvre le canal d'aspiration. On pose sur ce disque la cloche sous laquelle on veut faire le vide, après avoir enduit ses bords d'un peu de suif pour obtenir une fermeture hermétique. Quand le vide est fait, la pression atmosphérique maintient la cloche très fortement appliquée sur la platine. Au centre de la platine se trouve aussi une tubulure terminée par un pas de vis v sur lequel on peut visser divers appareils (fig. 138 et 140).

Clef. — Quand la limite d'effet est atteinte, on évite les fuites et on conserve le degré de vide obtenu, en interceptant toute communication entre le récipient et le corps de pompe. Il importe aussi de rendre l'air dans les corps de pompe. Enfin, quand les expériences sont terminées, le récipient reste appliqué sur la platine tant qu'on n'a pas laissé rentrer l'air.

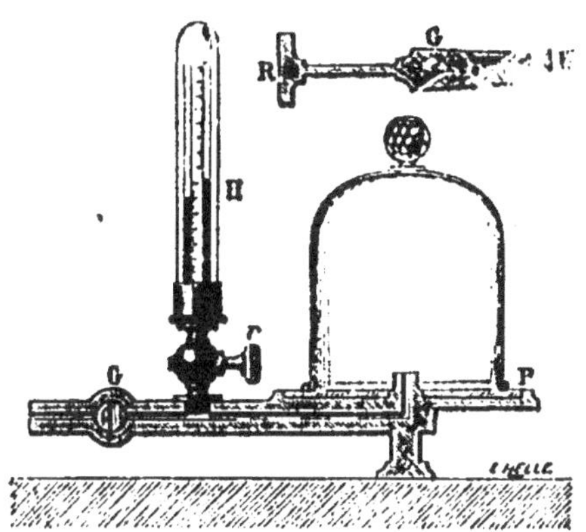

Fig. 141.

Un robinet ou *clef* R, disposé en G sur le conduit d'aspiration (fig. 141), entre les corps de pompe et le manomètre permet : 1° de mettre les corps de pompe en communication avec le récipient pour faire le vide; 2° d'intercepter cette communication et de rendre l'air dans les corps de pompe; 3° de rendre l'air dans le récipient.

185. Limite du vide. — Théoriquement, la force élastique, après n coups de piston n'est jamais nulle, si grand que soit n (**182**). Diverses défectuosités de la construction limitent encore le degré de vide. En particulier, quand le piston arrive au bas de sa course, il n'y a pas contact intime entre le piston et le corps de pompe; les petits intervalles qui les séparent forment un *espace nuisible* dont l'existence limite pratiquement la raréfaction.

Influence de l'espace nuisible. — Quand le piston est arrivé au bas de sa course, l'espace nuisible, de volume u, renferme du gaz à la pression atmosphérique H; car, pendant la descente, la soupape du piston s'est fermée par son poids lorsque la force élastique dans l'espace nuisible n'a plus dépassé la pression atmosphérique. A mesure que le piston remonte, ce gaz occupe graduellement tout le volume C du corps de pompe et sa force élastique finale f est donnée, d'après la loi de Mariotte, par l'équation :

$$\frac{f}{H} = \frac{u}{C} \qquad \text{d'où} \qquad f = \frac{u}{C} H.$$

Le gaz du récipient ne passe dans le corps de pompe que si sa force élastique est supérieure à $\dfrac{uH}{C}$; cette limite sera d'autant plus petite que $\dfrac{u}{C}$ sera plus petit [1].

---

[1] Les machines pneumatiques à mercure, en utilisant le vide barométrique, permettent de pousser très loin la raréfaction d'un gaz. Dans ces appareils, il n'y a pas d'espace nuisible.

MACHINE DE COMPRESSION

Une machine de compression *sert à comprimer un gaz dans un récipient de manière à y accroître considérablement la pression.*

186. Pompe de compression. — Sous sa forme habituelle, la machine de compression ou *pompe de compression* se compose d'un

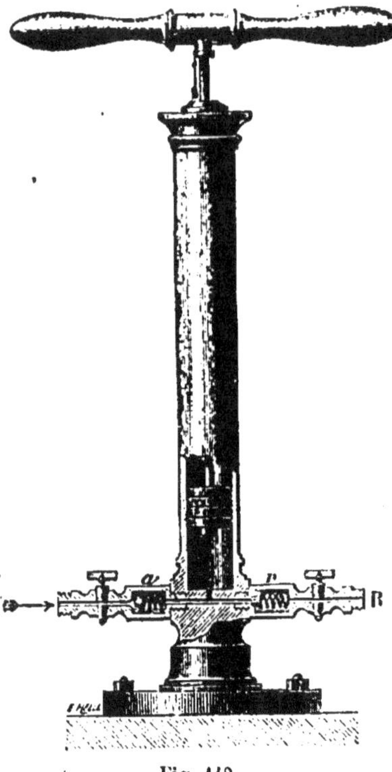

corps de pompe en laiton, long et étroit, dans lequel se meut un piston plein P. A la base du corps de pompe deux tubulures offrent suivant leur axe deux soupapes de sens contraires[1]. La soupape d'*aspiration a* s'ouvre de l'extérieur vers l'intérieur, la soupape de *refoulement r* s'ouvre de l'intérieur vers le récipient R où le gaz doit être comprimé (fig. 142).

Le piston étant au bas de sa course, *soulevons-le*; le vide se fait dans le corps de pompe, la soupape r reste fermée par la pression de l'air du récipient, tandis que l'air extérieur ouvre la soupape a et remplit le corps de pompe.

Lorsque le piston a été amené au haut de sa course, *abaissons-le*; l'air du corps de pompe est comprimé et maintient fermée

Fig. 142.

la soupape a, mais à un certain moment sa pression devient assez forte pour ouvrir la soupape r; l'air est alors refoulé dans le récipient.

Soulevé de nouveau, le piston se remplit d'air à la pression atmosphérique et cet air est refoulé à la descente dans le récipient.

<hr>

(1) Ces soupapes sont de petits troncs de cône qui s'engagent dans des ouvertures de même forme contre lesquelles de petits ressorts à boudin les maintiennent appliqués.

L'effort de l'opérateur va en croissant, par la résistance qu'oppose à l'ouverture de la soupape la force élastique de l'air condensé.

Le piston ne s'appliquant jamais exactement contre le fond du corps de pompe, on ne peut dépasser la pression qu'atteint le gaz réduit au volume de *l'espace nuisible*.

Cette pompe peut aussi servir à raréfier l'air; dans ce cas, *a* communique avec le récipient et *r* avec l'atmosphère.

L'espace nuisible ayant ici une valeur importante par rapport à la faible capacité du corps de pompe, la limite du vide est rapidement atteinte.

APPLICATIONS DE L'AIR RARÉFIÉ ET DE L'AIR COMPRIMÉ

187. La machine pneumatique est appliquée industriellement dans un grand nombre de circonstances; par exemple, pour s'assurer que des tuyaux de conduite d'eau ou de gaz ne présentent pas de fuites; on voit si l'on peut y faire le vide.

L'air comprimé est aussi fréquemment utilisé; nous citerons : 1° la distribution simultanée de l'heure dans toute une ville (*Horloges pneumatiques*) : un flux d'air partant toutes les minutes d'un récipient à air comprimé et parcourant une canalisation fait avancer l'aiguille du cadran de chacune des horloges de quartier; 2° la distribution de l'air comprimé comme *force motrice* pour mettre en action de petits moteurs à domicile; 3° le transport des dépêches (*télégraphe pneumatique*) : les dépêches sont enfermées dans un piston creux cylindrique que l'on fait circuler dans un tube en fonte en injectant derrière lui de l'air comprimé; 4° l'arrêt des trains de chemin de fer par le *frein Westinghouse* : de l'air comprimé provenant d'une machine de compression, mise en mouvement par la locomotive, est lancé à un moment donné par une manœuvre du mécanicien sur des pistons qui commandent les freins des wagons; 5° le fonctionnement des machines perforatrices (*percement des tunnels*) dans des galeries souterraines où l'emploi des machines à vapeur rendrait l'air irrespirable; 6° les *cloches à plongeur*, dans lesquelles on refoule de l'air comprimé pour les travaux effectués sous l'eau, par exemple dans la construction des piles de pont.

SIPHON

188. Un siphon est un tube recourbé à deux branches inégales *qui sert à transvaser les liquides.*

Fonctionnement. — Pour transvaser un liquide d'un vase V dans un vase V' à niveau inférieur, on remplit de liquide un tube

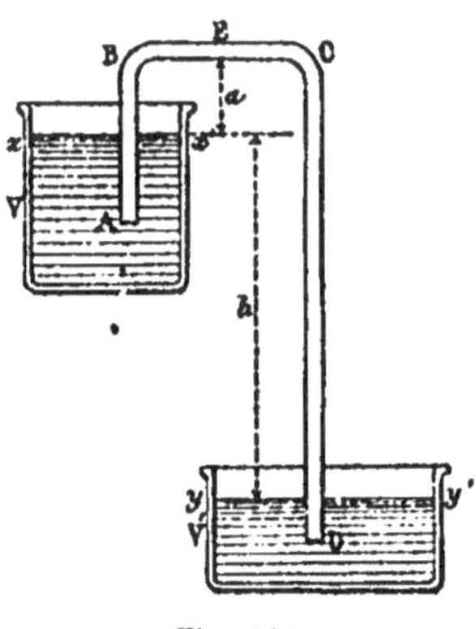

Fig. 143.

recourbé AED et, les deux extrémités étant bouchées, on retourne le tube en plongeant *la courte branche dans le vase où le niveau est le plus élevé.* En débouchant les deux extrémités, on voit le liquide s'écouler du vase V au vase V' à travers le siphon (fig. 143).

Explication. — Supposons pour un instant que, dans le tube recourbé dont les deux branches ont séparément une hauteur inférieure à la pression atmosphérique H (1033^{cm} pour l'eau, 76^{cm} pour le mercure), une cloison transversale E intercepte la communication en un point quelconque de la partie horizontale. Les deux parties ABE, DCE étant comme précédemment remplies séparément, le liquide restera suspendu de chaque côté par la pression atmosphérique au lieu de tomber par son poids; la pression de gauche à droite sur la cloison E sera $H - a$, c'est une pression qui est exercée sur le sommet d'un baromètre tronqué dont la hauteur n'est que a; la pression de droite à gauche sera $H - (a + h)$. La différence mesurée en hauteur de liquide est h.

Si l'on vient à percer la cloison, l'écoulement a lieu de gauche à droite en vertu de la différence de pression; la tranche E est remplacée par une autre et le liquide du vase V passe en V'. La vitesse d'écoulement augmente avec la différence de hauteur h.

Pour qu'un siphon puisse fonctionner, il suffit que *la distance verticale du point le plus haut du siphon à la surface libre du liquide à transvaser soit inférieure à la pression atmosphérique* (mesurée avec le liquide).

Amorcement du siphon. — Pour remplir un siphon ou l'*amorcer*, on plonge la courte branche dans le liquide à transvaser et on aspire à l'autre extrémité. La pression atmosphérique pousse le liquide dans le tube et l'écoulement a lieu. Si le liquide est corrosif, on plonge la courte branche dans le liquide et on bouche la longue branche pendant qu'on aspire par un tube latéral (fig. 144).

Quand la section est petite, il n'est pas nécessaire que la longue branche soit plongée dans le liquide du vase inférieur, mais si le siphon a une forte section, il doit avoir ses deux orifices submergés, sans quoi l'air monterait dans la grande branche, en divisant la colonne.

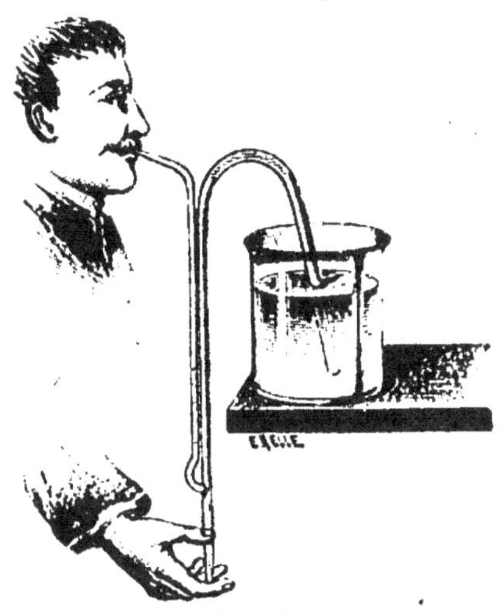

Fig. 144.

Un siphon qui contient de l'air continue à fonctionner si cet air peut se loger dans la partie supérieure sans interrompre la colonne liquide. Si le liquide transvasé est de l'eau aérée, l'air se dégage à mesure que l'eau s'élève dans le siphon, puisque la pression supportée va en diminuant. Cet air accumulé établirait une discontinuité entre les deux colonnes et le siphon finirait par s'arrêter. On aspire cet air avec une pompe disposée à la partie supérieure du siphon.

189. Pipette. — La pipette est un tube droit en verre ou en métal, ouvert aux deux bouts, effilé à la partie inférieure, qui permet de transporter une petite quantité de liquide d'un vase dans un autre. En plongeant la pipette dans un liquide par son extrémité effilée, l'orifice supérieur étant ouvert, le liquide pénètre à l'intérieur et atteint le niveau extérieur. On ferme alors avec le doigt l'orifice supérieur et on sort l'appareil. Il s'écoule un peu de liquide, mais comme l'extrémité inférieure est trop étroite pour que l'air puisse y pénétrer en divisant la colonne, l'air intérieur diminue de force élastique puisque

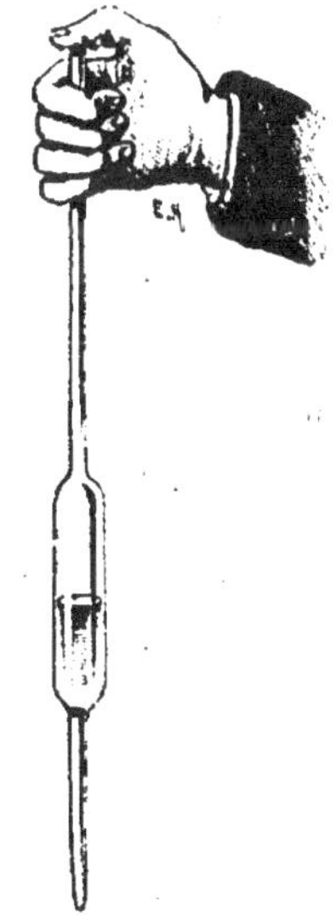

Fig. 145.

son volume augmente (**167**); l'écoulement cesse quand la pression extérieure fait équilibre à la pression du gaz intérieur accrue de la pression du liquide resté (fig. 145).

POMPES

Les pompes sont des appareils destinés à élever l'eau.

190. Pompe aspirante. — *Description.* — Une pompe aspirante se compose d'un gros tuyau cylindrique ou *corps de pompe* C dans

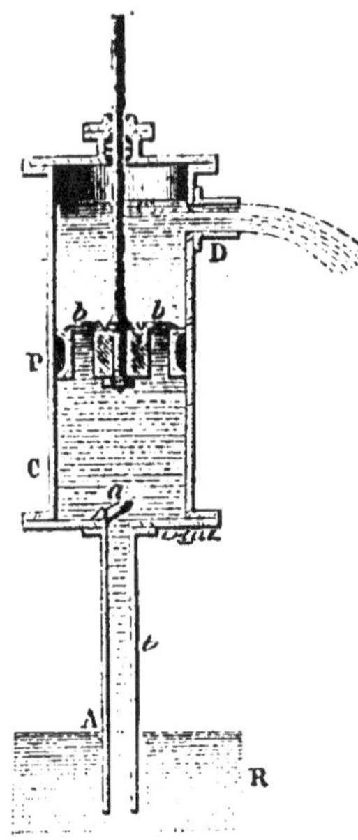

lequel se meut un *piston* P percé dans son épaisseur d'une ouverture que ferme une soupape *b* s'ouvrant de bas en haut; le corps de pompe communique par un *tuyau d'aspiration t* avec le *puisard* R, réservoir contenant l'eau à élever.

A l'orifice du tuyau d'aspiration une soupape *a* s'ouvre aussi de bas en haut; Un tuyau de *déversement* D, horizontal ou recourbé vers le bas est disposé latéralement à la partie supérieure du corps de pompe (fig. 146).

Amorcement. — La pompe se comporte d'abord comme une machine pneumatique. Supposons le piston au *bas de sa course* et l'eau au même niveau dans le tuyau et dans le puisard. En soulevant le piston, le vide se fait au-dessous de lui, la soupape *b*[1] reste fermée par la pression atmosphérique, tandis que la soupape *a*

Fig. 146.

s'ouvre; cette soupape est poussée par l'air du tuyau d'aspiration qui se répand dans l'espace vide que le piston a laissé au-dessous de lui. Par suite de son accroissement de volume, l'air du tuyau d'aspi-

Fig. 147.

(1) Une des soupapes les plus fréquemment employées dans les pompes est la *soupape à clapet* (fig. 147). Le clapet *b* est une plaque de laiton fixée à charnière sur le bord de l'orifice qu'elle doit fermer. La soupape et les bords sont ajustés de manière à former un joint hermétique.

ration a diminué de pression; il y a ascension dans le tuyau d'une colonne liquide dont la pression s'ajoute à celle de l'air intérieur dilaté pour faire équilibre à la pression atmosphérique qui s'exerce en A sur la surface du puisard. Quand le piston est arrivé *au haut de sa course.* la soupape d'aspiration *a* se ferme par son poids et l'eau reste suspendue dans le tuyau d'aspiration au point où elle a été soulevée. Quand on abaisse le piston, l'air du corps de pompe est comprimé, il prend bientôt une force élastique supérieure à la pression atmosphérique, ouvre la soupape *b* et s'échappe au dehors.

Le piston étant redescendu, on le soulève de nouveau, l'eau continue à monter dans le tuyau d'aspiration, et, par la descente du piston, une nouvelle quantité d'air s'échappe.

Après un certain nombre de coups de piston, *si la hauteur du tuyau d'aspiration ne dépasse pas la hauteur barométrique en colonne d'eau* (10^m,33), l'eau atteindra la soupape *a*, l'ouvrira, et pénétrera dans le corps de pompe. La pompe sera alors **amorcée** [1].

Fonctionnement régulier. — Pendant la descente du piston, l'air qui reste dans le corps de pompe s'échappe. *Si la face inférieure du piston soulevé ne se trouve pas à plus* de 10^m,33 du niveau du puisard, l'eau suit alors le piston dans son mouvement ascendant en formant une colonne continue puisqu'il n'y a plus d'air dans le corps de pompe et remplit toute la capacité du corps de pompe.

A la descente du piston, la soupape *b* est immédiatement soulevée et

Fig. 148.

l'eau du corps de pompe passe au-dessus du piston. Dans le mouvement ascendant qui suit, cette eau est élevée et versée au dehors.

(1) Théoriquement une pompe aspirante parfaitement construite ne peut être amorcée si le tuyau d'aspiration a plus de 10^m,33. A cause des imperfections de la construction, on ne place pas en général la soupape d'aspiration à plus de 7 à 8 mètres au-dessus du puisard.

par le tuyau D, la soupape *b* restant fermée. A partir du moment où l'eau a rempli le corps de pompe, on déverse au dehors, chaque fois que le piston est soulevé, un volume d'eau égal au volume du corps de pompe.

A chaque coup de piston, il faut dépenser le travail nécesssaire pour élever depuis le niveau du puisard jusqu'au réservoir le poids d'eau qui remplit le corps de pompe. La pompe se manœuvre par l'intermédiaire d'un levier (fig. 148).

191. Pompe foulante. — Le tuyau d'aspiration est supprimé. La pression atmosphérique n'est pas utilisée. La pompe foulante simple se compose d'un corps de pompe plongeant *directement* dans le réservoir et muni à sa partie inférieure d'une soupape s'ouvrant de bas en haut. Le tuyau par lequel l'eau est expulsée prend naissance latéralement au bas du corps de pompe et présente à son entrée dans le corps de pompe une soupape s'ouvrant de l'intérieur à l'extérieur (fig. 149).

Un piston *plein* se meut à frottement dans le corps de pompe. Quand le piston s'élève, le vide se fait au-dessous de lui et la pression atmosphérique pousse l'eau dans le corps de pompe. Si le piston s'arrête, la soupape retombe en vertu de son poids. Dans la descente du piston, la soupape latérale s'ouvre ; l'eau est refoulée dans le tuyau d'ascension et s'y élève.

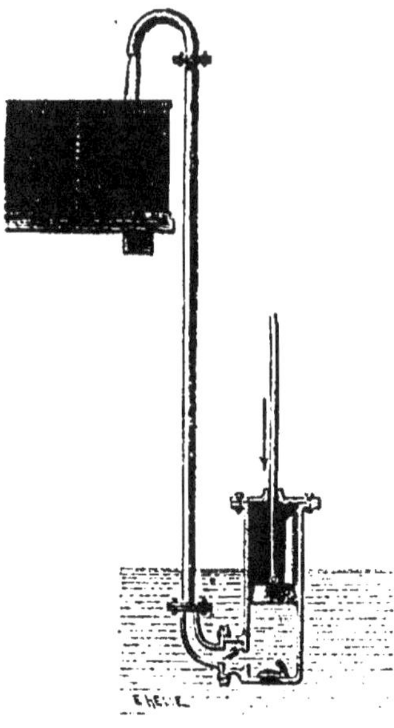

Fig. 149.

Après un nombre suffisant de coups de piston, l'eau se déverse à la partie supérieure. C'est la pression du piston qui fait directement monter l'eau. La pompe débite, à chaque coup de piston, un volume d'eau égal au volume du corps de pompe. Rien ne limite la hauteur du tuyau de refoulement et par conséquent la hauteur à laquelle on peut élever l'eau. A chaque coup de piston, on dépense le travail nécessaire pour élever depuis le niveau du puisard jusqu'au déversoir le poids d'eau qui remplit le corps de pompe.

192. Pompe à incendie. — La pompe à incendie ordinaire consiste en deux pompes foulantes accouplées, dont les tuyaux latéraux très courts débouchent dans un *réservoir clos* R rempli d'air.

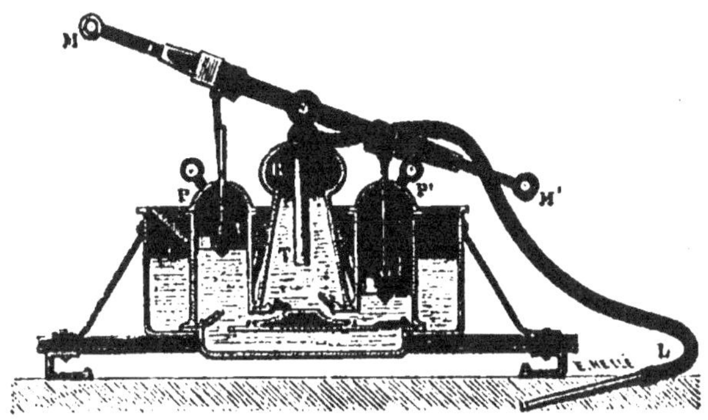

Fig. 150.

La pompe est immergée dans un récipient portatif que l'on remplit d'eau, cette eau est refoulée par la pompe dans le réservoir, d'où elle est poussée dans la direction voulue à l'aide d'un tuyau T qui plonge jusqu'au fond du réservoir. Dans la pompe foulante décrite plus haut, l'écoulement ne se produit que pendant la descente du piston. Ici, l'addition du réservoir d'air au tuyau de refoulement rend le *jet continu*. En effet, en s'élevant dans le réservoir, l'eau comprime l'air qui s'y trouve; après quelques coups de piston, elle sort par le tuyau et comme l'air ne cesse pas de presser, l'écoulement est continu.

Les tiges des deux pistons sont articulées à un double levier MM' qui reçoit un mouvement alternatif[1] (fig. 150).

193. Pompe aspirante et foulante. — Elle se compose d'un corps

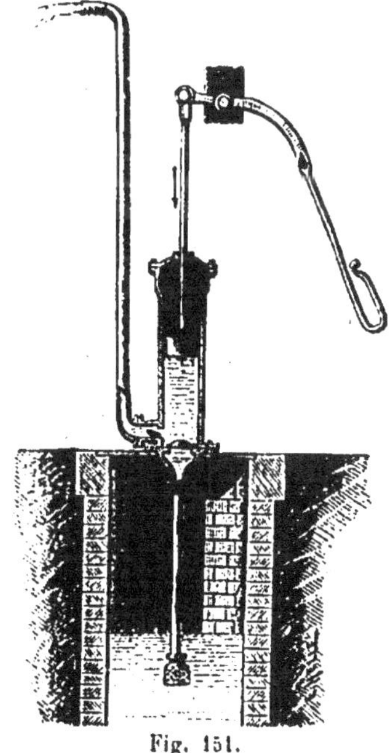

Fig. 151.

___

[1] Dans la pompe à incendie à vapeur, les pistons sont mis en mouvement par un moteur à vapeur.

de pompe dans lequel se meut un piston *plein*. Un tuyau d'aspiration plongeant dans le puisard est ajusté à la partie inférieure du corps de pompe dont il est séparé par une soupape s'ouvrant de bas en haut comme dans une pompe aspirante. A la base du corps de pompe prend naissance un tuyau latéral de refoulement qui porte à sa partie inférieure une soupape s'ouvrant de l'intérieur à l'extérieur comme dans une pompe foulante (fig. 151).

Quand on soulève le piston, la soupape de refoulement se ferme, la soupape d'aspiration s'ouvre et l'air qui surmonte le niveau de l'eau dans le tuyau d'aspiration se répand en partie dans le vide formé au-dessous du piston. En faisant jouer suffisamment le piston, on élève l'eau au-dessus de la soupape d'aspiration pourvu que cette soupape ne soit pas à plus de 10^{m}33 au-dessus du niveau dans le réservoir.

Une fois la pompe amorcée, l'eau est poussée pendant la descente du piston dans le tuyau de refoulement. On fait monter l'eau assez haut dans ce tuyau pour qu'elle s'écoule par l'orifice de déversement. A chaque descente du piston, il sort un volume d'eau égal au volume du corps de pompe.

194. Presse hydraulique. — Elle se compose d'une pompe aspirante et foulante qui extrait l'eau d'un réservoir inférieur R et la

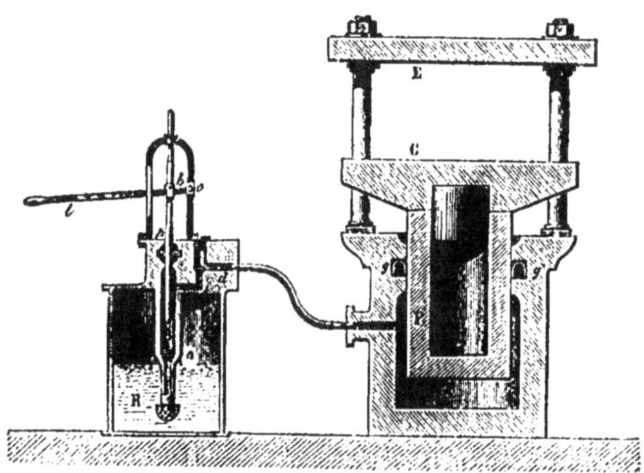

Fig. 152.

poussée par un tuyau dans un cylindre à parois résistantes A où se meut un large piston métallique P terminé supérieurement par un plateau C. Ce piston étant descendu par son poids jusqu'au fond du cylindre, on fait fonctionner la pompe, la pression exercée par le piston p se transmet à la face inférieure du piston P et l'oblige à s'élever; les matières à presser sont comprimées entre le plateau C et une plateforme fixe E (fig. 152). Quand la compression a été exercée, on fait écouler l'eau par un robinet à vis placé sur le trajet du tube; le piston P redescend au bas du cylindre.

Calcul de la pression. — La tige du piston p de la pompe est mise en mouvement par un levier mobile autour d'un point fixe o voisin de la tige b. Supposons que la distance du point de l'application de l'effort au point o soit égale à 10 fois la distance ob du point fixe au point d'articulation de la tige. D'après la théorie du levier (**46**), un effort de 30 kilos appliqué en l équivaut à un effort de 300 kilos en b.

D'autre part, en vertu du principe de la transmission des pressions, si la section S du large piston est 100 fois plus grande que la section s du piston de la pompe, une pression de 300 kilos exercée sur la tête du petit piston produira une pression de 300.100 ou 30 000 kilos sur le large piston. On exercera donc, avec un effort de 30 kilos en l, une pression de 30 000 kilos en C.

Les chemins λ et λ' parcourus par le petit et le grand piston sont en raison inverse de leurs sections, car le volume d'eau qui pénètre dans le large cylindre est égal au volume déplacé par le petit piston :

$$s\lambda = S\lambda', \quad \text{d'où} \quad \frac{\lambda'}{\lambda} = \frac{s}{S}.$$

Dans notre exemple, le grand piston ne s'élèvera que de $\frac{1}{10}$ de millimètre pour une course de 1 centimètre du petit. Si p est la pression exercée par unité de surface, ps sera la pression exercée par le petit piston et pS la pression reçue par le grand piston. Le travail dépensé est $ps\lambda$, le travail produit est $pS\lambda'$; *ces travaux sont égaux*, puisque $s\lambda = S\lambda'$. La presse hydraulique permet d'exercer de grands efforts, mais le déplacement est extrêmement lent; conformément au principe de la conservation du travail, *on perd en chemin parcouru ce que l'on gagne en force.*

Cuir embouti (fig. 153). — Pour empêcher l'eau de s'échapper entre les parois du cylindre et la surface du piston, on loge dans une cavité circulaire gg' pratiquée dans la paroi du cylindre (fig. 152), un cuir embouti, anneau de cuir flexible, ayant la forme d'une *gouttière renversée*. Par la pression, l'eau s'infiltre entre le cylindre et le piston, mais elle pénètre dans la concavité du cuir embouti et le force à

Fig. 153.

s'appliquer d'une part contre le piston et d'autre part contre les parois du cylindre. La fermeture est d'autant plus hermétique que la pression est plus considérable. Avant que l'ingénieur anglais Bramah eût trouvé en 1796 ce moyen d'éviter les fuites, la presse hydraulique n'avait pu être utilisée.

Applications. — Les applications industrielles de la presse hydraulique sont nombreuses; citons le foulage des draps, la compression des graines oléagineuses pour la fabrication des huiles, l'extraction du jus de la pulpe de betterave, la compression de substances encombrantes telles que le coton et le foin, l'essai des chaudières des machines à vapeur, l'essai de la résistance des matériaux, etc.

195. Essai des chaudières. — Les chaudières des machines à vapeur sont essayées avant d'être mises en service. On s'assure qu'elles peuvent supporter une pression au moins double de la force maximum de la vapeur en fonctionnement normal. Par crainte d'explosion, l'essai n'est pas effectué avec de la vapeur, il se fait avec une pression hydraulique qui ne peut que faire apparaître un écoulement d'eau à une fissure ou à une déchirure, sans projection violente.

Si la chaudière doit supporter une pression maximum de 10 kilos par centimètre carré de surface, on commence par *la remplir complètement d'eau*, puis on surcharge ses soupapes de façon qu'elles ne s'ouvrent que sous une pression de 25 kilos par centimètre carré.

On met alors la chaudière en communication avec la petite pompe foulante d'une presse hydraulique par l'intermédiaire du tube qui conduisait l'eau dans le grand cylindre. En manœuvrant cette pompe, la pression exercée se transmet, suivant le principe de Pascal, à chaque centimètre carré de la surface intérieure de la chaudière. On élève lentement la pression, jusqu'à ce que l'eau commence à sortir par les soupapes. La chaudière est acceptée pour le service sous une pression maximum de 10 kilos si aucune fuite ne s'est produite pendant l'essai.

196. — Ascenseurs hydrauliques. — Les appareils élévatoires connus sous le nom d'ascenseurs hydrauliques fournissent une application directe du principe de Pascal.

Un corps de pompe métallique, fermé par le bas et d'une hauteur égale à celle de l'édifice desservi par l'ascenseur a été installé verticalement dans le sous-sol. Dans ce corps de pompe tubulaire s'engage un piston plongeur cylindrique en acier creux C, de même longueur que le tube. Sur la tête de ce piston repose la cabine élévatoire A (fig. 154).

A l'aide de robinets, le corps de pompe est mis en communication tantôt avec un réservoir d'eau de niveau élevé, tantôt avec un tuyau d'échappement T. Le piston étant au bas de sa course; si l'on fait arriver l'eau du réservoir dans le corps de pompe, elle presse sur la base du piston et le soulève (fig. 154). Le piston redescend au contraire dans le corps de pompe par son poids quand on vient à ouvrir le tuyau d'échappement. Dans la montée et la descente, la cabine est guidée par 4 glissières verticales qui sont placées à ses angles et s'opposent à toute déviation.

Le système mobile du piston et de la cabine, offrant un poids considérable à soulever, on les équilibre par des contrepoids attachés à des chaînes qui passent sur des poulies.

Supposons que le niveau de l'eau du réservoir soit au haut de l'édifice, à 20 mètres au-dessus du sol, et que la base du piston soit à 20 mètres au-dessous quand le plancher de la cabine se trouve au niveau du sol. Si la section du piston est de 2 décimètres carrés, il subit une pression initiale de 800 kilogrammes (c'est le poids d'un cylindre d'eau de 2 décimètres carrés de base et de 40 mètres de hauteur). A mesure que le piston est soulevé, cette pression diminue, elle n'est plus que de 400 kilogrammes au haut de la course. Les contrepoids équilibrant à peu près le piston et la cabine, une charge voisine

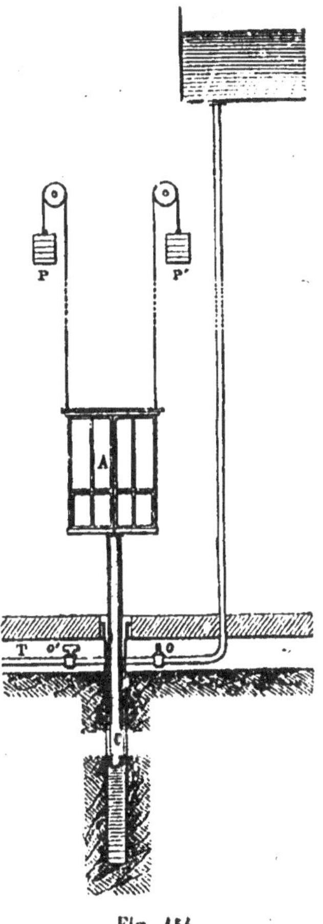

Fig. 154.

de 400 kilogrammes, placée dans la cabine pourra être soulevée jusqu'au haut de l'édifice.

CHALEUR

197. Sensations de chaleur et de froid. — Auprès d'un foyer allumé, nous ressentons une impression spéciale dite *sensation de chaleur*. Le contact d'un morceau de glace tenu à la main détermine une sensation opposée, celle du *froid*. Les sensations de chaleur et de froid sont perçues par des nerfs qui ont leurs terminaisons à la surface de toute la peau. La cause de ces impressions est appelée **chaleur**.

Effets de la chaleur. — La chaleur appliquée à un corps peut produire divers effets : 1° changements de dimensions ou de volume (**dilatations**); 2° changements d'état, d'agrégation (**fusion, vaporisation**); 3° changements chimiques et électriques (**séparation des éléments d'un corps composé, courants thermo-électriques**), etc.

DILATATIONS PAR LA CHALEUR

Le plus souvent, un corps se dilate quand il s'échauffe et se contracte quand il se refroidit. Diverses expériences démontrent ces variations de volume.

198. Solides. — Une sphère métallique B, suspendue par une chaîne, passe librement, mais sans jeu, à travers un anneau de même métal A (fig. 155). Vient-on à chauffer la sphère sans chauffer l'anneau ? l'accroissement de son volume ne lui permet plus de passer. Par

Fig. 155.

le refroidissement, elle reprend son volume initial. Si l'on chauffe également l'anneau et la sphère, le diamètre intérieur de l'anneau reste
égal au diamètre de la sphère. Cela montre que l'anneau s'est dilaté
comme s'il était plein.

Le **pyromètre à cadran** fait voir l'allongement d'une barre par la
chaleur. C'est une tige métallique horizontale immobilisée à l'aide
d'une vis à l'une de ses extrémités; l'autre extrémité traverse librement une ouverture pratiquée dans une colonne et s'appuie contre la

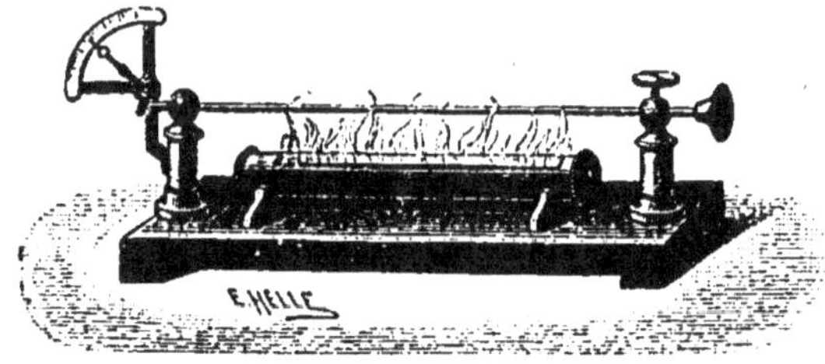

Fig. 156.

courte branche d'un levier coudé, mobile autour d'un axe fixe. Le long
bras du levier se meut sur un cadran (fig. 156). Vient-on à chauffer
la tige? son extrémité libre pousse la courte branche OB du levier

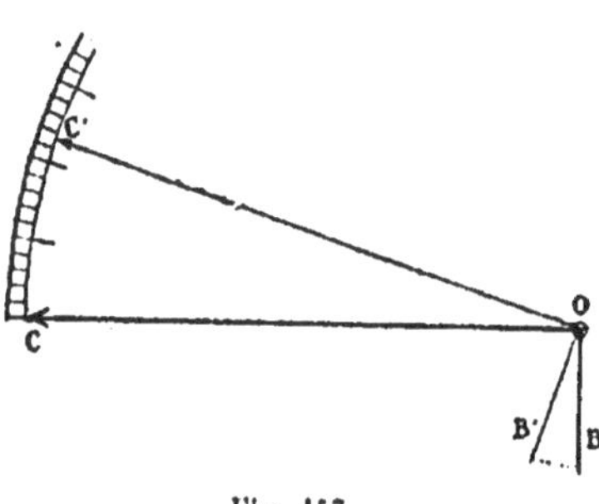

Fig. 157.

(fig. 157). Les angles BOB', COC'
sont égaux et si $OC = nOB$,
l'extrémité C parcourt un arc
CC' n fois plus long que l'arc
BB' décrit par l'extrémité B.
Cette amplification rend très
apparent l'allongement de la
tige. Par le refroidissement, les
deux bras OB' et OC' reprennent leurs positions primitives
OB et OC.

Quelques corps, par exemple : le caoutchouc, l'argile, se con-
tractent par l'action de la chaleur au lieu de se dilater.

199. Liquides. — Un ballon surmonté d'un long tube étroit contient de l'alcool coloré jusqu'à un niveau h. On plonge brusquement
le ballon dans un vase plein d'eau chaude (fig. 158); le niveau se
déprime d'abord jusqu'en a, puis il remonte et s'élève en h au-dessus
du niveau primitif.

Par la première action de la chaleur l'enveloppe s'est dilatée
et le liquide descend dans le vase dont
la capacité a augmenté; mais le liquide
se dilate à son tour et il dépasse notablement le niveau initial, parce qu'il se
dilate plus que l'enveloppe. On voit que
par suite de l'accroissement de capacité
du ballon, la *dilatation apparente* du
liquide ou celle qu'on observe en négligeant la dilatation de l'enveloppe est inférieure à sa dilatation réelle ou *absolue*.

200. Gaz. — Les gaz éprouvent par
l'action de la chaleur deux effets distincts : un accroissement de volume et
un accroissement de force élastique.

Accroissement de volume. Soit un ballon
B auquel est adapté un tube *horizontal*,
ce ballon contient un gaz séparé de l'air
extérieur par un petit index liquide I′
(fig. 159). Il suffit de chauffer le ballon

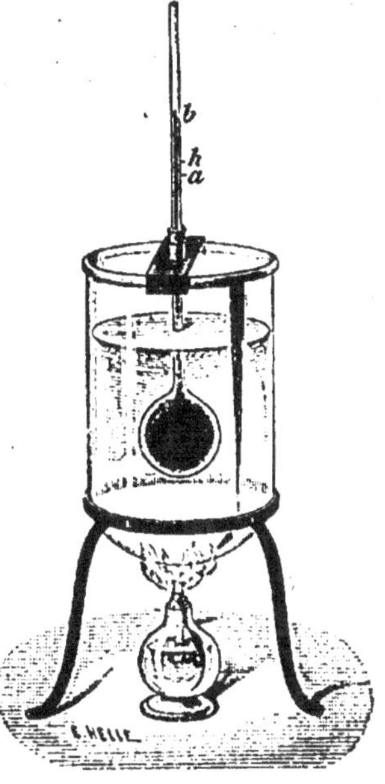

Fig. 158.

avec les mains pour que l'index soit chassé loin en I. Par le refroidissement, l'index revient à sa position primitive. Le gaz *s'est dilaté
sans changement de force élastique* puisqu'il est resté soumis à la

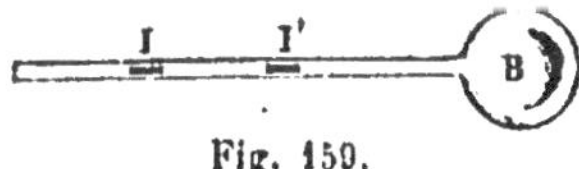

Fig. 159.

pression atmosphérique. Les gaz se dilatent beaucoup
plus que les solides et les liquides.

Accroissement de force élastique. Prenons un ballon
surmonté d'un tube deux fois recourbé (fig. 160); versons
dans ce tube du mercure qui s'élève au même niveau *a*
dans les deux branches. Si nous chauffons le ballon, le
mercure s'abaisse dans la courte branche en *b* et s'élève
en *c*. On peut, en versant dans la branche ouverte du
mercure jusqu'en *c′*, maintenir le niveau constant en *a*
dans la courte branche et empêcher ainsi le gaz de se
dilater. La force élastique du gaz chauffé est égale à la pression

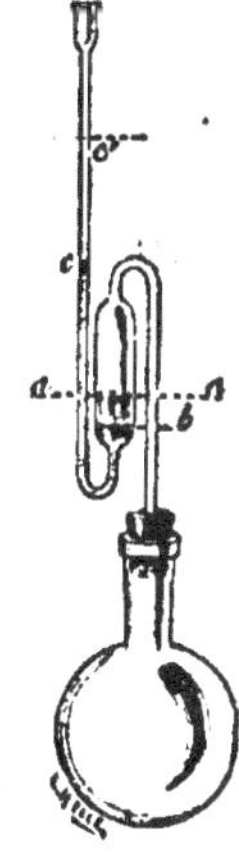

Fig. 160.

atmosphérique accrue de la colonne *ac'*. La chaleur a eu ici *pour effet unique d'augmenter la force élastique du gaz.*

La chaleur produit habituellement à la fois sur un gaz les deux effets : accroissements de volume et de force élastique.

MESURE DES TEMPÉRATURES

Quand deux corps inégalement chauds sont en présence, le plus chaud se refroidit en cédant de la chaleur au plus froid qui s'échauffe. Cet échange de chaleur cesse quand les deux corps sont devenus également chauds, on les dit alors **à la même température.** Un échange de chaleur n'a lieu entre deux corps que s'ils offrent une **différence de température.** La sensation éprouvée au toucher n'étant ni assez exacte ni assez délicate pour apprécier cette différence, on a recours à un appareil spécial appelé *thermomètre.*

201. Thermomètre. — Invariable à température constante, le volume d'un corps croît avec la température et décroît avec elle[1]. Les volumes que prend un même corps à diverses températures peuvent caractériser ces températures. On appelle *thermomètre un corps dont les volumes servent à comparer les températures.* Un thermomètre fait connaître sa propre température et aussi celle des corps qui sont en équilibre calorifique avec lui.

Des corps de même nature et de mêmes dimensions constitueraient des thermomètres identiques ; mais, grâce à une graduation établie au moyen de **deux températures fixes,** une identité aussi complète n'est pas nécessaire. Deux thermomètres donnent alors la même indication à une même température quelles que soient leurs dimensions pourvu que la nature de la substance soit la même.

Températures fixes. — Certains phénomènes physiques ont lieu à des températures invariables. Ainsi un corps plongé dans la glace fondante conserve un volume constant, tant que dure la fusion : *la température de fusion de la glace est une température fixe*[2].

---

(1) Un grand nombre de phénomènes varient quand un corps nous semble devenir plus chaud ou plus froid (volume, pression, indice de réfraction, résistance électrique, etc.), et pourraient servir à classer les températures.

(2) La température de fusion d'un *corps quelconque* est aussi une température fixe.

Un corps plongé dans la vapeur d'eau bouillante conserve un volume constant, tant que dure l'ébullition : *la température d'ébullition de l'eau sous une pression déterminée est une température fixe* [1].

Principe de la construction d'un thermomètre centigrade. — On choisit pour thermomètre un corps dont le volume peut être apprécié à chaque instant, on le plonge dans la glace fondante où son volume est égal à V_0. Ce volume représente le degré *zéro du thermomètre*. On plonge ensuite le même corps dans la vapeur d'eau en ébullition sous la pression de 76 centimètres de mercure ; le volume du corps, égal à V_1, représente le degré *cent du thermomètre*.

Un thermomètre à **échelle centigrade** est un thermomètre dont l'accroissement de volume $V_1 - V_0$ entre les deux points fixes de l'eau bouillante et de la glace fondante est divisé en *cent parties égales*.

Une élévation de température de $1°$ correspond au centième de la dilatation du thermomètre entre les deux points fixes. La température d'une enceinte sera dite de $15°$ si le thermomètre qu'on y place indique à partir du volume V_0 correspondant à la glace fondante un accroissement de volume égal aux 15 centièmes de son accroissement de volume entre les deux points fixes.

Choix d'une substance thermométrique. — Les corps solides offrent l'inconvénient d'éprouver des modifications dans leur structure avec le temps et à la suite de dilatations. Des liquides et des gaz que la chaleur ne décompose pas, reprennent toujours *le même volume à une même température.*

202. Thermomètre à mercure. — On emploie habituellement le thermomètre à mercure. C'est un réservoir en verre en forme d'olive renfermant du mercure et surmonté d'un tube très étroit et cylindrique. Le niveau du mercure s'élève constamment avec la température.

Le choix du mercure offre plusieurs avantages : c'est un liquide qu'on peut obtenir facilement pur ; son point de congélation et son point d'ébullition sont éloignés des températures usuelles ; très bon conducteur de la chaleur, il se met rapidement en équilibre de température avec l'enceinte dans laquelle il est plongé ; en outre, son opacité le rend visible même dans une tige très étroite.

(1) La température d'ébullition d'un *corps quelconque* sous une pression déterminée est également une température fixe.

Ayant marqué 0° au niveau du mercure dans la glace fondante et 100° à son niveau dans la vapeur d'eau bouillante, on divise l'intervalle en 100 parties égales.

Définition du degré. — Le degré centigrade du thermomètre à mercure est *l'élévation de température qui correspond à la centième partie de la dilatation apparente du mercure dans le verre, en passant de la glace fondante dans l'eau bouillante sous la pression de 76 centimètres de mercure.*

Construction. — *Choix du tube.* — On choisit un tube capillaire à parois épaisses régulièrement cylindrique ou *bien calibré.* Cette condition est rem-

Fig. 161.

plie si, en promenant dans le tube une petite colonne de mercure (fig. 161), elle occupe une même longueur *ab* dans toutes ses positions. On soude un réservoir à l'une des extrémités du tube.

Remplissage. — A l'autre extrémité du tube, on soude une ampoule d'un volume supérieur au réservoir et terminée par une pointe ouverte; l'ampoule

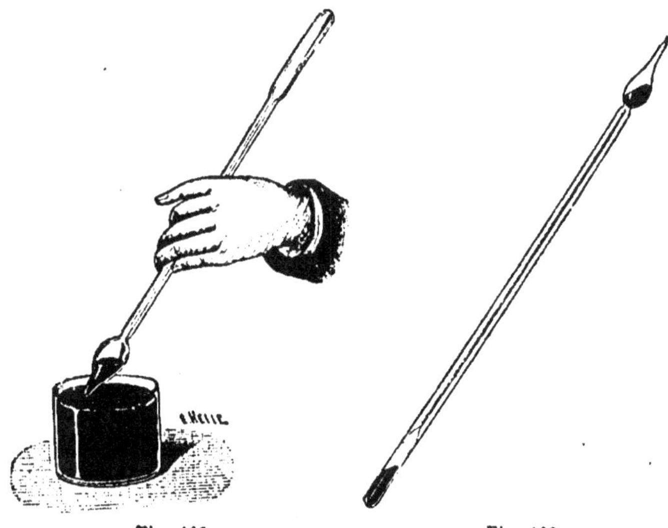

Fig. 162.　　　　　Fig. 163.

ayant été chauffée légèrement pour qu'une partie de l'air qu'elle renferme s'échappe, on *plonge la pointe* dans un bain de mercure pur et sec (fig. 162).

L'air resté dans l'ampoule se refroidit, sa force élastique décroît et la pression atmosphérique y fait entrer du mercure. Quand la quantité de mercure ainsi introduite paraît suffisante pour remplir le réservoir et la tige, on *redresse* l'appareil.

L'air contenu dans la tige capillaire empêche le mercure de l'ampoule d'y descendre ; mais si l'on chauffe le réservoir et la tige avec une lampe, une certaine quantité d'air s'échappe par bulles à travers le mercure, la force élastique de l'air restant diminue par le refroidissement et la pression atmosphérique y pousse le mercure (fig. 163).

On fait bouillir le mercure en chauffant l'appareil sur une grille inclinée

Fig. 164.

(fig. 164) ; les vapeurs mercurielles entraînent en se dégageant ce qui reste d'air et d'humidité dans le tube et le réservoir.

On plonge le tube dans un bain liquide dont la température est supérieure à la plus élevée que l'appareil devra marquer ; par la dilatation, le mercure en excès passe dans l'ampoule, on sépare alors l'ampoule de la tige et on ferme l'extrémité du tube à la lampe d'émailleur. Le mercure se contracte par un nouveau refroidissement et un espace vide se forme au-dessus de lui.

203. Détermination des points fixes. — *Point zéro.* — On plonge le thermomètre dans de la glace fondante pilée. Cette glace G est contenue dans un vase A dont le fond est percé d'un trou pour laisser échapper l'eau de fusion (fig. 165). Quand le niveau de mercure est devenu définitivement *stationnaire*, on y marque un trait fin avec un diamant. C'est le zéro de l'échelle.

2° *Point 100.* — Pour déterminer le point fixe supérieur, le thermomètre doit être plongé non dans l'eau bouillante elle-

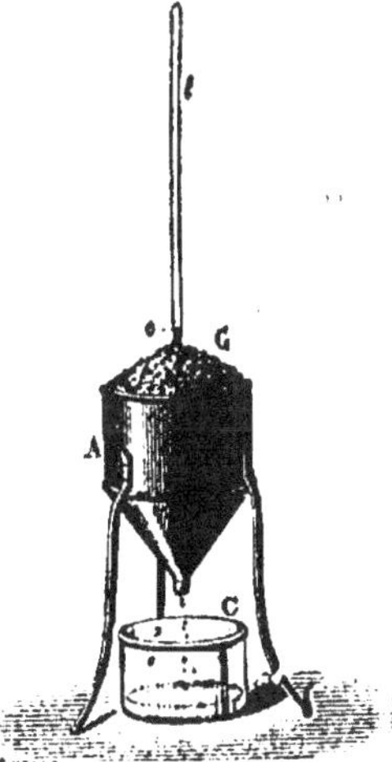

Fig. 165.

même, *mais dans sa vapeur.* dont la température ne dépend que de la pression extérieure (**263**).

Le thermomètre est suspendu, à quelques centimètres au-dessus de

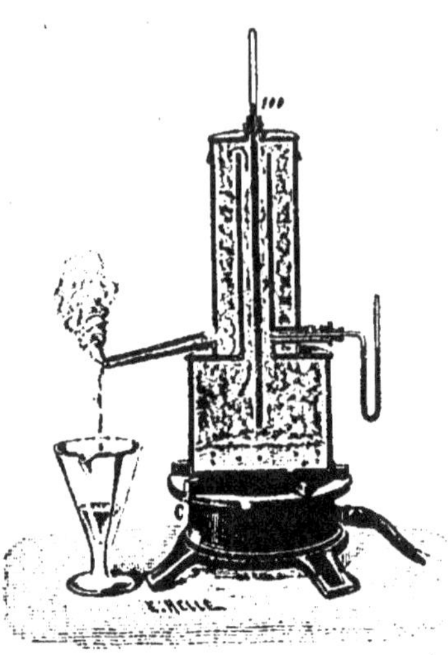

Fig. 166.

l'eau bouillante, dans le manchon central d'une chaudière métallique à double enveloppe (fig. 166). La vape"r circule dans la deuxième enveloppe qui est annulaire avant de s'échapper par un tube latéral inférieur. Le manchon central est ainsi protégé contre le refroidissement par l'air extérieur. Un petit manomètre latéral indique, par l'égalité des niveaux du liquide dans les deux branches, que l'ébullition a bien lieu sous la pression extérieure.

Quand le niveau du mercure est devenu *stationnaire* dans la tige, on *consulte le baromètre* et on marque un trait au point où s'arrête le mercure. Si la pression est 76, ce trait est le point 100; si la pression est voisine de 76, telle que $76 + h$, le quotient $\dfrac{h}{2,7}$ donne la fraction de degré à ajouter à 100, car au-dessus de la pression 76, la température de la vapeur d'eau bouillante s'élève à 1^0 quand la pression atmosphérique croît de $2^{cm}7$; à une égale diminution de pression correspond un abaissement de 1^0 (**262**).

T étant le degré marqué au point fixe supérieur, on divise avec une machine à diviser l'intervalle entre les deux points fixes en T parties d'égale longueur (T est très voisin de 100) appelées *degrés*. On prolonge la division en dehors des points fixes en conservant aux traits le même écartement et on fait précéder du signe — les degrés situés au-dessous du zéro.

204. Échelles thermométriques. — L'échelle la plus employée est l'échelle **centigrade**; l'intervalle des deux points fixes est divisé en 100 parties égales.

Dans l'échelle de **Réaumur** [1] usitée en Suisse, on marque 0^0 et 80^0 aux mêmes points fixes et on divise l'intervalle en 80 parties égales.

Dans l'échelle de **Fahrenheit,** usitée en Angleterre et aux États-Unis, on marque 32 et 212 aux mêmes points fixes et on divise l'intervalle en 180 parties égales.

____

(1) **Réaumur,** physicien et naturaliste, né à La Rochelle (1683-1757).

205. Sensibilité d'un thermomètre. — Un thermomètre à tige fine accuse de *très petites variations* de température, si le réservoir a de grandes dimensions, puisque l'accroissement de volume est proportionnel à la masse qui se dilate.

D'autre part, le réservoir doit être réduit pour que le thermomètre se mette *rapidement* en équilibre de température avec le milieu dans lequel il est placé.

Ces deux sensibilités s'excluent, et, suivant les circonstances, on recherche l'une ou l'autre.

206. Mesure des températures très basses. — Le thermomètre à mercure ne peut donner d'indications qu'entre — 40°, point de sa congélation, et + 360°, point de son ébullition. Aux températures très basses on emploie un thermomètre à alcool, l'alcool ne perdant sa fluidité que par un refroidissement très énergique.

Thermomètre à alcool. — Pour remplir d'alcool un tube thermométrique, on chauffe le réservoir, puis on plonge dans l'alcool l'extrémité ouverte de la tige : la tige se remplit ainsi qu'une partie du réservoir; on redresse l'instrument et on fait bouillir un instant le liquide; en plongeant de nouveau la tige dans l'alcool, le thermomètre se remplit complètement [1]. On ferme le tube à la lampe en laissant un peu d'air au-dessus de l'alcool.

Le *zéro se détermine directement* dans la glace fondante; on obtient un autre point de l'échelle en plongeant l'instrument dans de l'eau chaude dont la température est donnée par un thermomètre à mercure. On attend que les niveaux soient devenus constants dans les deux colonnes liquides; si le thermomètre à mercure est à 60°, on marque un trait au niveau de l'alcool dans le thermomètre à alcool et on divise en 60 parties égales l'intervalle compris entre ce trait et le zéro. On prolonge les divisions au-dessous de 0° et au-dessus de 60°. Le thermomètre à alcool ne peut être employé au-dessus de 78°, température d'ébullition de l'alcool.

207. Thermomètres à maxima et à minima. — La *température moyenne* d'un jour s'obtient en notant la température d'heure en heure et en divisant par 24 la somme des 24 observations. Le résultat diffère peu de la demi-somme du maximum et du minimum pendant les 24 heures.

(1) Il reste fréquemment une bulle dans le réservoir; pour la faire disparaître, on attache le tube à l'extrémité d'une ficelle et on lui donne un mouvement de fronde; si le réservoir est la partie du tube la plus éloignée de la main, la bulle revient vers le centre du mouvement, et par conséquent, passe dans la tige d'où on l'expulse facilement.

Les thermomètres à maxima et à minima *conservent* le maximum et le minimum sans qu'on soit obligé de suivre leurs indications.

Thermomètre à maxima. — C'est un thermomètre à *mercure* dont la tige, recourbée horizontalement, renferme un petit index de **fer** *ac* qui peut

Fig. 167.

y glisser librement; le mercure ne mouillant ni le verre ni le fer ne peut s'engager autour de l'index et le pousse devant lui quand la température s'élève; l'index reste en place si la température s'abaisse (fig. 167). L'extrémité de l'index *la plus rapprochée* du réservoir marque le maximum.

Thermomètre à minima. — C'est un thermomètre à *alcool* dont la tige, recourbée horizontalement, renferme un petit index en **émail** *uv*; l'alcool, mouillant à la fois le verre et l'émail, enveloppe l'index et l'entraîne par adhérence en se contractant (fig. 168); en se dilatant, il le laisse en place et

Fig. 168.

glisse dans le petit intervalle qui le sépare du tube. L'extrémité de l'index *la plus éloignée* du réservoir marque le minimum.

Pour la mise en expérience d'un de ces appareils, on abaisse la tige, afin d'amener par la pesanteur les cylindres aux extrémités des colonnes liquides; on replace ensuite la tige horizontalement.

DILATATIONS DES SOLIDES ET DES LIQUIDES

208. Dilatation linéaire. — Des barres de même longueur et de substances différentes s'allongent inégalement quand on les chauffe.

On appelle *coefficient de dilatation linéaire* d'un corps l'allongement λ de l'unité de longueur de ce corps pour une élévation de température de 1^0.

Lorsque la dilatation du corps considéré est proportionnelle à l'élévation de température, une barre de longueur 1 à 0^0 s'accroît de λt quand on l'échauffe de t^0 et sa longueur devient $1 + \lambda t$.

Chacune des unités de longueur s'accroissant également lorsque la lame est homogène, la longueur totale L d'une lame dont la longueur à 0° était L_0 sera $L = L_0 (1 + \lambda t.)$

Cette relation permet de calculer l'une des quatre quantités, L_0, L, λ ou t quand les trois autres sont connues.

209. Dilatation cubique. — Différents corps éprouvent des accroissements de volume inégaux quand on les chauffe.

On appelle *coefficient de dilatation cubique* d'un corps l'augmentation de volume K de l'unité de volume de ce corps pour un échauffement de 1°.

Lorsque la dilatation du corps est proportionnelle à l'accroissement t de température, l'unité de volume à 0° s'accroît de Kt et devient $1 + Kt$ à t^0.

Chacune des unités de volume s'accroissant également lorsque le corps est homogène, le volume total V d'un corps dont le volume à 0° était V_0 sera

$$V = V_0 (1 + Kt).$$

Dans un corps homogène et non cristallisé, uniformément chauffé, chaque unité de longueur s'accroît également, quelle que soit sa direction et le corps reste *semblable* à lui-même. Soit un tel corps, taillé en cube, ayant à t^0 ses arêtes égales à l'unité de longueur, son volume à t^0 est égal à l'unité de volume. Entre t^0 et $(t + 1)^0$, chacune de ses arêtes s'allongera de λ, il restera un cube et son volume deviendra $1 + K$ ou $(1 + \lambda)^3$

$$1 + K = (1 + \lambda)^3 = 1 + 3\lambda + 3\lambda^2 + \lambda^3$$

$3\lambda^2$ et λ^3 peuvent être négligés à cause de la petitesse de λ, il reste $K = 3\lambda$; c'est-à-dire que le coefficient de dilatation cubique est égal à 3λ ou au *triple du coefficient de dilatation linéaire.*

210. Décroissement de la densité. — La masse d'un corps ou le produit de son volume par sa densité ne varie pas quand on élève sa température. Soit V et D son volume et sa densité à t^0, V_0 et D_0 son volume et sa densité à 0°,

$$VD = V_0 D_0.$$

Comme le volume augmente, la *densité diminue quand la température s'élève*, puisque le produit est constant.

Remplaçons V par sa valeur $V_0 (1 + Kt)$ à t^0,

$$V_0 (1 + Kt) D = V_0 D_0,$$
$$\text{par suite}\ \ D = \frac{D_0}{1 + Kt}.$$

Les relations établies pour les volumes et les densités des solides conviennent également aux liquides; toutefois, pour ceux-ci, sauf pour le mercure, les dilatations cessent d'être proportionnelles aux élévations de température.

DILATATION LINÉAIRE DES SOLIDES

211. Méthode de Lavoisier[1] et Laplace[2]. — *Appareil et principe de la méthode.* — L'appareil de Lavoisier et Laplace (fig. 169) consiste en une cuve métallique C dans laquelle une barre S

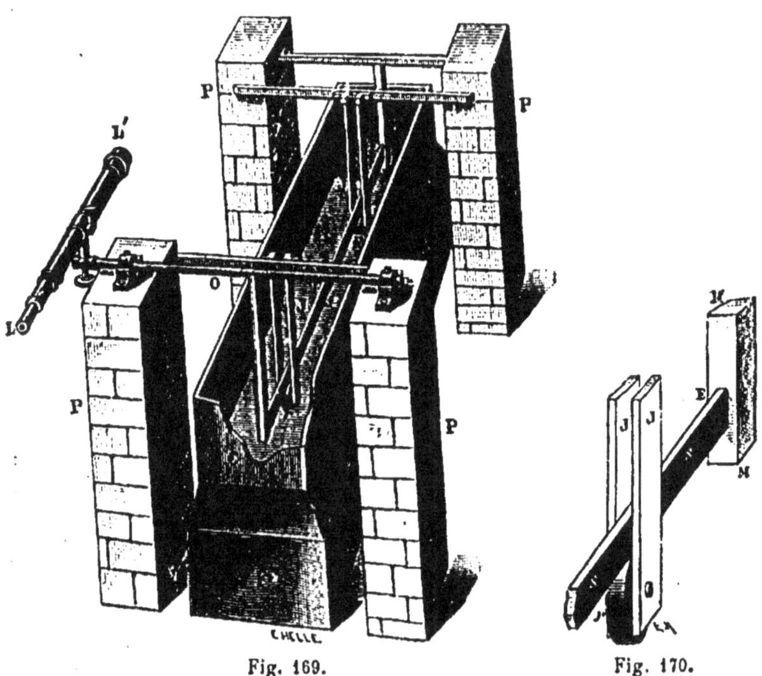

Fig. 169.   Fig. 170.

d'environ 2 mètres est disposée horizontalement sur des rouleaux de verre *r*. Par une de ses extrémités E, la barre bute contre un montant fixe M (fig. 170) lié à deux piliers en maçonnerie P; par l'autre extrémité elle vient pousser une tige verticale formant la courte branche d'un levier coudé qui tourne autour d'un axe O. La grande branche

(1) **Lavoisier**, né à Paris, fondateur de la chimie moderne (1743-1794).
(2) **Laplace**, mathématicien et astronome, né à Beaumont (1749-1827).

du levier est la ligne de visée d'une lunette LL mobile dans un plan vertical et dirigée sur une règle divisée distante d'environ 200 mètres.

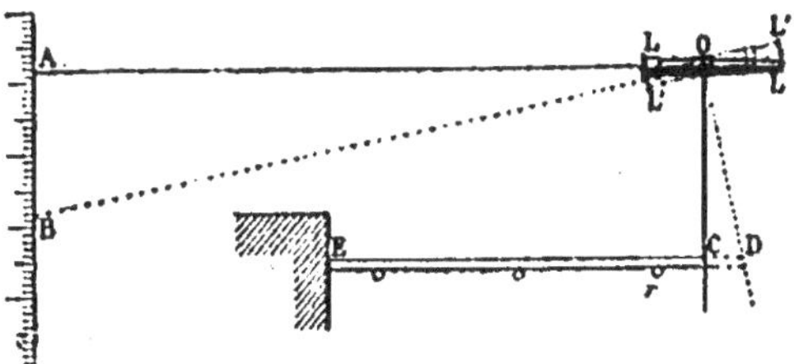

Fig. 171.

Si la barre se dilate, son extrémité libre C vient en D et la ligne de visée de la lunette passe de la position OA à la position OB (fig. 171).

Un allongement très petit CD correspond ainsi sur la règle à une longueur AB, d'autant plus grande que celle-ci est plus éloignée.

Les angles COD, AOB étant égaux, les deux triangles rectangles auxquels ils appartiennent sont semblables; par conséquent,

$$\frac{CD}{AB} = \frac{OC}{OA}, \qquad \text{d'où} \quad CD = \frac{OC}{OA} AB.$$

Expérience. — La cuve ayant été remplie de glace fondante et la barre S ayant pris la température 0°, on vise avec la lunette une division A de la règle. On remplace la glace par de l'huile chaude à t°, la barre se dilate, et son extrémité libre pousse la courte branche du levier qui tourne de l'angle COD; la lunette tourne du même angle et sa ligne de visée prend une direction OB. On note la division B et par conséquent AB.

Résultats. — Entre 0° et 100° l'allongement d'une barre métallique ou d'une tige de verre est *proportionnel à l'élévation de température.* Au-dessus de 100°, la dilatation croît plus vite que la température. Les barres reprennent leur longueur initiale après le refroidissement.

On peut montrer l'*inégale* dilatabilité des métaux avec une lame formée d'un ruban de laiton rivé à un ruban de fer. En chauffant, le laiton se dilate plus que le fer, la bande se courbe, le laiton occupe le côté convexe, c'est-à-dire le plus long.

COEFFICIENTS DE DILATATION LINÉAIRE[1] ENTRE 0° ET 100°

Zinc	0,000031	Cuivre	0,000017
Plomb	0,000028	Fer	0,000012
Argent	0,000019	Platine	0,000008
Laiton	0,000019	Verre	0,000008

(1) Les coefficients de dilatation cubique se calculent en multipliant par 3 les coefficients de dilatation linéaire.

212. Applications des dilatations des solides. — Les dilatations des solides chauffés ont un grand nombre d'applications usuelles.

Un *bouchon de verre* adhérent au goulot d'une carafe peut être facilement enlevé si l'on fait dilater le goulot en le chauffant. Il faut avoir soin toutefois de ne pas prolonger l'échauffement jusqu'à dilater à son tour le bouchon.

Quand un charron veut *ferrer une roue* de voiture, il prend un cercle de fer d'un diamètre un peu inférieur à celui de la roue et il le chauffe de façon à lui permettre d'entourer la roue. Dans son refroidissement, le cercle étreint fortement les pièces de bois et les maintient réunies.

La construction des *pendules compensateurs* des horloges (**114**) repose sur l'inégale dilatabilité des métaux.

DILATATION DES LIQUIDES

On ne peut échauffer un liquide sans que le vase qui le contient augmente en même temps de capacité, et la dilatation apparente d'un liquide ne représente que la différence entre sa dilatation vraie ou absolue et la dilatation de l'enveloppe qui le renferme.

Dulong [1] et Petit ont pourtant mesuré la dilatation absolue du mercure par une *méthode indépendante de la dilatation de l'enveloppe.*

213. Détermination de la dilatation absolue du mercure par Dulong et Petit. — *Principe de la méthode.* — Soient deux tubes verticaux de même diamètre, reliés par un tube horizontal très étroit et remplis de mercure (fig. 172). Le liquide s'élève à la même hauteur dans les deux branches, quand il a partout la même température; mais si, en maintenant l'un des tubes à 0^0, on porte l'autre à t^0, le liquide chaud, dont la densité est plus faible, s'élève à une plus grande hauteur. Une différence de niveau s'établit dans les deux tubes comme s'il s'agissait de deux liquides différents. La dilatation des tubes n'exerce aucune influence sur la hauteur des liquides.

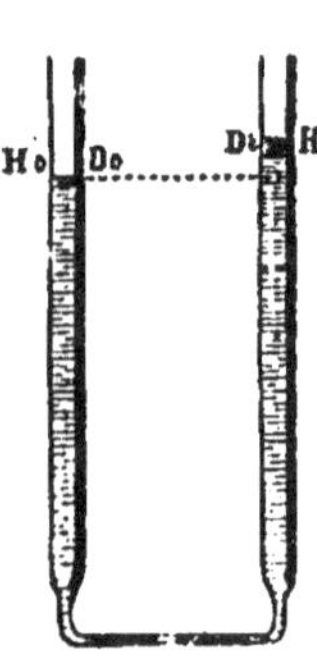

Fig. 172.

Le tube de communication étant *très étroit*, le frottement du liquide

(1) **Dulong**, né à Rouen (1785-1838).

contre les parois s'oppose au mélange du mercure chaud et du mercure froid.

Désignons par H_0 et H_t les hauteurs de mercure dans les deux tubes *au-dessus de l'axe du tube de communication;* soient D_0 et D_t les densités du mercure à $0°$ et à $t°$. D'après la condition d'équilibre dans deux vases communiquants (147) *les hauteurs des deux liquides sont en raison inverse de leurs densités;*

$$\text{ou} \quad \frac{H_t}{H_0} = \frac{D_0}{D_t}; \quad \text{or} \quad \frac{D_0}{D_t} = 1 + \mu t$$

μ dilatation de l'unité de volume du mercure à $0°$ à $t°$;

$$\text{donc} \quad \frac{H_t}{H_0} = 1 + \mu t \quad \text{et} \quad \mu t = \frac{H_t - H_0}{H_0}.$$

Résultats. — Entre $0°$ et $100°$, la dilatation du mercure est proportionnelle à l'élévation de température. Le coefficient μ de dilatation du mercure dans cet intervalle est $\dfrac{1}{5550}$.

214. Détermination de la dilatation d'un liquide quelconque. — La méthode précédente exige une installation délicate et une opération longue, et elle est d'ailleurs souvent inapplicable en raison de l'évaporation rapide qui se produit à la surface de la plupart des liquides quand on les chauffe.

L'étude de la dilatation d'un liquide quelconque se fait d'ordinaire en le renfermant dans une enveloppe qui se dilate elle-même. La connaissance de la dilatation du mercure permet alors de tenir compte de l'accroissement de capacité de l'enveloppe.

Méthode du thermomètre. — Jaugeage du thermomètre. — On prend une enveloppe thermométrique dont la tige *bien cylindrique* est divisée en parties d'égale longueur. On détermine par des pesées de mercure (136) le volume R_0 du réservoir à $0°$ jusqu'à l'origine de la graduation et le volume v_0 d'une division.

Dilatation de l'enveloppe. — Après avoir introduit du mercure dans le thermomètre[1], on le porte dans la glace fondante où le mercure occupe un volume S_0, puis dans un bain à $t°$ où le mercure monte de a divisions.

Le volume S_0 du mercure à $0°$ est devenu à $t°$

$$S_0 (1 + \mu t),$$

(1) Le remplissage du thermomètre soit avec du mercure, soit avec un liquide, se fait par le procédé déjà décrit à propos de la construction du thermomètre à mercure (**202**).

L'enveloppe s'est dilatée comme si elle était pleine, chaque unité de volume de l'enveloppe à 0^0 prend une capacité $1 + Kt$ à t^0; la capacité qui contient le mercure à t^0 est donc égale à

$$(S_0 + av_0)(1 + Kt),$$

K désigne le coefficient de dilatation cubique du verre. En écrivant que le volume du mercure à t^0 est égal au volume de la capacité qui le renferme, on a :

$$S_0(1 + \mu t) = (S_0 + av_0)(1 + Kt);$$

on pourra calculer Kt, puisque μt est connu d'après la détermination directe de la dilatation du mercure (**213**).

Dilatation du liquide. — On recommence la même opération que la précédente avec le liquide dont on recherche la dilatation. S_0 et a ont de nouvelles valeurs V_0 et n :

$$V_0(1 + \omega_t) = (V_0 + nv_0)(1 + Kt).$$

En négligeant $nv_0 Kt$ qui est le produit de deux facteurs très petits, nv_0 et Kt, l'équation se réduit à

$$V_0 \omega_t = nv_0 + V_0 Kt;$$

Kt étant connu, l'équation permettra de calculer ω_t, dilatation de l'unité de volume du liquide de 0^0 à t^0.

Dilatation apparente. — $V_0 \omega_t$ est la dilatation absolue du volume V_0 du liquide, $V_0 Kt$ est la dilatation absolue du volume V_0 de l'enveloppe occupé

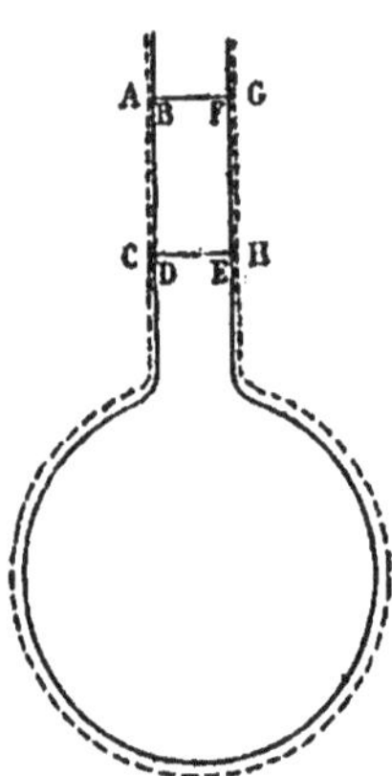

Fig. 173.

par le liquide à 0^0; $nv_0(1 + Kt)$ est le volume que le liquide occupe dans la tige en se dilatant; nv_0 se nomme la *dilatation apparente* du liquide; ce serait son accroissement réel si le réservoir et la tige n'avaient pas augmenté de capacité en s'échauffant.

Ces divers accroissements sont visibles sur la figure 173 [1]; nv_0 est le volume BDEF. Le produit $nv_0 Kt$, est la capacité annulaire dont ABDC figure la section et qui est négligeable.

L'équation $V_0 \omega_t = nv_0 + V_0 Kt$ exprime que la *dilatation absolue d'un liquide est égale à la somme de sa dilatation apparente et de la dilatation de l'enveloppe* [2].

Résultats. — La dilatation des liquides augmente avec la température, elle est très supérieure à celle des solides. Chaque liquide

---

(1) Le trait plein limite la capacité intérieure de l'enveloppe à 0^0, le trait pointillé limite sa capacité intérieure à t^0.

(2) D'après cela, la dilatation apparente d'un liquide est égale à la différence entre sa dilatation absolue et la dilatation de l'enveloppe qui le renferme.

a une dilatation qui lui est propre. La dilatation moyenne de l'unité de volume entre 0° et t°, $\frac{\omega_t}{t}$, n'est pas constante; par conséquent, *les liquides n'ont pas de coefficient de dilatation.*

DILATATION DE L'EAU

215. Maximum de densité de l'eau. — Habituellement, le volume d'un liquide diminue constamment quand on le refroidit, par conséquent sa densité augmente. L'eau présente une anomalie spéciale. En se refroidissant jusqu'à 4°, elle se contracte comme le fait un liquide quelconque et sa densité augmente; mais au-dessous de 4° elle se dilate au lieu de continuer à se contracter et sa densité diminue. A 4° le volume d'une masse d'eau déterminée est minimum et sa densité est maximum.

Si l'on refroidit simultanément, à partir de 15° environ, un thermomètre à mercure et un tube thermométrique contenant de l'eau, on voit le niveau des liquides baisser d'abord à la fois dans les deux thermomètres. A un certain moment, lorsque le thermomètre à mercure marque un peu plus de 5°, le niveau paraît *stationnaire* dans le thermomètre à eau. Si l'on continue à refroidir les deux thermomètres, le niveau de l'eau remonte tandis que celui du mercure continue à baisser. **Le volume apparent** *de l'eau dans une enveloppe de verre est donc minimum vers* 5°.

L'observation de la dilatation *absolue* de l'eau a fixé *d'une façon précise à* 4° *la température vraie du minimum du volume ou du maximum de la densité.*

On rend manifeste le *maximum de densité* de l'eau vers 4° en prenant une éprouvette E renfermant de l'eau et entourée dans sa région moyenne par une galerie métallique R remplie de fragments de glace (fig. 174). Les parois de l'éprouvette sont traversées par deux thermomètres à mercure T et T' dont l'un est placé à la partie supérieure et l'autre vers le fond. L'eau de l'éprouvette se refroidit à la région moyenne et le thermomètre inférieur baisse beaucoup plus vite que l'autre, parce que l'eau refroidie au voisinage de la galerie devient plus

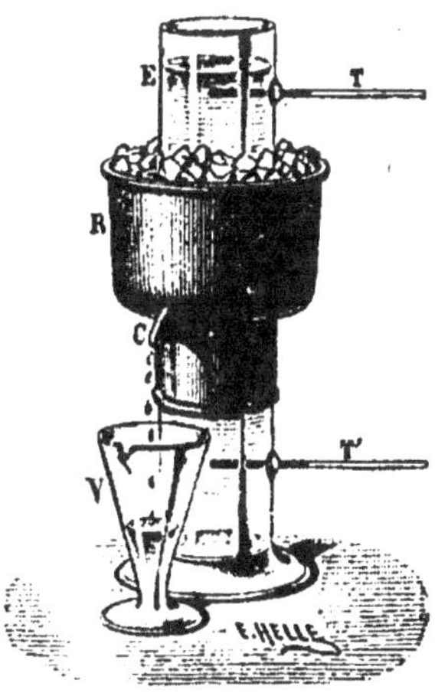

Fig. 174.

dense et tombe au fond. Mais lorsque le thermomètre inférieur a atteint 4°, il s'y arrête, tandis que le thermomètre supérieur, après avoir atteint à son tour 4° continue à baisser. En effet, à partir du moment où toute l'eau de l'éprouvette est à 4°, les couches d'eau de la région moyenne continuent à se refroidir au-dessous de 4°, mais comme elles sont alors plus légères, elles remontent à la partie supérieure.

Pendant l'hiver, le refroidissement de l'eau des lacs, des étangs, des fleuves, a lieu par la surface; l'eau refroidie de la surface tombe au fond, tandis que l'eau du fond remonte. Toute la masse finit par acquérir une température de 4°; la température se maintient ensuite à 4° dans les parties profondes, et la vie peut y persister, alors même que la surface se congèle.

La densité de l'eau à 4° ayant été prise égale à 1, sa densité à 0° est 0,99987; à 8°, la densité de l'eau est très sensiblement la même qu'à 0°; le volume est aussi le même à 0° et à 8°. Dans une enveloppe de verre, c'est à 0° et à 10° que le volume apparent offre des valeurs à peu près égales. Par suite, *entre 0° et 10°, un même point d'affleurement de la colonne liquide dans un thermomètre à eau correspondrait à deux températures différentes;* cela exclut l'emploi de l'eau comme substance thermométrique.

Rappelons que le gramme ne représente la masse d'un centimètre cube d'eau que si cette eau est à 4°. Pour toute autre température, une masse d'eau d'un gramme occupe un volume supérieur à 1 centimètre cube.

216. Efforts mécaniques exercés par la dilatation des solides et des liquides. — L'effort avec lequel un corps solide ou

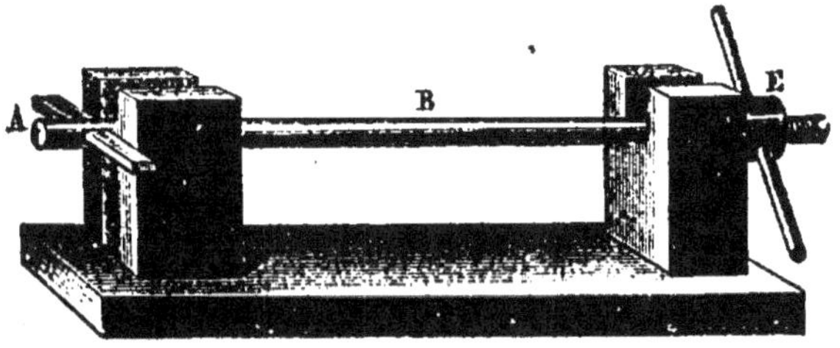

Fig. 175.

liquide qu'on chauffe tend à augmenter de volume est *extrêmement considérable;* on peut en dire autant de l'effort développé dans la contraction.

La figure 175 represente une disposition destinée à montrer l'énergie de cet effort. L'extrémité filetée d'une **barre métallique AB,** comprise entre deux supports solidement fixés, est munie d'un écrou E que l'on serre au moment où l'on vient de chauffer la barre; la contraction due au refroidissement arrache les supports de la plateforme sur laquelle ils sont assujettis.

Dans les ajustements où entrent des métaux susceptibles d'être soumis à des variations de température étendues, la disposition des pièces doit leur permettre de se dilater librement, pour les empêcher de produire des dislocations (barreaux des fenêtres grillées, plaques de zinc des toitures, tuyaux métalliques qui s'emboîtent, rails des chemins de fer, etc.).

Les **liquides** étant aussi peu compressibles que les solides, leur dilatation exerce de même des efforts très puissants. Un tube de verre, fermé aux deux bouts, étant à peu près complètement rempli de liquide, si on le chauffe doucement, le tube se brise par la pression due à la dilatation.

DILATATION DES GAZ

217. Les gaz sont très sensibles à l'action de la chaleur.

Pour les solides et les liquides dont le volume n'est pas influencé d'une façon appréciable par les variations de pression il a suffi de mesurer les dilatations à la pression atmosphérique.

La température et la pression faisant varier toutes les deux d'une façon importante le volume d'un gaz, l'étude d'un gaz a dû être effectuée dans diverses conditions :

1° à *température constante* (Relation entre le volume et la pression à température constante (**167**);

2° à *pression constante* (Relation entre le volume et la température à pression constante (**218**);

3° à *volume constant* (Relation entre la pression et la température à volume constant (**220**).

DILATATION D'UN GAZ SOUS PRESSION CONSTANTE

218. Accroissement du volume. — On appelle *coefficient de dilatation d'un gaz* l'accroissement de volume α de l'unité de volume du gaz pour une élévation de température de 1°, sous pression constante.

La dilatation d'un gaz est proportionnelle à l'élévation de température et un volume égal à l'unité de volume à $0°$ s'accroît de αt de $0°$ à $t°$. Il devient $1 + \alpha t$ à $t°$. Chacune des unités de volume s'accroissant également, un volume de gaz V_0 à $0°$ devient à $t°$:

$$V = V_0 (1 + \alpha t) \quad (1)$$

Le **coefficient α de dilatation à pression constante** ou l'accroissement de volume de l'unité de volume pour une élévation de $1°$ est *le même* pour les gaz difficilement liquéfiables. Deux gaz de même volume à $0°$, auront donc encore le même volume à toute température, si la pression reste constante.

219. Décroissement de la densité. — Puisque le volume d'une masse gazeuse augmente avec la température, la masse de l'unité de volume diminue. Appelons D_0 sa densité à $0°$, D sa densité à $t°$; la masse ne variant pas avec la température,

$$\text{on a} \quad V_0 D_0 = VD ;$$
$$\text{donc} \quad V_0 D_0 = V_0 (1 + \alpha t) D$$
$$\text{et par suite} \quad D = \frac{D_0}{1 + \alpha t}.$$

La diminution de densité d'un gaz qu'on échauffe explique l'élévation de la fumée qui est un gaz chaud noirci par de la poussière de charbon, l'ascension des montgolfières, le tirage des cheminées.

**AUGMENTATION DE FORCE ÉLASTIQUE SOUS
VOLUME CONSTANT**

220. Nous avons vu que la force élastique d'un gaz augmente quand on le chauffe en maintenant son volume constant (**200**), cette force élastique *varie suivant la même loi* que le volume sous pression constante; H_0 désignant la force élastique initiale du gaz à $0°$, H sa force élastique à $t°$,

$$H = H_0 (1 + \beta t); \quad (2)$$

β est le **coefficient d'augmentation de pression sous volume constant**; ce coefficient est égal à α pour les gaz qui suivent la loi de Mariotte.

221. Calcul du volume d'un gaz dans les conditions normales de température et de pression. — On dit qu'un gaz se trouve dans les *conditions normales de température et de pression* quand sa température est $0°$ et que sa force élastique fait équilibre à une colonne de 76 centimètres de mercure.

Soit une masse d'un gaz occupant un volume V à $t°$ sous une pression H, nous cherchons le volume V_0 qu'il occuperait à $0°$ sous la pression 76.

Ramené à $0°$ sous la pression H, le gaz de volume V prend un volume $\dfrac{V}{1+\alpha t}$ d'après la relation (1).

Si nous appliquons la loi de Mariotte (**167**) à cette masse de gaz qui occuperait à une *même* température $0°$: 1° le volume $\dfrac{V}{1+\alpha t}$ sous la pression H, 2° le volume V_0 sous la pression 76, nous obtenons l'égalité :

$$\frac{V_0}{\dfrac{V}{1+\alpha t}} = \frac{H}{76}, \quad (3)$$

Elle permet de calculer V_0 quand on connaît V, t et H :

$$V_0 = \frac{V}{1+\alpha t}\cdot\frac{H}{76}.$$

Deux gaz de même volume V à $t°$ et H auront aussi le même volume V_0 à $0°$ et 76.

MESURE DE LA DILATATION DES GAZ

222. Expérience de Gay-Lussac. — L'appareil employé par Gay-Lussac pour mesurer l'accroissement de volume de l'unité de volume d'un gaz sous pression constante est un thermomètre à gros réservoir A muni d'un tube capillaire divisé en parties d'égale capacité.

Expérience. — On remplit l'appareil de gaz bien sec et on introduit dans le tube capillaire un index de mercure m qui sépare le gaz intérieur de l'air extérieur.

On place ensuite l'appareil

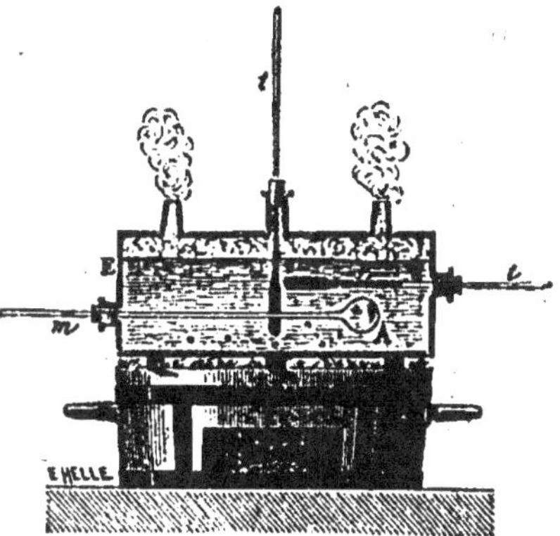

Fig. 176.

dans une caisse E (fig. 176) remplie de glace fondante et on dispose la tige horizontalement; le gaz se contracte et son volume se réduit à V_0. La glace est remplacée par de l'eau que l'on chauffe graduellement; le gaz se dilate et déplace l'index de n divisions; chaque unité de volume devient $(1 + Kt)$ et le volume total $(V_0 + nv_0)(1 + Kt)$.

Calcul. — La tige étant ouverte à son extrémité, les variations de volume s'opèrent sous la pression extérieure. Nous supposerons que cette pression n'a pas varié et nous écrirons que le volume du gaz à t^0 est égal à la capacité qui le renferme :

$$V_0 (1 + \alpha t) = (V_0 + nv_0)(1 + Kt)$$
$$\text{ou} \quad 1 + \alpha t = \left(1 + n \frac{v_0}{V_0}\right)(1 + Kt).$$

On déduit de cette équation

$$\alpha = \frac{1}{t}\left[\left(1 + n \frac{v_0}{V_0}\right)(1 + Kt) - 1\right]$$

Jaugeage. — On a déterminé par des pesées de mercure le rapport $\frac{v_0}{V_0}$ du volume d'une division au volume du réservoir jusqu'au zéro de la graduation, ces deux volumes étant considérés à 0^0.

Résultats. — A pression constante, la dilatation des gaz *difficilement liquéfiables* tels que l'azote, l'oxygène, l'air atmosphérique est proportionnelle à la température et, de plus, elle est, pour ces différents gaz, la même par unité de volume.

$$\alpha = 0,00367 = \frac{1}{273},$$
$$\text{par suite} \quad V = V_0(1 + 0,00367t) = V_0 \left(1 + \frac{t}{273}\right).$$

Le volume d'un gaz devient double par un échauffement de 273^0.

En raison de l'égalité de α et de β, la force élastique d'un gaz dont le volume est maintenu constant devient aussi double par un échauffement de 273^0.

Pour les gaz facilement liquéfiables : acide carbonique, acide sulfureux, la dilatation reste proportionnelle à la température, mais elle est plus grande que pour l'air et croît avec la pression.

DENSITÉ DES GAZ

223. Pour calculer le poids en grammes M d'un volume V de gaz, il faut connaître la densité ou le poids en grammes d'un centimètre cube de ce gaz.

La détermination de la densité ne se fait directement que pour l'air. Pour les autres gaz, on l'obtient à l'aide de la densité par rapport à l'air.

On appelle **densité d'un gaz par rapport à l'air**, *à t^0 et à la pression* H, *le rapport d du poids d'un certain volume de ce gaz à t^0 et* H, *au poids d'un égal volume d'air dans les mêmes conditions de température et de pression.*

Calcul du poids M d'un volume V de gaz à t^0 et H. — Soient M et m des poids de gaz et d'air qui occupent un même volume V à t^0 et H; $\frac{M}{m} = d$. De là $M = md$.

Si l'on désigne par V_0 le volume à 0^0 et 76 du poids d'air m qui occupe un volume V à t^0 et H et par a le poids en grammes d'un centimètre cube d'air à 0^0 et 76, $m = V_0 a$,

$$\text{donc} \quad M = V_0 ad;$$

Nous savons que $\quad V_0 = \dfrac{V}{1 + \alpha t} \cdot \dfrac{H}{76}$ **(219)**.

Si le gaz suit les mêmes lois de compressibilité et de dilatation que l'air, en ramenant séparément à 0^0 et 76 les poids de gaz et d'air M et m qui occupent chacun un volume V à t^0 et H, ils occupent encore un *même* volume V_0 à 0^0 et 76 **(219)**; on a donc encore $\frac{M}{m} = d_0$ et $M = md_0$ [1].

$$\text{Donc} \quad M = V_0 ad_0 = \frac{V}{1 + \alpha t} \cdot \frac{H}{76} ad_0.$$

On détermine une fois pour toutes a et d_0.

[1] Puisque $\frac{M}{m} = d = d_0$, *la densité par rapport à l'air d'un gaz qui suit les mêmes lois de dilatation et de compressibilité que l'air est un nombre constant, indépendant de la température et de la pression.*

224. Détermination de a (poids en grammes d'un centimètre cube d'air à 0⁰ et 76). — On effectue le quotient du poids en grammes d'une certaine masse d'air par le volume en centimètres cubes qu'elle occupe à 0⁰ et 76.

Poids de l'air en grammes. — Un ballon, de quelques litres de capacité, est placé dans la glace fondante et rempli d'air sec à 0⁰ et H. On le retire de la glace; après lui avoir laissé reprendre la température ambiante et l'avoir essuyé, on le suspend au-dessous du plateau d'une balance très sensible et on établit sa tare.

On y fait ensuite un vide aussi parfait que possible avec une machine pneumatique à mercure, on le suspend de nouveau au-dessous du plateau de la balance, on ajoute m_1 grammes du côté du ballon; m_1 représente le poids d'air sorti qui remplissait le ballon à 0⁰ et à H. Le poids en grammes de l'air qui remplirait le même ballon à 0⁰ et 76 est $m_1 \dfrac{76}{\Pi}$ (1).

Volume du ballon. — On détermine la capacité V_0 qui contenait l'air a 0⁰ en pesant l'eau qui remplit le ballon à 0⁰; on obtient V_0 en divisant le poids Q de cette eau par sa densité e_0 à 0⁰; $\quad V_0 = \dfrac{Q}{e_0}$.

$$a = \frac{m_1 \dfrac{76}{\Pi}}{V_0}$$

Le poids en grammes d'un centimètre cube d'air sec à 0⁰, sous la pression 76, est égal à $0^{gr}001293$. Il est 770 fois moindre que le poids en grammes d'un centimètre cube d'eau.

225. Détermination de d_0 (densité d'un gaz par rapport à l'air). — On mesure le poids en grammes d'un certain volume d'air sec à 0⁰ et 76, comme il a été expliqué plus haut; on mesure ensuite de la même façon le poids en grammes d'un même volume de gaz sec à 0⁰ et 76.

Le quotient des deux masses de gaz et d'air est la densité cherchée.

DENSITÉS PAR RAPPORT A L'AIR A 0⁰ ET 76

Air	1	Acide carbonique	1,529
Hydrogène	0,069	Protoxyde d'azote	1,527
Azote	0,971	Oxyde de carbone	0,957
Oxygène	1,106	Acide sulfureux	2,247

Le poids en grammes d'un centimètre cube d'acide carbonique à 0⁰ et 76 est

$$0,001293 . 1,529 = 0^{gr}001977$$

(1) D'après la loi de Mariotte, il y a proportionnalité des forces élastiques aux densités ou aux masses qui occupent un même volume.

226. Poids absolu d'un volume V de gaz à t^0 et H. — En un lieu où l'intensité de la pesanteur est g, le poids absolu d'une masse de gaz qui occupe un volume V est

$$Mg = md_0g = V_0ad_0g.$$

CALORIMÉTRIE

227. Quantité de chaleur. — Un corps combustible dégage de la chaleur en brûlant. Il faut brûler une certaine quantité de charbon pour échauffer un corps de 0^0 à t^0; il faut brûler une autre quantité de charbon pour fondre le même corps. Ces différents phénomènes thermiques exigent donc des quantités de chaleur différentes.

Objet de la calorimétrie. — La calorimétrie a pour objet la mesure des quantités de chaleur qu'il faut donner aux corps pour élever leur température ou pour déterminer leurs changements d'état.

Calorie. — On mesure les quantités de chaleur en les comparant à une certaine quantité de chaleur prise pour unité et appelée calorie. La calorie est la *quantité de chaleur qu'il faut donner à un gramme d'eau pour élever sa température de* 0^0 à 1^0.

On appelle *Calorie* la quantité de chaleur capable d'élever de 0^0 à 1^0 la température d'un *kilogramme* d'eau. Cette Calorie, qu'on distingue dans l'écriture par une majuscule, *vaut 1000 calories*.

228. Principes expérimentaux. — 1° La réalisation d'un *même phénomène* qui absorbe de la chaleur exige toujours la *même quantité de chaleur*.

2° Pour échauffer *du même nombre de degrés* des poids différents d'un même corps, il faut *des quantités de chaleur proportionnelles à ces poids*.

3° Si une certaine quantité de chaleur est absorbée dans un phénomène, une quantité *égale* est dégagée dans le *phénomène inverse*.

Ces propositions résultent de l'ensemble des expériences.

229. Définition pratique de la calorie. — On constate que si l'on mélange 1 kilogramme d'eau à 0^0 et un kilogramme d'eau à 2^0, on obtient 2 kilogrammes à 1^0. Cela prouve qu'il faut la même quantité de chaleur pour porter une même masse d'eau de $0°$ à $1°$ et de $1°$ à $2°$.

Et encore, si l'on mélange 1 kilogramme d'eau à $T°$ et 1 kilogramme d'eau à $0°$, la température finale est très voisine de $\dfrac{T}{2}$ (jusqu'à $T = 50°$ environ).

Il faut *très sensiblement* la même quantité de chaleur pour échauffer une masse d'eau de $0°$ à $1°$, et de t à $(t + 1°)$ jusqu'à $50°$.

Par suite, on peut aussi appeler **calorie** *la quantité de chaleur nécessaire pour élever de* $t°$ *à* $(t + 1)°$ *la température de 1 gramme d'eau.* La quantité de chaleur nécessaire à l'échauffement d'une masse d'eau est égale au produit de son poids en grammes par l'élévation de sa température.

CHALEURS SPÉCIFIQUES

230. Les quantités de chaleur absorbées pour élever d'un même nombre de degrés des masses égales de corps différents *varient avec la nature de ces corps.* Pour le montrer, chauffons dans l'eau bouillante trois boules de même rayon et *également pesantes*[1], de cuivre,

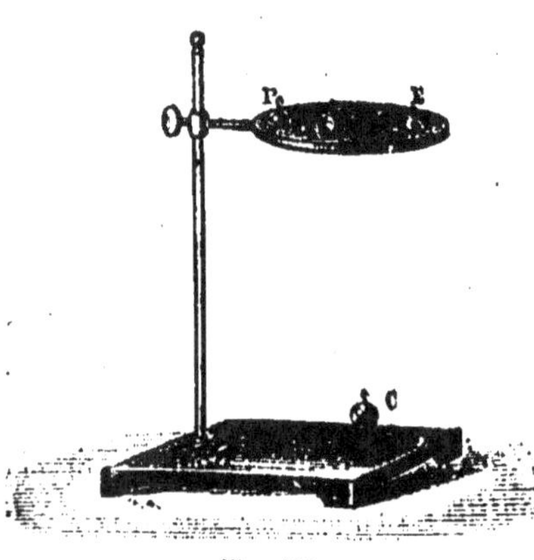

Fig. 177.

étain et plomb, et portons-les rapidement sur un gâteau de cire d'épaisseur convenable (fig. 177); la boule de cuivre C la traverse rapidement, la boule d'étain E s'y enfonce profondément et la boule de plomb P ne fait qu'y pénétrer légèrement. En se refroidissant jusqu'à la température de la cire, le cuivre a donc abandonné plus de chaleur que l'étain et celui-ci plus que le plomb. Il faut donc des quantités de chaleur inégales pour porter à la même température des masses égales de différents corps.

On appelle **chaleur spécifique** d'un corps le nombre de calories exigées par 1 gramme de ce corps pour que sa température s'élève de

(1) Les boules formées des substances les plus lourdes sont creuses.

1°; ce nombre est sensiblement constant pour un corps déterminé entre 0° et 100°. Entre 0° et 50°, la chaleur spécifique de l'eau est 1.

Capacité calorifique. — Soit m le poids d'un corps homogène, appelons c sa chaleur spécifique moyenne, le produit mc représente la *capacité calorifique* du corps : c'est le poids d'eau qui exigerait le même nombre de calories pour s'échauffer de 1°. Si la température d'un corps de poids m croît de $t°$, ce corps absorbe mct calories.

La méthode la plus employée pour la détermination des chaleurs spécifiques est la méthode des mélanges.

231. Méthode des mélanges. — *Principe de la méthode.* — On mélange deux corps de températures différentes, par exemple 3000 grammes de mercure à 100° et 1000 grammes d'eau à 0°; il s'établit une égalisation de température et la température finale du mélange est 9°.

Le mercure s'est abaissé de 91°; x désignant la chaleur spécifique du mercure, les 3000 grammes de mercure ont perdu

$$3000.91.x \text{ calories.}$$

Les 1000 grammes d'eau ont gagné 1000.9 calories; si l'opération s'est faite sans perte de chaleur, la chaleur abandonnée par le mercure est égale à la chaleur gagnée par l'eau, nous avons donc l'égalité :

$$3000.91.x = 1000.9.$$
$$\text{On en déduit} \quad x = 0,033.$$

232. Appareil de Regnault (fig. 178). — Un poids connu de la substance, en petits fragments, est introduit dans la concavité annulaire d'une corbeille G en fine toile de laiton (fig. 179). Cette corbeille est suspendue dans une étuve à double enveloppe F maintenue à une température constante par un courant de vapeur d'eau [1] (fig. 180). Quand le thermomètre S logé dans l'axe de la corbeille marque une température stationnaire T, on fait rapidement glisser sous l'étuve un récipient cylindrique en laiton mince appelé *calorimètre;* ce calorimètre contient de l'eau à une température t indiquée par un thermomètre s; on y laisse tomber doucement la corbeille.

---

(1) L'étuve est formée de trois cylindres concentriques. La corbeille G et le thermomètre sont logés dans le cylindre central. Un tiroir E, facile à manœuvrer, permet de laisser descendre dans le calorimètre, au moment voulu, la corbeille et son contenu. La vapeur qui circule dans l'étuve est produite par une chaudière V; un réfrigérant R condense la vapeur et la fait retomber dans la chaudière.

On éloigne ensuite le calorimètre de l'étuve et tout en agitant la corbeille et le corps dans le liquide, on observe avec une lunette L le

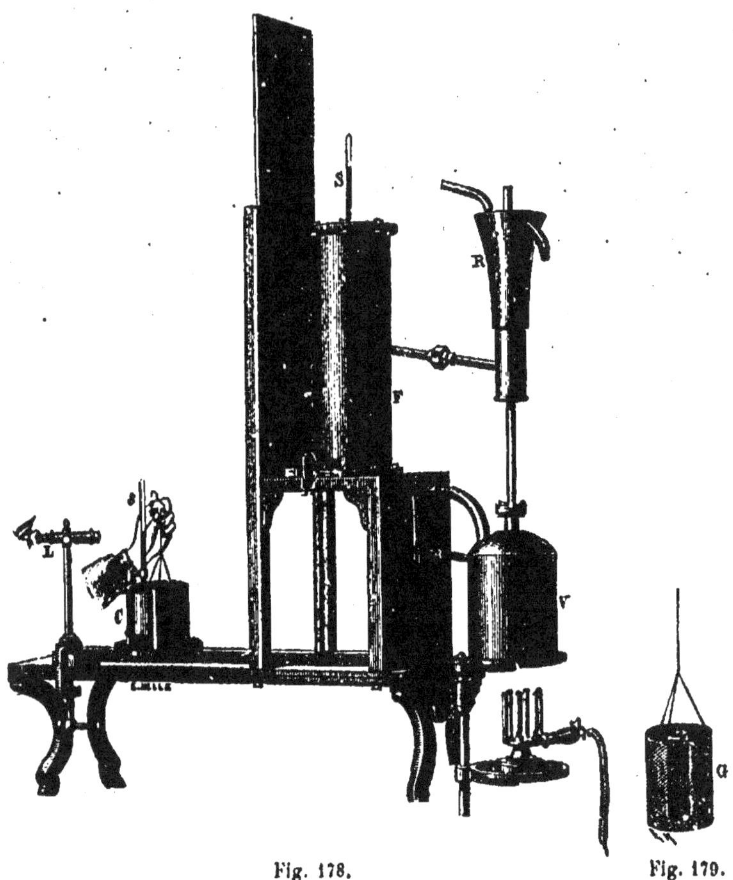

Fig. 178.

Fig. 179.

thermomètre s plongé dans l'eau dont la température passe rapidement de t^0 à un maximum θ^0.

Calcul. — Le corps et la corbeille ont perdu $T - \theta$ degrés, le calorimètre et son contenu en ont gagné $\theta - t$.

Soit M le poids du corps, x sa chaleur spécifique, m_1 le poids de la corbeille, c la chaleur spécifique du laiton; la chaleur abandonnée par le corps et la corbeille est

$$(Mx + m_1 c)(T - \theta).$$

Désignons par E le poids de l'eau du calorimètre, par m, m', m''

les poids du calorimètre, du verre et du mercure du thermomètre, par
c, c', c'' les chaleurs spécifiques du laiton, du verre et du mercure.
La capacité calorifique du calorimètre, de l'eau et du thermomètre est

$$M' = E + mc + m'c' + m''c'';$$

$M'(\theta - t)$ est la chaleur gagnée par le calorimètre et son contenu.

Dès que le calorimètre s'est échauffé au-dessus de la température
du milieu ambiant, il perd de la chaleur par la conductibilité de ses
supports, par rayonnement et par
contact de l'air.

La chaleur abandonnée par
tout ce qui s'est refroidi est égale
à la chaleur gagnée par ce qui
s'est échauffé, accrue de la chaleur R perdue par refroidissement.

$$(Mx + m_1 c)(T - \theta) = M'(\theta - t) + R.$$

Correction R. — On rend la perte
par *conductibilité* négligeable en
supportant le calorimètre par trois
pointes de liège; on réduit la perte
par *rayonnement* en *polissant la
surface extérieure* du calorimètre
pour diminuer son pouvoir émissif
(**297**) et en l'entourant d'un autre
vase en laiton C *poli intérieurement*
qui renvoie sur le calorimètre la chaleur rayonnante qu'il reçoit. L'im-
mobilité de la couche d'air comprise
entre les deux vases de laiton réduit
la déperdition par le *contact de l'air*
(fig. 180).

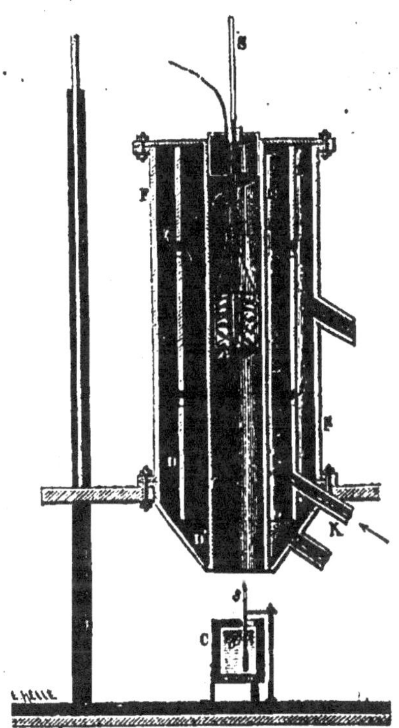
Fig. 180.

Malgré ces précautions, le calori-
mètre se refroidit; en effet, le thermomètre, après avoir atteint un maximum
θ au moment de l'équilibre de température, accuse ensuite un décroissement
lent. Le calcul de la chaleur R ainsi perdue par refroidissement est en dehors
de notre programme.

233. Chaleur spécifique d'un liquide. — Le liquide, enfermé
dans une fiole en verre mince, est chauffé à une température T et
plongé dans un calorimètre qui atteint une température maximum θ.
On écrit comme plus haut l'équation de la méthode des mélanges.

234. Résultats. — La chaleur spécifique des solides et des liquides croît avec la température.

La chaleur spécifique d'une substance à l'état liquide est plus grande que sa chaleur spécifique à l'état gazeux.

Si l'on excepte l'hydrogène, *l'eau est la substance qui a la plus grande chaleur spécifique.*

A chacun des états physiques d'une même substance chimique correspond une chaleur spécifique différente. Tel est le cas du carbone, du soufre, du phosphore, etc.

TABLE DE CHALEURS SPÉCIFIQUES MOYENNES DE $0°$ A $100°$

Argent	0,057	Diamant	0,147
Cuivre	0,095	Verre	0,198
Laiton	0,094	Eau	1
Fer	0,113	Glace	0,5
Platine	0,032	Essence de térébenthine	0,426
Mercure	0,033	Alcool	0,615

GAZ SOUS PRESSION CONSTANTE

Air	0,237	Hydrogène	3,409
Oxygène	0,218	Chlore	0,121
Azote	0,244	Acide carbonique	0,216

235. Rôle de la chaleur spécifique de l'eau. — A égalité de poids, un récipient plein d'eau chaude renferme plus de chaleur qu'avec tout autre liquide à la même température et se maintient chaud plus longtemps (bouillottes de wagons de chemins de fer; chauffage des appartements par circulation d'eau chaude).

La grandeur de la chaleur spécifique de l'eau joue un rôle important dans la Physique du globe.

Les roches du sol ont une chaleur spécifique relativement faible; comme elles conduisent mal la chaleur, la chaleur solaire qu'elles reçoivent se maintient dans les couches superficielles; pour ces deux causes elles s'échauffent très fortement et produisent des températures très élevées dans les déserts équatoriaux.

Sous la même influence solaire, *l'eau des mers* s'échauffe beaucoup moins que le sol parce que la chaleur spécifique de l'eau est plus grande et parce que l'agitation des flots disperse dans de plus grandes masses la chaleur reçue. La température sur mer s'élève donc moins que sur terre.

Quand l'action du soleil a cessé, le refroidissement du sol est rapide; l'eau de la mer ayant emmagasiné une énorme provision de chaleur, son refroidissement est lent. Par effet de voisinage, le climat des îles et des rivages marins est moins excessif que le climat des continents, moins chaud en été, moins froid en hiver.

Il résulte encore de la grandeur de la chaleur spécifique de l'eau que des *courants marins* peuvent transporter à de très grandes distances la chaleur de l'équateur et adoucir la température des rivages septentrionaux qu'ils côtoient.

FUSION ET SOLIDIFICATION

236. La *fusion est le passage d'un corps de l'état solide à l'état liquide sous l'action de la chaleur.*

Fusion progressive et fusion brusque. — Certains corps, comme la cire à cacheter, le verre, se ramollissent avant de fondre et, à mesure que la température s'élève, passent graduellement à l'état de liquide visqueux et enfin de liquide fluide. Cette *fusion pâteuse* permet de travailler le verre, de l'étirer en fils et de le souffler.

Un grand nombre de corps, comme la glace, l'étain, le plomb, passe *brusquement* à l'état liquide à une température déterminée. Nous allons énoncer les lois relatives aux corps à fusion brusque.

237. Lois de la fusion. — 1° A une pression déterminée, *la fusion a toujours lieu à la même température pour un même corps.* Cette température, appelée **point de fusion**, est caractéristique pour chaque substance distincte.

2° *La température reste constante pendant toute la durée de la fusion* dans le mélange d'un solide et du liquide qui provient de sa fusion. La fusion est plus rapide si la chaleur du foyer est plus intense, mais c'est seulement lorsque toute la masse est devenue liquide, que la température continue à s'élever.

Ces lois se vérifient avec un thermomètre placé dans le corps en fusion. La constance de la température pendant la fusion de la glace a servi à caractériser le zéro de l'échelle centigrade (**201**).

POINTS DE FUSION

Mercure	— 40°	Argent	950°
Glace	0°	Or	1040°
Étain	230°	Cuivre	1050°
Plomb	330°	Platine	1775°
Zinc	410°	Iridium	1950°

Tous les corps solides peuvent être liquéfiés quand on emploie des sources calorifiques suffisantes. Certains corps considérés longtemps comme *réfractaires* ou infusibles, tels que la chaux, fondent à la température très élevée de l'arc voltaïque.

Beaucoup de corps ne peuvent être liquéfiés, parce qu'ils sont *décomposés* chimiquement avant d'atteindre leur température de liquéfaction (bois, papier, corne, etc.). C'est ainsi que dans les fours à chaux la craie ne fond pas, elle se décompose par la chaleur en acide carbonique qui se dégage et en chaux vive. Mais en chauffant fortement de la craie enfermée dans un canon de fusil hermétiquement clos, la décomposition n'a plus lieu que pour une très petite partie de la substance parce que l'acide carbonique ne peut se dégager, la craie fond, et par le refroidissement elle prend l'aspect du marbre.

238. SOLIDIFICATION. — La *solidification* est le phénomène inverse de la fusion. *C'est le passage de l'état liquide à l'état solide par refroidissement.* Les liquides se solidifient quand on les refroidit suffisamment : le mercure à — 40°, l'alcool à une température extrêmement basse.

Lois de la solidification. — En laissant de côté les substances telles que le verre qui passent par un état pâteux, les lois de la solidification sont les suivantes :

1° *La température de solidification d'un corps est la même que sa température de fusion.* La glace fond à 0°, l'eau se congèle à 0°.

2° *Pendant toute la durée de la solidification, la température du mélange solide et liquide reste invariable,* si intense que soit le refroidissement, et elle ne continue à s'abaisser qu'après la solidification complète.

239. Changement de volume pendant la fusion et la solidification. — La plupart des corps augmentent de volume en fondant ; leur densité diminue, les fragments solides s'enfoncent dans le liquide. La glace, le bismuth, font exception et diminuent de volume en passant à l'état de liquide.

La glace flotte au-dessus de l'eau au lieu de tomber au fond ; si elle n'était pas plus légère que l'eau, au lieu de flotter, la glace gagnerait le fond des rivières et des lacs, elle s'y accumulerait en masses considérables et longtemps persistantes par le refroidissement continu et la congélation progressive des couches superficielles.

Effets de la congélation de l'eau. — L'accroissement de volume de l'eau qui se solidifie explique les fissures des *pierres gélives* pendant l'hiver, elle explique aussi la rupture des tuyaux de conduite qu'on a laissés remplis d'eau et dont le contenu vient à geler en entier. La

Fig. 181.

figure 181 montre un tube d'acier hermétiquement clos, fendu par la congélation de l'eau qui le remplissait. Cet accroissement de volume rend encore compte des effets produits par la gelée sur les plantes; les liquides congelés se dilatent et déchirent les tissus des végétaux.

240. Variation du point de fusion par la pression. — Sur un corps qui *diminue* de volume en se liquéfiant, comme la glace, un *accroissement de pression abaisse le point de fusion.* Sous une pression de 16 atmosphères, la glace fond à — $0^{0}.12$ [1].

C'est à l'abaissement du point de fusion par la pression qu'on doit attribuer le *regel* qui amène la soudure de fragments de glace comprimés et la *plasticité* de la glace sous de fortes pressions qui explique les mouvements des glaciers.

Pour les corps qui augmentent de volume en se liquéfiant, la pression élève le point de fusion.

241. Chaleurs de fusion et de solidification. — La constance de la température pendant toute la durée de la fusion indique que la chaleur fournie par le foyer en activité est employée à produire la fusion [2].

La chaleur de fusion *d'une substance est le nombre de calories L absorbées par un gramme de cette substance, en passant de l'état solide à l'état liquide, à sa température de fusion sans changement de température.* La chaleur de fusion de la glace est 80, si donc l'on mélange 1 kilogramme de glace à 0^{0} et 1 kilogramme d'eau à 80^{0}, on obtient 2 kilogrammes d'eau à 0^{0}.

La chaleur de fusion pour un poids m est mL.

—————

(1) Cet abaissement du point de fusion par la pression est trop petit pour que les variations habituelles de la pression atmosphérique aient une influence dans la détermination du zéro du thermomètre.

(2) Cette chaleur sert à effectuer le travail correspondant au déplacement des molécules qui accompagne le passage de l'état solide à l'état liquide **(313).**

CHALEURS DE FUSION

Glace	80	Phosphore	5,03
Soufre	9,37	Zinc	28,14

La valeur considérable de la chaleur de fusion de la glace a pour effet de régulariser l'alimentation des fleuves qui prennent leurs sources dans les massifs montagneux à neiges éternelles ; en préservant les glaciers d'une fonte trop rapide, elle évite des inondations désastreuses à la fin du printemps, en même temps qu'elle maintient un débit suffisant pendant tout l'été.

La chaleur de solidification est égale à la chaleur de fusion; c'est-à-dire qu'en repassant de l'état liquide à l'état solide, un gramme d'une substance abandonne le même nombre de calories L qui a été nécessaire pour la fusion.

242. SURFUSION. — La surfusion est *un retard à la solidification.* Tandis qu'un corps solide ne peut pas être porté au-dessus de son point de fusion sans fondre, un corps peut fréquemment rester liquide à une température très inférieure à son point de fusion.

Les liquides maintenus à l'état liquide au-dessous de leur point de solidification sont dits *en surfusion.* De l'eau privée d'air par ébullition peut ainsi être portée jusqu'à — 20° sans se solidifier, si on la soustrait à toute agitation et si on la couvre d'une couche d'huile pour la préserver du contact de l'air.

On produit sûrement la solidification d'un liquide surfondu en amenant au contact du liquide *une parcelle solide de la même substance au même état moléculaire.* Le phosphore surfondu se solidifie au contact d'une parcelle de phosphore blanc, un fragment de phosphore rouge est sans action. Une action mécanique suffisamment énergique, *choc, agitation,* détermine aussi la solidification.

La solidification d'un liquide surfondu a lieu brusquement et avec dégagement de chaleur.

243. DISSOLUTION. — La dissolution est *le passage d'un corps solide à l'état liquide par l'action d'un corps déjà liquide.* Tous les corps ne sont pas solubles. Un corps n'est soluble que dans certains liquides. Ainsi le sucre se dissout dans l'eau et est insoluble dans l'alcool. Le soufre, insoluble dans l'eau, se dissout dans le sulfure de carbone. La graisse, insoluble dans l'eau, se dissout dans la benzine.

La dissolution est *une liquéfaction qui a lieu à toute température*. Le poids dissous par l'unité de poids du liquide croît le plus souvent avec la température. Toutefois, cet accroissement de solubilité est très variable : tandis que le chlorure de sodium est à peine plus soluble à chaud qu'à froid, l'azotate de potassium est plus de 20 fois plus soluble à 100° qu'à 0°.

Comme la fusion, la dissolution absorbe de la chaleur. Si la dissolution est accompagnée d'un effet chimique, deux actions contraires interviennent : *l'action chimique* qui est le plus souvent une source de chaleur et la *liquéfaction* qui absorbe de la chaleur. S'il n'y a pas d'effet chimique ou *si la chaleur dégagée par l'effet chimique est inférieure à la chaleur absorbée par la dissolution*, cette dernière chaleur ne pouvant être empruntée qu'au mélange, la température s'abaisse : on a un mélange réfrigérant.

244. Mélanges réfrigérants. — Un mélange réfrigérant doit contenir au moins un corps solide pour qu'il y ait un refroidissement dû à la dissolution. Un mélange d'eau et d'azotate d'ammoniaque à poids égaux produit un abaissement de température d'environ 10°.

Un mélange fréquemment employé est formé de trois parties de *glace pilée* et 1 partie de *sel marin*; il permet d'obtenir — 20°. Avec 4 parties de *chlorure de calcium* en poudre et 2 parties *de neige*, on peut congeler le mercure. Dans ces mélanges, l'absorption de chaleur est due à la fusion du sel et surtout à la fusion de la glace que la présence du sel active par un effet chimique.

Citons encore un mélange d'*acide chlorhydrique* (2 parties) et de *sulfate de soude* (3 parties). La présence de l'acide chlorhydrique accélère la dissolution du sulfate de soude.

245. CRISTALLISATION. — Lorsque le retour à l'état solide d'un corps *liquéfié* a lieu assez lentement, les molécules se groupent en formant des solides de forme géométrique régulière, à faces planes, et appelés *cristaux*. Chaque substance a une forme cristalline particulière. La cristallisation, comme toute solidification, dégage de la chaleur.

La cristallisation peut avoir lieu sans l'intervention d'un dissolvant : 1° **par fusion** : ce procédé s'applique surtout à des corps dont le point de fusion n'est pas très élevé, comme le soufre ; 2° **par sublimation** : ce procédé s'applique à des corps qui passent directement de l'état gazeux à l'état solide, comme l'arsenic. Ces deux méthodes sont des méthodes de *cristallisation par voie sèche*.

La cristallisation après dissolution, *méthode par voie humide*, est la plus fréquemment employée.

À une température donnée, le poids du solide que peut dissoudre un gramme d'un liquide a une valeur déterminée. Une solution *saturée* renfermant tout le solide que le liquide est capable de dissoudre, laisse déposer une partie du solide quand on diminue par **évaporation** le poids du dissolvant (cristallisation du sel marin).

Pour un solide et un liquide donnés, la masse solide dissoute croît le plus souvent avec la température. Une solution étant *saturée* à chaud, si on la laisse refroidir, le liquide froid ne peut pas conserver dissous tout le solide qu'il contenait à chaud et en laisse déposer une partie (cristallisation de l'azotate de potassium **par refroidissement**).

246. SURSATURATION. — Lorsqu'un liquide saturé d'un solide plus soluble à chaud qu'à froid ne laisse pas déposer en se refroidissant une partie du solide dissous, on dit que la solution est *sursaturée*. La sursaturation est un phénomène analogue à la surfusion.

La sursaturation s'observe facilement avec le *sulfate de sodium*. Dans un tube fermé à l'une de ses extrémités et effilé à l'autre (fig. 182), on introduit une solution concentrée de sulfate de sodium et après avoir porté le liquide à l'ébullition pour chasser l'air, on ferme à la lampe l'extrémité effilée C. Par le re-

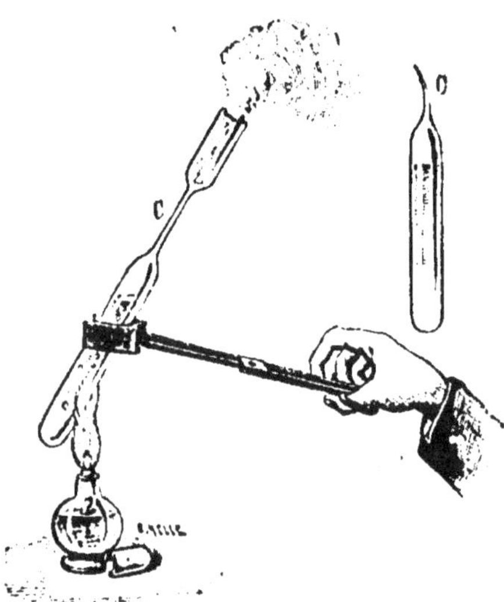

Fig. 182.

froidissement, la solution ne laisse rien déposer, mais si l'on brise la pointe, la cristallisation commence par la surface et se propage jusqu'au fond du tube. Lorsque l'entrée de l'air ne produit pas la cristallisation, on la détermine infailliblement en projetant dans le liquide sursaturé une parcelle d'un cristal de sulfate de sodium autour de laquelle de nouveaux cristaux se forment en rayonnant. C'est par la chute de petits cristaux de sulfate de sodium flottant dans l'air que l'on explique la cristallisation au contact de l'air. La solution se maintient sursaturée si elle est mise à l'abri des poussières de l'air.

La cristallisation d'une solution sursaturée produit un dégagement sensible de chaleur.

VAPORISATION

247. La *vaporisation* est *le passage d'un corps à l'état gazeux*. On donne le nom de *vapeur* au corps gazeux qui prend naissance. La vapeur d'un liquide se forme par évaporation à la surface libre ou par ébullition dans la masse du liquide[1]. Les liquides qui se réduisent en vapeurs à la température ordinaire sont dits liquides *volatils*. Nous étudierons d'abord la formation et les propriétés des vapeurs en vase clos, dans le vide et dans un gaz.

VAPORISATION DANS LE VIDE

248. Si l'on introduit avec une pipette recourbée quelques gouttes d'un liquide volatil dans un baromètre ; le liquide, moins dense que le mercure, gagne le sommet de la colonne ; il disparaît presque instantanément, et en même temps la colonne barométrique *s'abaisse brusquement*. La dépression du mercure indique la présence dans le baromètre d'un corps exerçant comme un gaz une force élastique et que l'on appelle une **vapeur.**

La hauteur de la colonne barométrique était H avant l'introduction de la vapeur ; elle est réduite à H' dans le baromètre à vapeur. La force élastique de la vapeur est représentée par la différence H — H' qu'elle remplace.

Quelques nouvelles gouttes de liquide, introduites dans le baromètre à vapeur, se vaporisent encore et le niveau du mercure subit une nouvelle dépression indiquant un accroissement de la force élastique de la vapeur. En renouvelant l'expérience, il arrive un moment où le liquide introduit cesse de se vaporiser et forme une petite

---

(1) Certains corps solides comme la glace à une température basse, l'iode, l'arsenic, le camphre, à la température ordinaire, donnent directement des vapeurs sans passer par l'état liquide. Quand les vapeurs de ces substances, convenablement refroidies, reviennent directement à l'état solide, on dit qu'il y a *sublimation.*

couche à la surface du mercure ; en même temps le mercure du baromètre à vapeur cesse de s'abaisser.

Il est établi par ce qui précède que, dans le vide, un liquide volatil donne **instantanément** naissance à une vapeur qui exerce une force élastique comme un gaz. Toutefois, à une même température, la force élastique d'une vapeur suit des lois différentes, suivant qu'il y a ou qu'il n'y a pas excès du liquide générateur.

249. VAPEUR SATURANTE. — La quantité de liquide introduite dans un baromètre étant suffisante pour qu'après la vaporisation instantanée du début *il reste une couche de liquide au sommet du mercure*, la chambre barométrique renferme toute la vapeur qu'elle peut contenir ; elle est dite *saturée* et la vapeur est dite **saturante.** Le baromètre à vapeur étant plongé dans une cuvette profonde, si l'on vient à le soulever ou à l'abaisser (fig. 183), la force élastique de la vapeur reste constante, car *la hauteur du mercure soulevé au-dessus du niveau dans la cuvette* reste indépendante du volume occupé par la vapeur[1].

A la température de l'expérience, cette force élastique est la plus élevée que la vapeur puisse exercer; si, en effet, on essaie de comprimer la vapeur en abaissant le tube, une partie redevient liquide et augmente la petite couche liquide qui surmonte le mercure. En continuant à

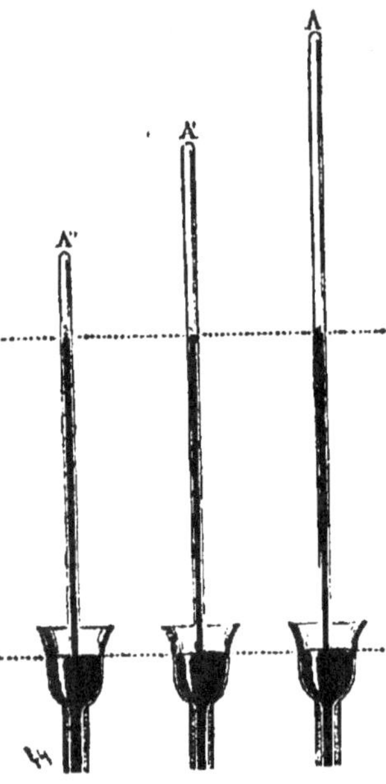

Fig. 183.

abaisser le tube, la condensation se poursuit jusqu'à devenir totale.

Si l'on soulève le tube, la couche liquide diminue, mais la force élastique reste invariable tant qu'il subsiste un excès de liquide, jusqu'au moment où la capacité de la chambre barométrique est devenue insuffisante pour que tout le liquide y soit vaporisé.

250. VAPEUR NON SATURANTE. — En soulevant dans la cuvette profonde un baromètre à vapeur *qui ne contient pas un excès du*

---

(1) La masse vaporisée est proportionnelle à la capacité de la chambre barométrique et *sa densité est constante.*

liquide générateur, le volume de la vapeur et la hauteur de la colonne mercurielle varient en même temps, de telle façon que la force élas-tique de la vapeur, mesurée par la différence II — H', suit sensiblement la loi de Mariotte. **La vapeur se comporte alors comme un gaz.**

En enfonçant le tube barométrique de manière à diminuer gra-duellement le volume de la vapeur, sa force élastique augmente d'une façon continue; mais il arrive un moment où une goutte de liquide apparaît au-dessus du niveau du mercure. Le mercure cesse alors de baisser dans le tube barométrique, *la vapeur est devenue saturante et sa force élastique est maximum.*

Une vapeur non saturante, dont on fait varier la température se dilate à peu près comme un gaz et son coefficient de dilatation diffère peu de celui des gaz.

251. Forces élastiques maxima de différents liquides à une même température. — Plusieurs baromètres sont disposés les uns à côté des autres dans une même cuvette (fig. 184). Le baromètre de gauche est laissé sec, on fait passer de l'eau dans le suivant, de l'alcool dans le troisième, du sulfure de carbone dans le quatrième, de l'éther dans le cin-quième; les quantités de liquide intro-duites étant suffisantes pour qu'il en reste un léger excès. On voit le mercure baisser brusquement dans les divers tubes et de quantités inégales; la dé-pression est plus forte du côté de l'éther que du côté de l'alcool, plus forte du côté de l'alcool que du côté de l'eau. La différence des niveaux dans le baro-mètre sec et dans un baromètre à vapeur représente la force élastique maximum de la vapeur correspondante. A 20°, la force élastique de la vapeur d'éther est à peu près 25 fois plus grande que celle

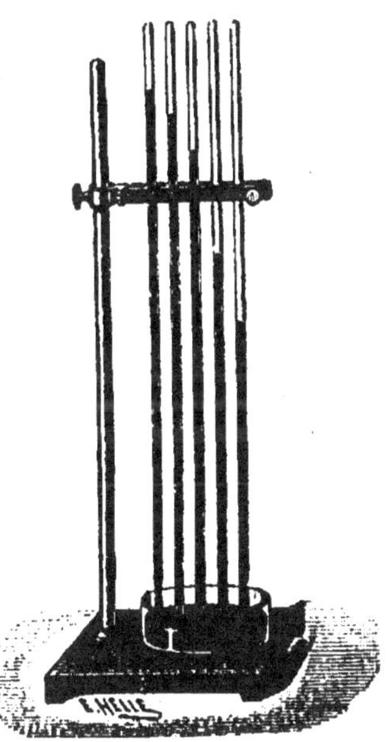

Fig. 184.

de la vapeur d'eau. *Les forces élastiques maxima de différents liquides à une même température sont donc différentes.*

Presque tous les liquides sont *volatils*, c'est-à-dire se réduisent en vapeurs à la température ordinaire. Pourtant, à *la température ordi-*

naire, la glycérine, les huiles grasses, l'acide sulfurique monohydraté sont *fixes* et ne donnent pas de vapeurs appréciables.

Pour le mercure, la force élastique de la vapeur est assez petite à la température ordinaire pour qu'on puisse la *négliger* dans les observations barométriques et manométriques.

252. La force élastique maximum d'une vapeur croît avec la température. — On fait reposer sur une cuvette à mercure un baromètre sec et un baromètre renfermant une vapeur en contact avec un excès de son liquide : on entoure les deux tubes d'un manchon rempli d'eau que l'on chauffe (fig. 185). La différence entre les niveaux dans les deux tubes va en croissant avec la température. En même temps que la colonne du baromètre à vapeur se déprime, la masse de vapeur augmente, car la petite couche de liquide qui surmonte le mercure diminue.

253. Principe de la paroi froide ou Principe de Watt[1]. — Quand une enceinte est occupée par une vapeur saturante, la force élastique de la vapeur est la force élastique maximum correspondant à la température de l'enceinte.

Si l'enceinte n'a pas une même température en tous ses points, la vapeur tend à prendre des forces élastiques différentes aux points qui n'ont pas la même température ; mais il ne peut y avoir équilibre que si la force élastique devient uniforme dans toute l'enceinte.

L'excès de liquide distille alors pour se rendre au point le plus froid et *la force élastique de la vapeur devient égale* dans toute l'enceinte *à la force élastique maximum du point le plus froid*.

Ce principe dû à Watt trouve son application la plus importante dans le *condenseur* des machines à vapeur.

MESURE DES FORCES ÉLASTIQUES MAXIMA
DE LA VAPEUR D'EAU

254. Appareil de Dalton. — On détermine la force élastique maximum de la vapeur d'eau, à des températures comprises entre 0° et 100°, en disposant deux baromètres sur une même cuvette en fonte C pleine de mercure et placée sur un fourneau (fig. 185). L'un des baromètres B est vide, l'autre A contient de la vapeur d'eau en

____

(1) **Watt,** ingénieur écossais (1736-1819).

contact avec un excès de son liquide. Les deux baromètres sont
maintenus dans un manchon de verre rempli
d'eau. Des thermomètres donnent la températu-
ture de l'eau du manchon. Un agitatenr D permet d'obtenir une température uniforme.

Expérience. — On mesure, aux températures
croissantes, la différence progressive des niveaux du mercure dans les deux tubes et on
convertit ces différences en hauteurs de mercure à 0°. Elles représentent les forces élastiques de la vapeur.

Cet appareil ne peut servir à la mesure de
la force élastique maximum d'une vapeur au-
dessus de la température d'ébullition du liquide générateur. En effet, à la température
d'ébullition d'un liquide, sa force élastique
maximum fait équilibre à la pression extérieure (**259**) et le mercure du baromètre à
vapeur descend jusqu'au niveau dans la cuvette. ·

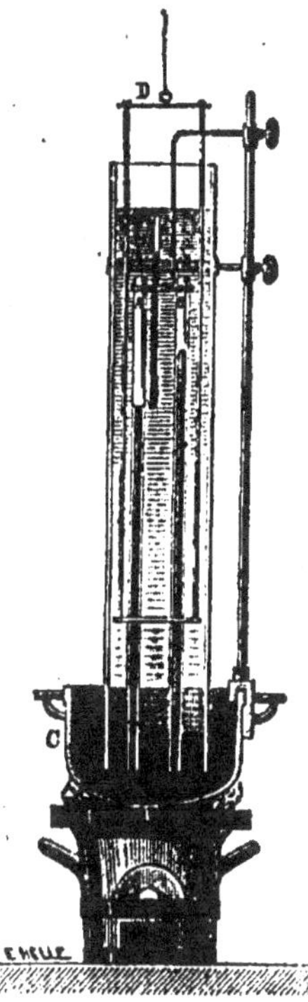

Fig. 185.

255. Expériences de Regnault. — La
connaissance de la force élastique de la vapeur
d'eau au-dessus de 100° est très importante au
point de vue de la résistance des parois des chaudières des machines
à vapeur. Par divers procédés, Regnault
a poursuivi les mesures jusqu'à 230°.

La force élastique maximum de la
vapeur d'eau augmente suivant une loi
beaucoup plus rapide que la proportionnalité à la température.

Sur la figure 186, les températures
sont comptées en degrés sur l'axe horizontal et les pressions en atmosphères
sur l'axe vertical. La force élastique
maximum vaut 1 atmosphère à 100°,
5 atmosphères à 153°, 10 atmosphères
à 180°, et atteint 28 atmosphères à
230°.

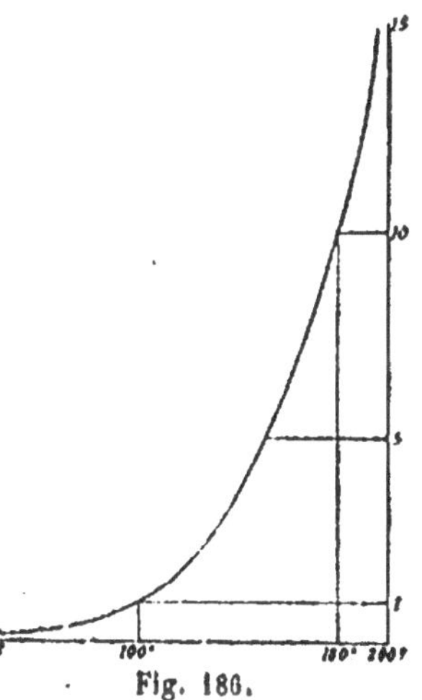

Fig. 186.

VAPORISATION DANS UN GAZ

256. Loi du mélange des gaz et des vapeurs. — Une vapeur se forme dans un espace déjà rempli par un gaz, aussi bien que dans le vide ; *la force élastique du mélange de gaz et de vapeur est égale à la somme des forces élastiques qu'exerceraient le gaz et la vapeur s'ils occupaient séparément le volume du mélange.* C'est une extension de la loi du mélange des gaz (**174**). Cette loi se vérifie également bien pour une vapeur non saturante et pour une vapeur saturante.

Une vapeur *non saturante* suit la loi de Mariotte comme un gaz, par suite le gaz et la vapeur se comportent comme deux gaz. La loi du mélange des gaz doit donc s'appliquer à un mélange de gaz et de vapeurs non saturantes.

Lorsque la vapeur est *saturante*, la force élastique qu'elle exerce dans le gaz est égale à sa force élastique maximum dans le vide à la même température. Ce *second cas* de la loi se vérifie avec l'appareil suivant.

C'est un flacon A à 2 tubulures qui contient du mercure à sa partie inférieure ; dans ce mercure plonge un tube droit T. Le tube *t* de la deuxième tubulure ne descend pas jusqu'au mercure ; il porte un entonnoir à robinet renfermant de l'éther (fig. 187). En ouvrant le robinet *r*, on fait couler assez d'éther dans le flacon pour qu'il en reste un petit excès non vaporisé au-dessus du mercure. On voit alors le mercure monter dans le tube droit d'une *hauteur égale à la force élastique maximum* de l'éther dans le vide à la même température.

La pression de l'air du flacon n'ayant pas varié au contact de la vapeur, la vapeur saturante acquiert dans le gaz la même force élastique maximum que dans le vide.

La force élastique du mélange est égale à la force élastique de l'air primitif, accrue de la force élastique de la vapeur saturante.

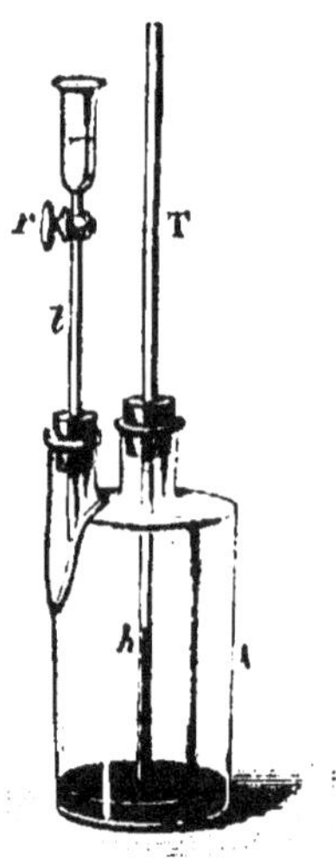

Fig. 187.

Le gaz ralentit toutefois la formation de la vapeur et d'autant plus que sa pression est plus forte, mais il n'en change pas la quantité dans un espace donné.

ÉVAPORATION

257. Évaporation dans une atmosphère illimitée. — Dans une enceinte limitée, un liquide s'évapore tant que la vapeur formée n'a pas atteint sa force élastique maximum à la température de l'expérience ou tant que l'atmospère n'est pas saturée. Dans une atmosphère illimitée, l'espace ne peut plus être saturé; aussi la plupart des liquides qu'on abandonne dans une atmosphère illimitée se vaporisent graduellement et finissent par disparaître.

Rapidité de l'évaporation dans une atmosphère illimitée. — Pour apprécier l'influence des diverses circonstances on pèse le liquide, avant et après l'opération, de manière à connaître le poids p de vapeur formée en une seconde.

L'évaporation est proportionnelle à la surface d'évaporation S. On active l'évaporation de l'eau de la mer en la distribuant dans des bassins de grande surface et peu profonds (*marais salants*).

L'évaporation est sensiblement proportionnelle à F — *f.* On désigne ici par f la force élastique actuelle de la vapeur et par F sa force élastique maximum à la même température.

D'après cela, dans un air absolument sec, l'évaporation de l'eau sera proportionnelle à F, puisque f est nulle. Dans un air saturé d'humidité, l'évaporation de l'eau sera nulle, mais l'évaporation de l'éther, par exemple, se fera comme si l'air était sec.

L'évaporation croît avec la température, puisque l'élévation de température fait croître la force élastique maximum. Un objet mouillé se sèche rapidement s'il est chauffé.

L'évaporation croît avec l'agitation de l'air. L'agitation de l'air entraîne la vapeur saturée qui couvre le liquide et amène au contact de sa surface de nouvelles couches d'air capables de recevoir de nouvelles quantités de vapeur. On sait qu'un linge mouillé se sèche rapidement s'il est exposé au vent.

L'évaporation varie sensiblement en raison inverse de la pression atmosphérique. Dans le vide, l'évaporation est assez rapide pour paraître instantanée ; dans l'atmosphère, elle est d'autant plus lente que la pression H est plus forte.

Les lois précédentes, relatives à la rapidité de l'évaporation dans une atmosphère illimitée, sont résumées par la formule :

$$p = \frac{BS(F - f)}{H};$$

B est un coefficient qui dépend de la nature du liquide et qui croît avec l'agitation de l'air.

ÉBULLITION

258. Si l'on chauffe graduellement un liquide à l'air libre, il se produit d'abord une évaporation à la surface et un échauffement de la masse ; puis, la température s'élevant, des bulles formées sur les parois directement chauffées s'élèvent et viennent crever à la surface (fig. 188), ce qui accroît la vaporisation. Mais, dès lors, la température ne varie plus, il y a ébullition. *L'ébullition est une évaporation caractérisée par la constance de la température et la production de bulles de vapeur au sein du liquide.*

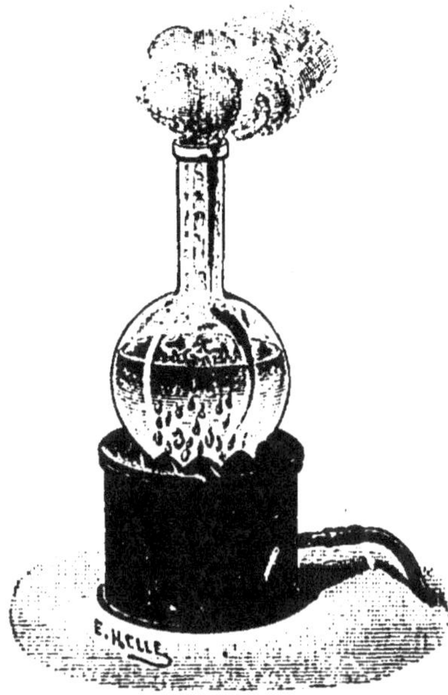

Fig. 188.

259. Lois de l'ébullition. — *1° A une pression donnée, l'ébullition d'un liquide pur a lieu à une température constante* pour chaque liquide, et appelée *point d'ébullition.* Le point d'ébullition sous la pression moyenne 76 est le *point d'ébullition normal.*

POINTS D'ÉBULLITION SOUS LA PRESSION 76

Acide sulfureux	— 10°	Phosphore	290°
Éther sulfurique	35°5	Acide sulfurique monohydraté	325°
Alcool absolu	78°5	Mercure	350°
Eru distillée	100°	Soufre	440°

2° *Pendant l'ébullition,* malgré l'action continue du foyer, *la température d'un liquide homogène reste constante.*

Ces deux lois se vérifient en observant un thermomètre plongé dans le liquide.

3° Pendant l'ébullition, *la force élastique de la vapeur dégagée est égale à la pression qui s'exerce sur le liquide.*

Une bulle de vapeur qui vient crever à la surface ne peut avoir une force élastique inférieure à la pression extérieure, puisqu'elle se condenserait, ni une pression supérieure, car elle se serait échappée librement.

Voici comment on vérifie cette loi pour l'ébullition à la pression atmosphérique. Dans un ballon B contenant de l'eau, on suspend un tube recourbé A dont la petite branche fermée est pleine de mercure; on fait passer en *a* un peu d'eau privée d'air. L'eau du ballon B étant

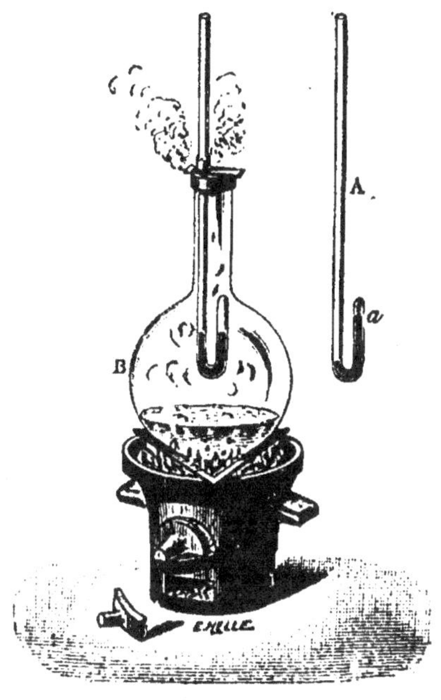

Fig. 189.

portée à l'ébullition, la vapeur produite en *a* déprime le mercure et *les deux niveaux s'établissent dans un même plan horizontal* (fig. 189).

Accroissement de volume. — Le volume de la vapeur est notablement supérieur à celui du liquide générateur. Un litre d'eau à 100° et sous la pression 76 produit 1646 litres de vapeur. Réciproquement, cette vapeur, en se condensant, se réduit à un litre.

260. Description du phénomène de l'ébullition de l'eau. — Quand on chauffe de l'eau dans un vase de verre, on voit d'abord se dégager des bulles très fines; c'est *l'air dissous* qui se dégage. Plus tard, la température s'élevant, il apparaît sur les parois les plus directement chauffées par le foyer des bulles plus grosses qui montent en diminuant de volume et disparaissent avant d'avoir atteint la surface; ce sont des *bulles de vapeur* qui se refroidissent en rencontrant des couches moins chaudes et se condensent avec un bruissement spécial appelé *chant du liquide*. Quand toute la masse est devenue assez chaude, une bulle formée au fond du vase ou sur les parois ne se condense plus, elle grossit en s'élevant, car la colonne liquide qu'elle supporte diminue à mesure qu'elle monte, et elle vient crever à la surface.

CONDITIONS QUI FONT VARIER LE POINT D'ÉBULLITION

261. Abaissement du point d'ébullition avec la pression. — Nous avons vu qu'un liquide entre en ébullition quand il a atteint la température pour laquelle la force élastique maximum de sa vapeur est égale à la pression qui s'exerce sur le liquide. Or, *lorsque la pression extérieure diminue, le liquide atteint à une température plus basse une force élastique maximum égale à cette pression.*

Sous la cloche d'une machine pneumatique on place un vase renfermant de l'eau et un thermomètre. Si l'on raréfie l'air sous la cloche, le liquide entre en ébullition lorsque la pression a été abaissée jusqu'à la force élastique maximum de la vapeur d'eau à la température du thermomètre.

A la surface du globe, l'eau bout à des températures plus basses à mesure que l'altitude augmente : au niveau de la mer, 100°; au Puy-de-Dôme, 95°; à Quito, 91°; au Mont-Blanc, 84° [1]. D'après cela, pour mesurer la hauteur d'une montagne, on peut substituer à une observation barométrique la détermination du point d'ébullition de l'eau au sommet; la courbe des forces élastiques maxima fait connaître la pression qui correspond à la température observée.

262. Élévation du point d'ébullition avec la pression. — Si la pression extérieure dépasse 76 centimètres, il faut chauffer le liquide au-dessus du point d'ébullition normal pour atteindre une force élastique maximum supérieure à 76 centimètres.

Point 100 des thermomètres. — Le niveau où s'arrête le mercure dans la vapeur d'eau bouillante (**203**) ne représente le point 100 que si la pression extérieure est 76 centimètres. Si elle est différente, la courbe des forces élastiques maxima fait connaître la température qui correspond à la pression observée. A 100°, une différence de 27 millimètres dans la pression amène une variation de 1°, et on admet, sans erreur appréciable, que pour de plus petits écarts, il y a proportionnalité.

(1) En supposant que la pression au niveau de la mer est égale à 76 centimètres.

263. Influence de la pureté du liquide. — Les solutions salines ont un point d'ébullition supérieur à 100° : l'eau saturée de sel marin bout à 108°5, l'eau saturée de chlorure de calcium à 179°5.

La température d'ébullition de l'eau s'élève donc si elle tient des sels en dissolution; toutefois, pendant l'ébullition, sous la pression 76, la température de la vapeur d'eau au-dessus de la surface libre d'une solution saline est toujours 100°.

264. Influence de la présence d'un gaz. — L'ébullition d'un liquide n'a lieu à la température à laquelle la force élastique de sa vapeur est égale à la pression qui surmonte le liquide, *que s'il y a des gaz dans le liquide,* sinon le point d'ébullition s'élève. Les bulles

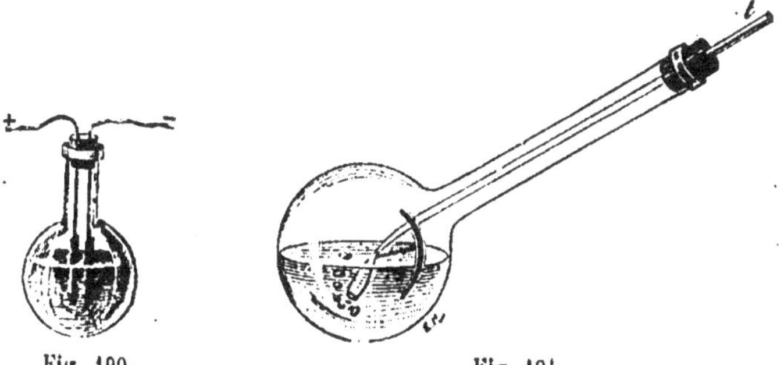

Fig. 190.   Fig. 191.

d'air adhérentes aux parois du vase se comportent comme des *noyaux de formation* des bulles de vapeur.

Dans l'eau absolument purgée de gaz, l'ébullition n'a lieu que très difficilement. On fait un mélange en proportions convenables d'huile de lin et d'essence de girofle ayant un peu au-dessus de 100° une densité égale à celle de l'eau; en introduisant des gouttes d'eau dans ce liquide, elles forment des sphères qui y restent suspendues. On a pu élever leur température jusqu'à 180° sans qu'il y ait ébullition. Elles se vaporisent instantanément si on vient à les toucher avec une baguette de verre, car la petite quantité d'air adhérente au verre fournit le gaz dont la vapeur a besoin pour se former.

Lorsque dans un ballon de verre soigneusement lavé à l'acide sulfurique, on a fait bouillir de l'eau assez longtemps pour chasser tout l'air, l'ébullition n'a plus lieu qu'au-dessus de 100°. L'ébullition cesse quand on éloigne le ballon du feu, bien que la température de l'eau dépasse encore notablement 100°. Mais elle se rétablit avec violence si l'on y fait passer un courant électrique qui produit des bulles de gaz en décomposant l'eau (fig. 190). L'ébullition cesse quand on interrompt le courant. L'ébullition se produit encore si l'on descend dans l'eau du ballon une petite cloche de verre renversée, formée à l'extrémité d'un tube de verre *t* étranglé à la lampe (fig. 191) et contenant un peu d'air. Des bulles de vapeur naissent à l'extrémité *v* de la petite cloche et chacune d'elles entraîne une très petite quantité de gaz. Une masse d'air extrêmement faible suffit pour entretenir l'ébullition à 100° pendant un temps très long. L'ébullition cesse si l'on retire la cloche.

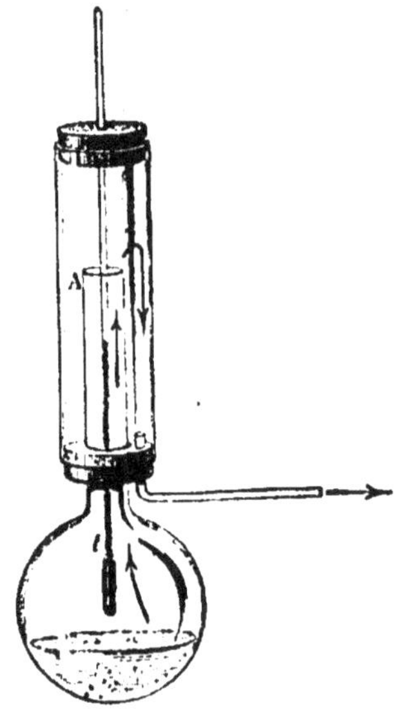

Fig. 192.

265. Détermination du point d'ébullition d'un liquide. — On détermine le point d'ébullition d'un liquide en plongeant un thermomètre, *non dans le liquide* lui-même, dont la température peut être supérieure au point d'ébullition pour diverses raisons (expulsion des gaz, sels en dissolution), mais **dans la vapeur**. La vapeur, avant de s'échapper au dehors, entoure le col A du ballon et préserve le thermomètre *t* de tout refroidissement (fig. 192). Pendant l'ébullition, la température du thermomètre reste fixe (**259**).

266. Liquide chauffé en vase clos. — Dans un vase clos dont toutes les parties sont à la même température, l'ébullition d'un liquide ne peut jamais avoir lieu, car, même en supposant qu'il n'y ait aucun gaz au-dessus du liquide, la vapeur formée prend une force élastique égale à sa force élastique maximum à la température de l'expérience et *s'oppose à toute vaporisation ultérieure*. En continuant à chauffer, la température s'élève graduellement sans ébullition. C'est ce qui a lieu dans la marmite de Papin.

La **Marmite de Papin** est une chaudière cylindrique en bronze très épais, incomplètement remplie d'eau et munie d'un couvercle fortement pressé par une vis (fig. 193).

La pression de la vapeur croissant très vite avec la température, le couvercle porte une ouverture fermée par une soupape de sûreté sur la tête de laquelle s'appuie un levier du second genre chargé d'un poids. D'après la figure, la soupape se soulèverait si la pression dépassait 5 atmosphères. Sous cette pression, l'eau atteint une température de 153°.

La marmite de Papin est utilisée pour diverses opérations industrielles où l'on a besoin de *surchauffer* un liquide au-dessus de son point d'ébullition normal, par exemple pour dissoudre la gélatine des os.

Quand on ouvre la soupape, une vive ébullition a lieu; la

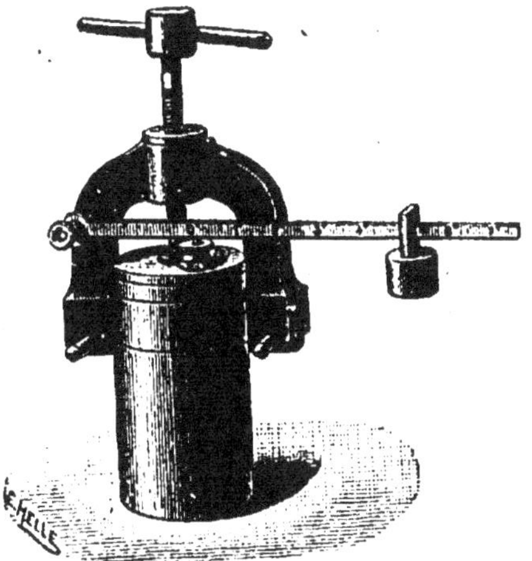

Fig. 103.

vapeur sort avec violence et sa détente brusque abaisse notablement la température (**305**); la température du liquide descend à 100° si la vapeur peut se dégager assez librement pour que la pression tombe à 76 centimètres.

L'ébullition n'est possible en vase clos que si la température d'une des parties de l'enceinte est maintenue au-dessous de la température du liquide (*Principe de la paroi froide* (**253**), c'est ce qui a lieu dans les appareils à distillation, c'est ce que montre encore une expérience de **Franklin** [1].

On fait bouillir de l'eau dans un ballon de verre B et quand l'air a été chassé par la vapeur, on bouche le ballon, on le retourne, et pour éviter toute rentrée d'air on en plonge le col dans un vase E contenant de l'eau (fig. 194). L'ébullition cesse, mais si l'on refroidit le fond du ballon en l'arrosant

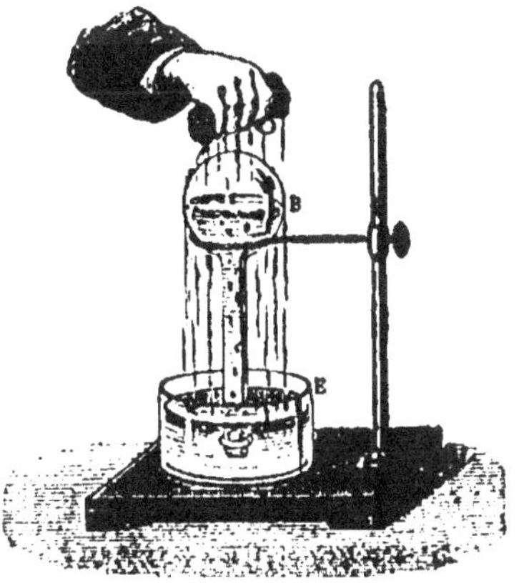

Fig. 194.

<hr>

(1) **Franklin** (Benjamin), né à Boston, aux États-Unis (1700-1790).

d'eau, une diminution de la force élastique de la vapeur permet au liquide d'entrer de nouveau en ébullition.

DISTILLATION

267. *Distiller un liquide, c'est le réduire en vapeur que l'on condense ensuite par le refroidissement.* Un appareil à distillation est une enceinte où deux parties sont maintenues à des températures différentes T et *t*. Une vapeur formée dans la région de température plus élevée T va se condenser dans la région de température froide *t*. Toute la vapeur va s'accumuler dans la partie froide (**253**).

Appareil à distillat'on. (fig. 195). — L'appareil employé industriellement pour les distillations est appelé **alambic**. Une chau-

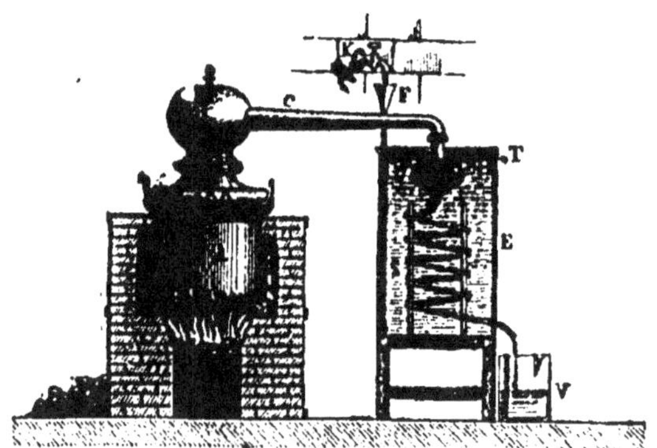

Fig. 195.

dière en cuivre A, nommée *cucurbite*, chauffée sur un fourneau, contient le liquide à distiller. Dès que le liquide est en ébullition, sa vapeur monte dans un *chapiteau* B en forme de dôme et passe dans un tuyau S appelé *serpentin*, contourné en spirale et placé dans un réfrigérant E plein d'eau froide. La vapeur se condense au contact des parois froides du serpentin, le liquide est recueilli dans un vase V.

Comme la vapeur abandonne en se liquéfiant une grande quantité de chaleur, le serpentin s'échauffe, il ne condenserait plus la vapeur si l'on n'avait soin de faire arriver *au fond du réfrigérant* un courant continu d'eau froide par un entonnoir F et un tube. En vertu de sa plus faible densité, cette eau monte dans le réfrigérant à mesure qu'elle s'échauffe et s'écoule à la partie supérieure par un trop-plein T.

Purification de l'eau. — La distillation permet de purifier un grand nombre de liquides, on l'applique à débarrasser l'eau ordinaire des sels qu'elle tient en dissolution. La vapeur condensée fournit une eau pure, les sels sont restés dans la chaudière.

Distillation fractionnée. — On sépare par la distillation des liquides *inégalement volatils.* En soumettant un mélange à la distillation, les premières parties condensées renferment en plus forte proportion le liquide le plus volatil[1]. On répète la distillation sur ces premières parties recueillies seules, et on obtient un produit où domine encore plus le liquide le plus volatil. Cette méthode de distillation fractionnée conduit graduellement à un liquide à peu près pur. Elle est employée pour **rectifier** l'alcool, c'est-à-dire pour le débarrasser de l'eau avec laquelle il est mélangé.

Distillation dans le vide. — On purifie par distillation des liquides que la chaleur décompose facilement, en produisant l'ébullition à basse température par une diminution de la pression dans l'appareil à distillation. Le point d'ébullition d'un liquide s'abaisse en effet avec la pression (**261**).

CHALEUR DE VAPORISATION

268. Le passage de l'état liquide à l'état de vapeur exige à toute température une certaine quantité de chaleur qui dépend de la nature du liquide et de la température de vaporisation.

La constance de la température pendant l'ébullition prouve l'existence d'une *chaleur de vaporisation.* La chaleur du foyer sert à effectuer le changement d'état (**313**); un accroissement de la chaleur fournie n'élève pas la température du liquide : l'eau qui bout à gros bouillons n'est pas plus chaude que l'eau qui bout très doucement, mais la rapidité de la vaporisation va en croissant.

On appelle **chaleur de vaporisation** d'une substance à t^0 le *nombre de calories* L *qu'exige un gramme de cette substance à* t^0 *en passant à l'état de vapeur saturante* à la même température. Un

---

[1] La température d'ébullition du mélange s'élève à mesure que les liquides plus volatils se vaporisent.

gramme de la même substance en repassant à l'état liquide sans changement de température abandonne le même nombre de calories L. Pour m grammes, la chaleur dépensée est mL.

On détermine la chaleur de vaporisation à $t°$ d'un liquide en le faisant bouillir à cette température (sous la pression correspondante [259]), et en dirigeant la vapeur dans un serpentin entouré d'eau froide. La chaleur cédée à cette eau par un gramme de vapeur en se condensant est la chaleur de vaporisation.

La chaleur de vaporisation d'un liquide diminue quand la température s'élève. Pour l'eau à 0°, $L = 606,5$; à 100°, $L = 537$.

CHALEURS DE VAPORISATION SOUS LA PRESSION 76

Eau	537
Alcool éthylique	208
Éther sulfurique	91

269. Froid produit par l'évaporation. — Si l'on verse sur la main quelques gouttes d'un liquide très volatil, tel que l'éther, le liquide s'évapore rapidement et on éprouve un froid très appréciable. Dans les mêmes conditions, un liquide non volatil, tel que l'huile, ne produit pas d'impression de froid.

La vive sensation de froid qu'on ressent en sortant de l'eau, surtout si l'on est placé dans un courant d'air, tient à l'évaporation de la mince couche d'eau dont le corps est couvert. L'eau qui a traversé les pores des *alcarazas* s'évapore en absorbant de la chaleur empruntée au liquide intérieur qui se refroidit.

Congélation de l'eau dans le vide. — On verse quelques gouttes d'eau sur une capsule de liège a au-dessus d'un cristallisoir C contenant de l'acide sulfurique. Le tout est disposé sous la cloche d'une machine pneumatique (fig. 196). On fait le vide. La pression diminuant et l'acide sulfurique absorbant la vapeur dégagée, la vaporisation s'accélère. Comme le liège est mauvais conducteur, la chaleur de vaporisation est empruntée à l'eau elle-même qui se congèle en une petite lentille de glace.

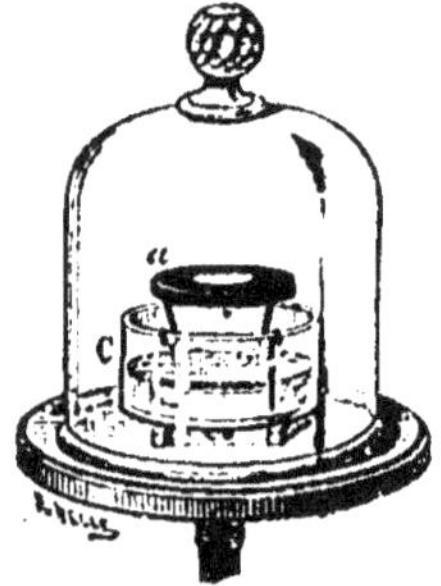

Fig. 196.

270. Applications. — La grande chaleur de vaporisation de l'eau a pour effet de régulariser la température à la surface du globe : c'est ainsi que la vapeur d'eau émise par les

mers équatoriales et transportée par les vents dégage de la chaleur
en se condensant dans des contrées froides.

La propriété des vapeurs d'abandonner leur chaleur de vaporisation
en se liquéfiant est appliquée à *échauffer des liquides* par la méthode
des mélanges, sans avoir recours à la chaleur directe d'un foyer, par
exemple en faisant arriver de la vapeur d'eau dans une masse d'eau
par un tuyau percé d'un grand nombre de petits orifices.

Production artificielle de la glace. — On n'utilise pas seulement
le dégagement de chaleur
des condensations, mais
aussi le refroidissement des
vaporisations.

L'appareil de Carré re-
produit en grand la congélation de l'eau dans le vide
(fig. 197). C'est une ma-
chine pneumatique à un
seul corps de pompe. Le
récipient est une carafe C
contenant de l'eau. Le corps
de pompe est relié au récipient par un tuyau A sur
le trajet duquel se trouve
un réservoir R contenant
de l'acide sulfurique qui

Fig. 197.

absorbe à mesure qu'elle se forme la vapeur émise par l'eau de la
carafe[1]. Le liquide fournit lui-même la chaleur nécessaire à sa vaporisation et se congèle.

LIQUÉFACTION DES VAPEURS ET DES GAZ

271. On donne plus spécialement le nom de **vapeurs** aux fluides
élastiques obtenus par la vaporisation de substances qui sont liquides
ou solides à la température ordinaire.

[1] Un levier L met à la fois en mouvement la tige T du piston qui fait le vide et la
tige *t* d'un agitateur qui mélange les couches d'acide sulfurique pour faciliter l'absorption de la vapeur d'eau.

On liquéfie une vapeur par la compression ou le refroidissement.

Compression. — Une vapeur se liquéfie, si à une température donnée, on la soumet à une pression supérieure à sa force élastique maximum (**249**). Au-dessus du point d'ébullition normal du liquide, cette pression doit être supérieure à la pression atmosphérique (liquéfaction du gaz carbonique).

Refroidissement. — Une vapeur se liquéfie, si on la refroidit jusqu'à une température pour laquelle sa force élastique maximum est inférieure à la pression qu'elle supporte (**252**). A la pression atmosphérique, on liquéfie une vapeur en la refroidissant au-dessous du point d'ébullition normal de son liquide (liquéfaction du gaz sulfureux).

Les **gaz** *sont des vapeurs très éloignées de leur point de liquéfaction*. On liquéfie les gaz par les procédés employés pour les vapeurs : compression et refroidissement.

Pour certains gaz, le point d'ébullition normal est une température extrêmement basse difficile à atteindre ; d'autre part, la force élastique maximum croissant très rapidement au-dessus de ce point, on a pensé qu'il faudrait à la température ordinaire d'énormes pressions pour produire la liquéfaction. Pour ces motifs, on a combiné la plupart du temps l'effet de la compression et celui du refroidissement.

Fig. 198.

Compression et refroidissement combinés. — Dans la méthode de Faraday[1], on produit le gaz dans une des branches A d'un tube recourbé en V, à parois très résistantes (fig. 198) ; le gaz se comprime lui-même, se liquéfie et se rassemble dans la branche B qui est refroidie lorsque sa pression est devenue supérieure à la force élastique maximum correspondant à la température du mélange réfrigérant.

(1) **Faraday**, physicien anglais (1794-1867).

L'appareil de liquéfaction de M. Cailletet (fig. 199) est un cylindre de verre T, à parois résistantes, recourbé à sa partie inférieure et prolongé en haut par un tube capillaire. Cet appareil, rempli de gaz pur et sec, est fermé en P à sa partie supérieure et transporté dans un bain de mercure que contient une cuve en acier B. La cuve communique par un tuyau en acier t avec une pompe aspirante et foulante qui injecte de l'eau et transmet la pression au mercure qui la transmet au gaz (fig. 200). La pression est mesurée par un manomètre métallique M. Le mercure comprimé baisse dans la cuve et s'élève jusque dans la partie supérieure du tube capillaire. On peut entourer le tube capillaire d'un manchon qui contient un mélange réfrigérant.

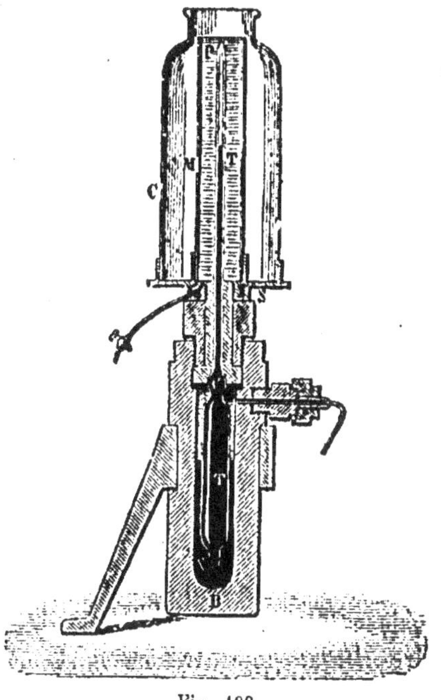

Fig. 199.

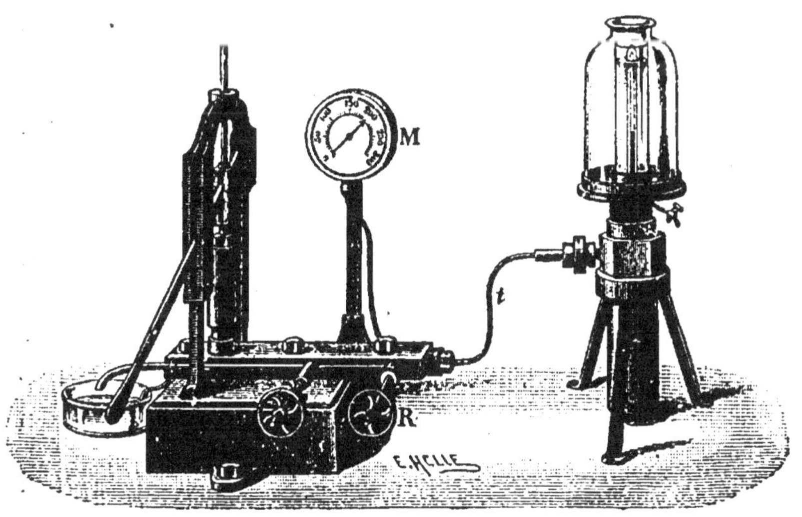

Fig. 200.

272. Gaz permanents. — Jusqu'en 1877, sept gaz : *oxygène, hydrogène, azote, oxyde de carbone, bioxyde d'azote, formène et acétylène,* avaient résisté à des froids de près de — 100° combinés avec des pressions de plusieurs centaines d'atmosphères. Ces gaz étaient appelés *permanents.*

Température critique. — L'étude de la compressibilité de l'acide carbonique à des températures croissantes a montré que la pression à laquelle il faut soumettre ce gaz pour le liquéfier croît avec la température, mais *au-dessus de 31°, la liquéfaction n'est plus possible, si forte que soit la pression.* L'intérieur du tube à compression reste alors rempli par un fluide homogène qui ne se sépare plus en deux couches distinctes. Cette température de 31° est dite la **température critique** de l'acide carbonique. Chaque gaz ou vapeur a une température critique qui lui est propre.

Condition à réaliser pour liquéfier un gaz. — *La compression seule est impuissante à liquéfier un gaz s'il n'a pas été d'abord refroidi au-dessous de sa température critique.* Les gaz permanents avaient été refroidis, mais on ne les avait pas amenés à leur température critique qui est très basse et, même sous des pressions énormes, ils avaient conservé l'état gazeux.

Refroidissement par la détente. — Pour abaisser la température d'un gaz au-dessous de sa température critique, M. Cailletet utilisa l'abaissement de température très considérable que produit la **détente brusque** d'un gaz dans une enceinte dont les parois conduisent mal la chaleur [1]. Il fit usage de l'appareil décrit précédemment (fig. 200); le tube capillaire était rempli de gaz fortement comprimé et *parfaitement sec;* il n'était entouré d'aucun mélange réfrigérant pour rester bien visible. Une détente brusque fut opérée en ouvrant un robinet

---

(1) Un gaz que l'on comprime dans l'appareil de la fig. 28 s'échauffe beaucoup (**304**); l'élévation de température peut être assez grande pour enflammer un morceau d'amadou fixé à la partie inférieure du piston (*briquet à air*).

Inversement, il y a refroidissement par la détente. Si l'on place sous la cloche d'une machine pneumatique une capsule pleine d'eau et si on fait le vide, on voit se produire un brouillard; cela tient à ce que la raréfaction de l'air est accompagnée d'un refroidissement qui condense la vapeur d'eau contenue dans la cloche.

Un gaz liquéfié qu'on laisse revenir à la température ordinaire détermine sur les parois du réservoir qui le renferme une pression égale à sa force élastique maximum à cette température. Cette pression peut être énorme. A 15° la pression ainsi exercée par l'anhydride carbonique liquide est de 50 atmosphères. En ouvrant le robinet d'un récipient qui contient ce liquide, il sort un jet très vif de gaz carbonique et cette vaporisation produit un froid tel que le gaz se solidifie partiellement en forme de neige.

R. Si la pression tombe de 300 à 1 atmosphère, la température du gaz s'abaisse de plus de 200° et sa force élastique maximum devient inférieure à la pression atmosphérique. On vit apparaître dans le tube capillaire un *brouillard* dû à une liquéfaction partielle. Ce brouillard disparaissait rapidement par suite du réchauffement du gaz par les parois du tube. Tous les gaz réputés permanents ont présenté les même signes de liquéfaction.

Dans la suite, ces mêmes gaz ont été obtenus en *masses liquides persistantes*.

	TEMPÉRATURE critique	POINT D'ÉBULLITION normal
Azote	— 146°	— 194°
Oxygène	— 118°	— 181°
Acide carbonique	+ 31°	— 78°
Eau	+ 370°	+ 100°

273. Air liquide. — Des machines spéciales, dont la construction est fondée sur l'emploi de la détente, ont permis de liquéfier l'air industriellement, en le refroidissant au-dessous de sa température critique qui est — 140°. L'air liquide ne peut être conservé dans un vase clos, car il s'échaufferait et redeviendrait gazeux à sa température critique. Dans le volume qu'il occupait à l'état liquide, l'air gazeux exercerait à la température ordinaire une pression d'environ 1000 kilogrammes par centimètre carré, à laquelle aucun récipient ne résisterait.

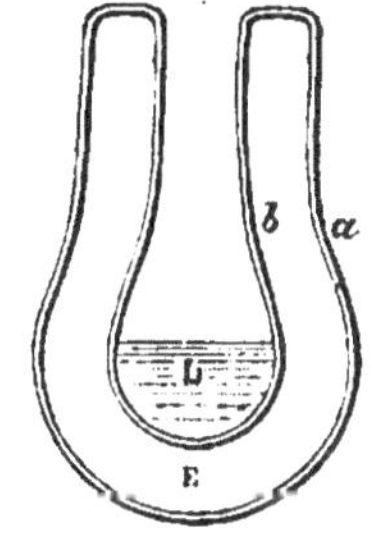

Fig. 201.

Dans un vase ouvert, l'air liquide se maintient à la température pour laquelle la force élastique maximum de sa vapeur est de 1 atmosphère, c'est-à-dire à sa température d'ébullition normale qui est de — 191°. L'emploi de vases, à double paroi (fig. 201), entre les parois desquels on a fait un vide aussi parfait que possible, préserve l'air liquide du réchauffement extérieur et s'oppose à une vaporisation trop rapide.

274. Continuité de l'état liquide et de l'état gazeux. — Au-dessous de sa température critique, une substance peut exister à l'état gazeux ou à l'état liquide. A mesure qu'on se rapproche du point critique, la pression à laquelle l'état liquide est obtenu croît rapidement et les propriétés physiques du liquide et du gaz (*densité, dilatation, indice de réfraction*) tendent à devenir les mêmes. Au point critique, la *surface de séparation entre le liquide et sa vapeur disparaît.*

Un tube de verre scellé, à parois épaisses, renfermant de l'anhydride carbonique liquide, offre à 0° une séparation nette du liquide et de sa vapeur. A 30°, le volume du liquide est à peu près triple de son volume à 0°, la surface libre du liquide est encore nette; la surface libre disparaît à 31°, et au-dessus on n'a plus qu'un seul fluide d'apparence uniforme. Le liquide reparaît si on fait descendre au-dessous de 31° la température du bain dans lequel on plonge le tube à anhydride carbonique.

HYGROMÉTRIE

275. Vapeur d'eau dans l'atmosphère. — Une évaporation incessante à la surface des masses d'eau répandues sur le globe fournit à l'atmosphère de grandes quantités de vapeur d'eau qui se trouve à l'état de **nuages** dans les hautes régions de l'air et à l'état de **vapeurs invisibles** autour de nous. Cette vapeur invisible se condense à la surface d'une carafe froide, sur la face intérieure des vitres d'une chambre en hiver; elle produit aussi l'augmentation de poids de certaines substances avides d'eau, telles que la chaux vive ou l'acide sulfurique.

276. État hygrométrique. — La masse de la vapeur d'eau de l'atmosphère est *variable*; elle exerce une influence importante sur la formation des brouillards, des nuages, de la rosée, etc. Ces phénomènes ne dépendent pas seulement de la masse absolue m de vapeur d'eau contenue à un instant donné dans un certain volume d'air, mais aussi de la masse M qui serait contenue dans le même volume à la même température si l'air était saturé. L'air est dit *humide* quand sa force élastique est voisine de la force élastique maximum; un petit abaissement de température provoque alors la condensation de la vapeur et les étoffes mouillées y gardent leur humidité; il est dit *sec* dans le cas contraire.

On caractérise habituellement l'état d'humidité de l'air par son *état hygrométrique;* on appelle ainsi le *rapport* $\frac{m}{M}$ entre le poids de vapeur d'eau contenue dans un certain volume d'air et le poids qui serait contenu dans le même volume d'air saturé à la même température[1].

Dans l'air saturé $\frac{m}{M} = 1$, dans l'air absolument sec $\frac{m}{M} = 0$.

Les **hygromètres** sont des appareils destinés à déterminer l'état hygrométrique de l'air.

Hygromètre chimique. — La méthode hygrométrique la plus exacte consiste à faire passer l'air atmosphérique sur des réactifs chimiques et à déterminer par la balance le poids m de vapeur d'eau abandonnée par un volume d'air connu. On sait calculer le poids M qui saturerait le même volume d'air. On obtient ainsi $\frac{m}{M}$.

PROPAGATION DE LA CHALEUR

277. Mode d'échange de la chaleur entre deux corps. — Lorsque deux corps à des températures inégales sont placés dans une même enceinte, l'équilibre de température tend toujours à s'établir, la chaleur se transmettant du corps chaud au corps froid.

La propagation de la chaleur se fait :

1° Par **conductibilité** : la chaleur chemine *par contact* des particules chaudes aux particules froides d'un corps en élevant successivement la température des différents points, *sans que les positions relatives des molécules soient changées.*

2° Par **convection** : la transmission a encore lieu *par contact.* Un corps chaud en contact avec un corps fluide échauffe directement les couches qui le touchent; celles-ci se déplacent en *transportant* la chaleur qu'elles ont reçue et sont remplacées par d'autres sur lesquelles le même effet se produit.

3° Par **rayonnement** : la propagation s'effectue à *distance;* la chaleur est transmise *avec une très grande vitesse* sans échauffer les

(1) L'état hygrométrique ne dépend pas seulement de la quantité *absolue* de vapeur d'eau contenue dans l'air, mais encore de la température de l'air ; ainsi, en hiver, bien que l'air contienne habituellement par unité de volume un poids de vapeur d'eau beaucoup moindre qu'en été, l'état hygrométrique est souvent notablement plus voisin de l'unité qu'en été.

corps qu'elle traverse, jusqu'à ce qu'elle rencontre un corps qui l'absorbe et dont la température s'élève.

CONDUCTIBILITÉ

278. Bons conducteurs. Mauvais conducteurs. — Une barre de fer rougie au feu par un de ses bouts est encore très chaude à une grande distance de cette extrémité, surtout si elle est grosse. Une tige de bois peut être tenue par une de ses extrémités, tandis que l'autre est incandescente et l'on ne sent pas la chaleur arriver jusqu'à la main, même lorsque la tige est courte (allumettes).

Une cuiller d'argent plongée en partie dans un liquide chaud s'échauffe rapidement sur toute sa longueur, tandis qu'une cuiller de bois est à peine chaude en dehors du liquide. Les manches de bois qu'on adapte aux théières métalliques peuvent être tenus à la main.

Les métaux sont dits *bons conducteurs* de la chaleur; le bois, le liège, le verre, la brique, sont de *mauvais conducteurs.*

C'est à leur conductibilité que les métaux et le marbre doivent de paraître froids au toucher; la chaleur de la main est enlevée rapidement et se répand dans la masse du métal sans l'échauffer d'une manière appréciable. Sur une paroi de bois, la chaleur cédée par la main reste au point de contact et l'échauffe; aussi un parquet en planches paraît moins froid qu'un dallage en marbre.

Appareil d'Ingenhouz[1]. — Un appareil d'Ingenhouz permet de classer les différents corps solides au point de vue de leur conductibilité. C'est une caisse rectangulaire en laiton sur les parois extérieures de laquelle sont implantées normalement des tiges cylindriques de diverses substances et de même diamètre

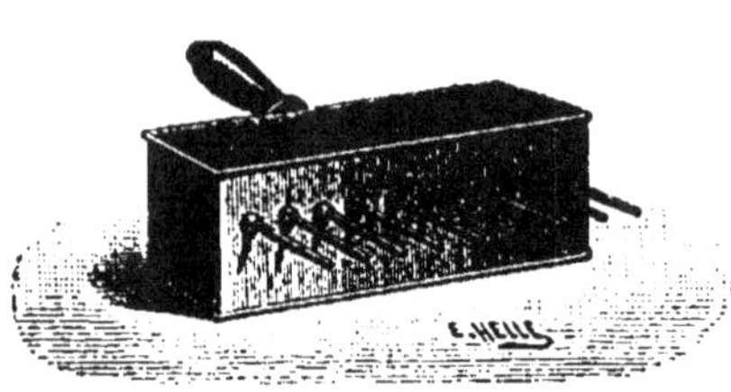

Fig. 202.

(fig. 202). On a plongé ces tiges à la fois dans un bain de cire fondue

(1) **Ingenhouz,** né à Bréda (1730-1799).

et on les a retirées aussitôt pour les faire égoutter; chacune d'elles est restée couverte d'une mince couche de cire solidifiée. On verse de l'eau bouillante dans la caisse. La chaleur de l'eau se transmet le long des tiges et fond la cire *jusqu'à des distances qui varient avec les différentes substances*, et qui sont d'autant plus grandes que leur conductibilité est meilleure.

Sur une tige, la distance à laquelle se propage la fusion croît avec sa conductibilité. En effet, quand l'**état permanent** est établi, la chaleur qui passe dans une tige ne sert plus à élever la température des molécules, mais elle s'échappe par la surface extérieure. Or, les tiges sont plongées dans le même milieu et recouvertes du même enduit, elles présentent donc la *même déperdition extérieure* aux points où s'arrête la fusion qui sont des points d'égale température, la température de la fusion de la cire. Cette déperdition dissipe le flux de chaleur qui vient de la source d'autant moins vite que ce flux est plus important; par suite, la chaleur qui suit une tige se propagera d'autant plus loin que la conductibilité est plus grande.

Voici l'ordre dans lequel se classent les métaux usuels au point de vue de leur conductibilité : *Argent, cuivre, zinc, laiton, fer, étain, plomb, bismuth*. Cet ordre est le même que celui de leur conductibilité électrique.

279. Propriété des toiles métalliques. — La grande conductibilité des métaux explique les propriétés des toiles métalliques. Si

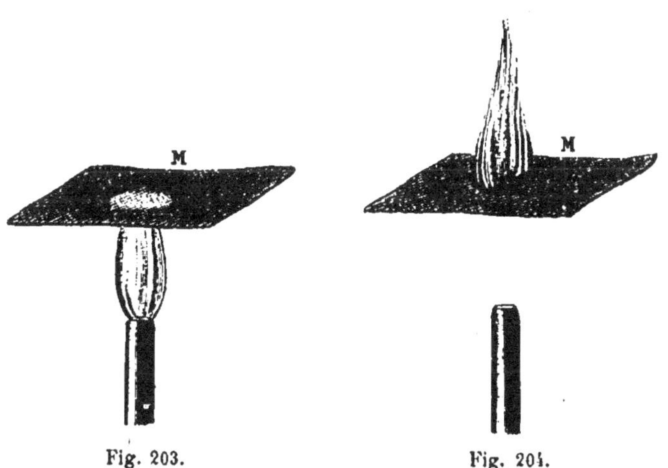

Fig. 203.   Fig. 204.

l'on coupe une flamme avec une toile métallique à mailles serrées, la flamme ne persiste qu'au-dessous de la toile (fig. 203). En effet, la toile, à cause de sa conductibilité, enlève aux gaz inflammables une si grande partie de leur chaleur qu'ils se trouvent, après leur passage, refroidis au-dessous de leur température de·combustion. Les **gaz** traversent cependant la toile, car on peut les enflammer au dessus et ils continuent à brûler.

On peut aussi enflammer les gaz seulement au-dessus de la toile sans que la combustion se propage au-dessous (fig. 204).

Fig. 205.

Les toiles métalliques sont utilisées pour garantir les cornues de verre que l'on place sur une flamme en s'opposant à leur échauffement trop rapide. Les toiles métalliques ont reçu une application importante dans la **lampe des mineurs** de Davy[1]. Le formène ou *grisou* des houillères se dégage spontanément, s'accumule dans les parties supérieures des galeries et, mélangé à l'air, produit quand on l'enflamme de formidables explosions. La cheminée de verre de la lampe des mineurs (fig. 205) est surmontée d'un cylindre en toile métallique. Si une explosion se produit dans la lampe, elle ne peut être transmise à l'extérieur, car les mailles de la toile métallique refroidissent les gaz en combustion et s'opposent à la propagation de la flamme au dehors.

280. Convection. — Si l'on chauffe un liquide par *sa partie inférieure*, les couches chauffées se dilatent et montent, car elles deviennent plus légères que les couches supérieures; celles-ci viennent prendre leur place. De là *deux courants liquides* qu'on met en évidence avec de la sciure de bois : un courant ascendant central et un courant descendant le long des parois (fig. 206). Ce transport de la chaleur par les particules est appelé *convection*, il égalise la température dans tout le liquide.

Dans une masse gazeuse échauffée, dont les molécules sont plus dilatables et beaucoup plus mobiles que des molécules liquides, la propagation de la chaleur a

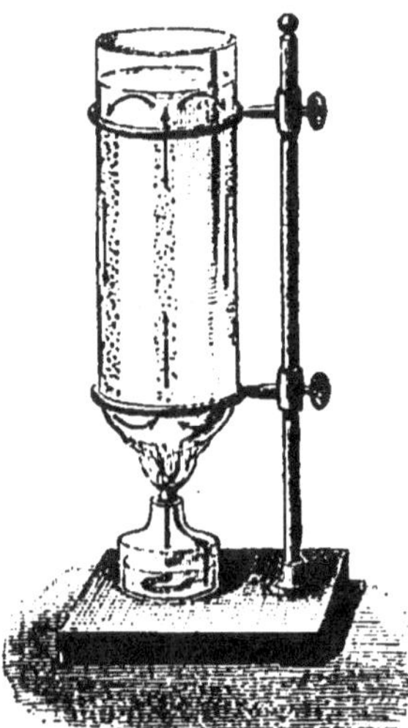

Fig. 206.

(1) **Davy** (Humphry), chimiste anglais (1778-1827).

lieu par convection. C'est ainsi que l'air échauffé au contact des parois d'un poêle gagne la partie supérieure de l'enceinte et est remplacé par de l'air froid.

281. Conductibilité des liquides. — Sauf le mercure, *les liquides conduisent mal la chaleur.* Pour montrer la mauvaise conductibilité des liquides en se mettant à *l'abri de la convection,* il faut les échauffer par leur partie supérieure. On prend une éprouvette dans la paroi de laquelle est fixé un thermomètre (fig. 207); on y verse de l'eau jusqu'à quelques millimètres au-dessus du réservoir du thermomètre et on achève de remplir avec de l'alcool. Si l'on enflamme l'alcool, le thermomètre s'élève à peine.

282. Conductibilité des gaz. — L'hydrogène paraît être le seul gaz ayant une conductibilité appréciable. Les autres gaz, et l'air en particulier, sont mauvais conducteurs s'ils sont gênés dans leurs mouvements et si par conséquent les courants de convection sont arrêtés.

La protection par les fourrures, les plumes, le duvet, les couvertures ouatées et les étoffes de laine ne tient pas seulement à la mauvaise conductibilité des filaments, mais aussi à la mauvaise conductibilité de l'*air interposé*. L'emploi des couvertures de chaume se justifie d'une manière analogue soit pour garantir les habitations du froid en hiver, soit pour prévenir la fusion de la glace dans les glacières en été. Deux vêtements légers superposés garantissent du froid parce qu'ils emprisonnent entre eux une couche d'air. De même les doubles fenêtres protègent les appartements contre un refroidissement trop accentué.

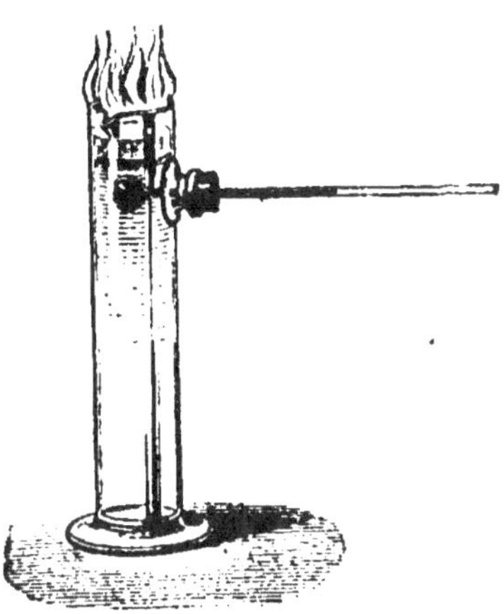

Fig. 207.

RAYONNEMENT CALORIFIQUE[1]

283. Rayonnement dans le vide. — C'est par rayonnement que nous parvient la chaleur solaire, en traversant un espace vide de toute matière pondérable.

Pour étendre la démonstration à la chaleur des sources à basse
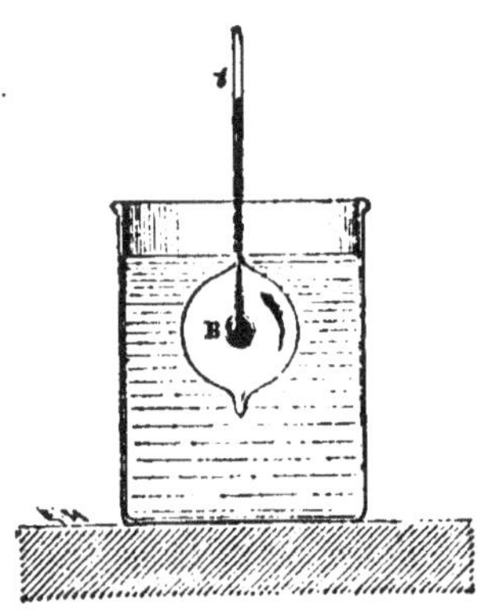
Fig. 208.

température, on se sert d'un thermomètre soudé par sa tige dans la paroi supérieure d'un ballon de verre où l'on a fait le vide; le réservoir B du thermomètre est noirci et occupe à peu près le centre du ballon. *Le thermomètre monte immédiatement quand on plonge le ballon dans l'eau chaude*[2] (fig. 208).

La transmission se fait par un rayonnement direct des parois du ballon à travers l'espace vide qui les sépare du réservoir B. Le thermomètre baisse quand on plonge le ballon dans l'eau froide; c'est alors le thermomètre qui envoie de la chaleur au liquide.

APPAREIL DE MESURE

284. Thermomultiplicateur. On emploie habituellement pour les mesures de rayonnement calorifique un thermomètre différentiel très sensible, le *thermomultiplicateur* de Melloni[3]. Il se com-

---

(1) Au point de vue du groupement des résultats il serait avantageux de ne pas séparer l'étude des radiations calorifiques de l'étude des radiations lumineuses; d'autre part les méthodes employées dans l'observation des phénomènes de rayonnement calorifiques étant différentes de celles dont on fait usage pour le rayonnement lumineux, il n'y a pas d'inconvénient à conserver un chapitre distinct pour la chaleur rayonnante. Toutefois en Optique on rapprochera les propriétés calorifiques et lumineuses des diverses radiations.

(2) La transmission est trop rapide pour être due à la conductibilité; d'ailleurs elle a lieu de la même manière si l'on enveloppe de glace la soudure du thermomètre et du ballon.

(3) **Melloni,** physicien italien (1801-1854).

posé d'une pile thermoélectrique et d'un galvanomètre ou multipli-cateur.

Description. — La **pile thermoélec-trique** est constituée par des barreaux alternatifs de bismuth et d'antimoine re-courbés à angles droits à leurs extrémités et soudés (fig. 209). Ces barreaux sont disposés en rangées parallèles dont l'en-semble forme un parallélipipède rectangle qui présente *sur une de ses faces les sou-*

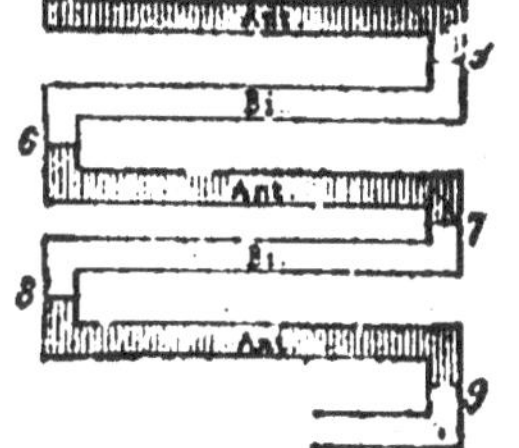

Fig. 209.

dures paires et sur la face opposée les soudures impaires. Ces faces sont recouvertes d'une mince couche de noir de fumée[1] (fig. 210).

Les deux pôles P de la pile sont réunis par deux conducteurs *f* aux deux bornes d'un **galva-nomètre.** Si l'on expose l'une des faces de la pile à un rayonnement calori-fique en laissant l'autre à la température ambiante, l'aiguille du galvanomètre est déviée et sa déviation augmente avec la diffé-rence de température des deux systèmes de sou-dures.

La chaleur d'une bougie placée à 1 mètre de la pile fait dévier d'un angle notable l'aiguille du gal-vanomètre.

Les déviations de l'ai-guille du galvanomètre, si

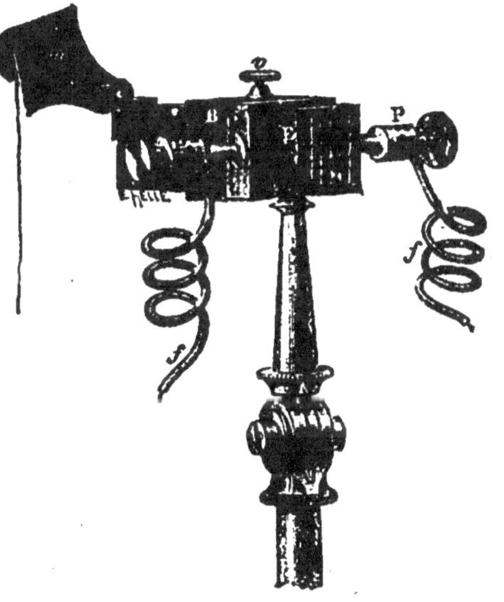

Fig. 210.

elles restent petites sont proportionnelles aux quantités de chaleur reçues en une seconde par la face de la pile qui est exposée au rayon-nement calorifique.

(1) La pile est logée dans une monture en cuivre E, sur laquelle se fixent à l'aide de vis de serrage *v*, deux étuis rectangulaires B, munis à leurs extrémités de petits écrans mobiles *m* qui permettent de soustraire à volonté les soudures aux actions calorifiques extérieures.

Lecture des déviations par réflexion. — Si l'aiguille du galvanomètre était munie d'un long index parcourant les divisions d'un
cercle de grand rayon, on pourrait se borner à de petites déviations
pour lesquelles la proportionnalité est rigoureuse, car de petits angles
d'écart correspondent alors à des arcs assez étendus pour être mesu-
rés avec sûreté. La méthode de la réflexion réalise cette condition
expérimentale. On fait réfléchir sur un petit miroir vertical fixé au
support de l'aiguille les divisions d'une règle circulaire divisée qui a
son centre sur le fil.

Banc de Melloni (fig. 211). La pile et les principales pièces qui

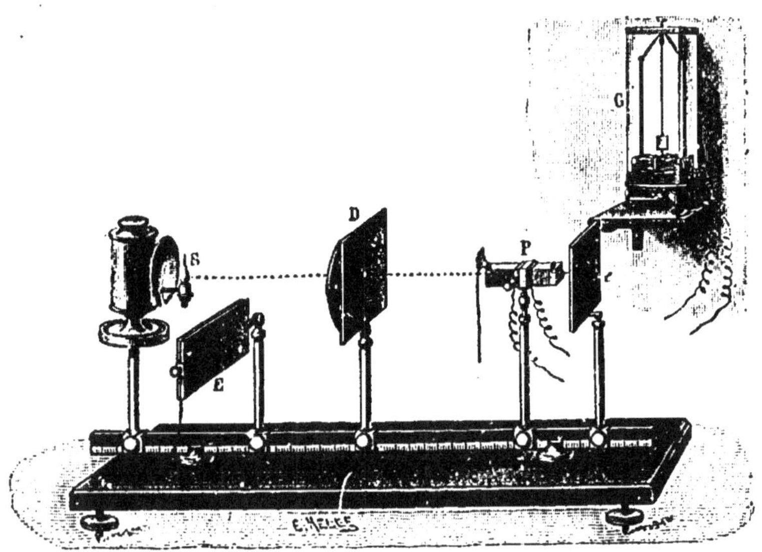

Fig. 211.

servent aux mesures de rayonnement sont alignées sur le banc de
Melloni. C'est une règle métallique horizontale divisée sur laquelle
se déplacent plusieurs colonnes en laiton que l'on serre avec des vis
de pression et qui supportent : la source calorifique S, un écran E
pour intercepter à volonté le rayonnement, un diaphragme D à ouverture variable pour limiter le faisceau reçu par la pile, la pile P et un
écran e pour protéger la seconde face de la pile.

La pile P exposée sur l'une de ses faces à l'action de la source de
chaleur S est reliée par ses pôles au galvanomètre G.

GÉNÉRALITÉS SUR LA PROPAGATION DE LA CHALEUR

285. Dans un milieu homogène, la chaleur se propage en ligne droite. — Entre une pile thermoélectrique et une source calorifique on place des écrans percés de petites ouvertures disposées sur une ligne droite qui va de la source à la pile ; l'aiguille du galvanomètre est déviée ; l'échauffement n'a plus lieu si on déplace une des ouvertures.

On appelle **rayon de chaleur** la ligne droite suivant laquelle la chaleur émanée d'un point agit sur un autre point. Les différents points d'un corps chaud émettent des rayons de chaleur qui divergent dans toutes les directions.

La **vitesse de propagation** de la chaleur dans le vide est la même que la vitesse de propagation de la lumière, elle est égale à 300 mille kilomètres par seconde. Dans les milieux plus denses que l'air, la chaleur, comme la lumière, se propage moins vite que dans l'air.

286. Loi du carré des distances. — La chaleur reçue diminue quand la distance à la source calorifique augmente.

En faisant agir normalement sur une pile thermoélectrique une même source à des distances D et D′, on observe au galvanomètre des déviations α et α';

$$\text{on trouve} \quad \frac{\alpha}{\alpha'} = \frac{D'^2}{D^2}.$$

D'après la proportionnalité des déviations α et α' aux quantités de chaleur q et q' reçues en un même temps par la surface de la pile,

$$\frac{q}{q'} = \frac{D'^2}{D^2};$$

d'où : *la quantité de chaleur reçue normalement sur une surface donnée varie en raison inverse du carré de la distance à la source.*

287. Intensité d'une source. — L'intensité I d'une source calorifique est la quantité de chaleur que cette source envoie, par seconde, *sur une surface égale à un centimètre carré, placée à l'unité de distance* et recevant normalement les rayons.

La quantité de chaleur envoyée normalement par la même source sur un centimètre carré, à la distance d, sera $\dfrac{1}{d^2} = \mathrm{E}$.

288. Propriétés des corps relativement à la chaleur rayonnante. — Un flux calorifique d'intensité I qui tombe sur un corps se divise en plusieurs parties distinctes : 1° une partie **se réfléchit régulièrement** vers le côté de l'espace d'où elle vient; 2° une partie se réfléchit irrégulièrement ou **se diffuse** dans toutes les directions; 3° une partie **est absorbée** et échauffe le corps; 4° si le corps est transparent pour la chaleur, une partie **est transmise** à travers la substance sans contribuer à son échauffement.

Ces divers faisceaux proviennent du faisceau primitif et leur somme lui est égale.

<h3 align="center">RÉFLEXION DE LA CHALEUR</h3>

289. Lois géométriques de la réflexion. — Un rayon de chaleur qui rencontre une surface polie se réfléchit suivant une direction déterminée.

Les lois de la réflexion sont les mêmes pour la chaleur et la lumière : *loi du plan d'incidence,* et *loi de l'égalité des angles d'incidence et de réflexion* (**396**).

Ces lois se vérifient surtout par leurs conséquences, en particulier par les propriétés des miroirs sphériques.

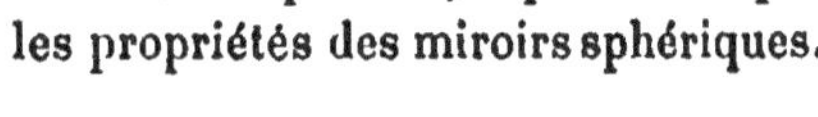

Miroirs ardents. — On donne le nom de miroirs ardents à des miroirs sphériques concaves. Si l'on dirige vers le centre du soleil l'axe d'un miroir concave, la chaleur solaire *se concentre au foyer* avec la lumière, elle peut y enflammer des substances combustibles, y fondre des métaux (fig. 212).

On a essayé, dans ces derniers temps, d'appliquer des miroirs métalliques concaves à l'*utilisation directe de la chaleur solaire.*

Fig. 212.

Miroirs conjugués. — On installe en regard l'un de l'autre, à quelques mètres de distance, deux miroirs sphériques concaves M et M' *dont les axes coïncident.* Au foyer principal F du miroir M on place la flamme d'une bougie, les rayons réfléchis parallélement à l'axe commun des deux miroirs tombent sur le deuxième miroir M' parallèlement à son axe et vont après réflexion concourir au foyer F' et former une image sur un écran.

La situation des deux foyers étant ainsi reconnue, un arc électrique C[1], disposé au foyer F (fig. 213), enflamme de l'amadou ou du fulmi-coton placés en F' sur un support P.

L'inflammation n'a pas lieu quand on interpose un écran entre la source calorifique et le miroir M, quoique la chaleur puisse se transmettre directement jusqu'en F'. Il faut avoir soin de masquer l'un des

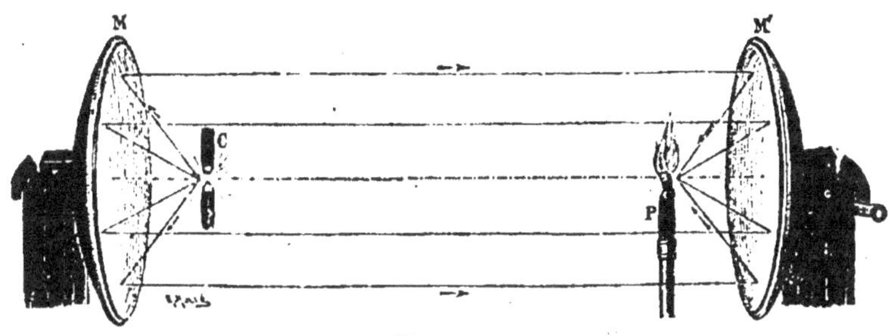

Fig. 213.

deux miroirs par un écran pendant qu'on place les corps combustibles en F'.

L'inflammation n'a plus lieu si l'on dévie un tant soit peu l'axe de l'un des deux miroirs.

Quand on remplace les charbons ardents par un bloc de glace, un thermomètre placé au second foyer baisse, car il envoie en F' plus de chaleur qu'il n'en reçoit (*réflexion apparente du froid*).

290. Pouvoir réflecteur. — On appelle pouvoir réflecteur d'un miroir *le rapport de la chaleur réfléchie à la chaleur incidente.*

La détermination d'un pouvoir réflecteur se fait avec l'appareil de Melloni (fig. 214).

En un point du banc est placée une colonne K supportant une plate-forme horizontale circulaire, divisée en degrés. Le pied de la colonne, fixé sur le banc, soutient une règle auxiliaire R mobile autour de la verticale qui passe par le centre de la plate-forme; cette règle porte la pile thermoélectrique.

Le pouvoir réflecteur se déduit de deux observations :

1° La règle mobile qui porte la pile est d'abord placée *sur le prolongement* de la règle principale de manière à recevoir sur la pile le faisceau direct. On

____

[1] Ou simplement une corbeille métallique renfermant des charbons en combustion.

note la déviation *a* due à la radiation directe. 2° Le miroir est installé verticalement au centre de la plate-forme, on fait tourner la règle R et on amène

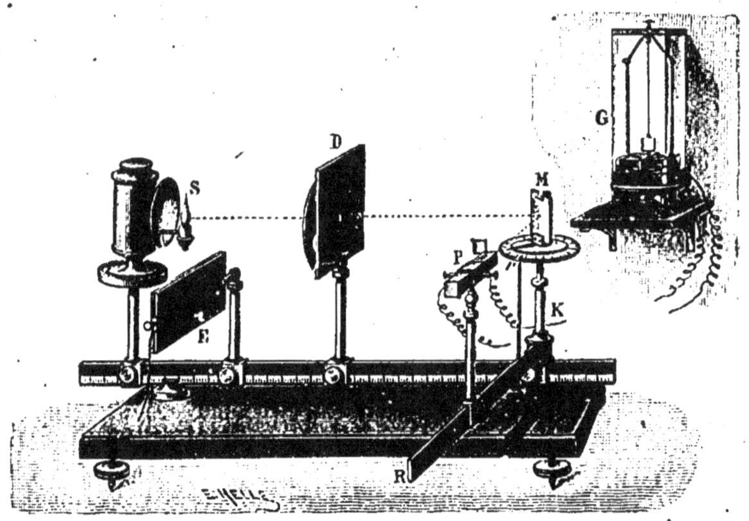

Fig. 214.

l'axe de la pile *dans la direction du faisceau réfléchi*. On observe une
déviation *a'*.

Le rapport $\dfrac{a'}{a}$ est égal au pouvoir réflecteur.

TRANSMISSION DE LA CHALEUR

291. On appelle substance **diathermane** *une substance transparente pour les rayons calorifiques*. Un corps **athermane** *est un corps
imperméable à la chaleur*. Un rayonnement calorifique traverse une
substance diathermane sans l'échauffer; il est absorbé par les substances athermanes et élève leur température. Un rayon de chaleur
est réfracté s'il rencontre obliquement une substance diathermane.

RÉFRACTION DE LA CHALEUR

292. Les lois géométriques de la réfraction de la chaleur sont celles
de la réfraction de la lumière. Ces lois conduisent aux mêmes conséquences que dans le cas de la lumière : concentration de la chaleur
par une lentille convergente, déviation de la chaleur par un prisme.

Décomposition de la chaleur solaire par un prisme. — Avec une lentille convergente en *sel gemme* (295) on projette sur un écran l'image nette S′ d'une fente fine S éclairée par les rayons solaires. Avant de former cette image, les rayons qui sortent de la

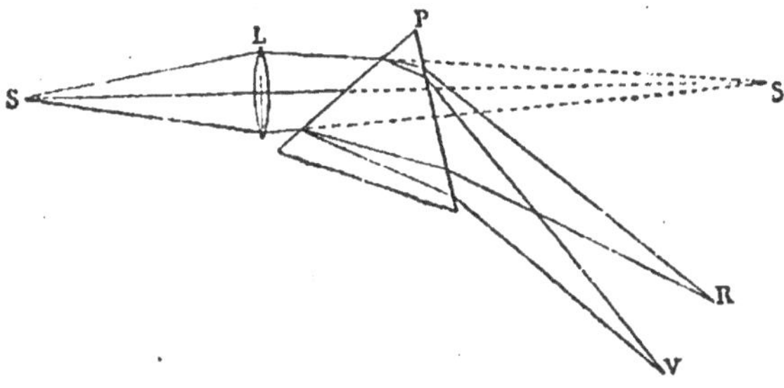

Fig. 215.

lentille sont reçus par un prisme en *sel gemme* dont l'arête réfringente est parallèle à la fente; ce prisme, au minimum de déviation décompose l'image de la fente en la dilatant perpendiculairement à son arête. Dans ce spectre lumineux où le rouge est le moins dévié et le violet le plus dévié (fig. 215) on promène une **pile thermoélectrique linéaire** montée sur la règle mobile R du banc de Melloni. Cette pile, formée d'une ligne de soudures parallèle à la fente éclairante et à l'arête réfringente du prisme, est assez étroite pour n'admettre à la fois qu'une très petite étendue du faisceau dispersé (fig. 216).

La chaleur se prolonge dans la région infra rouge. *Un faisceau solaire comprend donc des rayons calorifiques décomposables en un spectre comme les rayons lumineux.* Le spectre solaire offre des rayons calorifiques de même réfrangibilité que les rayons lumineux et *en outre*, des rayons invisibles moins réfrangibles.

Fig. 216.

Spectres calorifiques de diverses sources. — Les sources lumineuses artificielles, telles qu'un bec de gaz, une lampe à pétrole, et, en général, tous les corps incandescents présentent par le dispositif précédent un spectre lumineux analogue au spectre solaire. Les radiations lumineuses de ce spectre sont en même temps calorifiques, principalement dans la partie la moins réfrangible et il y a aussi un prolongement calorifique du spectre, moins dévié que le rouge et obscur.

Les sources calorifiques non lumineuses ne donnent qu'un *spectre obscur* moins dévié que le rouge.

POUVOIRS DIATHERMANES

293. On appelle **pouvoir diathermane** d'une substance, sous une épaisseur déterminée et pour une source calorifique donnée, *le rapport entre la quantité de chaleur transmise et la quantité de chaleur incidente.*

Pour comparer les pouvoirs diathermanes des diverses substances, on les

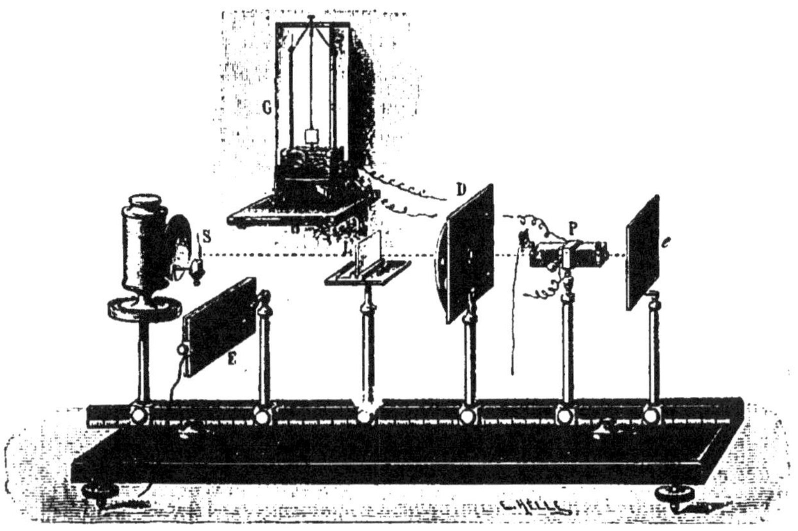

Fig. 217.

taille en lames à faces parallèles, de même épaisseur, et on fait les deux mesures suivantes (fig. 217) :

1° On reçoit sur la pile P le rayonnement *direct* de la source S et on note la déviation α au galvanomètre.

2° Entre la source S et la pile *on interpose* une lame L placée verticalement sur un support et on note la nouvelle déviation α'. Le rapport $\dfrac{\alpha'}{\alpha}$ est le pouvoir diathermane.

294. — Influence de la nature de la source. — Sous une même épaisseur, la transparence d'une même substance diathermane peut varier beaucoup avec la réfrangibilité de la chaleur incidente.

Une lame de *verre* est opaque pour les rayons obscurs très peu réfrangibles, tels que ceux qui sont émis par un corps à 100°; elle se laisse mieux traverser par les rayons obscurs voisins du rouge; enfin elle est transparente pour la chaleur lumineuse.

Application aux serres. — On comprend comment une serre vitrée exposée au Midi se maintient à une température élevée. La partie lumineuse de la chaleur solaire traverse les vitres et échauffe les corps qu'elle rencontre à l'intérieur. Ceux-ci n'émettent que des rayons obscurs de faible réfrangibilité qui ne peuvent plus sortir, s'accumulent dans l'enceinte et en élèvent la température. L'explication est la même pour le rôle des cloches des jardiniers.

295. Influence de la nature de la substance. — Substances transparentes. — Les substances transparentes laissent passer la chaleur lumineuse, mais elles absorbent pour la plupart une notable partie de la chaleur obscure. Le *verre* est opaque pour les rayons obscurs peu réfrangibles, l'*alun* arrête presque toute la chaleur obscure, l'*eau* est également athermane pour les rayons obscurs; il en est de même pour les liquides de l'œil, de telle sorte que, si la rétine était sensible aux rayons obscurs, ceux-ci ne pourraient l'impressionner puisqu'ils ne lui parviennent pas.

Rôle météorologique de la vapeur d'eau. — L'air sec est diathermane, les rayons solaires le traversent sans l'échauffer, mais la *vapeur d'eau* arrête dans une grande proportion la chaleur obscure. Par cette propriété, l'air humide atmosphérique nous protège pendant le jour contre une insolation trop vive en absorbant une grande partie des radiations solaires obscures. La chaleur obscure que le sol échauffé émet pendant la nuit est à son tour arrêtée par la vapeur d'eau des couches inférieures de l'atmosphère qui nous préservent ainsi d'un refroidissement trop accentué. Les contrées les plus sèches sont en effet celles où la température subit les plus fortes variations (Sahara, Asie centrale). C'est dans les îles de petite étendue que ces variations sont les plus faibles.

Sel gemme. — Le sel gemme est transparent et incolore pour *toutes les radiations.* C'est à cause de cette transparence qu'on emploie une lentille et un prisme de sel gemme pour l'analyse d'un faisceau calorifique. En raison de l'absorption par le verre, le spectre serait beaucoup moins étendu dans la région calorifique obscure avec une lentille et un prisme de verre.

Substances non transparentes. — Les substances opaques pour la lumière le sont aussi pour la chaleur de même refrangibilité, mais certains corps opaques arrêtent la chaleur lumineuse et laissent passer la chaleur obscure. Tel est le cas d'une *dissolution d'iode dans le sulfure de carbone*, d'une mince lame d'ébonite, etc.

Interposition de deux lames différentes. — Une lame d'*alun* arrête la chaleur obscure, une solution d'iode dans le sulfure de carbone arrête la chaleur lumineuse, l'ensemble des deux lames intercepte le rayonnement entier. L'analogie avec les effets produits en lumière par les verres colorés est évidente. Un verre rouge ne transmet que la lumière rouge, un verre vert arrête cette lumière. Le système des deux verres superposés intercepte toute lumière.

ABSORPTION DE LA CHALEUR

296. Une partie de la chaleur qui tombe sur un corps est absorbée et l'échauffe.

Pour un corps parfaitement poli, la chaleur absorbée est la différence entre la chaleur incidente et la chaleur régulièrement réfléchie.

Le *noir de fumée* absorbe toutes les radiations calorifiques. Pour cette raison, on recouvre de noir de fumée les soudures des piles thermoélectriques afin que l'absorption des rayons incidents par la face exposée au rayonnement soit la même pour toutes les radiations. Les terres noires s'échauffent plus en été que les terres blanches, les vêtements noirs absorbent mieux les rayons solaires que les vêtements blancs.

ÉMISSION DE LA CHALEUR

297. La quantité de chaleur émise par un même corps augmente avec la température de ce corps. En outre, à une même température, la quantité de chaleur émise dépend de la nature de la surface.

Pouvoirs émissifs des diverses substances. — Le noir de fumée mat est la substance qui, à une même température, émet le plus de chaleur.

On appelle **pouvoir émissif** *d'une substance le rapport de la quantité de chaleur émise par cette substance à celle qui est émise par une surface égale de noir de fumée à la même température.*

Les *métaux polis* ont un pouvoir émissif très faible; c'est en vertu de la faiblesse de ce pouvoir émissif qu'un liquide se maintient très longtemps chaud dans un vase d'argent ou de cuivre poli. Un vase métallique noirci se refroidit au contraire très vite.

298. Mesure des pouvoirs émissifs. — Sur un banc de Melloni, à la

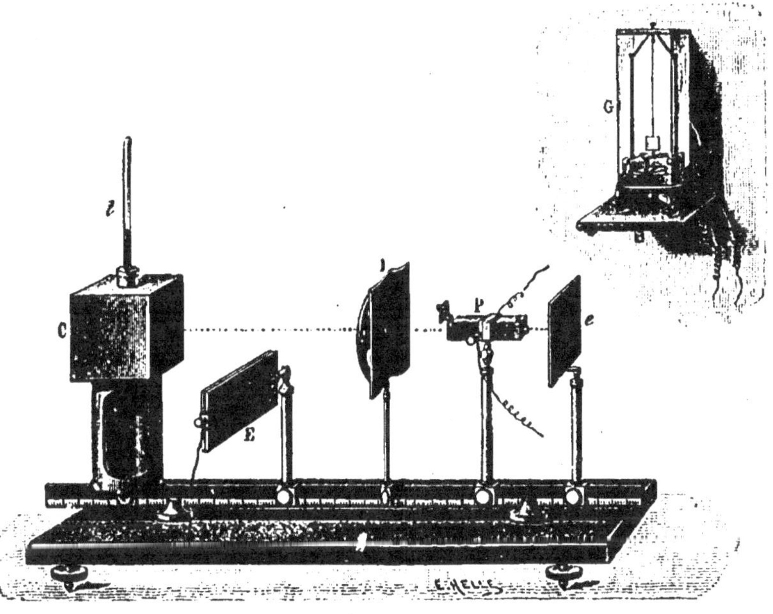

Fig. 118.

hauteur de la pile thermoélectrique et à une certaine distance, on dispose un cube creux C dont les faces verticales sont recouvertes de noir de fumée et de substances différentes. Ce cube contient de l'huile chaude dont on maintient la température constante en agitant et en introduisant de temps en temps de petites quantités de liquide chaud (fig. 118).

On fait rayonner successivement vers la pile les *diverses faces* du cube; on observe au galvanomètre des déviations différentes. Ces déviations mesurent les quantités de chaleur émises pendant un même temps par des surfaces *d'égale étendue*, à la même température.

POUVOIRS ÉMISSIFS A 100°

Noir de fumée............................	1
Argent mat..............................	0,54
Argent poli.............................	0,025

APPLICATIONS DES LOIS DE LA CHALEUR

PHÉNOMÈNES MÉTÉOROLOGIQUES

299. Rosée. — On appelle rosée les gouttelettes d'eau que l'on aperçoit quelquefois le matin sur des corps voisins du sol placés à découvert. La rosée n'est pas produite par de l'eau qui tombe, mais par une condensation de la vapeur d'eau atmosphérique invisible (**275**) au contact même de certains corps.

Influence du pouvoir émissif et de la conductibilité. — Quand le ciel est clair, les corps de la surface du sol se refroidissent par le rayonnement nocturne et d'autant plus que leur *pouvoir émissif est plus grand*, surtout si leur *conductibilité est faible*, car ils n'empruntent pas alors de chaleur au sol avec lequel ils sont en contact.

La rosée n'apparaît pas sur les métaux polis dont le pouvoir émissif est très faible. Les corps mats et surtout les *plantes vertes*, dont le pouvoir émissif est grand et la conductibilité médiocre, se refroidissent plus que le sol qui les porte, la différence de température atteint souvent 5 à 6° ; à leur contact l'air se refroidit et s'il est assez humide pour que sa vapeur devienne saturante à la température du corps froid, cette vapeur se condense comme sur une carafe froide.

Si la température de l'air n'est elle-même que de quelques degrés au-dessus de zéro, le refroidissement par rayonnement peut être suffisant pour que la rosée se congèle, ce qui produit la *gelée blanche*.

Exposition et état du ciel. — La rosée cesse de se déposer sous un abri ; il en est de même s'il y a des nuages ou du brouillard, car le rayonnement est alors moins vif. On combat au printemps la gelée blanche et on préserve de son action les *jeunes pousses* en protégeant les plantes par des abris ou en produisant par la *combustion de matières goudronneuses* d'épaisses fumées qui forment un écran protecteur.

Agitation de l'air. — Il n'y a pas de rosée quand le vent souffle, l'air se renouvelant trop vite pour prendre la température des corps qu'il touche. Une *légère agitation de l'air* favorise l'augmentation du dépôt de rosée, car différentes couches d'air viennent successivement se dépouiller de leur humidité.

300. Nuages. — La vapeur d'eau invisible (**275**) de l'air perd sa transparence en se condensant et forme un nuage ou *un amas de gouttelettes extrêmement petites*. Ces gouttelettes, plus lourdes que l'air, tombent comme tous les corps pesants, mais en raison de leur petitesse et de la résistance que l'air oppose à leur chute, elles *tombent lentement;* la partie inférieure des nuages repasse à l'état de vapeur invisible dans des couches plus chaudes tandis que la partie supérieure peut s'accroître par de nouvelles condensations. Les nuages changent en effet continuellement de forme. — La *hauteur* des nuages est très variable, la hauteur moyenne paraît comprise entre 500 et 2000 mètres.

Variétés de nuages. — Les nuages affectent différentes formes : les **cirrus** sont des nuages très élevés semblables à des filaments déliés ; les **cumulus** sont de gros nuages blancs, à contours arrondis, entassés les uns sur les autres, ils se forment surtout en été ; les **stratus** sont des bandes horizontales occupant souvent l'horizon au coucher du soleil ; les **nimbus** sont des nuages gris, confondus, couvrant une grande partie du ciel.

Formation des nuages. — Si un courant d'air chaud et humide est transporté dans une couche froide de l'atmosphère, sa température peut s'abaisser à un degré où il n'est plus capable de garder toute la vapeur d'eau qu'il contenait, de là une *précipitation de vapeur* et formation d'un nuage. Ajoutons que si une couche d'air s'élève, sa pression diminue, et il en résulte une détente qui entraîne à elle seule un refroidissement (**305**) et une condensation. Parmi les causes de formation des nuages, citons encore la rencontre de deux courants d'air, l'un froid, l'autre chaud et humide.

Brouillard. — Les nuages qui se forment au voisinage du sol par le refroidissement de l'air et la condensation de la vapeur d'eau prennent le nom de brouillards. Au sein d'un nuage sur le flanc d'une montagne et au milieu d'un brouillard en plaine on éprouve en effet la même impression. Les brouillards formés le long des rivières ou sur le sol d'une prairie, sont dissipés le matin par les rayons du soleil qui élèvent la température de l'air et augmentent ainsi son pouvoir dissolvant pour la vapeur d'eau.

301. Pluie. — La pluie résulte de la chute des nuages. Les gouttelettes de vapeur d'eau se réunissent et forment des gouttes.

Ou bien ces gouttes traversent en tombant des couches inférieures sèches et elles diminuent graduellement de volume; dans ce cas, la pluie n'atteint pas le sol et le nuage se dissipe;

Ou bien ces gouttes traversent des couches inférieures saturées d'humidité, moins froides qu'elles ; elles condensent de la vapeur à leur surface, grossissent, tombent de plus en plus vite et atteignent le sol.

Le mouvement de l'air détermine la pluie en transportant à distance des couches d'air chargées de vapeur d'eau; ainsi les vents d'ouest en France, chargés d'humidité par leur passage sur l'Océan amènent fréquemment la pluie. Si ce transport n'avait pas lieu, un air immobile se saturerait d'humidité au-dessus des nappes d'eau et il y pleuvrait à chaque refroidissement; l'air resterait sec au-dessus de la terre ferme et il n'y pleuvrait jamais.

Neige. — La neige est de l'eau solidifiée en petits *cristaux* enchevêtrés; ces cristaux proviennent de la congélation de la vapeur des nuages, quand leur température s'abaisse au-dessous de zéro. En tombant, la neige se liquéfie souvent dans des couches d'air inférieures plus chaudes et nous arrive à l'état de pluie.

Givre. — Le givre est dû à la congélation de l'eau d'un brouillard épais; cette glace reste en hiver suspendue aux branches des arbres.

Verglas. — Le verglas résulte de la congélation brusque de la pluie sur le sol et forme une couche de glace unie et transparente.

Grêle. — Ce sont des grains de glace compacts qui tombent aux heures plus chaudes de la journée au printemps et en été, surtout au début des orages.

CHAUFFAGE DES APPARTEMENTS

302. Tirage des cheminées. — Le tirage des cheminées s'explique en remarquant que l'air chauffé par le feu monte en raison de sa diminution de densité (**219**). En s'élevant dans la cheminée, il détermine un appel d'air froid qui entretient la combustion.

Imaginons deux tuyaux verticaux de même hauteur AB et A'B'

commu‥quant entre eux à la partie inférieure. Si celui de gauche est froid et celui de droite à une température élevée, une tranche mn du tube de communication éprouve des pressions inégales sur ses deux faces (fig. 219).

De B vers B' la pression est égale à la pression atmosphérique P qui s'exerce sur AA', accrue de la pression de la colonne froide AB de hauteur h. De B' vers B, la pression est égale à la pression P accrue de la pression de la colonne d'air chaud A'B' de hauteur h dont la densité d' est

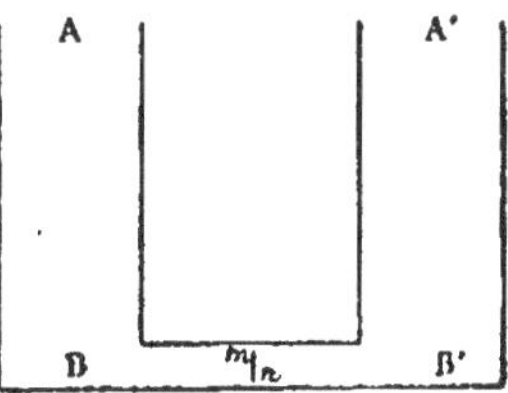

Fig. 219.

inférieure à la densité d de l'air froid AB. L'excès de pression de B vers B' est $h(d - d')$; il augmente avec h et avec $d - d'$.

Il y aura un mouvement dans le sens BB' (descendant en AB et ascendant en B'A').

Dans le cas d'une *cheminée*, le tuyau AB est supprimé, l'air froid s'échauffe en traversant un foyer en B'; l'air extérieur et l'air de la cheminée se comportent toutefois comme s'ils étaient placés dans deux tuyaux en communication. Les pressions sur une section verticale située à l'entrée du conduit T sont les mêmes que sur la tranche mn du canal de communication des deux tuyaux précédemment figurés. Il y a appel d'air par la partie inférieure de la cheminée ou *tirage* (fig. 220).

Conditions qui accroissent le tirage. — Le tirage sera d'autant plus énergique que la cheminée sera plus haute et que l'air de la cheminée sera plus chaud.

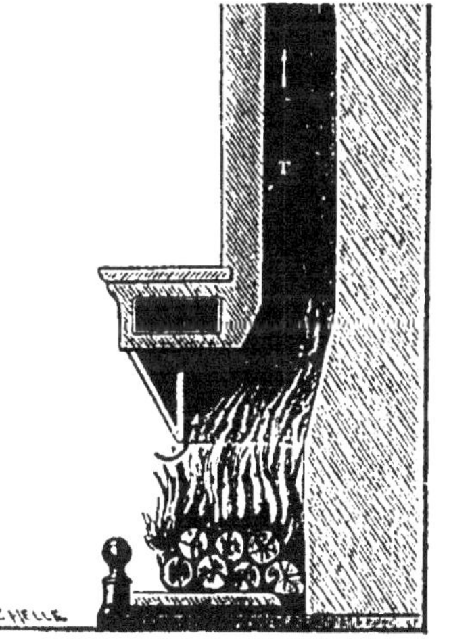

Fig. 220.

On augmente la hauteur de la cheminée en prolongeant le conduit de fumée par un tuyau en tôle. On élève la température dans le tuyau de fumée en abaissant le *registre* de la cheminée, ce qui réduit la section d'entrée du foyer et diminue ainsi la ventilation.

La direction de la cheminée doit être voisine de la verticale, parce que les frottements y sont moindres que dans un tuyau oblique.

Le courant ascendant de la cheminée amène sur le combustible une grande quantité d'air qui active le feu et entraîne au dehors les produits de la combustion; en outre, il assure par appel d'air la *ventilation* de l'enceinte chauffée.

Causes de tirage insuffisant. — Plusieurs causes peuvent rendre le tirage insuffisant : 1° Une *hauteur trop petite* de la cheminée; 2° Une *trop grande largeur* qui permet des courants descendants d'air froid en même temps que des courants ascendants d'air chaud; 3° Une température des gaz de la combustion peu supérieure à celle de l'air ambiant, comme cela peut avoir lieu dans des *poêles à combustion lente;* 4° Une *rentrée insuffisante de l'air* extérieur par les joints trop bien ajustés des portes et des fenêtres, ce qui raréfie l'air de la chambre et diminue la pression en *mn* dans le sens de BB'; 5° la présence dans une chambre voisine, d'une *cheminée d'un tirage plus actif,* qui produit une aspiration jusque dans la chambre à laquelle appartient la cheminée BB'; 6° Le refoulement de l'air chaud de la colonne BB' par un *vent violent.*

Les *cheminées* ou foyers ouverts ne chauffent que par la chaleur qu'elles rayonnent, et celle-ci n'est qu'une fraction très petite de la chaleur dépensée; la chaleur de combustion étant entraînée en grande partie par les gaz chauds qui s'échappent; leur chauffage est sain par la ventilation qu'elles déterminent, mais il est très dispendieux. Les *poêles* ou foyers fermés échauffent l'air au contact de leurs parois et utilisent la plus grande partie de la chaleur fournie par le combustible. Lorsque le tirage est trop réduit, comme dans les poêles à combustion lente, la ventilation est insuffisante; en outre, les gaz de la combustion renferment de l'oxyde de carbone et, à cause de la faiblesse du tirage, ils peuvent se répandre dans l'appartement.

303. Calorifères. — Dans le calorifère à *air chaud,* un foyer est établi dans le sous-sol. Il chauffe un tuyau qui aspire l'air du dehors par son extrémité inférieure et le répand sur son parcours dans les locaux à chauffer par plusieurs orifices ou *bouches de chaleur.*

Un calorifère à *circulation d'eau chaude* comprend : 1° Une *chaudière tubulaire* C placée dans la cave de l'édifice et dans laquelle on chauffe l'eau; 2° Des *surfaces chauffantes* S où l'eau circule et émet de la chaleur en se refroidissant; 3° Des *tuyaux de distribution t* qui conduisent l'eau de la chaudière aux surfaces chauffantes et la ramènent à la chaudière; 4° Un réservoir ou *vase d'évaporation* V situé dans les combles et où se loge le produit de la dilatation du système (fig. 221).

La vitesse de circulation *croît avec la différence de densité* des colonnes liquides ascendante et descendante.

La chaudière et le réservoir communiquent par deux tuyaux. L'un d'eux *t'* se dirige verticalement et conduit l'eau chaude de la chaudière au réservoir; l'autre *t* ramène cette eau du réservoir au fond de la chaudière en parcourant les enceintes à chauffer. Tout le système est plein d'eau.

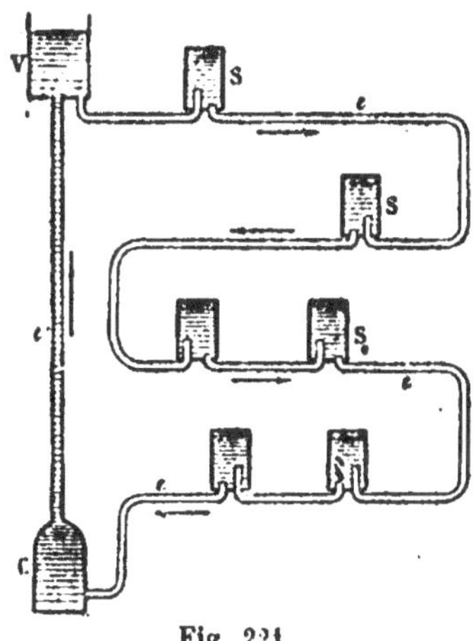

Fig. 221.

Dans les calorifères à *vapeur*, une chaudière installée dans un sous-sol produit de la vapeur à 100°; cette vapeur se rend par des tuyaux aux différentes parties de l'édifice. Dans les pièces à chauffer, les tuyaux sont garnis d'ailettes A (fig. 222) qui offrent à l'air une large surface de contact. La vapeur s'y refroidit, s'y condense et dégage en se condensant une grande quantité de chaleur. La canalisation amène la vapeur par le tuyau V et ramène en C l'eau condensée à la chaudière où elle est vaporisée de nouveau. Une vis *v* permet de régler l'introduction de la vapeur.

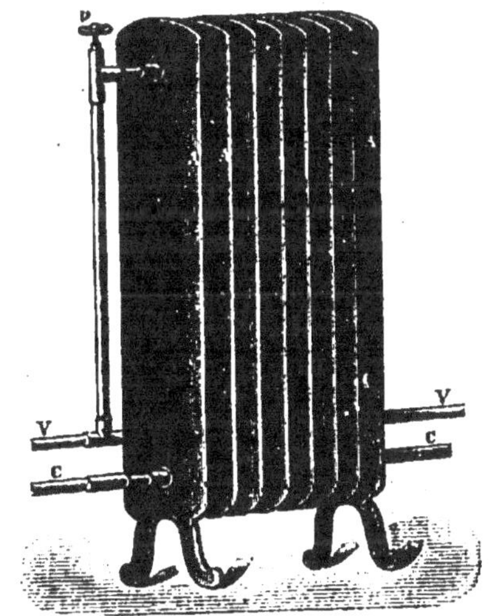

Fig. 222.

Les calorifères à circulation d'eau chaude et les calorifères à vapeur ne déterminent pas de ventilation.

ÉQUIVALENT MÉCANIQUE DE LA CHALEUR

304. Transformation du travail mécanique en chaleur. — Le choc, le martelage, le forage, le limage des métaux, en un mot toutes les actions mécaniques déterminent une production de chaleur.

Percussion. — En frappant un morceau de plomb posé sur une enclume, un marteau développe assez de chaleur pour qu'une pile thermoélectrique (**284**) appliquée ensuite sur le plomb accuse une notable élévation de température. Un boulet lancé contre une plaque de blindage peut s'échauffer au point de rougir.

Frottement. — On connaît l'échauffement d'un bouton de cuivre vivement frotté sur une table. Quand on arrête une voiture en ser-

Fig. 223.

rant les freins, le frottement développe beaucoup de chaleur. C'est en frottant le phosphore d'une allumette qu'on élève sa température jusqu'à l'inflammation. Deux morceaux de glace frottés l'un contre l'autre entrent en fusion.

Soit encore un tube de laiton T contenant un mélange d'alcool et d'éther et fermé par un bouchon (fig. 223). On le fait tourner rapidement et on le serre pendant sa rotation, entre deux plaques de bois M réunies par une charnière, on détermine ainsi un frottement rude qui produit une vive élévation de température; le liquide s'échauffe au point de se vaporiser et de projeter le bouchon en l'air.

Compression. — Dans un cylindre de verre à parois épaisses et plein d'air, on pousse *brusquement* un piston qui le ferme hermétiquement, l'air s'échauffe au point d'enflammer un morceau d'amadou placé à la partie inférieure du cylindre (*briquet à air*, fig. 28).

305. Transformation de la chaleur en travail mécanique.

— Dans une machine à vapeur, la vapeur se refroidit en poussant le piston, cette dépense de chaleur est la source du travail utilisé.

Un gaz comprimé, en s'échappant du vase qui le renferme, subit un refroidissement très marqué (**266**) (*Marmite de Papin*). La cause de ce refroidissement est le travail mécanique qu'il effectue, aux dépens de la chaleur qu'il possède, en refoulant l'air extérieur.

Le refroidissement d'un gaz par sa détente a été utilisé dans la liquéfaction des gaz (**272**).

PRINCIPE DE L'ÉQUIVALENCE

306. Dans les opérations où de la chaleur est dépensée pour produire un travail (*machine à vapeur*) et dans celles où un travail est annulé avec apparition de chaleur (*choc, frottement*), un même nombre de calories Q correspond toujours à un même travail T, quel que soit le mécanisme qui réalise la transformation. C'est dans la *proportionnalité entre la chaleur disparue et le travail effectué* ou *entre le travail dépensé et la chaleur dégagée* que consiste le **principe de l'équivalence**, énoncé par **Mayer**[1] en 1842.

Équivalent mécanique de la calorie. — Une Calorie (Calorie du kilogramme d'eau) et 425 kilogrammètres se remplacent dans une transformation; 425 est l'*équivalent mécanique de la Calorie* On l'appelle : *Équivalent mécanique de la chaleur.* L'équivalent calorifique du kilogrammètre est $\dfrac{1}{425}$.

En ergs (**66**), l'équivalent mécanique de la calorie (calorie du gramme) est égal à $\dfrac{425 . 9,81 . 10^7}{1000}$ ou $4,17 . 10^7$, L'équivalent calorifique de l'erg est $\dfrac{1}{4,17 . 10^7}$ (en calories du gramme).

En joules, l'équivalent mécanique de la calorie est 4,17.

[1] **Mayer** (*Robert*), médecin d'Heilbronn (1814-1878).

DÉTERMINATION DE L'ÉQUIVALENT MÉCANIQUE
DE LA CALORIE

Deux méthodes peuvent être suivies : 1° chercher combien il faut de kilogrammètres pour produire une calorie ; 2° déterminer combien de kilogrammètres on retire d'une calorie.

307. Expérience de Joule[1]. — C'est une application de la première méthode : *transformation en chaleur*, par l'intermédiaire d'un frottement, *du travail effectué par la chute d'un poids*.

Appareil. — Dans un calorimètre rempli d'eau, tourne un axe vertical I muni de palettes de laiton G, mobiles dans les espaces laissés

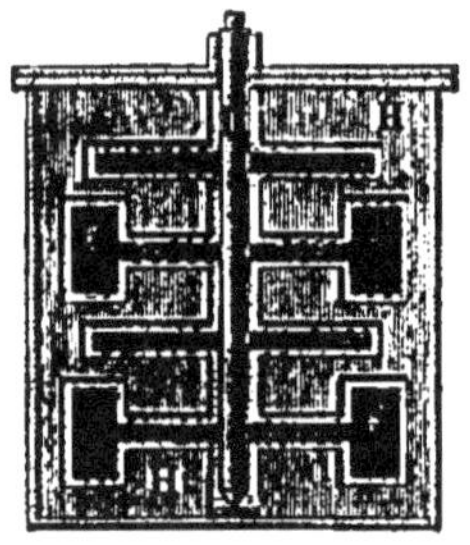

Fig. 224.

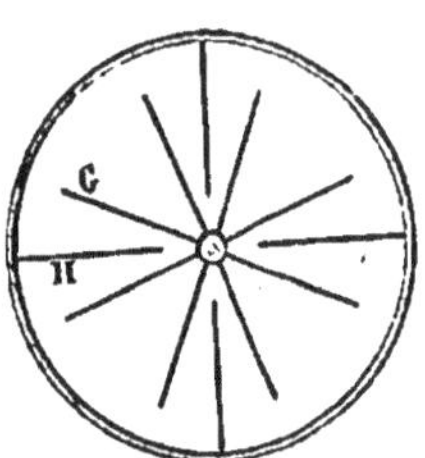

Fig. 225.

libres par des cloisons verticales échancrées II (fig. 224 et 225).

La partie supérieure c de l'axe de rotation se continue par une pièce de bois b, sur le prolongement de laquelle un treuil T est fixé avec une goupille a. Sur ce treuil s'enroulent en sens contraires deux cordons dont les extrémités sont assujetties sur les circonférences de deux poulies A. Sur les axes e de ces poulies s'enroulent deux autres cordons portant deux masses de plomb P de même poids (fig. 226). La chute de ces masses le long de deux règles divisées R entraîne la rotation des poulies et en même temps du treuil et de l'axe qui porte les palettes. Quand les deux poids ont atteint le sol, on interrompt pour un instant, en enlevant la goupille a, la liaison du treuil et de l'axe à palettes et, à l'aide de la manivelle M, on remonte les poids sans mettre en mouvement les palettes. Pour obtenir un dégagement

(1) **Joule**, né à Manchester (1818-1889).

do chaleur mesurable avec précision, la chute des poids est répétée une vingtaine de fois. Un thermomètre très sensible *t* plongé dans le calorimètre fait connaître l'élévation de température.

Pendant la rotation de l'axe à palettes, le mouvement de chute des poids tend à s'accélérer, mais la résistance opposée par le frottement des palettes croît avec leur vitesse et arrive bientôt à absorber tout le travail des poids. Dès ce moment le mouvement de chute devient *uniforme* et la force vive du système entraîné ne varie plus. Le travail moteur de la chute des poids est

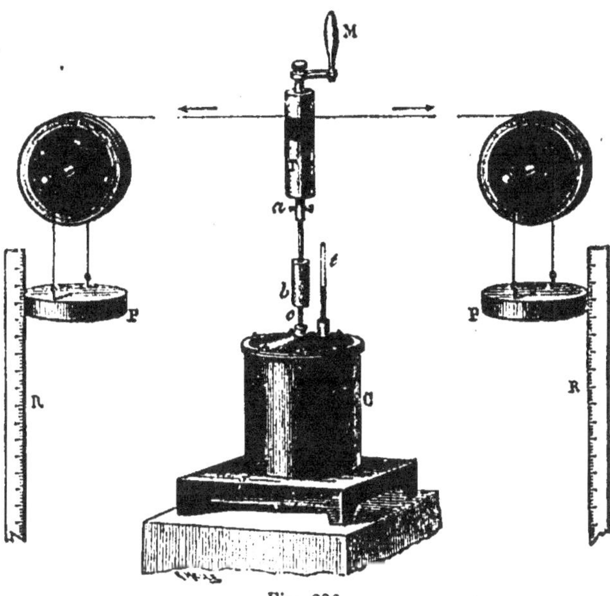

Fig. 226.

alors égal au travail résistant (**42**) ou au travail de frottement des palettes contre le liquide, et celui-ci est intégralement converti en chaleur.

Désignons par T la *fraction*[1] du travail (en kilogrammètres) des poids qui est dépensée pour vaincre la résistance du frottement dans le calorimètre, par Q le gain de chaleur du calorimètre (en Calories); on trouve en désignant par E l'équivalent mécanique :

$$E = \frac{T}{Q} = 425.$$

(1) Si nous désignons par *h* la hauteur de chute des poids, par *n* le nombre des chutes, par P la valeur en kilogrammes de chacun des poids, le travail total des poids est $2nPh$ kilogrammètres ; pour obtenir le travail T, il faut retrancher du travail $2nPh$, la force vive perdue par les poids au moment de leur choc contre le sol et le travail absorbé par les frottements qui ont lieu en dehors du calorimètre (dans le mouvement du treuil, des poulies, des cordons, etc.).

308. Expérience de Hirn[1]. — C'est une application de la deuxième méthode : *transformation de chaleur en travail.*

Principe de la méthode. — Dans une machine à vapeur, *la production de travail mécanique est accompagnée de la disparition d'une certaine quantité de chaleur.*

Dans une machine arrivée à son fonctionnement régulier, une fraction de la chaleur empruntée à la chaudière gagne le condenseur avec la vapeur, une autre partie est convertie en travail et disparaît comme chaleur, car *la vapeur se refroidit en poussant le piston.* Hirn a fait voir que la quantité de chaleur qui est convertie en travail est proportionnelle au travail effectué.

Il fit ses déterminations sur une machine industrielle d'une puissance de 200 chevaux-vapeur. Il mesurait :

1° Le nombre Q de calories que possédait la masse de vapeur entrant dans le corps de pompe à chaque coup de piston, et le nombre Q′ de calories que cette vapeur avait conservées à sa sortie du corps de pompe; 2° le travail T effectué par la vapeur en déplaçant le piston.

On a toujours Q > Q′, car la vapeur s'est refroidie et a perdu Q — Q′ pendant son travail.

$$\frac{T}{Q-Q'} = E.$$

309. Invariabilité de l'équivalent mécanique de la calorie. — La proportionnalité entre la chaleur et le travail a été vérifiée dans un grand nombre de cas : le coefficient de proportionnalité ne varie pas. C'est là un *fait expérimental indépendant de toute hypothèse sur la nature de la chaleur.* L'application à toutes les transformations du principe d'équivalence de la chaleur et du travail a conduit au **principe de la conservation de l'énergie**, principe aussi général que celui de la *conservation de la masse*[2].

PRINCIPE DE LA CONSERVATION DE L'ÉNERGIE

310. ÉNERGIE. — La *capacité de travail* d'un système est appelée énergie (**41**). On distingue deux formes d'énergie : *l'énergie de mou-*

------

(1) **Hirn,** ingénieur de Colmar (1815-1890).

(2) Le principe de la conservation de la masse, appelé aussi principe de la *conservation de la matière*, a été établi par Lavoisier à l'aide de la balance.

rement et l'*énergie potentielle*. Les quantités d'énergie se mesurent avec les mêmes unités que le travail mécanique (erg, joule, kilogram-mètre).

Énergie de mouvement. — Un corps en mouvement possède une force vive qui peut se transformer en travail (**40**). La force vive est donc une forme d'énergie : on l'appelle énergie de mouvement ou énergie *cinétique*.

Énergie potentielle. — L'énergie se présente sous une autre forme. Un ressort tendu possède une énergie, car, en se détendant, il peut reproduire un travail égal au travail dépensé pour le tendre. De même un poids P soulevé à une hauteur h[1] diffère du même poids au repos posé sur le sol, car il possède une énergie Ph qui n'est pas apparente mais qu'il peut développer dans sa chute et qui peut servir à élever un autre poids ou à faire fonctionner un moteur. Les réserves d'énergie du ressort tendu et du poids soulevé ont reçu le nom d'énergie potentielle. *Tout système dont certaines parties sont capables de produire du travail en changeant de positions relatives possède de l'énergie potentielle.*

Exemples des deux énergies. — L'eau courante, le vent, un projectile lancé par une arme, le volant d'une machine en mouvement ont de l'énergie cinétique; un ressort tendu, un gaz comprimé, une vapeur en pression, un liquide emmagasiné derrière un barrage, une substance explosible possèdent une énergie potentielle.

Une énergie cinétique est susceptible d'être convertie directe-ment en travail mécanique, une énergie potentielle a besoin d'une intervention étrangère pour se transformer. C'est ainsi que l'énergie d'une substance explosible reste potentielle jusqu'au moment où une énergie étrangère vient à l'enflammer; elle devient alors énergie cinétique, et elle se convertit en travail mécanique quand elle lance un projectile.

Transformation réciproque des deux énergies. — Une éner-gie peut passer d'une forme à l'autre. Soit, par exemple, un poids P maintenu à une hauteur h; son énergie de mouvement est nulle en

---

(1) Une attraction s'exerce entre la terre et le poids P soulevé à une hauteur h; le sys-tème formé par la terre et le poids se comporte comme un ressort tendu; le travail dépensé pour soulever le poids et vaincre l'attraction terrestre est reproduit quand le poids retombe.

même temps que sa vitesse, son énergie potentielle est Ph. Laissons tomber ce poids, sa vitesse s'accroît; quand il est descendu de h', son énergie de mouvement est devenue $\frac{1}{2} mv^2 = Ph'$; mais comme il est encore à la distance $h - h'$ du sol, il lui reste une énergie potentielle $P (h - h')$; il possède à ce moment les deux espèces d'énergie et la somme $Ph' + P (h - h') = Ph$ n'a pas varié. Il n'y a eu dans la chute qu'échange d'une partie de l'énergie potentielle en énergie de mouvement. La somme des deux énergies du poids ou son *énergie totale* reste constante [1].

311. L'énergie d'un système isolé reste constante. — C'est l'énoncé du *principe de la conservation de l'énergie*. Cette proposition, déduite de l'observation, exprime que pour un système *isolé*, c'est-à-dire soustrait à toute influence extérieure, la somme de l'énergie de mouvement et de l'énergie potentielle de l'ensemble des points est invariable. Ce système ne peut offrir que des changements de distribution et des transformations d'énergie ; *si une énergie disparaît, il s'en produit une autre équivalente.*

Il résulte de là que si un tel système revient à son *état initial* avec la même vitesse, son énergie de mouvement et son énergie potentielle ayant repris les mêmes valeurs, il ne peut avoir accompli un travail sans qu'on lui ait fourni une énergie étrangère ; de là résulte l'**impossibilité du mouvement perpétuel** (ou l'impossibilité d'un travail effectué sans dépense correspondante d'énergie). Une machine *ne crée pas d'énergie*, elle ne fait que la transformer.

312. Énergie calorifique. — La conservation de l'énergie d'un système paraît sujette à des exceptions. Considérons, par/exemple, une pierre qui tombe. Par la compensation qui s'établit entre son énergie potentielle et sa force vive, son énergie totale est constante tant qu'elle n'a pas touché le sol: mais au moment du choc, *toute l'énergie paraît anéantie* [2]. En effet, la pierre n'a plus d'énergie

---

[1] Il faut toutefois que dans sa chute le poids n'accomplisse pas de travail à l'extérieur, ce qui diminuerait son énergie; il faut aussi qu'on ne lui communique pas de travail, ce qui augmenterait son énergie.

[2] S'il s'agissait d'un corps parfaitement *élastique* tombant d'une certaine hauteur, son énergie ne serait pas anéantie, le corps rebondirait à la même hauteur et la force vive qu'il possédait au moment du choc se transformerait en travail. Pour un corps imparfaitement élastique une partie de l'énergie se transformerait en énergie calorifique. S'il n'est pas élastique, il ne rebondit pas et la transformation en énergie calorifique est complète.

potentielle puisqu'elle ne peut plus tomber: en outre, sa force vive qui était maximum, s'est annulée puisque la pierre est au repos. Mais, à une disparition par le choc ou par le frottement de la force vive d'un corps en mouvement, correspond un développement de chaleur. Nous avons vu que *la chaleur créée est proportionnelle à la force vive disparue* (**306**) et qu'il s'agit d'une transformation équivalente. Cela nous permet de considérer cette chaleur comme une nouvelle manière d'être de l'énergie, se substituant à une énergie mécanique. Ainsi la chaleur se présente comme une *forme de l'énergie* et la création de chaleur par une dépense de travail ou de force vive ne fait que confirmer le principe de la conservation de l'énergie.

Nous exprimerons dès lors plus explicitement le principe de la conservation de l'énergie en disant que, *dans un système isolé, la somme des énergies cinétique, potentielle et calorifique est constante.*

L'introduction de l'énergie calorifique explique le fonctionnement des moteurs thermiques conformément au principe de l'équivalence de la chaleur et du travail. Un système qui revient périodiquement à son *état initial* (mêmes positions et mêmes vitesses pour les organes) et accomplit un travail continu, comme une machine à vapeur, ne peut être considéré indépendamment du foyer ; il utilise une énergie calorifique empruntée aux combustions de son foyer, et il y a *équivalence entre le travail externe effectué et la chaleur utilisée* (**308**).

Nature de l'énergie calorifique. Hypothèse sur la chaleur. — *Les résultats précédents sont indépendants de toute hypothèse sur la nature de la chaleur;* toutefois, on se rend assez bien compte du mécanisme des phénomènes en admettant que les molécules d'un corps, séparées par des intervalles intermoléculaires, ne sont jamais en repos, mais exécutent des excursions très rapides autour de leurs positions d'équilibre. *L'amplitude de ces excursions croît avec la température* du corps. Ces mouvements moléculaires échappent à notre vue à cause de leur extrême petitesse; mais ils se communiquent à un thermomètre ou aux extrémités nerveuses de la peau.

Cette hypothèse sur la chaleur fait concevoir comment une énergie cinétique se transforme en énergie thermique. Par exemple, dans le choc d'un boulet de canon qui vient frapper une épaisse plaque de blindage, le mouvement de translation qui semble s'éteindre est remplacé par un mouvement de vibration des particules matérielles des deux corps, un mouvement d'ensemble faisant place à un mouvement moléculaire. La chaleur apparaît ainsi comme le résultat d'une transformation de mouvement.

313. Analyse des effets de la chaleur sur un corps. — Une certaine quantité de chaleur communiquée à un corps donne lieu à divers effets. 1° **Effets extérieurs :** par suite de la dilatation, l'effort exercé par la pression atmosphérique sur la surface du corps est déplacé et un travail externe est effectué. Ce déplacement, faible dans le cas des solides et des liquides qui se dilatent peu, *est considérable avec les gaz et les vapeurs.* 2° **Effets intérieurs :** une partie de la chaleur sert à modifier les intervalles qui séparent les molécules en surmontant des *forces de cohésion* qui sont parfois très grandes (chaleur de fusion, chaleur interne de vaporisation); une autre partie accroît les excursions des molécules en élevant leur température.

Les chaleurs de fusion, de vaporisation, de dissolution représentent des quantités de chaleur qui sont converties en travail mécanique, et augmentent l'énergie potentielle du corps auquel elles sont appliquées; ces quantités de chaleur reparaissent quand les molécules reviennent à leurs positions primitives.

Variétés d'énergies. — Le son, la lumière, l'électricité, les phénomènes chimiques correspondent, comme la chaleur, soit à des mouvements, soit à des groupements spéciaux de la matière; il y a donc des énergies sonore, lumineuse, électrique, chimique; mais *toutes ces énergies peuvent se ramener aux énergies cinétique et potentielle.*

314. Énergie chimique. — La combinaison de deux corps dégage le plus souvent de la chaleur; avant cette combinaison, le système des deux corps possédait de l'énergie potentielle; par suite du déplacement et du choc des molécules, cette énergie potentielle se transforme, au moment de la combinaison, en énergie calorifique. La combustion du charbon dans sa combinaison avec l'oxygène est un exemple de cette transformation.

315. Énergie électrique. — L'énergie électrique est spécialement une *énergie intermédiaire.* Diverses énergies sont converties par les sources d'électricité en énergie électrique : une énergie chimique par les piles, une énergie mécanique par les machines électrostatiques et électromagnétiques, etc. L'énergie électrique se transforme à son tour de nouveau par l'*intermédiaire du courant* en diverses formes d'énergie (calorifique, chimique, mécanique).

Comme l'étude des phénomènes physiques, l'analyse des phénomènes vitaux offre des applications constantes du principe de la conservation de l'énergie. L'homme et les animaux sont des transformateurs d'énergie, ils convertissent en énergie calorifique et en travail mécanique l'énergie chimique que les aliments dégagent dans leurs tissus.

316. Énergie solaire. — L'énergie solaire est la source de toute énergie à la surface de notre globe[1].

Les moteurs animés ou inanimés ne sont que des transformateurs de l'énergie solaire. Le végétal vit en effectuant des transformations chimiques avec le secours des radiations solaires. L'animal renouvelle son énergie aux dépens de l'énergie du végétal ou de l'animal dont il se nourrit. C'est la chaleur solaire qui réduit en vapeur les eaux des mers et des lacs. Les pluies dues à la condensation de ces vapeurs entretiennent les cours d'eau qui transportent les navires et les chutes d'eau qui mettent en mouvement les roues hydrauliques. C'est encore à l'énergie solaire des siècles passés que nous devons les combustibles qui alimentent nos machines à feu.

MACHINES A VAPEUR

317. Une machine thermique est un *transformateur d'énergie* qui convertit régulièrement de la chaleur en travail mécanique. Dans la machine à vapeur cette conversion se fait par l'intermédiaire de la force élastique de la vapeur d'eau.

Première machine à vapeur. — La première machine à vapeur, due à *Denis Papin*[2], consistait en un cylindre creux ou *corps de pompe* ouvert par le haut dans lequel se déplaçait un *piston* de même sec-

---

(1) La chaleur que notre globe reçoit du Soleil, fraction extrêmement petite de la radiation totale émise par le Soleil, serait capable de fondre en un an une couche de glace de près de 50 mètres d'épaisseur qui envelopperait la Terre de toute part. La Terre est aussi par elle-même une source de chaleur (eaux thermales, volcans), mais beaucoup moins importante.

(2) **Papin** (*Denis*), né à Blois (1647-1714).

tion armé d'une tige. Le cylindre contenait un peu d'eau à sa partie inférieure. La force élastique de la vapeur formée en chauffant cette eau poussait le piston jusqu'au haut du cylindre. Le feu étant retiré, la vapeur se condensait par le refroidissement et ne gardait qu'une faible force élastique, la pression atmosphérique faisait redescendre le piston. En approchant le feu pour vaporiser l'eau, puis en l'éloignant, on obtenait un mouvement de va et vient du piston, susceptible d'être utilisé.

La production de la vapeur, son emploi comme moteur et sa condensation s'effectuaient dans le corps de pompe.

Chaudière, corps de pompe et condenseur distincts. — On évite la perte de chaleur qui résulte du refroidissement des parois du corps de pompe, et on augmente la rapidité du mouvement de va-et-vient par l'emploi d'un *générateur de vapeur* ou chaudière à vapeur et d'un *condenseur* distincts du corps de pompe.

CHAUDIÈRE A VAPEUR

318. Chaudière à bouilleurs. — Le générateur principal est un long cylindre G en tôle de fer ou en cuivre rouge arrondi à ses extrémités. Au-dessous de lui et communiquant avec lui par de larges tubulures, sont disposés côte à côte deux cylindres B de même longueur et de plus petit diamètre appelé *bouilleurs* (fig. 227 et 228). Les bouilleurs sont plongés directement dans le foyer. La vapeur qui s'y forme d'abord vient se condenser dans l'eau du cylindre principal et l'échauffe rapidement. La surface de chauffe s'accroît en augmentant le nombre des bouilleurs. Pour mieux utiliser les produits de la combustion, on les fait circuler dans des conduits de brique C qui entourent les parois de la chaudière avant de les laisser passer à la cheminée K.

Dans la *chaudière tubulaire* des locomotives, la flamme et les gaz chauds du foyer parcourent de nombreux tubes de cuivre qui traversent la chaudière et sont entourés par l'eau à vaporiser ; ces tubes débouchent dans la boîte à fumée. L'eau de la chaudière est ainsi chauffée sur une très vaste surface, ce qui permet de produire en peu de temps une grande quantité de vapeur.

Accessoires de la chaudière. — Un *manomètre métallique* marque constamment la pression de la vapeur. Une *soupape de sûreté*, semblable à celle de la marmite de Papin, s'ouvre quand la pression

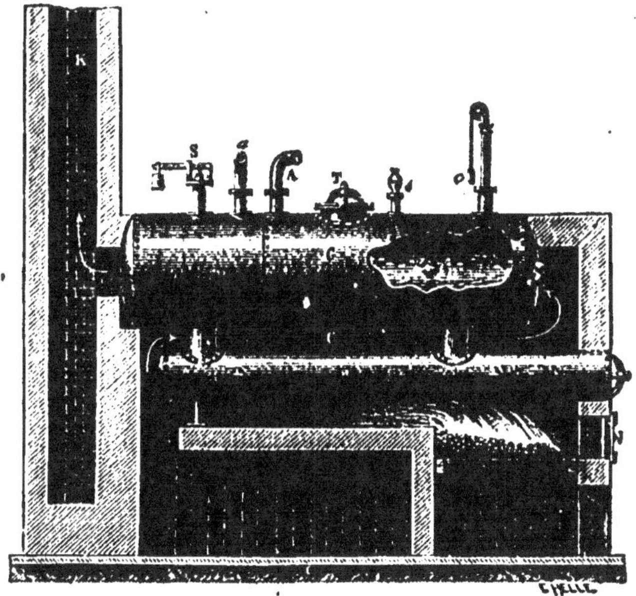

Fig. 227.

c contrepoids du flotteur, *s* sifflet d'alarme, T trou d'homme (pour les nettoyages et les réparations), A tube qui conduit la vapeur au cylindre, *a* tube qui amène l'eau d'alimentation, S soupape de sûreté.

dépasse celle du bon fonctionnement et permet à une partie de la vapeur de s'échapper.

La chaudière est munie de plusieurs indicateurs du niveau de l'eau (*flotteur, sifflet d'alarme*). Il ne faut pas en effet que le niveau de l'eau descende trop bas, car les parois de la chaudière laissées à découvert rougiraient, ce qui pourrait donner lieu à une explosion, par suite d'une production trop brusque d'une grande quantité de vapeur au moment d'une nouvelle introduction d'eau.

Dans les machines fixes, l'alimentation de la chaudière se fait avec une

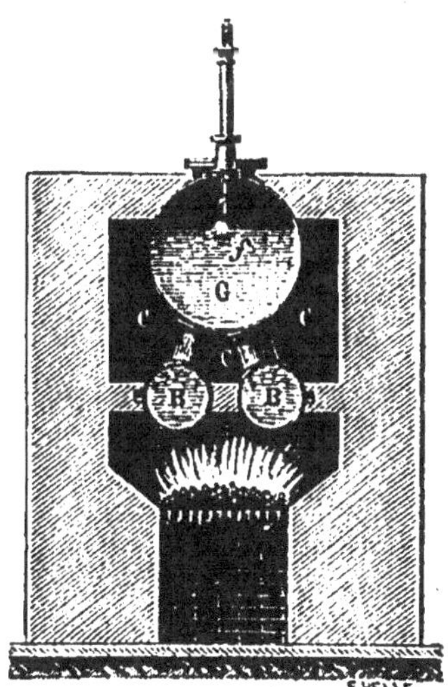

Fig. 228.

pompe que la machine met elle-même en mouvement. On évite la dépense de force qu'exige le fonctionnement de cette pompe par l'emploi de l'*injecteur automoteur Giffard*. L'eau d'alimentation est amenée jusqu'au fond de la chaudière.

CONDENSEUR

319. Le condenseur est un récipient hermétiquement clos, vide d'air, où de l'eau froide arrive constamment et maintient une température basse. D'après le principe de la paroi froide (**253**), au moment où un corps de pompe rempli de vapeur est mis en communication avec un condenseur froid, la vapeur s'y précipite et s'y condense; le vide se faisant sous l'une des faces du piston, la vapeur de la chaudière pousse le piston en pressant sur l'autre face.

On utilise une partie de la chaleur dégagée par la condensation de la vapeur en puisant dans le condenseur l'eau d'alimentation.

MÉCANISME MOTEUR

Supposons un robinet R faisant communiquer le corps de pompe C avec la chaudière et un robinet R′ permettant la communication avec le condenseur (fig. 229).

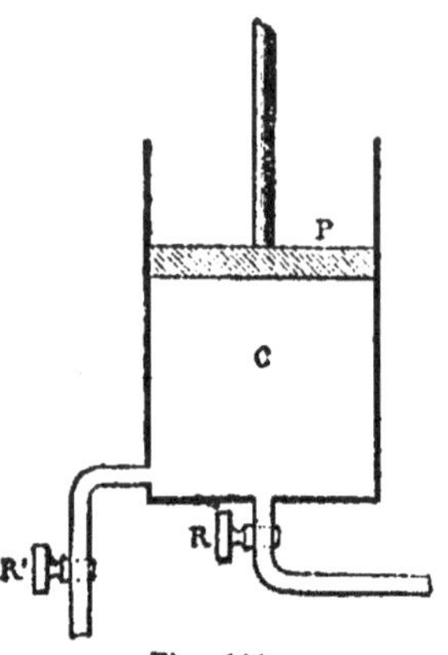

Fig. 229.

1° **R ouvert et R′ fermé.** La vapeur de la chaudière soulève le piston P;

2° **R fermé et R′ ouvert.** La vapeur se précipite dans le condenseur et n'a plus, après un temps très court, que la force élastique correspondant à la température basse du condenseur; la pression atmosphérique refoule le piston.

R ouvert et R′ fermé. La vapeur de la chaudière soulève de nouveau le piston P, etc.

Cette machine à vapeur était une **machine à simple effet**; la vapeur agissait constamment sur la même face du piston et la pression atmosphérique faisait descendre le piston.

Dans la **machine à double effet** que nous allons décrire, au cylindre ouvert on a substitué un cylindre fermé aux deux bouts, où se meut un piston sur les deux faces duquel la vapeur agit *successivement*. Un mécanisme moteur spécial assure la marche automatique.

320. Corps de pompe. — Par un tube A, la vapeur se rend du générateur dans un corps de pompe cylindrique où se meut un piston tourné au diamètre du cylindre. Le piston est l'*organe actif* de la machine à vapeur. Le corps de pompe est complètement fermé à ses deux extrémités et la tige du piston traverse le fond supérieur en glissant dans une boîte à étoupes qui empêche les fuites de vapeur.

Distribution de la vapeur. — La distribution de la vapeur a

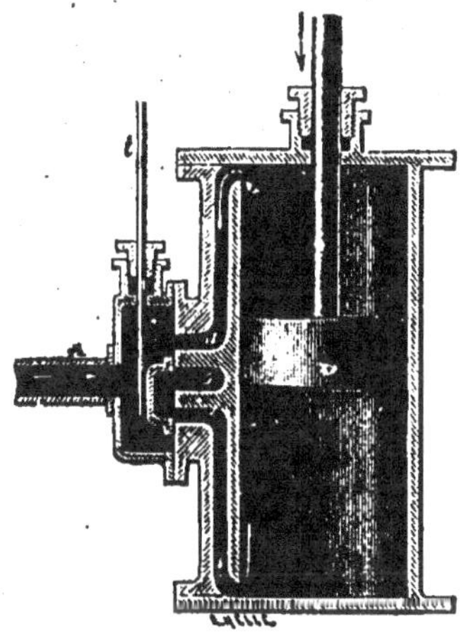

Fig. 230.

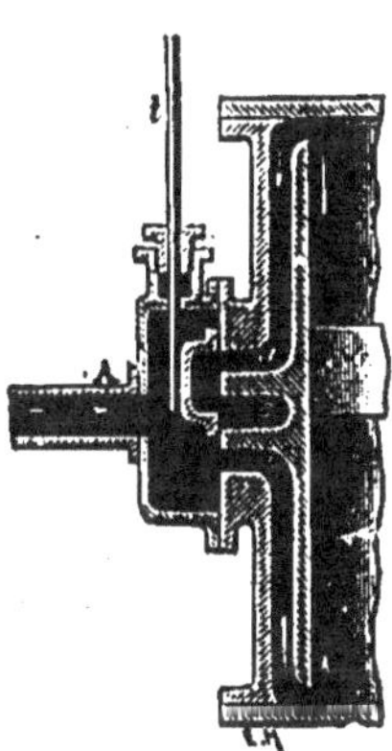

Fig. 231.

lieu d'une *façon automatique*. Nous allons décrire la distribution *par tiroir* qui est un mode de distribution très répandu.

La vapeur, venant de la chaudière par le tube A, pénètre librement dans une *chambre de distribution*, fixée sur le côté du corps de pompe. Sur une des faces de cette chambre s'ouvrent trois canaux. Deux, *a* et *b*, conduisent aux extrémités supérieure et inférieure du corps de pompe. Un canal moyen *o* mène au condenseur. Le long de cette face glisse d'un mouvement alternatif une capacité semblable à un **tiroir** de table qui est guidée par une tige *t* et qui recouvre toujours deux ouvertures à la fois (fig. 230).

Fonctionnement du tiroir. — Dans la figure 230, le tiroir est au bas de sa course, la vapeur de la chaudière se rend par le canal supérieur d'admission *a* sur la face supérieure du piston ; en même temps, la vapeur située au-dessous du piston est refoulée par le canal inférieur *b* dans la cavité du tiroir, et, de là, par le canal moyen *o*, passe au condenseur.

Dans la figure 231, le tiroir a dégagé le canal inférieur, *b* reçoit de la vapeur qui fait remonter le piston ; au même moment, par le canal supérieur *a* et la cavité *o* du tiroir l'accès du condenseur est ouvert à la vapeur qui surmonte le piston. Le mouvement alternatif du tiroir est produit par la machine au moyen d'un *excentrique circulaire* fixé sur l'arbre moteur et agissant sur la tige *t* du tiroir (**322**).

321. Organes de transmission. — **Transformation du mouvement alternatif du piston en mouvement de rotation continu.** —

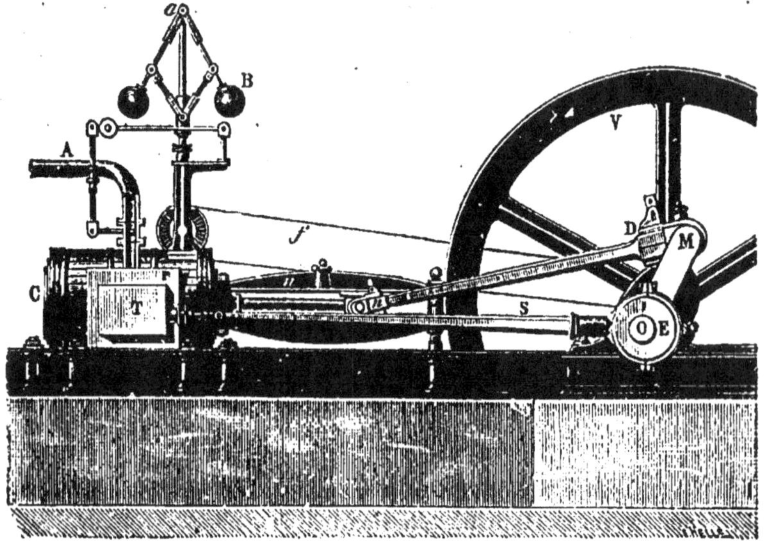

Fig. 232.

O axe de l'arbre de couche, M manivelle, D bielle, *n* articulation de la bielle et de la tige du piston, C corps de pompe, E excentrique, S bielle de l'excentrique, T tiroir, V volant, B régulateur à boules, A tuyau d'admission de la vapeur.

Dans les machines à connexion directe (fig. 232) l'extrémité de la tige du piston, maintenue entre deux glissières *u* parallèles à l'axe du cylindre, est articulée à une longue barre résistante D appelée **bielle** ; la bielle est articulée elle-même à l'extrémité d'une **manivelle** M.

La manivelle, perpendiculaire à un axe métallique horizontal *o* appelé *arbre de couche,* lui est invariablement fixée et en détermine le mouvement. Le mouvement alternatif de la bielle imprime un mouvement de rotation continu à la manivelle.

L'arbre fait un tour complet pour une allée et venue du piston. L'arbre porte une roue massive appelée *volant* et une poulie sur laquelle passe une courroie sans fin qui est entraînée par la poulie et transmet le mouvement aux machines-outils.

322. Excentrique. — Le mouvement de va-et-vient nécessaire à la distribution de la vapeur est communiqué à la tige du tiroir par un excentrique.

C'est un disque circulaire E (fig. 233), solidaire de l'arbre moteur, mais dont le centre O' *ne coïncide pas* avec l'axe O de l'arbre. Ce disque est entouré par un collier de bronze G dans lequel il peut tourner en glissant et qui fait corps avec une bielle S articulée en J à la tige du tiroir. Le disque E, en tournant autour de l'arbre, devrait entraîner le collier, mais celui-ci glisse

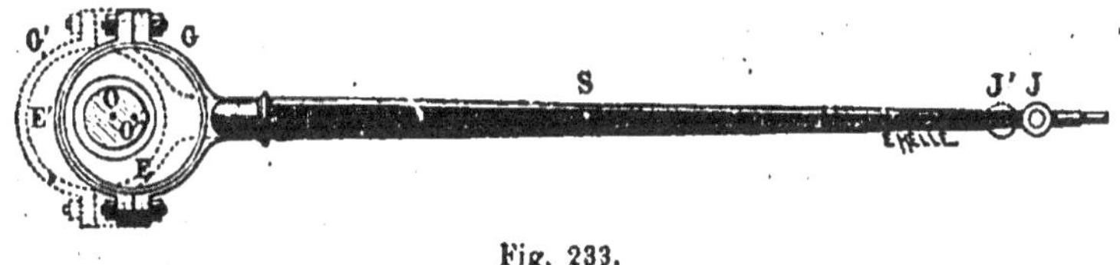

Fig. 233.

sur le disque et se trouve simplement porté tantôt un peu en avant, tantôt un peu en arrière.

Le collier passant de G en G', l'extrémité de la tige du tiroir va de J en J'. Le tiroir est ainsi déplacé, soit dans un sens soit dans l'autre, à chaque demi-révolution de l'axe qui correspond soit à une allée, soit à une venue du piston.

323. Volant. — Le volant est une grande roue en fonte V, à circonférence très lourde, ajustée au milieu de l'arbre de rotation (fig. 232). Par sa masse, il *régularise* le mouvement de la machine pour des variations de courte durée, soit de la force motrice, soit du travail effectué. Par exemple, si, à un certain moment, en raison d'un surcroît passager de travail, le travail résistant devient supérieur au travail moteur, une variation de force vive équivalente à l'accroissement de travail (42) est empruntée aux organes de la machine. Il en résulte que la force vive et, par suite la vitesse des différents points décroît, mais la vitesse varie peu, puisque la diminution de force vive se répartit sur une masse considérable.

En outre, au bout de la course du piston, la bielle et la manivelle sont en ligne droite, et la bielle est à ce moment sans action sur la manivelle (*point mort*), mais le volant intervient par sa vitesse acquise pour entraîner les organes pendant quelques instants et dépasser le point mort.

324. Régulateur à boules (fig. 234). — Le volant serait insuffisant pour régulariser le mouvement si les variations étaient de longue durée. L'admission de la vapeur dans le corps de pompe est réglée automatiquement au moyen d'un régulateur à boules. C'est un système de deux boules pesantes B fixées à deux tiges métalliques M articulées en un point *a* d'un axe vertical. Cet axe est entraîné par le mouvement de l'arbre de rotation au moyen d'un cordon *f* et de deux roues d'angle *r* et *r'*. Quand l'arbre vient à *tourner plus vite*, et en même temps l'axe du régulateur, les boules *s'écartent* (un corps tournant autour d'un axe s'éloigne en effet d'autant plus de cet axe que la vitesse est plus grande). Le mouvement vertical des boules est transmis par deux tringles *n* à une bague mobile *b* qui monte en glissant le long de l'axe du régulateur et entraîne la fermeture partielle d'une valve *v* dans le tuyau A d'admission de la vapeur, ce qui détermine une diminution de la force motrice et un ralentissement.

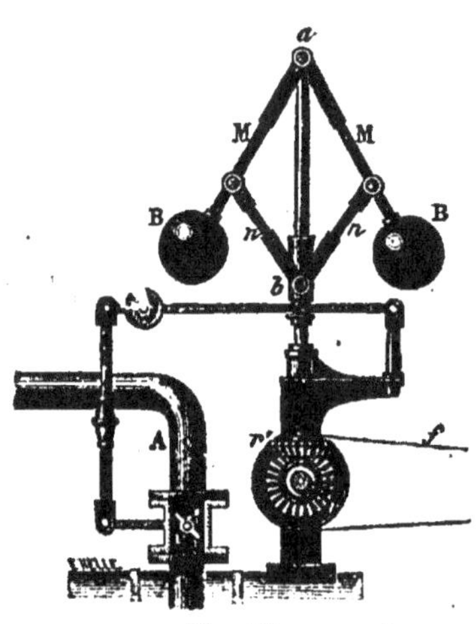

Fig. 234.

DÉTENTE

325. Si la communication du corps de pompe avec la chaudière restait établie pendant la course entière du piston, la vapeur introduite dans le corps de pompe posséderait à la fin comme au début sa force élastique de la température T. En pénétrant dans le condenseur de température *t*, la vapeur perdrait *immédiatement* toute la différence des forces élastiques de T à *t*.

La détente a pour objet d'*augmenter le travail* produit par une quantité déterminée de vapeur en ne laissant ouvert le canal d'admission que *pendant une fraction de la course* du piston. La vapeur du corps de pompe, isolée de la chaudière, continue à pousser le piston en se détendant et le travail développé pendant la détente ne nécessite aucune dépense de vapeur.

DIVERS TYPES DE MACHINES A VAPEUR

326. Les machines à vapeur se classent en machines à *basse pression* et machines à *haute pression*.

S étant la section du piston, p la pression de la vapeur par centimètre carré sur l'une des faces du piston, p' la pression sur un centimètre carré de l'autre face, la force qui déplace le piston est S $(p - p')$. Si la vapeur s'échappe dans l'atmosphère, $p' = 1$ atmosphère.

Dans les machines à **basse pression**, p ne dépasse pas 5 atmosphères. Si la vapeur s'échappait dans l'atmosphère, avec une pression p de 3 atmosphères, la force qui déplacerait le piston ne serait que de 2 atmosphères. Pour éviter cette perte, il est dans ce cas avantageux de condenser la vapeur à une pression p' inférieure à la pression atmosphérique; c'est pour cela qu'on se sert d'un condenseur, p' est la pression dans le condenseur.

Comme la pression est faible dans les machines à basse pression, on augmente le travail en accroissant la surface du piston. Les dimensions des autres organes croissent en même temps, ce qui rend ces machines encombrantes et coûteuses. Il faut en outre disposer d'une source d'eau froide pour refroidir le condenseur; enfin on a besoin de pompes pour extraire du condenseur l'excès d'eau et les gaz qui se dégagent de l'eau devenue chaude.

Dans les machines à **haute pression**, p dépasse 5 atmosphères; il n'y a pas de condenseur, la vapeur se perd dans l'atmosphère; $p' = 1$ atmosphère. C'est le cas des locomotives.

327. Puissance. — On appelle *puissance d'une machine le travail qu'elle peut fournir en une seconde*. L'unité *industrielle* de puissance est le **cheval-vapeur** : 75 kilogrammètres par seconde **(69)**. Le **watt** est la puissance d'un moteur produisant un joule par seconde. Un cheval-vapeur vaut 736 watts.

RENDEMENT DANS UNE MACHINE THERMIQUE

Les rapports entre la chaleur et le travail dans les **machines thermiques**, c'est-à-dire dans les machines *qui transforment d'une manière continue de la chaleur en travail*, sont régis par deux propositions fondamentales, appelées *Principe de la Thermodynamique.*

Le premier de ces principes est le **Principe de l'équivalence** (306) ou de *la proportionnalité constante entre le travail effectué et la chaleur utilisée* (308).

Le second principe, connu sous le nom de **Principe de Carnot**, est relatif à *la proportion de chaleur qui peut être convertie en travail* dans une machine thermique. Il intervient dans la détermination du rendement d'une machine thermique.

328. Pertes d'énergie dans une transformation d'énergie.

— Dans une machine, quelle que soit sa nature, la transformation de l'énergie né s'effectue jamais sans pertes ; ces pertes ne proviennent pas d'une annulation véritable d'énergie (311), mais de transformations partielles sous des formes *inutilisables*. C'est pour cela que, dans une machine à vapeur en particulier, *la fraction de l'énergie dépensée qu'elle convertit en travail*, ou son **rendement**, est inférieure à l'unité.

Pertes d'énergie spéciales à une machine à vapeur. — Une partie de l'énergie dégagée par le combustible qui chauffe la chaudière disparaît par rayonnement ou s'échappe dans la cheminée avec les gaz de la combustion ; une fraction de la chaleur de la vapeur est convertie en travail, en même temps qu'une autre fraction de cette chaleur passe dans le condenseur ; une partie du travail effectué est elle-même absorbée par les mécanismes d'utilisation.

Une seule perte est irréductible. — Toutes ces pertes d'énergie peuvent être atténuées et même presque annulées, sauf *une*, c'est la perte qui provient du passage d'un certain nombre de calories au condenseur.

Nécessité d'un réfrigérant dans une machine thermique. — Une machine *thermique*, exige pour son fonctionnement une *chute de chaleur*. Cette chute consiste en un passage continu de chaleur d'un *foyer* de température supérieure à un *réfrigérant* de température inférieure. C'est ainsi que dans une machine à vapeur, la vapeur qui a reçu d'un foyer un nombre de calories Q_1 en cède une partie Q_2 à un réfrigérant qui est ici le *condenseur*. La différence $Q_1 - Q_2$ est dès lors seule susceptible d'être convertie en travail. Si les autres causes de pertes étaient annulées et si le déficit ne provenait que de la chaleur abandonnée au condenseur, le rendement serait ainsi égal à $\dfrac{Q_1 - Q_2}{Q_1}$.

Rendement maximum théorique dans une machine thermique.
— D'après le principe de Carnot [1], pour une machine thermique
quelconque, le rapport $\dfrac{Q_1 - Q_2}{Q_1}$ de la chaleur transformée en travail à la chaleur totale dépensée ne peut pas dépasser un *maximum*.
Ce maximum est *indépendant de la nature de l'agent thermique* de la
machine : vapeur, gaz ou autre, il ne dépend que de la température
t_1 de la vapeur qui pousse le piston et de la température t_2 du condenseur, il est égal à $\dfrac{t_1 - t_2}{273 + t_1}$. On accroît la valeur de cette expression en augmentant t_1 et en diminuant t_2.

Entre des limites déterminées de températures, les perfection-
nements apportés à une machine thermique n'auront jamais pour
effet de dépasser le rendement maximum théorique.

Valeur pratique du rendement maximum d'une machine à vapeur.
— La température t_2 du réfrigérant n'est pas susceptible à beaucoup
près de s'abaisser jusqu'à la température $t_2 = -273$ pour laquelle
le rendement maximum serait égal à l'unité. D'autre part, en raison
de l'accroissement extrêmement rapide de la force élastique des
vapeurs avec la température, la résistance des parois des chaudières
limite très vite la température supérieure t_1 de la vapeur. Aussi,
dans une machine à vapeur, même parfaitement construite, le rendement maximum reste faible. Si $t_1 = 175^\circ$ et $t_2 = 25^\circ$,

$$\frac{t_1 - t_2}{273 + t_1} = \frac{1}{3}.$$

Ce rendement est lui-même loin d'être atteint. Si l'on appelle
rendement industriel le rapport entre la chaleur transformée en *travail utile* mesuré au frein [2] sur l'arbre de couche et la chaleur
dégagée pendant le même temps par la dépense de combustible, le
rendement industriel des machines à vapeur ne dépasse guère 0,1.

Calcul de la dépense de combustible. — Une machine d'un cheval-vapeur effectue en une heure un travail égal à 75.60.60. kilogrammètres. D'autre part 1 gramme de charbon dégage en brûlant
8 calories, ce qui correspond à un travail de 8.425 kilogrammètres.
Si toute l'énergie calorifique de la combustion de charbon était

<hr>

[1] **Carnot** (*Sadi*) (1796-1832).
[2] Un *frein dynamométrique* est un mécanisme qui a pour objet de remplacer par
un travail de frottement, aisé à évaluer, le travail absorbé par les outils à conduire.

convertie en travail, la dépense de charbon pour un cheval-vapeur serait de $\dfrac{75.60.60}{8.425}$ grammes par heure, environ 80. Avec un rendement de 0,1 la dépense est 800 grammes.

329. Machines à gaz. — On appelle machines à gaz des machines dont le travail est emprunté à l'énergie de la combustion d'un mélange de gaz combustible et d'air, où l'air est en grand excès. Le chauffage est donc *interne*, il se fait dans le corps de pompe lui-même.

En faisant le vide derrière lui, quand la machine est lancée, le piston aspire le gaz combustible et l'air. Lorsque le piston se trouve en un point déterminé de sa course, un tiroir distributeur qui avait permis l'entrée du mélange gazeux ferme les orifices d'admission; à ce moment, on produit l'inflammation qui donne naissance à une pression de plusieurs atmosphères. Le tiroir détermine ensuite l'évacuation des produits de la combustion.

L'inflammation du mélange a lieu soit par l'étincelle d'une petite bobine de Ruhmkorff, soit par un bec de gaz allumé.

Les machines à gaz sont très avantageuses pour les travaux intermittents, car il suffit de quelques minutes pour établir leur fonctionnement régulier. En outre, comme les machines à gaz peuvent fonctionner entre des limites de température t_1 et t_2 plus écartées l'une de l'autre que dans les machines à vapeur, leur rendement peut être, d'après le Principe de Carnot, notablement supérieur à celui des machines à vapeur. Il peut atteindre 0,50.

DÉGRADATION DE L'ÉNERGIE

330. Les différentes formes de l'énergie : force vive, travail, chaleur, sont *équivalentes* et se transforment l'une dans l'autre. En annulant les *pertes accessoires*, telles que les frottements, qui accompagnent les transformations, en raison du fonctionnement toujours imparfait des organes des machines, la force vive peut être convertie **intégralement** en travail, le travail en force vive et le travail en chaleur, mais la *conversion de la chaleur en travail* offre une différence essentielle. Elle ne peut pas être complète. Nous avons vu en effet plus haut que la chaleur n'est transformée en travail dans une machine thermique que s'il y a en même temps *chute de chaleur* d'un corps chaud à un corps froid ou d'un foyer à un réfrigérant. Pour cette raison, des calories qui sont tombées d'une température supérieure à une température inférieure ont perdu une partie de leur capacité utile de travail. Cette perte est d'autant plus grande que l'étendue possible de leur chute a été plus réduite, car la chaleur ne peut remonter d'elle-même à une température supérieure, c'est-à-dire *passer d'un corps froid à un corps chaud.*

Une calorie à 0⁰ est pour ce motif pratiquement inférieure à une calorie à 100⁰, car la calorie à 0⁰ possède en moins la capacité de travail qui correspond à une chute de 100⁰. La diminution d'énergie qui accompagne la chute d'une calorie a reçu le nom de *dégradation de l'énergie.*

Si la quantité d'énergie calorifique dont on peut disposer est limitée, comme les températures des corps inégalement chauds tendent constamment à s'égaliser par contact ou par rayonnement, puisque la chaleur passe *d'elle-même* des corps chauds aux corps froids, les chutes possibles de chaleur *utilisables* tendront à devenir plus rares, puis à disparaître.

En *admettant* que notre univers solaire constitue *un système indépendant* (311) dont *l'énergie totale est constante,* les considérations précédentes conduisent à une conséquence intéressante. La source de toute énergie dans ce système étant *calorifique,* puisqu'elle est empruntée en définitive à la chaleur solaire et la tendance à l'égalisation des températures étant incessante, l'énergie totale va constamment en se dégradant, c'est-à-dire en perdant de sa valeur utilisable, et cela d'une façon irrémédiable.

ACOUSTIQUE

331. L'acoustique a pour objet l'étude des **sons** ou des sensations que nous percevons par le nerf auditif à l'état physiologique. Les sons résultent de la transmission de mouvements au tympan de l'oreille.

Ces mouvements dont sont animés les corps *sonores* sont des mouvements oscillatoires analogues à ceux du pendule, mais reproduits à des intervalles très rapprochés et nommés *vibrations*.

332. Mouvement vibratoire. — Un mouvement vibratoire est un mouvement périodique déterminé dans un **corps élastique.** Un groupe de molécules d'un corps élastique ayant été écarté de leur position de repos, elles y reviennent, par l'effet des liaisons avec les molécules non déplacées, quand cesse l'action qui avait produit le déplacement. La vitesse qu'elles prennent dans le retour leur fait dépasser leur position primitive et chacune des molécules *oscille entre deux positions extrêmes* situées de part et d'autre de sa position de repos. Tel est le cas des vibrations qu'on obtient en déplaçant l'extrémité supérieure d'une lame d'acier fixée dans un étau (fig. 237).

On donne le nom de *vibration complète* au mouvement d'aller et de retour de D′ en D″ et de D″ en D′. Une *vibration simple* ne comprend que l'aller ou le retour. La vitesse d'une molécule de la lame est nulle en ses positions d'écart maximum D′ et D″; la vitesse est maximum au point D d'écart nul.

Tant que les excursions des molécules en vibration *restent très petites*, elles sont isochrones ou d'égale durée, comme les oscillations d'un pendule. En d'autres termes, la durée d'une vibration est *indépendante de l'amplitude* de l'excursion.

La **période** T du mouvement vibratoire est la *durée constante d'une vibration complète;* c'est le temps qui sépare deux passages consécutifs d'une molécule par sa position de repos, dans le même sens. La durée d'une *vibration simple* est une demi-période.

Pour l'étude détaillée d'un mouvement vibratoire, il est avantageux de représenter graphiquement les écarts d'une molécule vibrante aux instants successifs de ses excursions. A cet effet, on compte les temps sur une ligne horizontale, l'origine du temps correspondant à la position initale de repos et, à un temps t égal à Am, on figure le déplacement par une ordonnée Mm menée au point m perpendiculairement à l'horizontale.

La courbe représentative est formée de deux parties égales : l'une, au-dessus de *l'horizontale,* pour les déplacements d'une demi-période qui ont lieu d'un côté de la position de repos et l'autre, *au-dessous de l'horizontale,* pour les déplacements de la demi-période suivante qui ont lieu de l'autre côté. Les ordonnées maxima sont les déplacements extrêmes, elles sont distantes d'une demi-période. Les passages par la position de repos correspondent aux points d'intersection de la courbe avec l'horizontale, ils sont distants aussi d'une demi-période.

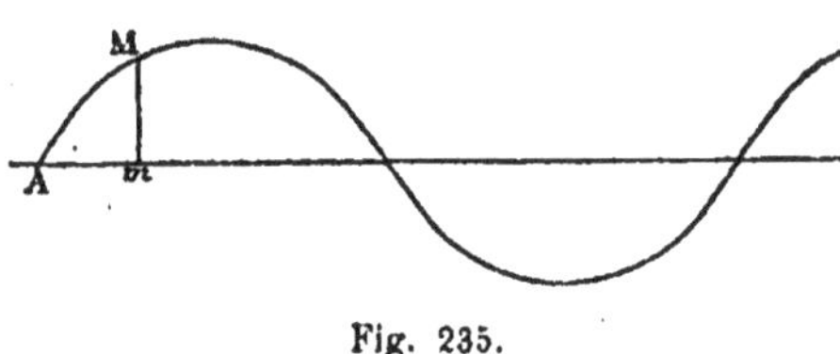

Fig. 235.

Deux ordonnées quelconques *distantes d'une période* correspondent à des états vibratoires identiques pour lesquels le corps vibrant est dit **dans une même phase de vibration;** deux ordonnées *distantes d'une demi-période* correspondent à deux états vibratoires opposés ou à **des phases opposées.**

La courbe représentative du mouvement oscillatoire d'un pendule est une **sinusoïde** (fig. 235). Souvent, la courbe représentative

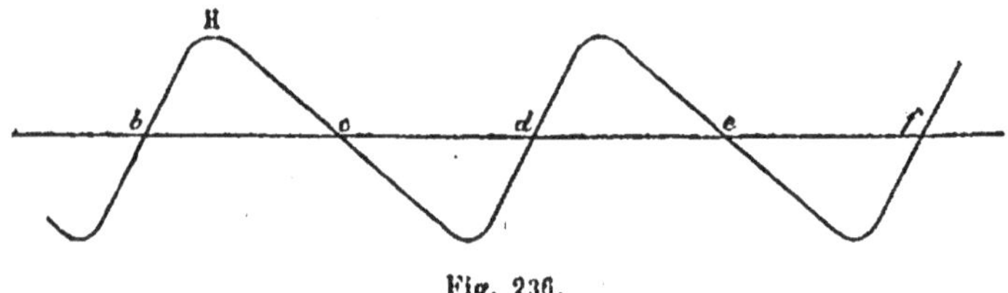

Fig. 236.

d'un mouvement vibratoire peut affecter des formes différentes (fig. 236 et 266).

En désignant par n le nombre des vibrations par seconde d'un corps vibrant ou la *fréquence*, par T la période ou la durée d'une vibration, on a $T = \dfrac{1}{n}$ ou $nT = 1$.

333. Mouvement vibratoire des corps sonores. — De nombreuses expériences prouvent que toutes les fois que l'oreille éprouve la sensation d'un son, le corps sonore est le siège de mouvements vibratoires :

1° Soit une **lame d'acier** fixée en C, entre les mâchoires d'un étau et ayant une extrémité D libre (fig. 237); si l'on infléchit l'extrémité D et qu'on l'abandonne ensuite, elle revient à la direction verticale, la dépasse en vertu de sa vitesse acquise et exécute de part et d'autre des mouvements de va-et-vient. Toutes les particules exécutent leurs oscillations dans le même temps, l'amplitude seule diffère avec la distance à l'extrémité fixe. Lorsque la lame est longue, nous *voyons* les vibrations et nous pouvons les compter, mais nous n'entendons alors aucun son. Le nombre des vibrations par seconde croît quand on raccourcit la lame et il arrive un moment où l'oreille *perçoit un son*. A ce moment, les vibrations ont séparément une durée *trop courte pour pouvoir être comptées directement* et la lame est vue simultanément dans toutes ses positions par suite de la persistance des impressions sur la rétine (**490**).

Fig. 237.

2° En pinçant une **corde élastique** tendue MN, de façon à la faire résonner, nous la mettons dans un état vibratoire rendu visible par la forme

Fig. 238.

qu'elle prend. La rapidité des vibrations ne permet pas de distinguer la corde dans ses diverses positions, l'œil la voit à la fois dans toutes sous l'aspect d'un fuseau renflé en son milieu (fig. 238).

3° Faisons parler un **diapason** (**366**) en passant entre les branches une tige de bois un peu plus grosse que leur écartement. Si l'on approche de l'une des branches une bille d'ivoire suspendue à un fil (fig. 239), la bille est projetée par le choc du diapason, puis retombe pour être lancée de nouveau, jusqu'à ce que le son cesse.

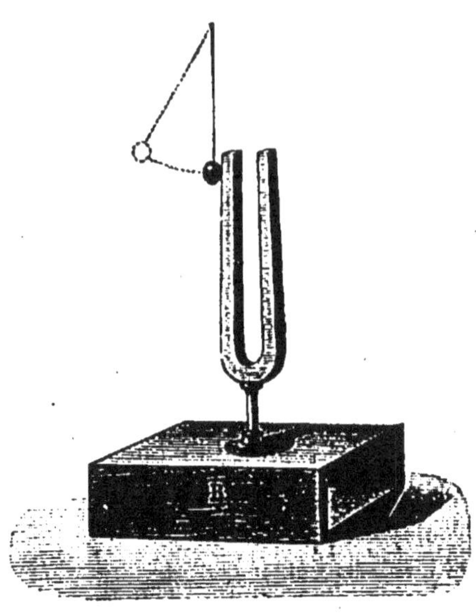

Fig. 239.

4° Le mouvement vibratoire est mis en évidence d'une façon plus complète en fixant à l'une des branches d'un diapason D une pointe métallique *s* dirigée perpendiculairement au plan des branches. En faisant passer rapidement, devant la pointe, une plaque de verre enfumée P, on obtient *une ligne sinueuse continue et très régulière dont chaque dent correspond à une vibration du corps sonore* (fig. 240).

5° Dans les instruments à vent, le corps sonore est une masse

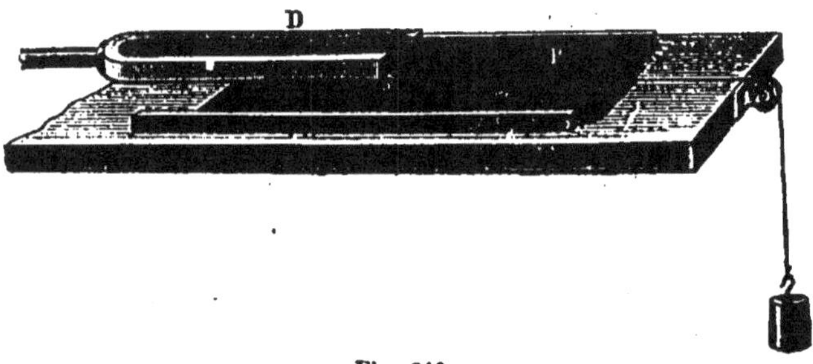

Fig. 240.

gazeuse. Montons sur une soufflerie un **tuyau** dont l'une des parois est en verre et faisons-le parler. Si nous descendons à l'intérieur une membrane S tendue sur un anneau de bois et soutenue par un fil, les vibrations de l'air se transmettent à la membrane dont le mouvement fait sautiller des grains de sable déposés à sa surface (fig. 241).

Un corps ne peut vibrer que s'il est élastique, c'est-à-dire susceptible de revenir à sa position d'équilibre quand on
l'en a écarté; *un corps n'est donc sonore que s'il est
élastique.*

**334. Transmission d'un mouvement vibra-
toire.** — Il ne suffit pas qu'un corps sonore soit
animé d'un mouvement vibratoire pour qu'il y ait
impression sur l'oreille, il faut encore que le *corps
sonore soit mis en relation
avec l'oreille par un milieu
élastique* entrant lui-même
en vibration et transmettant
le mouvement de proche en
proche. Quand ce milieu élastique fait défaut, les vibrations du corps sonore ne
produisent pas de son.

On démontre que **l'air
transmet les vibrations en
vibrant lui-même,** en plaçant
sur le trajet des vibrations
d'un fort timbre une mem-
brane mince et élastique M,
tendue sur un cadre vertical
C, et le long de laquelle est suspendu un pendule *a* (fig. 242).

Fig. 242.   Fig. 241.

Les *corps solides durs* transmettent bien les vibrations des corps
sonores. En appliquant l'oreille à l'une des extrémités d'une longue
poutre, on entend le faible bruit produit à l'autre extrémité par le
grattement d'une épingle ou par le tic tac d'une montre.

La transmission du son s'opère aussi par l'intermédiaire des
liquides. Un plongeur entend parfaitement les sons produits dans
l'eau ou sur le rivage. Les poissons s'enfuient au moindre bruit.

Les corps solides dépourvus d'élasticité tels que le duvet, les ten-
tures, les tapis, les corps mous, *éteignent le son.*

335. Le son ne se propage pas dans le vide. — Dans un ballon
de verre à robinet, une clochette C est suspendue par un cordon de
soie à la garniture métallique (fig. 243). On entend la clochette si l'on

agite le ballon quand il est plein d'air, même si le robinet est fermé; on peut la secouer sans rien entendre quand le vide a été fait. Le son renaît·si l'on rend l'air. En ballon, ou sur les montagnes, le son de la voix devient faible par suite de la raréfaction de l'air.

Fig. 243.

VITESSE DU SON

336. La propagation du son n'est pas instantanée. C'est ainsi qu'il s'écoule quelques instants entre la vue de, la fumée qui sort d'une arme à feu éloignée et l'audition du bruit.

Quand le milieu ambiant offre *la même élasticité en tous sens* (gaz, liquides, métaux, etc.), le mouvement vibratoire se propage avec la même vitesse dans toutes les directions.

Mesure de la vitesse du son dans l'air. — Les premières mesures précises de la vitesse du son dans l'air furent exécutées en 1738 entre Montmartre et Montlhéry.

Méthode. — Des observateurs étaient placés, les uns à une station A, les autres à une station B; ces deux stations étaient séparées par une distance connue.

En A, on tirait un coup de canon; en B, on notait à l'aide de comp-teurs : 1° l'instant où l'on voyait la lueur de l'inflammation de la poudre; 2° l'instant où l'on entendait le coup de canon. En raison de la propagation extrêmement rapide de la lumière (300 mille kilo-mètre. par seconde), la lueur était perçue en B à l'instant même où l'ébranlement sonore avait lieu en A. L'intervalle de temps compris en B entre la lueur et le son était égal au temps que le son avait mis à franchir la distance des deux stations.

Le mouvement de propagation est uniforme. Pour le démontrer, on échelonne entre les deux stations plusieurs groupes d'observateurs munis de compteurs. Le temps compris entre la lueur et le son est pour les différents groupes proportionnel aux distances qui les séparent du lieu de l'explosion.

La propagation étant uniforme, *la vitesse du son dans l'air est l'es-pace que le son parcourt en une seconde.* D désignant la distance des deux stations, θ la moyenne des temps observés, $\dfrac{D}{\theta}$ est l'espace parcouru en une seconde à *la température de l'expérience*.

Influence du vent. — La rapidité de la transmission du son étant très grande par rapport à la vitesse du vent, l'influence de l'entraînement des couches gazeuses par le vent est toujours petite.

Pour corriger cette influence, on employait la méthode dite des *coups réciproques*, en tirant un coup de canon alternativement à chaque station de 5 minutes en 5 minutes. La moyenne des vitesses observées dans deux propagations consécutives de sens contraire est égale à la vitesse en air calme :

$$V = \frac{v + v'}{2}.$$

On trouvait toujours ainsi la même valeur de V, quelle que fût la vitesse du vent.

Expériences de Regnault. — Regnault a effectué des mesures de la vitesse du son par une méthode exempte des erreurs d'appréciation de l'observateur. Il réalisait *automatiquement*, à l'aide d'un procédé électrique, *l'enregistrement* du moment de l'explosion et l'enregistrement du moment de l'arrivée du son sur une membrane à *contact*.

Au moment où la membrane tendue était mise en vibration par l'arrivée de la vibration sonore, une petite plaque conductrice fixée au centre de la membrane fermait un courant par son contact avec une vis métallique. La fermeture du courant déterminait l'inscription d'un signal commandé par un électro-aimant.

Sur le trajet compris entre la station de l'ébranlement sonore et la station d'arrivée, on peut disposer plusieurs membranes à contact espacées à des distances connues et observer les instants successifs d'inscription des signaux.

Résultats. — Dans l'air calme, sec et à 0°, la vitesse du son est de 331 mètres par seconde ; elle *croît avec la température* : à 16° elle atteint 340 mètres.

A une même température, la vitesse de propagation du son est *indépendante de la force élastique* du gaz : elle est la même sur les montagnes où l'air est plus raréfié que dans les plaines, elle est la même dans le sens vertical et dans le sens horizontal.

Les sons forts ou faibles, graves ou aigus, se propagent également vite ; un air musical n'est donc pas altéré par la distance.

337. Vitesse de propagation du son dans l'eau (fig. 244). —
En 1827, Colladon[1] a mesuré la vitesse de propagation du son dans
l'eau du lac de Genève, entre deux bateaux amarrés à une distance
l'un de l'autre d'environ 13 kilomètres. A la station A était suspendue
une cloche C immergée dans l'eau. A un moment donné, en appuyant
sur un levier L, on frappait la cloche avec un marteau b et on abais-
sait une mèche allumée a qui enflammait un tas de poudre m au
moment où le son était produit. A la station B, le pavillon d'un
cornet acoustique en tôle était plongé dans l'eau; il était rempli d'air

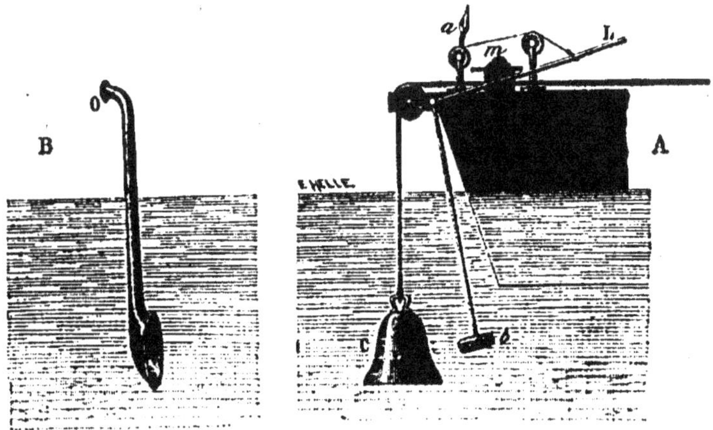

Fig. 244.

et fermé par une membrane tendue tournée vers la cloche, la partie
supérieure et étroite O du cornet sortait de l'eau et aboutissait à
l'oreille d'un observateur. Celui-ci voyait d'abord l'inflammation de
la poudre et il entendait plus tard un son quand la vibration du
liquide atteignait la membrane. Le temps écoulé entre l'apparition
de la flamme et l'audition du son donnait le temps de la propagation
entre les deux stations. La vitesse fut trouvée égale à 1435 mètres
par seconde dans l'eau à 8°.

La vitesse du son est plus grande dans les liquides que dans les
gaz et elle est encore plus grande dans la plupart des *solides*. Dans
le fer, elle est environ 5000 mètres par seconde.

(1) **Colladon**, physicien genevois (1802-1893).

RÉFLEXION DU SON

338. Un mouvement vibratoire sonore se réfléchit sur un plan rigide, comme la lumière sur une surface polie.

On appelle **rayon sonore** toute direction rectiligne issue de la source; la ligne droite qui joint un point sonore O à un point I du plan est un rayon incident, ce rayon se réfléchit en I.

Lois de la réflexion du son. — Les lois de la réflexion du son sont celles de la réflexion de la lumière (**396**) :

1° Le rayon réfléchi est dans le plan d'incidence; 2° l'angle de réflexion est égal à l'angle d'incidence.

Par conséquent, si un centre sonore O est placé devant un plan, les rayons réfléchis semblent venir d'un point O' symétrique par rapport au plan (**399**); ce point symétrique peut être appelé *image sonore* (fig. 245).

L'expérience des miroirs conjugués vérifie l'identité des lois géométriques de la réflexion du son et de la lumière.

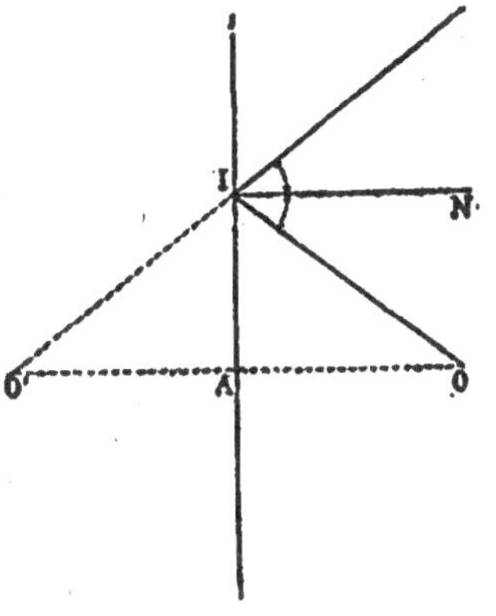

Fig. 245.

Deux miroirs sphériques concaves sont disposés en face l'un de l'autre, à une distance de plusieurs mètres, de telle sorte que leurs surfaces concaves se regardent et que leurs *axes de figures coïncident exactement.* On place une bougie au foyer principal F du premier miroir, les rayons lumineux qui en émanent sont réfléchis parallèlement à l'axe commun des deux miroirs et concentrés après une nouvelle réflexion au foyer principal F' du second miroir où on les reçoit sur un petit écran. Ayant remplacé la bougie par une montre, on place à l'autre foyer l'oreille ou mieux le pavillon d'un cornet acoustique qui intercepte moins de rayons sonores (fig. 246), on entend alors distinctement le tic tac de la montre; il cesse d'être perçu dès qu'on s'écarte du foyer.

La réflexion du son explique l'usage du porte-voix et du cornet acoustique. Le *porte-voix* renforce le son dans une direction déterminée. Des réflexions

Fig. 246.

multiples sur les parois du long tube conique du porte-voix permettent à la voix d'être transmise sans perte notable à une grande distance.

Le *cornet acoustique*, tube conique dont on introduit le bout étroit dans l'oreille, tandis que le pavillon est tourné vers la personne qui parle, agit d'une façon analogue. Employé par les personnes qui ont l'ouïe dure, il concentre les vibrations sonores par des réflexions sur ses parois et les dirige sur la membrane du tympan.

339. Echos. — On appelle *écho* la répétition d'un son réfléchi par un obstacle. Quand un observateur O placé en face d'un plan

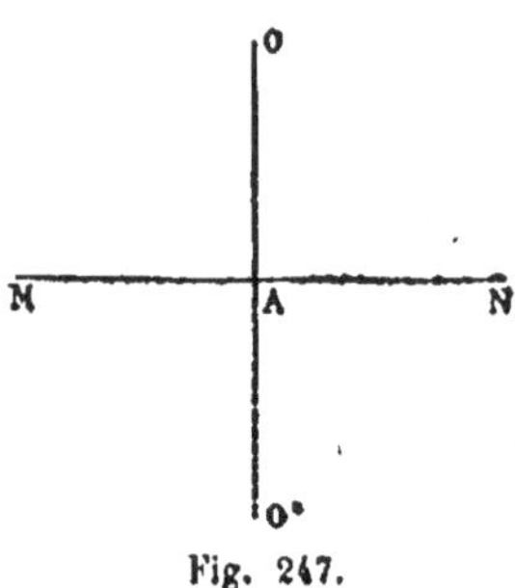

Fig. 247.

MN émet un son, ce son est réfléchi comme s'il venait de l'image virtuelle O' du centre sonore (fig. 247). Soit d la distance AO de l'observateur à l'obstacle, le son parcourt $2d$ pour l'aller et le retour ; entre l'instant où un son extrêmement bref est émis et celui où il revient, il s'est écoulé un temps $\dfrac{2d}{V}$ (V vitesse de propagation du son).

La sensation du son direct *persiste* en moyenne $\dfrac{1}{10}$ de seconde ; si le son réfléchi arrive à l'observateur avant qu'il se soit écoulé $\dfrac{1}{10}$ de seconde, la nouvelle sensation prolonge la première et ne s'en distingue pas. On n'aura donc conscience de l'écho que si le son met au moins $\dfrac{1}{10}$ de seconde à parcourir 2OA. Le son parcourant

340 mètres en une seconde à 15° ou 34 mètres en $\frac{1}{10}$ de seconde, il faut que 2OA soit supérieur à 34 mètres ou OA à 17 mètres. Placé à un peu plus de 17 mètres d'un mur servant de réflecteur, l'observateur percevra un écho, *s'il émet un son très bref.*

Pour les syllabes, leur articulation exigeant un certain temps, la distance de 17 mètres ne suffit plus pour que l'écho soit perçu nettement.

340. Réfraction du son. — Quand un mouvement sonore rencontre la surface de séparation de deux milieux inégalement élastiques, il se décompose en deux parties : l'une revient dans le premier milieu en *se réfléchissant*, l'autre pénètre dans le second milieu en *se réfractant.*

Les lois de la réfraction sont les mêmes pour le son et la lumière (**423**). La réfraction du son a été démontrée au moyen d'une lentille creuse en collodion remplie d'acide carbonique. On dispose une montre sur l'axe de la lentille et on promène l'oreille *sur l'axe* de l'autre côté jusqu'à ce qu'on entende distinctement le son. Le son cesse d'être entendu si l'on déplace l'oreille.

QUALITÉS DU SON

Les sons se distinguent les uns des autres par trois *qualités* ou caractères : *intensité, hauteur, timbre.* Ces qualités correspondent aux éléments qui caractérisent toute vibration : l'amplitude, le nombre par seconde et la forme.

341. Intensité. — L'intensité nous fait dire d'un son qu'il est *fort* ou *faible.* L'intensité dépend :

1° De l'**amplitude des vibrations** du corps sonore. L'intensité augmente avec cette amplitude. Si le mouvement vibratoire n'est pas entretenu, l'amplitude décroît et l'intensité diminue.

2° De la **masse du corps sonore.** L'intensité croît avec cette masse.

3° De la **densité du milieu** où le son prend naissance. L'intensité décroît avec cette densité. Un coup de fusil tiré sur une montagne où l'air est plus raréfié donne lieu à un son moins intense qu'en plaine.

4° De la **distance.** Le son est d'autant plus faible qu'on s'éloigne davantage de la source sonore. On démontre théoriquement, comme en Optique (**392**), que dans un milieu indéfini, *l'intensité d'un son varie en raison inverse du carré de la distance à la source.* Si la propagation a lieu dans un tuyau cylindrique, l'intensité se maintient à peu près invariable à toute distance de la source. De là vient l'usage dans les habitations des *tubes acoustiques* qui transmettent la parole à distance sans affaiblissement sensible.

342. Hauteur. — La hauteur nous fait dire d'un son qu'il est *grave* ou *aigu;* la hauteur ne dépend que du **nombre de vibrations** exécutées en une seconde par le corps sonore, quelle que soit sa nature. Les sons aigus résultent des vibrations les plus rapides.

La hauteur d'un son ou le nombre de vibrations par seconde ne varie pas quand l'intensité s'affaiblit, c'est-à-dire quand l'amplitude diminue. La durée d'une vibration d'un corps sonore est donc indépendante de l'amplitude; cela prouve que les vibrations sont isochrones ou de même durée comme les petites oscillations d'un pendule (**110**).

343. Timbre. — Le timbre nous fait distinguer deux sons de même hauteur rendus par deux instruments différents, indépendamment de leur intensité relative. Il est dû à la superposition de sons accessoires au son principal.

MESURE DU NOMBRE DE VIBRATIONS

344. Pour déterminer le nombre absolu de vibrations par seconde correspondant à un son donné, on emploie deux procédés.

1° On établit *l'unisson* entre le son étudié et un appareil à son variable, appelé *Sirène,* dont on sait compter le nombre de vibrations. L'oreille apprécie exactement l'unisson. C'est la méthode acoustique.

2° On fait *tracer par le corps vibrant une courbe*

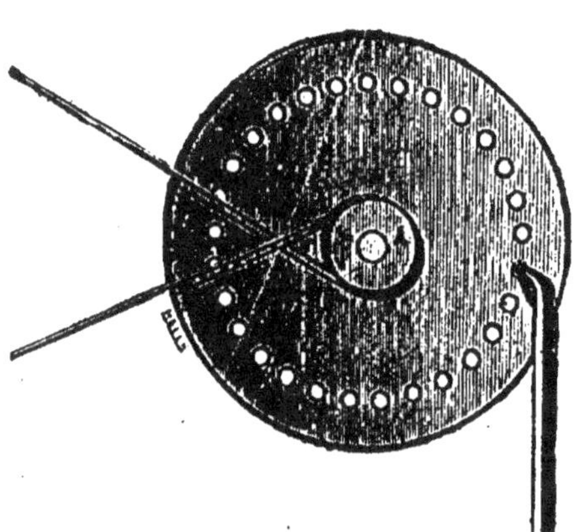

Fig. 248.

sinueuse dont le nombre de sinuosités en une seconde est égal au nombre de vibrations par seconde. C'est la **méthode graphique**.

345. Sirène. — Une sirène se compose d'un disque qu'on fait tourner uniformément autour d'un axe A perpendiculaire à son plan. Ce disque est percé d'orifices équidistants sur une circonférence ayant son centre sur l'axe de rotation (fig. 248). En face de ces orifices est fixé un tube communiquant avec une soufflerie[1]. Au

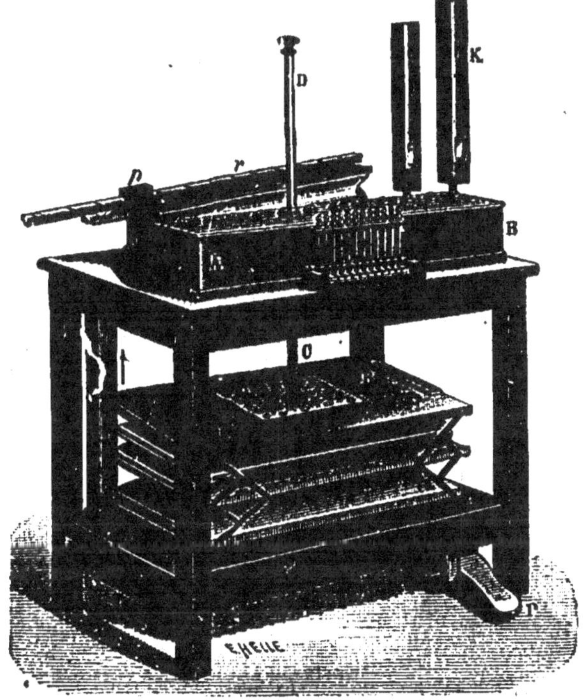

Fig. 249.

moment où l'ouverture du tube coïncide avec un orifice du disque, le vent de la soufflerie passe et comprime l'air extérieur en le refoulant,

(1) Une *soufflerie* (fig. 249) se compose d'un soufflet, que l'on fait fonctionner au moyen d'une pédale P. L'air est poussé dans un réservoir R, dont les parois latérales sont en peau très flexible, et arrive par un gros tuyau T dans une caisse AB appelée *sommier*. La paroi supérieure du sommier est percée d'une rangée de trous, destinés à recevoir des tuyaux. Ces trous sont fermés par des soupapes à ressort, qu'on ouvre en pressant sur des touches. On peut accélérer la vitesse du vent en comprimant l'air du soufflet, ce qui se fait soit en chargeant de poids le réservoir du soufflet, soit en appuyant sur une tige CD qui sert à presser plus ou moins le réservoir.

mais presque aussitôt une partie pleine du disque intercepte le courant d'air et l'air extérieur revient en arrière par son élasticité en se dilatant. Ce double déplacement produit une vibration complète de l'air extérieur.

Si le disque a 30 orifices, une nouvelle coïncidence des orifices a lieu après $\frac{1}{30}$ de circonférence; de là une nouvelle sortie de l'air bientôt suivie d'une nouvelle interruption. Pour une vitesse suffisante du disque, les vibrations se fondent en un son dont la hauteur s'élève quand la vitesse de rotation croît.

Pour déterminer la hauteur d'un son, on fait varier la vitesse de rotation du disque jusqu'à ce que le son rendu par le disque soit à l'*unisson* du son étudié. On maintient alors *constante* la vitesse de rotation et on compte le nombre de tours par seconde. Avec n tours du disque par seconde, le son de la sirène correspond à $30n$ vibrations complètes par seconde.

Fig. 250.

En disposant un tuyau en face de chacun des orifices du disque, le courant d'air de la soufflerie traversera simultanément tous ces orifices et les sorties seront aussi interceptées à la fois, les 30 ouvertures vibreront à l'unisson. Le nombre de vibrations sera *le même qu'avec un seul tuyau*, mais l'intensité sera augmentée.

346. Méthode graphique. — La méthode graphique où le corps vibrant *inscrit lui-même son mouvement* est le plus simple et le plus précis des procédés de mesure du nombre des vibrations.

Sur la surface d'un cylindre C mobile autour de son axe on a collé une feuille de papier glacé que l'on recouvre de noir de fumée en l'exposant à la flamme d'une bougie. Au corps sonore D on a fixé **un style** ou pointe fine en laiton très mince, qu'on approche de la surface du cylindre (fig. 250). Si le corps sonore ne vibre pas devant le cylindre tournant, le style trace une circonférence sur la surface en enlevant le noir de fumée aux points qu'il touche ; si le corps sonore est mis en vibration parallèlement à l'axe du cylindre, la circonférence tracée est **sinueuse**.

Chacune des sinuosités correspond à une vibration double, leur

Fig. 251.

nombre est égal au nombre des vibrations doubles. L'amplitude et la forme des sinuosités reproduisent l'amplitude et la forme des excursions du corps vibrant. Comme les vibrations sont isochrones, leur nombre en un même temps ne varie pas avec leur amplitude.

Habituellement, le cylindre enregistreur est entraîné par un mouvement d'horlogerie. La vitesse de rotation est rendue sensiblement uniforme par la résistance qu'oppose à l'air un régulateur à ailettes R. Pour éviter la superposition des tracés, le corps vibrant est porté par un chariot G qui sert d'écrou à une vis V parallèle à l'axe du cylindre. Par l'intermédiaire d'une corde enroulée sur deux poulies P et P', la vis tourne en même temps que le cylindre (fig. 251).

On peut se passer de connaître la vitesse de rotation du cylindre enregistreur. Dans ce but, on fait vibrer à la fois le corps sonore étudié et un diapason dont l'une des branches est également munie d'un style. Les deux styles tracent sur le cylindre *deux lignes sinueuses parallèles* dont on compte facilement les sinuosités après avoir déroulé le papier enfumé (fig. 252). *Le rapport des nombres de vibrations des deux corps sonores, pendant un même temps, est le quotient du nombre de leurs sinuosités comprises entre deux génératrices du cylindre.* Le nombre absolu des vibrations du diapason, s'il est connu, permet donc de calculer le nombre absolu des vibrations de l'autre corps sonore.

Fig. 252.

Supposons que le diapason de comparaison donne le *la* normal et par conséquent exécute 435 vibrations doubles par seconde. Si le diapason a tracé 70 sinuosités entre deux génératrices du cylindre enregistreur et l'autre corps sonore 92, le nombre n de vibrations doubles de ce dernier par seconde se calculera par la proportion

$$\frac{n}{435} = \frac{92}{70}.$$

347. Limite des sons perceptibles. — Pour être perçu par l'oreille humaine, un mouvement vibratoire doit être compris entre certaines limites. On admet généralement comme limites extrêmes 8 et 24 000 vibrations doubles par seconde. L'impression produite par les sons très aigus est pénible, aussi les sons en usage en musique ne dépassent guère 4000 vibrations doubles.

348. Généralisation de l'emploi de la méthode graphique. — La méthode graphique que nous avons précédemment appliquée à la vérification des lois de la chute des corps avec l'appareil Morin, à l'inscription continue des variations barométriques avec l'enregistreur Richard et qui vient de nous servir à l'observation du nombre, de l'amplitude et de la forme des vibrations d'un corps élastique, constitue l'un des procédés d'exploration les plus pratiques et les plus précis de la science expérimentale. Elle permet de suivre *d'une façon ininterrompue* et sans incertitude des changements extrêmement rapides ou très faibles qui nous échapperaient et qu'un observateur ne pourrait saisir d'ordinaire que par intermittences.

En particulier, son application en **physiologie** est extrêmement précieuse. La plupart des phénomènes physiologiques étant des phénomènes de mouvement mécanique, leur étude se prête à l'enregistrement graphique en utilisant une faible partie du travail produit par le phénomène lui-même. La transmission du mouvement au style inscripteur se fait par des ressorts, par des liquides et très souvent par l'air. Dans ce dernier cas, l'organe le plus employé pour l'enregistrement est le **tambour à levier** de Marey (fig. 253).

Il consiste en une capsule métallique plate ou tambour, dont l'ouverture est complètement fermée par une mince membrane de caoutchouc. Au centre de cette membrane est fixée en M une rondelle d'aluminium qui commande un levier porte-style (du type des leviers du 3e genre). Ce levier est articulé dans une pièce métallique, il ne prend que les mouvements de la membrane

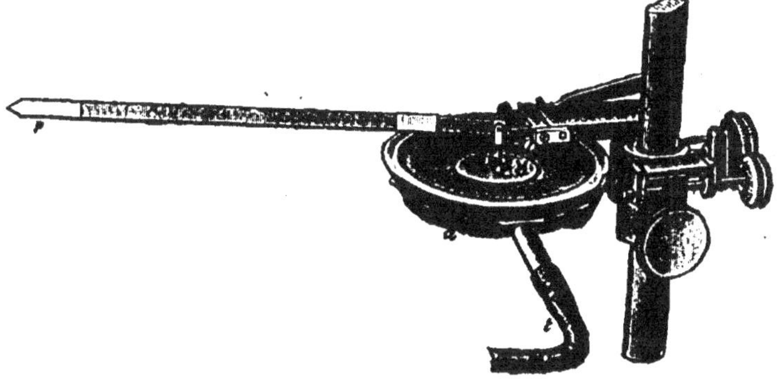

Fig. 253.

et les amplifie. Le style se déplace sur la surface enfumée d'un cylindre enregistreur (fig. 251). La caisse du tambour contient de l'air et la membrane se bombe quand la force élastique de cet air augmente. L'air de la caisse communique par un tube t avec un tambour transmetteur dont la base en caoutchouc est [pressée par l'appareil dont on étudie le déplacement et qui est variable suivant qu'il s'agit des pulsations du cœur, du pouls, du mouvement respiratoire, des mouvements de la locomotion ou de tout autre phénomène physiologique.

SONS MUSICAUX

349. Intervalle de deux sons. — En musique, on ne passe pas d'un son à un autre par les intermédiaires, on n'emploie que des sons séparés les uns des autres] dans la suite continue des sons. L'audition de deux sons détermine sur notre oreille une impression particulière qui ne dépend ni de leur hauteur absolue, ni de l'instrument qui les produit, mais de leur **intervalle**.

Si l'on considère quatre sons tels que l'intervalle de A à B soit jugé musicalement égal à l'intervalle de A′ à B′, on constate en mesurant les nombres de vibrations par seconde, a et b, a' et b', que $\dfrac{a}{b}=\dfrac{a'}{b'}$.

Pour cette raison, on appelle en acoustique, *intervalle de deux sons,* **le rapport des nombres de vibrations par seconde** de ces deux sons. Un intervalle est toujours exprimé par une fraction supérieure à l'unité, car on prend pour numérateur le nombre de vibrations du son le plus aigu.

Certains intervalles spéciaux sont seuls usités en musique.

Le musicien reconnaît ces intervalles à l'audition, le physicien les précise en donnant les rapports des nombres de vibrations.

350. Unisson; octave. — Lorsque deux sons ont un même nombre de vibrations, on les dit à l'*unisson*. Quand l'un fait deux fois plus de vibrations que l'autre dans le même temps, l'intervalle est caractérisé par le nombre 2 et appelé intervalle d'*octave*.

351. Gamme. — Si nous produisons, à partir d'un son appelé **tonique,** six autres sons qui se succèdent en présentant avec le premier les intervalles ou rapports $\dfrac{9}{8}$, $\dfrac{5}{4}$, $\dfrac{4}{3}$, $\dfrac{3}{2}$, $\dfrac{5}{3}$, $\dfrac{15}{8}$, nous obtenons 7 sons formant une mélodie[1] type appelée *gamme*. Le nombre de vibrations du premier son est arbitraire, l'impression spéciale que détermine la gamme n'en dépend pas.

Notes. — Les notes ou sons de la gamme ont reçu des noms particuliers. Voici les noms adoptés en France, avec les intervalles *de chaque note à la première* :

ul	ré	mi	fa	sol	la	si
	$\dfrac{9}{8}$	$\dfrac{5}{4}$	$\dfrac{4}{3}$	$\dfrac{3}{2}$	$\dfrac{5}{3}$	$\dfrac{15}{8}$

A la suite de cette gamme de 7 notes, on peut former une nouvelle série ou gamme ayant pour point de départ une note ul_2

$$ul_2 \quad ré_2 \quad mi_2 \quad fa_2 \quad sol_2 \quad la_2 \quad si_2,$$

puis une autre commençant par ul_3, etc. La première note d'une gamme et la première note de la gamme consécutive sont à l'*intervalle d'octave*.

352. Diapason normal. — On connaîtra les nombres de vibrations des diverses notes si l'on a déterminé le nombre des vibrations d'une note particulière.

----

[1] Dans la *mélodie*, les sons sont émis successivement; dans l'*harmonie*, ils sont simultanés.

Le son d'un diapason (fig. 264) type ou *normal*, faisant 435 vibrations doubles par seconde à 15°, est *par convention*[1] un *la*. L'*ut* de la gamme dont ce *la* fait partie a 261 vibrations doubles $\left(435 \cdot \dfrac{3}{5}\right)$.

353. Échelle musicale. — La gamme à laquelle appartient le *la* du diapason normal est dite *gamme fondamentale;* on affecte ses notes de l'indice $_3$ inscrit à droite et au-dessous de la note :

$$ut_3 \quad ré_3 \ldots\ldots \quad la_3 \quad si_3.$$

Les gammes plus aiguës ont les indices 4, 5, 6..., les gammes plus graves les indices 2, 1, —2, —2.... La gamme peut être comparée à une *échelle* à échelons irrégulièrement espacés. L'échelle musicale tout entière comprend environ 8 octaves depuis ut_{-2} (16,31 vibrations) jusqu'à $ré_7$[2].

354. Intervalles successifs de la gamme. Tons et demi-tons. — Nous connaissons les intervalles des notes de la gamme par rapport à la première d'entre elles ; calculons les intervalles entre deux notes consécutives :

ut	ré	mi	fa	sol	la	si	ut
1	$\frac{9}{8}$	$\frac{5}{4}$	$\frac{4}{5}$	$\frac{3}{3}$	$\frac{5}{3}$	$\frac{14}{8}$	2
	$\frac{9}{8}$	$\frac{10}{9}$	$\frac{16}{15}$	$\frac{9}{8}$	$\frac{10}{9}$	$\frac{16}{15}$	

on voit que les 7 intervalles successifs se réduisent à 3 : le plus grand $\dfrac{9}{8}$, est appelé *ton majeur;* $\dfrac{10}{9}$ est appelé *ton mineur;* le plus petit $\dfrac{16}{15}$, est le *demi-ton majeur.*

On confond les 2 intervalles $\dfrac{9}{8}$ et $\dfrac{10}{9}$ parce que leur rapport $\dfrac{81}{80}$, appelé *comma*, est pratiquement considéré comme égal à l'unité et on donne le même nom de *ton* aux intervalles $\dfrac{9}{8}$ et $\dfrac{10}{9}$; l'intervalle $\dfrac{16}{15}$ est appelé un *demi-ton.* D'après cela, une gamme est constituée par

---

(1) Décision d'un Congrès réuni à Vienne en 1885.

(2) Autrefois ut_{-2} correspondait à 16 vibrations, la valeur actuelle de ut_{-2} résulte de la valeur 435 attribuée à la_3.

la succession de *deux tons et un demi-ton, trois tons et un demi-ton*, ce que l'on peut représenter par 2T, *t*, 3T, *t*[1].

355. Accords. — L'émission *simultanée* de deux ou plusieurs sons séparés par des intervalles musicaux donne un *accord*.

L'accord est dit *consonnant* s'il produit une sensation agréable à l'oreille, il est *dissonnant* si la sensation est désagréable. Les intervalles consonnants sont en petit nombre : l'intervalle le plus consonnant est l'unisson $\frac{1}{1}$, puis viennent les intervalles :

$$
\begin{array}{ll}
\text{d'octave} & \dfrac{2}{1} \\[2mm]
\text{de quinte} & \dfrac{3}{2} \\[2mm]
\text{de quarte} & \dfrac{4}{3} \\[2mm]
\text{de tierce majeure} & \dfrac{5}{4} \\[2mm]
\text{de tierce mineure} & \dfrac{6}{5} \cdot
\end{array}
$$

On voit que les nombres de vibrations qui correspondent à deux sons formant un accord harmonieux sont entre eux comme des *nombres entiers très petits.*

Accord parfait. — La production de trois sons dont les deux derniers présentent avec le premier des intervalles de tierce majeure et de quinte, donne le plus consonnant des accords de trois sons : on l'appelle *accord parfait.* Tel est l'accord *ut, mi, sol,* dont les nombres de vibrations sont

$$1 \quad \frac{5}{4} \quad \frac{3}{2}$$
$$\text{ou} \quad 4 \quad 5 \quad 6.$$

356. Harmoniques. — On nomme *sons harmoniques* des sons dont les nombres de vibrations sont entre eux comme la suite naturelle des nombres entiers 1, 2, 3, 4, 5, 6...

---

(1) Cette succession de sons constitue une *gamme majeure*; on emploie aussi une *gamme mineure*, formée également de cinq tons et de deux demi-tons, mais autrement distribués que dans une gamme majeure (T, *t*, 2T, *t*, 2T).

Il faut remarquer qu'il y a eu et qu'il y a encore des systèmes musicaux qui diffèrent du nôtre par la valeur des intervalles et par leurs combinaisons. Les systèmes musicaux ont en effet varié avec le temps et avec le caractère des civilisations. Le développement de l'art musical tend à accroître le nombre des intervalles utilisés.

La superposition de deux de ces sons donne un accord d'autant plus consonnant qu'ils se trouvent plus bas dans la série. Les deux premiers ont un intervalle d'octave, le deuxième et le troisième un intervalle de quinte, le troisième et le quatrième un intervalle de quarte, etc.

Certains de ces sons harmoniques appartiennent à l'échelle musicale des gammes ordinaires; en appelant ut_1 le son le plus grave, voici les notes correspondantes :

$$\text{Nombre de vibrations} \quad n \quad 2n \quad 3n \quad 4n \quad 5n\dots$$
$$ut_1 \quad ut_2 \quad sol_2 \quad ut_3 \quad mi_3$$

On peut étudier en acoustique les vibrations d'un grand nombre de corps élastiques de formes variées, mais comme la plupart dés instruments de musique n'utilisent que les vibrations longitudinales des tuyaux et les vibrations transversales des cordes, nous nous bornerons aux tuyaux et aux cordes.

TUYAUX SONORES

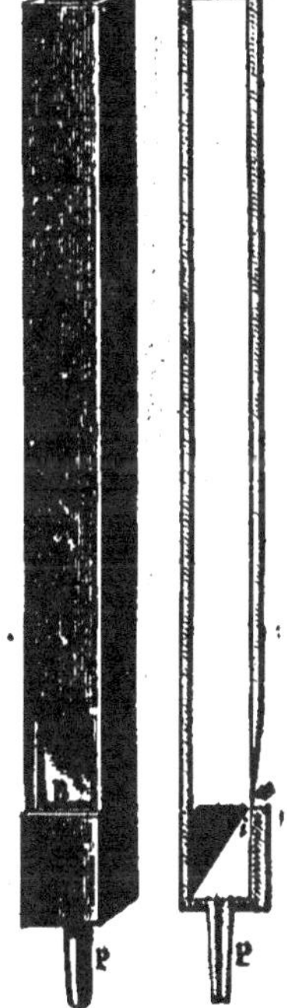

357. Un *tuyau sonore* est un tube à parois résistantes et lisses en bois ou en métal, qui rend un son quand on met en vibration la colonne d'air qu'il renferme.

Embouchure. — On produit ces vibrations à l'extrémité du tuyau par une embouchure.

Dans l'*embouchure de flûte,* l'air qui sort de la soufflerie où il est comprimé arrive par un tube P (*pied* du tuyau) dans une chambre à air qui est fermée à son sommet, à l'exception d'une fente étroite *i* appelée *lumière,* par laquelle l'air s'échappe. Le courant d'air vient se briser contre un biseau *a,* formant l'extrémité amincie du bord supérieur d'une ouverture transversale B que l'on nomme *bouche* (fig. 254 et 255). Le brisement du courant d'air contre le biseau produit une série d'impulsions qui se transmettent à la colonne d'air.

Fig 254.   Fig. 255.

L'air vibre dans un tuyau sonore. — Dans un tuyau qui résonne et dont une des faces est terminée par une vitre, on fait descendre, à l'aide d'un cordon, une membrane S tendue sur un cadre et recouverte de sable (fig. 256). Le frémissement de la membrane et le sautillement du sable rendent manifeste l'état vibratoire de l'air du tuyau. *Le corps sonore est l'air du tuyau;* les parois, si elles ne sont pas très minces, n'influent pas sur la hauteur du son.

358. Un tuyau sonore se comporte comme un résonnateur. — Un tuyau sonore est un résonnateur, c'est-à-dire un appareil capable de renforcer certains sons déterminés. Pour le montrer, on fait vibrer un diapason D au-dessus d'une éprouvette à pied contenant de l'eau (fig. 257). On arrive à produire un *renforcement* notable du son du diapason en versant de l'eau jusqu'à une certaine hauteur, pour donner à la colonne d'air une *longueur convenable*. Avec un diapason rendant un autre son, le renforcement n'a plus lieu; on le reproduit en modifiant la longueur de la colonne d'air.

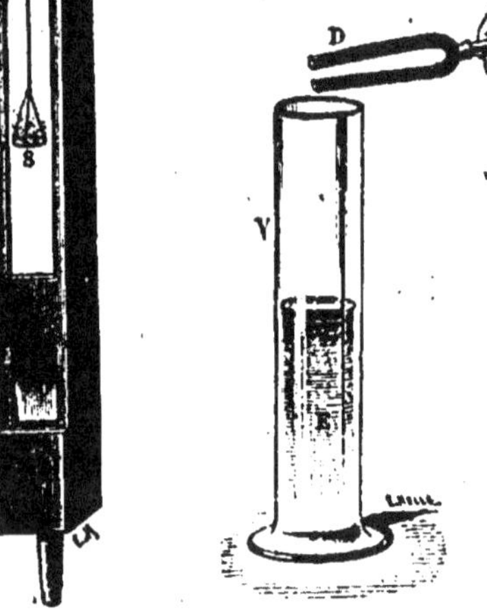

Fig. 256.   Fig. 257.

LOIS DES TUYAUX CYLINDRIQUES OU PRISMATIQUES

359. Avec des tuyaux cylindriques ou prismatiques dont le *diamètre est très petit par rapport à la longueur*, la hauteur des sons rendus ne dépend pas du diamètre. Un tuyau droit et un tuyau coudé de même longueur rendent les mêmes sons. Un tuyau d'une certaine longueur étant placé sur une soufflerie, la hauteur des sons rendus par l'embouchure s'élève graduellement à mesure que la vitesse du vent de la soufflerie augmente.

Les sons rendus par l'embouchure d'un tuyau sont très faibles; le tuyau renforce considérablement quelques-uns d'entre eux.

Les sons renforcés diffèrent suivant que l'extrémité opposée à l'embouchure du tuyau est *fermée* (tuyaux fermés) ou *ouverte* (tuyaux ouverts).

360. Lois des harmoniques. — Tuyaux fermés. — Les nombres de vibrations des sons rendus sont n, $3n$, $5n$, $7n$… Le son le plus grave est appelé **son fondamental**. Les autres sont les *harmoniques impairs du son fondamental*. Les sons intermédiaires ne sont pas renforcés.

Tuyaux ouverts. — Les nombres de vibrations des sons rendus sont n', $2n'$, $3n'$… Un tuyau ouvert renforce les *harmoniques successifs du son fondamental*.

361. Lois des longueurs. — Faisons varie. la longueur des tuyaux. — 1° *La hauteur du son fondamental,* pour un tuyau de même espèce (soit ouvert, soit fermé), *est en raison inverse de la longueur du tuyau.* 2° *Un tuyau fermé donne le même son fondamental qu'un tuyau ouvert de longueur double.*

On démontre la seconde loi en montant sur une soufflerie un tuyau ouvert traversé en son milieu par une coulisse N, dont l'une des moitiés est pleine et l'autre évidée (fig. 258). Si l'on fait rendre au tuyau ouvert le son fondamental qui lui est propre, la hauteur du son ne change pas quand on tire la coulisse de façon à substituer la partie pleine à la partie évidée, c'est-à-dire quand on remplace le tuyau ouvert par un tuyau fermé de longueur moitié moindre.

362. Tuyaux à anche. — Dans les tuyaux à anche, les sorties périodiques du courant d'air sont déterminées par les vibrations d'une lame élastique appelée anche.

Dans les tuyaux d'orgue, l'anche est placée à la partie supérieure du tuyau. Le tuyau est fermé en haut par un couvercle en bois portant un prolongement creux en forme de boîte qui pénètre dans l'intérieur du tuyau (fig. 259).

Fig. 258.

Cette boîte est percée latéralement d'une fente F en forme de rectangle allongé contre laquelle est appliquée une mince lame de laiton *l* attachée par son extrémité supérieure à l'un des petits côtés de l'ouverture. Elle rase les bords de la fente rectangulaire sans la toucher. C'est l'**anche libre.** L'air de la soufflerie arrivant par la partie inférieure du tuyau, pousse la lame *l* en dedans de la boîte et s'échappe par l'orifice O du couvercle ; par son élasticité la lame vibre transversalement; le nombre d'ouvertures et de fermetures de la fente est égal au nombre des vibrations. On rend le son plus aigu en diminuant la longueur de la partie libre ou vibrante à l'aide d'une petite tige de métal *r* appelée *rasette*. Le tuyau renforce certains des sons de la languette vibrante.

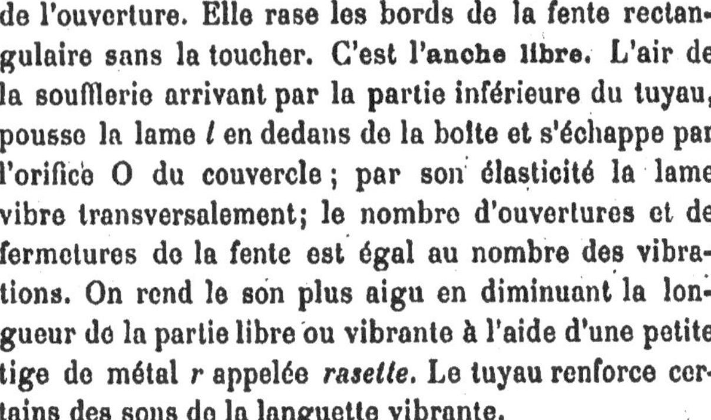
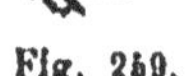

Fig. 259.

Dans l'**anche battante** (fig. 260) la lame élastique *l* est un peu plus large que la fente et bat ses bords en vibrant. Cette lame ferme comme une cloison la boîte qui prolonge le couvercle et qui est creusée inférieurement en une sorte de rigole *c*, dans laquelle l'air ne peut pénétrer pour s'échapper, qu'en soulevant la lame.

Fig. 260.

LOI DE SIMILITUDE

363. La loi des longueurs pour les tuyaux longs et étroits peut être considérée comme un cas particulier de la loi générale de similitude.

Quand deux corps sonores de même substance *géométriquement semblables* vibrent suivant le même mode, *leurs nombres de vibrations sont inversement proportionnels aux dimensions homologues.* Cette loi générale s'applique aux corps sonores semblables les plus divers : plaques, timbres, cloches, tuyaux de formes variées[1].

Plaçons en particulier sur une soufflerie deux tuyaux cubiques dont les dimensions homologues sont dans le rapport de 2 à 1, le petit tuyau fait

(1) Pour des tuyaux longs et étroits de longueurs différentes, les longueurs sont des dimensions homologues puisque les dimensions transversales n'ont pas d'influence sur les sons rendus; par suite, les nombres de vibrations correspondant à un harmonique de même ordre doivent être en raison inverse des longueurs.

deux fois plus de vibrations par seconde que le grand (fig. 261).
Si les dimensions des deux tuyaux semblables sont dans le rapport

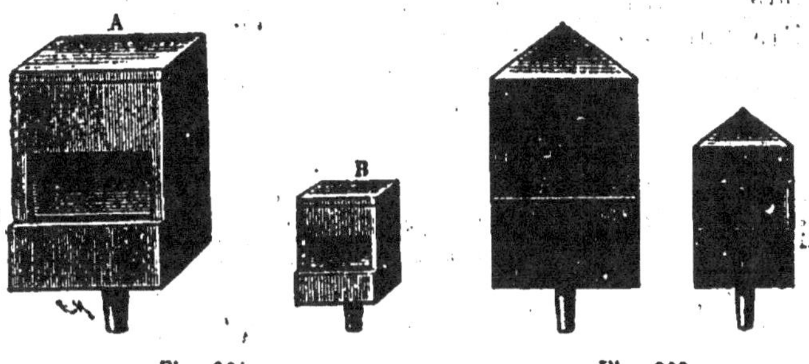

Fig. 261.   Fig. 262.

de 3 à 2 (fig. 262), le petit tuyau fait 3 vibrations pendant que
l'autre en fait 2.

VIBRATIONS TRANSVERSALES DES CORDES

364. Une corde est un fil en boyau ou en métal, *fixé par ses deux
extrémités et tendu*; si on la tire perpendiculairement à sa longueur
pour l'abandonner ensuite à elle-même, la corde exécute des vibrations *transversales* et on entend un son. Le son rendu est d'autant
plus aigu que la corde vibrante est plus courte, plus fine, plus
tendue et que sa densité est plus faible.

Lois. — Le nombre de vibrations effectuées en une seconde par
une corde vibrante varie : *en raison inverse de la longueur, en
raison inverse du diamètre, en raison inverse de la racine carrée de
la densité, proportionnellement à la racine carrée du poids tenseur.*

365. Vérifications expérimentales. — **Sonomètre.** — Les
vérifications expérimentales peuvent se faire à l'aide du sonomètre.

Le *sonomètre* est une longue caisse rectangulaire en bois de sapin
qui renforce les sons (fig. 263). Sur la face supérieure de la caisse
sont fixés deux chevalets triangulaires A et B, parallèles entre eux
et distants de 1 mètre. Sur ces chevalets sont tendues deux cordes
attachées toutes les deux à une de leurs extrémités en H et H';
à l'autre extrémité, l'une des cordes *m* s'enroule sur une cheville

que l'on peut faire tourner avec une clef K de façon à faire varier la tension; l'autre passe sur une poulie et supporte des poids tenseurs P. On limite la longueur de la partie vibrante de cette dernière corde en l'appuyant sur un chevalet mobile, intermédiaire

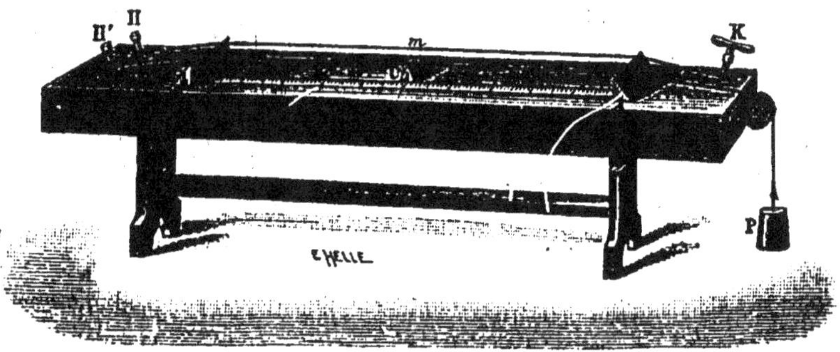

Fig. 263.

entre les deux chevalets fixes, la distance comprise entre un chevalet fixe et le chevalet mobile est alors la longueur de la corde.

On provoque les vibrations transversales de la corde soit en la frappant, soit en la pinçant et l'écartant, soit en la frottant perpendiculairement avec un archet enduit de colophane.

Loi des longueurs. — On règle d'abord avec des poids la tension de la corde enroulée sur la poulie, puis on tend l'autre avec la clef pour la mettre à l'unisson. Cette corde sera laissée fixe, elle sert de *témoin* et conserve le premier son *pour la comparaison*.

On pousse le chevalet mobile au milieu de la corde variable et l'on fait vibrer l'une des moitiés, on a ainsi l'octave aiguë du son de la corde entière. Si l'on place le chevalet au tiers de la corde, en faisant vibrer les $\frac{2}{3}$, on obtient la quinte du son de la corde entière. En faisant vibrer le $\frac{1}{3}$, on a l'octave aiguë du son obtenu avec les $\frac{2}{3}$.

Longueurs de la corde	1	$\frac{1}{2}$	$\frac{2}{3}$	$\frac{1}{3}$
Nombres de vibrations	1	2	$\frac{3}{2}$	3
Notes	*ul*	*ul₂*	*sol*	*sol₂*

On voit que la loi des longueurs est vérifiée.

Emploi de la méthode graphique. — Au lieu d'apprécier les intervalles musicaux entre le son de comparaison et les sons rendus par la corde variable, on peut supprimer la corde témoin et *mesurer directement* le nombre absolu des vibrations de la corde variable. A cet effet, on fixe sur cette corde un style très léger et on *inscrit ses vibrations* sur un cylindre enregistreur. La vérification est effectuée comme avec le sonomètre pour des longueurs, des diamètres, des tensions et des densités quelconques.

Mesure d'un nombre de vibrations. — En admettant la loi des longueurs, on peut faire usage du sonomètre pour mesurer le nombre de vibrations d'un son quelconque. Soit L la longueur d'une corde vibrant à l'unisson du diapason normal (435 vibrations) et l la longueur de la corde vibrant à l'unisson du son étudié (x vibrations).

$$\frac{L}{l} = \frac{x}{435}.$$

DIAPASON

366. Un diapason est une verge d'acier à section rectangulaire, recourbée sur elle-même en forme de fourche; les deux branches sont parallèles ou légèrement convergentes. Pour faire vibrer un diapason *transversalement*, on écarte brusquement ses deux bords en y faisant passer de force un petit cylindre de bois ou de métal. On peut se contenter de frotter l'une des branches avec un archet pour que les deux vibrent à l'unisson (fig. 264).

Les diapasons à branches courtes donnent des sons aigus; on a des sons graves avec des diapasons à branches longues et minces.

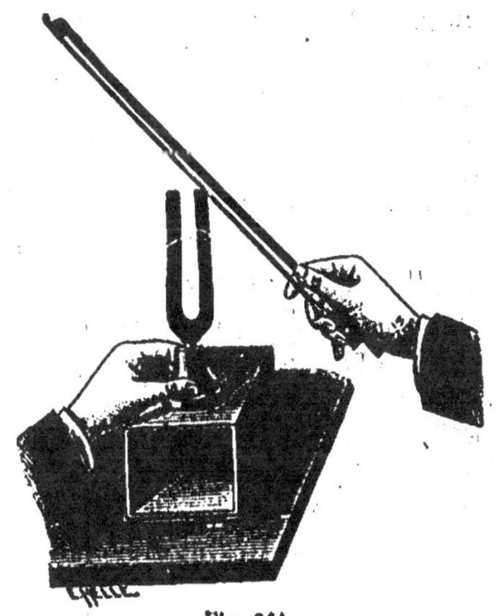

Fig. 264.

A une température constante, *un diapason exécute des vibrations isochrones*. On l'emploie à la mesure du temps dans un grand nombre de cas (*chronographe*); on munit alors l'une des branches d'un style très léger et on lui fait inscrire directement ses vibrations sur un cylindre enregistreur.

Le diapason sert d'*étalon de hauteur musicale* et il est employé pour accorder les instruments. Un diapason donnant 435 vibrations doubles par seconde est dit **diapason normal**. Sa note est appelée le la_3, elle sert à fixer les nombres absolus de vibrations des notes musicales (**352**).

TIMBRE

Des sons de même hauteur et de même intensité rendus par des instruments différents se distinguent par leur *timbre*. Nous allons étudier cette troisième différence caractéristique des sons (**343**) et reconnaître qu'elle est due à la superposition, au son dominant, de plusieurs de ses harmoniques (**356**).

357. Résonnance. — Un corps sonore se met à vibrer s'il est en présence d'un autre corps produisant un des sons qu'il est capable de rendre lui-même. Cette communication des vibrations par influence s'appelle *résonnance*.

Le faible son que rend un diapason prend une ampleur considérable sur une caisse de résonnance de dimensions appropriées formant tuyau sonore (fig. 264) et, quand son mouvement paraît éteint, il suffit de le poser sur sa caisse pour l'entendre de nouveau.

Prenons deux diapasons munis de leurs caisses de résonnance et vibrant à l'unisson, les ouvertures de ces caisses se faisant face à plusieurs mètres de distance. On met en vibration l'un des diapasons en le frottant avec un archet, bientôt le second se met à vibrer par influence[1]; si, en effet, on arrête avec la main le mouvement vibratoire du premier, *le son du second se prolonge seul* et est entendu très nettement. La résonnance est utilisée dans l'étude du timbre.

(1) Les impulsions que le mouvement vibratoire du premier diapason communique par l'air au second sont concordantes et, malgré la petitesse de l'effet dû à une impulsion isolée, *l'accumulation des effets* finit par donner lieu à un son appréciable. Ces effets se détruisent si la période du second diapason n'est pas égale à celle du premier.

368. Son simple. Son composé. — Un *son simple* est un son qui ne correspond qu'à un nombre déterminé et unique de vibrations.

Un son, quelle que soit son origine, est le plus souvent un *son composé* et résulte de la superposition de plusieurs sons, de même que la couleur d'un objet résulte habituellement de la superposition de plusieurs radiations colorées simples.

Nous savons qu'une colonne d'air vibrant longitudinalement est capable de rendre *successivement* un son fondamental et des sons plus aigus qui sont les harmoniques du son fondamental. Certains de ces harmoniques *coexistent* habituellement avec le son fondamental.

De même, lorsqu'une corde vibre transversalement dans toute sa longueur, une oreille exercée peut reconnaître que le son fondamental qui est le son dominant est accompagné de sons harmoniques. *En même temps que la corde vibre dans sa totalité, elle s'est subdivisée d'elle-même en 2, en 3, en 4 segments égaux vibrant simultanément.*

Les diapasons, les tuyaux sphériques rendent des sons simples. — Un *diapason* émet un son simple parce que les harmoniques qui accompagnent le son fondamental s'éteignent très rapidement. Il est rare qu'un tuyau sonore rende un son simple. Pratiquement, un *tuyau* sphérique ne renforce qu'un seul son.

La propriété des tuyaux sphériques de ne renforcer qu'un seul son a été utilisée pour l'analyse des sons. Dans cette application on les appelle plus spécialement *résonnateurs*. Le son d'un de ces résonnateurs est d'autant plus aigu que le rayon de la sphère est plus petit. D'après la *loi de similitude* (**363**), les hauteurs des sons renforcés par différents tuyaux sphériques varient en raison inverse de leurs rayons. On peut donc construire une série de résonnateurs rendant des notes déterminées.

Résonnateurs. — Pour l'analyse des sons, on emploie des sphères creuses de verre ou de cuivre S (fig. 265) munies de deux orifices opposés. Le plus grand F est une sorte de pavillon qui s'ouvre au

Fig. 265.

dehors, l'autre G a la forme d'un col allongé et creux qu'on introduit dans l'oreille. Ce tuyau sphérique vibre bruyamment par *influence* lorsque le son qu'il peut renforcer est produit devant lui.

369. Analyse des sons. — Pour analyser un son, on le soutient pendant quelque temps et on introduit successivement dans l'oreille les conduits de divers résonnateurs : les sons des résonnateurs qui manifestent un *renforcement* sont des éléments constituants du son que l'on étudie.

Si l'on présente différents résonnateurs à un diapason, le son du diapason ne peut être renforcé que par un seul, les autres restent silencieux.

Lorsque deux instruments différents rendent *une même note*, cette note *prédomine* et le nombre de vibrations est le même dans les deux cas, mais *des harmoniques s'ajoutent au son principal*. Si l'on dispose d'une série de résonnateurs capables de renforcer respectivement la note considérée et ses harmoniques successifs, on reconnaîtra pour chaque instrument les harmoniques spéciaux qui accompagnent la note en introduisant successivement dans l'oreille chacun des résonnateurs de la série ; on pourra en outre juger de leur intensité.

L'analyse des sons confirme le rôle important joué en musique par les sons harmoniques. Un son qui n'est pas accompagné d'harmoniques est sourd et peu musical, un son paraît d'autant plus musical qu'il est plus riche en harmoniques superposés au son principal.

Nature du timbre. — Les divers timbres se distinguent par le *nombre*, le *rang* et l'*intensité* des harmoniques superposés au son qui prédomine, c'est la fusion des sensations dues au son principal et aux sons accessoires qui produit le timbre. Deux corps sonores qui rendent un même son simple ont le même timbre ; les sons simples ne se distinguent entre eux que par l'intensité et la hauteur.

370. Synthèse des sons. — L'analyse des sons est due à Helmholtz[1], il est parvenu, dans certains cas, à en faire la synthèse. Imaginons une série de diapasons rendant un son déterminé et ses harmoniques successifs. Devant chacun de ces diapasons entretenus électriquement plaçons le résonnateur sphérique qui le renforce, nous pourrons, en ouvrant plus ou moins ou en fermant certains de ces résonnateurs, associer au son fondamental un ou plusieurs de ses harmoniques avec une intensité variable et réaliser ainsi des timbres différents par la fusion de ces sons accessoires et du son principal.

(1) **Helmholtz,** physicien et physiologiste allemand (1821-1894).

371. Étude du timbre par les tracés graphiques. — Les tracés de la méthode graphique fournissent un moyen de distinguer les différents timbres. Pour des sons de même hauteur, le nombre des sinuosités comprises entre deux mêmes génératrices du cylindre enregistreur est le même. La forme de ces sinuosités varie avec le timbre. Un son simple (diapason), est caractérisé par une courbe ondulée régulière (courbe A, fig. 266).

Dans le tracé des sons composés de même hauteur, chaque ordonnée est en

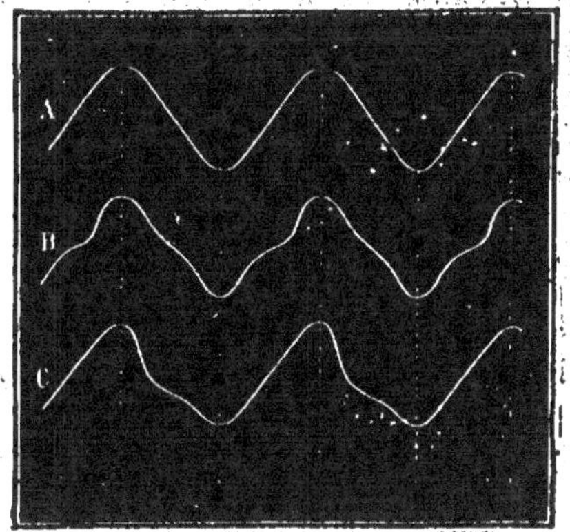

Fig. 266.

chaque point la *somme algébrique de plusieurs ordonnées*. La période du son principal étant un multiple entier de la période de chacun des harmoniques, l'addition de ces sons ne modifie pas le nombre des oscillations principales. Dans les courbes B et C de la fig. 266 les grandes vibrations correspondent au son principal, les irrégularités sont produites par les harmoniques du timbre; des *formes différentes* proviennent d'une association différente de sons accessoires.

372. Distinction entre un son musical et un bruit. — Les sons composés qui ne sont pas formés par la superposition d'harmoniques n'ont pas le caractère musical, ce sont des *bruits*. *Les bruits résultent de la réunion de sons discordants, dont les nombres de vibrations ne présentent pas de rapports simples* (par exemple bruits des vagues). On obtiendrait des bruits avec une sirène dont le disque mobile serait percé de trous irrégulièrement distribués sur une circonférence ayant l'axe pour centre.

373. Phonographe. — Edison[1] a fait servir l'inscription graphique à la *reproduction des sons* qui l'ont produite.

La partie essentielle d'un phonographe est une *membrane élastique* en verre très mince, fermant l'un des orifices d'un cornet B devant lequel on produit les sons qu'on veut inscrire et reproduire. La mem-

(1) **Edison**, physicien américain; né en 1847.

brane vibre à l'unisson des mouvements oscillatoires variés que l'air lui transmet.

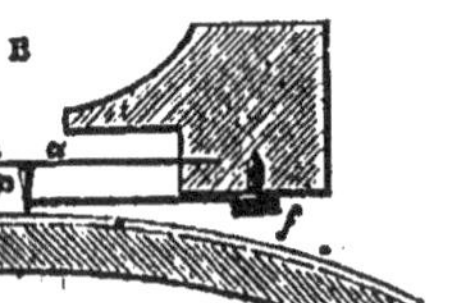

Fig. 267.

Une pointe p implantée normalement à la membrane $æ$ appuie sur un cylindre de cire A (fig. 267). Quand la pointe est immobile et que le cylindre tourne uniformément en même temps qu'il se déplace suivant son axe dans un écrou E (fig. 268), la pointe trace dans la cire un léger sillon en spirale de profondeur constante. Si la membrane vibre, la pointe pénètre plus ou moins dans la cire et y inscrit en profondeur des sinuosités dont le nombre et la forme correspondent à la hau-

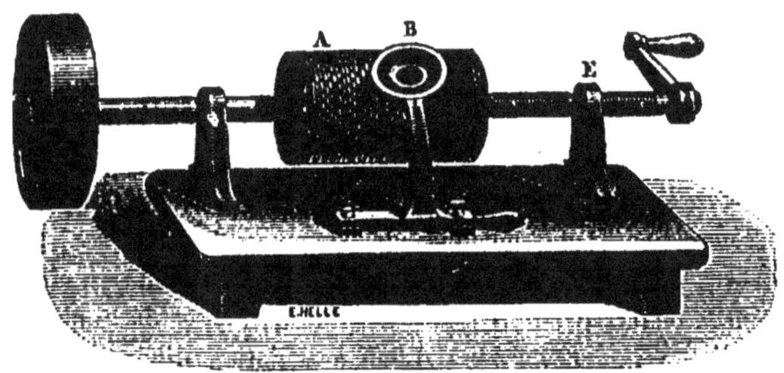

Fig. 268.

teur et au timbre des sons émis. Le *gaufrage* obtenu constitue un **phonogramme** qu'on peut retirer et conserver sans altération.

Pour la *reproduction* des sons inscrits, qu'ils proviennent d'une conversation, d'un discours ou d'un air de musique, on ajuste le phonogramme sur le cylindre du même appareil et, en partant de l'origine du gaufrage, on fait appuyer sur les empreintes la pointe fixée à la membrane. Si maintenant le cylindre est *mis en mouvement dans le même sens que primitivement*, la pointe suit le fond du sillon qu'elle a tracé; le sillon réagit sur la pointe et l'oblige à exécuter de nouveau, et avec toutes leurs particularités, les mouvements qu'elle a pris pendant l'inscription. Ces mouvements se communiquent à la membrane, lui font répéter les vibrations du tracé et reproduisent les sons primitifs avec leur timbre. Le même phonogramme peut être utilisé pour de nouvelles reproductions.

ONDES. INTERFÉRENCES

374. Nous avons vu qu'une source sonore était le siège d'un mouvement vibratoire périodique et qu'un son était perçu lorsque la source était mise en relation avec l'oreille par l'intermédiaire d'un milieu élastique. C'est par ce milieu élastique que se fait la propagation du mouvement vibratoire ; la nature vibratoire du mouvement a pour effet de déterminer dans le milieu des formes spéciales appelées **ondes**. La propagation des ondes conduit directement à des phénomènes spéciaux qui sont particuliers aux mouvements vibratoires et qui sont connus sous le nom de phénomènes d'**interférences**.

La propagation des ondes et les interférences se produisant par un mécanisme analogue pour tous les mouvements vibratoires, il est commode pour un premier aperçu, de rappeler un mouvement vibratoire d'une observation familière, qui donne naissance à des ondes liquides.

ONDES LIQUIDES

375. Propagation d'une onde liquide. — Laissons tomber verticalement une pierre en un point d'une surface liquide immobile ; le liquide est brusquement abaissé par le choc, il revient bientôt à sa position d'équilibre, la dépasse dans le retour et exécute en vertu de son élasticité quelques *oscillations verticales*.

Chacun des mouvements de va et vient du liquide se communique aux molécules liquides qui entourent le point choqué. Il se produit d'abord autour de ce point une **ride circulaire** qui s'étend au large en s'agrandissant, elle est remplacée auprès du point choqué par d'autres rides concentriques qui s'étendent à leur tour. Ces lignes circulaires, appelées **ondes** ont la forme de *crêtes* et de *sillons* qui se suivent en reproduisant les élévations et les dépressions du point choqué au-dessus du niveau primitif.

Deux crêtes consécutives comprennent entre elles un sillon. Sur un rayon issu du centre d'ébranlement, les points culminants de deux crêtes consécutives quel que soit leur numéro d'ordre, sont séparés par une distance constante. Cette *distance constante* représente la distance à laquelle se propage le mouvement oscillatoire pendant la durée d'une oscillation, elle est appelée **longueur d'onde**; elle se désigne par la lettre λ.

Les oscillations des molécules liquides sont **transversales**, c'est-à-dire *perpendiculaires à la surface* sur laquelle se propagent les ondes. *Il n'y a pas entraînement suivant la propagation*, comme on peut s'en convaincre en projetant de la poussière de liège à la surface du liquide. Le seul mouvement de la poussière est un mouvement alternatif de descente et d'élévation.

Si l'on entretient le point choqué O dans un état oscillatoire **persistant** en y faisant plonger périodiquement une pointe fixée à l'une des branches d'un diapason en vibration, le liquide apparaît sur toute sa surface sillonné d'ondes circulaires. Sur une même circonférence une crête et un sillon se succèdent à un intervalle d'une demi-période.

Sur deux circonférences distantes entre elles d'une longueur d'onde, telles que les circonférences des points culminants de deux crêtes consécutives ou les circonférences des points les plus bas de deux sillons consécutifs, les déplacements verticaux des particules liquides sont égaux *à un même instant* et de même sens.

Sur deux circonférences distantes entre elles d'une demi-longueur d'onde, telles que la circonférence des points les plus élevés d'une crête et la circonférence des points les plus déprimés du sillon adjacent, les déplacements verticaux des particules liquides sont encore égaux, à un même instant, mais de sens opposés.

Sur deux circonférences distantes du centre d'ébranlement de λ, 2λ, 3λ... les déplacements verticaux sont égaux [1] et de même sens; ils sont égaux et de sens contraires sur deux circonférences distantes de $\dfrac{\lambda}{2}$, $\dfrac{3\lambda}{2}$, $\dfrac{5\lambda}{2}$....

---

[1] Les déplacements ne sont pas égaux parce qu'ils s'atténuent à mesure qu'ils se propagent. On les dit *dans une même phase* de la vibration (**332**).

INTERFÉRENCES

376. Si on laisse tomber verticalement d'une même hauteur et en même temps deux pierres égales en deux points différents O et O' d'une eau tranquille, les oscillations verticales provoquées aux deux points choqués donnent naissance à *deux systèmes d'ondes circulaires* ayant leurs centres respectivement en O et en O'. Ces deux systèmes d'ondes s'entrecroisent, mais pourtant ils se propagent d'une façon indépendante comme si chacun d'eux existait seul. En chaque point

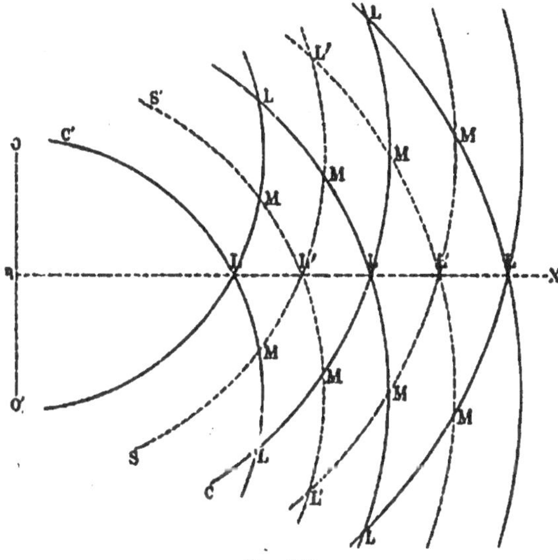

Fig. 269.

de la surface liquide, le déplacement vertical des molécules est la somme des déplacements que chacun des systèmes produirait séparément. En des points tels que L (fig. 269), où une crête du 1er système coïncide avec une crête du 2e système, l'eau s'élève à une hauteur double au-dessus du niveau primitif. De même aux points L', où un sillon du 1er système coïncide avec un sillon du 2e système, la dépression est double. En des points tels que M, où une crête du 1er système se superpose à un sillon du 2e système, le niveau reste le niveau moyen, les mouvements se détruisent.

En entretenant l'état oscillatoire en O et en O' à l'aide de 2 pointes qui s'enfoncent périodiquement et également dans le liquide, deux systèmes d'ondes de centres O et O' de même longueur d'onde, couvrent toute la surface du liquide. L'effet devient extrêmement apparent si l'on remplace l'eau par du mercure.

Les intersections de *deux crêtes* ou de *deux sillons* sont en résumé le siège d'un mouvement maximum, soit au-dessus, soit au-dessous de la surface tranquille. En ces intersections, la différence des distances aux 2 sources d'ébranlement vaut *un nombre pair de demi-longueurs d'onde*. Aux points de rencontre *d'une crête et d'un sillon*, le mouvement est minimum. En ces points, la différence des distances aux deux sources vaut *un nombre impair de demi-longueurs d'onde*. C'est à cette destruction de mouvement par la superposition de deux mouvements contraires que s'applique spécialement l'expression d'**interférences**.

INTERFÉRENCES PAR RÉFLEXION

377. En rencontrant une paroi rigide, une onde liquide émanant d'un centre d'ébranlement O se réfléchit, c'est-à-dire revient vers le

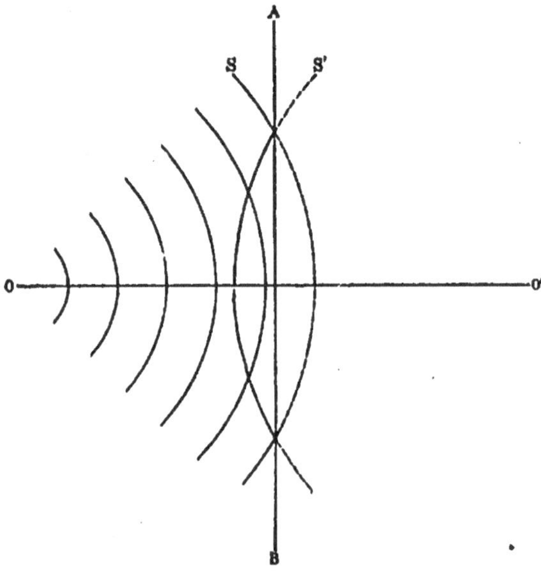

Fig. 270

centre O. Tout se passe comme si, la paroi réfléchissante étant supprimée, l'onde réfléchie partait d'un point O' *symétrique* de O par rapport à la paroi, à l'instant même où l'onde directe part du centre O. L'onde directe venant de O et l'onde réfléchie venant de O′ s'entrecroisent sur la surface liquide en avant de la paroi (fig. 270).

Lorsqu'un mouvement vibratoire périodique est entretenu en O, le mouvement vibratoire issu de O′· persiste également. Les deux sources O et O′ donnent alors naissance à deux systèmes d'ondes circulaires coexistant sans se gêner. L'entrecroisement de ces deux systèmes produit des phénomènes d'interférence dus à la superposition des deux mouvements. Toutefois, les points où le déplacement résultant des molécules liquides est minimum ne sont plus des points où la différence des distances à O et O′ vaut un nombre impair de demi-longueurs d'onde; en effet, dans le cas actuel, le mouvement venant de O′ se propage en sens contraire du mouvement qui vient directement de O et le déplacement résultant est nul au lieu d'être maximum aux points qui sont également éloignés de O et O′. La règle habituelle est donc *renversée* et les points de déplacement nul sont ceux où la différence des distances aux 2 sources O et O′ vaut un nombre pair de demi-longueurs d'onde.

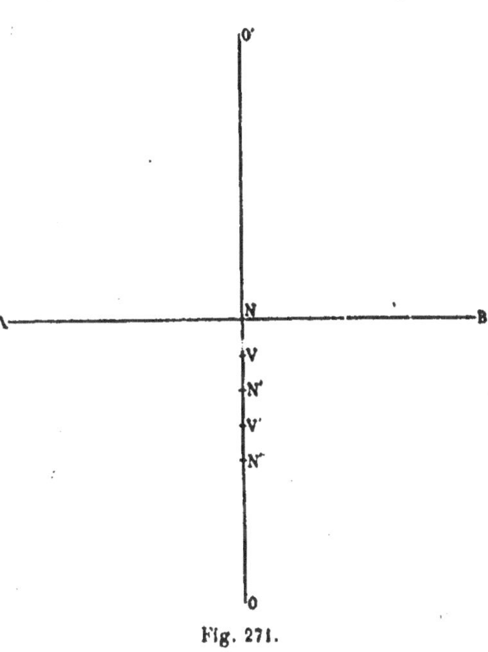
Fig. 271.

En particulier, sur la normale à la surface réfléchissante qui passe par les centres O et O′ (fig. 271), il y a des **nœuds fixes** : on appelle *nœuds* les points où le mouvement est constamment minimum ; la différence de leurs distances aux centres O et O′ vaut un nombre pair de demi-longueurs d'onde.

Le point N est un nœud, en ce point ON = O′N.

Un point N′ distant de N de $2\frac{\lambda}{4}$ ou $\frac{\lambda}{2}$ est aussi un nœud car la distance à O' a augmenté de $\frac{\lambda}{2}$ et la distance au point O a diminué d'autart et $O'N' - ON'$ vaut $2\,\frac{\lambda}{2}$ ou λ. N'' tel que $NN'' = 4\,\frac{\lambda}{4}$ ou $2\,\frac{\lambda}{2}$, est encore un nœud.

Sur la normale OO' il y a d'autre part des **ventres fixes** : on appelle *ventres* des points où le déplacement est maximum. En ces points, la différence des distances aux centres O et O' vaut un nombre impair de demi-longueurs d'onde. Un point V tel que $VN = \frac{\lambda}{4}$ est un ventre,

car $O'V - OV = \frac{\lambda}{2}$; il en est de même pour V' distant de N de $3\,\frac{\lambda}{4}$

car $O'V' - OV' = 3\,\frac{\lambda}{2}\cdots$

ONDES SONORES

378. La connaissance des ondes liquides et de leurs interférences va nous permettre de suivre plus aisément les phénomènes des ondes sonores. Nous étudierons plus spécialement les mouvements vibratoires sonores dans leur propagation dans des tuyaux où le mouvement se conserve sans affaiblissement sensible et où le phénomène des interférences par réflexion est particulièrement intéressant en raison de son application aux *tuyaux sonores*.

379. Propagation d'une onde sonore dans un tuyau cylindrique. — Si l'on fait vibrer une lame élastique à l'origine d'un tuyau cylindrique qui contient de l'air, chacun des mouvements de va-et-vient de la lame est reproduit de proche en proche par les couches d'air successives du tuyau; une membrane tendue, perpendiculaire à l'axe du tuyau, et placée en un point quelconque du trajet, répéterait les mêmes oscillations que la lame et en même nombre par seconde.

Les couches d'air n'éprouvent que des déplacements très limités; *la propagation se fait donc sans transport de matière* et elle est très rapide puisqu'elle a lieu avec la vitesse de propagation du son.

Une oscillation complète de la lame élastique comprend une excursion en avant de a en a' (fig. 272), d'une durée d'une demi-période, suivie d'une excursion égale en arrière de a' en a, dont la durée est encore une demi-période[1]. Dans l'excursion en avant, la lame déplace en la comprimant la tranche d'air contiguë, celle-ci déplace et comprime à son tour la tranche suivante et, en un temps $\frac{T}{2}$, la compression s'étend sur un espace qu'on appelle une *demi-longueur d'onde* et qu'on représente par $\frac{\lambda}{2}$.

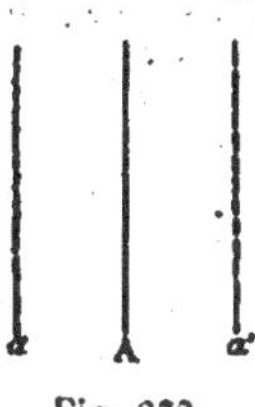

Fig. 272.

Dans l'excursion en arrière, la lame élastique entraîne avec elle la tranche d'air contiguë, celle-ci entraîne la suivante, ce qui détermine en avant de la lame un vide partiel ou une **dilatation**. La dilatation se propage comme la compression et la suit; chacune couvrant en une demi-période un espace égal à $\frac{\lambda}{2}$. *Une compression C et la dilatation D consécutive constituent une onde sonore complète de longueur* λ (fig. 273).

Une demi-onde comprimée est assimilable à une crête d'une onde liquide, une demi-onde dilatée au sillon adjacent. Mais, dans

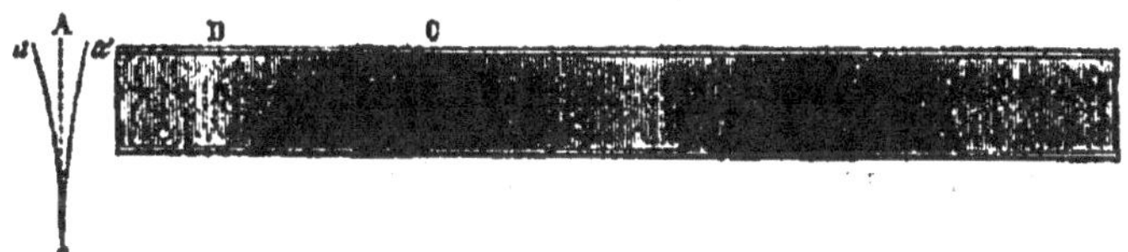

Fig. 273.

la propagation d'une onde sonore, les petits déplacements des molécules d'air dans les couches successives ont lieu *dans le sens même de la propagation* au lieu de lui être perpendiculaires. Ils ne sont plus transversaux. Pour cette raison, les ondes sonores sont dites **longitudinales**.

En élevant perpendiculairement à l'axe du tuyau et en chaque point une ordonnée égale au déplacement des molécules d'air sur la section correspondante, au-dessus de l'axe pour les déplacements en avant,

---

(1) Comme pour un pendule, les vitesses de la lame sont nulles en a et a' au moment où le déplacement est maximum; la vitesse est maximum au passage par la position d'équilibre en A où l'écart est nul.

au-dessous pour les déplacements en arrière, la courbe figurative des déplacements à un instant donné sur une longueur d'onde est une *courbe formée de 2 parties symétriques*, les déplacements Dd, D$_1d_1$ des différentes tranches sur une demi-onde condensée étant égaux à des déplacements Cc, C$_1c_1$ sur la demi-onde dilatée (fig. 274).

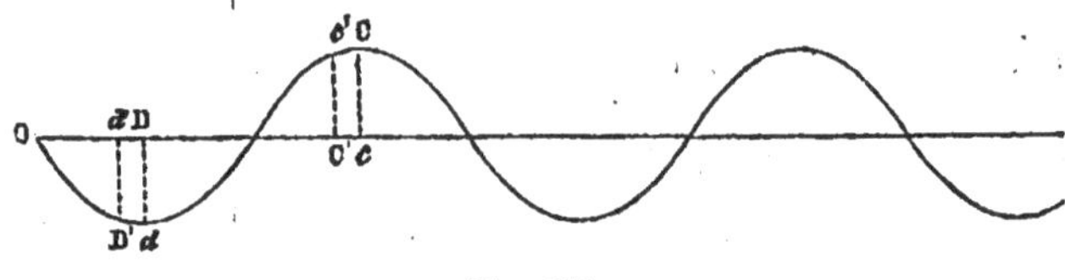

Fig. 274.

La représentation graphique complète des déplacements à *un instant donné* sur toute la longueur du tuyau consiste en une succession de courbes identiques. L'ensemble figure une courbe ondulée offrant alternativement des crêtes et des sillons de même longueur. Deux ordonnées de même hauteur et de même sens sont séparées par 1 ou 2 ou 3 ou un nombre entier de longueurs d'onde ou un nombre pair de demi-longueurs d'onde. Deux ordonnées égales et de sens contraires sont séparées par 1 ou 3 ou 5 ou un nombre impair de demi-longueurs d'onde.

La longueur d'onde λ étant un espace sur lequel se distribuent les déplacements égaux à ceux du corps vibrant pendant un temps égal à une période, c'est l'espace parcouru par le mouvement vibratoire avec la vitesse de propagation V pendant la durée T d'une vibration ; par conséquent, $\lambda = VT$.

Il résulte de cette relation que, dans un même milieu, *la longueur d'onde d'un son est proportionnelle à sa période*. La longueur d'onde d'un son grave est donc plus grande que celle d'un son aigu.

Si nous considérons par exemple la note du diapason normal pour laquelle $T = \frac{1}{435}$, la longueur d'onde dans l'air à 15° où V = 340 sera $\lambda = \frac{340}{435} = 0^m78$.

D'après l'équation évidente $nT = 1$, la relation $\lambda = VT$ équivaut à $V = n\lambda$.

380. Propagation du son dans un milieu indéfini. — Quand un corps sonore est mis en vibration dans un milieu indéfini, la propagation du mouvement vibratoire s'opère encore de proche en proche comme dans un tuyau et avec la même vitesse de propagation. Les molécules d'air qui présentent à un même instant un même déplacement sont sur une surface sphérique et les ondes sonores ne forment plus comme dans un tuyau cylindrique des couches cylindriques d'épaisseur λ, mais des couches sphériques d'épaisseur λ, ayant pour centre le centre O de vibration.

Deux points A et A' appartenant à deux sphères distantes d'un nombre pair de demi-longueurs d'onde ont au même instant le même déplacement, deux points A et B appartenant à deux sphères

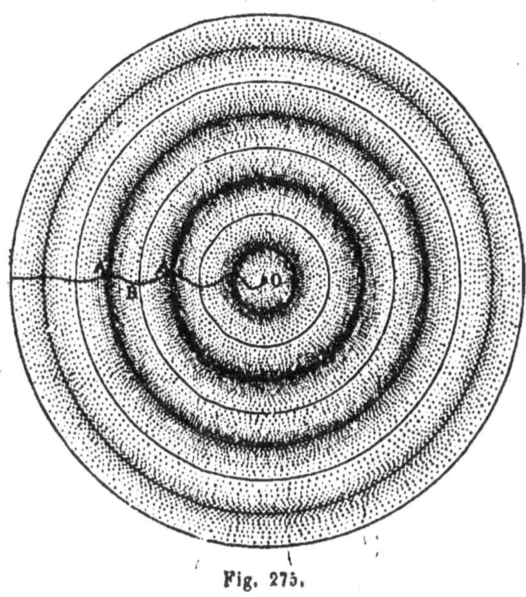

Fig. 275.

distantes d'un nombre impair de demi-longueurs d'onde ont au même instant des déplacements égaux et contraires (fig. 275).

INTERFÉRENCES SONORES

381. Les principes exposés à propos des interférences des ondes liquides s'appliquent directement aux ondes sonores.

Différents mouvements vibratoires émanant de sources sonores différentes se propagent sans se gêner, comme si chacun d'eux existait seul. Aux points d'entrecroisement, ils s'ajoutent ou se retranchent, suivant leur sens.

Considérons en particulier deux sources sonores *de même période* et de même amplitude vibrant à l'origine d'un tuyau contenant de l'air. Le déplacement des particules d'air sur une tranche M perpendiculaire à l'axe du tuyau sera à chaque instant *double* de ce qu'il serait avec une seule source si la différence des distances de M aux deux sources *vaut un nombre pair de demi-longueurs d'onde;* le déplacement sera nul, il y aura **interférence** et silence *continu* en M si la différence des distances de M aux deux sources *vaut un nombre impair de demi-longueurs d'onde.*

382. L'interférence de deux sons de même période et de même amplitude se réalise dans un tuyau avec une source unique en

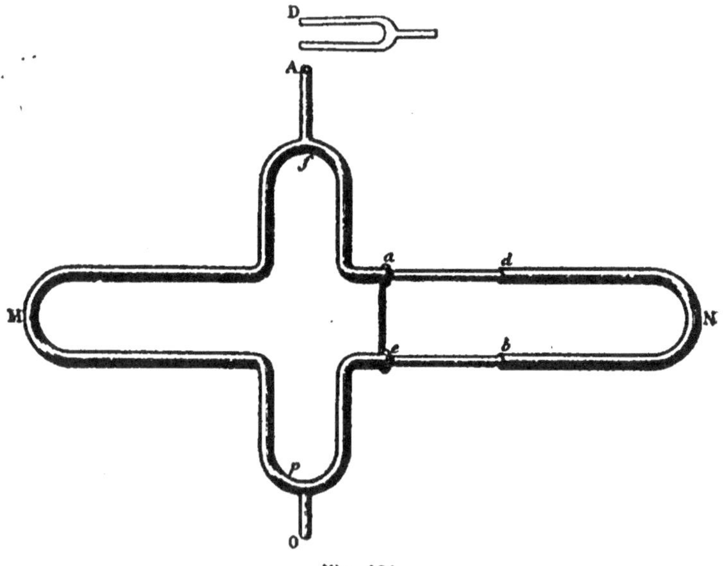

Fig. 276.

employant un système de deux branches parallèles (fig. 276) dont une partie N, formée de tubes emboîtés, peut coulisser à volonté. Un premier tube latéral A*f* se divise en deux branches M et N qui vont de gauche à droite pour se réunir ensuite en un tube latéral commun *p*O.

Devant l'ouverture A on place un diapason vibrant D ; le son se bifurque et les deux sons après avoir parcouru séparément M et N se réunissent en O et parviennent ensemble à l'oreille. Les deux sons ont la même période que le diapason. Le très faible affaiblissement qu'une vibration sonore éprouve dans un tuyau fait qu'ils impriment séparément à une même tranche d'air en O des excursions de même amplitude.

1° Si les deux branches M et N ont la même longueur, les deux mouvements vibratoires qui arrivent en O sont à tout instant concordants, c'est-à-dire égaux et de même sens, ils s'ajoutent et le son est renforcé. En tirant sur la partie mobile N, on peut faire croître l'un des deux trajets parcourus de λ, 2λ, 3λ... $\left(ad = cb = \dfrac{\lambda}{2}\ \text{ou}\ 2\dfrac{\lambda}{2}\ \text{ou}\right.$ $3\dfrac{\lambda}{2}\cdots\Big)$; alors la différence des distances de O à la source A, sera, λ, 2λ, 3λ... suivant qu'on suit M ou N, et les excursions en O s'ajouteront encore; le son continuera à être renforcé.

2° Lorsque la longueur de droite a été accrue de telle façon que la différence des distances du point O à la source par M ou par N devienne $\dfrac{\lambda}{2}$, $3\dfrac{\lambda}{2}$, $5\dfrac{\lambda}{2}$ $\left(ad = cb = \dfrac{\lambda}{4}\ \text{ou}\ 3\dfrac{\lambda}{4}\ \text{ou}\ 5\dfrac{\lambda}{4}\right)$ les excursions imprimées en O seront égales et contraires, l'amplitude résultante sera nulle et il y aura *à tout instant silence*.

Cet appareil donne le moyen de *mesurer la longueur d'onde* du son du diapason D. En effet la demi-longueur d'onde est la longueur $2ad$ dont il faut augmenter le parcours de droite en tirant la partie mobile N pour passer du renforcement primitif (des branches égales) au premier silence.

Si d'autre part, on a déterminé par la méthode graphique le nombre n de vibrations du diapason par seconde, la relation $\lambda = \dfrac{V}{n}$ permet de calculer la vitesse V de propagation du son dans le gaz qui remplit le tuyau.

INTERFÉRENCES PAR RÉFLEXION

383. Une source sonore étant placée en O devant un mur vertical AB (fig. 270), la superposition des deux systèmes d'ondes, qui émanent du point O et de son symétrique O′ par rapport au mur, produit des phénomènes d'interférence. La position des nœuds et des ventres se détermine à l'oreille ou encore en promenant le long de la normale au mur une membrane élastique, parallèle au mur, tendue sur un cercle vertical et munie d'un pendule léger (fig. 242). Aux nœuds, la membrane reste au repos et le pendule la touche constamment; c'est *aux ventres* que la vibration de la membrane est maximum et que le tremblement du pendule est *maximum*.

Le plan du mur est un nœud; l'extinction du mouvement se retrouve en tous les points dont la différence des distances aux deux sources O et O′ vaut un nombre pair de demi-longueurs d'onde ou aux points dont *la distance au mur vaut un nombre entier de demi-longueurs d'onde.*

INTERFÉRENCES DANS LES TUYAUX SONORES

384. La propriété que présente un tuyau sonore de renforcer certains des sons émis à son embouchure s'explique par des interférences entre une onde **directe** provenant d'un corps vibrant à l'orifice et une onde **réfléchie** sur le fond du tuyau.

Condition de renforcement. — On conçoit qu'un son particulier sera renforcé si l'onde réfléchie sur le fond du tuyau imprime à son retour à l'orifice aux molécules du milieu vibrant les mêmes excursions que l'onde directe et dans le même sens, c'est-à-dire *agit en concordance* avec l'onde directe.

Dans le cas particulier d'un **tuyau fermé** de longueur L, cela aura lieu si la différence 2L des chemins parcourus par les deux ondes considérées à l'orifice vaut $\frac{\lambda}{2}$ ou $\frac{3\lambda}{2}$ ou en général un nombre impair de demi-longueurs d'onde $(2K + 1)\frac{\lambda}{2}$. En effet, pour deux ondes se propageant dans le même sens, l'accord existerait lorsque $2L = 2K\frac{\lambda}{2}$; or ici, par l'effet de la réflexion sur le fond résistant du tuyau, l'onde réfléchie se propage en sens contraire de l'onde directe, ce qui renverse la règle habituelle (**376**), comme nous l'avons déjà fait observer précédemment (**377**).

Loi des harmoniques. — Un son dont la longueur d'onde λ_1 sera telle que $2L = \frac{\lambda_1}{2}$ ou $L = \frac{\lambda_1}{4}$ sera donc renforcé. D'autre part, d'après la relation $V = n_1\lambda_1$, où nous remplaçons λ_1 par 4L, le nombre n_1 de vibrations par seconde de ce son sera $n_1 = \frac{V}{4L}$.

Un son dont la longueur d'onde λ_3 sera telle que $2L = \frac{3\lambda_3}{2}$ ou $L = \frac{3\lambda_3}{4}$ sera encore renforcé. Le nombre n_3 de vibrations de ce son résultera de la relation $V = n_3\lambda_3$ où l'on remplace λ_3 par $\frac{4L}{3}$ et sera $n_3 = \frac{3V}{4L}$.

On verra de même qu'il y aura encore renforcement pour les sons dont les nombres de vibrations seront $n_5 = \frac{5V}{4L}$, $n_7 = \frac{7V}{4L}$, etc.

Les nombres de vibrations par seconde des sons renforcés par un tuyau fermé sont donc entre eux comme les nombres 1, 3, 5, 7..... ce qui est la **loi des harmoniques** trouvée expérimentalement (**360**).

Nœuds et ventres. — On observera dans le tuyau comme dans le cas de la réflexion contre un mur des nœuds et des ventres fixes, c'est-à-dire des points de mouvement minimum et des points de mouvement maximum. Lorsque le son rendu par le tuyau aura une longueur d'ondulation λ, les distances des nœuds au fond du tuyau seront $2\frac{\lambda}{4}$, $4\frac{\lambda}{4}$, $6\frac{\lambda}{4}$... Les distances des ventres au fond du tuyau seront alors $\frac{\lambda}{4}$, $3\frac{\lambda}{4}$, $5\frac{\lambda}{4}$...

Subdivisions du tuyau. — Pour donner un exemple de la position des nœuds et des ventres, considérons le son renforcé par le tuyau dont le nombre de vibrations est $n_3 = \frac{5V}{4L}$. Sa longueur d'onde λ_3 est $\frac{4L}{5}$.

Partageons le tuyau en 5 parties égales de longueur $\frac{L}{5}$, cette longueur est égale à $\frac{\lambda_3}{4}$. Le fond N étant un nœud, il y aura un ventre en V à la distance $\frac{L}{5} = \frac{\lambda_3}{4}$; il y aura un nœud en N' à la distance $\frac{2L}{5} = 2\frac{\lambda_3}{4}$, un ventre en V' à la distance $\frac{3L}{5} = 3\frac{\lambda_3}{4}$, un nœud en N'' à la distance $\frac{4L}{5} = 4\frac{\lambda_3}{4}$ et enfin un ventre en V'' à l'orifice à la distance $\frac{5L}{5} = 5\frac{\lambda_3}{4}$ (fig. 277).

Fig. 277.

Le cas d'un **tuyau ouvert** se traiterait d'une façon analogue.

OPTIQUE

Les *sensations lumineuses* sont perçues par la *rétine*, épanouissement du nerf optique sur la partie interne du fond de l'œil. Elles sont fortes ou faibles, blanches ou colorées. On appelle *lumière* la cause qui les provoque. L'*Optique* est la branche de la Physique qui s'occupe des phénomènes auxquels la lumière donne naissance.

385. Corps lumineux. — Tout corps émettant de la lumière est appelé *source lumineuse*. Parmi les corps de la nature, les uns sont lumineux par eux-mêmes (Soleil, étoiles, flammes, corps incandescents); les autres ne deviennent visibles qu'en renvoyant une lumière qu'ils ont reçue, c'est le cas de la plupart des objets qui nous entourent et que nous voyons à la lumière du jour ou à la lumière d'une lampe. C'est aussi le cas de la Lune et des planètes qui n'ont pas de lumière propre et réfléchissent la lumière qu'elles reçoivent du Soleil.

Corps transparents, corps opaques. — On appelle corps *transparents* les corps que la lumière peut traverser. Les corps transparents *incolores*, tels que l'air et l'eau, sont transparents pour toutes les couleurs; les corps transparents *colorés* ne sont transparents que pour certaines couleurs (verres colorés).

Les corps *opaques* sont ceux qui interceptent la lumière, comme le bois, le carton, les métaux. Toutefois, l'opacité d'un corps dépend de son épaisseur, les métaux réduits en feuilles très minces sont plus ou moins transparents, tandis que l'air et l'eau, sous une forte épaisseur, absorbent notablement la lumière.

PROPAGATION DE LA LUMIÈRE EN LIGNE DROITE

386. *Dans un milieu homogène et transparent la lumière se propage en ligne droite.* — Pour le démontrer, on place parallèlement trois écrans opaques percés chacun d'une très petite ouverture et on dispose ces ouvertures B, C, D..., en ligne droite (fig. 278).

Si un point A d'une flamme se trouve sur la ligne des ouvertures,

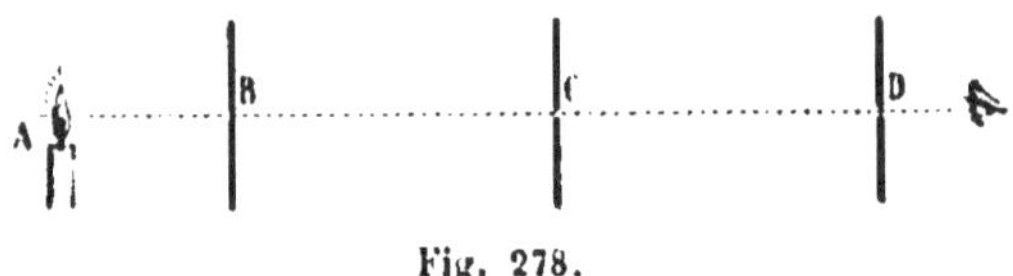

Fig. 278.

l'œil placé au delà de D peut apercevoir la lumière. Qu'une seule des ouvertures s'écarte de la ligne des deux autres, toute lumière est interceptée,

La ligne droite suivie par la lumière est appelée **rayon lumineux**.

La propagation en ligne droite explique la production des images dans la chambre noire et le phénomène des ombres.

387. Chambre noire. — Une *petite ouverture* étant pratiquée en O dans une paroi MN d'une chambre noire, les objets extérieurs dessinent leur image sur un écran PQ, disposé dans la chambre en face de l'ouverture (fig. 279).

Soit un point A d'un objet, les rayons lumineux qui partent de ce

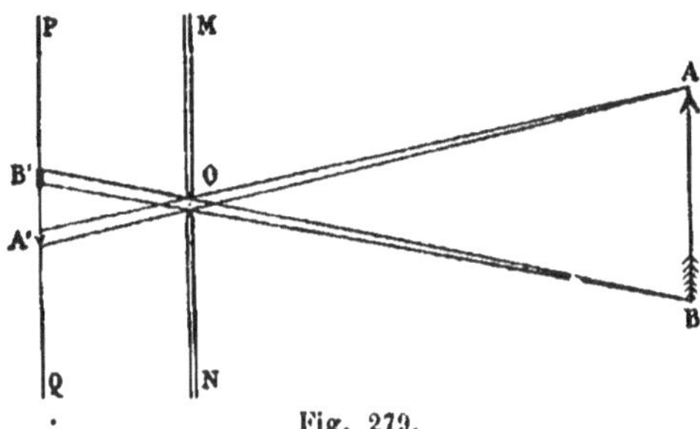

Fig. 279.

point pour sommet et s'appuient sur le contour de l'ouverture forment un faisceau conique.

L'écran PQ découpe dans ce cône une petite surface réduite à un point A′ si l'ouverture O est assez petite. Il n'y a pas de point de l'écran autre que A′ qui reçoive de la lumière du point A. De même B′ reçoit de la lumière du point B. Les points de l'objet compris entre A et B éclaireront des points de l'écran compris entre A′ et B′.

A′B′ est une *image renversée* de AB (fig. 279), *indépendante de la forme de l'ouverture* et d'autant plus nette que l'ouverture est plus petite et que les objets sont plus éloignés, ou encore, pour une même distance de l'objet, l'image est d'autant plus nette que l'ouverture est plus petite et l'écran plus rapproché de l'ouverture. L'image conserve les couleurs des objets.

Si l'ouverture n'est pas très petite ou si l'écran s'éloigne, l'intersection par l'écran du cône de sommet A forme une tache de dimensions sensibles, les taches provenant des différents points de AB empiètent alors les unes sur les autres et l'image est confuse.

388. Théorie géométrique des ombres. — Corps opaque devant un point lumineux (fig. 280). — Soit un point lumineux L et

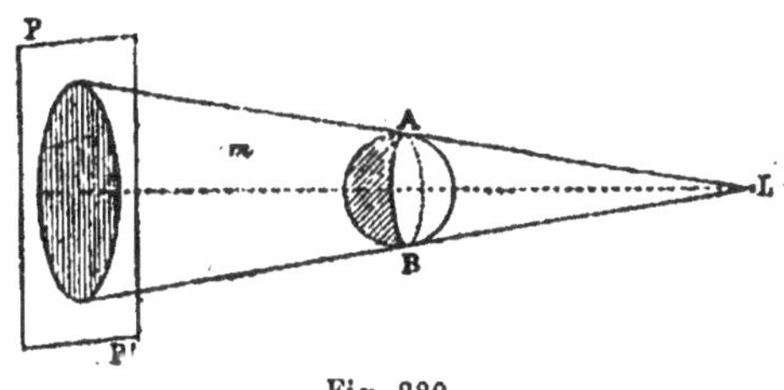

Fig. 280.

au devant de lui un corps opaque AB; menons par le point lumineux un *cône tangent* à la surface du corps opaque, aucun rayon venant de L ne peut pénétrer dans ce cône au delà du corps opaque, car pour tout point m intérieur à ce cône, le rayon Lm est intercepté. La surface du *cône d'ombre* sépare les points qui reçoivent de la lumière du point L et ceux qui n'en reçoivent pas. La trace du cône d'ombre sur un écran PP′ limite l'*ombre portée* sur l'écran par le corps.

389. Corps opaque devant une sphère lumineuse. — Si les dimensions de la source ne sont pas négligeables, le passage de la lumière à l'obscurité ne se fait plus brusquement et il existe entre l'ombre et la partie éclairée une région intermédiaire appelée *pénombre* qui n'est éclairée que par une portion de la source.

Nous considérerons le cas où le corps éclairant O et le corps opaque O' sont deux sphères et nous prendrons pour plan de la figure un plan quelconque conduit suivant la ligne OO' des centres.

Ombre. — Menons une tangente extérieure commune aux deux cercles d'intersection des sphères par le plan de la figure (fig. 281);

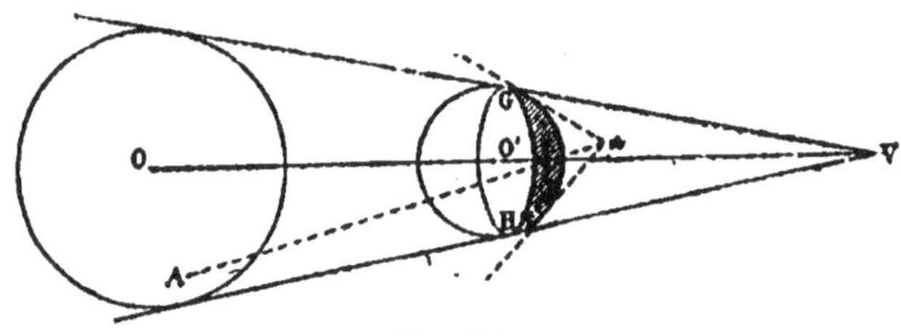

Fig. 281.

elle rencontre en V la ligne des centres; en tournant autour de OO' et en s'appuyant sur les surfaces des deux sphères, cette tangente décrit un cône tangent extérieurement aux deux sphères; un point *a* situé dans ce cône au delà de la sphère opaque ne peut recevoir de lumière, car la source est comprise dans un cône mené tangentiellement du point *a* à la sphère O', ce qui fait qu'un rayon A*a* issu d'un point A de la sphère éclairante est intercepté par la sphère opaque. Tous les points compris dans le cône VGH sont donc dans l'ombre.

Pénombre. — Menons le cône TIJ (fig. 282), circonscrit intérieure-

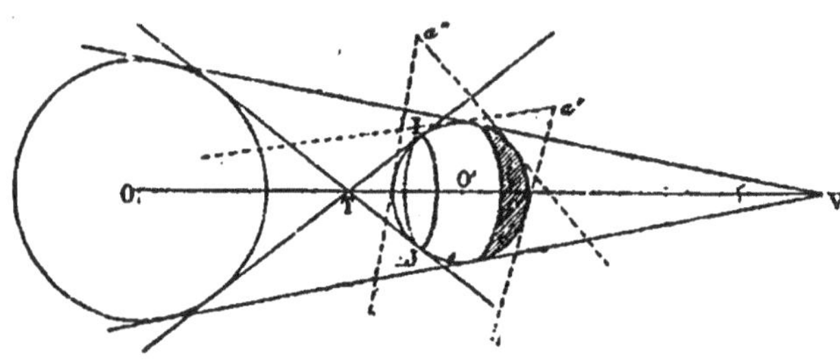

Fig. 282.

ment aux deux sphères et obtenu en faisant tourner autour de OO' la tangente intérieure commune TI et considérons un point *a'* compris dans ce cône au-delà de la sphère opaque en dehors du cône d'ombre. Le cône mené tangentiellement à la sphère O' de *a'* comme sommet

contient une partie de la source, qui n'éclairera pas *a'*, mais *a'* recevra
de la lumière de tous les points de la sphère éclairante qui ne sont
pas compris dans ce cône et sera dans la pénombre. D'après cela,
plus un point *a'* de la pénombre est voisin de l'ombre, plus faible est
la partie de la source qui l'éclaire ; plus il s'éloigne de l'ombre, plus
grande est la partie de la source qui l'éclaire.

Pour constater aisément la production de l'ombre et de la pénombre,
il suffit de prendre comme source lumineuse une bougie S et de placer
devant cette bougie un écran opaque circulaire E parallèle à un mur

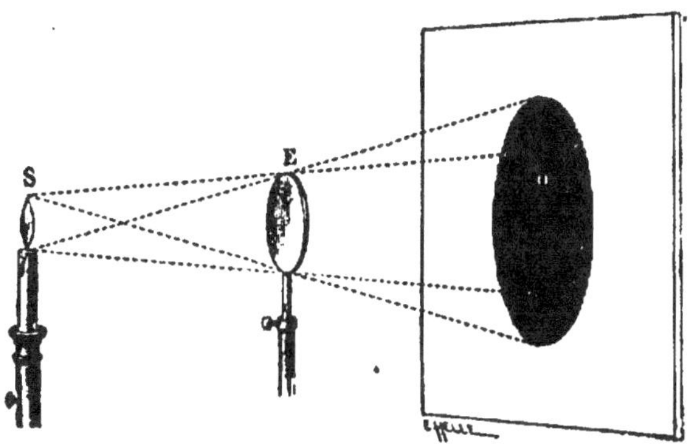

Fig. 283.

de la salle d'expériences ; on obtient sur le mur une ombre circulaire
O entourée d'une pénombre P (fig. 283).

La théorie des ombres explique le phénomène astronomique des
éclipses.

Dans les *éclipses de Lune*, l'ombre de la terre rencontre la lune et
celle-ci, n'étant plus éclairée par les rayons solaires, cesse d'être
visible.

Dans les *éclipses de Soleil*, l'ombre de la lune rencontre la terre ;
le soleil est alors invisible pour les points de la terre qui sont compris dans le cône d'ombre de la lune.

VITESSE DE LA LUMIÈRE

390. La propagation de la lumière *n'est pas instantanée*, toutefois,
la rapidité de la propagation lumineuse est telle que les distances
sont trop petites à la surface de la terre pour qu'on puisse, comme
pour le son, constater *directement* un intervalle appréciable entre

l'instant où une apparition lumineuse a lieu réellement et celui où elle est perçue à une certaine distance.

La vitesse de propagation de la lumière est uniforme; dans le vide elle est sensiblement égale à 300.000 kilomètres par seconde (3.10^{10} en centimètres) ; la lumière met un peu plus de 8 minutes à nous venir du soleil, en une seconde elle ferait 7 fois et demie le tour de la Terre. Cette vitesse est près d'un million de fois plus grande que la vitesse de propagation du son dans l'air. Dans le vide, la vitesse est la même pour les lumières de diverses couleurs.

La lumière se propage dans les différents milieux homogènes transparents avec une vitesse uniforme propre à chaque milieu. La vitesse dans l'air est très peu différente de la vitesse dans le vide.

Dans les milieux plus denses que l'air, la lumière se propage moins vite que dans l'air, en outre, la vitesse de propagation varie alors avec la couleur. Pour les rayons jaunes, la vitesse de propagation dans le verre est égale aux $\frac{2}{3}$ de la vitesse de propagation dans l'air ou dans le vide; pour les mêmes rayons, la vitesse de propagation dans l'eau est égale aux $\frac{3}{4}$ de la vitesse de propagation dans le vide.

PHOTOMÉTRIE

391. La *photométrie* a pour objet la *comparaison des quantités de lumière.* Cette mesure se fait à l'aide de photomètres.

Deux quantités de lumière sont dites *égales* si, en tombant sur deux surfaces planes de même étendue, dans les mêmes conditions d'inclinaison, elles produisent des *éclairements égaux.*

Intensité. — On appelle *intensité* d'une source lumineuse la quantité de lumière que cette source envoie pendant une seconde sur une unité de surface recevant normalement la lumière et placée à l'unité de distance.

392. Loi du carré des distances. — *La quantité de lumière envoyée par une source lumineuse sur une surface qui reçoit normalement les rayons varie en raison inverse du carré de la distance de la source.*

Cette loi peut être démontrée directement. Considérons en effet différentes sphères concentriques ayant pour centre commun un point lumineux, la quantité totale de lumière émise par ce point parvient en égale quantité sur chacune de ces sphères, par exemple, sur une sphère de rayon 1 et sur une sphère de rayon 2. Sur cette dernière qui a une surface quadruple de la première, un centimètre carré recevra quatre fois moins de lumière qu'un centimètre carré de la première.

Une source lumineuse d'intensité I envoyant une quantité de lumière égale à I sur l'unité de surface à l'unité de distance, la quantité de lumière qu'elle envoie sur la même surface à la distance D est $\dfrac{I}{D^2}$.

393. Proposition fondamentale de la photométrie. — *Si deux sources lumineuses, placées à des distances D et D' de deux surfaces égales qu'elles éclairent normalement, produisent un même éclairement, leurs intensités I et I' sont proportionnelles à D² et à D'², c'est-à-dire aux carrés de leurs distances respectives à ces surfaces.*

En effet, d'après la loi de l'inverse du carré des distances, la quantité de lumière envoyée par la première source sur l'unité de surface à la distance D est $\dfrac{I}{D^2}$, la seconde source envoie sur l'unité de surface à la distance D' une quantité de lumière $\dfrac{I'}{D'^2}$.

Ces deux quantités de lumière sont égales puisque les éclairements sont égaux,

$$\text{donc } \frac{I}{D^2} = \frac{I'}{D'^2} \text{ ou } \frac{I}{I'} = \frac{D^2}{D'^2}.$$

La proposition s'applique à deux surfaces égales, *éclairées sous une même inclinaison*, car ces surfaces ont pour projections des surfaces égales éclairées normalement et reçoivent la même quantité de lumière que celles-ci.

Pour comparer les intensités de deux sources, il suffit donc de déterminer les distances D et D' auxquelles on doit placer deux surfaces identiques pour que leur éclairement soit le même quand elles sont éclairées sous la même inclinaison par chacune des deux sources. Les photomètres servent à constater cette égalité d'éclairement.

394. Photomètre de Bouguer (fig. 284). — Ce photomètre se compose d'un verre dépoli divisé en deux parties égales par une cloison à faces noircies perpendiculaires à l'écran. De part et d'autre de la cloison on place les deux sources, l'une d'elles éclaire exclusive-

Fig. 284.

ment la partie A et l'autre la partie B de l'écran.

Photomètre de Foucault. — C'est un perfectionnement du photomètre de Bouguer. Dans celui-ci, l'observateur placé derrière le verre dépoli voyait deux surfaces éclairées séparées par une ligne d'ombre due à la cloison. Foucault a rendu la cloison R mobile par le jeu d'un pignon et d'une crémaillère, ce qui permet de régler sa position de façon que les deux surfaces éclairées soit **exactement juxtaposées;** on réduit ainsi la ligne de séparation à une ligne géométrique I (fig. 285). Cette *juxtaposition* des surfaces à comparer rend l'appréciation beaucoup plus précise. Laissant immobile l'une des sources, on fait varier la distance de l'autre jusqu'à ce que l'éclairement des deux moitiés de l'écran paraisse rigoureusement le même. Dans le photomètre de Foucault, l'écran translucide est une lame mince de porcelaine.

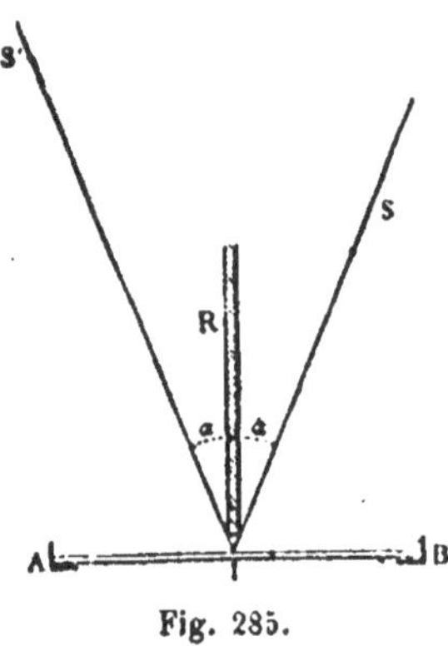

Fig. 285.

395. Unité de lumière. — En France, une unité longtemps adoptée a été l'*intensité de la flamme d'une lampe Carcel*, de dimensions fixes, brûlant à l'heure 42 grammes d'huile de colza épurée. On compare, à l'aide d'un photomètre, une source lumineuse quelconque à cette lampe Carcel et *on exprime l'intensité en carcels.* Dans les mesures scientifiques, on a adopté une unité mieux déterminée, dite *unité absolue;* c'est l'intensité de la lumière envoyée dans u..e direction normale par *un centimètre carré de la surface d'un bain de platine incandescent amené à sa température de solidification.* Cette unité vaut un peu plus de 2 carcels (2,08).

On prend pour unité pratique la *bougie décimale* qui vaut un vingtième de l'unité absolue, c'est-à-dire sensiblement un dixième de carcel.

RÉFLEXION

Quand un rayon lumineux tombe sur une surface plane bien polie, il est renvoyé *dans une direction unique,* en avant du corps poli. C'est le phénomène de la **réflexion régulière.**

LOIS DE LA RÉFLEXION

396. On appelle *rayon incident* une direction rectiligne suivie par la lumière qui tombe sur la surface polie, *normale au point d'incidence* la perpendiculaire à la surface au point d'incidence, *rayon réfléchi* la direction suivant laquelle le rayon est réfléchi, *plan d'incidence* le plan du rayon incident et de la normale au point d'incidence, *plan de réflexion* le plan du rayon réfléchi et de la normale, *angle d'incidence* l'angle du rayon incident et de la normale, *angle de réflexion* l'angle du rayon réfléchi et de la normale. Ces deux angles varient de 0° à 90°.

Lois de la réflexion. — 1° *Le rayon incident et le rayon réfléchi sont dans un même plan perpendiculaire à la surface réfléchissante,* ou le rayon incident SI, la normale IN au point d'incidence et le rayon réfléchi IR sont dans un même plan (fig. 286).

2° *L'angle de réflexion est égal à l'angle d'incidence.* L'angle RIN est égal à l'angle SIN.

Un rayon qui tombe suivant la normale se réfléchit sur lui-

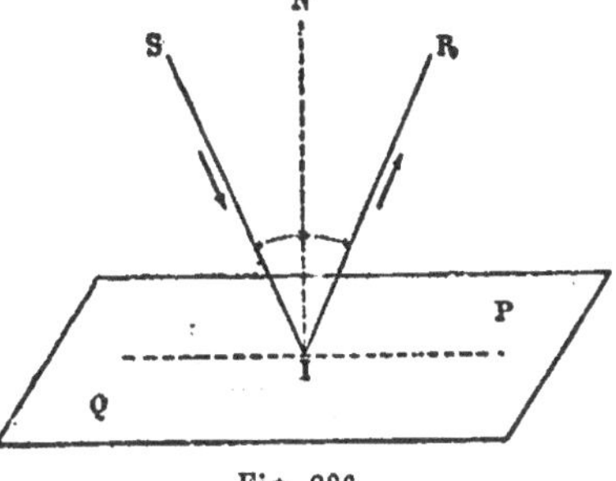

Fig. 286.

même. A mesure que l'incidence croît, le rayon réfléchi s'écarte de plus en plus de la normale; le rayon incident et le rayon réfléchi sont toujours de part et d'autre de la normale.

397. Vérification expérimentale des lois de la réflexion. — Si l'on pose sur un miroir métallique, perpendiculairement à son plan, un *rapporteur* gradué (fig. 287) et si l'on fait suivre à un rayon

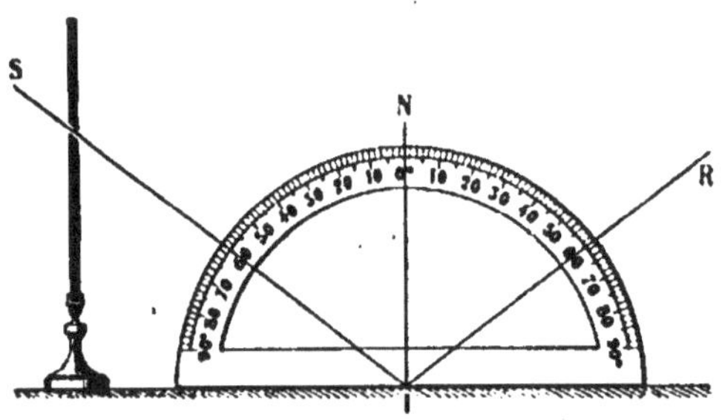

Fig. 287.

lumineux incident le plan du rapporteur, la normale au plan et le rayon réfléchi se trouvent aussi dans le plan du rapporteur; cela démontre la première loi. En faisant en sorte que le rayon incident vienne tomber sur le miroir au centre du rapporteur, on constate que l'angle de réflexion est égal à l'angle d'incidence; c'est la deuxième loi.

La vérification se fait d'après le même principe avec plus de précision avec l'appareil suivant :

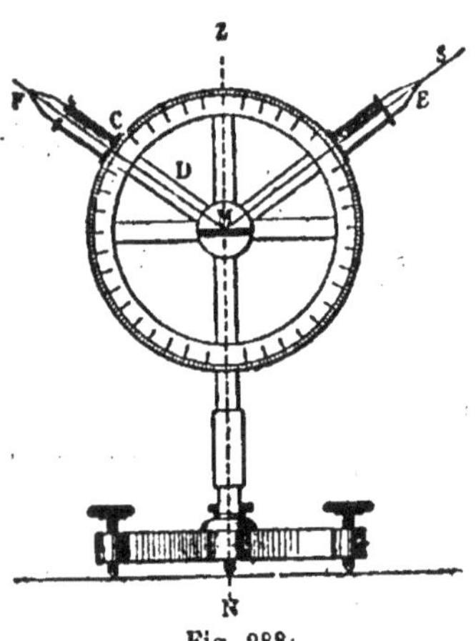

Fig. 288.

Un trépied à vis calantes supporte un cercle vertical divisé, muni de deux alidades D et E, mobiles autour du centre du cercle (fig. 288). Ces alidades portent deux tubes fermés à chacune de leurs extrémités par des plaques percées d'une petite ouverture à leur centre. Les axes de ces tubes décrivent un plan parallèle au plan du cercle divisé et se coupent en M au centre du cercle. Perpendiculairement au plan du cercle divisé, est fixé en M un miroir métallique plan et poli dont la surface est exactement perpendiculaire au diamètre vertical NZ.

Le plan du cercle et le diamètre NZ étant bien verticaux, on dirige un rayon lumineux SE suivant l'axe de l'un des

tubes. Ce rayon vient rencontrer le miroir en M et se réfléchit. En faisant
varier la deuxième alidade, on peut la placer de telle façon que le rayon
réfléchi suive l'axe du deuxième tube O. Le plan du rayon incident et du
rayon réfléchi, coïncidant avec le plan des deux axes, est vertical comme
le cercle et contient la normale au point d'incidence qui est parallèle au
diamètre vertical du cercle. La première loi est donc démontrée.

On voit d'ailleurs que l'alidade DO a pris une position telle que les angles
EMZ, FMZ sont égaux, ce qui démontre la seconde loi.

398. Réversibilité des rayons. — De la coïncidence des plans
d'incidence et de réflexion et de l'égalité des angles d'incidence et de
réflexion résulte la *réversibilité des rayons* dans la réflexion; on
entend par là que si on considère un rayon incident EM et le rayon
réfléchi correspondant MF, en faisant arriver un rayon dans la direction FM, il se réfléchira suivant ME.

La démonstration des lois de la réflexion résulte aussi de la vérification de ses conséquences et spécialement des propriétés des miroirs.
On appelle *miroir* une surface parfaitement polie, capable de réfléchir les rayons lumineux.

MIROIRS PLANS

399. Un *miroir plan* est une surface plane réfléchissante. Les normales aux divers points sont parallèles.

*Un miroir plan donne d'un objet placé devant lui une image symé-
trique ayant les mêmes dimen-
sions que l'objet.* Cela résulte
des lois de la réflexion.

1° Image d'un point. — Du
point lumineux A partent des
rayons qui se réfléchissent sur
le miroir. Considérons un rayon
incident *quelconque* AI et la
normale IN au point d'incidence
(fig. 289). Abaissons du point A
sur le miroir une perpendiculaire AP et prolongeons-la derrière le miroir. Le plan d'inci-

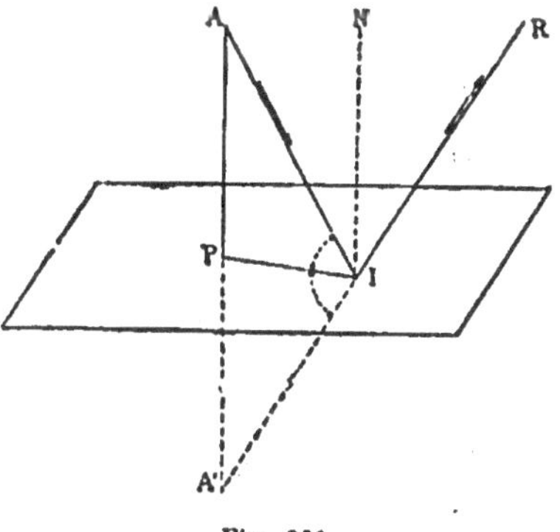

Fig. 289.

dence AIN, normal à la surface réfléchissante, contient la perpendiculaire AP. Le rayon réfléchi IR, situé dans le plan d'incidence,
coupe en A' la droite AP prolongée. Les deux triangles rectangles

API, A′PI sont égaux, car leur côté PI est commun et les angles en I sont égaux (AIP et PIA′), puisque l'un est complémentaire de l'angle d'incidence, tandis que l'autre est complémentaire de l'angle opposé par le sommet à l'angle de réflexion. Par suite A′P = AP.

Le point de rencontre A′ du rayon réfléchi avec la droite AP prolongée est le même pour tous les rayons réfléchis, puisque A′P = AP, quel que soit le rayon réfléchi; A′ est donc un point d'où semblent partir tous les rayons réfléchis; A′ s'appelle l'*image* de A. L'image apparaît *derrière le miroir, à une distance égale à celle du point lumineux, sur la perpendiculaire abaissée de ce point sur le miroir,* en d'autres termes A′ est **symétrique** de A par rapport au miroir. Cette image n'est pas due au concours des rayons réfléchis eux-mêmes, mais au concours de *leurs prolongements*; l'image ne peut pas se former sur un écran, elle n'est visible que pour un œil recevant quelques-uns des rayons réfléchis, on la dit *virtuelle*.

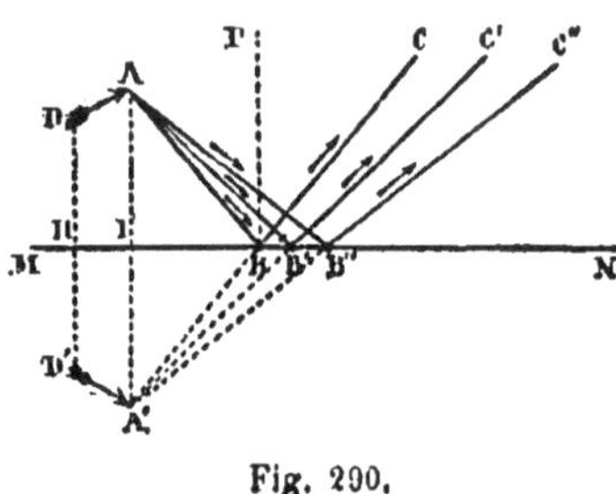

Fig. 290.

2° **Image d'un objet.** — La construction faite pour un point sera répétée pour tous; les images des différents points de l'objet sont symétriques de ces points par rapport au miroir; *l'image est symétrique de l'objet* (fig. 290).

400. Mesure optique des petits angles. — Soit MM_1 la trace sur un plan horizontal d'un miroir plan vertical, mobile autour d'un axe vertical qui se projette en I. En face du miroir, plaçons une échelle cylindrique à divisions verticales ayant son axe en I (fig. 291) et dont l'intersection avec le plan horizontal est la circonférence OA′.

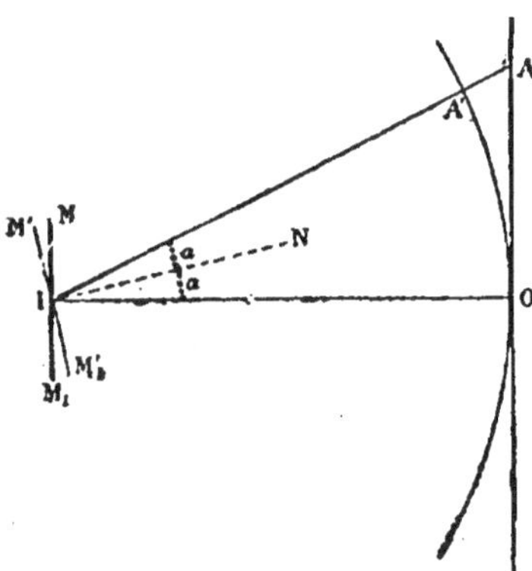

Fig. 291.

En O, sur une perpendiculaire menée au miroir par le point I l'échelle est percée d'une fente étroite éclairée, parallèle aux divisions : le miroir étant dans la position MM_1, un rayon lumineux

OI qui tombe sous une incidence normale reprend la direction IO après sa réflexion sur le miroir. Si le miroir vient dans une position M'M'₁, après avoir tourné d'un angle α, le rayon incident OI fait cet angle α avec la normale IN au miroir, le rayon réfléchi IA' fera avec la normale le même angle α de l'autre côté et l'arc OA' *mesurera le double de la déviation du miroir;* la longueur de cet arc est proportionnelle au rayon OI de la circonférence.

401. Réflexions multiples sur deux miroirs plans parallèles. — Un point lumineux O, placé entre deux miroirs plans parallèles, donne une *série indéfinie d'images virtuelles situées sur la perpendiculaire commune abaissée du point O sur les miroirs.*

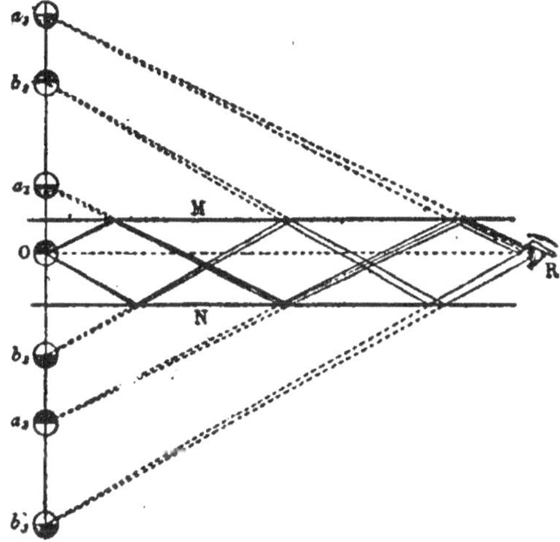

Fig. 292.

Pour obtenir la série de ces images, considérons un rayon issu du point O et se réfléchissant sur M, il paraît après réflexion venir de a_1, symétrique de O par rapport à M; ce rayon se réfléchit ensuite sur N et paraît après réflexion venir de a_2 symétrique de a_1 par rapport à N; puis il se réfléchit sur M et paraît après réflexion venir de a_3 symétrique de a_2 par rapport à M et ainsi de suite. Une image dans un miroir joue le rôle d'objet par rapport à l'autre.

Un rayon issu de O qui se réfléchit d'abord sur N semble venir de b_1 symétrique de O par rapport à N; après réflexion sur M, il semble venir de b_2 symétrique de b_1 par rapport à M; réfléchi ensuite sur N, il vient de b_3 symétrique de b_2 par rapport à N.

La figure 292 représente la marche d'un rayon dont la première réflexion se fait sur M et dont les réflexions successives font voir les images a_1, a_2, a_3...; on suit de même la marche d'un rayon dont la première réflexion a lieu sur N et dont les réflexions successives fournissent les images b_1, b_2, b_3...

Un œil placé en R entre les deux miroirs recevra des rayons ayant subi une, deux ou trois... réflexions et pourra voir les images successives. Théoriquement, le nombre de ces images est illimité, toutefois elles sont de moins en moins brillantes à mesure que leur numéro d'ordre s'élève, car chaque réflexion est accompagnée d'une perte de lumière.

402. Images sur deux miroirs inclinés. — On obtient dans ce cas un nombre *limité* d'images virtuelles.

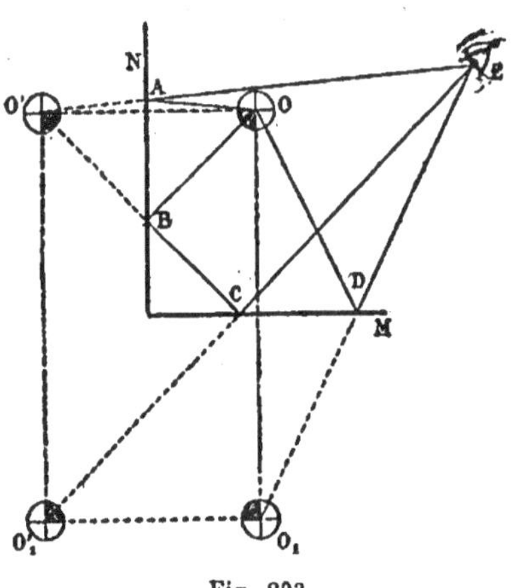

Fig. 293.

Un point lumineux O situé entre deux miroirs *rectangulaires* M et N (fig. 293) donne trois images, une O′ par réflexion sur N, une O_1 par réflexion sur M et une troisième O'_1 provenant de rayons réfléchis deux fois : soit sur N puis sur M, ou sur M puis sur N. Le point lumineux O et les trois images O′, O_1 et O'_1 forment les *sommets d'un rectangle* ayant son plan perpendiculaire à l'intersection des deux miroirs et son centre à l'intersection des lignes M et N dans ce plan [1].

403. Miroir plan recevant des rayons convergents. — Si les rayons incidents forment un *faisceau qui converge* [2] vers O′ (fig. 294), le miroir arrête ces rayons avant leur point de concours et les rayons réfléchis vont se réunir en O, symétrique de O′. En effet, d'après la réversibilité des rayons dans la réflexion, un rayon incident SI quelconque, se réfléchit en IO, puisque OI se réfléchirait en IS. Le point O est le point de concours des rayons réfléchis.

---

(1) Le nombre des images augmente si l'angle est inférieur à 90°; elles sont toujours situées sur une circonférence passant par le point lumineux et ayant pour centre le sommet de l'angle des miroirs.

La formation des images par des miroirs inclinés est appliquée dans le *Kaléidoscope* où les deux miroirs font entre eux un angle de 60°.

(2) Un faisceau incident convergent est un faisceau déjà réfléchi sur un miroir concave ou réfracté par une lentille convergente.

Le sommet O′ du faisceau incident est dit *virtuel*, le sommet O du faisceau réfléchi est *réel*, car il peut être reçu sur un écran. *Un*

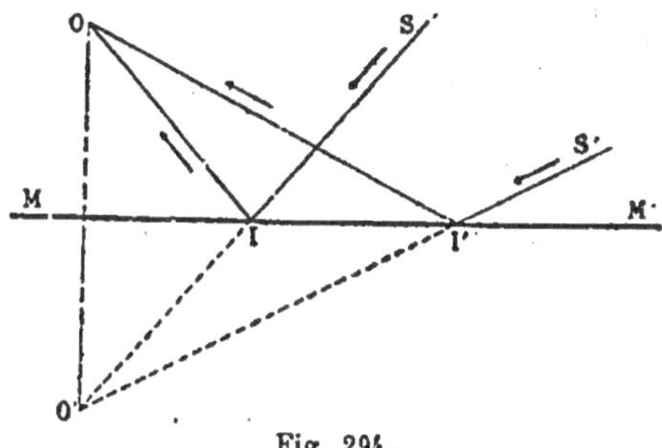

Fig. 294.

objet virtuel donne ainsi par réflexion une image réelle, symétrique de l'objet par rapport au miroir plan[1].

Les miroirs plans sont utilisés comme glaces d'appartement et comme réflecteurs. Habituellement, ce sont des glaces étamées, formées d'une lame de verre à faces parallèles, derrière laquelle est appliquée une couche d'amalgame d'étain; les deux surfaces réfléchissantes sont parallèles et donnent des images multiples, mais la plus brillante est fournie par la couche métallique.

404. Intensité de la lumière réfléchie. — Un miroir plan, métallique, réfléchit la plus grande partie de la lumière qu'il reçoit et absorbe le reste. Sur un miroir **métallique,** la fraction de la lumière incidente qui est réfléchie *augmente légèrement avec l'incidence.*

Un miroir **transparent** (verre, eau) réfléchit la lumière suivant les mêmes lois de direction qu'un miroir métallique; mais la fraction de la lumière incidente qu'il réfléchit *varie beaucoup avec l'incidence.* Avec une surface transparente bien polie, ce qui n'est pas réfléchi traverse la substance. Sous une incidence voisine de la normale, la portion réfléchie est très faible, elle n'est guère que 0,04; le faisceau transmis comprend alors presque toute la lumière incidente. La proportion réfléchie augmente avec l'incidence et la proportion transmise diminue; une vitre, qui reçoit le soir les rayons solaires sous une incidence très oblique, les réfléchit avec la même intensité qu'un miroir métallique.

405. Réflexion irrégulière ou diffusion. — Une surface *non polie,* telle qu'un mur blanc, *ne renvoie pas les rayons lumineux dans*

---

(1) En résumé, un faisceau incident *convergent* reste convergent après la réflexion, un faisceau *divergent* reste divergent, et un faisceau *parallèle* reste parallèle; la réflexion sur un miroir plan ne modifie donc pas la forme du faisceau incident.

une direction unique, mais les réfléchit dans tous les sens; cela s'explique par les aspérités de la surface qui constituent de petits éléments plans d'orientations très diverses (fig. 295). C'est par cette

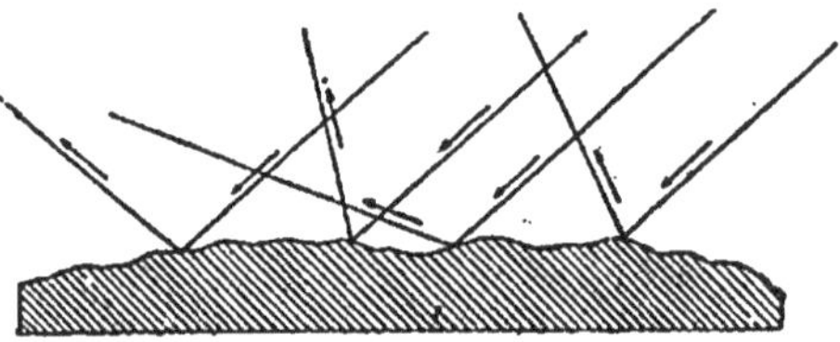

Fig. 295.

dissémination de la lumière, appelée *diffusion, que les corps éclairés sont visibles*:

MIROIRS SPHÉRIQUES

406. Réflexion sur une surface courbe. — Les lois de la réflexion sur une surface plane sont applicables à la réflexion sur une surface courbe, la réflexion se fait alors sur un petit élément de la surface confondu avec le **plan tangent** au point d'incidence.

Les miroirs courbes les plus habituellement employés sont les miroirs sphériques.

Miroirs sphériques. — On appelle *miroir sphérique* une calotte sphérique polie à l'intérieur ou à l'extérieur (fig. 296). Le miroir est dit *concave* si la réflexion se fait sur la concavité; il est dit *convexe* si la réflexion se fait sur la convexité. Le

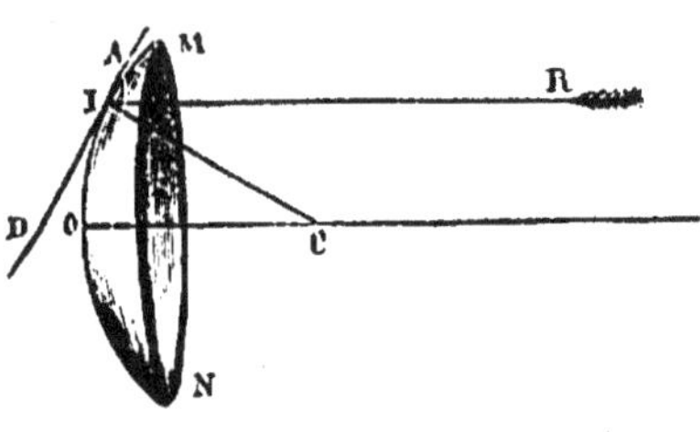

Fig. 296.

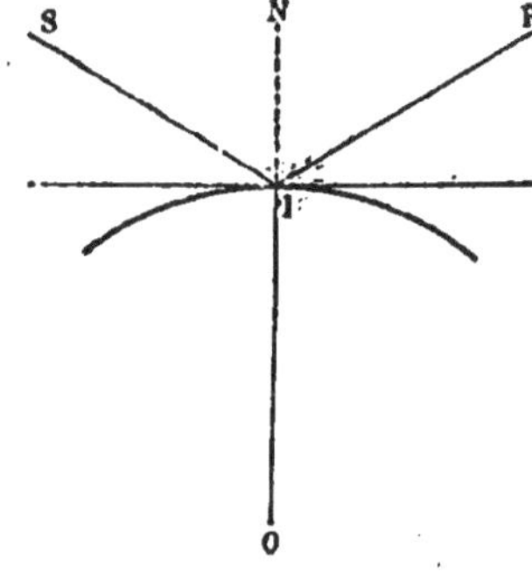

Fig. 297.

petit cercle qui limite le miroir est appelé *base* du miroir. La perpendiculaire abaissée du centre C de la sphère sur le cercle de base est l'axe principal du miroir. Le point où l'axe principal rencontre le miroir est le *sommet* du miroir.

L'*ouverture* d'un miroir est l'angle que font entre eux deux rayons de la sphère aboutissant aux extrémités d'un diamètre du cercle de base, un miroir sphérique de petite ouverture a la forme d'une calotte sphérique très aplatie.

On construit le rayon réfléchi IR correspondant à un rayon incident SI (fig. 297) en menant au point d'incidence I le rayon OI de la sphère qui est la normale au plan tangent en I et en traçant dans le plan SIO une droite IR faisant avec IN un angle égal à SIN.

Un rayon lumineux *qui passe par le centre d'un miroir* et qui par conséquent est dirigé suivant un rayon de la sphère *revient sur lui-même* après réflexion.

MIROIRS CONCAVES

407. Foyer principal. — Des rayons lumineux, parallèles à l'axe principal, vont tous, après réflexion, se réunir en un point unique de l'axe, appelé *foyer principal*. Ce nom de foyer vient de ce

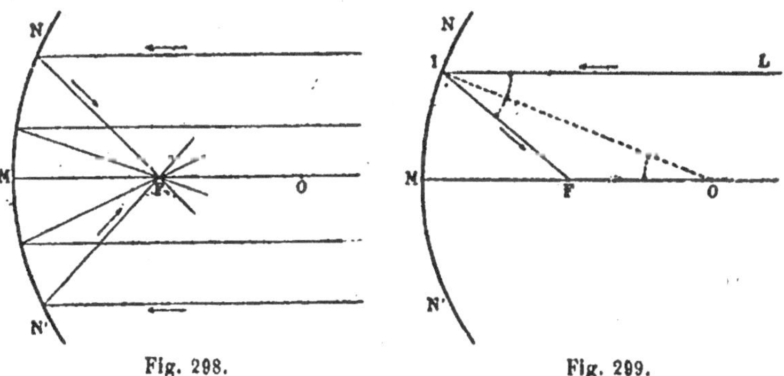

Fig. 298.   Fig. 299.

que la chaleur de la source, comme sa lumière, se concentre en ce point.

Pour un *miroir de petite ouverture, le foyer principal est situé au milieu du rayon qui va du centre de la sphère au sommet du miroir* (fig. 298) à égale distance de M et de O.

Considérons, en effet, un rayon incident LI, parallèle à l'axe principal (fig. 299). Un plan passant par ce rayon et par l'axe coupe le miroir suivant l'arc de grand cercle NMN'; c'est le plan d'incidence du rayon LI, car il contient le rayon incident LI et la normale OI au point d'incidence, le rayon réfléchi sera aussi dans ce plan et rencontrera l'axe en un point F.

Les angles FOI et LIO sont égaux comme alternes-internes, d'autre part, les angles LIO et FIO sont égaux comme angles d'incidence et de réflexion en I ; les angles FIO et FOI du triangle FIO sont donc égaux et ce triangle est isocèle, par suite FI = FO. Mais si l'*ouverture* du miroir est petite, FI est *sensiblement* égal à FM, quel que soit le rayon incident considéré et le point F est le milieu du rayon OM ; $MF = \dfrac{R}{2} = f$ est la **distance focale principale**.

Un faisceau cylindrique de rayons parallèles à l'axe principal forme, après réflexion, un cône dont le sommet est au foyer F. Inversement, d'après la réversibilité dans la réflexion, un point lumineux situé au foyer F enverra sur le miroir un faisceau divergent que la réflexion rendra parallèle à l'axe. Ce résultat est utilisé pour l'éclairage et permet de porter à grande distance un faisceau lumineux cylindrique (lanternes des voitures, projecteurs de la marine).

408. Axes secondaires et foyers secondaires. — Toute droite qui passe par le centre de la sphère à laquelle appartient

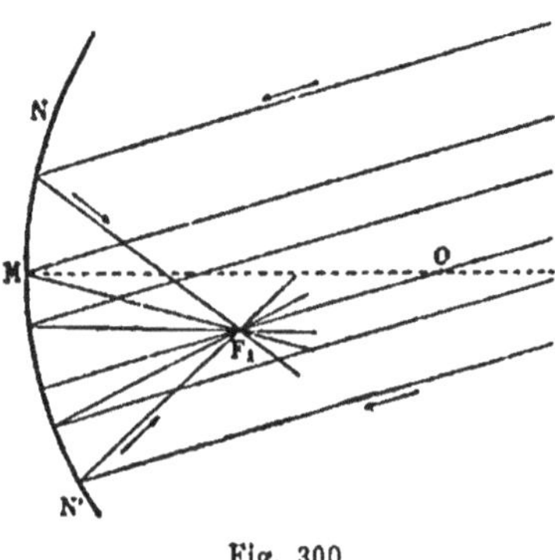

Fig. 300.

le miroir jouit des mêmes propriétés géométriques et optiques que l'axe principal : on l'appelle **axe secondaire**.

Un faisceau cylindrique de rayons parallèles à un axe secondaire donne après réflexion un faisceau conique dont le sommet est situé sur cet axe secondaire, en un point F_1 à une distance $\dfrac{R}{2}$ du centre du miroir (fig. 300).

409. Foyers conjugués. — D'après l'expérience, des rayons issus d'un point lumineux P situé en face d'un miroir concave *de petite ouverture* vont après réflexion concourir en un point unique P'. Cette *image* P', point de rencontre des rayons réfléchis, est nécessairement située sur l'axe qui passe par le point lumineux, puisqu'un rayon lumineux issu de P et passant par le centre de la sphère y revient après réflexion. P et P' sont appelés *foyers conjugués* (fig. 301). La dénomination de conjugués provient de ce que *chacun*

d'eux peut être regardé comme l'image de l'autre; car si les rayons
partaient de P', ils vien-
draient, après la réflexion,
à cause de la réversibilité,
concourir en P.

**410. Construction du
conjugué d'un point lu-
mineux.** — Le conjugué
P' d'un point P s'obtient
par l'intersection de deux
rayons réfléchis; l'un d'eux
est l'axe OP qui passe par

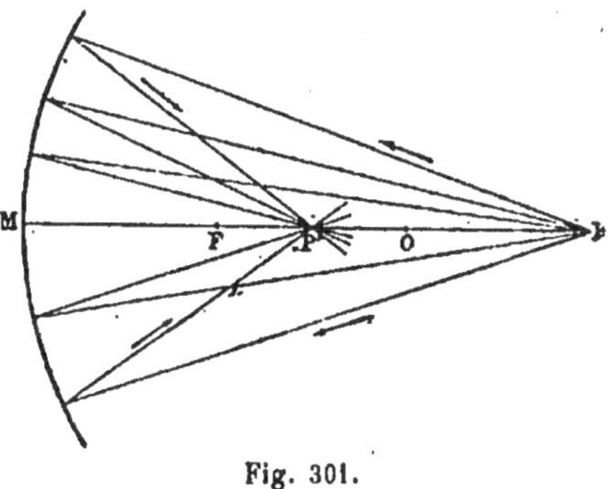

Fig. 301.

le point lumineux. Pour obtenir un second rayon réfléchi, on pourrait mener du point lumineux P un rayon incident quelconque PI et
construire par rapport à
la normale OI au point
d'incidence un angle de
réflexion égal à l'angle d'incidence (fig. 302), on obtiendrait le conjugué P'
par l'intersection du rayon
réfléchi et de l'axe OP.

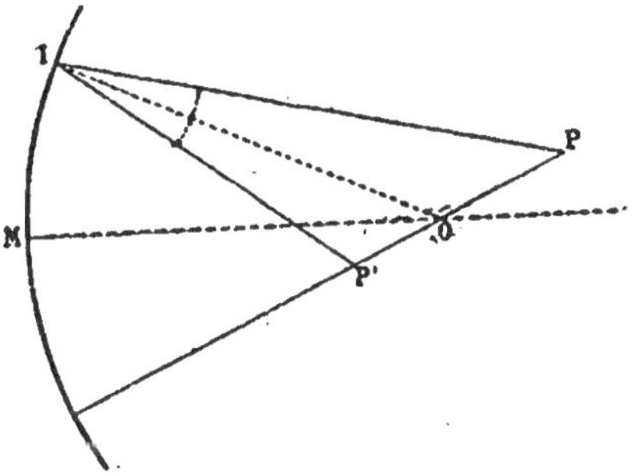

La connaissance des pro-
priétés du foyer corres-
pondant à des rayons in-
cidents parallèles permet

Fig. 302.

de construire le second rayon réfléchi sans mesure d'angles.

Menons par le
point P un rayon
incident quelconque
PI et par le centre
de la sphère un
rayon parallèle ON
(fig. 303), le milieu
F_1 du rayon ON
étant le point de
concours des rayons
réfléchis parallèles
à PI, IF_1 est le

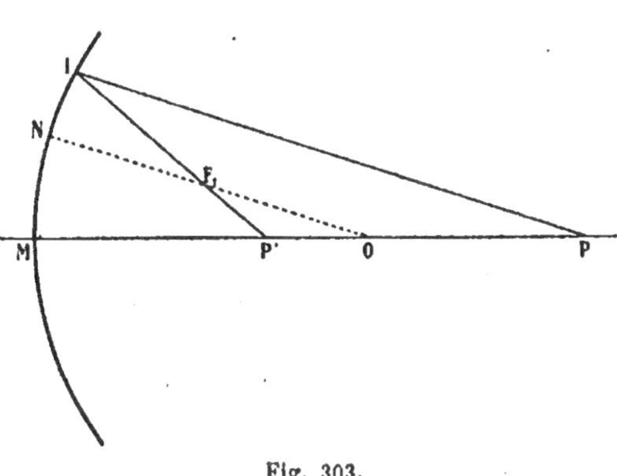

Fig. 303.

rayon réfléchi correspondant au rayon incident PI, son intersection P′ avec l'axe PO est le conjugué cherché.

Cette construction s'applique à la fois au cas où le point P se trouve sur l'axe principal et au cas où le point P se trouve sur un axe secondaire.

Quand le point P *se trouve sur un axe secondaire,* on mène habituellement un rayon incident PI parallèle à l'axe principal, le rayon réfléchi correspondant pàsse par le foyer principal F, P′ est l'intersection du rayon réfléchi IF et de l'axe secondaire OP (fig. 304). — Une autre construction consiste à mener le rayon PF, ce rayon se réfléchit en I′ parallèlement à l'axe principal et son intersection avec l'axe secondaire donne P′.

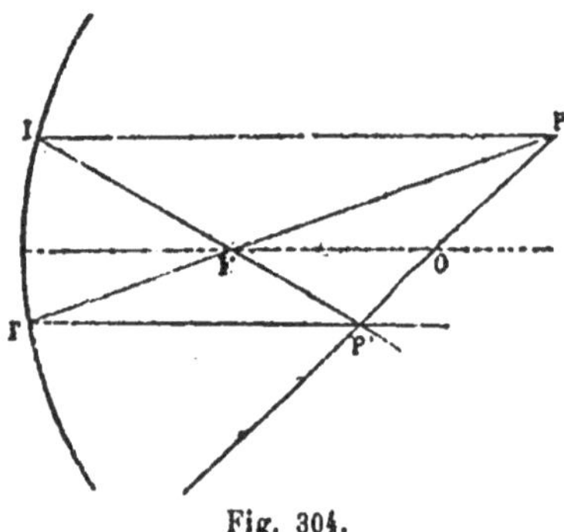

Fig. 304.

411. Image d'une droite perpendiculaire à l'axe principal. — L'image d'un objet est l'ensemble des images de ses différents points. Quand l'objet est une petite droite perpendiculaire à l'axe, l'image est aussi une droite perpendiculaire à l'axe.

Prenons en effet pour objet un petit arc de cercle PN concentrique au miroir (fig. 305), chacun de ses points N a son image N′

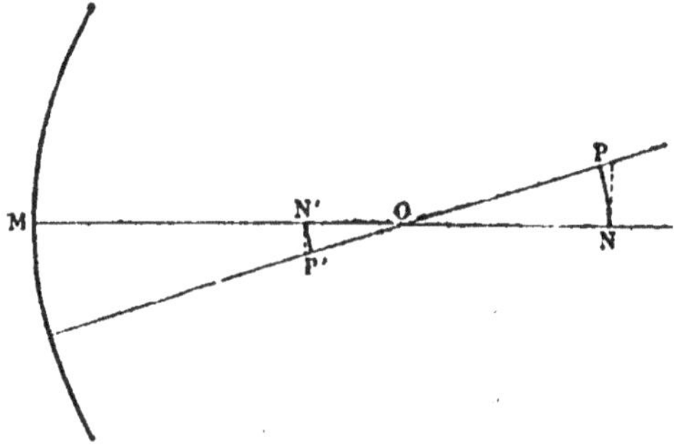

Fig. 305.

sur le rayon correspondant; comme tous les points N sont à la même distance du centre, leurs images seront aussi à une même distance du centre. Un arc de cercle de centre O a donc pour image un autre arc de cercle concentrique. Si les axes des extrémités de ces arcs font entre eux un *petit* angle, ces arcs peuvent être confondus avec les tangentes en N et N', c'est-à-dire avec des perpendiculaires à l'axe principal, ce qui permet de dire que, dans un miroir de petite ouverture, *une petite droite perpendiculaire à l'axe a pour image une autre petite droite perpendiculaire à l'axe*. Tout point de l'une a son image sur l'autre.

Pour construire l'image d'une droite PN perpendiculaire à l'axe, il suffit alors de chercher l'image d'un point de cette droite et d'abaisser de cette image une perpendiculaire à l'axe.

412. Variations de position et de grandeur de l'image. — Une droite PN perpendiculaire à l'axe étant donnée, nous construirons l'image d'un point P par l'intersection : 1° de l'axe secondaire PO;

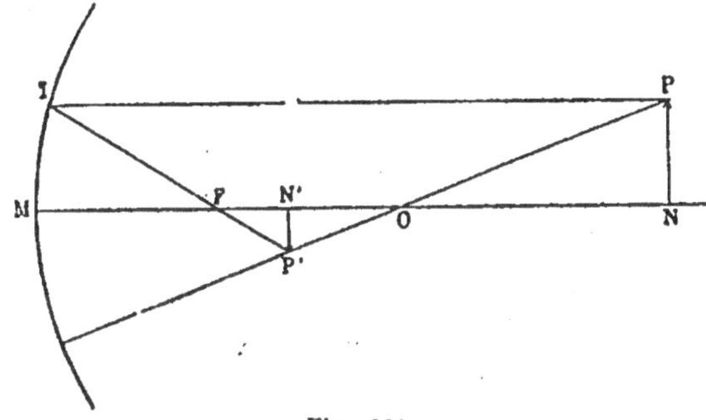

Fig. 306.

2° du rayon réfléchi IF correspondant à un rayon PI parallèle à l'axe principal. Nous abaissons du point d'intersection P' une perpendiculaire sur l'axe, P'N' est l'image de PN (fig. 306).

Nous distinguerons pour la position de l'objet deux régions : 1° au delà du foyer principal; 2° entre le foyer principal et le miroir.

Objet au delà du foyer principal. — D'après la construction, l'image est réelle et renversée. — 1° Quand l'objet

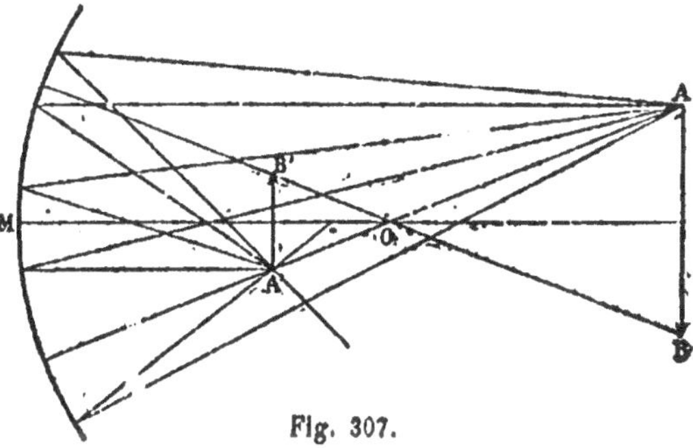

Fig. 307.

est au delà du centre, l'image est comprise entre le foyer et le centre et elle est plus petite que l'objet. — 2° Quand l'objet est au centre, l'image est aussi au centre et égale à l'objet. — 3° Quand l'objet va du centre au foyer, l'image s'éloigne du centre, de l'autre côté, et est plus grande que l'objet.

La figure 307 montre la marche d'un faisceau issu d'un point A de l'objet et venant converger en A′ après réflexion.

Objet entre le foyer et le miroir (fig. 308). — Les rayons issus du point lumineux P semblent après réflexion venir d'un point P′ situé

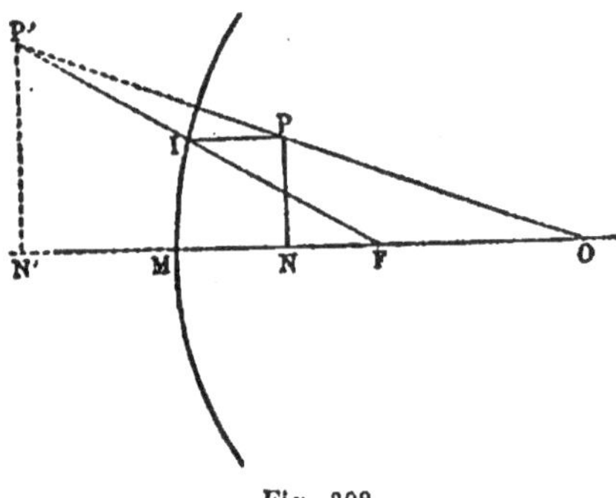

derrière le miroir ; ce point de concours P′ des rayons réfléchis ne peut être reçu sur un écran ; il est dit *virtuel*, il est visible pour un œil recevant des rayons réfléchis. D'après la construction, l'image est **droite, virtuelle**, et *plus grande que l'objet*.

Fig. 308.

Quand l'objet est au foyer, l'axe secondaire et le rayon réfléchi IP′ sont parallèles, il n'y a pas d'image, elle est infiniment éloignée et infiniment grande. A mesure que l'objet se rapproche du miroir, l'image s'en rapproche aussi et diminue ; quand l'objet est appliqué sur le miroir, l'image s'y trouve aussi et est égale à l'objet.

Dans tous les cas, l'image et l'objet sont toujours en même temps *du même côté du foyer* F. En outre, *le rapport des grandeurs de l'image et de l'objet* est égal au *rapport de leurs distances au sommet du miroir*[1].

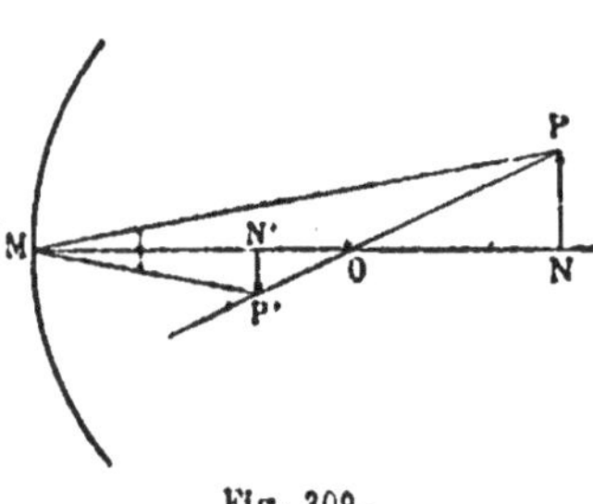

Fig. 309.

(1) Menons, en effet, un rayon incident PM qui passe par le centre de figure M du miroir et le rayon réfléchi correspondant MP′ (fig. 308); les angles PMO, P′MO avec la normale OM sont égaux ; d'autre part, le foyer conjugué de P se trouve en P′, à l'intersection du rayon réfléchi MP′ et de l'axe secondaire PO. Les triangles rectangles PNM, P′N′M sont semblables parce qu'ils ont leurs angles égaux, donc

$$\frac{P'N'}{PN} = \frac{MN'}{MN}$$

413. Vérifications expérimentales. — Dans une chambre obscure on dispose une bougie allumée au-devant d'un miroir concave, au delà du foyer, et on reçoit les rayons réfléchis sur un écran. Si l'écran est placé exactement dans le plan conjugué de l'objet, on observe une image nette de la bougie. L'image se trouble en dehors de ce plan ; les cônes dont les sommets sont sur l'image coupent alors l'écran suivant des cercles qui empiètent les uns sur les autres.

Quand la bougie est très loin, on voit une petite image renversée de la flamme se dessiner sur l'écran au foyer ; à mesure que la bougie se rapproche, l'image grandit mais s'éloigne du miroir ; au centre,

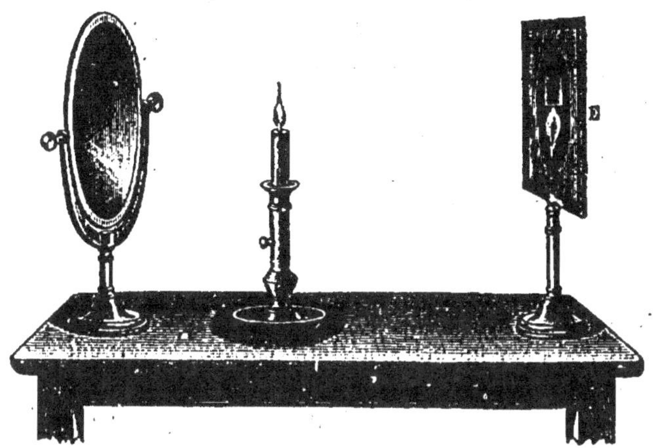

Fig. 310.

les deux images sont égales et dans le même plan. Si la bougie dépasse le centre en continuant à se rapprocher du miroir, l'image renversée se produit au delà du centre et elle est plus grande que l'objet (fig. 310). Lorsque la bougie atteint le foyer, l'image est infiniment éloignée et infiniment grande.

Si la bougie se trouve comprise entre le foyer et le miroir, on ne peut plus recevoir d'image sur un écran, mais en plaçant l'œil sur le trajet des rayons réfléchis, en avant du miroir, on voit une image virtuelle de la bougie droite et agrandie. C'est en se plaçant ainsi entre le foyer du miroir et la surface réfléchissante qu'un observateur voit son image (droite et agrandie) dans un miroir concave.

Les images réelles peuvent être vues directement par l'œil aussi bien que les images virtuelles. En effet, les rayons réfléchis convergents qui forment l'image réelle d'un point deviennent divergents après leur point de concours.

Un œil placé dans le cône de ces rayons divergents voit leur point de concours A′ comme s'il s'agissait d'un point lumineux matériel; il y a toutefois une différence, car le point A′ n'envoie pas de lumière dans toutes les directions (fig. 307). Un écran sur lequel se dessine une image réelle offre l'avantage de *diffuser la lumière dans tous les sens* et l'image devient alors visible pour toute position de l'observateur.

414. Mesure de la distance focale d'un miroir sphérique concave. — On expose le miroir aux rayons solaires et on déplace en face du miroir un petit écran sur lequel on cherche à obtenir une image nette du disque solaire et aussi petite que possible. L'image est à égale distance du miroir et de son centre. Cette distance est *f*.

Il est plus précis de promener en avant du miroir sur l'axe principal et perpendiculairement à cet axe, une ouverture percée dans un écran opaque et de chercher à obtenir une image de l'ouverture à bords très nets, **égale à l'objet** et dans le même plan perpendiculaire à l'axe. L'image et l'objet sont alors **au centre du miroir.**

MIROIRS CONVEXES

415. Foyer principal. — Des rayons lumineux parallèles à l'axe principal d'un miroir sphérique convexe divergent après leur réflexion et leurs prolongements rencontrent l'axe en un point unique F appelé *foyer principal* (fig. 311), situé derrière le miroir, à *égale distance du centre de la sphère et du sommet du miroir.*

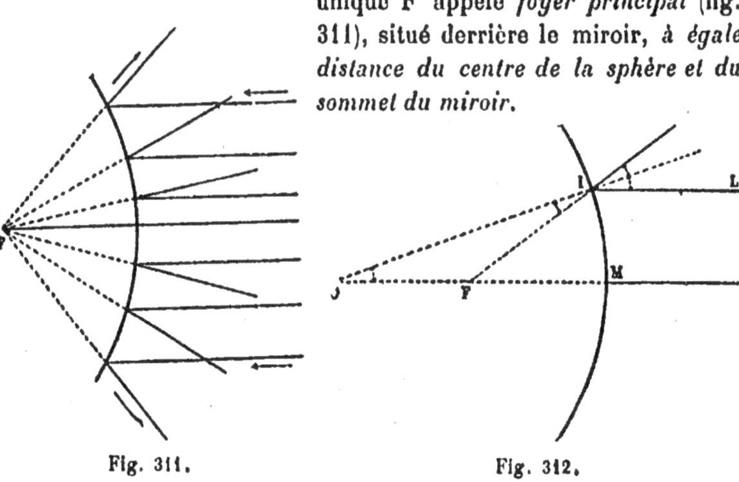

Fig. 311.   Fig. 312.

Soit un rayon LI parallèle à l'axe. Un plan passant par ce rayon et l'axe principal contient la normale OI, c'est donc le plan d'incidence et il contient le rayon réfléchi. Le rayon réfléchi, prolongé derrière le miroir, rencontre l'axe en F (fig. 312).

Le triangle OIF est isocèle. En effet, par suite du parallélisme de OM et de IL, l'angle en O et l'angle d'incidence en I sont égaux; d'autre part, l'angle du triangle en I et l'angle de réflexion en I sont égaux comme opposés par le sommet. Les deux angles du triangle en O et en I sont donc égaux et FI = FO. Si l'*ouverture* du miroir *est très petite*, FI peut être considéré comme égal à FM. Le point F est donc *sensiblement* au milieu de la distance MO pour tous les rayons incidents parallèles à l'axe.

Le faisceau des rayons parallèles à l'axe forme après réflexion sur le miroir un cône divergent dont le sommet est en F. L'œil placé dans le rayon réfléchi voit un point lumineux en F, mais ce point de concours ne peut pas être reçu sur un écran, il est dit **virtuel**.

416. Axes secondaires. — Tout diamètre de la sphère dont le miroir fait partie jouit des mêmes propriétés géométriques et optiques que l'axe principal et s'appelle un *axe secondaire*.

417. Foyers conjugués. — Les rayons émis par un point lumineux P situé en avant de la surface réfléchissante, divergent après

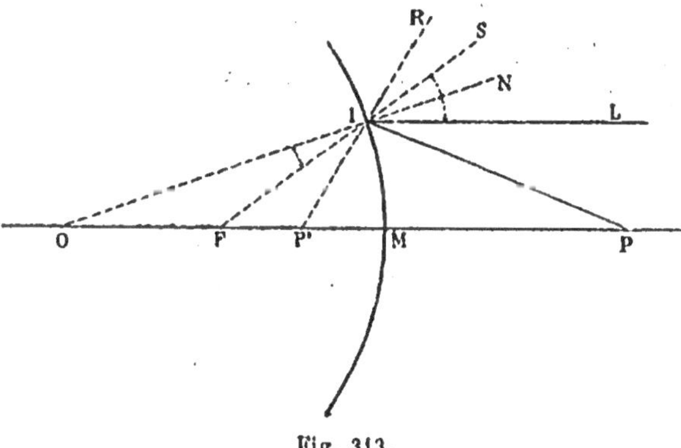

Fig. 313.

réflexion comme s'ils provenaient d'un point P' (fig. 313) situé derrière le miroir sur l'axe qui passe par le point lumineux. L'œil placé dans le faisceau réfléchi voit ce point lumineux virtuel. P et P' sont des *foyers conjugués*.

418. Construction du conjugué d'un point lumineux. — On construit l'image P' d'un point lumineux P par l'intersection de deux rayons réfléchis dont l'un est l'axe qui passe par le point lumineux P.

Pour construire un second rayon réfléchi, on mène par le point P un rayon incident quelconque PI et par le centre de la sphère un rayon parallèle ON (fig. 314). Le milieu F_1 du rayon ON étant le point

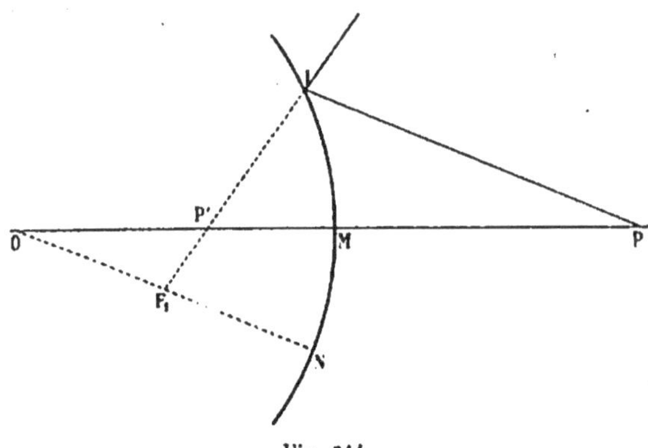

Fig. 314.

de concours virtuel des rayons réfléchis parallèles à PI, IF_1 est le rayon réfléchi correspondant au rayon incident PI. Son intersection P′ avec l'axe PO est le conjugué cherché.

Quand le point P se trouve sur un axe secondaire, on mène un rayon incident PI parallèle à l'axe principal OM, le prolongement

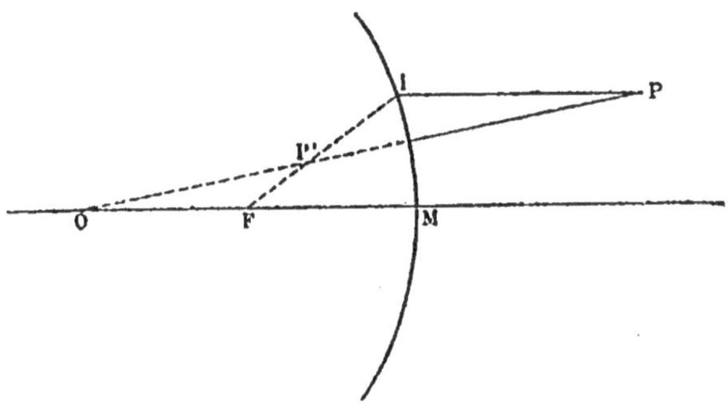

Fig. 315.

du rayon réfléchi correspondant passe par le foyer principal F, la droite FI coupe l'axe secondaire au point cherché P′ (fig. 315).

419. Image d'une droite perpendiculaire à l'axe principal.

— L'image d'un objet est l'ensemble des images de ses différents points. Une petite droite PN perpendiculaire à l'axe principal a pour image une autre droite perpendiculaire à l'axe principal (**411**).

Variations de position et de grandeur de l'image. — Une droite PN perpendiculaire à l'axe étant donnée, on construit l'image P′ d'un point P, et on abaisse du point P′ une perpendiculaire sur l'axe. P′N′ est l'image de PN (fig. 316).

D'après la construction, l'image est **virtuelle, droite et plus petite que l'objet.** Telles sont les images observées sur les globes de verre étamés des jardins.

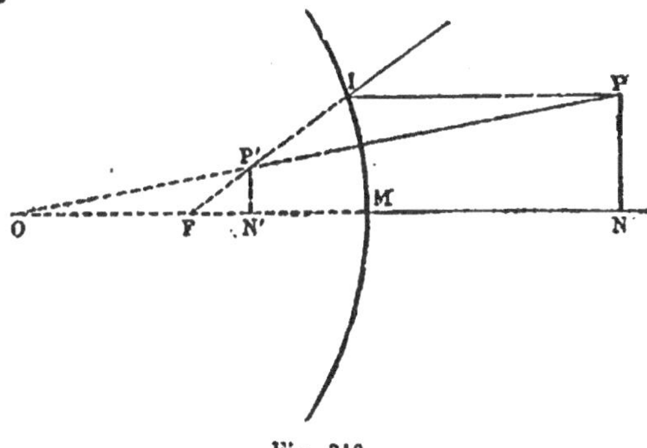

Fig. 316.

Quand l'objet se rapproche du miroir, l'image s'en rapproche en sens inverse et grandit; sur la surface du miroir, l'image et l'objet ont la même grandeur et se confondent.

L'image et l'objet sont toujours à la fois *du même côté du foyer principal.* En outre, *le rapport des grandeurs* de l'image et de l'objet est égal au *rapport de leurs distances au sommet* du miroir.

420. Mesure de la distance focale d'un miroir convexe. — On fait tomber sur la surface réfléchissante du miroir un faisceau solaire cylindrique (fig. 317)

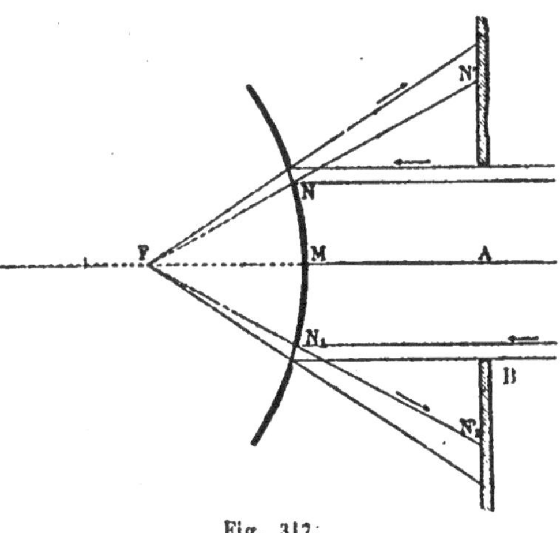

Fig. 317.

parallèle à l'axe. Les rayons réfléchis en N et N₁ rencontrent en N' et N'₁ un écran perpendiculaire à l'axe. On place l'écran à une distance telle que le rayon du cercle éclairé AN' soit double du rayon MN du faisceau cylindrique incident.

Les triangles MNF, BNN' sont alors égaux et NB ou MA = MF.

La distance de l'écran au miroir est la distance focale principale.

421. Aberration de sphéricité. — Si l'ouverture d'un miroir sphérique n'est pas très petite, les rayons partis d'un point P et réfléchis près des bords du miroir ou rayons marginaux *ne convergent pas au même point* que les rayons réfléchis près du sommet ou rayons centraux. Cette différence de convergence a reçu le nom d'*aberration de sphéricité*. Le foyer principal F des rayons centraux est à la distance $\frac{R}{2}$ du centre, le foyer F' des rayons marginaux est plus voisin du sommet du miroir(1) (fig. 318).

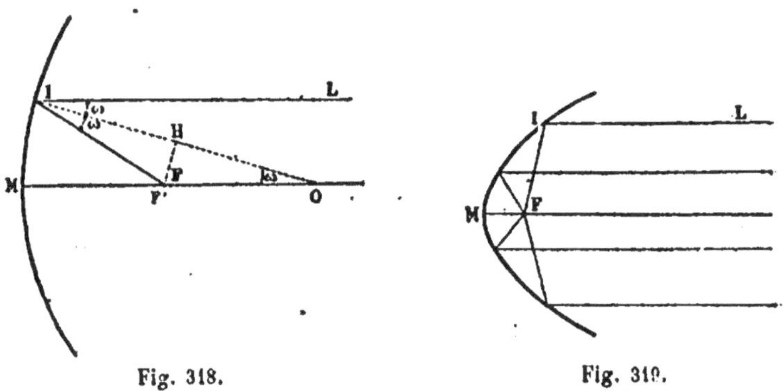

Fig. 318.   Fig. 319.

La propriété de concentrer en un point unique un faisceau de rayons incidents parallèles n'est donc qu'approximative et ne peut être admise que pour

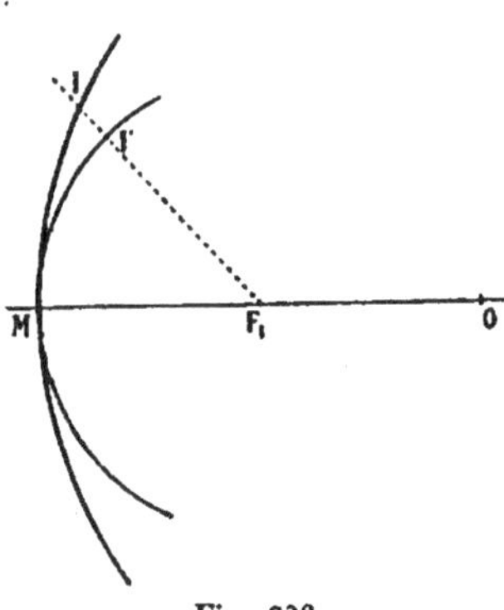

Fig. 320.

un miroir sphérique de petite ouverture, elle est rigoureuse pour un miroir *parabolique* recevant un faisceau de rayons parallèles à son axe. Inversement, un miroir parabolique réfléchit parallèlement à son axe des rayons lumineux émanant de son foyer (fig. 319).

(1) On a encore $F_1I = F_1O$, mais F_1M est inférieur à F_1I, puisque la circonférence de centre F_1 et de rayon F_1M est inférieure à la circonférence de centre O et de rayon OM. La différence II' va en croissant à mesure que I s'éloigne de l'axe principal (fig. 320).

RÉFRACTION

422. Déviation brusque d'un rayon lumineux. — En passant
d'un milieu transparent dans un autre, sous une incidence oblique,
un rayon lumineux se brise à la surface de séparation des deux
milieux. Les deux trajets, *séparément rectilignes* dans chacun des
deux milieux, ne sont pas en prolongement. Le changement *brusque*
de direction est appelé *réfrac-
tion*. Le second milieu est dit
plus réfringent que le premier
si le rayon lumineux se rapproche de la normale en y pénétrant; il est dit moins réfringent s'il s'en écarte.

Le *plan d'incidence* est le plan
mené par le rayon incident et la
normale élevée au point d'incidence sur la surface de séparation, le *plan de réfraction* est le

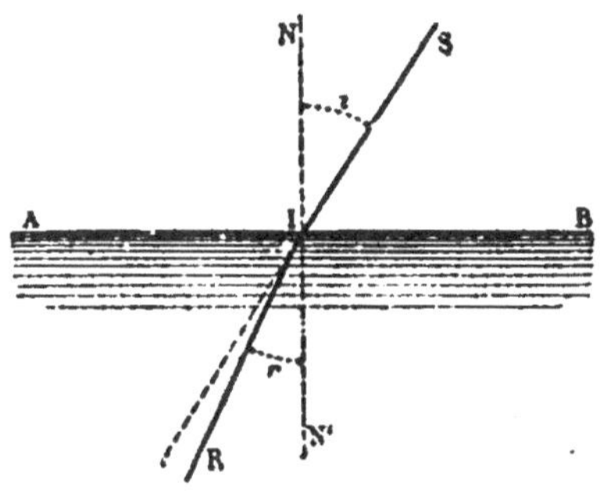

Fig. 321.

plan mené par le rayon réfracté et la normale; on nomme *angle d'incidence* l'angle SIN du rayon incident et de la normale, *angle de
réfraction* l'angle RIN' du rayon réfracté et de la normale (fig. 321).

423. Lois de la réfraction. — La réfraction de la lumière a lieu
conformément aux deux lois suivantes démontrées par Descartes [1].

1° *Le rayon réfracté reste dans le plan d'incidence*; par suite, le
rayon incident, la normale au point d'incidence et le rayon réfracté
sont dans un même plan normal à la surface de séparation.

2° Si du point d'incidence comme centre on décrit une circonférence,
les distances Al ou Fg et Kh à la normale au point d'incidence des
points d'intersection avec cette circonférence du rayon incident et du
rayon réfracté *sont dans un rapport constant*, quel que soit l'angle
d'incidence (fig. 322).

(1) **Descartes**, philosophe et mathématicien, né en Touraine (1596-1650).

Le rapport constant $\frac{Al}{Kh}$ ou $\frac{Fg}{Kh}$ se désigne par la lettre n et se nomme **indice de réfraction** du second milieu (où l'angle est r) par rapport au premier ; $n > 1$ si le second milieu est plus réfringent. $n < 1$ si le second milieu est moins réfringent que le premier. L'indice de réfraction est une constante physique qui peut servir à caractériser un corps.

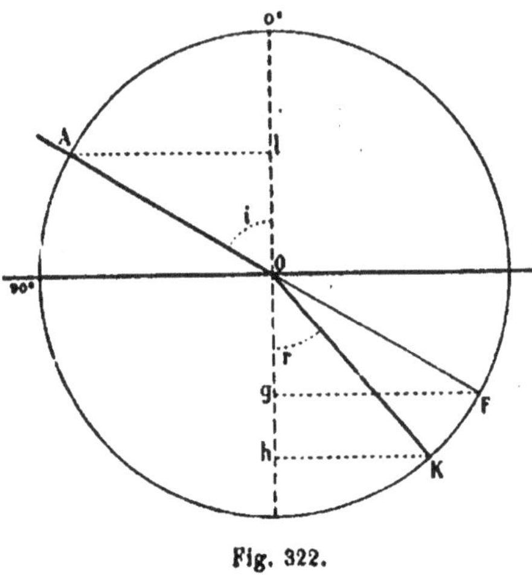

Fig. 322.

424. Vérification des lois de la réfraction [1]. — Pour cette vérification on pourrait faire usage d'un cercle vertical divisé plongé dans l'eau de telle façon que le niveau du liquide affleure au diamètre $0°$ — $90°$ de la graduation (fig. 323). Un rayon lumineux suivant dans l'air le plan du cercle continue à le suivre après qu'il s'est brisé à la surface de séparation de l'air et de l'eau. C'est la première loi. Si l'on note les divisions auxquelles aboutissent les rayons lumineux incident et réfracté sur le cercle on peut tracer sur un cercle égal les perpendiculaires Al et Kh abaissées des extrémités A et K sur le

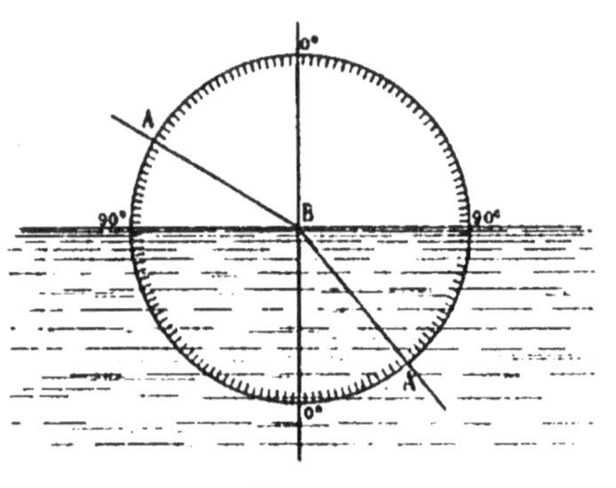

Fig. 323.

diamètre $0°$ — $0°$ qui figure la normale à la surface de séparation. On vérifie la constance du rapport.

---

(1) Si le second milieu est cristallisé (dans un système autre que le système cubique), un rayon incident s'y dédouble en deux rayons : il y a *double réfraction*. Les deux rayons réfractés sont encore rectilignes, mais suivent des lois de réfraction différentes des lois de Descartes.

On emploie le plus souvent un appareil analogue à celui qui a servi pour les lois de la réflexion (fig. 324).

Le miroir plan est remplacé par une cuve hémicylindrique en verre R dont le contour circulaire a pour centre le centre du cercle divisé. Dans cette cuve on verse de l'eau jusqu'à la hauteur *exacte* du centre O du cercle. En inclinant le miroir M, on dirige un rayon solaire de manière qu'en suivant l'axe du tube A il vienne frapper le liquide en O. Ce rayon AO se réfracte, et au lieu de continuer sa route suivant OF, il sort dans une direction OK. Le rayon réfracté se présente normalement à la paroi de la cuve cylindrique et ne subit pas de nouvelle réfraction à la sortie.

Première loi. — On fait tourner la deuxième alidade jusqu'à ce que le rayon émergent suive l'axe du tube qu'elle porte. Les axes des deux tubes étant à la même distance du cercle divisé, le plan de ces axes est *parallèle au plan du cercle, vertical comme lui* et perpendiculaire à la surface de l'eau qui est horizontale. Ce plan vertical passe par le point d'incidence, il contient le rayon incident et le rayon réfracté qui ont suivi les axes des deux tubes et la normale au point d'incidence. La première loi est donc vérifiée.

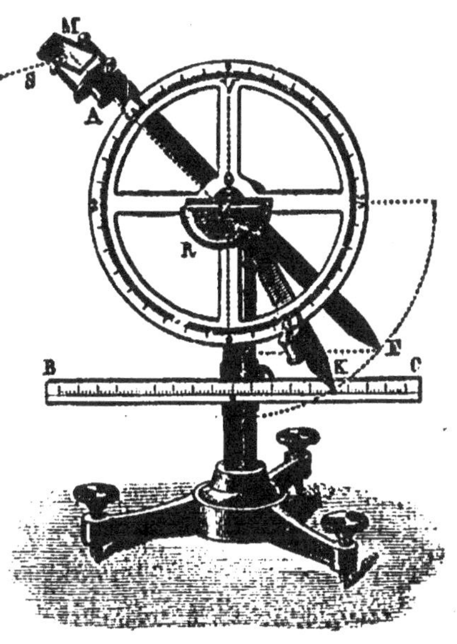

Fig. 324.

Seconde loi. — Si l'on donne à l'angle d'incidence dans l'air les valeurs i, i', i''... l'angle de réfraction prendra dans l'eau les valeurs r, r', r''... Les alidades mesurent directement les angles i . r.

La mesure des distances à la normale des extrémités de deux rayons de même longueur se fait au moyen d'une règle divisée horizontale BC pouvant glisser le long du diamètre vertical du cercle; on amène cette règle à toucher successivement la pointe F de l'alidade parallèle au rayon incident et la pointe K de l'alidade parallèle au rayon réfracté. Ces deux pointes F et K sont à la même distance du centre O, et les longueurs des perpendiculaires abaissées de F et K sur le diamètre vertical du cercle, sont lues directement sur la règle divisée horizontale.

On vérifie que le quotient de ces perpendiculaires est constant; *ce quotient est l'indice de réfraction de l'eau par rapport à l'air*. Il est égal à $\frac{4}{3}$. Avec un demi-cylindre de verre substitué à la cuve remplie d'eau, ce quotient est à peu près égal à $\frac{3}{2}$, il représente l'indice du verre par rapport à l'air.

425. Réversibilité. — Supposons les deux alidades fixées dans les positions relatives au passage de l'air dans l'eau pour une incidence déterminée. Faisons arriver un rayon lumineux par la partie inférieure parallèlement à la deuxième alidade ; KO devenant la direction du rayon incident, le rayon réfracté s'écarte de la normale, OA sera la direction du rayon réfracté. C'est la loi de réversibilité ou de *retour inverse des rayons*. L'indice de réfraction d' l'air par rapport à l'eau est d'après cela l'inverse de l'indice de réfraction de l'eau par rapport à l'air.

Les lois de la réfraction conduisent dans l'étude des prismes et des lentilles à des conséquences qui sont d'accord avec l'observation. Cet accord confirme l'exactitude des lois de la réfraction.

426. Déplacement apparent des objets par réfraction, — Au fond d'un vase vide à parois opaques on met une pièce de monnaie et on place l'œil en A de façon qu'un rayon visuel BA rasant le bord

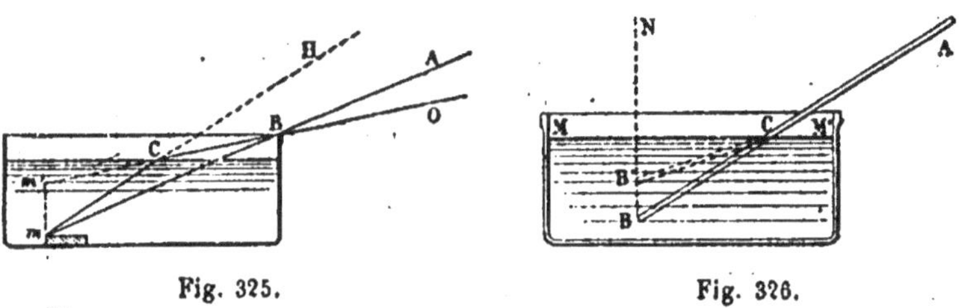

Fig. 325.   Fig. 326.

du vase atteigne l'extrémité *m* de la pièce de monnaie (fig. 325). En descendant un peu l'œil à partir de cette position vers O, la pièce devient complètement invisible. Si un aide vient à verser de l'eau dans le vase, la pièce devient visible pour l'œil en O et le bord *m* est vu suivant OC ; le rayon *m*C qui continuait sa route suivant CH lorsque le vase était vide s'est réfracté en C suivant CO quand le vase est plein d'eau. L'œil rapporte alors le point *m* au point de concours *m'* des rayons qu'il reçoit et voit la pièce relevée vers la surface.

Un bâton plongé obliquement dans l'eau paraît brisé au point d'immersion et chacun de ses points semble relevé vers la surface de l'eau comme dans l'expérience précédente (fig. 326).

427. Réfraction atmosphérique. — La réfraction de la lumière nous fait voir les astres dans une direction plus voisine du zénith que celle qu'ils occupent réellement. L'atmosphère est constituée par des couches gazeuses concentriques qui augmentent de densité en s'approchant du sol. La réfraction croissant dans un gaz avec la densité,

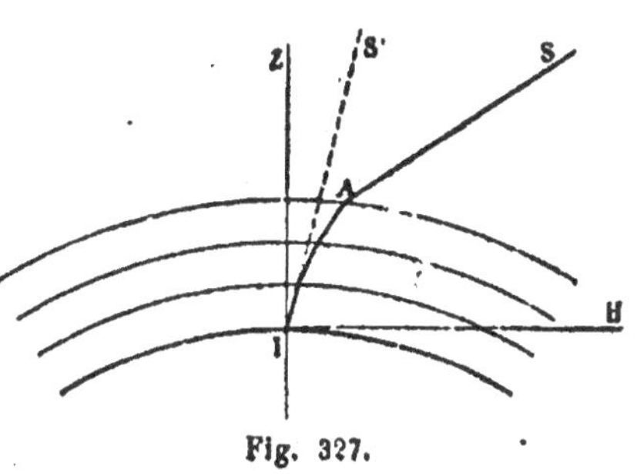
Fig. 327.

un rayon SA éprouve en traversant les couches successives de l'atmosphère une série de déviations qui le rapprochent de plus en plus de la normale (fig. 327). L'astre est vu dans la direction du dernier rayon réfracté IS . C'est ainsi qu'on voit le soleil et la lune au-dessus de l'horizon avant leur lever réel et après leur coucher.

428. Passage de la lumière dans un milieu plus réfringent. — Pour un rayon lumineux passant *de l'air dans l'eau*, l'angle de réfraction r est toujours inférieur à l'angle d'incidence i; $Kh < Fg$ (fig. 322).

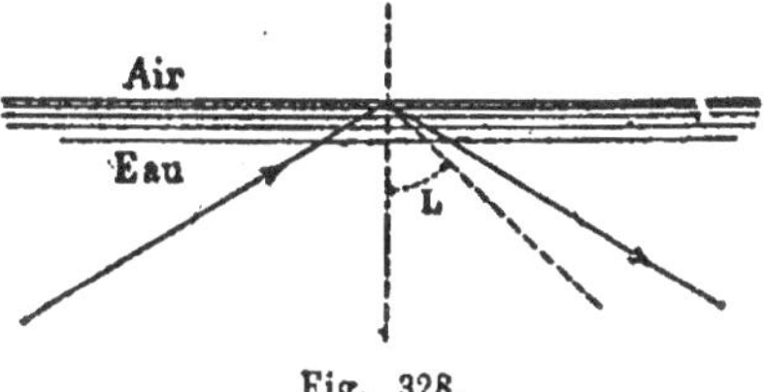

Fig. 328.

Un rayon incident normal à la surface de séparation la traverse sans déviation. L'angle d'incidence croissant de 0° à 90°, l'angle de réfraction croît en même temps, mais moins vite que l'angle d'incidence et il n'atteint pas 90°. Sous une incidence rasante ($i = 90°$), l'angle de réfraction atteint sa plus grande valeur L.

Cet angle L s'appelle **angle limite**. Tous les rayons qui tombent en un point du milieu réfringent se réfractent donc à l'intérieur d'un cône d'angle L ayant pour axe la verticale du point d'incidence (fig. 328). La valeur de L pour un rayon passant de l'air dans l'eau est d'environ 48°30'.

429. Passage de la lumière dans un milieu moins réfringent. — Examinons la propagation en sens inverse, *de l'eau dans l'air;* désignons par r l'angle d'incidence dans l'eau, et par i l'angle de réfraction dans l'air, le rayon s'écartant de la normale en passant

dans un milieu moins réfringent, l'angle *i* sera supérieur à l'angle *r* ;
en outre, d'après la réversibilité des rayons (**425**), les valeurs correspondantes de *i* et de *r* sont les mêmes que dans le passage inverse.
Lorsque *r* deviendra égal à L, le rayon sortira dans l'air sous un
angle *i* égal à 90°, c'est-à-dire rasera la surface de séparation. Pour
une incidence supérieure à l'angle L, le rayon ne sort plus.

430. Réflexion totale. — L'expérience prouve que si un rayon
tombe sous un angle supérieur à l'angle limite L sur la surface de
séparation des deux milieux en venant du milieu le plus réfringent, il
y a *réflexion totale*[1], suivant les lois géométriques de la réflexion
sur un miroir plan (**396**).

431. Réfraction à travers une lame à faces parallèles. —
Supposons une lame transparente à faces parallèles, placée dans un milieu homogène indéfini.
tel que l'air. Un rayon
lumineux qui tombe nor-
malement sur cette lame
la traverse sans déviation
et sans déplacement. Si
l'incidence est oblique,
il y a déplacement sans
déviation.

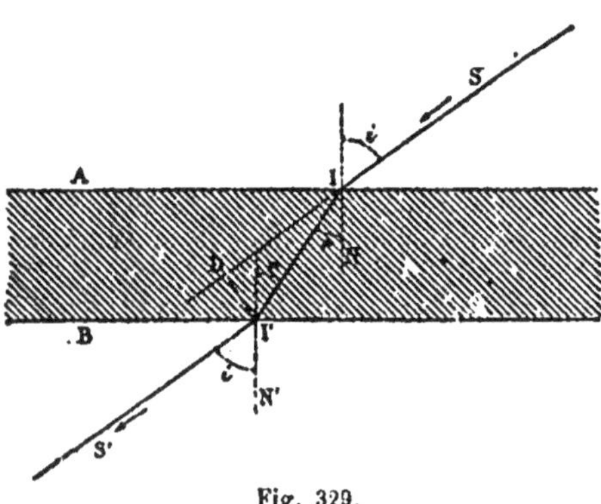

Fig. 329.

Soit *i* l'angle d'inci-
dence sur la face A
(fig. 329), *r* l'angle de
réfraction. L'incidence
sur la face B sera *r*, car les deux angles en I et en I' de la droite II' et
des normales sont égaux comme alternes-internes. L'angle d'incidence étant *r* dans le verre en I', l'angle de réfraction dans l'air sera
i, d'après la loi de la réversibilité. La direction de sortie I'S' sera
donc parallèle à la direction d'entrée IS. Il y a un déplacement I'D.

Si la lame transparente ainsi traversée est très mince, le déplacement est insensible.

---

(1) Un certain nombre d'effets d'optique sont fondés sur la réflexion totale. En particulier, dans les *fontaines lumineuses* de l'Exposition de Paris en 1889, un faisceau lumineux suivant l'axe du jet d'eau se réfléchissait totalement tout le long de la surface
latérale du jet, qui emprisonnait ainsi la lumière et se trouvait vivement illuminé.

PRISME

432. On appelle *prisme* en optique un milieu transparent limité par deux faces planes non parallèles. L'intersection AD des deux faces planes est appelée l'*arête réfringente* du prisme (fig. 330), l'angle des deux faces est l'*angle réfringent* du prisme. D'ordinaire, la troisième face est taillée parallèlement à l'arête réfringente. Cette face s'appelle la *base* du prisme[1]. *Une section dé-*

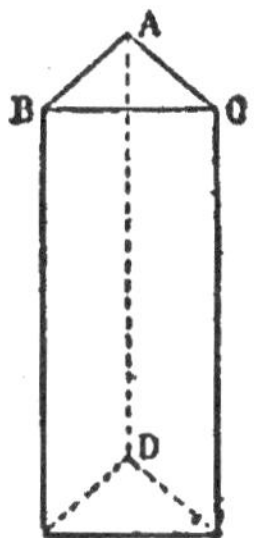

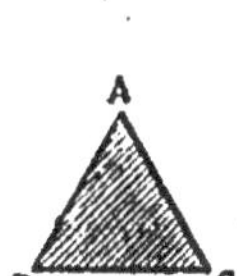

Fig. 330.   Fig. 331.   Fig. 332.

terminée par un plan perpendiculaire à l'arête réfringente s'appelle **section principale.** Cette section principale ABC est un triangle (fig. 331).

On fait usage de prismes soutenus par des supports (fig. 332) qui permettent de les faire tourner et de rendre l'arête horizontale ou verticale. Nous étudierons la marche d'un rayon lumineux *dans une section principale* et nous supposerons pour tout ce qui va suivre que le rayon incident a *une couleur déterminée*, rouge par exemple.

433. Marche des rayons dans un prisme. — Un rayon qui tombe sur un prisme dont *la*

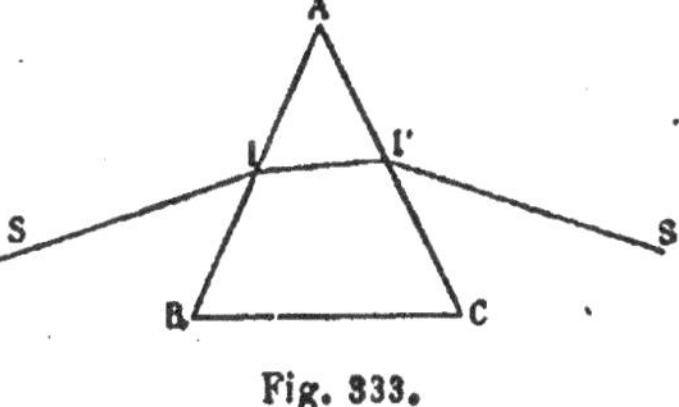

Fig. 333.

(1) Les deux plans perpendiculaires aux arêtes qui limitent le prisme ne jouent pas de rôle en optique.

réfringence est différente de celle du milieu dans lequel il est plongé, est *dévié* et sort suivant une direction I'S' (fig. 333).

Construction du rayon dévié. — Soit SI un rayon incident contenu dans une section principale (fig. 334), la normale IN à la face

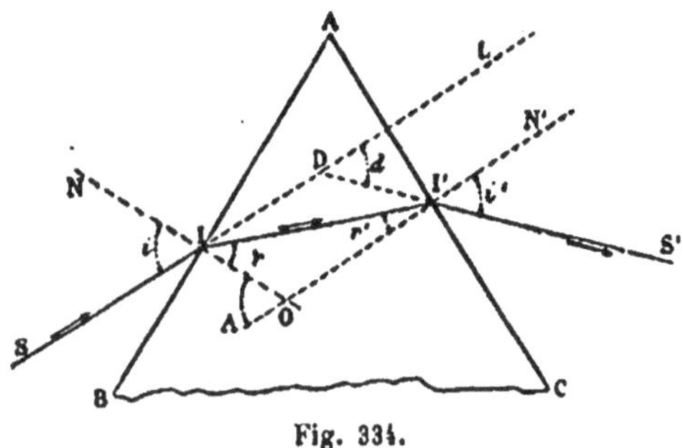

Fig. 334.

d'entrée se trouve dans cette section qui est, par conséquent, *le plan d'incidence*. Le rayon réfracté en I y reste donc aussi. La normale I'N' en I' étant dans le même plan, ce plan est encore le plan d'incidence pour le rayon II' et le rayon réfracté en I' y reste également. Si donc le rayon incident se trouve dans une section principale, il s'y maintient à l'intérieur du prisme et à la sortie; cela résulte de la première loi de la réfraction.

Les deux réfractions concordent pour **abaisser le rayon vers la base** BC du prisme, car en I le rayon réfracté dans le milieu réfringent se rapproche de la normale IN et en I' le rayon réfracté dans l'air s'éloigne de la normale I'N'[1].

Les prolongements du rayon incident et du rayon émergent se

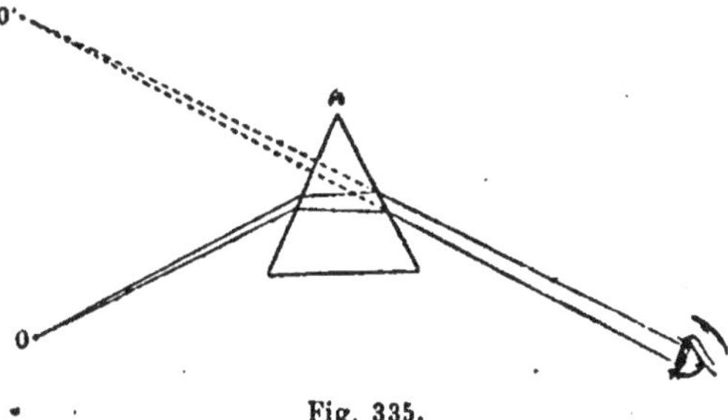

Fig. 335.

[1] Quand la substance du prisme est moins réfringente que le milieu ambiant, le rayon est dévié vers le sommet du prisme.

rencontrent en D; l'angle des deux directions DL, DS' prises dans le sens où se propagent les rayons lumineux s'appelle la *déviation*, c'est l'angle LDS' dont tourne le rayon en traversant le prisme.

Si au lieu de recevoir le rayon émergent sur un écran, on le reçoit dans l'œil, on voit ce rayon *relevé vers l'arête réfringente*. En regardant à travers un prisme un point lumineux O qui'envoie un pinceau lumineux très étroit (fig. 335), on voit ce point en O' sur la direction prolongée des rayons émergents et relevé vers le sommet du prisme. L'image est *virtuelle*, elle est formée par les rayons réfractés prolongés en sens inverse de leur propagation.

434. Étude expérimentale de la déviation. — La déviation augmente avec la réfringence du prisme (pour une même incidence

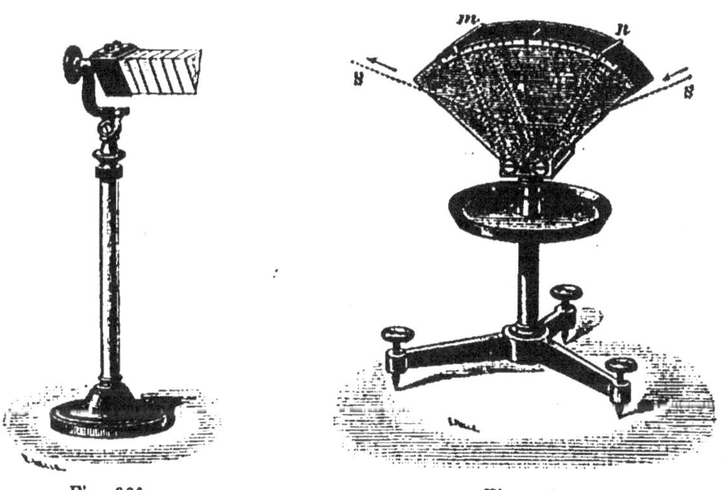

Fig. 336.   Fig. 337.

et des prismes de même angle). On le démontre avec un **polyprisme** formé de prismes égaux, de substances différentes, accolés par leurs sections principales et ayant leurs arêtes en prolongement (fig. 336). On fait arriver sur une face un faisceau provenant d'une fente éclairée *parallèle à l'arête réfringente;* chaque prisme produit une déviation particulière, croissant avec l'indice du prisme ; les images sont séparément parallèles à l'arête, mais ne forment pas une même ligne droite.

435. La déviation augmente avec l'angle réfringent (pour une même incidence et des prismes de même substance). — On le démontre avec un *prisme liquide à angle variable* (fig. 337).

Il a la forme d'une cuve à fond plan dont deux faces *m* et *n* sont en verre et sont mobiles autour de deux charnières horizontales ; ces deux faces glissent à frottement entre deux parois métalliques parallèles et fixes. Si les deux lames de verre sont verticales, un faisceau lumineux les traverse sans déviation. Laissant immobile la face d'entrée *n pour maintenir l'angle d'incidence constant à l'entrée*, on incline la face de sortie *m* en l'écartant par le haut, ce qui forme un prisme dont l'arête est horizontale et en bas. Le faisceau émergent est d'autant plus relevé qu'on augmente davantage l'angle du prisme.

436. La déviation varie avec l'angle d'incidence (pour un même prisme). — Supposons l'arête du prisme horizontale et prenons pour

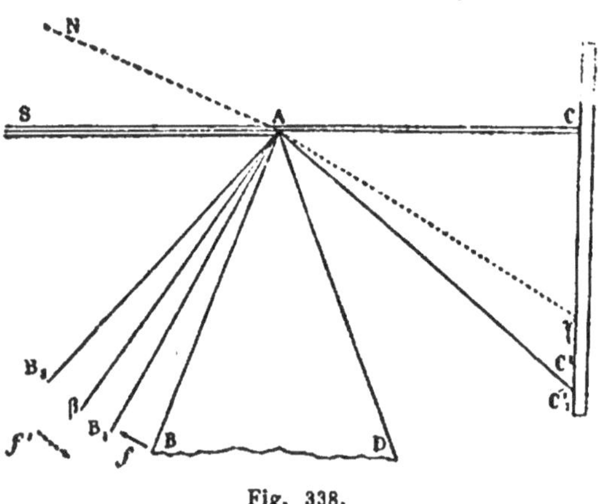

Fig. 338.

plan de la figure une section principale (fig. 338). Considérons dans ce plan un faisceau lumineux SA et faisons en sorte que l'arête du prisme coupe le faisceau en deux : une partie tombera directement en C sur un écran et l'autre partie rencontrera l'écran en C'_1 après avoir été déviée par le prisme. L'angle CAC'_1 est la déviation. Sur l'écran, la distance CC'_1 croît ou décroît en même temps que l'angle de déviation.

437. Minimum de déviation. — Faisons tourner lentement et régulièrement le prisme autour de son arête A de façon à amener la face d'entrée AB en AB_1 puis en AB_2 ce qui revient à augmenter graduellement l'incidence des rayons, on reconnaît que l'angle de déviation passe par un *minimum* CAγ, pour une position particulière Aβ de la face AB.

Position du rayon au minimum de déviation. — L'incidence spéciale correspondant à la déviation minimum est celle pour laquelle l'angle d'incidence SIN est égal à l'angle d'émergence S'I'N' (fig. 339); le rayon incident et le rayon émergent sont alors également inclinés sur les deux faces du prisme. Les deux angles extérieurs en I et I' étant égaux, les angles intérieurs

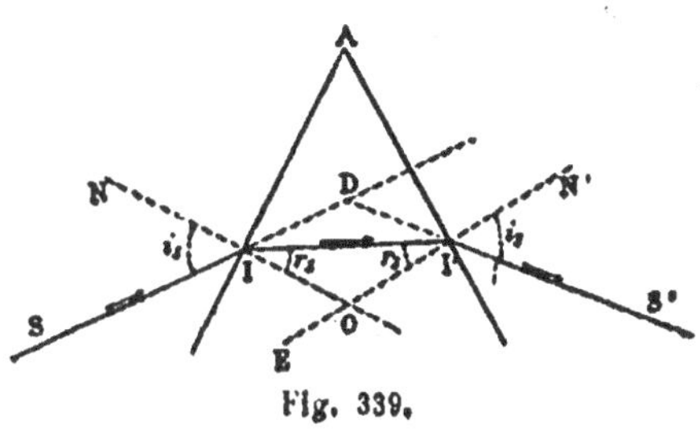

Fig. 339.

r_i sont aussi égaux et par suite leurs compléments AII' et AI'I. Le rayon intérieur II' forme avec les côtés IA, I'A un triangle isocèle, il est *perpendiculaire à la bissectrice de l'angle réfringent.*

438. Prisme à réflexion totale. — Prenons un prisme de verre dont la section est un triangle rectangle isocèle et faisons tomber un rayon lumineux *normalement* sur l'une des faces AB (fig. 340). Ce rayon entre sans déviation et tombe sur la face hypothénuse sous une incidence de 45°; cette incidence est supérieure à l'angle limite qui est environ 41° (pour un verre d'indice égal à $\frac{3}{2}$). Le rayon est réfléchi *totalement* en I, et sort normalement par la face AC. La face BC se comporte comme un miroir métallique plan parfaitement poli.

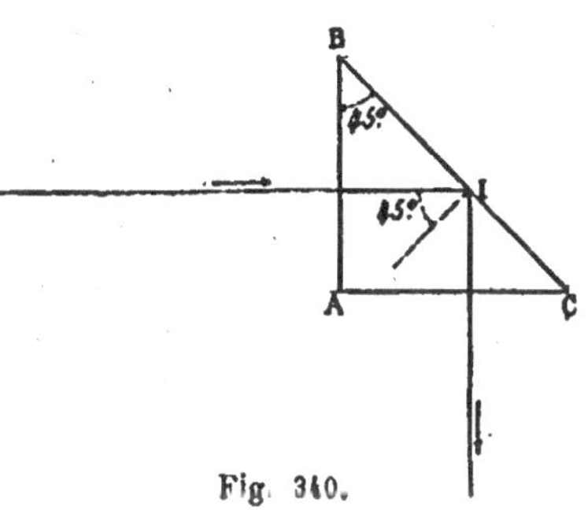

Fig. 340.

LENTILLES

439. Si la surface de séparation de deux milieux transparents est courbe, la réfraction s'y fait comme sur le plan tangent au point d'incidence.

On appelle **lentilles sphériques** des milieux transparents terminés par deux portions de surfaces sphériques ou par une surface sphérique et un plan. On en distingue deux genres :

1° Les lentilles **convergentes,** *plus épaisses au milieu* que sur les bords (fig. 341). Une lentille convergente peut être *biconvexe* A, terminée par deux surfaces convexes; *plan-convexe* B, limitée par un plan et une surface convexe; *concave-convexe* C, comprise entre deux

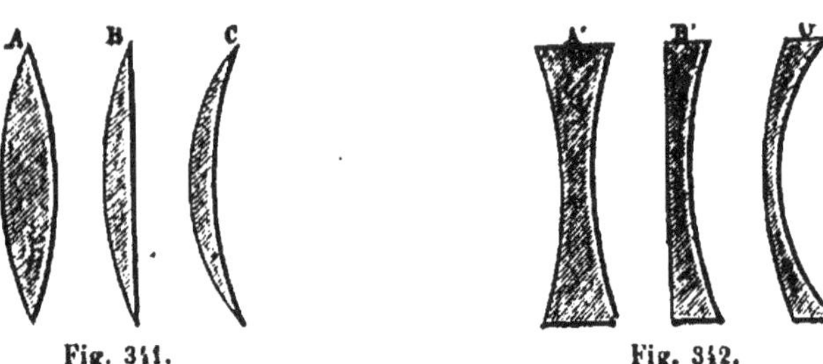

Fig. 341.   Fig. 342.

surfaces, l'une concave et l'autre convexe, celle-ci de moindre rayon.

2° Les lentilles **divergentes,** *plus minces au milieu* que sur les bords (fig. 342). Une lentille divergente peut être *biconcave* A', terminée par deux surfaces concaves; *plan-concave* B', limitée par un plan et une surface concave; *convexe-concave* C', comprise entre deux surfaces, l'une convexe et l'autre concave, celle-ci de moindre rayon.

440. Axe principal. — L'*axe principal* d'une lentille est la ligne qui joint les centres des sphères auxquelles appartiennent les deux faces; lorsqu'une face est plane, c'est la perpendiculaire abaissée du centre de la partie sphérique sur la face plane. Les *sommets* sont les points d'intersection de la lentille et de l'axe principal.

LENTILLES CONVERGENTES

441. — **Marche des rayons parallèles à l'axe principal.** —

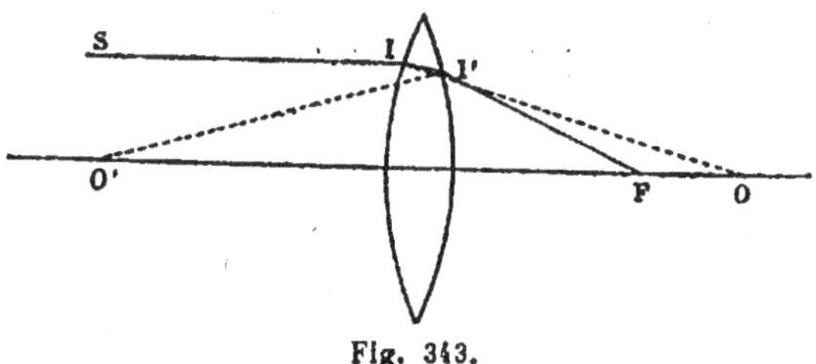

Fig. 343.

Les rayons d'un faisceau parallèle à l'axe principal éprouvent deux réfractions successives qui les rejettent vers l'axe principal (fig. 343).

Un rayon SI éprouve en effet, en pénétrant en I dans un milieu réfringent, une réfraction qui le rapproche de la normale OI et l'incline vers l'axe en II'. En tombant en I' sur la seconde face, il éprouve une nouvelle réfraction qui l'écarte cette fois de la normale O'I' et l'incline encore vers l'axe. On pouvait le prévoir, car les deux plans tangents en I et en I' forment un *prisme* dont la base regarde l'axe principal.

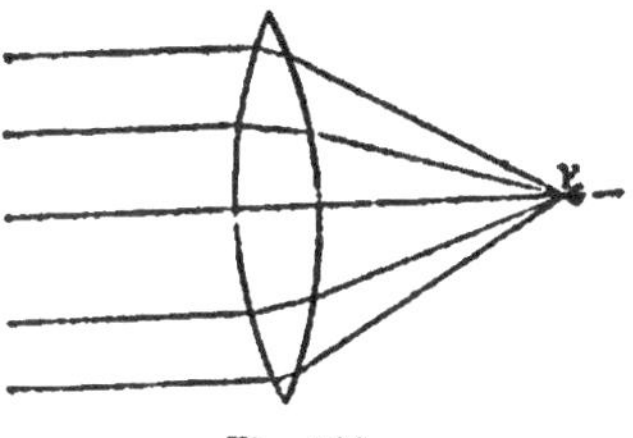
Fig. 344.

Le rayon réfracté du rayon incident SI vient couper l'axe en un point F; si l'*ouverture* des faces sphériques terminales de la lentille est *très faible,* ce que nous supposerons toujours, l'expérience fait voir que ce point, appelé *foyer principal,* est le même pour tous les rayons incidents parallèles à l'axe (fig. 344). La distance du foyer principal à la lentille est la *distance focale principale.* Un faisceau cylindrique se transforme ainsi par la réfraction en un faisceau conique qui converge vers le foyer; ce faisceau conique prolongé diverge ensuite au-delà du foyer.

D'après la réversibilité des rayons, un point lumineux placé en F donne un faisceau réfracté parallèle à l'axe principal.

442. Foyers conjugués. — Les lentilles donnent comme les miroirs des images des objets. Sur l'axe principal d'une lentille convergente, plaçons un point lumineux : les rayons issus de ce point convergent après leur sortie de la lentille en un même point P' de l'axe (fig. 345).

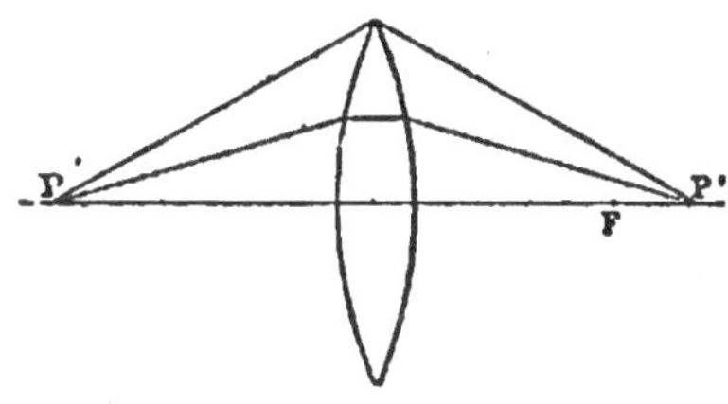
Fig. 345.

En vertu du retour inverse des rayons (**424**), si le point lumineux était en P', les rayons réfractés par la lentille convergeraient en P. Les points P et P' sont dits *foyers conjugués.*

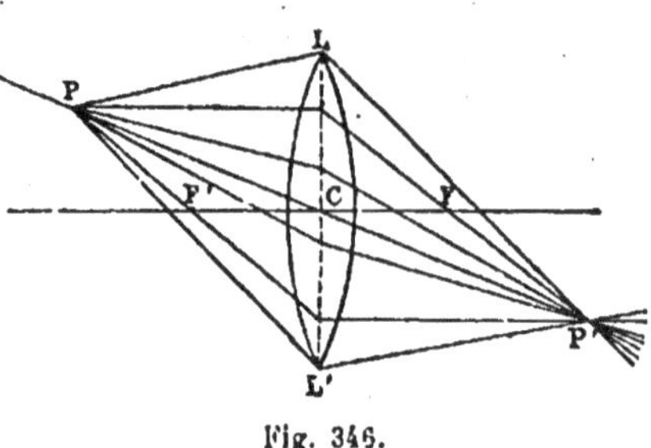

Fig. 346.

Un point lumineux P situé en dehors de l'axe principal, mais à une petite distance de cet axe, a encore un foyer conjugué P' (fig. 346). Dans *une lentille très mince*, ce foyer conjugué P' se trouve sur une droite joignant le point lumineux P à un point fixe particulier situé sur l'axe principal et appelé **centre optique** [1].

Pour une lentille dont les surfaces sphériques terminales ont le même rayon, le centre optique est le point C où le cercle LL' d'intersection des 2 faces de la lentille coupe l'axe.

443. Lentilles très minces. — Nous ne nous considérons que des lentilles de *très petite épaisseur*.

Pour une lentille très mince dont les *deux faces sont baignées par un même milieu*, les deux foyers principaux F et F' sont situés de part et d'autre, à *égale distance* de la lentille, même lorsque les rayons des deux surfaces sphériques terminales sont inégaux.

Le centre optique joue dans une lentille très mince *le même rôle* que le centre de la sphère dans un miroir sphérique. On appelle *axe secondaire* d'un point P la droite qui joint ce point au centre optique.

(1) **Centre optique.** — Pour *toute lentille*, mince ou épaisse, il existe un point fixe, situé sur l'axe principal, par lequel passe tout rayon qui sort parallèlement à sa direction d'entrée ou sans déviation angulaire. Ce point s'appelle le *centre optique*.

Soit, en effet, un rayon lumineux qui traverse une lentille sans changer de direction; les normales OI et O'I' aux points d'incidence et d'émergence sont parallèles. Le trajet intérieur II' rencontre l'axe en un point C (fig. 347). *Ce point est fixe.*

En effet, les deux triangles ICO, I'CO', dont les angles sont égaux, sont semblables; par suite :

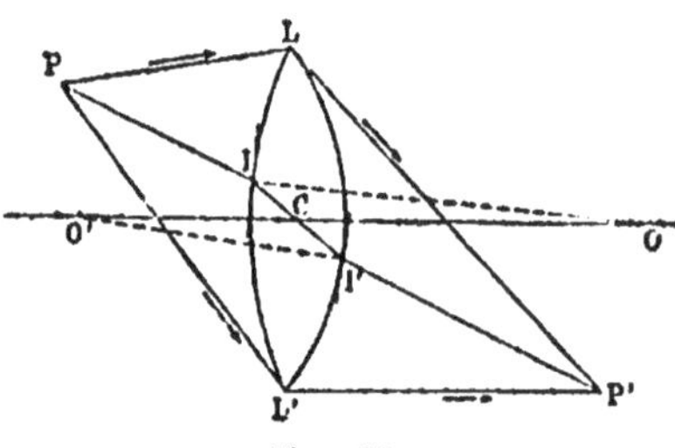

Fig. 347.

$$\frac{CO}{CO'} = \frac{OI}{O'I'} = \frac{R}{R'}.$$

Comme il n'y a qu'un point C divisant la droite OO' en deux segments proportionnels à deux longueurs données R et R', ce point C est le même pour tous les trajets II' correspondant à des rayons incidents et émergents parallèles.

Le rayon PI est déplacé latéralement à la sortie comme il le serait à travers une lame à faces parallèles **(430)** formée par des plans tangents parallèles en I et en I'; dans le cas d'une *lentille très mince*, ce déplacement est négligeable.

Un faisceau de rayons parallèles à un axe secondaire *peu incliné* sur l'axe principal, converge après réfraction à travers la lentille en un point unique F_1 situé sur l'axe secondaire et dont la distance au centre optique est égale à la distance focale principale CF. Le foyer F_1 se trouve sur un arc de cercle décrit de C comme centre avec CF pour rayon.

Les foyers F_1 qui correspondent à toutes les directions de faisceaux peu inclinées sur l'axe principal forment une calotte sphérique de petite ouverture, de centre C et de rayon CF; cette calotte sphérique peut être confondue avec son plan tangent en F; ce plan tangent est perpendiculaire à l'axe principal et s'appelle un *plan focal*. Ce plan contient les foyers correspondant à tous les axes secondaires de petite inclinaison. Il y a un second plan focal passant par le second foyer principal F' situé de l'autre côté de la lentille.

444. Construction du conjugué d'un point lumineux.

— Le conjugué P' d'un point P s'obtient par l'intersection de *deux rayons réfractés*. L'axe secondaire CP est l'un de ces rayons. Pour trouver un second rayon réfracté, on mène par le point P un rayon incident quelconque PI (fig. 349); sur l'axe secondaire, parallèle à ce rayon, mené par le centre optique, on prend une longueur CF_1 égale à la distance focale principale.

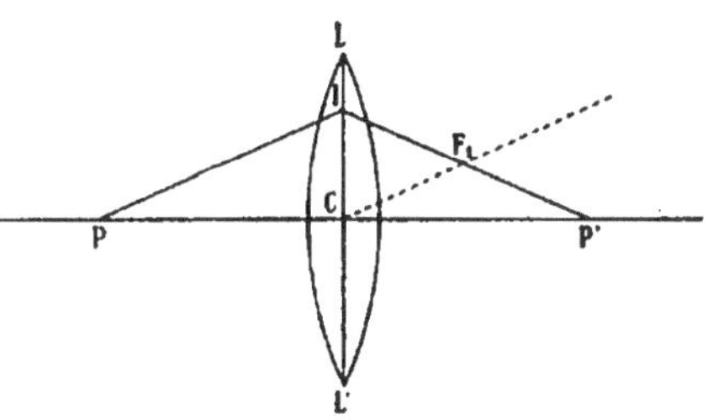

Fig. 349.

Les rayons réfractés d'un faisceau parallèle à cet axe secondaire passant tous en F_1, IF_1 sera le rayon réfracté correspondant au rayon incident PI. Le conjugué du point P est le point P' de rencontre du rayon réfracté IF_1 et de l'axe secondaire du point P.

Quand le point P se trouve sur un axe secondaire, on mène un rayon incident PI parallèle à l'axe principal (fig. 350), le rayon réfracté passe par le foyer principal F, l'intersection de IF et de l'axe secondaire PC est le foyer conjugué P'.

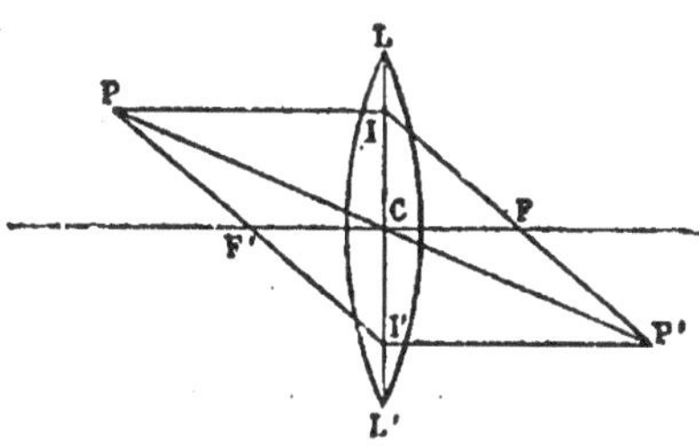

Fig. 350.

On pourrait aussi mener par le point P un rayon incident qui passe par le foyer principal F' situé du même côté de la lentille; ce rayon se réfracte en I' parallèlement à l'axe principal et rencontre PC en P'.

443. Image d'une droite perpendiculaire à l'axe principal.

— Comme tout point d'un objet AB placé devant une lentille a un foyer conjugué, on obtiendra l'image d'un objet en construisant les foyers conjugués des différents points. Si les différents points de l'objet sont situés sur un petit *arc de cercle* ayant pour centre le *centre optique* C et si les points de cet arc sont peu écartés de l'axe principal, les images se trouvent sur un autre arc de cercle perpendiculaire, comme le premier, à l'axe principal et ayant C pour centre. Les deux arcs de cercle peuvent être confondus avec leurs tangentes au point d'intersection avec l'axe principal (fig. 351).

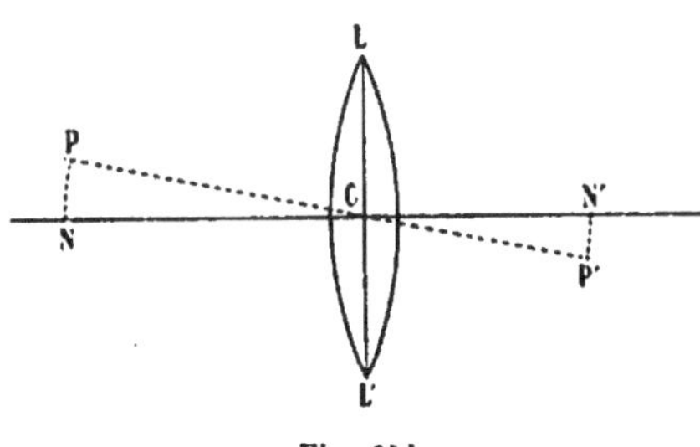

Fig. 351.

L'image d'une petite droite perpendiculaire à l'axe principal est donc une autre droite également perpendiculaire à l'axe principal.

Lorsque l'objet est une petite droite perpendiculaire à l'axe principal, il suffit de déterminer le conjugué d'un seul point, et d'abaisser de ce point une perpendiculaire sur l'axe. Nous construirons le conjugué d'un point P de la droite PN par l'intersection de l'axe secondaire PC et du rayon réfracté correspondant au rayon incident PI parallèle à l'axe principal. Ce rayon réfracté rencontre PC en P'. De P' on abaisse une perpendiculaire P'N' sur l'axe principal (fig. 352).

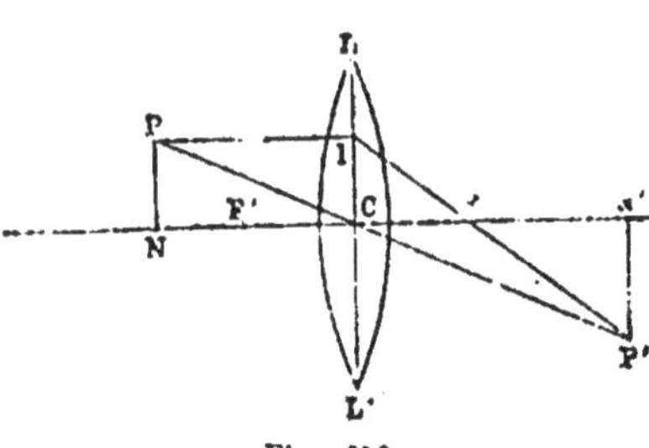

Fig. 352.

Le rapport des grandeurs de l'image et de l'objet est égal au rapport de leurs distances à la lentille [1].

(1) En effet, d'après les triangles semblables PNC, P'N'C,

$$\frac{P'N'}{PN} = \frac{N'C}{NC}.$$

446. Position et grandeur des images. — 1° Objet situé à une distance de la lentille supérieure à la distance focale principale. — La construction géométrique fait voir que l'image est réelle et renversée.

L'objet étant très éloigné, l'image se forme un peu au delà du

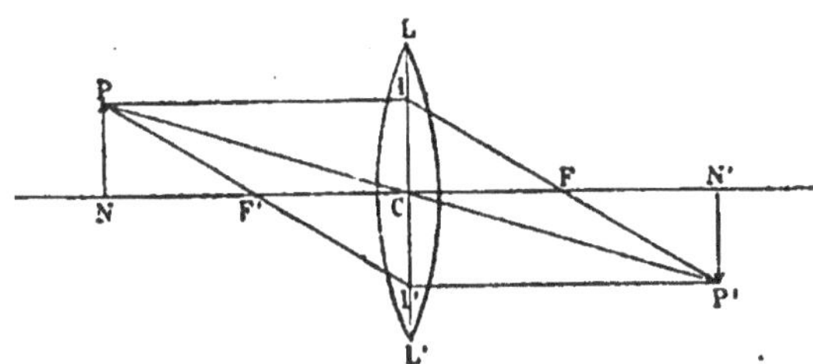

Fig. 353.

foyer F et est plus petite que l'objet. Tant que la distance NC est supérieure à $2f$, la distance N'C est comprise entre f et $2f$ et l'image est plus petite que l'objet.

Lorsque NC $= 2f$ (*double de la distance focale*), on a aussi N'C $= 2f$ et *l'image est égale à l'objet* (fig. 353) [1].

Pour NC inférieur à $2f$ et compris entre $2f$ et f, la distance N'C est supérieure à $2f$, l'image est plus grande que l'objet (fig. 352).

L'objet étant placé en F', l'image est transportée à l'infini.

2° **Objet situé entre le foyer F' et la lentille** (fig. 354). L'image
est virtuelle, droite et plus
grande que l'objet. L'objet se
trouvant en F', l'image est
très grande et très éloignée ;
à mesure que l'objet se rapproche de C, l'image s'en rapproche aussi et diminue tout
en restant plus grande que
l'objet ; en C l'image et l'objet
sont égaux et superposés.

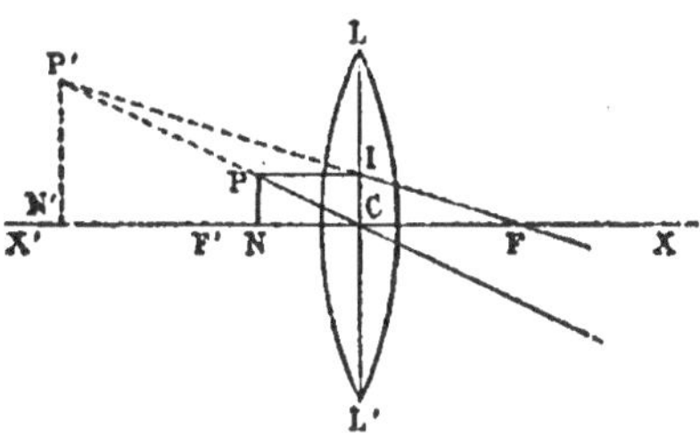

Fig. 354.

(1) Ayant déterminé le point P' par l'intersection de l'axe secondaire PC et d'un rayon réfracté provenant d'un rayon incident parallèle à l'axe, nous traçons en outre le rayon réfracté I'P' correspondant au rayon incident PF' (fig. 353). De ce que NF' = F'C, il résulte que les deux triangles rectangles PNF', F'CI' sont égaux et que par conséquent PN = I'C ou PN = P'N'. On a aussi N'C = NC.

447. Vérifications expérimentales. — Pour suivre les variations de grandeur et de position de l'image d'un objet on dispose perpendiculairement à l'axe principal une bougie et un écran, la bougie ayant le milieu de sa flamme sur l'axe principal. Quand la bougie est éloignée le plus possible, on aperçoit sur l'écran une image petite et renversée, la distance de l'image à la lentille est la *distance focale principale*. On approche la bougie jusqu'au double de la distance focale; à la même distance de la lentille on reçoit de l'autre côté une image renversée égale à l'objet. Si l'on conduit la bougie vers le foyer, il faut éloigner l'écran pour avoir une image nette qui

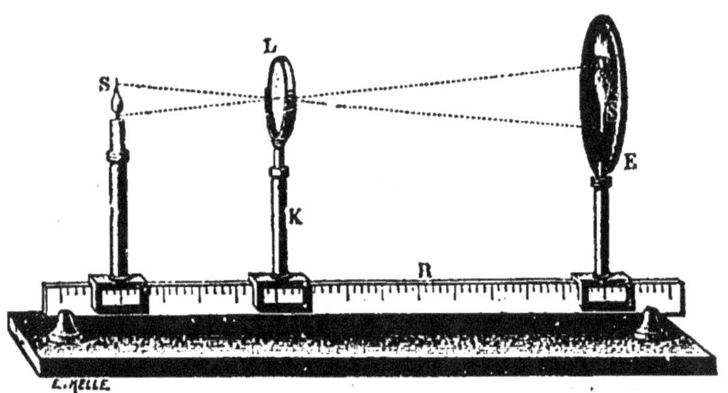

Fig. 355.

est agrandie et renversée (fig. 355). Tout près du foyer, mais encore un peu au delà, l'image est très éloignée et très amplifiée.

Poussons la bougie entre le foyer principal et la lentille. L'œil placé de l'autre côté de la lentille dans le cône des rayons divergents voit l'image agrandie de la bougie, mais cette image virtuelle ne peut être reçue sur un écran.

Remarquons qu'une image réelle ne peut être vue que si l'œil de l'observateur est placé dans le cône des rayons qui divergent après la formation de l'image. C'est afin de rendre une image réelle visible pour toute position de l'observateur qu'on la reçoit sur un écran où *elle devient visible par diffusion* dans toutes les directions.

448. Détermination de la distance focale d'une lentille convergente. — Dans une chambre obscure on fait tomber sur la lentille un faisceau de rayons solaires parallèles à l'axe principal et on obtient sur un écran l'image circulaire du Soleil. La distance de cette image à la lentille est la distance focale. Elle reste la même, quelle que soit la face de la lentille qui est tournée vers le Soleil.

On peut aussi s'appuyer sur ce fait qu'un objet placé à une distance $2f$ de la lentille donne, de l'autre côté, une image située à la même distance $2f$, *égale à l'objet et renversée*. Sur une règle divisée horizontale est disposé un support K, portant la lentille L (fig. 356). D'un côté de la lentille, à la hauteur de son axe principal, se déplace un demi-disque en verre dépoli D', divisé en millimètres; ce disque, éclairé par une lampe, sert d'objet lumineux. De l'autre côté de la lentille est un autre demi-disque D", identique, sur lequel la division est disposée en sens inverse. On déplace à la fois les supports

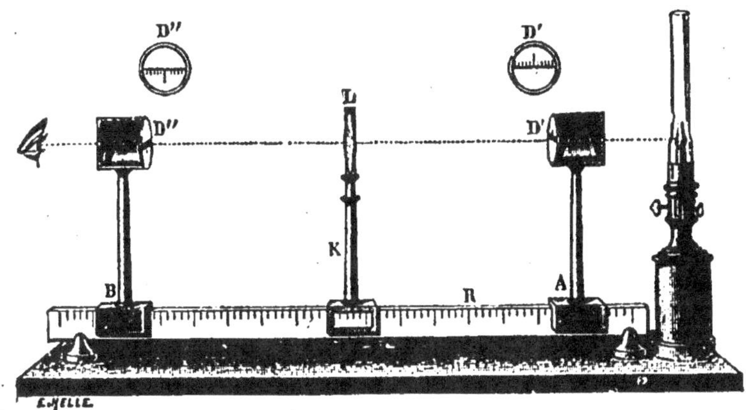

Fig. 356.

A et B des deux demi-disques en les maintenant à égale distance de la lentille jusqu'à ce que l'image du demi-disque D' vienne se former *au-dessous* de D", les traits de D" et de l'image de D' étant en prolongement. La distance D'D" est mesurée sur la règle horizontale R; elle est égale à $4f$.

La chambre noire, l'appareil de projection et les instruments d'optique (**491**) nous présenteront plus loin des applications des lentilles convergentes.

LENTILLES DIVERGENTES

449. Marche des rayons parallèles à l'axe principal. — En traversant une lentille divergente, des rayons parallèles à l'axe se transforment en un faisceau divergent. Un rayon SI éprouve en I une réfraction qui le rapproche de la normale OI et l'écarte de l'axe en

I'. Une nouvelle réfraction en I' l'éloigne de la normale O'I' et l'écarte
encore de l'axe (fig. 357).

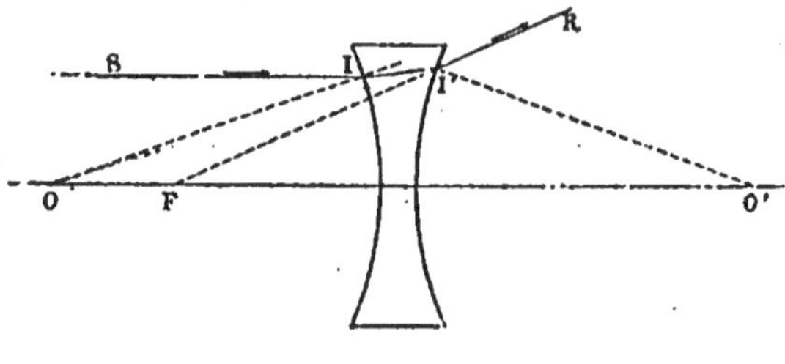

Fig. 357.

Après ces deux réfractions, si l'*ouverture* des faces terminales de
la lentille est *très faible,* ce que nous supposerons toujours, les prolongements des rayons di-
vergents se rencontrent en
un même point situé du côté
où la lentille reçoit la lumière; ce point F est le *foyer
principal virtuel* de la lentille
(fig. 358).

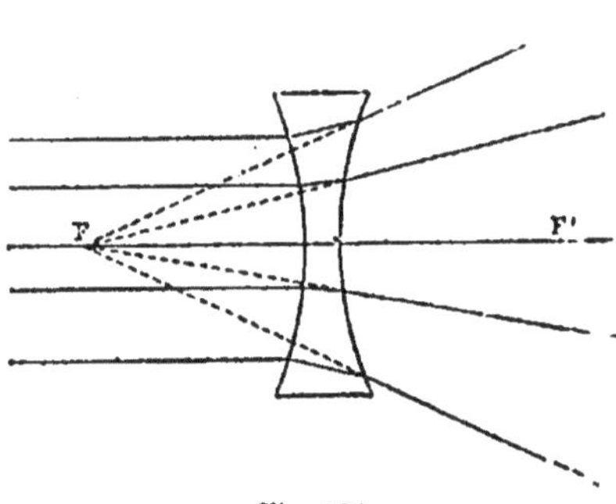

Fig. 358.

450. Foyers conjugués.
— Sur l'axe principal d'une
lentille divergente plaçons
un point lumineux P, les
rayons issus de ce point sortent en divergeant, leurs prolongements
se rencontrent en un point
P' situé du même côté que le
point lumineux (fig. 359) et
appelé *foyer virtuel.*

En vertu de la réversibi-
lité des rayons dans la réfraction, P et P' sont des
foyers conjugués.

Un point lumineux placé
en dehors de l'axe prin-
cipal, mais à une petite distance de cet axe, a encore un foyer
conjugué.

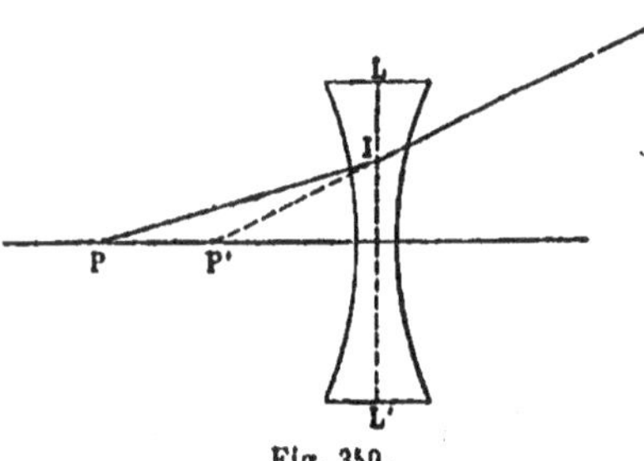

Fig. 359.

451. Lentille très mince. — Une lentille divergente possède deux *foyers principaux virtuels* situés de part et d'autre de la lentille; ils sont à égale distance de la lentille si elle est *très mince* et si les deux faces sont baignées par le même milieu. L'image P′ d'un point P situé en dehors de l'axe principal se trouve sur une droite joignant le point P à un point fixe particulier C situé sur l'axe principal et appelé *centre optique*. La droite PC est l'*axe secondaire* du point P. Le foyer conjugué du point P se trouve sur cet axe secondaire.

452. Construction du conjugué d'un point lumineux. — Le conjugué P′ d'un point P s'obtient, comme dans le cas des lentilles convergentes, par l'intersection de *deux rayons réfractés*. L'axe secon-

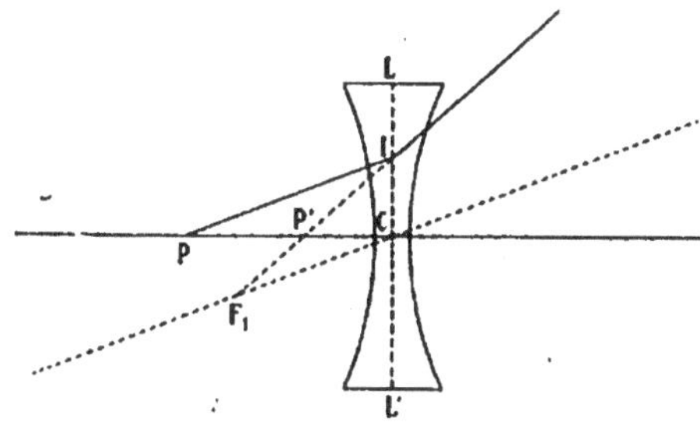

Fig. 360.

daire CP est l'un de ces rayons. Pour trouver un second rayon réfracté, on mène par le point P un rayon incident quelconque PI (fig. 360); par le centre optique on trace l'axe secondaire parallèle à ce rayon et on prend sur cet axe une longueur CF₁, égale à la distance focale principale, les rayons réfractés d'un faisceau parallèle à l'axe secondaire passant tous en F_1, IF₁ sera le rayon réfracté correspondant au rayon incident PI. Le conjugué du point P est le point P′ de rencontre du rayon réfracté et de l'axe secondaire du point P.

Quand le point P se trouve sur un axe secondaire, on trace d'abord l'axe secondaire PC (fig. 361). Si l'on trace ensuite un rayon incident SI parallèle à l'axe principal, le rayon réfracté passe par le foyer F, l'intersection de IF et de l'axe secondaire PC est le foyer con-

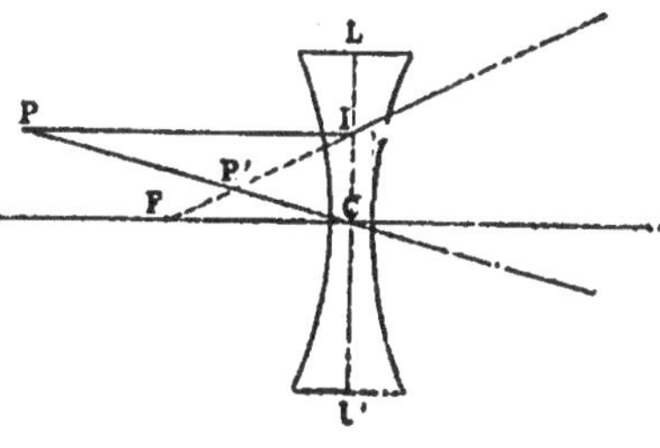

Fig. 361.

jugué P'[1]. On peut aussi mener par le point P un ra.   nt qui passe par le foyer principal F' situé de l'autre côté de la ...ntille; ce rayon se réfracte parallèlement à l'axe principal et rencontre PC en P'.

453. Image d'une droite perpendiculaire à l'axe. — Comme pour une lentille convergente, l'*image d'une petite droite* PN *perpen-*

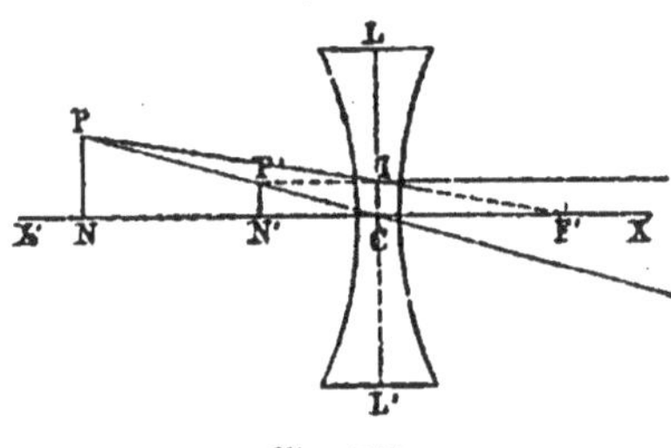

Fig. 362.

diculaire à l'axe principal est une droite P'N' *perpendiculaire à l'axe*. Pour construire cette image, il suffit de déterminer le conjugué P' d'un seul point P. Du point P' on abaisse une perpendiculaire sur l'axe (fig. 362).

L'image est **virtuelle, droite et plus petite que l'objet**. L'image

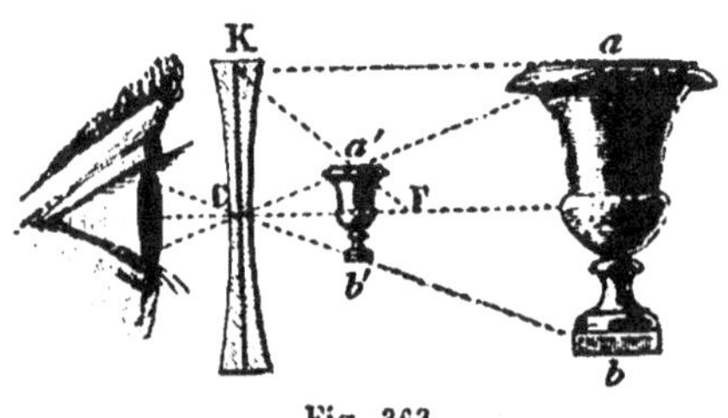

Fig. 363.

se forme entre le foyer et la lentille (fig. 363); à mesure que l'objet se rapproche de la lentille, l'image s'en rapproche également.

454. Mesure de la distance focale d'une lentille divergente. — On fait tomber sur la lentille un faisceau lumineux paral-

---

(1) Le foyer principal, situé *du côté de la lumière incidente* est représenté par la lettre F. Il joue, en effet, dans le tracé du rayon réfracté, le même rôle que le foyer désigné par la même lettre dans les figures relatives aux lentilles convergentes.

lèle de diamètre h qui donne à la sortie un faisceau divergent (fig. 364); on reçoit le faisceau réfracté sur un écran que l'on déplace jusqu'à ce que le diamètre de l'image circulaire obtenue soit égal à $2h$. Dans ce cas, la distance CB de la lentille à l'écran est égale à la distance focale CF'. En effet, les triangles semblables G'_1BF' et $G'CF'$ nous donnent

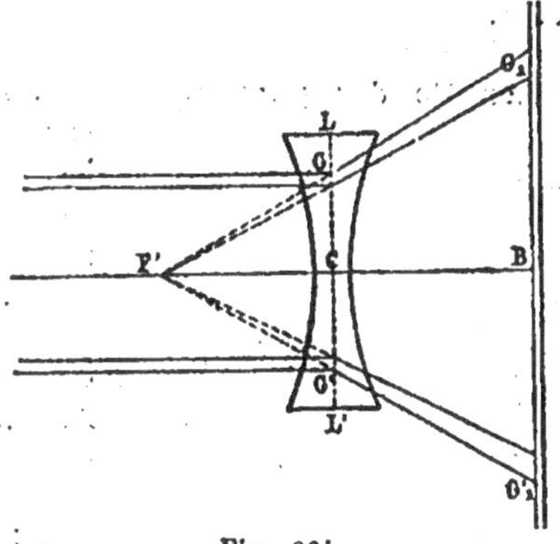
Fig. 364.

$$\frac{CF'}{BF'} = \frac{G'C}{G'_1B} = \frac{1}{2}$$

Puisque $G'_1B = 2G'C$, on a $BF' = 2CF'$ et $CB = CF'$.

455. Convergence d'une lentille. — On caractérise une lentille par l'inverse de la distance focale $\frac{1}{f}$ qu'on nomme sa *convergence*. L'unité de convergence est la **dioptrie**, c'est la convergence d'une lentille dont la distance focale est de 1 mètre. La convergence d'une lentille convergente dont la distance focale est de 25 centimètres ou $\frac{1}{4}$ sera 4 dioptries; pour une lentille divergente de même distance focale, la convergence est négative et égale à -4.

456. Aberration de sphéricité. — Quand l'ouverture d'une lentille n'est pas très petite, les rayons issus d'un point lumineux ne concourent plus après la réfraction en un point unique et les images manquent de netteté. Les rayons *marginaux* sont plus déviés que les rayons *centraux* et leur foyer F'_1 est plus rapproché de la lentille que le foyer F' des rayons centraux (fig. 365). On le vérifie en recouvrant une lentille convergente d'un écran noir percé de trous inégalement éloignés de l'axe; si l'on découvre alternativement les ouvertures voisines du bord et les ouvertures voisines du centre, on reconnaît que les

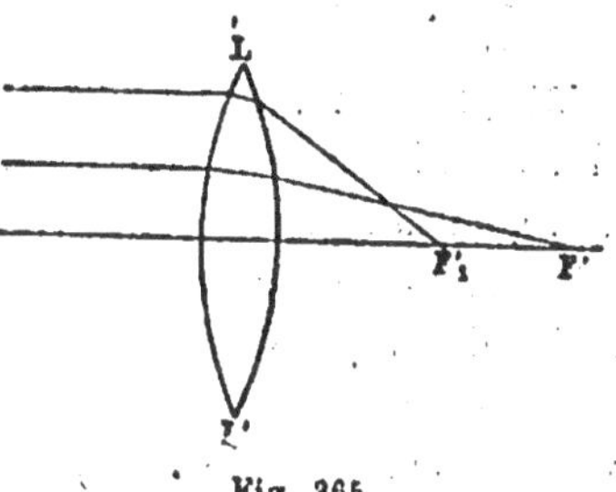
Fig. 365.

rayons qui passent par des trous éloignés de l'axe font leurs images plus près de la lentille que ceux qui traversent des trous plus voisins.

. Cette imperfection des lentilles sphériques croît avec leur courbure, elle s'accentue par conséquent quand la distance focale diminue, on l'appelle *aberration de sphéricité.* On atténue les effets de cette aberration en couvrant la lentille d'un diaphragme qui ne laisse passer que les rayons centraux.

Lentille des phares. — Dans la lentille à échelons de Fresnel[1], employée pour l'éclairage des phares, les effets de l'aberration sont corrigés de façon à utiliser une grande surface réfringente malgré une courte distance focale.

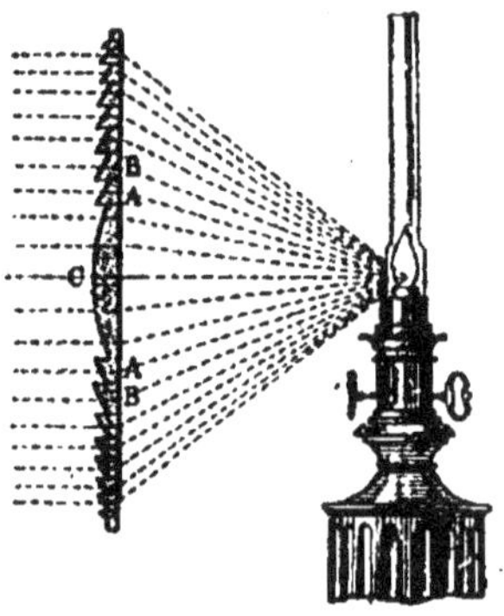

Une lentille convergente centrale O est entourée d'anneaux concentriques en verre A, B... dont la courbure est choisie pour que les rayons parallèles à l'axe viennent concourir au foyer principal de la lentille O (fig. 366). Inversement, une source lumineuse placée au foyer envoie des rayons réfractés parallèlement à l'axe principal de la lentille centrale.

Fig. 366.

DISPERSION

DÉCOMPOSITION DE LA LUMIÈRE BLANCHE

457. L'étude du phénomène de la réfraction à travers un prisme se rapportait à un faisceau de *couleur simple;* les phénomènes sont plus complexes avec la lumière blanche. Outre la déviation, la lumière éprouve alors une autre modification : la *dispersion.*

Dispersion de la lumière. — Par un trou circulaire étroit O (4 à 5 millimètres de diamètre), pratiqué dans le volet d'une chambre noire, on fait passer un faisceau cylindrique de lumière solaire, ce faisceau donne sur un écran une image ronde et blanche O'. Si sur le trajet des rayons nous interposons un prisme de verre P, à arête horizontale et recevant le faisceau dans sa section principale, nous voyons sur l'écran (fig. 367) une image *déviée vers la base du prisme,* allongée verticalement, c'est-à-dire perpendiculairement à l'arête réfringente et *présentant des couleurs r, o, j, v, b, i, v,* qui se

---

[1] **Fresnel,** né à Broglie (Eure) (1788-1827), créateur de l'optique physique (Interférences, diffraction, polarisation).

fondent insensiblement les unes dans les autres. Dans cette image colorée appelée **spectre solaire**, on distingue sept couleurs princi-

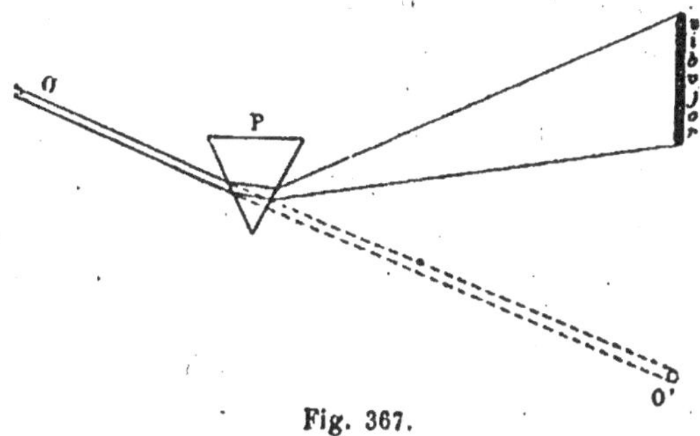
Fig. 367.

pales qui se succèdent dans l'ordre suivant, en commençant par la plus déviée : *violet, indigo, bleu, vert, jaune, orangé, rouge* [1].

Le faisceau émergent n'est donc plus formé de rayons parallèles entre eux comme le faisceau incident. Les rayons sont inégalement déviés, les rayons violets sont les plus déviés, les rayons rouges sont ceux qui le sont le moins. Cette dilatation du faisceau lumineux se nomme *dispersion*.

Spectre virtuel. — Si, au lieu de recevoir sur un écran le faisceau réfracté, on regarde à travers un prisme une ouverture éclairée O, en plaçant l'œil sur le trajet des rayons dispersés, on voit une image virtuelle de chacune des couleurs du spectre. Lorsque l'arête du prisme est horizontale, on voit un *spectre virtuel* RV allongé dans le sens vertical (fig. 368), dans lequel le violet est la couleur la plus déviée.

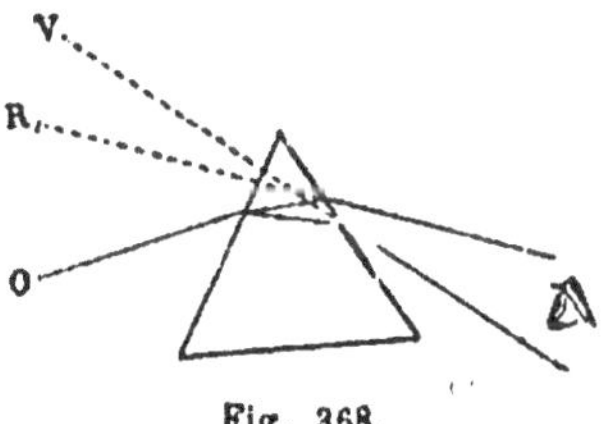
Fig. 368.

458. Les couleurs du spectre sont inégalement réfrangibles. — Newton déduisit de la production du spectre que la sen-

---

(1) Si la lumière solaire était composée de sept couleurs seulement, on obtiendrait sept taches lumineuses circulaires, de même diamètre. Ces cercles se recouvriraient en partie et l'ensemble offrirait l'apparence d'une image allongée, sinueuse sur les bords latéraux. Or chacune des régions colorées renferme elle-même une infinité de rayons inégalement réfrangibles se succédant sans discontinuité et l'image du spectre est constituée par une infinité de cercles limités latéralement par les deux lignes droites parallèles que forment les tangentes communes à ces cercles. A ses deux extrémités l'image est terminée par deux demi-cercles qui sont les bords des images circulaires extrêmes.

sation de la lumière blanche est due à la *superposition de rayons diversement colorés et inégalement réfractés* par un même milieu transparent. Pour le démontrer, on fait tomber un faisceau SI de rayons solaires parallèles sur un prisme P à arête horizontale; on obtient un spectre qui s'étale verticalement sur un écran E; une petite portion du spectre reçue sur une ouverture étroite percée en O va former sur un deuxième écran une image colorée.

En arrêtant les rayons qui passent en O par un autre prisme P′ à arête horizontale, une nouvelle déviation a lieu. Si nous faisons tourner le prisme P autour de son arête, de manière à recevoir successivement sur l'ouverture O les diverses couleurs du spectre, ces couleurs arrivent sur le prisme P′ sous la même incidence (fig. 369).

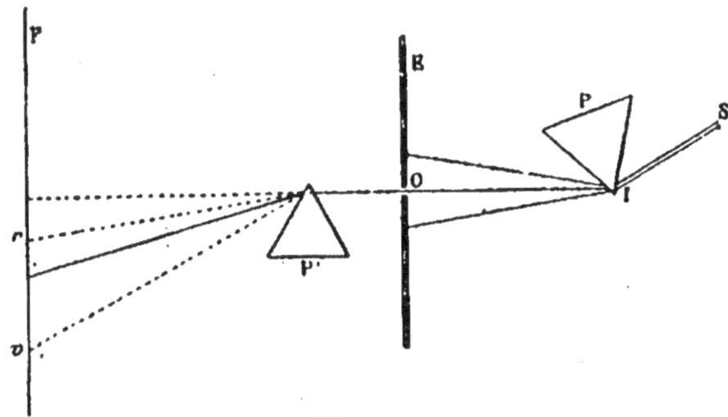

Fig. 369.

L'image reçue sur le deuxième écran après la traversée du prisme P′ conserve la couleur[1] de la partie du spectre qui tombe sur l'ouverture O. La déviation produite par le prisme P′ vers sa base *va en croissant* (de *r* en *v*) lorsque la couleur qui tombe en O passe du rouge au violet, ce qui *confirme l'inégale déviation* par un même milieu transparent des rayons de différentes couleurs[2].

459. Décomposition de la lumière par une lentille convergente. Une lentille convergente LL′ de petite ouverture ne concentre après réfraction en un point unique les rayons lumineux issus d'un point, que lorsque ces rayons sont de même couleur. La lentille se comportant comme une série de prismes ayant leurs bases du côté

(1) On dit d'après cela que chaque couleur du spectre est *simple*, c'est-à-dire n'est plus décomposable en couleurs différentes.

(2) Une substance transparente déterminée a un indice de réfraction pour chacune des couleurs du spectre. L'indice de réfraction croît, comme la déviation, du rouge au violet.

de l'axe, les rayons sont déviés vers l'axe, mais comme la déviation est plus forte pour le violet que pour le rouge, le foyer de rayons violets est plus rapproché de la lentille que le foyer des rayons rouges.

La figure 370, où la lentille L reçoit un faisceau parallèle à l'axe, permet de suivre le *croisement des faisceaux réfractés de diverses couleurs*. En coupant les faisceaux par un écran AB avant leur partie commune la plus étroite *ab*, on obtient un cercle violet au centre et rouge à l'extérieur (fig. 371), un écran A'B' placé au delà

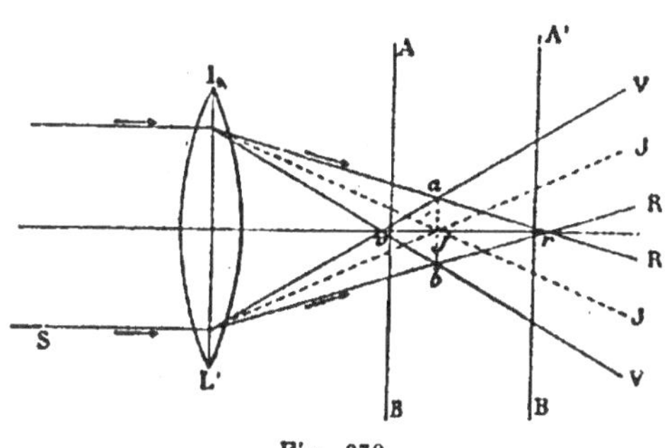

Fig. 370.

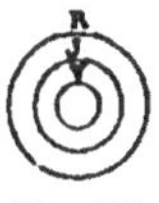

Fig. 371.

Fl4. 372.

de la partie *ab* donne un cercle rouge au centre, mais violet à l'extérieur (fig. 372).

460. Influence de la nature et de l'angle du prisme sur la dispersion. — En répétant l'expérience de la décomposition de la lumière blanche avec des prismes de différentes substances transparentes : différents verres, quartz, ou avec des prismes de verre creux renfermant des liquides variés : eau, alcool, éther, sulfure de carbone... les spectres obtenus sur l'écran sont toujours formés des mêmes couleurs *se suivant dans le même ordre*. Mais à l'aide d'un *polyprisme* à arête horizontale (fig. 373) sur lequel on reçoit un faisceau émergeant d'une fente linéaire horizontale, on reconnaît que pour diverses substances et un même angle réfringent, ces spectres n'offrent pas la même déviation (434) et la même dilatation.

Pour des prismes de même substance, la dilatation du spectre croît avec l'angle du prisme. On constate, en effet, en opérant avec un prisme à angle variable plein d'eau (fig. 337), que le spectre s'allonge quand on augmente l'angle du prisme.

Fig. 373.

RECOMPOSITION DE LA LUMIÈRE BLANCHE

On reproduit de la lumière blanche, soit en ramenant au parallélisme et en superposant les rayons dispersés qui forment le spectre solaire, soit en les faisant converger en un même point. De la superposition des impressions dues à toutes ces couleurs résulte, par une propriété physiologique de notre organe visuel, la sensation unique de la lumière blanche.

461. Recomposition par un prisme. — Un faisceau solaire dispersé par un premier prisme P est reçu sur un deuxième prisme P′, de même substance et de même angle réfringent, mais disposé en sens inverse (fig. 374). Le faisceau qui sort du deuxième prisme est

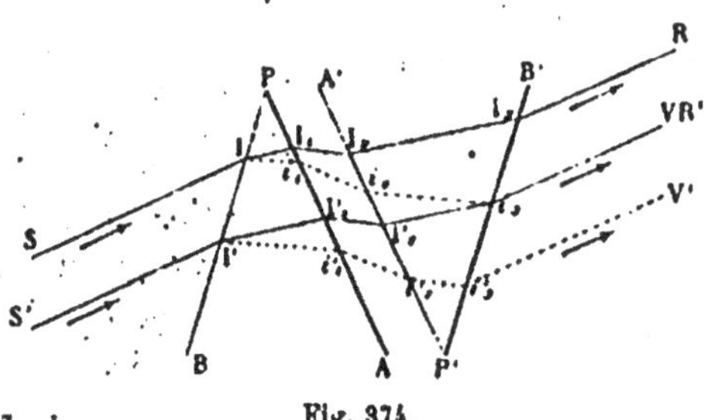

Fig. 374.

blanc et donne sur un écran une image blanche, sauf aux bords supérieur et inférieur qui sont irisés ; le bord supérieur du faisceau réfracté est rouge orangé et le bord inférieur bleu violet. Les apparences sont les mêmes quand un faisceau traverse une lame à faces parallèles.

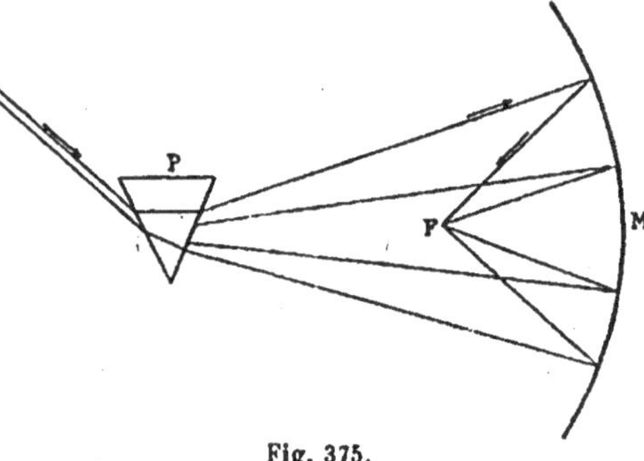

Fig. 375.

462. Recomposition par un miroir concave. — Si l'on fait tomber sur un miroir concave M (fig. 375) les rayons colorés dispersés par un prisme, ces rayons sont rendus convergents et un écran placé à une certaine distance du miroir présente une surface blanche dans une région F où les diverses couleurs sont concentrées.

463. Recomposition par la superposition des effets physiologiques. — Des secteurs, formés de verres colorés avec les sept couleurs du spectre, sont distribués sur un disque D dans l'ordre des couleurs du spectre, l'étendue relative des sept secteurs étant en outre à peu près celle des couleurs correspondantes (fig. 376). En donnant au disque ainsi préparé et traversé par un faisceau de lumière blanche un mouvement de rotation rapide autour d'un axe passant par son centre, le disque paraît blanc dans toute son étendue.

Cette apparence s'explique par la *persistance des impressions lumineuses.*

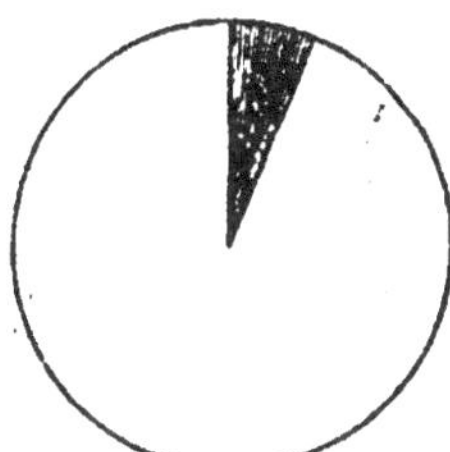

Fig. 377.
Fig. 376.

Soit un écran circulaire sur lequel un secteur a été couvert de papier rouge (fig. 377) ; quand on fait tourner lentement l'écran, on voit le secteur rouge occuper successivement ses diverses positions. Si la rotation du disque devient assez rapide pour qu'un tour dure moins de $\frac{1}{10}$ de seconde, les sensations des positions successives du secteur pendant un tour persistent et font voir le secteur à la fois dans toutes ses positions ; toute la surface de l'écran paraît alors uniformément rouge.

Dans l'expérience du disque divisé en secteurs colorés, chacun des secteurs produit en même temps sur l'œil la sensation d'un disque entier de la couleur du secteur : de là la coexistence des impressions de toutes ces couleurs résulte la sensation de la lumière blanche.

CLASSIFICATION DES COULEURS

464. Couleurs simples. — Les couleurs du spectre, c'est-à-dire les couleurs qui proviennent de la décomposition par le prisme de la lumière solaire ou d'une source lumineuse quelconque ont été appelées *couleurs simples* parce qu'un nouveau passage à travers un prisme ne produit plus de changement de couleur (**458**).

Couleurs composées. — Une couleur que le prisme décompose en plusieurs couleurs simples est dite *composée*. Notre œil ne distingue pas directement une couleur simple d'une couleur composée. *L'analyse se fait au moyen d'un prisme*. Les corps de la nature ont rarement des couleurs simples, c'est-à-dire des couleurs que le prisme ne décompose pas.

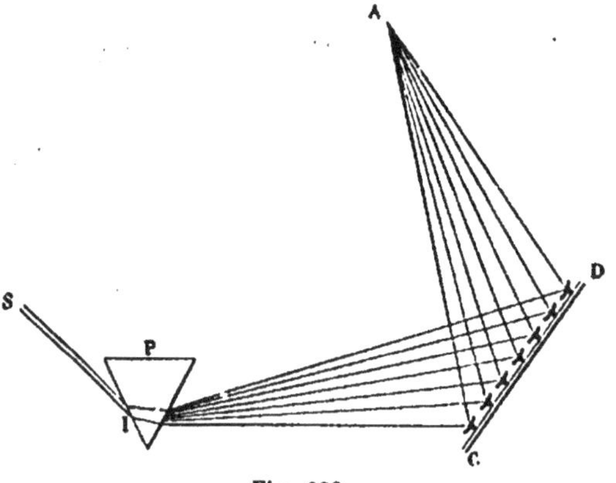

Fig. 378.

465. Couleurs complémentaires. — On appelle *complémentaires* deux couleurs dont la superposition donne du blanc. Si, dans l'expérience de la recomposition de la lumière par un miroir concave, on supprime avec un peigne plusieurs des couleurs du spectre, les couleurs conservées donnent par leur réunion une teinte colorée qui est composée. Les couleurs supprimées, réunies d'autre part, donnent une autre teinte également composée. Ces deux teintes composées, mélangées, donneraient la sensation du blanc puisqu'elles contiennent toutes les couleurs du spectre.

La production des couleurs complémentaires peut être réalisée avec sept miroirs concaves montés sur une même règle CD (fig. 378). On produit un spectre d'une longueur telle qu'il tombe sur chacun des miroirs une portion du spectre correspondant à chacune des sept couleurs; si l'on incline ces miroirs de façon à rassembler les sept faisceaux en un point unique A, on obtient de la lumière blanche. En dirigeant sur un point les rayons d'une partie des miroirs et sur un autre point les rayons des autres miroirs, on obtient en ces deux points des teintes complémentaires[1].

466. Couleurs des corps. — Coloration par transparence. — La couleur d'un corps transparent résulte de l'absorption qu'il exerce sur la lumière qui le traverse. Il est *incolore* s'il laisse passer également toutes les couleurs. Il est *coloré* s'il laisse passer certains rayons et en absorbe d'autres. Il est *noir* et ne laisse rien passer si les rayons qui tombent sur lui appartiennent à des couleurs qu'il absorbe. Ainsi un verre vert paraît noir s'il est regardé à travers un verre rouge.

Coloration par diffusion. — Les corps ne sont visibles que par la lumière qu'ils diffusent.

Exposé à la lumière blanche du jour, un corps paraît *blanc* s'il diffuse également tous les rayons; il n'est plus visible et on le dit *noir* s'il les absorbe tous complètement; s'il renvoie certains rayons et en absorbe d'autres, il paraît *coloré* de la nuance qui résulte du mélange des rayons diffusés.

Exposé à une lumière colorée, un corps ne paraît coloré que par les couleurs qu'il diffuse. Dans la lumière rouge une étoffe rouge est rouge, une étoffe verte y paraît noire.

SPECTRE DES SOURCES LUMINEUSES

467. Production d'un spectre pur. — Pour obtenir un beau spectre, on place un prisme très près d'une petite ouverture qui laisse pénétrer les rayons solaires dans une chambre noire et on éloigne l'écran à plusieurs mètres. Le faisceau incident est *divergent,* il en est de même des divers faisceaux colorés réfractés, et les taches lumineuses données sur l'écran par les divers rayons colorés que dis-

---

(1) La sensation due à une couleur ne suffit pas pour en fixer la composition. Divers mélanges éveillent la même sensation.

perse le prisme empiètent les unes sur les autres; pour cette raison, les couleurs ne sont ainsi que très imparfaitement séparées.

On obtient un spectre *pur*, c'est-à-dire où les couleurs sont le mieux séparées, par la disposition suivante (fig. 379).

Les rayons admis dans la chambre noire par une fente rectangulaire très étroite S tombent sur une *lentille convergente* L placée à une distance de la fente supérieure à sa distance focale principale.

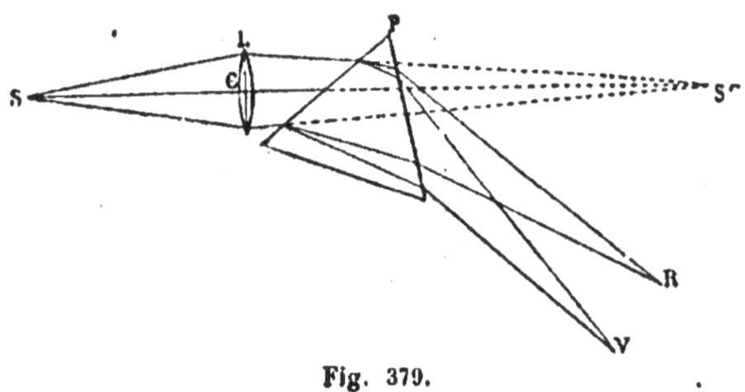

Fig. 379.

Sur un écran qui occupe le foyer conjugué de la fente par rapport à la lentille, on obtient une image réelle S'. Un peu au delà de la lentille, on dispose un prisme P, ayant *son arête réfringente parallèle à la fente* et orienté **dans la position du minimum de déviation** pour les rayons jaunes. Au sortir du prisme chacune des couleurs du spectre donne une image déviée et conjuguée de la fente. Ces images forment un spectre RV étalé perpendiculairement à la fente et empiètent d'autant moins les unes sur les autres que la fente est plus fine.

468. Raies du spectre solaire. — Quand on a produit un spectre solaire très pur, on reconnaît que ce spectre *n'est pas absolument continu*. Il présente des intervalles obscurs très étroits et très nombreux, parallèles à l'arête réfringente du prisme et irrégulièrement distribués. Ces raies noires sont connues sous le nom de *raies de Fraunhofer*[1] qui en a distingué 10 *groupes* principaux : A, B, C, D, E, F, G, H et *a*, *b*; A, *a*, B et C sont dans le rouge, D entre l'orangé et le jaune, E entre le jaune et le vert, *b* et F dans le vert, G entre le bleu et l'indigo, H à l'extrême violet. On compte dans le spectre solaire plus de vingt mille raies noires très fines.

Pour une même substance réfringente, chacune des raies occupe

[1] **Fraunhofer,** opticien bavarois (1787-1826).

toujours la même position dans le spectre et correspond par conséquent toujours à un même indice de réfraction.

**469. Propriétés lumineuses, calorifiques et chimiques du
spectre solaire.** — L'intensité *lumineuse* est variable, dans les
diverses parties du spectre; c'est vers le milieu du jaune, dans la
région comprise entre les raies D et E que se trouve le maximum
d'éclat.

Les effets lumineux du spectre solaire sont accompagnés d'effets
calorifiques. En promenant le long du spectre un petit thermomètre
très sensible ou une pile thermo-électrique étroite, on observe une
élévation de température dans tout le spectre visible, allant en croissant du violet au rouge. L'effet calorifique se prolonge en deçà du
rouge, ce qui démontre l'existence de *rayons invisibles* moins réfrangibles que le rouge, ayant une action calorifique (292). Dans cette
partie **infra rouge** du spectre on a constaté aussi l'existence de
nombreuses raies.

Les rayons solaires exercent des actions *chimiques*. De nombreuses
substances sont sensibles à l'action de la lumière. On peut citer certains sels métalliques et spécialement le *chlorure d'argent* qui, sous
l'influence des rayons solaires, change sa couleur blanche contre une
couleur ardoisée due à la production d'argent très divisé résultant de
la décomposition du chlorure. Si l'on expose aux rayons du spectre
une feuille de papier couverte d'une mince couche de chlorure d'argent, on la voit noircir depuis le jaune jusqu'au violet; les rayons
rouges et infra rouges n'exercent pas d'action sensible. La décomposition se poursuit au delà du violet dans une *partie invisible* du
spectre appelée **ultra violette**. Les raies noires du spectre visible
et du spectre ultra violet sont inactives, elles se dessinent en blanc
sur le fond noir altéré par les rayons actifs.

470. Inséparabilité des effets d'une radiation. — Bien que
les rayons les moins réfrangibles soient plus aptes à produire des
effets calorifiques et les rayons les plus réfrangibles à exercer des
actions chimiques, il n'y a pas lieu de considérer trois espèces de
rayons distincts : calorifiques, lumineux, chimiques.

Un rayon, de réfrangibilité déterminée, appelé aussi **radiation**,
produit différents effets suivant l'organe ou le corps qui le reçoit :
sensation lumineuse sur la rétine, si la rétine est sensible à cette
radiation particulière; impression calorifique sur un thermomètre ou

sur la peau; action chimique sur le chlorure d'argent, etc. Les divers effets d'une radiation sont inséparables, et toute diminution de l'un de ces effets est accompagnée d'une diminution *proportionnelle* des deux autres. C'est ce que l'on observe pour des rayons de réfrangibilité moyenne (entre E et H) produisant à la fois les trois effets. Si la moitié de la lumière disparaît, la moitié de la chaleur disparaît aussi.

471. Spectroscope. — Un spectroscope est un instrument qui sert à l'observation des spectres des différentes sources lumineuses.

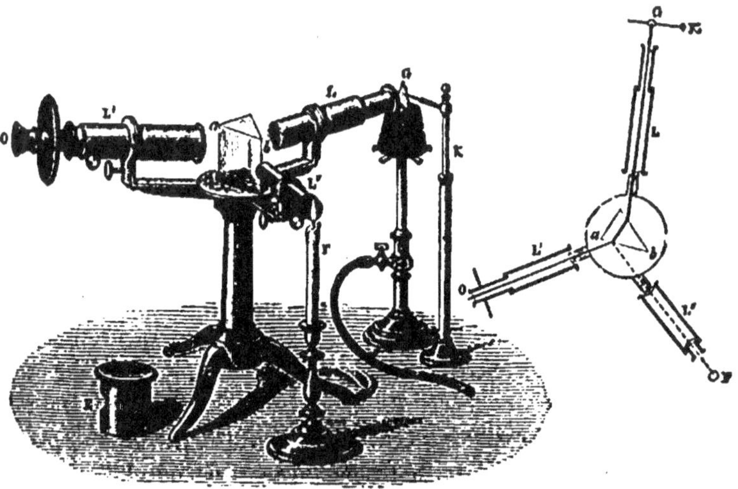

Fig. 380.   Fig. 381.

Un spectroscope comprend un *collimateur*, un *prisme*, une *lunette astronomique* et un *micromètre* (fig. 380).

Le *collimateur* L est un tube qui porte à une extrémité une fente verticale qu'on éclaire avec la source G dont on étudie le spectre. Cette fente est placée au *foyer principal* d'une lentille convergente montée à l'autre extrémité du tube. Les rayons de la source qui ont traversé le collimateur sortent de la lentille parallèlement à son axe principal et tombent sur un *prisme* dont les arêtes sont parallèles aux bords de la fente du collimateur. Le prisme est disposé au centre d'un *cercle horizontal* et orienté au minimum de déviation pour la partie jaune du spectre.

Les rayons réfractés par le prisme tombent sur l'objectif d'une *lunette astronomique* L′ dont l'axe, comme celui du collimateur, est dirigé suivant un des rayons du cercle horizontal.

Un spectre réel de la fente éclairée par la source se forme au foyer principal de l'objectif de la lunette astronomique : on l'observe avec l'oculaire *o* de la lunette, qui en fournit une image virtuelle (501).

Les différentes régions du spectre sont repérées par rapport aux divisions d'un micromètre. Ce *micromètre* est une lame de verre sur laquelle sont tracés des traits fins équidistants, parallèles à la fente; cette lame, placée à l'extrémité d'un tube L″ au foyer principal d'une lentille, est éclairée par une bougie F.

Le faisceau de rayons parallèles qui sort de ce deuxième collimateur se réfléchit sur la face *ab* du prisme qui regarde la lunette et tombe sur l'objectif de cette lunette dans la même direction que les rayons réfractés par le prisme (fig. 381).

L'observateur voit à la fois au foyer de la lunette, l'*un au-dessus de l'autre*, le micromètre divisé et le spectre du faisceau dispersé.

472. Différents types de spectres. — On distingue trois types de spectres :

1° Spectre continu sans raies. — Ce sont les spectres des solides et des liquides incandescents. Au rouge naissant, vers 500°, leur spectre ne contient que des radiations rouges et infra rouges; des rayons plus réfrangibles s'ajoutent à mesure que la température s'élève, le violet apparaît à la température blanche. Dans ces spectres, la partie infra rouge et la partie ultra violette sont continues comme la partie lumineuse, si grande que soit la dilatation du spectre. Les charbons de l'arc voltaïque, les filaments des lampes à incandescence sont des sources à spectres continus. La flamme d'un bec de gaz, de l'huile, d'une bougie, donne aussi un spectre continu, c'est le spectre du *charbon incandescent* en suspension dans la flamme.

2° Spectre continu sillonné de raies noires. — Le spectre solaire est caractérisé par des raies noires *très fines* et très nombreuses. La lumière de la Lune et la lumière des planètes ne sont que de la lumière solaire réfléchie, elles donnent le même spectre avec les mêmes raies. Les étoiles proprement dites présentent des spectres continus, sillonnés de raies obscures, analogues aux raies solaires.

3° Spectre discontinu. — Les flammes qui ne contiennent pas de particules solides donnent un spectre discontinu, formé de raies lumineuses isolées, séparées par de *larges* intervalles obscurs [1]. Tels

(1) Les parties infra rouge et ultra violette de ces spectres sont discontinues comme la partie lumineuse.

sont les spectres de *gaz raréfiés* portés à l'incandescence par le passage d'étincelles électriques. Pour .observer ces spectres, on enferme un gaz sous une pression de quelques millimètres dans un tube capillaire terminé par deux renflements où passent des fils de platine soudés (fig. 382). La partie capillaire se place devant la fente d'un spectroscope, parallèlement à cette fente ; elle s'illumine vivement quand on fait jaillir dans le tube par les fils *a* et *b* les décharges d'une bobine d'induction ; avec l'hydrogène, on a 3 raies seulement.

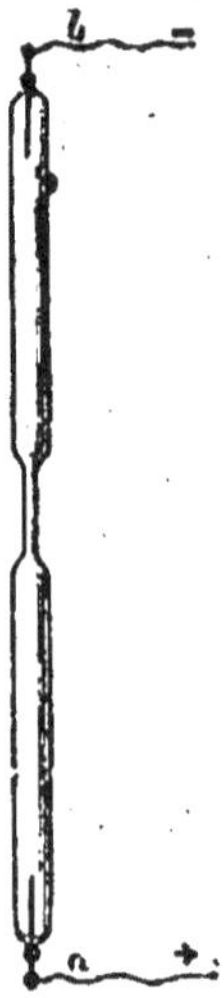

Comme les gaz, les *vapeurs métalliques* incandescentes donnent des spectres discontinus.

473. Raies métalliques. — En éclairant la fente d'un spectroscope avec la flamme très chaude et à peine visible d'un bec Bunsen, on n'obtient pas de spectre ; car la combustion est complète et il ne reste dans la flamme aucune particule de charbon incandescente. Si l'on introduit à la base de la flamme un fil de platine trempé dans la dissolution d'un sel métallique volatil (fig. 380), le sel se décompose en partie et donne des vapeurs[1]. Le spectre de ces vapeurs est discontinu et formé de bandes brillantes et colorées qui restent identiques pour les divers sels d'un même métal et *caractérisent l'élément métallique*. On détermine la position de ces raies par rapport aux divisions du micromètre.

Fig. 382.

Dans la partie lumineuse du spectre les sels de *soude* ne présentent qu'une raie dans le jaune orangé, les sels de *thallium* une raie verte, les sels de *lithium* une raie rouge et une raie jaune distincte de la raie du sodium, les sels de *strontium* plusieurs raies, etc.

474. Analyse spectrale. — La présence dans la flamme d'une très petite quantité d'un sel métallique particulier suffit pour faire apparaître dans le spectre des raies dont la position caractérise cet élément métallique. Un mélange de sels de plusieurs métaux différents fournit un spectre qui contient toutes les raies de ces métaux observés séparément. De là une méthode d'analyse extrêmement sensible, appelée *analyse spectrale*, due à *Kirchhoff*[2] et *Bunsen*[3]. L'appari-

---

(1) On choisit parmi les sels d'un même métal, les plus facilement décomposables : par exemple, les chlorures.

(2) **Kirchhoff**, né à Kœnigsberg (1824-1887).

(3) **Bunsen**, professeur à Heidelberg (1811-1900).

1. SPECTRE SOLAIRE _ 2. SPECTRE DU SODIUM _ 3. SPECTRE DU STRONTIUM.
4. SPECTRE DE L'HYDROGÈNE _ 5. SPECTRE DU SANG (Absorption).

tion de raies jusque-là inconnues a fait découvrir un certain nombre
de corps simples nouveaux : *rubidium, cæsium, thallium, indium,
gallium, hélium.*

SPECTRES D'ABSORPTION

475. Absorption des radiations lumineuses. — *Mode d'observation.* — On interpose une certaine épaisseur de la substance transparente à étudier entre un spectroscope et une source à spectre continu telle que la flamme d'un bec de gaz ou le charbon positif de l'arc
voltaïque.

Substance incolore. — Les substances transparentes *incolores*
laissent passer en égale proportion toutes les couleurs du spectre.

Substance colorée. — Une substance transparente colorée transmet le plus souvent des radiations appartenant à diverses parties du
spectre; la coloration est celle du mélange des couleurs qui passent.

Souvent, comme pour le gaz acide hypoazotique et la vapeur d'iode,
le spectre d'absorption est *sillonné de bandes noires très nombreuses.*
Certaines bandes d'absorption ont une apparence caractéristique :
citons les deux bandes noires qu'une solution étendue de *sang* présente dans le jaune (entre les raies D et E du spectre solaire).

Un corps transparent est dit **monochromatique** s'il ne laisse passer
qu'une région peu étendue du spectre. Les corps monochromatiques
sont rares : un *verre rouge* coloré par l'oxyde de cuivre ne présente
au spectroscope qu'une bande rouge.

**476. Absorption des radiations infra rouges et ultra vio-
lettes.** — On explore le spectre calorifique avec une pile thermoélectrique et le spectre ultra violet en le recevant sur un papier
photographique. Certaines substances incolores exercent une forte
absorption sur les rayons invisibles : le *verre,* l'*eau,* l'*alun* arrêtent en
grande partie les radiations infra rouges (**295**). Le *sel gemme* laisse
passer à peu près toutes les radiations : infra rouges, lumineuses et
ultra violettes; nous avons vu qu'on emploie une lentille et un prisme
de sel gemme pour l'étude du rayonnement infra rouge (**295**). Le
quartz se laisse facilement traverser par les rayons ultra violets;
l'étude du spectre ultra violet exige l'emploi d'une lentille et d'un
prisme de quartz.

477. Absorption par les vapeurs métalliques. — Placée sur le trajet d'une source lumineuse, une vapeur métallique absorbe spécialement les *rayons qu'elle a la propriété d'émettre*. Voici comment on démontre cette relation entre l'absorption et l'émission.

On sait qu'une flamme qui contient du sodium ou un sel de sodium donne un spectre qui se réduit à une raie jaune brillante.

Formons sur un écran, comme le montre la figure, le spectre d'une fente F éclairée par la *lumière Drummond* [1], le spectre obtenu est continu; si dans la flamme d'un bec Bunsen *b* on brûle un fragment de sodium, une raie apparaît en noir dans le spectre S et elle a

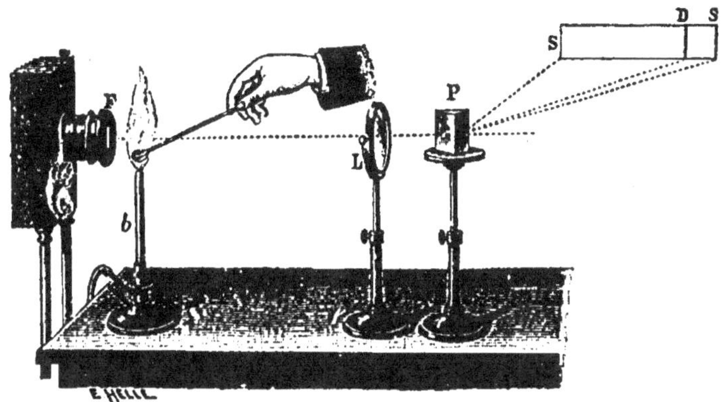

Fig. 383.

précisément la place qu'occuperait la raie jaune brillante si la fente F avait été seulement éclairée par la vapeur du sodium (fig. 383).

C'est l'expérience du **renversement** de la raie du sodium.

478. Origine des raies du spectre solaire. — On constate au spectroscope que la raie jaune brillante du sodium occupe **exactement** la place de la raie noire D du spectre solaire; les vapeurs de fer, magnésium, nickel, etc., donnent également des raies brillantes qui *coïncident* rigoureusement avec certaines raies noires du spectre solaire. Ce fait rapproché du phénomène du renversement des raies a conduit Kirchhoff à une interprétation des raies du spectre solaire.

Le globe solaire serait une masse incandescente présentant un spectre continu, entouré d'une atmosphère *dont la température est moins élevée que celle du noyau.* Cette atmosphère renferme des

____

(1) Chaux rendue incandescente par la combustion du gaz d'éclairage dans l'oxygène.

vapeurs qui absorbent les radiations qu'elles ont la propriété d'émettre.
On reconnaît ainsi que le *sodium,* le *fer,* le *magnésium,* le *nickel,*
etc., se trouvent à l'état gazeux dans l'atmosphère solaire. L'absence
de concordance entre des raies noires du spectre solaire et les raies
brillantes du *lithium,* de l'*aluminium,* de l'*argent,* de l'*or,* etc., fait
penser que ces métaux n'entrent pas dans la composition de l'atmosphère solaire.

Raies telluriques. — Après avoir éprouvé des absorptions en traversant les vapeurs de son atmosphère, la lumière solaire en éprouve
encore de nouvelles par l'atmosphère terrestre. Les raies noires du
spectre solaire qui résultent d'absorptions par l'atmosphère terrestre
sont dites *raies telluriques;* telles sont les raies A et B, qui augmentent de largeur et d'intensité quand le Soleil est voisin de l'horizon
et que ses rayons traversent une couche d'air plus épaisse. Un grand
nombre de raies telluriques sont dues à l'absorption par la vapeur
d'eau de notre atmosphère, elles coïncident en effet avec les raies
d'absorption que produit une couche épaisse de vapeur d'eau dans
le spectre continu d'une source artificielle.

TRANSFORMATION DES RADIATIONS

479. — Il y a des corps qui ont la propriété de devenir lumineux
sous l'influence de certaines radiations *sans passer par l'incandescence.*

Le phénomène a reçu le nom de *phosphorescence* quand l'émission
de lumière se prolonge pendant un certain temps après que les radiations excitatrices ont cessé d'agir.

On dit qu'il y a *fluorescence* si l'émission de lumière disparaît à
l'instant même où l'action des radiations excitatrices est suspendue.

La phosphorescence et la fluorescence résultent d'une absorption
de radiations suivie d'une émission par les molécules du corps. On
peut dire qu'il s'agit d'une transformation de radiations.

L'expérience a démontré que : 1° Les radiations qui excitent le plus
activement la phosphorescence ou la fluorescence sont *les plus réfrangibles.* 2° Les radiations émises par les corps phosphorescents ou
fluorescents sont *moins réfrangibles que les radiations excitatrices.*

480. Phosphorescence. — Parmi les substances les plus phosphorescentes on peut citer : le diamant, les sulfures de calcium, de

baryum, de zinc, le platino cyanure de baryum. La plupart des substances, sauf les métaux, sont légèrement phosphorescentes.

Radiations actives. — Dans une chambre obscure projetons un
spectre solaire sur un écran recouvert de sulfure de calcium et après
quelques instants interceptons les rayons. L'illumination de l'écran a
lieu dans l'obscurité et elle se fait aux points qui ont été impression-
nés par le bleu, le violet et l'ultra violet[1]. Les sources lumineuses
très riches en rayons très réfrangibles (soleil, arc électrique, tubes
de Geissler, magnésium) sont par conséquent beaucoup plus aptes à
provoquer la phosphorescence que la lumière du gaz ou la lumière
Drummond. Les rayons N qui sont plus réfrangibles que les rayons
ultra violets et les rayons X provoquent la phosphorescence.

Radiations émises. — La couleur émise dépend de la nature et
souvent du mode de préparation de la substance. Dans tous les cas,
en examinant au spectroscope la lumière émise par les différents
points de l'écran phosphorescent, on reconnaît que cette lumière est
moins réfrangible[2] que les rayons excitateurs.

Action des rayons peu réfrangibles. — Si les rayons peu réfrangibles ne provoquent pas la phosphorescence, ils exercent un effet
spécial en activant l'émission. C'est ainsi d'ailleurs que la chaleur
agit. Quand un sulfure alcalino terreux, conservé dans l'obscurité, a
cessé d'être phosphorescent, il le redevient si on le chauffe. Lorsqu'il
a cessé de nouveau d'être phosphorescent, si on vient à le chauffer
une seconde fois, il ne s'illumine plus. On exprime ces faits en disant
que l'énergie emmagasinée dans le corps phosphorescent s'est dépensée en partie dans une première phosphorescence; il est resté un
résidu qui continue à se dissiper très lentement et sans phosphorescence appréciable; la chaleur a pour effet d'accélérer cette émission
au point de la rendre apparente.

Durée de la phosphorescence. — La phosphorescence persiste un
temps plus ou moins long après la suppression des rayons excitateurs, elle dure plusieurs heures pour certains sulfures alcalino-ter-

---

(1) Si l'on a projeté sur l'écran un spectre pur, on constate ainsi directement la présence de raies dans la région ultra violette.

(2) C'est d'une façon analogue qu'un corps échauffé par des rayons lumineux, tels que
des rayons jaunes, absorbe une partie de ces rayons et émet ensuite autour de lui de la
chaleur obscure, c'est-à-dire des rayons moins réfrangibles que les rayons lumineux
excitateurs.

reux; elle se réduit à $\frac{1}{500^e}$ de seconde pour le platino cyanure de baryum. Un appareil spécial appelé *phosphoroscope* permet de mesurer pour chaque substance la durée de la phosphorescence, il est sensible à $\frac{1}{10\,000^e}$ de seconde.

481. Fluorescence. — La fluorescence n'a pas une durée appréciable au phosphoroscope, elle a donc une durée inférieure à $\frac{1}{10\,000^e}$ de seconde.

Parmi les substances fluorescentes on peut citer : le *spath fluor* qui a donné son nom au phénomène, les solutions alcooliques de chlorophylle, les solutions de certaines matières colorantes dérivées de la houille, telles que l'éosine et la fluorescéine, les solutions de sulfate de quinine dans l'eau additionnée d'acide sulfurique ou d'acide tartrique, les verres colorés par les sels d'urane.

Radiations actives. — On trace sur un papier blanc des caractères avec une solution de sulfate de quinine et on promène le papier dans les différentes régions d'un spectre solaire projeté sur un écran. Les caractères restent obscurs dans la région infra rouge, on ne les lit pas davantage dans les régions colorées depuis le rouge jusqu'au vert, mais ils s'illuminent dans le bleu, le violet et l'ultra violet.

Radiations émises. — Suivant la loi générale, les rayons émis varient avec la nature de la substance; ils sont d'un bleu de ciel avec le sulfate de quinine, rouges avec une solution alcoolique de chlorophylle.

Emission après absorption. — On démontre par l'expérience suivante que les couches liquides fluorescentes sont les plus superficielles.

On projette un faisceau de lumière solaire ou électrique sur une cuve C qui contient une solution acidulée de sulfate de quinine. Le liquide ne s'illumine qu'au voisinage de la face d'entrée de la lumière (fig. 384). Les couches suivantes du liquide se montrent transparentes sans fluorescence. Cela prouve

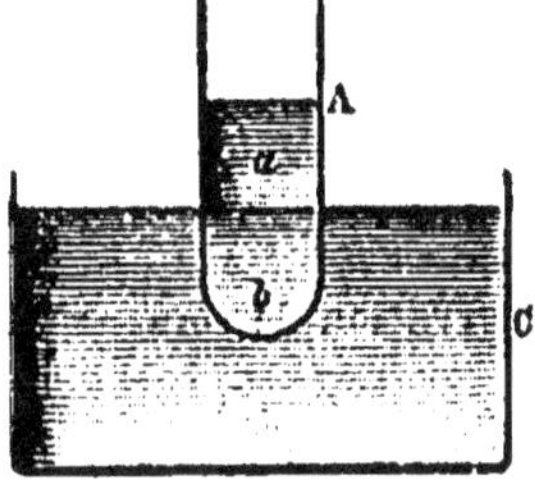

Fig. 384.

que la lumière a perdu ses radiations excitatrices qui *ont été absorbées par les premières couches*. Ce sont ces couches qui produisent, après absorption, l'émission spéciale à la fluorescence.

De même un tube A plongé dans la cuve n'est fluorescent et encore à sa surface, que dans sa partie supérieure *a* non immergée; il n'est que transparent sans fluorescence dans sa partie *b* immergée.

LENTILLES ACHROMATIQUES

482. Une lentille, quelle qu'elle soit, disperse les foyers conjugués de diverses couleurs d'un point sur une petite longueur *vr* (**459**), dont les foyers rouge et violet sont les points extrêmes (fig. 385).

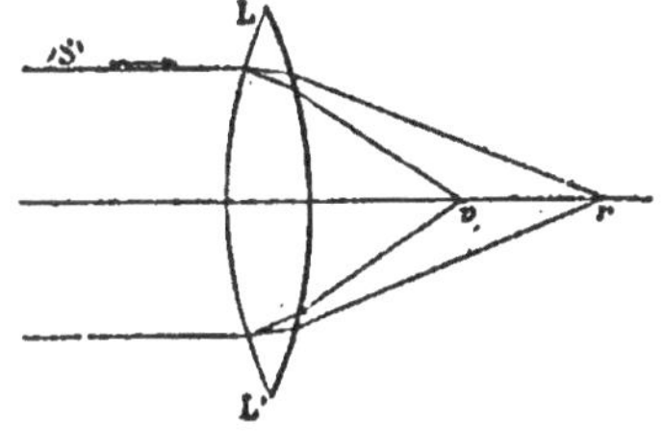

Fig. 385.

La séparation des foyers de différentes couleurs conduit à des *images aux contours irisés*. Considérons en effet un objet AB, les foyers conjugués de différentes couleurs d'un point B se font sur le même axe secondaire BC, mais ces images sont échelonnées de V en R; il se fait autant d'images différentes de l'objet qu'il y a de couleurs et ces images se trouvent dans des plans différents, l'image violette étant plus rapprochée de la lentille que l'image rouge. D'un point O, on voit les images V, J, R dans des directions différentes (fig. 386), l'image paraît blanche au centre et irisée sur les bords[1].

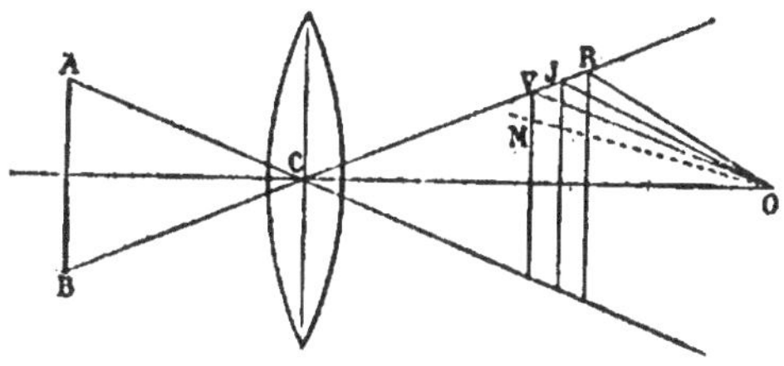

Fig. 386.

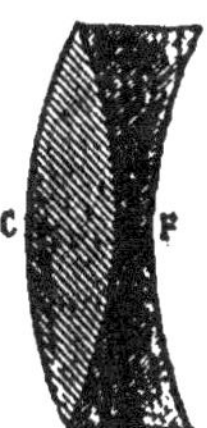

Fig. 387.

On corrige à peu près complètement cette dispersion des images ou cette **aberration de réfrangibilité** en assemblant deux lentilles de substances

---

(1) La netteté est en outre diminuée par ce fait que les images coupées par une même direction OM ne sont pas les images colorées d'un même point, puisqu'elles ne correspondent pas à un même axe secondaire.

différentes, de courbures convenablement choisies. On appelle *achromatique* un système réfringent donnant des images sans irisations.

Une lentille achromatique est habituellement formée de deux lentilles, l'une convergente C, en *crown* (silicate de potasse et de chaux analogue au verre ordinaire), l'autre divergente F en *flint* (plus dense et plus dispersif, une partie de la chaux est remplacée par de l'oxyde de plomb), cette seconde lentille recouvre une des faces de la première (fig. 387).

VISION

483. Description de l'œil. (fig. 388). — L'œil, organe de la vision, a la forme d'un globe sphéroïdal, logé dans une cavité du crâne appelée *orbite*.

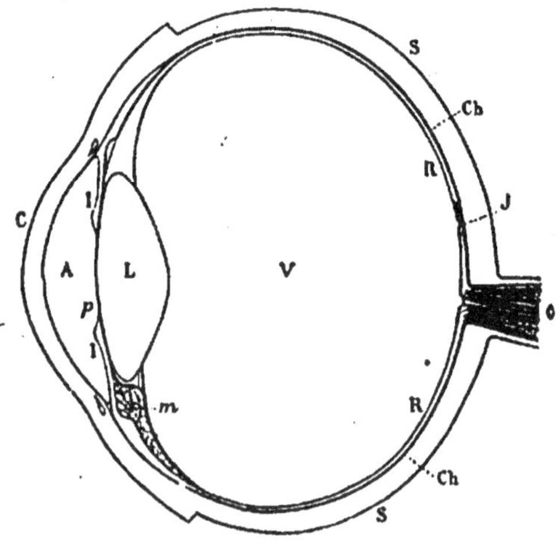

Fig. 388.

Les milieux de l'œil sont enveloppés par une membrane blanche, très résistante S, la *sclérotique* opaque, sauf sur la partie antérieure où elle devient la *cornée transparente*, C. La sclérotique donne insertion aux muscles moteurs du globe de l'œil, fixés d'autre part aux parois de l'orbite.

La cornée transparente est plus bombée que le reste de la sclérotique.

La sclérotique est doublée intérieurement, sauf en avant, d'une membrane vasculaire très mince Ch, la *choroïde*. Le pigment noir qui tapisse la face interne de la choroïde convertit le fond de l'œil en une chambre noire.

Une membrane verticale I, opaque et colorée à sa face antérieure, l'*iris*, adhérant par son périmètre extérieur aux prolongements antérieurs de la choroïde, partage l'œil en deux compartiments inégaux. Ce diaphragme, de nature musculaire, est percé d'une ouverture centrale et circulaire *p*, de 3 à 4 millimètres de diamètre, appelée *pupille*. C'est par la pupille que la lumière pénètre dans la chambre noire de l'œil.

Un liquide incolore, l'*humeur aqueuse* A, ayant à peu près, comme la cornée transparente, le même indice de réfraction que l'eau, forme un ménisque convergent dans l'espace compris entre la cornée et l'iris (*chambre antérieure*).

Immédiatement derrière l'iris est placé le *cristallin* L, lentille biconvexe transparente, plus réfringente que l'humeur aqueuse.

En arrière du cristallin, l'*humeur vitrée* V remplit le fond de l'œil ou *chambre postérieure*. C'est une masse transparente, gélatineuse, dont l'indice de réfraction est très peu différent de celui de l'humeur aqueuse.

Sur le fond de l'œil opposé à la cornée transparente, la choroïde Ch est recouverte par la *rétine* R, membrane mince, translucide, épanouissement des fibres du nerf optique et sensible à la lumière[1].

Le nerf optique O perfore la sclérotique et se rend dans la masse cérébrale par une ouverture percée au fond de l'orbite. Tout rayon qui tombe sur la rétine donne lieu à une impression de lumière transmise au cerveau par le nerf optique.

484. Rôle optique de l'œil. — Dans son ensemble, l'œil peut être assimilé à une chambre noire dont l'ouverture est la pupille et dont l'écran est la rétine. La sensation d'où résulte la vision d'un objet accompagne la production de son image sur la rétine par le système convergent de l'œil.

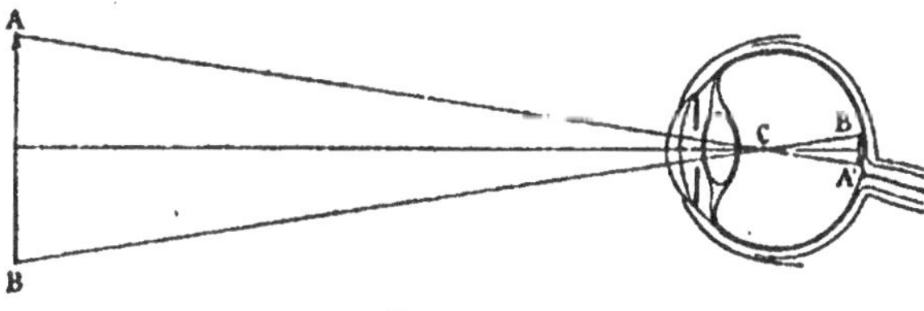

Fig. 389.

Des rayons parallèles à l'axe du cristallin, tombant sur la cornée, sont rendus convergents par l'humeur aqueuse, plus convergents encore par le cristallin et vont frapper la rétine. On constate expérimentalement que ce système est convergent et donne d'un objet placé en avant de l'œil une image *réelle et renversée* sur la rétine (fig. 389).

(1) La partie la plus sensible de la rétine est une région de deux millimètres environ de diamètre, désignée sous le nom de *tache jaune*, elle présente en son centre une petite dépression J appelée *fosse centrale*. En dehors de la tache jaune se trouve la *papille*, disque blanchâtre, insensible à la lumière, par lequel le nerf optique O vient s'épanouir sur la rétine. La coupe de l'œil de la figure 388 passe par le milieu de la tache jaune et le centre de la papille.

L'expérience se fait avec un œil de bœuf dont la cornée transparente est tournée vers l'objet AB et dont la sclérotique a été assez amincie extérieurement pour devenir translucide. On voit se dessiner sur le fond une image A'B' réelle, renversée, plus petite que l'objet. Les lignes qui joignent les images à leurs points lumineux *passent toutes par un même point* O, situé sur l'axe principal du cristallin, et voisin de la face postérieure du cristallin; ce point joue le même rôle que le centre optique d'une lentille.

Le système optique de l'œil est un *système convergent ayant un centre optique et deux foyers*; *le foyer principal postérieur*[1] *tombe sur la rétine* dans les conditions normales.

L'iris diminue en se contractant l'ouverture de la pupille. Les variations d'ouverture, involontaires, proportionnent à la sensibilité de la rétine la quantité de lumière qui passe. A cet effet, la pupille se dilate dans l'obscurité et se contracte à la lumière.

485. Image rétinienne. — Dans la vision normale, l'image d'un objet très éloigné se dessine nettement sur la rétine qui se trouve au foyer principal postérieur du système convergent.

Pour obtenir l'image d'un objet, il suffit pratiquement de joindre au centre optique de l'œil les différents points de l'objet et de prolonger les axes secondaires jusqu'à la rétine.

En appelant *diamètre apparent* d'une droite *ab* l'angle *aob* des lignes qui

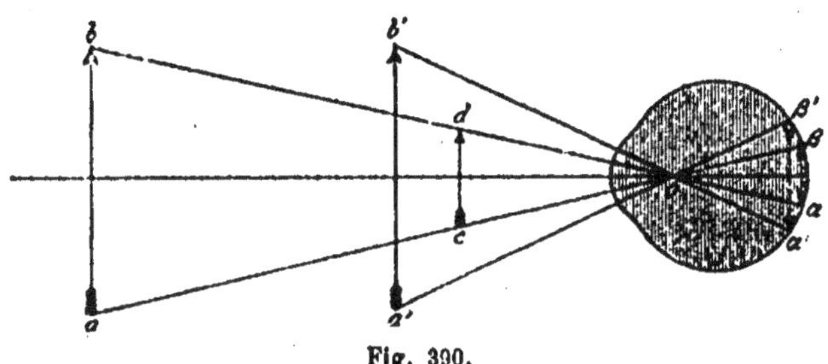

Fig. 390.

joignent le centre optique aux extrémités *a* et *b* de la droite, la grandeur de l'image rétinienne est proportionnelle au diamètre apparent de la droite vue du centre optique (fig. 390), car la rétine se trouve à une distance invariable du centre optique.

C'est principalement par la grandeur de leurs images rétiniennes ou par leurs diamètres apparents que nous jugeons de la grandeur d'objets placés à la même distance.

486. Distance de la vision distincte. — La distance de la vision distincte est la distance à laquelle un objet doit être placé pour être vu. Si le pouvoir réfringent du système optique de l'œil était invariable, il n'y aurait

(1) Le foyer principal postérieur est le point de concours de rayons incidents parallèles à l'axe principal du cristallin.

pour des yeux identiques qu'une distance déterminée de la vision distincte;
en réalité, les limites de distances sont assez larges, en vertu d'une adapta-
tion spéciale de l'œil qu'on appelle **accommodation**. Toutefois, on ne peut
voir nettement *simultanément* à des distances inégales; l'œil adapté pour
voir un objet rapproché ne l'est plus pour voir un objet éloigné. Ainsi, un
seul œil étant ouvert, si l'on pose deux épingles l'une devant l'autre, à une
certaine distance l'une de l'autre, on voit nettement la première quand on la
fixe et la deuxième est confuse; mais, si l'on fixe la seconde, c'est la première qui devient confuse.

487. Mécanisme de l'accommodation. — L'œil étant adapté pour la
vision d'un objet éloigné, si l'on vient à fixer un objet rapproché, la *face
antérieure du cristallin augmente de convexité* par la contraction des fibres
circulaires du muscle ciliaire *m* (fig. 388) qui embrasse son pourtour, ce qui
augmente la convergence du système optique de l'œil et diminue sa distance
focale principale. A mesure que l'objet observé se rapproche de l'œil, son
image se trouve ainsi ramenée sur la rétine, ce qui permet de voir *successivement* avec netteté des objets placés à des distances différentes.

488. Distance minimum de la vision distincte. — Le degré de convergence qui résulte de l'accommodation ne peut pas dépasser une certaine
limite et il y a une distance minimum de la vision distincte. Un objet *ab* est
vu sous le plus grand diamètre apparent et peut être le mieux étudié dans
ses détails quand on le place en *a'b'* à cette distance minimum de la vision
distincte (fig. 390).

Œil emmétrope. — L'œil est dit normal ou *emmétrope*, si l'image d'un
point lumineux placé à une très grande distance se fait sur la rétine (fig. 301),

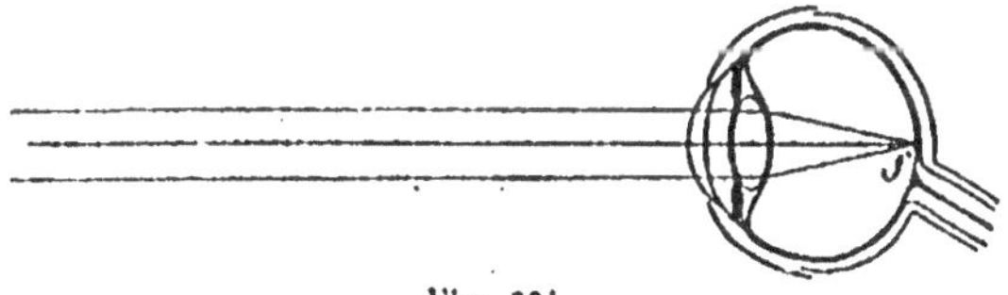

Fig. 391.

quand les muscles de l'accommodation sont au repos. Lorsque le point lumineux se rapproche, son image s'éloigne, le cône convergent de l'image est
coupé par la rétine suivant un *cercle de diffusion* dont le rayon grandit à
mesure que le point se rapproche et l'image devient de moins en moins nette.
C'est alors que l'accommodation augmente la convergence du cristallin et
ramène l'image sur la rétine. Mais, par le déploiement de toute la force
accommodatrice, le degré de convergence ne dépasse pas une certaine
limite. Quand cette limite est atteinte, un objet situé au foyer conjugué de la
rétine se trouve à la distance minimum de la vision distincte, ou au *punctum proximum*. Cette distance est d'environ 15 centimètres pour un œil
normal.

Presbytie. — La puissance d'accommodation diminue par l'effet de l'âge; le *punctum proximum* s'éloigne; il y a presbytie quand il devient distant de l'œil de 50 à 60 centimètres. Les vieillards sont habituellement obligés de tenir un livre éloigné pour lire nettement.

Œil myope. — L'œil est dit *myope* lorsque, par suite d'une trop grande convergence du système optique par rapport à la position de la rétine, l'image d'un point très éloigné se fait *en avant* de la rétine en *f*, le muscle de l'accommodation étant au repos (fig. 392). Le point le plus éloigné qu'on puisse voir est celui dont l'image se fait alors sur la rétine : on l'appelle *punctum remotum*. Pour des objets plus rapprochés, l'accommodation intervient et le *punctum proximum* est ordinairement

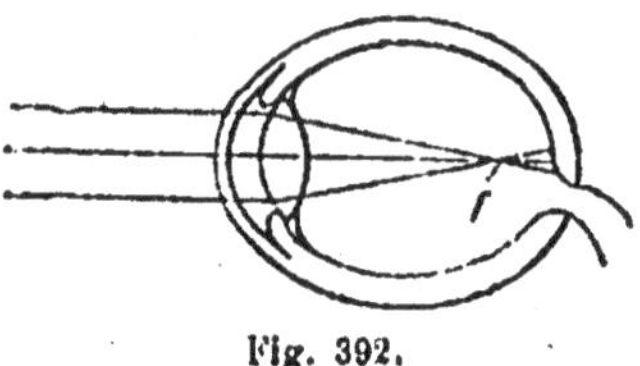

Fig. 392.

plus rapproché de l'œil que pour l'œil normal. Pour cette raison, l'angle sous lequel un œil myope peut voir les petits objets est plus grand et il distingue mieux les détails.

Le *parcours d'accommodation* ou la distance du *punctum remotum* au *punctum proximum* est peu étendu dans le cas de forte myopie. Cet intervalle se resserre avec l'âge par suite d'un affaiblissement de la puissance d'accommodation et le parcours diminue.

Œil hypermétrope. — L'œil est dit *hypermétrope* lorsque, par suite d'une trop faible convergence du système optique par rapport à la longueur de l'œil, les rayons venant de l'infini se réunissent *en arrière* de la rétine, le muscle de l'accommodation étant au repos (fig. 393); les cônes convergents réfractés sont coupés par la rétine suivant des cercles de diffusion. Par l'effet de l'accommodation, une légère hypermétropie passe inaperçue, la convergence étant augmentée de façon à diminuer la

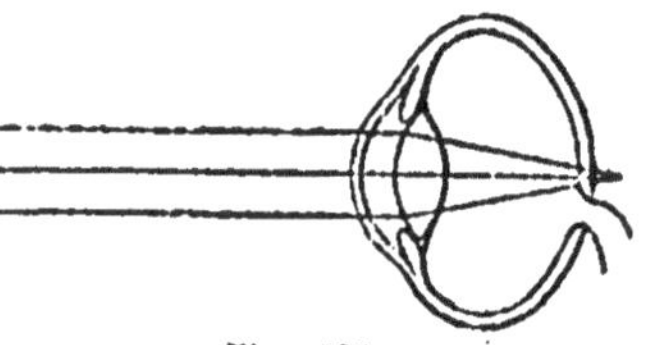

Fig. 393.

distance focale et à amener sur la rétine l'image d'un objet éloigné. Le *punctum proximum* est ordinairement plus éloigné que pour un œil emmétrope et la presbytie apparaît plus tôt.

489. Besicles. — Si l'œil n'est pas emmétrope, on fait usage de *besicles* de telle façon qu'après leur réfraction des rayons parallèles concourent sur la rétine, ce qui ramène l'œil aux conditions de l'emmétropie.

Correction de la myopie. — L'œil myope étant trop convergent, les rayons parallèles à l'axe sont concentrés en

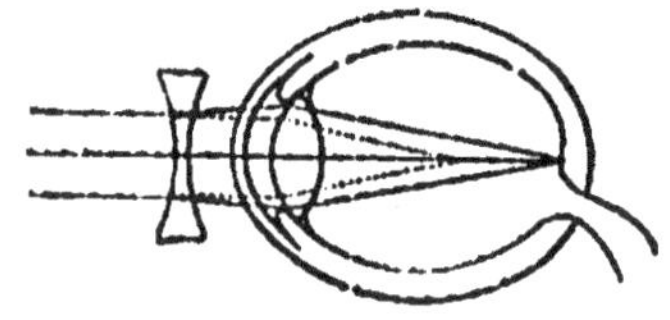

Fig. 394.

avant de la rétine. Pour corriger la myopie, on applique contre l'œil une *lentille divergente*. Le foyer des rayons parallèles qui, sans la lentille divergente, serait au point indiqué par le croisement des lignes pointillées est reporté sur la rétine (fig. 394).

Correction de l'hypermétropie. — L'œil hypermétrope n'est pas assez convergent et des rayons parallèles à l'axe sont concentrés en arrière de la rétine. En appliquant contre la face antérieure de l'œil une *lentille convergente*, on donne à ces rayons une convergence qui leur permet d'être concentrés sur la rétine.

Correction de la presbytie. — La puissance d'accommodation n'étant plus suffisante pour amener sur la rétine l'image d'un objet rapproché, on supplée au défaut de convergence du cristallin pour la vision des objets peu éloignés par l'emploi d'une lentille convergente.

490. Persistance des impressions sur la rétine. — Une impression lumineuse persiste environ $\frac{1}{10}$ de seconde après que l'objet qui l'a produite a disparu. C'est pour cela qu'une suite d'apparitions lumineuses se succédant à moins d'un dixième de seconde l'une de l'autre produit la sensation d'une lumière ininterrompue. Le *cinématographe* (**494**) est une application de la persistance des impressions lumineuses. Citons encore l'expérience du *disque à secteurs colorés* (**463**) qui nous a servi dans la recomposition de la lumière blanche.

INSTRUMENTS D'OPTIQUE

491. Les *instruments d'optique* aident la vision dans l'observation des détails des objets en nous faisant voir ces objets *sous un diamètre apparent plus grand qu'à l'œil nu.* Les principaux instruments d'optique mettent en œuvre des lentilles et surtout des lentilles convergentes.

Une lentille convergente est employée de deux façons principales : tantôt l'objet est placé au delà du foyer principal et la lentille en donne une image réelle : la lentille porte alors le nom d'*objectif*; tantôt l'objet est placé entre le foyer et la lentille qui en donne une image virtuelle : la lentille est alors appelée *loupe* ou *oculaire*.

Nous allons d'abord étudier deux appareils dans lesquels la lentille convergente est employée comme objectif : la chambre noire et les appareils de projection.

492. Chambre noire. — La chambre noire décrite précédémment (**387**) consistait en une caisse fermée à parois noircies dont l'une des faces était percée d'une petite ouverture ; sur la face opposée était appliqué un écran. On complète l'appareil en fermant l'ouverture par une *lentille convergente* LL' qui sert d'objectif. Sur l'écran du fond de la boîte se dessine alors une image réelle et renversée d'objets

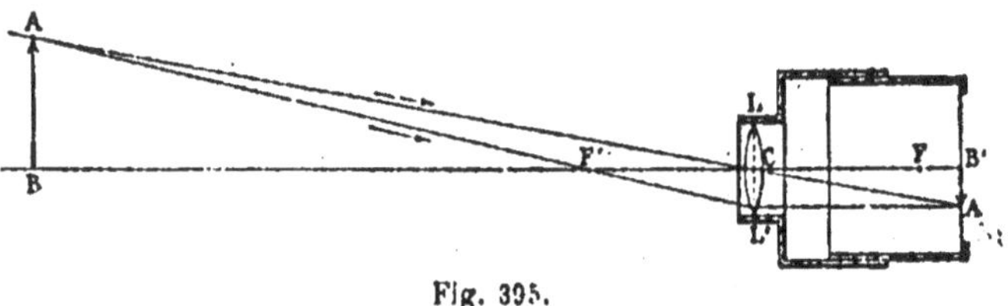

Fig. 395.

placés en avant de l'objectif au delà de son foyer principal (fig. 395) ; un tirage permet d'amener l'écran au foyer conjugué des objets dont on veut l'image. La lentille est en outre portée par un tube auquel une crémaillère communique un mouvement lent pour l'exacte mise au point de l'image.

Par l'addition à la chambre noire d'une lentille convergente, l'ouverture peut être considérablement agrandie et par suite l'intensité de la lumière fortement augmentée ; en effet, le faisceau issu d'un point lumineux qui pénètre dans la chambre noire a actuellement pour base, non plus une très petite ouverture, mais le diamètre de l'objectif. La netteté des images est elle-même accrue, puisque l'image d'un point se réduit à son conjugué situé sur son axe secondaire.

493. Appareil de projection. — La partie essentielle d'un appareil de projection est un objectif convergent O qui donne sur un écran placé dans une chambre noire une *image réelle, renversée et ampli-*

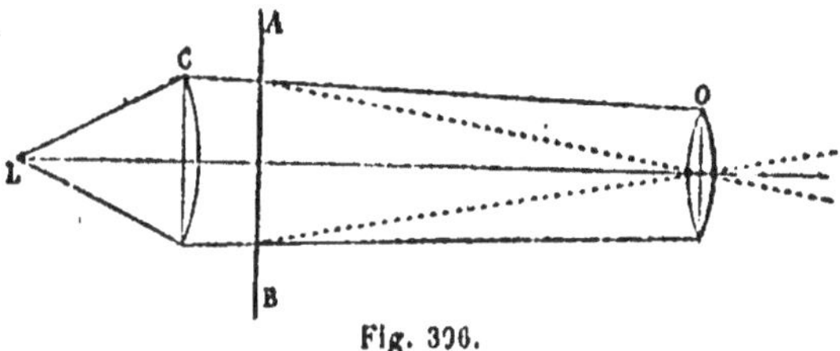

Fig. 396.

fiée d'un petit objet transparent, tel qu'une photographie sur verre, fortement éclairé.

L'écran est ordinairement un écran blanc qui diffuse la lumière et fait voir l'image dans toute direction. L'objet est placé en AB un peu au delà du foyer de l'objectif, à une distance de l'objectif moindre que le double de la distance focale, afin d'avoir une image agrandie.

L'éclairement de l'image étant affaibli, puisque l'agrandissement de l'image répartit la lumière de l'objet sur une surface notablement plus grande, on concentre sur l'objet les rayons d'une vive lumière L à l'aide d'une lentille C appelée *condenseur*. L'objet à projeter est placé renversé pour que son image soit droite ; il est disposé dans un porte-objet AB voisin du condenseur (fig. 396).

494. Le *cinématographe* est un appareil à projection avec lequel on fait passer sous les yeux du spectateur une suite de photographies qui ne sont éclairées chacune que pendant un temps très court. Ces photographies représentent dans des états successifs très rapprochés, distants par exemple de $\frac{1}{15}$ de seconde, des personnages ou des objets en mouvement. La *persistance des impressions* sur la rétine **(490)** fournit à l'œil une image continue avec l'illusion du mouvement.

495. Classement des instruments d'optique proprement dits. — On distingue deux groupes d'instruments d'optique suivant qu'ils servent à la vision d'objets petits et rapprochés ou d'objets éloignés.

1° Les instruments d'optique adaptés à la vision *d'objets très rapprochés* sont la **loupe** et le **microscope**. Leur effet utile est défini par leur puissance.

On appelle **puissance** d'une loupe ou d'un microscope l'angle sous lequel on voit un millimètre à travers l'un de ces instruments.

2° Les instruments d'optique adaptés à la vision *d'objets éloignés* sont la **lunette astronomique** et le **télescope**.

Dans ces instruments on appelle **grossissement** le rapport du diamètre apparent d'un astre vu dans la lunette ou le télescope au diamètre apparent de cet astre vu directement.

LOUPE

496. La *loupe* est une lentille convergente à court foyer qu'on place entre l'œil et un objet à examiner pour obtenir une image amplifiée de cet objet.

Soit AD un petit objet, C le centre optique de l'œil, l'angle ACD
est le *diamètre apparent* de l'objet. Pour observer à l'œil nu les détails
de cet objet, on devrait le rapprocher le plus possible de l'œil,
afin d'examiner ses différentes parties *sous le plus grand diamètre
apparent*, mais la faculté d'accommodation ne permet pas de le placer plus près que la distance minimum de la vision distincte (488).
Une loupe peut donner de l'objet une image *agrandie* que l'on observe
à la *même distance minimum* de la vision distincte.

Position de l'objet. — *Pour faire usage d'une loupe, on place
l'objet* AD *entre la lentille et son foyer* F′. La construction générale

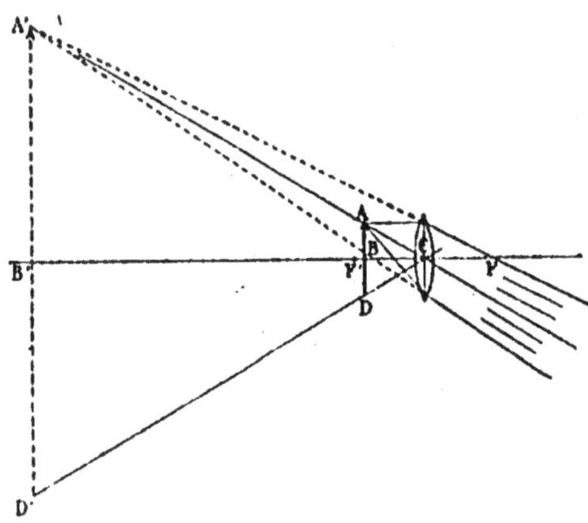

Fig. 397.

de l'image (446), par l'intersection de l'axe secondaire et du rayon
réfracté correspondant à un rayon incident parallèle à l'axe, conduit
à une image A′D′ **agrandie, droite et virtuelle** (fig. 397).

Marche des rayons. — Un observateur verra le point A′ s'il est
placé derrière la loupe dans le cône de sommet A′, il verra le point

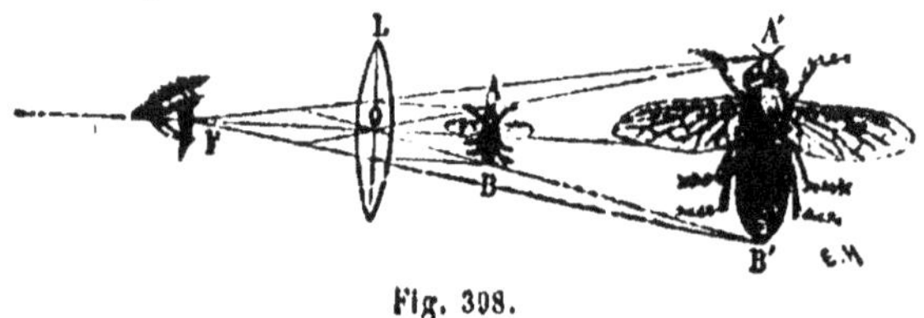

Fig. 398.

B′ s'il est placé dans le cône de sommet B′. Si l'œil est placé dans une partie commune à ces deux cônes, il recevra des rayons des divers points de l'image (fig. 398).

Mise au point. — L'image est transportée à l'infini si l'objet se trouve au foyer principal F' de la loupe, l'image peut alors être vue par un œil normal sans effort d'accommodation; un myope doit placer la loupe plus près de l'objet, afin que la distance de l'image à l'œil diminue. La *mise au point* se fait en approchant lentement la loupe de l'objet jusqu'à ce que, l'œil étant placé contre la loupe, l'image apparaisse le plus distinctement possible.

497. Puissance. — L'angle sous lequel on voit un petit objet de longueur l en faisant usage d'une loupe est sensiblement $\dfrac{l}{f}$, f représentant la distance focale de la loupe. En évaluant f en mètres, $\dfrac{1}{f}$ est la *convergence* de la loupe en dioptries.

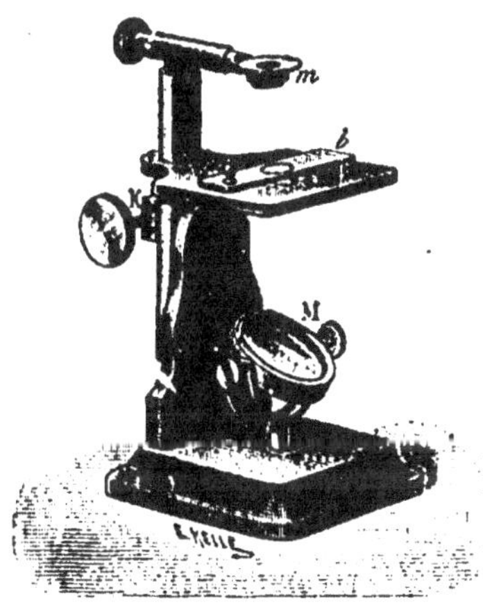

Fig. 399.

La puissance de la loupe est l'angle qui se rapporte à $l = 0^m001$, il est égal à $0^m001 \cdot \dfrac{1}{f}$ ou $\dfrac{1}{1000}$ de la convergence.

498. La loupe montée (fig. 399) est une loupe m fixée à une monture en cuivre et pouvant être levée ou abaissée pour la mise au point au moyen d'une crémaillère K. L'objet b est placé sur un porte-objet fixe, il est éclairé par dessous à l'aide d'un miroir légèrement concave M, fixé au support.

MICROSCOPE

499. Un microscope sert, comme la loupe, à l'examen d'objets très petits, il est formé (fig. 400) 1° d'un système convergent à court foyer L, appelé *objectif*, donnant d'un objet AB une image A'B' *réelle*, *renversée* et *agrandie*. L'objet AB est placé pour cela au delà du foyer principal de l'objectif, plus près de l'objectif que le double de la distance focale; 2° d'un système convergent L', appelé *oculaire*, ayant même axe principal que l'objectif, et jouant le rôle de loupe par rapport à l'image A′B′ fournie par l'objectif. L'œil appliqué contre l'oculaire voit une image A″B″, *agrandie, virtuelle, droite* par rapport à A′B′, *renversée* par rapport à AB.

Construction des images. — L'image réelle A′B′ due à l'objectif et ensuite l'image virtuelle A″B″ donnée par l'oculaire (fig. 400) s'obtiennent par l'application des constructions relatives aux lentilles

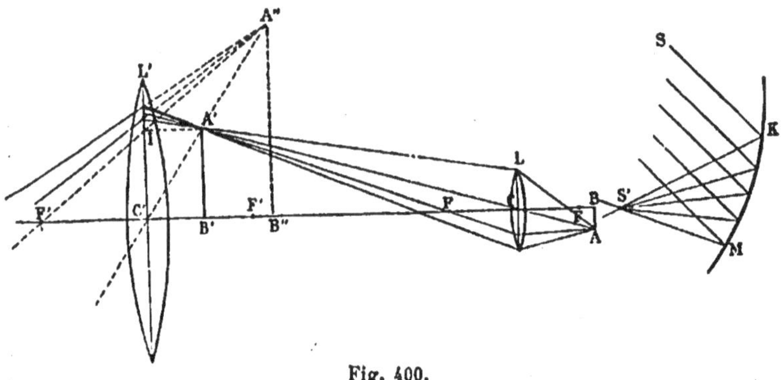

Fig. 400.

(intersection de l'axe secondaire et du rayon réfracté correspondant à un rayon incident parallèle à l'axe) (**446**).

Marche des rayons. — Un point A de l'objet envoie sur l'objectif L un cône de rayons qui donne après réfraction un nouveau faisceau conique convergeant en A′ sur l'axe secondaire AC. Ce faisceau conique diverge ensuite de son sommet A′, rencontre l'oculaire L′ et après réfraction offre un faisceau conique divergent venant du point A″. Le point A″ se trouve sur la droite A′C′.

On verra à la fois A″ et B″, images de A et de B, en plaçant l'œil dans la partie commune aux deux cônes issus de A″ et de B″.

Mise au point. — L'oculaire et l'objectif B sont adaptés aux deux extrémités d'un tube sur l'axe duquel ils sont centrés (fig. 401). L'objet repose sur un anneau P appelé *porte-objet*. On effectue la mise au point en *déplaçant le tube du microscope tout entier par rapport à l'objet*, afin que l'image A″B″ soit vue à la distance minimum de la vision distincte.

Lorsque le microscope se trouve à une distance de l'objet telle que A′B′ se forme au foyer de la loupe, l'image A″B″ est reportée à l'infini. Pour un observateur myope ne pouvant voir l'image A″B″ qu'à une courte distance, A′B′ devra se former plus près de l'oculaire ou plus loin de l'objectif; à cet effet, on diminuera la distance de l'objet au foyer de l'objectif, en rapprochant à l'aide de la vis V le tube du microscope du porte-objet.

Les objets opaques posés sur le porte-objet P sont éclairés par dessus au moyen d'une lentille convergente H ajustée latéralement. Sur les objets transparents on concentre par un miroir concave M fixé au pied de l'instrument la lumière d'un mur blanc bien éclairé.

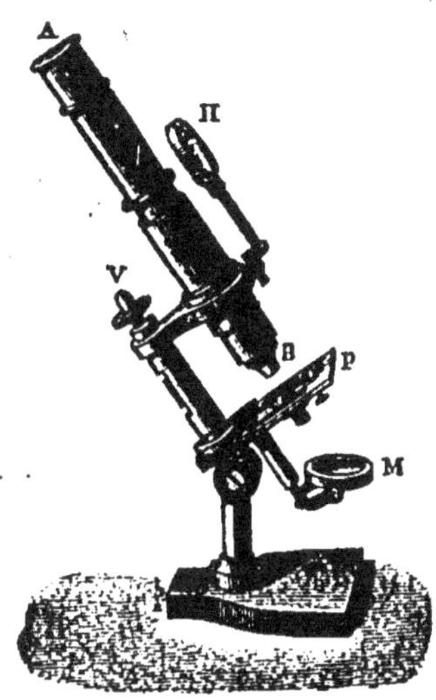

Fig. 401.

500. Mesure expérimentale de la puissance d'un microscope. — Pour mesurer la *puissance d'un microscope*, on adapte au microscope une *chambre claire* formée d'une combinaison d'un miroir plan et d'un prisme à réflexion totale (fig. 402).

Le prisme à réflexion totale est un prisme rectangle P (438) dont l'hypoténuse réfléchit les traits d'une règle D divisée en millimètres. Un miroir M fixé au-dessus de l'oculaire et parallèle à la face hypoténuse du prisme réfléchit une seconde fois les divisions de la règle. Ce miroir est percé d'un trou à son centre et laisse passer les rayons d'une plaque de verre *m* divisée en centièmes de millimètres ou *micromètre*, placée sur le porte-objet. L'œil reçoit dans la même direction et voit à la distance Δ de la vision distincte : 1° la règle D par la chambre claire; 2° l'image du micromètre à travers le microscope. Supposons que 1 division du micromètre couvre N millimètres de la règle.

N millimètres de la règle sont vus par la chambre claire sous l'angle $\dfrac{N}{\Delta}$.

Une division du micromètre est vue à travers le microscope sous l'angle $\dfrac{P}{100}$, P étant la puissance du microscope.

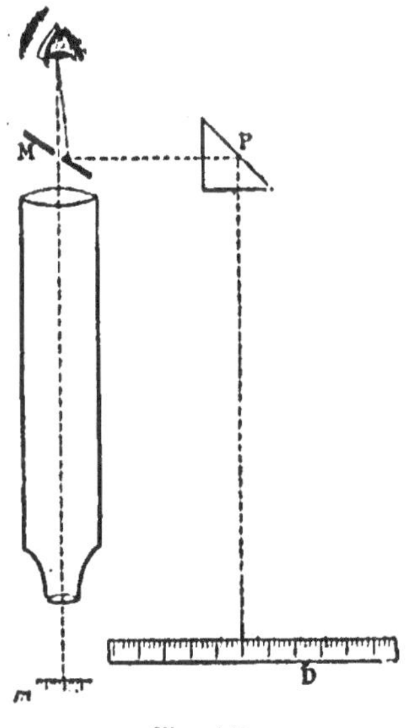

Fig. 402.

Ces deux angles sont égaux puisque les divisions du micromètre et de la règle se recouvrent.

$$\frac{P}{100} = \frac{N}{\Delta} \, ;$$

on déduit de là P.

LUNETTE ASTRONOMIQUE

501. Cet instrument, destiné à l'observation d'objets très éloignés, est formé comme le microscope d'un objectif et d'un oculaire, tous deux convergents et ayant même axe principal.

L'objectif L, à long foyer, donne à son foyer principal F, ou un peu au delà une image A'B', *réelle* et *renversée* d'un objet éloigné AB.

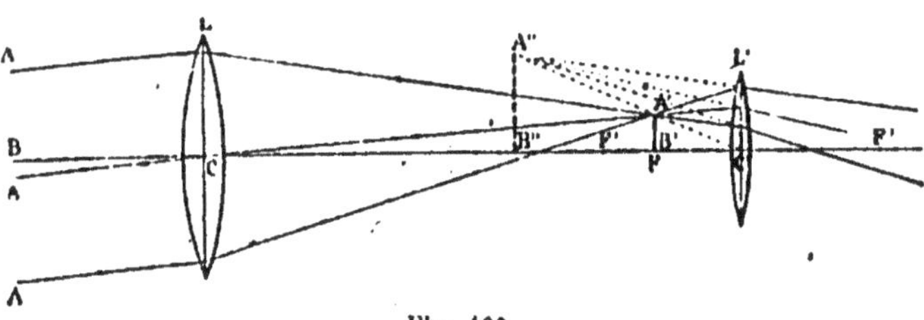

Fig. 403.

L'oculaire L', à court foyer, *fonctionne comme une loupe* et fournit de l'image A'B' une image *virtuelle* et *agrandie* A"B". Cette nouvelle image est droite par rapport à l'image A'B' et *renversée* par rapport à l'objet (fig. 403).

Construction des images. — La construction graphique des images se fait d'après les constructions établies (**446**).

Toutefois l'objet, s'il est très éloigné, n'est représenté que par l'angle ACB des axes secondaires de ses extrémités A et B.

Marche des rayons. — Un point A de l'objet envoie sur l'objectif L un cône de rayons qui se transforme après réfraction en un nouveau faisceau conique qui converge en un point A' situé sur l'axe secondaire AC. Ce faisceau conique diverge ensuite de A', rencontre l'oculaire L' et après réfraction semble diverger d'un autre point A" situé sur l'axe secondaire A'C' (fig. 403).

Mise au point. — L'image A"B" doit être observée à la distance minimum de la vision distincte.

L'objet étant très éloigné, son image se forme à une distance à peu près fixe de l'objectif, sensiblement en F, et pour la mise au point on déplace l'oculaire par rapport à l'objectif. L'objectif est fixé dans une monture qui se visse à l'extrémité d'un long tube cylindrique de laiton (fig. 404); à l'autre extrémité de ce tube glisse à frottement un autre tube plus étroit qui porte l'oculaire.

La mise au point est faite pour une vue infiniment longue lorsque

Fig. 404.

l'image A'B' est au foyer de l'oculaire; pour une vue myope, l'image A'B' doit se trouver entre l'oculaire et son foyer, d'autant plus près de l'oculaire que la vue est moins longue. Il faut dans ce cas *enfoncer* l'oculaire pour le rapprocher de l'image.

502. Grossissement de la lunette astronomique. — On définit le grossissement : *le rapport du diamètre apparent d'un astre vu dans la lunette au diamètre apparent de cet astre vu directement* (495).

En désignant par F la distance focale de l'objectif et par f la distance focale de l'oculaire, on trouve que le grossissement de la lunette astronomique est égal au rapport $\frac{F}{f}$ des distances focales de son objectif et de son oculaire.

Le grossissement est d'autant plus grand que la distance focale de l'objectif est plus grande et que la distance focale de l'oculaire est plus petite. Afin de donner aux objectifs une grande distance focale, l'instrument doit avoir une grande longueur. Le diamètre de l'objectif croît avec sa distance focale, il reçoit ainsi une grande quantité de lumière, ce qui augmente l'éclat de l'image.

503. Lunette terrestre. — Les images données par la lunette astronomiques sont *renversées;* cela est indifférent pour l'astronome. Dans l'obser-

vation des objets terrestres, il convient de *redresser* l'image réelle A'B' donnée par l'objectif. On réalise ce redressement de plusieurs façons.

Une seule lentille L pourrait suffire. La distance focale de cette lentille
étant égale à φ, on pourrait la placer à une distance 2φ de l'image réelle A'B';
cette image serait reproduite en A'₁B'₁, égale à A'B', de l'autre côté de la
lentille L, à la même distance 2φ. Cette image redressée serait enfin observée
avec l'oculaire. La longueur de la lunette est ainsi accrue de 4φ (fig. 405).

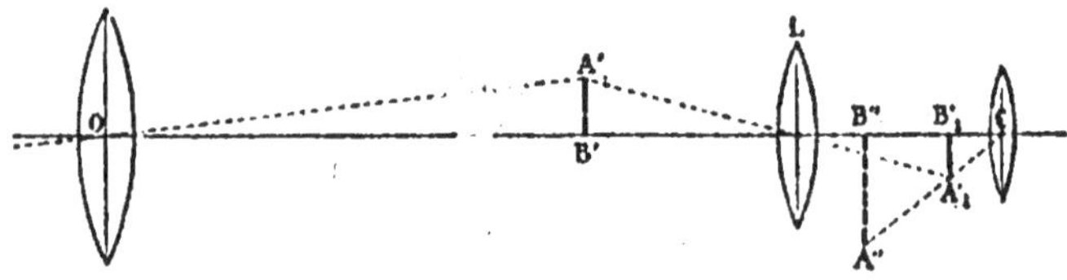

Fig. 405.

TÉLESCOPE DE NEWTON

504. Un télescope diffère d'une lunette en ce que l'image objective
est fournie par un miroir au lieu de l'être par une lentille.

Il est formé d'un **miroir sphérique concave** et d'un **oculaire**, tous
deux convergents et ayant même axe principal.

Construction des images. — Dans le télescope de Newton, un
miroir sphérique concave M est fixé au fond d'un tube à parois
noircies T, ouvert par l'autre extrémité, et dirigé vers les objets
éloignés que l'on observe (fig. 406). Les rayons d'un objet éloigné
réfléchis par le miroir M formeraient une image *réelle* et *renversée ab*
entre le centre C et le foyer principal F, très près de ce foyer. Sur le
trajet des rayons réfléchis *convergents*, entre le miroir sphérique concave et son foyer principal, est interposé un **miroir plan** *m* incliné à
45°, qui les réfléchit en A'B', *réelle* et *symétrique* de *ab* par rapport
au miroir (**403**). Le miroir plan *m* est ordinairement remplacé par la
face hypoténuse d'un prisme rectangle isocèle qui *réfléchit totalement*
la lumière. L'image réelle A'B', égale à l'image *ab*, est observée avec
un **oculaire** C' qui en donne une image *virtuelle* et *agrandie* A"B";
le point B" se trouve sur l'axe secondaire B'C'.

Marche des rayons. — Les rayons lumineux issus d'un point
éloigné situé sur un axe secondaire *b*C forment un faisceau BHBE
de rayons parallèles à cet axe secondaire; par la réflexion sur le
miroir concave, ce faisceau cylindrique est transformé en un faisceau

conique dont le sommet serait b au foyer principal. Ce faisceau, devenu divergent au delà de b, pourrait être observé par l'œil ou par un oculaire, mais le miroir plan m reçoit les rayons convergents avant

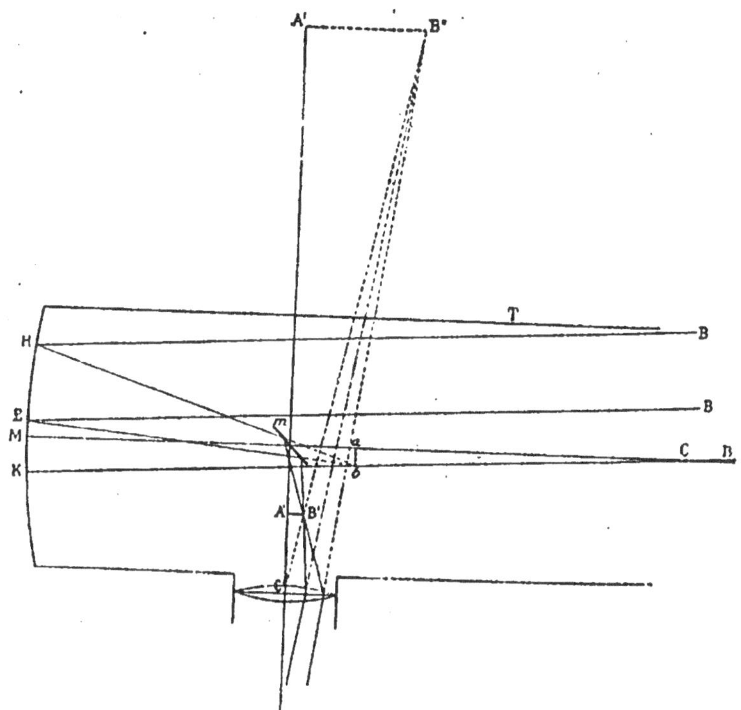

Fig. 406.

leur réunion en b et les fait concourir après leur réflexion au point B', symétrique de b. Le faisceau réfléchi de sommet B' devenu divergent au delà de B', tombe sur l'oculaire et semble après réflexion venir de B".

Mise au point. — L'image A"B" s'observe à la distance minimum de la vision distincte. L'image fixe A'B' doit être située entre le foyer de l'oculaire et l'oculaire. et d'autant plus près de l'oculaire que la vue de l'observateur est plus courte; un myope doit donc *enfoncer* l'oculaire; à cet effet, l'oculaire est mobile dans un tube qui permet la mise au point.

Le grossissement d'un télescope se définit comme le grossissement d'une lunette astronomique. Il a pour valeur $\dfrac{F}{f}$, F distance focale du miroir concave, f distance focale de l'oculaire.

Avantages des télescopes. — Les télescopes ont l'avantage de présenter des images objectives obtenues par réflexion et par conséquent *exemptes d'aberration de réfrangibilité*; on annule en outre l'*aberration de sphéricité* pour les rayons parallèles à l'axe par l'emploi d'un miroir parabolique qui les concentre exactement en son foyer.

Les miroirs en bronze des anciens télescopes n'avaient qu'un pouvoir réflecteur de 0,6 environ et leur poli s'altérait par l'action de l'air. On les a remplacés par des miroirs en verre *argentés* sur leur surface concave, beaucoup plus légers que les miroirs de bronze et dont le pouvoir réflecteur atteint 0,95. Quand la couche argentée a été ternie, on la dissout simplement et on en dépose une autre sur le verre, sans recourir à un nouveau polissage qui modifierait la surface.

L'usage du télescope doit être rejeté pour les *observations solaires*, un miroir subissant par la chaleur des déformations qui enlèvent aux images leur netteté.

PHOTOGRAPHIE

505. Principe de la photographie. — Une chambre noire munie d'une lentille convergente (**492**) enchâssée dans une ouverture du volet donne sur un écran une image réelle et renversée des objets qui sont situés à l'extérieur, au foyer conjugué de l'écran. La photographie permet de fixer ces images par l'action de la lumière sur divers composés chimiques. Elle repose sur la propriété que possède la lumière de décomposer certains sels d'argent, tels que le chlorure, le bromure et l'iodure d'argent (**469**).

Opérations photographiques. — La pratique photographique résulte des travaux de Daguerre[1] et de Niepce[2]. Elle comprend deux opérations distinctes : 1° production d'une **épreuve négative** sur verre où les parties claires sont devenues noires et inversement; 2° production d'**épreuves positives** sur papier où les clairs et les ombres reprennent leur ordre naturel.

(1) **Daguerre,** né à Cormeilles-en-Parisis (1788-1851).
(2) **Niepce** (*Nicéphore*), né à Chalon-sur-Saône (1765-1833).

Appareil photographique. — Un appareil photographique (fig. 407) se compose d'une chambre noire, munie d'un côté d'un

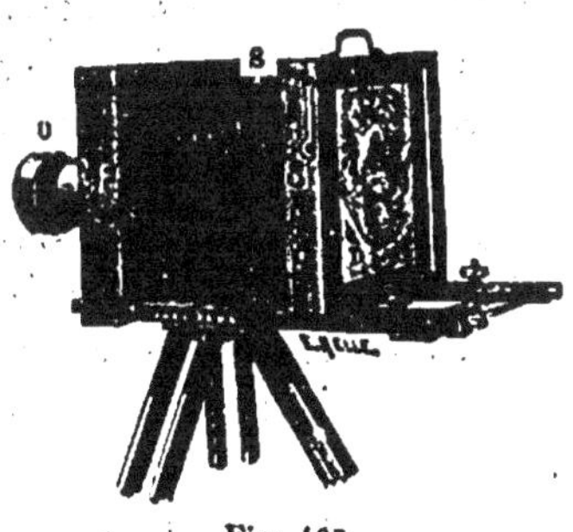
Fig. 407.

objectif achromatique O et de l'autre d'un écran translucide en verre dépoli qu'on place en D. L'objectif a été rendu achromatique pour que le foyer des rayons violets (rayons chimiques) coïncide avec le foyer des rayons jaunes. Les parois latérales de la chambre sont disposées en soufflet S, ce qui rend la chambre plus légère et permet un tirage étendu.

506. Mise au point. — Le photograph≥ placé derrière le verre dépoli dirige l'axe principal de l'objectif vers la partie centrale de l'objet à reproduire, puis, en déplaçant le fond mobile de la chambre noire, il avance ou recule le verre dépoli jusqu'à ce que *la netteté* de l'image soit *maximum* (le verre dépoli se trouve alors au foyer conjugué de l'objet par rapport à l'objectif).

La mise au point ayant été effectuée avec soin, on recouvre l'objectif avec un obturateur et on substitue à l'écran dépoli une plaque de verre chimiquement *sensible*, placée dans une boîte plate à parois opaques, appelée *châssis*, le côté sensible tourné vers l'objectif. La paroi du châssis qui regarde l'objectif est un volet mobile qui peut être levé, à un moment donné, de façon à découvrir la plaque.

La plaque de verre ne sert que de support, la substance sensible déposée sur la plaque de verre introduite dans le châssis est du bromure d'argent tenu en suspension dans une substance visqueuse, la gélatine. Cette émulsion de **gélatino-bromure** d'argent est attaquée par tous les rayons lumineux auxquels on l'expose, sauf par les rayons rouges[1].

Pose. — On soulève verticalement le volet mobile qui recouvre la plaque au gélatino-bromure et qui glisse dans une rainure et on ouvre l'obturateur de l'objectif. Dans toutes les parties éclairées de l'image, la lumière agit sur le sel d'argent en mettant le métal en liberté; dans les demi-teintes l'action est moins vive et dans les ombres elle est nulle. Quand le *temps de pose* est suffisant, on bouche

____

(1) Les plaques au gélatino-bromure d'argent sont conservées avec soin à l'abri de la lumière.

l'objectif de la chambre noire avec son obturateur et on recouvre la plaque sensible en rabattant le volet du châssis. La durée de la pose *est variable;* avec des plaques extra-rapides, cette durée peut être abaissée à quelques millièmes de seconde.

Développement de l'image. — La plaque enfermée dans son châssis est emportée dans une salle qui n'est éclairée que par de la lumière rouge; là seulement on sort la plaque de son châssis; *rien n'est encore apparent.* On emploie alors pour *développer* l'image des substances *réductrices* énergiques, telles que des solutions d'oxalate ferreux ou d'acide pyrogallique qui continuent la réduction du sel d'argent aux points qui avaient subi l'action de la lumière. La liqueur *révélatrice* ayant été versée dans une cuvette, on y plonge la plaque impressionnée, gélatine en dessus. Une image apparaît progressivement; sur les parties éclairées par le modèle le sel d'argent a été réduit et il s'y est formé un dépôt noir d'argent divisé, tandis que les noirs du modèle restent blancs. C'est l'*épreuve négative.*

Fixage. — Si on exposait alors la plaque à la lumière, elle noircirait sur toute la partie où le bromure d'argent est resté intact. Il faut donc supprimer la sensibilité de la plaque à toute action lumineuse ultérieure : cela s'appelle *fixer* l'image. Pour cela, après avoir lavé la plaque et avant de la sortir de la salle obscure, on dissout le sel d'argent resté intact avec une solution d'*hyposulfite de soude,* ce qui rend transparentes d'une façon définitive les parties de l'épreuve où la lumière n'a pas agi. Quant au bromure réduit, il est devenu insoluble dans l'hyposulfite. On *lave* ensuite la plaque à grande eau pour éliminer toute trace d'hyposulfite et on la laisse sécher.

Cliché négatif. — L'épreuve sur verre obtenue, regardée par transparence, laissera passer la lumière dans les parties de la plaque qui correspondent aux régions noires de l'objet; les parties correspondantes aux blancs de l'objet seront noires, étant recouvertes d'argent réduit.

Le négatif va servir comme un véritable *cliché* à tirer des épreuves *positives,* où les blancs des images correspondront aux blancs de l'objet, sans qu'on ait besoin de faire poser de nouveau le modèle.

II. ÉPREUVES POSITIVES SUR PAPIER

507. *Les positifs se tirent sur papier.* Dans un châssis-presse dont le fond est en verre, on place l'épreuve négative et au-dessus une feuille de papier qui a été imprégnée de chlorure d'argent dans l'obscurité (dite *sensibilisée* au chlorure d'argent), le côté sensibilisé étant appliqué sur la couche impressionnée du cliché; on expose le tout à la lumière du jour. La lumière traverse la plaque de verre dans les parties transparentes du négatif, et noircit le papier chloruré en ces points; le papier reste blanc sous les régions du négatif rendues opaques par l'argent réduit. On suspend l'exposition quand l'action de la lumière est suffisante (quand le positif est *bien venu*), puis on lave l'épreuve positive avec une solution d'hyposulfite qui *fixe* l'image en dissolvant le chlorure non réduit par la lumière.

On a ainsi une épreuve définitive dont les tons sont renversés par rapport au négatif et qui reproduit l'objet, *sauf la coloration.*

Cette épreuve positive est soumise à un lavage prolongé pour enlever toute trace d'hyposulfite, puis séchée. Cette formation d'épreuves positives peut être indéfiniment répétée puisque le cliché n'est pas altéré.

ONDES LUMINEUSES

508. Nous avons reconnu directement que les corps sonores sont animés d'un mouvement vibratoire (**333**) dont les oscillations sont isochrones et formées de *deux demi-oscillations symétriques*. Ce mouvement vibratoire détermine le phénomène de l'**Interférence** sonore ou du silence continu en des points qui reçoivent simultanément et dans certaines conditions l'action de deux sources sonores.

509. Hypothèse du mouvement vibratoire lumineux. — Comme on observe le phénomène de l'interférence *lumineuse* dans des conditions semblables aux précédentes, on se trouve conduit à attribuer aux corps lumineux un mouvement vibratoire analogue au mouvement vibratoire sonore. C'est dans ce cas une *hypothèse*, car le mouvement vibratoire des particules lumineuses est trop faible et trop rapide pour pouvoir être observé directement; toutefois, cette hypothèse est justifiée par toutes ses conséquences.

510. Hypothèse de l'éther. — L'hypothèse du mouvement vibratoire lumineux en entraîne une autre. Nous avons vu, à propos du son, qu'un mouvement vibratoire ne peut se transmettre à des récepteurs que par l'intermédiaire d'un **milieu élastique** qui entre lui-même en vibration (**334**). Un milieu élastique est de même nécessaire à la propagation du mouvement vibratoire lumineux. Ce milieu nous échappe; en effet, sa densité est plus faible que la densité des gaz les plus raréfiés, puisque la lumière traverse le vide et les intervalles célestes. On fait donc l'hypothèse d'un milieu élastique spécial occupant tout l'espace et auquel on donne le nom d'éther. L'éther doit exister entre les particules de tous les corps, car les corps les plus opaques aux radiations que notre œil perçoit sont transparents pour d'autres radiations.

511. Qualités d'une lumière. — Nous avons vu en Acoustique que les sons se distinguent entre eux par deux qualités principales qui dépendent de leur état vibratoire : l'*intensité* et la *hauteur*. Les diverses lumières se distinguent de même par deux qualités analogues, en rapport avec le mouvement vibratoire lumineux.

L'intensité sonore a pour analogue l'**intensité lumineuse** qui augmente aussi avec l'amplitude des vibrations des molécules lumineuses.

La couleur, analogue à la hauteur en acoustique, est *caractérisée* par le nombre des vibrations en une seconde ou par la période. En désignant par n la fréquence ou le nombre des vibrations par seconde des molécules lumineuses, par T la période ou la durée d'une vibration, on a $\ T = \dfrac{1}{n}\ $ ou $\ nT = 1.$

512. Propagation d'un mouvement vibratoire lumineux. — Les particules des corps lumineux sont considérées comme animées d'un mouvement vibratoire; les mouvements de va-et-vient de ces particules se communiquent au milieu élastique spécial que nous avons appelé éther et la propagation se fait dans ce milieu par *ondes* de proche en proche, *sans transport de matière.*

Les vibrations lumineuses sont transversales. — Il y a entre les vibrations sonores et les vibrations lumineuses une différence essentielle. Tandis que les vibrations sonores sont *longitudinales*, c'est-à-dire ont lieu dans le sens de la propagation du son, les vibrations lumineuses sont **transversales**, c'est-à-dire perpendiculaires à la direction de propagation. La propagation de ces vibrations transversales se fait comme la propagation des oscillations provoquées par le choc d'une pierre en un point d'une surface liquide. On peut encore la comparer à la propagation des ondulations d'un tuyau de caoutchouc tendu horizontalement entre deux points. Quand on frappe un coup sec perpendiculairement à la direction du tuyau à l'une de ses extrémités, il se produit une ondulation transversale qui se propage jusqu'à l'autre extrémité.

Surface d'onde. — Dans le vide comme dans l'air, et, comme aussi dans les milieux homogènes où les lois de la réfraction sont les deux lois de Descartes, la propagation de la lumière est uniforme dans tous les sens. Il en résulte que les points d'une surface sphérique qui a le point lumineux pour centre sont au même instant dans un même état vibratoire. L'ensemble des points d'une quelconque de ces surfaces sphériques s'appelle une **surface d'onde**. Comme les vibrations lumineuses sont transversales, les déplacements des molécules d'éther se font sur les surfaces d'onde au lieu de se faire dans le sens des rayons, comme cela serait si les vibrations étaient longitudinales.

Longueur d'onde. — Pendant le temps qu'une particule exécute une oscillation complète autour de sa position d'équilibre, son mouvement se communique, dans le sens de la propagation de la lumière à une file de molécules sur une longueur appelée la **longueur d'onde**. La longueur d'onde est l'espace parcouru par le mouvement vibratoire pendant la durée d'une vibration.

D'après ce que nous avons vu à propos des ondes liquides et des ondes sonores, nous pouvons faire les deux remarques suivantes :

Sur deux surfaces d'onde distantes entre elles d'une longueur d'onde, les déplacements transversaux des particules d'éther sont égaux à un même instant et de même sens (fig. 275) (plus exactement *dans une même phase de la vibration*).

Sur deux surfaces d'onde distantes entre elles d'une demi-longueur d'onde, les déplacements transversaux des particules d'éther sont encore égaux, à un même instant, mais de sens opposés (*dans des phases opposées de la vibration*).

D'une façon générale : sur deux surfaces d'onde distantes du centre d'ébranlement de λ, 2λ, 3λ... les déplacements transversaux sont égaux et de même sens; ils sont égaux et de sens contraires sur deux surfaces d'onde distantes de $\frac{\lambda}{2}$, $3\frac{\lambda}{2}$, $5\frac{\lambda}{2}$...

513. Vitesse de propagation, période, longueur d'onde. — Les valeurs de la *vitesse de propagation* V, de la *fréquence n*, de la *période* T et de la *longueur d'onde* λ sont d'un ordre de grandeur très différent dans le cas des vibrations sonores et dans le cas des vibrations lumineuses.

La **vitesse de propagation** du son dans l'air à 15° est de 340 mètres par seconde; la vitesse de propagation de la lumière dans le vide (ou approximativement dans l'air) est de 300 mille kilomètres par seconde.

Tandis que la **fréquence** des vibrations des sons perceptibles est à peu près comprise entre 20 et 20 000 par seconde, la fréquence pour les radiations auxquelles notre rétine est sensible est comprise à peu près entre 400 et 700 trillions. Le rouge est la couleur aux vibrations les plus lentes et qu'on pourrait appeler *la plus grave*; le violet est la plus aiguë, c'est-à-dire aux vibrations les plus rapides.

La fréquence des vibrations calorifiques obscures ou infra rouges est moindre que celle du rouge et la fréquence des radiations chimiques ultraviolettes est plus considérable que celle du violet.

D'après la relation évidente $nT = 1$, où n représente la fréquence et T la période, la **période** est en re... n inverse de la fréquence et, comme la fréquence est extrêmement grande dans le cas des vibrations lumineuses, *la période est extrêmement petite.*

La longueur d'onde étant l'espace parcouru par un mouvement vibratoire lumineux avec la vitesse de propagation V pendant la durée T d'une vibration, on a $\lambda = VT$. D'autre part, d'après la relation $nT = 1$, l'équation $\lambda = VT$ équivaut à $V = n\lambda$. On en déduit $n = \dfrac{V}{\lambda}$.

L'éther transmet toutes les radiations *dans le vide* avec une *même vitesse* qui est de 3.10^{10} centimètres par seconde (300 mille kilomètres).

Pour la radiation de la lumière jaune d'une lampe à alcool salé (raie D)

$$\lambda = 0^{\mu},589 = 0^{mm}000589 = 0^{cm}0000589 = 5,89.10^{-5}$$
$$n = \frac{V}{\lambda} = \frac{3,10^{10}}{5,89.10^{-5}} = 5,1.10^{14}.$$

En Acoustique, on classe les sons d'après leur fréquence ou d'après leur période; les nombres qui représentent les fréquences et les périodes ne sont ni trop grands ni trop petits et on en apprécie facilement la valeur; il en est de même d'ailleurs des longueurs d'onde.

En Optique, les nombres qui expriment les fréquences sont beaucoup trop grands et les nombres qui expriment les périodes sont beaucoup trop petits pour qu'on puisse en concevoir la grandeur; aussi, c'est par *la longueur d'onde dans le vide* que l'on caractérise les diverses radiations.

514. Longueurs d'onde des radiations. — La longueur d'onde des radiations les plus lumineuses du spectre solaire (entre E et F) est voisine de $0^{\mu},5^{(1)}$. Un appareil thermométrique très sensible révèle dans le spectre solaire infrarouge des radiations dont les longueurs d'onde croissent de $0^{\mu},4$ à 4μ. Dans le spectre solaire ultraviolet, on

____

(1) μ est le *micron* ou millième de millimètre.

est descen.. .. par la photographie jusqu'à la longueur d'onde 0µ,25.

Récemment, M. Blondlot a reculé considérablement cette limite en découvrant des rayons de fréquence beaucoup plus grande. Ces rayons, qu'il a appelés rayons N et dont la longueur d'onde est voisine de 0µ,008, n'influencent ni l'œil, ni les plaques photographiques, mais ils *activent la phosphorescence* de corps phosphorescents, tels que le *sulfure de calcium*, préalablement insolés.

Les radiations solaires ne peuvent pas toutes nous parvenir à cause de *l'absorption* qu'exercent sur elles les milieux interposés et en particulier l'atmosphère terrestre; aussi, l'analyse spectrale de diverses *sources artificielles* de chaleur et de lumière a permis de combler des lacunes dans les radiations. Cette extension s'est faite en deçà des vibrations plus lentes que l'infrarouge solaire et au delà des vibrations plus rapides que l'ultraviolet.

Vibrations lentes. — En observant les radiations thermiques émises par des corps dont la température est inférieure à 100°, on est parvenu jusqu'à des radiations dont la longueur d'onde atteint 80µ (20 fois plus lentes que les vibrations les plus lentes de l'infrarouge solaire).

Vibrations rapides. — Les vibrations les plus rapides de l'ultraviolet que l'on puisse inscrire sur une plaque photographique ont été obtenues avec l'arc voltaïque et dans le vide. On est ainsi descendu jusqu'à la longueur d'onde 0µ,1.

L'atmosphère terrestre laisse passer les rayons N. Ces rayons font également partie du rayonnement de certaines sources artificielles, telles que le bec Auer, la lumière électrique, etc. [1]

En résumé, l'étude du spectre solaire et des spectres des sources artificielles a fait connaître jusqu'ici des vibrations de l'éther correspondant à des longueurs d'onde comprises entre 80µ et 0µ,008; ces dernières ont un nombre de vibrations par seconde 10 mille fois plus grand que les premières. S'il subsiste une lacune de vibrations non reconnues jusqu'ici entre 0µ,1 et 0µ,008, l'exemple des rayons ultra violets décelés par la photographie et celui des rayons N manifestés par la phosphorescence, font penser que de nouveaux récepteurs, sensibles aux radiations intermédiaires, permettront dans l'avenir de les mettre en évidence.

Si les rayons X sont aussi, comme on est porté à le penser, des rayons dus à des mouvements vibratoires de l'éther, leur longueur d'onde serait infiniment plus courte que celle des rayons N et il y aurait lieu de rechercher aussi les rayons compris entre les rayons N et les rayons X.

515. Vitesses de propagation dans les différents corps. — Bien que l'éther imprègne tous les corps et que la propagation du mouvement

---

(1) Les rayons N traversent un certain nombre de corps opaques, tels que le bois, l'aluminium, le mercure, même sous une forte épaisseur. Ils traversent l'eau salée et sont arrêtés par l'eau pure.

vibratoire lumineux se fasse par cet éther, il y a entre la substance d'un corps et l'éther qui le pénètre des liaisons telles que la vitesse de la lumière varie avec la nature du corps dans lequel elle se propage.

Dans les milieux homogènes plus réfringents que l'air mais où *l'élasticité est la même dans tous les sens*, les vibrations lumineuses se transmettent avec la même vitesse dans toutes les directions et les surfaces d'onde sont des sphères. Comme la lumière s'y propage moins vite que dans l'air et que la *vitesse de propagation change avec le milieu*, on admet que la densité de l'éther varie avec le milieu.

La vitesse de propagation d'une radiation changeant avec le milieu en optique, comme la vitesse de propagation d'un son de hauteur déterminée varie avec le milieu en acoustique, la longueur d'onde d'une radiation est aussi *variable avec le milieu* en optique. La longueur d'onde ne caractérise donc une radiation que si on spécifie le milieu où on la considère ; c'est par leurs *longueurs d'onde dans le vide* que nous avons caractérisé plus haut les diverses radiations.

Il y a des corps homogènes où *l'élasticité varie autour de chaque point avec la direction*. On doit admettre que dans ces corps l'éther présente les mêmes variations d'élasticité. La lumière s'y propage avec une vitesse qui varie suivant la direction. Les surfaces d'onde ne sont plus sphériques. Ces milieux sont doués d'une double réfraction.

Valeur théorique de l'indice de réfraction. — On démontre que l'indice de réfraction d'une substance 2 par rapport à une substance 1 est égal au quotient de la vitesse V_1 de propagation de la lumière dans le milieu 1 par la vitesse V_2 de propagation dans le milieu 2 :

$$m_{12} = \frac{V_1}{V_2}.$$

INTERFÉRENCES LUMINEUSES

516. Le principe des interférences s'applique aux ondes lumineuses comme aux ondes liquides et aux ondes sonores. Les conditions d'interférence sont les mêmes pour les trois espèces d'ondes.

Considérons deux systèmes d'ondes lumineuses issues de deux points lumineux S′ et S″ de même couleur ou de même période et qui sont à tout instant dans la même phase de leur vibration.

1° Soit un point a où les deux systèmes d'ondes issus de S′ et S″ élèvent également tous les deux au même moment les particules d'éther au-dessus du rayon de propagation (coïncidence d'une crête de l'un des systèmes avec une crête de l'autre) ou un point a_1 où les deux systèmes d'ondes abaissent également tous les deux les particules d'éther au-dessous du rayon de pro-

pagation (coïncidence de deux sillons); les effets dus aux deux systèmes s'ajoutent en *a* comme en *a*, et en ces points les particules
d'éther prennent une amplitude double. A cet accroissement d'amplitude correspond une *augmentation de l'intensité lumineuse*.

2° Si les deux systèmes se rencontrent en un point *n* où l'un des
systèmes élève les particules d'éther au-dessus du rayon de propagation au moment précis où l'autre système les abaisse également
(coïncidence d'une crête et d'un sillon), l'éther restera en repos en ce
point. Ce repos correspond à de *l'obscurité;* il y a interférence en *n*.

517. Expérience des deux miroirs de Fresnel. — Une des
façons les plus brillantes de réaliser le phénomène des interférences
lumineuses consiste à adopter un des dispositifs imaginés par
Fresnel. On produit sur deux miroirs M′ et M″ *très peu inclinés* l'un
sur l'autre deux images d'un point lumineux S. Il y a entrecroisement
des deux systèmes d'ondes sphériques dans la *région commune* aux
deux faisceaux qui partent des images virtuelles S′ et S″.

L'arête du dièdre des deux miroirs étant perpendiculaire au plan
du papier qui est le plan des trois points S, S′ et S″, les intersections par ce plan des deux systèmes d'ondes sphériques sont des circonférences (*e′* et *f′*, *e″* et *f″*) de centres S′ et S″ (fig. 408 et 408 *bis*).
L'intensité est maximum en tous les points de la droite OC, car en
ces points les distances aux deux sources sont égales.

Les points d'intensité maximum *a* et *a₁* où la différence des distances aux deux sources est $2\dfrac{\lambda}{2}$ forment une courbe; d'autres
points d'intensité maximum où la différence des distances aux deux
sources est $4\dfrac{\lambda}{2}$ forment une autre courbe. *Sur les courbes d'intensité maximum* la différence des distances aux deux sources est
égale *à un nombre pair de demi-longueurs d'onde.*

Les points *n* d'intensité nulle se trouvent sur une courbe où la différence des distances aux deux sources est égale à $\dfrac{\lambda}{2}$; les points où

la différence des distances aux deux sources est égale à $3\dfrac{\lambda}{2}$ forment

une autre courbe d'intensité nulle. *Sur les courbes d'intensité nulle*
la différence des distances aux deux sources est égale à *un nombre
impair de demi-longueurs d'onde.*

Dans l'espace, les points où l'intensité est maximum forment des *surfaces*; les points où l'intensité est nulle forment d'autres surfaces.

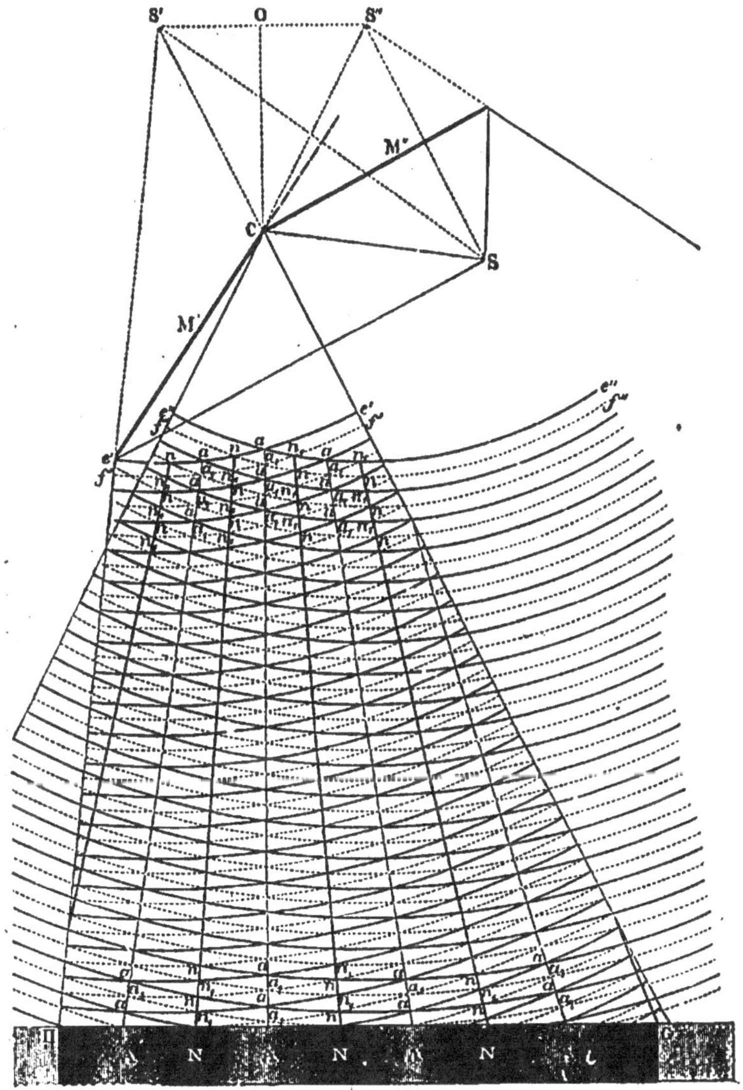

Fig. 408.

Les courbes de la figure 408 sont les intersections de ces différentes surfaces par le plan des trois points S, S′ et S″.

En recevant la lumière sur un écran perpendiculaire à la ligne OC (cet écran est rabattu en GH dans le plan de la figure), on observe

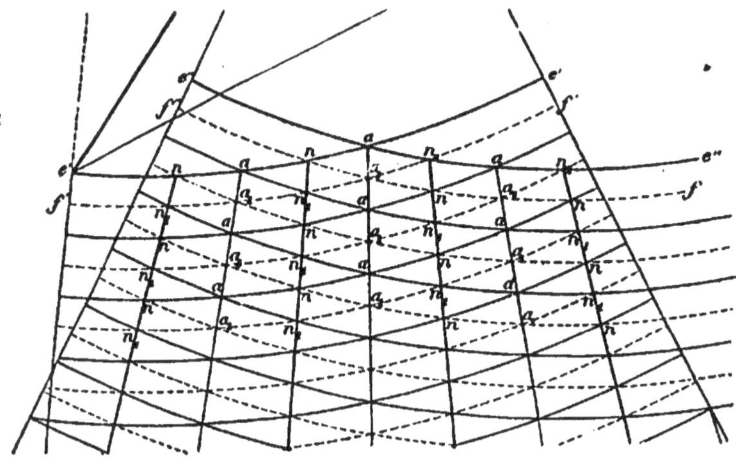

Fig. 408 *bis.*

dans la région éclairée à la fois par les deux faisceaux réfléchis venant de S′ et de S″, une série de bandes verticales équidistantes, alternativement lumineuses et obscures. Les *bandes lumineuses* A sont les intersections par l'écran des surfaces d'intensité maximum et les *bandes obscures* N sont les intersections des surfaces d'intensité nulle. Ces bandes ont reçu le nom de **franges.**

Si la source S est *monochromatique,* par exemple jaune, les franges sont alternativement jaunes et noires. Les franges sont plus serrées avec une lumière monochromatique plus réfrangible que le jaune, par exemple avec une lumière bleue.

Dans la lumière blanche, l'effet observé résulte de la superposition des effets dus à chacune des couleurs qui constituent le blanc. En A on a une *frange centrale blanche,* car sur le plan perpendiculaire à S′S″ qui se projette en OC, les distances aux deux sources sont *égales pour toutes les couleurs.* Les autres franges sont *irisées.*

Les alternatives de lumière et d'obscurité observées sont bien dues à l'effet de la superposition des deux systèmes d'ondes, car si l'on recouvre l'un des deux miroirs, tous les points de l'écran sont uniformément éclairés. *De la lumière* venant de S′ *ajoutée à de la lumière venant de S″ produit donc en certains points de l'obscurité.*

INTERFÉRENCES PAR RÉFLEXION

518. Un faisceau lumineux formé de rayons *parallèles* SA (fig. 509) tombant normalement sur un miroir MM', la superposition de l'*onde*

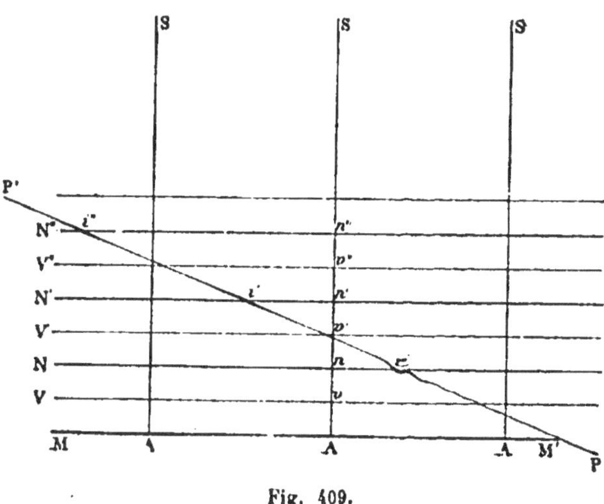

Fig. 409.

directe et de l'*onde réfléchie* sur le miroir produit des phénomènes d'interférence.

Les nœuds N, N', N",... et les ventres V, V', V"... forment des plans parallèles aux miroirs. Leur position est la même que dans la réflexion du son contre un mur (**383**). Aux nœuds distants du miroir de $2\frac{\lambda}{4}$, $4\frac{\lambda}{4}$, $6\frac{\lambda}{4}$... il y a *minimum* de lumière ; aux ventres, distants du miroir de $\frac{\lambda}{4}$, $3\frac{\lambda}{4}$, $5\frac{\lambda}{4}$... il y a *maximum*.

Ici, en raison de l'extrême petitesse de λ, il n'est pas possible de songer à *distinguer* les nœuds n, n'... et les ventres v, v'... sur une perpendiculaire à la surface du miroir, la valeur de $\frac{\lambda}{4}$ ne dépassant guère $\frac{1}{10000}$ de millimètre. On est parvenu cependant à les reconnaître en recevant la lumière sur une plaque photographique PP' *très inclinée* sur le miroir. La plaque noircit aux maxima quand elle est développée, les minima équidistants i, i', i'' restent intacts.

ÉLECTRICITÉ STATIQUE

PHÉNOMÈNES GÉNÉRAUX

519. Électrisation par le frottement. — Un bâton de verre ou de résine tenu à la main et frotté avec une étoffe de laine attire les

corps légers : barbes de plumes, fragments de papier, feuilles d'or (fig. 410). L'attraction diminue rapidement quand la distance augmente. Cette propriété attractive ayant été observée d'abord par les Grecs en frottant l'ambre jaune, qu'ils nommaient *électron*, on appelle *électrique* l'état du corps frotté, et **électricité** la cause de ce phénomène. Le verre et la résine frottés sont dits *électrisés*.

Fig. 410.

Quand on frotte avec une étoffe de laine, et en les tenant à la main, un morceau de bois ou une tige de métal, le corps frotté n'attire pas les corps légers, il n'est pas électrisé.

520. Bons conducteurs. Mauvais conducteurs. — Tous les corps sont pourtant électrisables par le frottement, mais ils se distinguent en *bons* et *mauvais conducteurs*, et cette distinction est liée à des conditions d'électrisation différentes.

Sur les mauvais conducteurs tels que le verre, la résine, la propriété électrique *reste localisée aux points frottés*, qui attirent seuls les corps légers. Elle disparaît si on touche avec la main les points mêmes où elle a été développée.

Sur les bons conducteurs tels que les métaux, le corps humain, le sol, la propriété électrique ne se limite pas aux points frottés, mais *se communique immédiatement à toute leur étendue.* L'électricité d'un bon conducteur disparaît si un contact avec la main ou avec le sol est établi en un quelconque de ses points.

Isolants. — Un bon conducteur électrisé *doit être entouré par de mauvais conducteurs* pour conserver ses propriétés électriques. Les mauvais conducteurs sont appelés **isolants**. On ne réussit pas à électriser par le frottement un morceau de métal tenu à la main; mais si le métal est séparé de la main par un support de verre il se trouve isolé de tout autre bon conducteur, car le verre et l'air avec lesquels il est en contact sont de mauvais conducteurs. Le frottement le rend alors capable d'attirer les corps légers. Si tous les corps étaient bons conducteurs, l'électricité ne pourrait être retenue et étudiée.

CORPS BONS CONDUCTEURS	CORPS MAUVAIS CONDUCTEURS
Métaux.	Air et gaz.
Charbon de cornue.	Soufre.
Eau commune.	Paraffine.
Solutions aqueuses de sels ou d'acides.	Verre.
Cordes de chanvre.	Résines.
Liège.	Caoutchouc.
Corps des animaux.	Soie.
Sol.	Essence de térébenthine.

521. Pendule électrique. — On appelle pendule électrique une petite balle conductrice de moelle de sureau B, suspendue à un support de verre C par un fil de soie isolant (fig. 411). Comme il est plus aisé d'écarter de la verticale un corps soutenu par un fil que de le soulever, le pendule électrique est employé avec avantage pour reconnaître l'action attractive d'un corps électrisé.

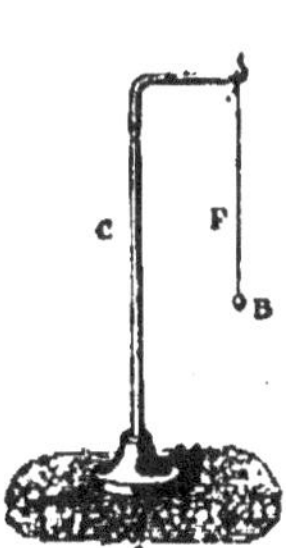

Fig. 411.

522. Communication d'électricité par contact. — Quand on touche avec un bâton de résine, électrisé par frottement, un cylindre de métal supporté par une colonne isolante, le cylindre attire à son tour les corps légers et paraît électrisé sur toute sa surface. Si, à la suite de ce premier cylindre électrisé, on en disposo un second qui lo toucho, les deux cylindres sont électrisés; mais l'attraction d'un pendulo par lo premier est moindro qu'avant son contact avec lo second; ollo deviont inappréciablo si lo second cylindre a do grandos dimensions; onfln, ollo disparaît, quand la communication est établio avoc lo sol. Pour la commodité du langage, on assimilo l'électricité à un fluide, on dit qu'ollo *se répand* sur un conductour ot qu'ollo *s'écoulo* dans lo sol.

523. Deux espèces d'électricité. — Il y a deux espèces d'électricité. *Deux corps chargés d'une même électricité se repoussent; deux corps chargés d'électricités différentes s'attirent.*

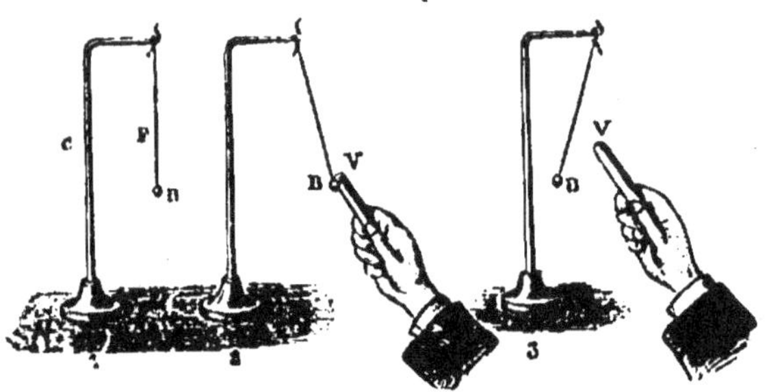

Fig. 412.

Remplaçons la ballo de sureau du pendulo électrique par un petit cylindre de *verre* électrisé. Ce cylindre est repoussé par un bâton de verre frotté, attiré par un bâton de résine frotté.

Un petit cylindre de *résine* suspendu à son tour au fil do soio du pendulo ot électrisé est repoussé par la résino et attiré par lo verre.

C'est lo plus souvent avec lo pendulo électrique à ballo isolée qu'on démontre l'oxistonce des deux électricités ot leurs propriétés.

A la ballo do sureau B présentons un bâton de verre frotté V (fig. 412$_2$); la ballo est d'abord vivement attirée; ollo vient en contact avec lo verre, y adhère un instant, s'électrise commo lui par contact ot est ensuite vivement repoussée (fig. 412$_3$); mais, à cet état, ollo est attirée par la résino frottée.

En touchant avec lo doigt la ballo de sureau électrisée par lo verre, nous la déchargeons Si l'on approcho alors la résine, la ballo est attirée, puis repoussée après le contact; mais, à ce moment, lo verre l'attire.

524. Double pendule. — La démonstration peut être faite avec un double pendulo formé do deux *fils de lin conducteurs*, fixés à un support *isolant* et soutenant chacun une balle de sureau (fig. 413). Électrisées par contact avec un bâton de verre, les deux balles *bb'* prennent une même électricité et se repoussent également toutes les deux, mais la résine les attire.

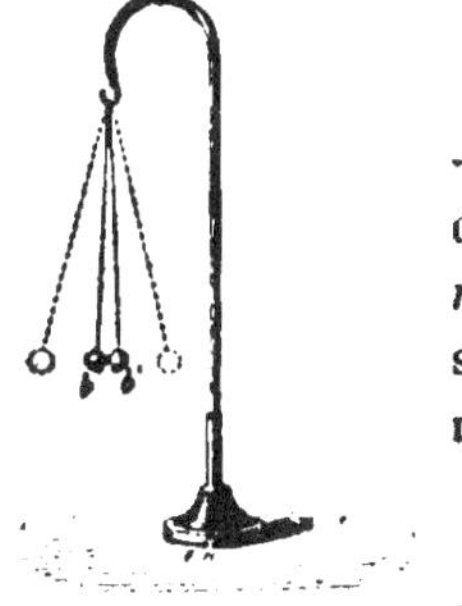

Fig. 413.

646. Il n'y a que deux espèces d'électricités. — Il y a deux états électriques différents : celui du verre et celui de la résine frottés ; *mais il n'y en a que deux.* En effet tout corps électrisé se comporte soit comme le verre, soit comme la résine.

525. Quantités d'électricité égales. — Deux sphères métalliques égales S et S', soutenues par des supports isolants et chargées *d'une même électricité*, sont dites contenir des quantités d'électricité égales ou des *charges* électriques égales, si elles exercent séparément à la même distance une même attraction sur la balle d'un pendule électrique.

On dit que S renferme une plus grande quantité d'électricité que S', si elle exerce une attraction plus forte.

526. Électricités positive et négative. — Supposons deux sphères égales chargées d'*électricités différentes* et exerçant séparément à la même distance des attractions égales sur la balle d'un pendule électrique. Quand on met les deux sphères en contact, leurs électricités disparaissent comme si elles s'étaient neutralisées. Elles se sont comportées comme des quantités *numériquement égales*, l'une positive, l'autre négative, qui s'annulent en s'ajoutant. *On convient d'appeler* **positive** l'électricité développée sur le verre poli avec une étoffe de laine, et **négative** l'électricité développée sur la résine.

527. Développement simultané des deux électricités. — *Une des deux électricités ne se développe jamais sans qu'il apparaisse une quantité égale de l'autre.* Pour le montrer, on frotte l'un contre l'autre deux disques A et B, l'un de verre, l'autre de bois recouvert de drap et soutenu par un manche isolant (fig. 414). Le verre se charge d'électricité positive, le drap d'électricité négative. Après la séparation, chacun des deux disques attire la balle d'un pendule électrique. Si cette balle a été préalablement élec-

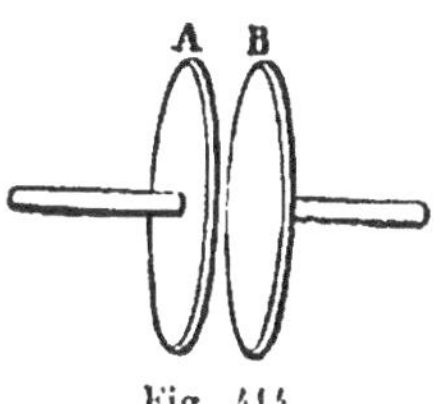

Fig. 414.

trisée positivement, le disque de verre la repousse, tandis que le disque de drap l'attire. Le corps frotté et le corps frottant sont donc chargés d'électricités de signes contraires. *Leurs charges sont égales*, car si les disques sont maintenus en contact et présentés par leur tranche à un pendule électrique, ils n'exercent aucune attraction. Nous donnerons plus tard de cette égalité une démonstration plus rigoureuse (540).

Une des deux électricités ne disparaît jamais sans qu'il disparaisse en même temps une quantité égale de l'autre.

528. Signe de l'électricité développée. — Voici une liste dans laquelle différents corps sont rangés de telle façon que chacun d'eux s'électrise positivement s'il est frotté par un des corps qui le suivent et négativement s'il est frotté par un de ceux qui le précèdent :

Verre poli, drap de laine, papier, soie, gomme laque, résine, verre dépoli, métaux.

Le verre poli frotté avec de la laine se charge positivement; dans les mêmes conditions, le verre dépoli se charge négativement.

529. État neutre. — D'après le développement simultané des deux électricités en quantités égales, un corps non électrisé ou à l'état *neutre* se comporte comme si ses particules contenaient des quantités égales d'*électricité positive* et d'*électricité négative* préexistantes et juxtaposées. Ces deux électricités se séparent sous diverses influences.

530. L'électricité se porte à la surface des conducteurs. — Un *conducteur* électrisé n'est chargé qu'à sa surface *extérieure*; l'intérieur est à l'état neutre. Voici deux expériences démonstratives :

1° On électrise une sphère métallique creuse isolée, S, présentant une petite ouverture (fig. 415) ; on introduit dans la cavité un corps conducteur *e*, porté sur une tige isolante, et on établit son contact avec la surface interne. Le conducteur *e* est ensuite retiré avec précaution en ayant soin de ne pas toucher les bords de l'ouverture; *il n'est pas électrisé* car

Fig. 415.

il n'exerce pas d'action sur un pendule, mais il s'électrise immédiatement par contact avec la surface extérieure.

Si la sphère creuse est à l'état neutre et le corps *c* électrisé, celui-ci cède son électricité à la sphère et *cette électricité passe à la surface extérieure.*

2° A un conducteur isolé on suspend une cage en fils métalliques munie de doubles pendules à l'intérieur et à l'extérieur et on l'électrise fortement. Les doubles pendules extérieurs divergent vivement, les pendules intérieurs restent verticaux. L'électricité *se porte à la surface extérieure,* même lorsque cette surface n'est pas continue.

Puisque l'électricité n'existe qu'à la surface des conducteurs, un conducteur creux se comporte comme un conducteur plein, une boule de soufre recouverte d'une feuille d'or agit comme une boule métallique, un plateau de verre recouvert d'une feuille d'étain comme un plateau métallique.

INFLUENCE ÉLECTRIQUE

1. — Champ électrique. — On appelle champ électrique l'espace dans lequel s'exercent des forces électriques dues à des corps électrisés; c'est l'espace dans lequel un pendule électrique serait sollicité à se mouvoir.

532. Influence. — Un conducteur à l'état neutre placé dans un champ électrique s'électrise par *influence.* Le système électrisé influençant est appelé **inducteur.** Le corps influencé est appelé **induit.**

Dans ses parties les plus voisines de l'inducteur, l'induit prend une électricité contraire à celle de l'inducteur, dans ses parties les plus éloignées il prend une électricité de même signe. *Les deux charges induites,* de signes contraires, *sont égales.*

Expérience. — Si d'une sphère métallique S, isolée et chargée positivement, nous approchons un cylindre métallique AB isolé et à l'état neutre, le cylindre *s'électrise* (fig. 416).

Si le cylindre porte des doubles pendules (**524**) formés de balles de sureau suspendues à des fils conducteurs, ces pendules divergent. L'extrémité A, *la plus voisine de la sphère,* est électrisée *en sens con-*

traire de l'inducteur, car un bâton de résine frotté qu'on approche
lentement repousse le pendule de l'extrémité A. Le bâton de résine

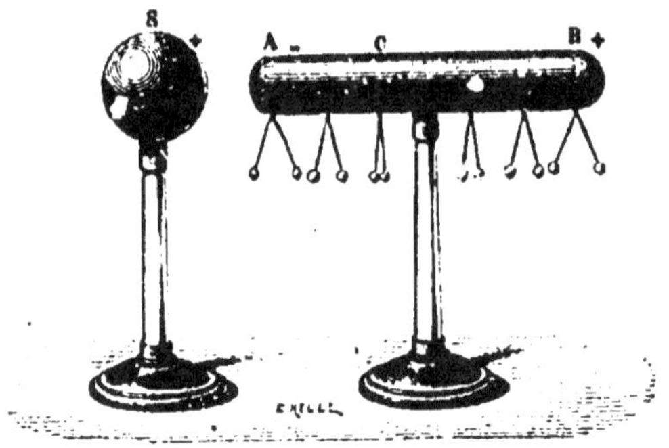

Fig. 316.

attire le pendule de l'extrémité B; la partie *la plus éloignée de l'inducteur est donc électrisée comme lui.*

Si on éloigne la sphère S ou si on la décharge en la touchant avec
le doigt, le cylindre reprend immédiatement son état neutre initial et
ses pendules retombent. Les électricités opposées développées par
influence étaient en quantités *égales* puisqu'elles se sont neutralisées
complètement quand l'influence a cessé (la charge *totale* était *nulle*).

Les charges développées par influence augmentent lorsque la
charge de l'inducteur augmente et que sa distance à l'induit diminue.

Quand, à la suite du cylindre, on en place d'autres également isolés
et à distance, ils s'électrisent tous par influence et *dans le même sens.*
Leur électricité disparaît si on éloigne l'inducteur.

Un conducteur électrisé subit l'influence d'un corps électrisé comme
s'il était à l'état neutre : l'électricité induite s'ajoute en chaque point
à celle que possédait préalablement le conducteur influencé.

Interprétation. — On peut dire que l'électricité inductrice agit
sur les particules neutres de l'induit, sépare des quantités *égales*[1]
d'électricité positive et négative, attire l'électricité contraire sur l'extrémité la plus voisine en A, tandis que l'électricité de même nom est
repoussée le plus loin possible, sur l'extrémité opposée, en B.

Vu l'extrême facilité avec laquelle les électricités se déplacent
sur un conducteur, l'équilibre s'établit en un temps extrêmement
court.

(1) Puisque l'une des électricités n'apparaît jamais sans une quantité égale de l'autre.

Communication de l'induit avec le sol. — Si l'on prolonge le cylindre AB par un autre cylindre, la décomposition par influence a lieu dans un conducteur plus étendu et la divergence du pendule en A augmente. Si l'on réunit au sol *un point quelconque* du cylindre AB pendant qu'il subit l'influence, la séparation des électricités se produit dans un conducteur composé du cylindre et du sol. L'électricité positive se rend le plus loin possible, c'est-à-dire dans le sol et le pendule de l'extrémité B tombe; l'électricité négative *persiste* en A où elle est maintenue par l'attraction de l'électricité de la sphère et la divergence du pendule correspondant augmente (fig. 417).

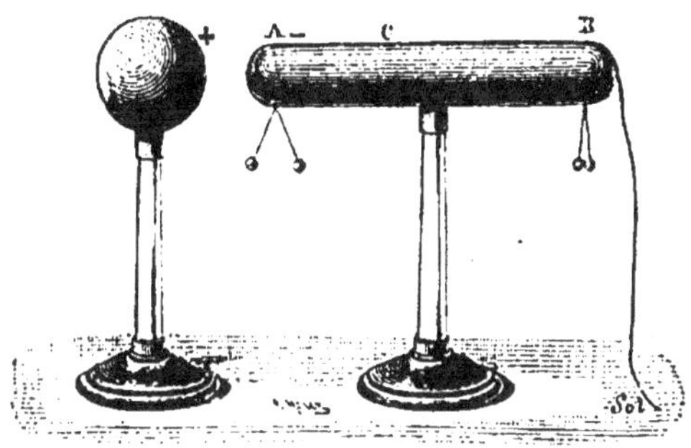

Fig. 417.

533. Charge par influence. — Si l'on supprime alors la communication du cylindre avec le sol et si on éloigne *ensuite* la sphère inductrice, l'électricité négative qui subsiste seule se répand librement sur la surface du cylindre dont tous les pendules divergent; un bâton de résine frotté les repousse.

On a ainsi **chargé par influence** un conducteur isolé, *sans frottement et sans établir de contact*, en se servant d'un inducteur dont on n'a pas modifié la charge. L'induit a pris une *électricité opposée à celle de l'inducteur*.

534. Diélectriques. — Les substances isolantes telles que les gaz, le soufre, la paraffine, l'ébonite, le verre, le mica, eux sont les milieux à travers lesquels s'exerce l'influence ou l'induction électrostatique; pour cette raison Faraday a donné à ces corps le nom de *diélectriques*.

535. Attraction des corps légers. — Dans l'attraction des corps légers, l'électrisation par influence précède l'attraction et celle-ci ne s'exerce qu'entre des corps électrisés.

ÉLECTROSCOPES

On donne le nom d'*électroscopes* aux appareils qui permettent de reconnaître si un corps est électrisé et de quelle électricité il est chargé. Le pendule électrique(**521**) est un électroscope.

536. Électroscope à feuilles d'or (fig. 418). — Il se compose d'une tige droite de laiton terminée en haut par un bouton sphérique et en bas par une lame métallique contre laquelle s'appliquent *deux feuilles d'or battu f verticales* et très légères. La tige de laiton est maintenue par un bouchon *s* de *soufre* ou de paraffine dans la tubulure supérieure d'une boîte cylindrique de métal. Cette boîte est portée par un pied conducteur et fermée en avant et en arrière par des glaces planes.

Fig. 41 .

Action d'un corps électrisé sur un électroscope. — La *divergence des feuilles*, à l'approche d'un corps, indique que ce corps est électrisé. Supposons, en effet, qu'on approche un bâton de verre frotté V, la boule de l'électroscope s'électrise par influence, l'électricité négative est attirée, tandis que l'électricité positive est chassée dans les feuilles qui sont repoussées par la lame verticale de laiton.

Deux tiges horizontales *a* terminées par des boules et glissant à frottement dans les parois de la boîte cylindrique peuvent être rapprochées plus ou moins des feuilles d'or.

Lorsque leur divergence est très forte, les feuilles viennent toucher les tiges de décharge *a*, ce qui les fait communiquer avec le sol et empêche qu'elles ne viennent se coller sur les parois de l'électroscope. D'autre part, les tiges de décharge contribuent à accroître la sensibilité, en subissant l'influence des feuilles et en se chargeant d'électricité contraire qui augmente la divergence par son attraction.

537. Détermination du signe de l'électricité d'un corps électrisé. — On charge d'abord l'électroscope d'une électricité connue.

Charge de l'électroscope. — On pourrait le charger par contact avec un corps électrisé. Habituellement, pour éviter de déchirer les feuilles par une charge trop forte, on procède par influence.

Supposons qu'on veuille le charger *négativement*. On approche du bouton de l'électroscope un bâton de verre frotté : les feuilles divergent, chargées positivement. On touche le bouton avec le doigt **pendant l'influence** : les feuilles tombent, car leur charge positive passe dans le sol. L'électricité négative reste maintenue sur le bouton par l'attraction du verre. Si l'on éloigne *d'abord* le doigt, *puis* le verre, l'électricité négative du bouton se répand sur tout l'appareil et fait diverger les feuilles.

Pour charger l'électroscope *positivement* on aurait approché un bâton de résine frotté.

Corps chargé comme l'électroscope (négativement). — On approche lentement le corps électrisé : la *divergence des feuilles augmente.*

En continuant à approcher le corps, une nouvelle décomposition par influence a lieu sur le conducteur de l'électroscope; l'électricité négative séparée est repoussée dans les feuilles, s'ajoute à l'électricité négative qui y est déjà et *augmente la divergence.*

Corps chargé d'électricité contraire (corps positif, électroscope négatif). — On approche lentement le corps : la *divergence diminue,* car l'électricité de l'électroscope est attirée par l'électricité contraire.

En continuant à rapprocher le corps, une nouvelle décomposition par influence a lieu sur le bouton et les feuilles; l'électricité positive séparée est refoulée dans les feuilles où elle neutralise l'électricité négative qui les chargeait, les feuilles se rapprochent et se touchent. Puis l'électricité positive séparée surpassant l'électricité négative de charge, les feuilles s'écartent de nouveau, mais par une charge positive. Il y a donc eu *rapprochement jusqu'au contact, puis divergence.* Le rapprochement peut passer inaperçu si le corps électrisé est présenté trop vivement à l'électroscope.

Corps neutre. — L'électricité de l'électroscope développe par influence une électricité contraire sur un conducteur neutre qu'on en approche; cette électricité réagit sur l'électricité de l'électroscope et l'attire sur le bouton. Les feuilles *se rapprochent*.

Conclusion. — La détermination du signe de l'électricité d'un conducteur résulte sans ambiguité de la constatation d'un **rapprochement suivi d'une divergence.** Mais on ne l'observe qu'en approchant le corps *de loin et lentement* de l'électroscope. Pour obtenir cette indication, on chargera, si cela est nécessaire, successivement l'électroscope positivement et négativement.

CYLINDRE DE FARADAY

538. Définition des quantités d'électricité. — On utilise pour la définition des *quantités d'électricité* la propriété de l'électricité de se porter à la surface extérieure des conducteurs.

1° On prend une enveloppe métallique creuse isolée C, telle qu'un cylindre, présentant une ouverture pour permettre l'introduction de corps étrangers à l'intérieur. On introduit dans la cavité une sphère métallique électrisée soutenue par un fil de soie et on établit le *contact* de la sphère avec les parois intérieures. La charge passe tout entière *sur la surface extérieure* du cylindre (**530**). Le bouton d'un électroscope E étant mis en communication par un fil métallique avec le cylindre, les feuilles de l'électroscope divergent (fig. 419).

Ayant déchargé le cylindre et l'électroscope, si on recommence l'expérience une seconde fois avec la même sphère électrisée, on dira que la charge de

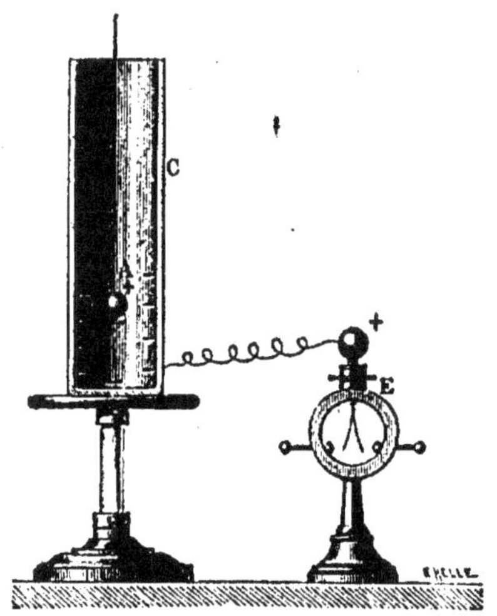

Fig. 419.

la sphère est la même si l'on obtient la même divergence des feuilles de l'électroscope. Cette façon de définir *l'égalité de deux quantités d'électricité* comporte plus de précision expérimentale que la comparaison des actions sur un même pendule électrique (**525**).

2° Si l'on n'a pas déchargé le cylindre après la première opération et si l'on introduit une seconde fois la sphère électrisée également chargée, la seconde charge passe sur la surface extérieure du cylindre et se superpose à la première. La divergence de l'électroscope augmente ; la nouvelle divergence correspond à une charge du cylindre dite *double* de la première. En introduisant une troisième, puis une quatrième fois la même sphère également chargée, on triplera, on quadruplera la première charge du cylindre.

539. Mesure des quantités d'électricité. — La charge du cylindre est nulle si l'on y introduit simultanément ou successivement deux charges égales et contraires. *Les charges s'ajoutent algébriquement avec leurs signes;* c'est ainsi que deux charges égales positives, suivies d'une charge qui leur est respectivement égale, mais négative, donnent une même divergence définitive qu'une seule des charges positives.

Si l'on prend pour unité la charge communiquée dans ces opérations à une boule A, les divergences successives de l'électroscope fournissent une **graduation de l'électroscope** pour des charges 1, 2, 3, 4...

Lorsqu'on voudra mesurer *avec cette unité* une charge électrique quelconque, on introduira dans le cylindre à électroscope gradué le corps qui la porte et on établira son contact avec la paroi intérieure. La divergence des feuilles de l'électroscope fera connaître la valeur de la charge. On pourra donner au cylindre des dimensions suffisantes pour y plonger des corps volumineux.

Pour l'évaluation numérique des charges électriques, on a adopté une **unité de quantité** d'électricité à laquelle on a donné le nom de **coulomb** [1]. Il faut remarquer que cette unité empruntée à l'électricité dynamique est extrêmement grande par rapport aux quantités d'électricité mises en jeu en électricité statique.

540. Égalité des charges développées par le frottement. — Le cylindre des expériences précédentes permet de vérifier que les charges développées par le frottement sont égales et contraires. On introduit pour cela dans le cylindre un bâton de *verre* non électrisé et un morceau de *cuir*, enduit d'or mussif, porté par un manche isolant. On frotte le verre contre le cuir, sans toucher les parois du cylindre ;

____

(1) **Coulomb**, né à Angoulême (1736-1806).

l'électroscope ne présente aucune déviation tant que les deux corps sont maintenus dans le cylindre, quelle que soit leur position relative; on observe des divergences égales et contraires en les retirant tour à tour.

541. Dans les opérations qui servent à mesurer des quantités d'électricité, la sphère électrisée introduite dans le conducteur creux donne lieu avant le contact avec la paroi intérieure à des phénomènes d'influence dont Faraday a fait l'étude en donnant au conducteur creux la forme d'un cylindre. C'est pour cette raison que le cylindre employé pour la comparaison des charges électriques a reçu le nom de **cylindre de Faraday** [1].

542. Influence à l'intérieur d'un conducteur fermé. — Un cylindre métallique C, *isolé*, haut et étroit, ouvert à la partie supérieure, est relié extérieurement par un fil métallique au bouton d'un électroscope E (fig. 419).

1° On introduit dans le cylindre une boule A, isolée par un fil de soie et électrisée *positivement*; le cylindre se charge par influence, car les feuilles de l'électroscope divergent par de l'électricité positive et la divergence augmente à mesure que la boule descend.

La charge positive de la surface extérieure du cylindre C et de l'électroscope est *égale* à la charge négative de la surface intérieure du cylindre, car si on retire la boule, toute électrisation du système induit disparaît par neutralisation des charges contraires. C'est une confirmation de ce fait déjà établi (**532**) que *les deux charges développées par influence sont égales.*

2° Si le cylindre est étroit d'ouverture, la divergence des feuilles de l'électroscope *ne varie plus* quand la boule est *suffisamment descendue* et que l'on continue à la faire descendre; on peut considérer alors le cylindre comme enveloppant complètement la boule.

Il en résulte que : *la charge développée par influence, dans un conducteur creux fermé, ne dépend pas de la position de l'inducteur* (pourvu qu'il ne soit pas au voisinage de l'ouverture).

3° La boule A ayant été descendue au-dessous du niveau où la divergence de l'électroscope ne varie plus, si l'on établit le contact de la boule et du cylindre, *la divergence de l'électroscope ne varie pas* et elle ne varie pas encore quand on retire la boule. On constate en outre que la boule retirée du cylindre après le contact intérieur n'est plus

---

(1) **Faraday** (Michel), physicien anglais (1794-1867).

électrisée. L'électricité de la boule et l'électricité contraire de la surface interne du cylindre se sont *exactement neutralisées* au moment du contact, car s'il restait un excès d'électricité positive ou négative, elle se porterait sur la surface extérieure du cylindre (**530**) et ferait varier la divergence des feuilles.

D'où, ce théorème : *l'électricité inductrice d'un corps électrisé et l'électricité induite sur les parois d'un conducteur creux sont égales*[1].

543. Ecrans électriques. — I. Un conducteur enveloppant des charges électriques supprime leur action à l'extérieur. — La divergence des feuilles de l'électroscope étant restée la même après le contact, la distribution de l'électricité positive sur le cylindre ne dépend pas des masses intérieures (charge positive de la boule et charge induite à l'intérieur du cylindre). Donc *les charges intérieures n'ont pas d'action à l'extérieur*.

II. Un conducteur enveloppant des charges électriques les protège contre toute action extérieure. — Un corps R, très fortement électrisé, est sans action sur un électroscope recouvert d'une cage métallique C et *ne fait pas varier la divergence* des feuilles si l'électroscope a été préalablement chargé. L'électricité induite sur la surface externe de la cage neutralise donc pour un point intérieur l'électricité des corps extérieurs.

Il n'est pas nécessaire que l'enveloppe conductrice soit absolument continue pour remplir son rôle d'écran électrique. Une cage en toile métallique suffit (fig. 420).

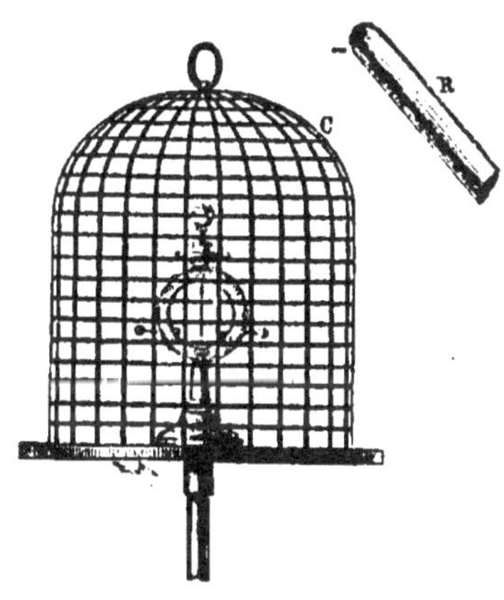

Fig. 420.

LOIS DES ATTRACTIONS ET RÉPULSIONS ÉLECTRIQUES

544. Il résulte des expériences de Coulomb que les forces attractives ou répulsives qui s'exercent entre deux corps électrisés *de petites dimensions*

---

(1) Une salle d'expériences est assimilable au conducteur creux C de l'expérience de Faraday. Un conducteur quelconque, électrisé et isolé, placé dans la salle se comporte comme la sphère A.

par rapport à leur distance, varient *en raison inverse du carré de la distance* qui les sépare et sont dirigées suivant la droite qui les joint. A une distance de 2, 3... centimètres, l'action est 4, 9... fois plus petite qu'à un centimètre.

L'action mutuelle de deux corps électrisés est en outre *proportionnelle aux quantités d'électricité* qu'ils renferment respectivement. Cela veut dire que si l'on double l'une des quantités d'électricité, l'action mutuelle devient double ; si l'on double les deux, l'action mutuelle devient quadruple.

DISTRIBUTION DE L'ÉLECTRICITÉ

545. Sur une sphère isolée, éloignée de tout autre conducteur, la quantité d'électricité par centimètre carré ou la *densité* est constante. On dit que la distribution est uniforme. Soit q la charge de la sphère, r son rayon, μ la densité,

$$q = 4\pi r^2 \mu, \qquad \mu = \frac{q}{4\pi r^2}.$$

Sur un conducteur non sphérique la distribution n'est pas régulière.

On appelle *densité en un point* le rapport $\frac{q}{s}$ de la charge d'une très petite surface à son étendue.

546. Comparaison des densités en deux points. — Pour comparer les densités en deux points A et B d'un conducteur E, on applique momentanément sur la surface un petit disque métallique e supporté par une mince tige isolante t (fig. 421). Ce disque, appelé **plan d'épreuve**, coïncide avec une portion de la surface externe du conducteur égale à son étendue ; il emporte, quand on l'éloigne normalement, une charge proportionnelle à celle qui y existe. A cause de ses faibles dimensions, le plan d'épreuve ne diminue pas

Fig. 421.

d'une façon appréciable la charge totale du conducteur. Les charges du plan d'épreuve sont *proportionnelles aux densités* en A et B, car elles sont proportionnelles aux charges qui couvrent en A et en B des éléments du conducteur égaux à sa surface.

547. Distribution sur un conducteur quelconque. — La densité sur un conducteur éloigné de tout autre conducteur ne dépend pas de sa nature et ne dépend que de *sa forme*. La densité *double, triple* en chaque point avec la charge totale, *sans que la distribution varie.*

L'électricité se porte particulièrement sur les parties externes, saillantes des conducteurs et la densité en un point croît avec la courbure en ce point. Sur un cylindre terminé par des calottes hémisphériques la densité est sensiblement uniforme; sur la partie cylindrique, elle est moindre que sur les hémisphères. Elle sera très grande aux extrémités du grand axe d'un ellipsoïde très allongé. Si le grand axe s'allonge indéfiniment, la *densité tend à devenir infinie à l'extrémité de la pointe.*

Il résulte des phénomènes d'influence que la distribution électrique sur un conducteur ne dépend pas seulement de sa forme, mais aussi des autres conducteurs qui se trouvent dans son voisinage. C'est ainsi que dans l'expérience fondamentale de l'influence électrique (**532**), la distribution était uniforme sur la sphère S (fig. 416) avant que le cylindre AB en fût approché. Mais l'*induit réagit sur l'inducteur* et y détermine un changement de distribution : l'électricité positive de S, attirée par l'électricité négative de A, s'accumule en face du cylindre.

DÉPERDITION DE L'ÉLECTRICITÉ

548. Rôle des pointes. — Sur une pointe, sur une arête d'un corps électrisé la densité est très grande (**547**).

Corps électrisé terminé en pointe. — Un corps électrisé muni d'une pointe perd rapidement sa charge; on sent un *vent électrique* qui semble s'échapper de la pointe, peut courber la flamme d'une bougie (fig. 422) et même l'éteindre. L'air repousse la pointe comme il en est repoussé, et la pointe, si elle est mobile, se meut en sens inverse du vent électrique. Tel est le cas du

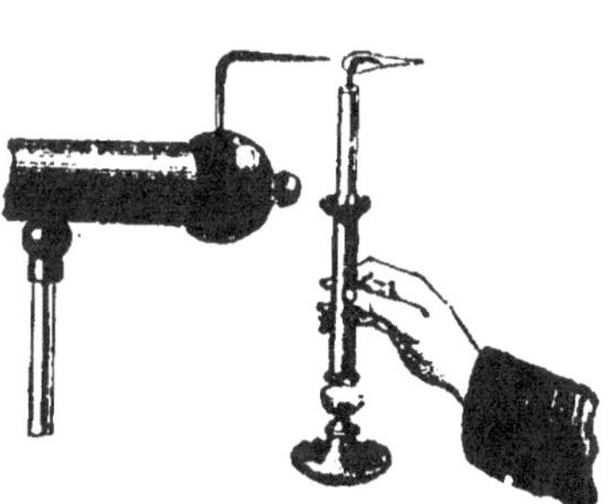
Fig. 422.

tourniquet électrique. C'est une petite chape mobile sur un axe vertical; elle porte six tiges de laiton formant les rayons d'un cercle, recourbées dans le même sens et pointues à leur extrémité. Placé sur une machine électrique en fonctionnement (fig. 423), cet appareil tourne *en sens inverse* de la direction de ses pointes.

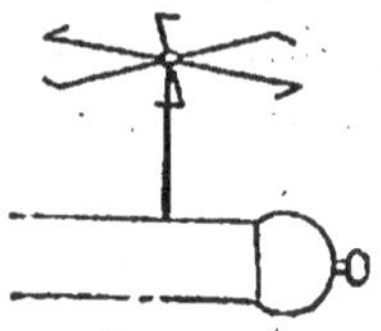

Fig. 423.

Pointe présentée à un corps électrisé. — On décharge complètement un corps en lui présentant une pointe communiquant avec le

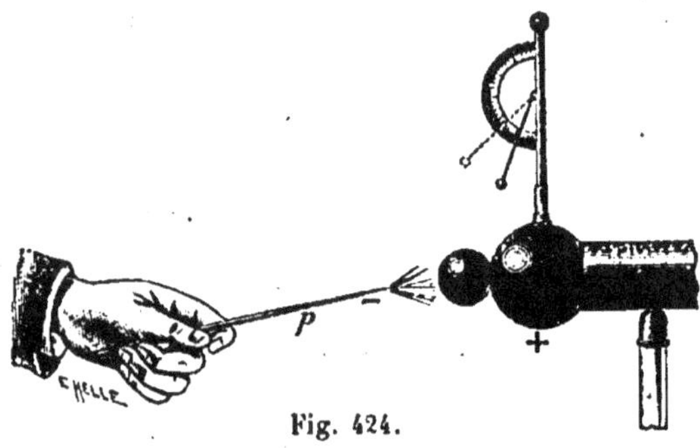

Fig. 424.

sol. L'électricité de la pointe est décomposée par influence; la charge du corps est neutralisée par l'électricité contraire qui s'écoule de la

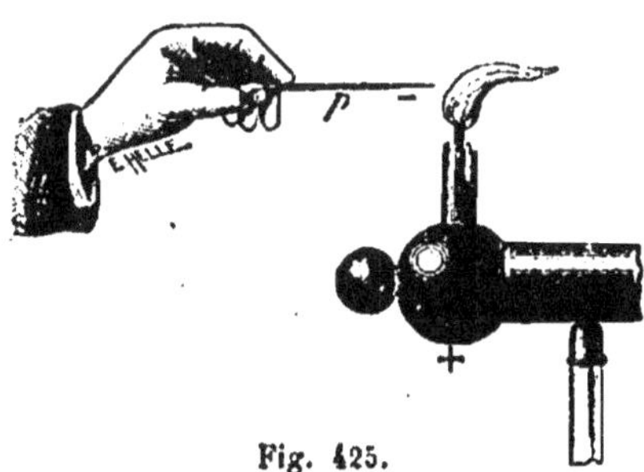

Fig. 425.

pointe (fig. 424). En même temps, un vent électrique s'échappe de la pointe (fig. 425).

L'électricité qui s'écoule par une pointe offre dans l'obscurité une lueur violacée, qui change d'aspect avec le signe de l'électricité. Une pointe positive paraît terminée par une **aigrette** et une pointe négative par un **point brillant.**

549. Etincelle. — Lorsque la distance de deux corps chargés d'électricités contraires sur leurs parties voisines est suffisamment petite, l'attraction mutuelle des deux électricités peut vaincre la résistance de l'air et on voit se produire un *trait de feu* avec un bruit sec (**581**).

Quand une étincelle éclate entre deux conducteurs séparés par une substance isolante solide, l'isolant est rompu sur le trajet de l'étincelle ; la décharge est dite *disruptive*.

550. Conservation de l'électricité. — Un corps électrisé, *parfaitement isolé, conserve* son électricité, tant que l'on ne vient pas à la neutraliser par une électricité contraire, en quantité égale. Si l'électricité d'un corps paraît disparaître d'elle-même plus ou moins vite, cela tient à un *isolement imparfait*.

551. Déperdition lente de l'électricité. — Un conducteur électrisé et isolé perd lentement son électricité, même lorsqu'il ne présente que des surfaces arrondies et finit par revenir à l'état neutre. La déperdition a lieu par le **gaz ambiant**, par la **lumière** et surtout par le **support**.

Certains supports isolants se laissent peu à peu pénétrer par l'électricité, surtout si la charge du conducteur isolé est forte ; la perte est toutefois négligeable si le support isolant est long et fin.

La cause la plus importante de déperdition par les supports est *l'humidité qui les recouvre*, car cette couche d'humidité établit une communication superficielle entre le conducteur et le sol. C'est ainsi que des supports de *verre* isolent mal, parce qu'ils attirent l'humidité. L'*ébonite* constitue un meilleur isolant. Le *soufre* et la *paraffine* ne sont pas hygrométriques, et comme ils offrent d'ailleurs par leur substance une résistance extrêmement grande à la propagation de l'électricité, ils forment d'excellents supports isolants. L'*air* en repos est un isolant presque parfait.

Un corps électrisé perd sa charge s'il est éclairé par la lumière de l'arc voltaïque ou de l'étincelle électrique. La décharge est extrêmement rapide pour les surfaces métalliques, surtout si elles sont électrisées négativement. Un conducteur *fraîchement poli* de zinc, de cadmium et surtout d'aluminium perd presque instantanément sa charge négative à la lumière solaire, et la déperdition est encore appréciable à la lumière diffuse du jour. Les rayons rouges sont sans action.

POTENTIEL

DÉFINITION EXPÉRIMENTALE DU POTENTIEL

552. Un plan d'épreuve appliqué sur un conducteur électrisé emporte des quantités d'électricité variables avec le point touché (**546**) ; mais si le conducteur est *mis en communication lointaine* avec un électroscope *par un fil métallique long et fin*, l'électroscope se charge et sa déviation reste constante *quel que soit le point touché* du con-

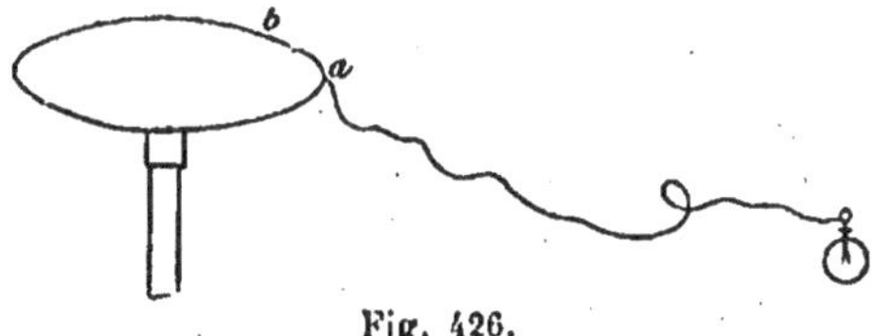

Fig. 426.

ducteur (à l'intérieur aussi bien qu'à l'extérieur (fig. 426) si le conducteur est creux).

La charge constante de l'électroscope [1] caractérise l'état électrique ou le **potentiel** du conducteur. Tous les points du conducteur sont au même potentiel. Le potentiel est dit *positif* si la charge de l'électroscope est positive *négatif* si elle est négative. Le potentiel d'un conducteur qui n'est pas électrisé est nul.

553. Conducteurs au même potentiel. — On dit que deux conducteurs A et B ont le même potentiel s'ils donnent séparément des charges *égales et de même signe* à un électroscope à l'état neutre avec lequel ils sont mis successivement en communication lointaine. Les dimensions et les charges électriques de ces deux conducteurs au même potentiel peuvent être très différentes.

Communication de deux conducteurs au même potentiel. — Quand on relie par un fil *mn* (fig. 427) deux conducteurs au même potentiel et mis respectivement en communication lointaine avec deux élec-

---

[1] L'électroscope doit être de dimensions assez petites pour ne pas diminuer d'une façon appréciable la quantité d'électricité du conducteur.

troscopes *a* et *b*, les déviations de leurs électroscopes ne changent pas; si l'on mesure aussi les densités en des points α et α′ sur le premier conducteur, β et β′ sur le second (fig. 427), *avant et après la communication*, on reconnaît qu'elles n'ont pas changé.

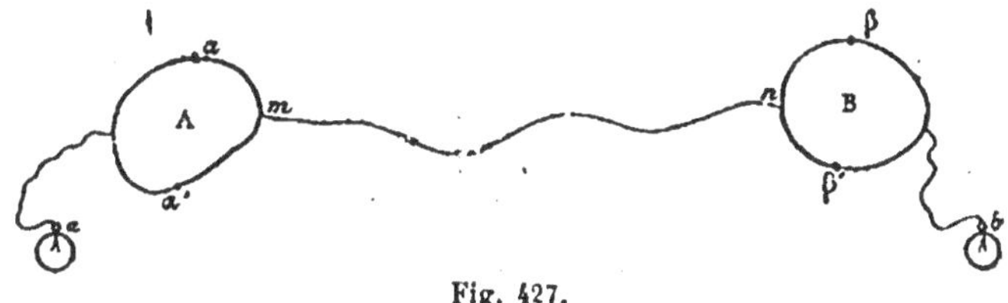

Fig. 427.

Communication de deux conducteurs ayant des potentiels différents. — Le potentiel d'un conducteur A est dit supérieur au potentiel d'un autre conducteur indépendant B si la charge de l'électroscope indicateur *a* est supérieure à la charge de l'électroscope indicateur *b* (*en tenant compte du signe*) [1]. Quand on réunit A et B par un fil *mn*, le potentiel de A étant supérieur au potentiel de B, il y a passage par le fil d'électricité positive de A vers B, les densités diminuent sur A et augmentent sur B. Les deux conducteurs ont pris un *potentiel commun*, intermédiaire entre les deux potentiels primitifs; les charges de *a* et de *b* sont alors devenues égales, celle de *a* ayant diminué et celle de *b* ayant augmenté. L'égalisation a lieu dans un temps inappréciable si le fil de communication *mn* est un bon conducteur.

554. Comparaison des potentiels. — Un conducteur mis en communication avec le sol se décharge, ainsi que l'électroscope qui mesure son potentiel : son potentiel est nul. Le potentiel zéro est le *potentiel du sol* et des conducteurs non électrisés.

Le rapport des potentiels de deux conducteurs est égal au rapport des charges de l'électroscope qui est mis successivement en communication lointaine avec les deux conducteurs.

Pour l'évaluation numérique des potentiels on a choisi une **unité de potentiel** à laquelle on a donné le nom de **Volt** [2].

555. Le passage d'électricité entre deux conducteurs dépend de leur différence de potentiel. — Un passage d'électri-

---

(1) 5 est supérieur à 2, et — 2 est supérieur à — 5.
(2) **Volta** (Alexandre), né à Côme (Italie) (1711-1827).

cité d'un conducteur sur un autre ne peut avoir lieu que s'il existe entre les deux conducteurs une différence de potentiel. Cette différence de potentiel, cause du passage d'électricité, est appelée **force électromotrice**. Le passage d'électricité constitue un *courant électrique, il est accompagné de manifestations d'é... gie*. Le système de deux conducteurs qui offrent une différence de potentiel possède donc une **énergie potentielle (310)**, puisque le retour à un potentiel commun développe du travail.

CAPACITÉ

556. On appelle capacité électrique d'un conducteur la *quantité d'électricité* qu'il faut lui communiquer pour lui donner *un potentiel égal à un volt*.

I. Conducteur isolé. — Supposons un conducteur S isolé dans l'espace et porté à un potentiel 1, sa charge sera C; si on le porte ensuite à un potentiel V, sa charge sera CV, c'est-à-dire égale au produit de sa capacité par son potentiel; on a $Q = CV$.

Voici comment on démontre la *proportionnalité de la charge d'un conducteur à son potentiel*. Si l'on rend la charge n fois plus grande, l'équilibre électrique a encore lieu avec la même distribution **(547)**, mais la densité en chaque point devient n fois plus grande; il en est de même de la charge de l'électroscope avec lequel le conducteur est en communication lointaine; si le potentiel était primitivement égal à V, il devient ainsi nV.

Le potentiel du conducteur devenant nV, en même temps que sa charge devient nQ, le rapport de la charge du conducteur à son potentiel *reste* constant, c'est la charge qu'il faut communiquer au conducteur pour lui donner un potentiel égal à un volt ; c'est sa capacité.

La capacité d'un conducteur soustrait à toute influence électrique est *un nombre fixe* qui le caractérise. Il dépend de la forme et des dimensions du conducteur, il est indépendant de la matière qui le constitue.

II. Conducteur soumis à des influences électriques. — Dans des conditions d'influence déterminées, la capacité d'un conducteur ou la quantité d'électricité qu'il faut lui communiquer pour lui donner un potentiel égal à un volt n'est plus un nombre fixe, il ne caractérise plus le conducteur, il *varie avec les conditions d'influence*. Mais

quelles que soient ces conditions, si elles ne changent pas, la charge
d'un co.:ducteur est encore proportionnelle à son potentiel; C' étant
la nouvelle capacité, on a $Q' = C'V$.

Considérons, en effet, un conducteur S en présence d'autres conducteurs;
en multipliant par *n* toutes les charges on obtiendra un nouvel équilibre,
avec la même distribution; les indications des électroscopes à communication
lointaine croissant proportionnellement aux charges, les potentiels respectifs
des conducteurs seront proportionnels à leurs charges. Le potentiel du conducteur S étant égal à V, la charge de ce conducteur sera $Q' = C'V$, si la
position et les relations des différents conducteurs ne varient pas. La capacité C' dépend de l'influence exercée sur S par les autres conducteurs.

On prend pour **unité de capacité** la capacité d'un conducteur qui
acquiert un potentiel égal à un volt, quand il a une charge égale à un
coulomb.

L'unité de capacité a reçu le nom de **farad.** Cette unité est extrêmement grande et, dans la pratique, on emploie habituellement le
microfarad qui est la millionième partie du farad.

557. Analogies hydrauliques. — Potentiel et niveau. — Entre
deux réservoirs contenant un même liquide à des niveaux différents
et réunis par un tube, il y a écoulement *du niveau le plus haut vers le
niveau le plus bas,* quelles que soient les sections relatives des deux
réservoirs. Ce n'est pas la quantité de liquide que renferme chacun
d'eux qui règle l'écoulement, ni la valeur absolue des niveaux respectifs, mais la *différence des niveaux;* l'écoulement cesse quand les
niveaux des surfaces libres se sont égalisés. Cette transmission de
liquide entre deux vases communiquants correspond à la transmission
électrique entre deux conducteurs par communication lointaine.

L'électroscope de petite capacité, indicateur du potentiel en électricité, correspond au **tube indicateur de niveau** en hydraulique.

Le *potentiel zéro* en électricité peut être comparé au *niveau de la
mer* en hydraulique; un potentiel positif correspond à un niveau supérieur au niveau de la mer, un potentiel négatif à un niveau inférieur.

**558. Variation du potentiel et de la capacité dans l'in-
fluence électrique. —** 1° Sur l'inducteur. — Soit un conducteur S
ayant une charge *positive* Q, une capacité C et par suite un potentiel
V donné par la relation $Q = CV$. S'il est en communication lointaine
avec un électroscope de petite capacité, la déviation de l'électroscope
mesure le potentiel V.

On approche de S un conducteur AB à l'état neutre (fig. 416); le conducteur AB se charge par influence et, par réaction de son électricité induite négative sur l'inducteur, la **distribution change sur S.** L'électricité positive de S s'accumule en face du conducteur induit, tandis que les parties éloignées de S pei Jent de l'électricité; ce qui fait que la charge de son électroscope indicateur diminue et indique un *potentiel* V_1 *inférieur* à V. La quantité d'électricité Q n'ayant pas varié sur S, la diminution du potentiel y est accompagnée d'un *accroissement de la capacité.* D'après la relation nouvelle $Q = C'V_1$ comparée à la précédente $Q = CV$, on a $C' > C$ puisque V_1 est inférieur à V.

Lorsque l'induit AB est relié au sol (fig. 417), l'électricité de S se porte en plus grande quantité sur la face qui regarde l'induit et la charge de son électroscope indicateur diminue davantage; le potentiel de S diminue donc encore et sa capacité augmente.

2° Sur l'induit. — Si l'induit AB est également en communication lointaine avec un électroscope, cet électroscope se charge positivement [1] puisque l'électricité positive y est refoulée.

L'induit a donc un potentiel positif et ce potentiel diminue à mesure que le conducteur AB s'éloigne de S [2].

ÉNERGIE ÉLECTRIQUE

559. Énergie d'un conducteur électrisé. — La décharge d'un conducteur donne lieu à diverses manifestations d'énergie : calorifiques, mécaniques, chimiques, etc; un conducteur électrisé possède donc une capacité de travail, c'est-à-dire une réserve d'énergie ou une **énergie potentielle (310).** D'après le principe de la conservation de l'énergie, cette énergie est égale au travail dépensé pour électriser le conducteur.

L'énergie électrique peut être comparée utilement à l'*énergie hydraulique.* De même qu'un corps pesant peut produire du travail en tombant d'un niveau supérieur à un niveau inférieur, de l'*électricité*

---

(1) Même si l'électroscope est mis en communication avec le conducteur AB par un point qui est voisin de S et chargé d'électricité négative.
(2) Avec un inducteur S négatif, l'induit AB aurait un potentiel négatif.

*positive effectue un travail en passant d'une région à potentiel plus
élevé à une région de potentiel moindre.*

560. Énergie potentielle d'une charge électrique au potentiel V. — En s'écoulant par une ouverture pratiquée à la partie inférieure d'un réservoir dont le niveau est *maintenu* à une hauteur H, un poids P de liquide produit un travail PH, c'est-à-dire le même travail que s'il tombait de la hauteur H. Quand il ne s'écoule pas, ce liquide est dans les conditions d'un poids P soutenu à la hauteur H et possède une énergie potentielle PH.

De même, une quantité d'électricité Q sortant d'un conducteur *maintenu* au potentiel constant V, produit un travail QV en passant au potentiel zéro ; *l'énergie potentielle d'une charge Q au potentiel V est ainsi égale à QV.*

Signification du potentiel d'un conducteur. — Le potentiel V d'un conducteur est donc l'énergie potentielle de l'unité de charge électrique sur ce conducteur ou le *travail que pourrait produire l'unité d'électricité positive en passant du potentiel V au potentiel zéro*, c'est-à-dire en s'écoulant dans le sol.

Travail d'une charge électrique Q passant du potentiel V_1 au potentiel V_2. — Si, dans un réservoir de niveau H, un poids P de liquide au lieu de s'écouler jusqu'au sol s'arrête à un niveau H', son travail est $P(H - H')$; de même une charge électrique Q effectuera un travail $Q(V_1 - V_2)$ en passant du potentiel V_1 au potentiel V_2.

Pour un poids qui tombe, le travail ne *dépend pas du chemin parcouru*, mais seulement de la hauteur de chute ; le travail d'une charge électrique ne varie pas davantage avec le mode de décharge, il ne dépend que des potentiels extrêmes.

561. Énergie d'un conducteur isolé à charge limitée. — Un conducteur ayant une charge *limitée* Q et un potentiel V, ne produira en passant au potentiel zéro qu'un travail inférieur à QV, car pendant le cours de la chute, le potentiel diminue en même temps que la charge (comme le niveau d'un réservoir qui se vide) puisqu'il est proportionnel à la charge (**556**). Ce travail sera $\dfrac{QV}{2}$; de même un réservoir cylindrique, contenant un liquide de hauteur H et de poids P, produit en se vidant un travail $\dfrac{PH}{2}$ ou le même travail qu'un poids P tombant du niveau moyen $\dfrac{H}{2}$ au niveau zéro.

Inversement, pour faire passer sur un conducteur une charge Q au potentiel V, il faudrait dépenser $\dfrac{QV}{2}$, ou $\dfrac{CV^2}{2}$ puisque Q = CV (**558**).

562. Énergie d'un système de conducteurs électrisés. — Lorsqu'un champ électrique renferme plusieurs conducteurs, le travail total de la décharge est la somme des travaux dus à la décharge des différents conducteurs.

Pour des conducteurs de charge Q, Q'... et de potentiels V, V',... l'expression de l'énergie totale sera

$$\frac{1}{2}\,(QV + Q'V' + ...).$$

En effet, si nous déchargions chaque conducteur successivement, la distribution et les potentiels subiraient des modifications qu'il serait compliqué de suivre. Mais, le travail produit étant pour chaque conducteur indépendant de son mode de décharge, nous pouvons supposer qu'on décharge simultanément tous les conducteurs en leur enlevant à la fois des quantités telles que la *distribution ne varie pas* après chaque décharge partielle; de cette façon, il n'y aura pas de changements apportés dans les capacités par les modifications d'influence (**558**); chacun des conducteurs passera graduellement de son potentiel V au potentiel zéro en gardant une *capacité constante* et produira un travail $\dfrac{QV}{2}$ ou $\dfrac{CV^2}{2}$.

L'expression générale de l'énergie d'un système de conducteurs électrisés comporte quelques simplifications.

1° Un conducteur qui n'est électrisé que *par influence* renferme des quantités égales des deux électricités, sa charge totale Q est nulle; le terme qui lui correspond dans l'énergie est donc *nul*.

2° Le terme relatif à un conducteur *communiquant avec le sol* est également nul, car si la charge n'est pas nulle, le potentiel est *nul*.

UNITÉS PRATIQUES

563. L'unité pratique de quantité d'électricité est appelée **coulomb**, l'unité pratique de différence de potentiel est le **volt**, l'unité pratique de capacité est le **farad**.

Le choix de l'unité de capacité est tel que si la quantité est donnée en coulombs et le potentiel en volts, la capacité se trouve exprimée en farad d'après l'équation $Q = CV$. Le farad est donc la capacité d'un conducteur qui prend un potentiel d'un volt quand sa charge est un coulomb.

Si la quantité est donnée en coulombs, le potentiel en volts, l'énergie potentielle d'un conducteur électrisé, $\frac{QV}{2}$ ou $\frac{CV^2}{2}$, représente des joules (un joule [67] vaut 10^7 ergs).

MACHINES ÉLECTRIQUES

564. Les machines électriques sont des *appareils producteurs d'électricité*. Ils établissent *une* **différence de potentiel** *entre deux conducteurs* isolés ou *pôles* ou entre un conducteur isolé et le sol. La différence de potentiel aux deux pôles d'une machine électrostatique atteint et dépasse souvent 50 000 volts.

Le fonctionnement de toute machine électrique exige une dépense de travail. Les deux électricités sont développées à la fois en quantités égales sur les deux pôles. Si l'un des deux pôles communique avec le sol, l'autre se charge seul. Les électricités séparées sur les deux collecteurs restituent le travail dépensé en se réunissant; les collecteurs perdent en même temps l'énergie potentielle que leur charge leur avait communiquée.

Dans les machines électrostatiques le travail dépensé est du *travail mécanique*.

En poursuivant la comparaison hydraulique, une machine électrique peut être comparée à une *pompe* qui *aspire* de l'eau dans un premier réservoir dont le niveau s'abaisse et la *refoule* dans un second réservoir dont le niveau s'élève. Le jeu de la machine électrique enlève de même de l'électricité positive à l'un des pôles (pôle négatif) dont le potentiel s'abaisse et la transporte sur l'autre pôle (pôle positif) dont le potentiel s'élève.

MACHINES A FROTTEMENT

Les premières machines électriques réalisées furent des machines à frottement.

565. Machine de Ramsden[1]. — La machine de Ramsden comprend : 1° un appareil producteur et transporteur d'électricité, 2° un collecteur.

Description. (fig. 428). — 1. *L'appareil producteur et transporteur*

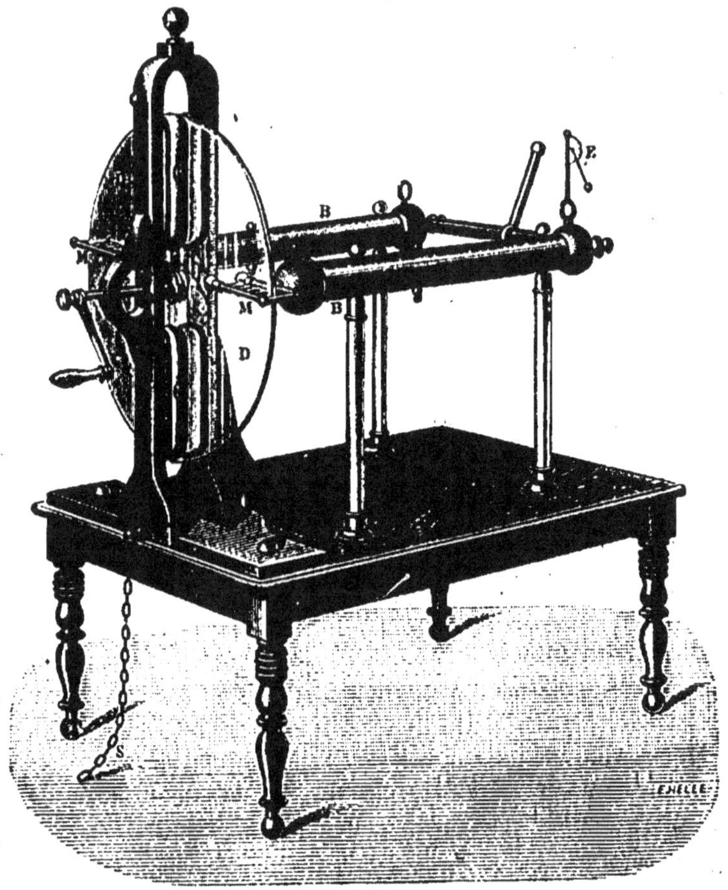

Fig. 428.

est un disque de verre vertical D mobile dans son plan autour de son axe et passant à frottement entre deux paires de coussins fixes C en cuir rembourré de crin. Les coussins communiquent avec le sol S par les montants de bois auxquels ils sont assujettis. Le disque de verre

(1) **Ramsden**, constructeur anglais d'instruments de précision (1735-1800).

se charge positivement par frottement au contact du cuir, le cuir se charge négativement. L'électricité positive ainsi développée par frottement est l'électricité que le disque de verre va porter en face du collecteur.

II. Le *collecteur* se compose de deux *mâchoires* métalliques M dont les branches recourbées contournent les bords du disque. Ces mâchoires garnies de pointes, forment des *peignes* tournés vers chacune des faces du disque, perpendiculaires à son plan et assez écartés pour lui permettre de tourner sans les toucher. Chacun des peignes est relié à un gros cylindre creux de laiton B. Les deux cylindres B, parallèles entre eux, sont disposés à la hauteur du diamètre horizontal du disque et ont leurs axes normaux au plan du disque. Ces cylindres sont isolés par des colonnes de verre fixées sur la table en bois qui porte les montants des coussins. A leurs extrémités les plus éloignées du disque ils sont reliés par un tube transversal.

Fonctionnement. — Le disque chargé sur ses deux faces d'électricité positive par le contact des coussins supérieurs, transporte cette

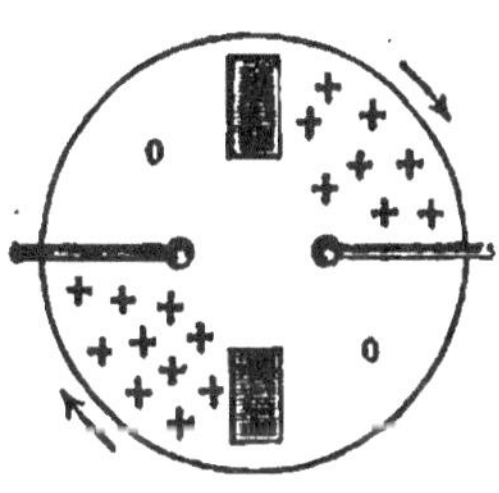

Fig. 429.

électricité en face de la mâchoire M et *agit sur elle par influence*. Il repousse de l'électricité positive aux extrémités des collecteurs qui sont terminés par des surfaces arrondies. L'électricité négative attirée s'écoule par les pointes (548), neutralise l'électricité positive des deux faces du verre et ramène ainsi à l'état neutre la région O du disque qui a franchi la mâchoire (fig. 429). Après un quart de tour, le quadrant déchargé revient frotter contre les coussins inférieurs, s'y charge positivement et en agissant ensuite sur la deuxième mâchoire M′, produit encore une électrisation positive du collecteur. La rotation étant continue, la charge croît de plus en plus sur le collecteur qui forme le pôle positif de la machine [1].

Potentiel du collecteur. — A mesure que la charge Q des cylindres augmente, la différence V entre leur potentiel et le potentiel du

---

(1) L'électricité négative des coussins, au lieu de s'écouler *dans le sol* par les montants de bois, quand l'électricité positive du disque s'est éloignée et a cessé de l'attirer, pourrait servir à charger négativement un second collecteur.

sol croît proportionnellement, d'après la relation $Q = CV$, où C représente la capacité constante du collecteur. La charge, et par conséquent le potentiel, est mesurée par un pendule E (fig. 428) (*électromètre de Henley*) dont le support conducteur repousse une tige d'ivoire électrisée comme lui et terminée par une balle de sureau. La déviation de cette tige est lue sur un cadran.

Débit. — Le débit ou *la quantité d'électricité que fournit la machine par seconde* peut être mesuré par le *nombre des étincelles* qu'on tire du collecteur en en approchant à une distance déterminée un conducteur relié au sol. Le débit ne dépend ni de la durée ni de la grandeur de la pression des coussins sur le disque, pourvu que le contact soit bien assuré[1]. Il est *proportionnel à la longueur des coussins* et ne dépend pas de leur largeur (la longueur augmente le nombre des points de contact, la largeur augmente la durée du contact). Le débit ne dépend ni de la capacité des conducteurs ni du milieu ambiant; il varie avec la nature de la surface frottante; on recouvre habituellement les coussins d'*or mussif* (bisulfure d'étain). La même quantité d'électricité est produite à chaque tour et *le débit est proportionnel à la vitesse de rotation* du disque.

Limite de la charge. — La limite de la charge est atteinte quand le potentiel du collecteur est devenu assez fort pour qu'une décharge éclate entre les peignes et les coussins. Cette limite est rarement obtenue; pratiquement, le potentiel cesse de croître quand la déperdition par *l'humidité superficielle des supports* contrebalance le débit de la machine. On vernit à la gomme laque les supports de verre pour les rendre moins hygrométriques.

Source de l'énergie électrique. — La source de l'énergie électrique est le travail mécanique qu'il faut dépenser pour éloigner les masses positives du disque, des masses négatives des coussins et vaincre leur force d'attraction. *Le travail dépensé pour vaincre le frottement est perdu*, il échauffe le plateau, *il n'est pas converti en énergie électrique.*

MACHINES A INFLUENCE

Une machine à influence s'amorce par une petite charge fournie au départ et cette charge sert à produire de grandes quantités d'électri-

---

[1] Le frottement ne développe pas d'électricité comme il peut produire de la chaleur : le développement d'électricité paraît ici dû au *simple contact de deux substances différentes*; le frottement a pour objet d'établir un bon contact entre un grand nombre de particules.

cité *par influence*. Le débit des *machines à influence* est bien supérieur à celui des machines à frottement. La machine à influence la plus couramment employée est la machine de Wimshurst.

566. Machine de Wimshurst. — Description. — Elle se compose de déux disques de verre ou d'ébonite, R et S, de même rayon,

Fig. 430.

qu'une manivelle B fait tourner *en sens inverse* autour d'un axe passant par leur centre et qui servent de *transporteurs*. A la face antérieure du disque R et à la face postérieure du disque S sont collés des *secteurs d'étain* offrant un léger relief et sur lesquels appuient des balais en *fil de laiton b* portés par deux conducteurs diamétraux. Ces conducteurs font entre eux et avec l'horizontale un angle d'environ 60° (fig. 430).

Le *collecteur* est formé de deux mâchoires métalliques recourbées

M et M' embrassant les deux disques aux extrémités de leur diamètre horizontal. Ils communiquent avec deux tiges métalliques terminées par deux boules de décharge P et N qu'on peut écarter ou rapprocher à volonté l'une de l'autre.

Pour amorcer la machine, il suffit de faire tourner les disques en maintenant en contact les deux boules jusqu'à ce qu'on entende un

Fig. 431.

bruissement caractéristique. Si l'on éloigne alors les boules, des étincelles jaillissent entre elles.

Le signe des pôles se reconnaît aux lueurs violacées (548) que l'on voit sortir des pointes des peignes dans l'obscurité. Au peigne M qui communique avec le pôle positif et d'où s'écoule du fluide négatif on voit des *points brillants;* du fluide positif s'écoule en *aigrettes* du peigne M' qui communique avec le pôle négatif.

La figure 431 représente une machine de Wimshurst dont les plateaux R et S seraient transparents. Cela permet de montrer les cordons C et C' enroulés *en sens inverse* sur les poulies, ainsi que les balais b_3 et b_4 qui frottent sur le plateau postérieur S.

Potentiel maximum. — La longueur de l'étincelle ne pouvant pas dépasser la distance des deux peignes, la différence de potentiel maximum est celle qui correspond à cette distance.

Débit. — Le débit se mesure par le *nombre des étincelles* qui jaillissent en un temps donné entre les boules quand elles sont à une distance déterminée. Le débit *est proportionnel à la vitesse de rotation* et, vu l'absence de frottement, cette vitesse peut être beaucoup plus grande que dans une machine de Ramsden.

Quantité d'électricité des décharges. — Avec des collecteurs de petites dimensions, les étincelles sont nombreuses et grêles, une décharge ayant lieu dès que les collecteurs ont acquis une différence de potentiel capable de vaincre la résistance de l'air qui sépare les boules. En effet, d'après la relation $Q = CV$, pour une valeur déterminée de V, la valeur de Q sera petite et se reproduira très vite si la capacité C des collecteurs est faible.

Source de l'énergie électrique. — On sent qu'il faut un effort plus grand pour faire tourner les disques quand la machine fonctionne que quand elle ne fonctionne pas; l'énergie électrique développée a sa source dans le travail mécanique qu'il faut dépenser pour *vaincre l'attraction mutuelle des organes chargés d'électricités contraires.* L'énergie électrique développée par seconde ou la puissance se mesure en *watts.*

ÉLECTROPHORE

567. L'électrophore est une machine électrique à influence composée de deux disques horizontaux superposés : 1° un disque *de résine* S, bien plan, coulé dans un moule conducteur; 2° un plateau de bois C *recouvert d'une feuille d'étain* et soutenu en son centre par une tige isolante. Le diamètre du plateau est un peu plus petit que celui du gâteau (fig. 432).

Fonctionnement. — On charge négativement le disque de résine en le battant avec une peau de chat et, sur la résine électrisée on pose ensuite le plateau d'étain. Par suite de l'interposition d'une très mince couche d'air entre la résine et l'étain, l'électricité négative de la résine agit *par influence* sur le plateau, attire de l'électricité positive sur la surface inférieure et repousse de l'électricité négative sur la surface supérieure. Si le plateau était alors soulevé, il reviendrait à l'état neutre. Avant de le soulever on le touche avec le doigt (fig. 433). L'électricité négative passe dans le sol : le plateau ne garde que de l'électricité positive retenue par la charge négative de la résine. Le doigt étant enlevé et le plateau étant ensuite soulevé par sa tige isolante, son électricité positive cesse de subir une attraction, se répartit librement sur les deux faces et peut

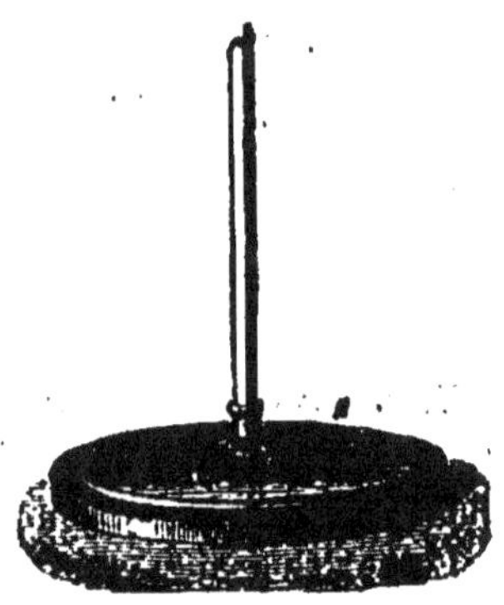

Fig. 482.

exercer une influence sur un conducteur. On en tire en effet une vive étincelle avec le doigt (fig. 434).

En replaçant le plateau sur la résine, *en le touchant avec le doigt, puis en le soulevant*, on peut en tirer une nouvelle étincelle. On recom-

Fig. 433.　　　　　Fig. 434.

mencera tant que la résine restera chargée. L'électrophore fonctionne par influence ; le frottement initial du disque de résine ne se répète pas.

Source de l'énergie électrique. — L'électricité de la résine agit *par influence*, sans perte ni gain ; elle n'est donc pas la source des étincelles tirées du plateau.

Quand on soulève le plateau, outre le travail mécanique nécessaire pour élever son poids, on dépense un travail pour *vaincre l'attraction qui s'exerce entre les charges contraires de la résine et du plateau.* Ce dernier travail est appliqué à élever la charge positive du plateau à un potentiel V[1] et se transforme ainsi en une énergie potentielle qui peut être communiquée à un conducteur. Quand on redescend le plateau déchargé, le travail de la pesanteur est seul restitué[2].

CONDENSATEURS

568. *Un condensateur est un système de deux surfaces conductrices parallèles ou* **armatures**, *séparées par une mince couche isolante* (air, ébonite, verre, mica, soufre, paraffine, etc.).

L'une des armatures, le collecteur A, est mise en communication avec une source d'électricité ; l'autre armature, le **condenseur** B, est reliée au sol. Le conducteur agit *par influence* sur le condenseur et y développe *une charge contraire à la sienne*. La capacité du collecteur augmente (**558**) et il reçoit de la source, en présence du condenseur, une charge beaucoup plus forte que s'il était seul.

On appelle *pouvoir condensateur* le rapport entre la charge que la source communique au collecteur quand il est mis en présence du condenseur et la charge qu'elle lui donne quand il est seul.

569. Théorie. — Nous emploierons un condensateur formé de deux

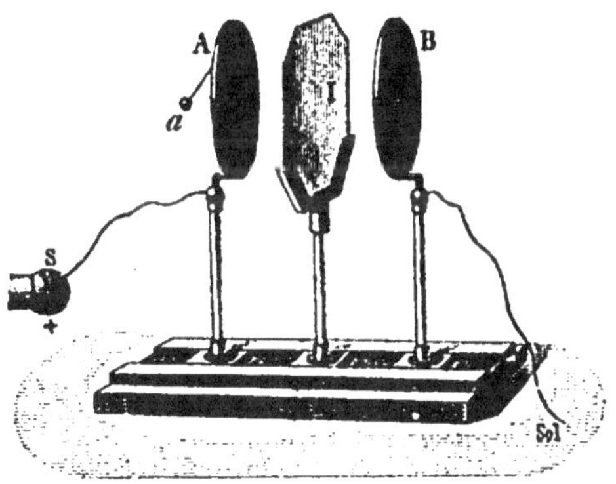

Fig. 435.

(1) Comme on peut le constater avec un électroscope, le plateau dont le potentiel était zéro (potentiel du sol) au moment où il a été touché a acquis un potentiel V après avoir été soulevé.

(2) Comme source d'électricité, en raison des opérations multiples qu'exige son emploi, l'électrophore est un appareil très imparfait. Toutefois, c'est en cherchant à réaliser mécaniquement les opérations de son fonctionnement qu'on est arrivé graduellement aux puissantes machines à influence actuellement employées.

plateaux métalliques mobiles[1] (fig. 435). Chacun des plateaux porte sur sa surface externe un petit pendule à fil de lin conducteur.

Charge du conducteur seul. — Le conducteur étant éloigné, relions le collecteur au pôle positif d'une source S dont le pôle négatif va au sol. Le collecteur prend une charge q au potentiel V du pôle positif; $q = cV$; c désigne la capacité du collecteur *soustrait à toute influence.*

Charge du collecteur avec condensation. — Supprimons la communication du collecteur avec la source S et approchons le condenseur relié au sol, l'électricité négative développée par influence sur le condenseur fait diminuer le potentiel du collecteur et le pendule a s'abaisse. La charge q du collecteur n'ayant pas varié, la *diminution de son potentiel* indique un accroissement de sa capacité. Soit V_1 le potentiel actuel et C la nouvelle capacité

$$q = CV_1.$$

Le collecteur étant de nouveau réuni à la source, on le *ramène* par une nouvelle charge *au potentiel* V et le pendule a remonte à la même hauteur que dans la charge sans condenseur. La charge actuelle est $Q = CV$, elle est supérieure à q, puisque C est supérieur à c.

Les armatures sont à ce moment toutes les deux fortement chargées, leurs électricités opposées exercent une attraction mutuelle qui les accumule sur les surfaces en regard.

Écartement des plateaux. — Si l'on supprime les communications avec la source et avec le sol et que l'on écarte les deux plateaux pour qu'ils ne s'influencent plus : 1° le pendule a diverge très fortement, car le collecteur reprend sa capacité c et la charge $Q = cV'$ élève le potentiel à une valeur V' bien supérieure à V; 2° le pendule b diverge très fortement, ce qui montre qu'une charge négative considérable se distribue sur les deux faces du condenseur et porte son potentiel à une valeur négative élevée.

Les charges du collecteur et du condenseur sont de *signes contraires*, car un bâton de résine attire a et repousse b.

La charge du collecteur chargé avec condensation est $Q = CV$, sa charge sans condensation était $q = cV$; le *pouvoir condensateur* est le rapport $\dfrac{C}{c}$, il est égal à $\dfrac{Q}{q}$.

Capacité. — Supposons le condenseur au potentiel du sol ou au potentiel zéro. CV *est la charge du condensateur pour une différence de potentiel* V *entre ses armatures*, sa capacité C est sa charge pour une différence de potentiel égale à l'unité.

---

[1] En intercalant une lame de verre I, on évite qu'une étincelle éclate aussi facilement entre les deux plateaux.

Si le collecteur communique avec l'un des pôles d'une source au potentiel V_1, et le condenseur avec l'autre pôle au potentiel V_2, ils prennent les mêmes potentiels que les deux pôles. Leur différence de potentiel est $V_1 — V_2$ et leur charge $C (V_1 — V_2)$.

La capacité du collecteur est *proportionnelle à sa surface*. Toutes choses égales d'ailleurs, pour une épaisseur uniforme de la lame isolante, la capacité *varie en sens inverse de cette épaisseur*.

570. Bouteille de Leyde. — La bouteille de Leyde est la forme de condensateur la plus connue (fig. 436). C'est une bouteille en verre mince, à goulot étroit. Son bouchon est traversé par une tige de métal qui se termine en haut par un bouton et plonge en bas dans des *feuilles de clinquant* dont la bouteille est remplie (fig. 437). A l'extérieur, sur le fond et le pourtour, la bouteille est couverte d'une *feuille*

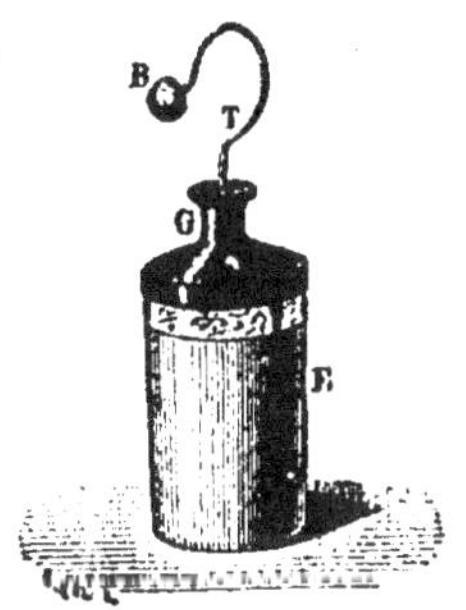

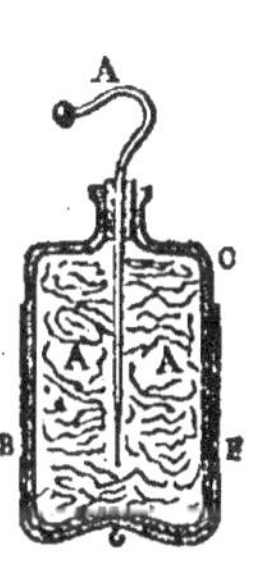

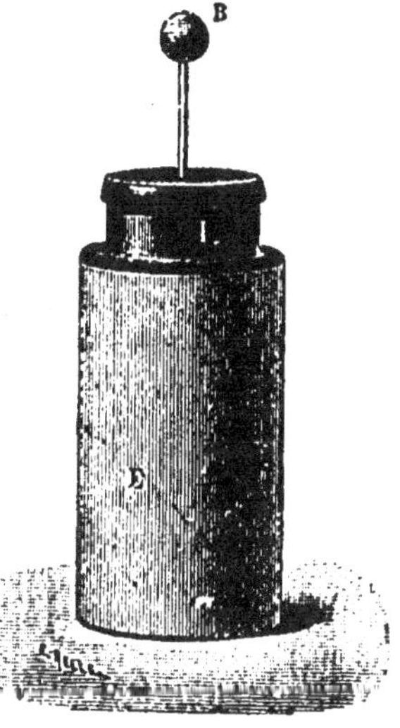

Fig. 436.　　　　Fig. 437.　　　　Fig. 438.

d'étain jusqu'à une certaine distance du goulot. La partie supérieure de la bouteille non recouverte d'étain est vernie à la gomme laque.

Une **jarre** est une bouteille à large goulot, tapissée d'étain à l'intérieur et à l'extérieur. La tige est droite et se termine par une chaîne qui repose sur l'étain intérieur (fig. 438).

571. Charge d'un condensateur. — Pour charger un condensateur, on met l'une des armatures en communication avec l'un des pôles d'une machine électrique et l'autre armature en communication avec l'autre pôle (ou le sol si le second pôle est relié au sol) (fig. 439).

La durée de la charge croît avec la capacité du collecteur; elle diminue si le débit de la machine augmente.

572. Rôle de la lame isolante. — La lame isolante ne joue pas un rôle passif. En effet, un condensateur à plateaux et à lame d'air ayant été chargé, si l'on vient à glisser entre les armatures une lame de *verre* ou d'*ébonite,* le pendule du collecteur tombe, d'où l'on conclut que le potentiel du

Fig. 439.

collecteur a diminué ou que *sa capacité a augmenté.* Pour un condensateur à isolant solide, C est donc plus grand que pour un condensateur à air de même épaisseur; en outre, à épaisseur égale, les isolants solides offrent à la décharge une plus grande résistance que l'air, ce qui permet d'augmenter $V_1 - V_2$; pour ces deux raisons, avec un isolant solide, la charge $C(V_1 - V_2)$ est susceptible d'être notablement accrue.

573. Pouvoir inducteur spécifique. — Le pouvoir inducteur spécifique d'un isolant est un nombre K, par lequel on doit multiplier la capacité d'un condensateur à lame d'air pour obtenir la capacité d'un condensateur à isolant de *même épaisseur.* CV étant la charge d'un condensateur à air, CKV est la charge d'un condensateur à lame isolante de même épaisseur, pour une même différence V de potentiel des deux pôles de la source. Pour le verre, K varie de 5 à 6.

DÉCHARGE D'UN CONDENSATEUR

574. Décharge rapide. — Une décharge rapide a lieu en établissant une communication entre les deux armatures à l'aide d'un excitateur. Un excitateur est formé de deux arcs en laiton C et C' munis de manches isolants et réunis par une charnière qui permet de les écarter plus ou moins (fig. 440); ils portent chacun une boule à leur extrémité. On touche l'une des armatures du condensateur avec l'une des boules et on approche l'autre boule de l'autre armature. Avant le contact, à une distance invariable pour une même charge, une étincelle jaillit. Cette étincelle accompagne le transport d'électricité positive qui a lieu de l'armature au potentiel le plus élevé vers l'autre.

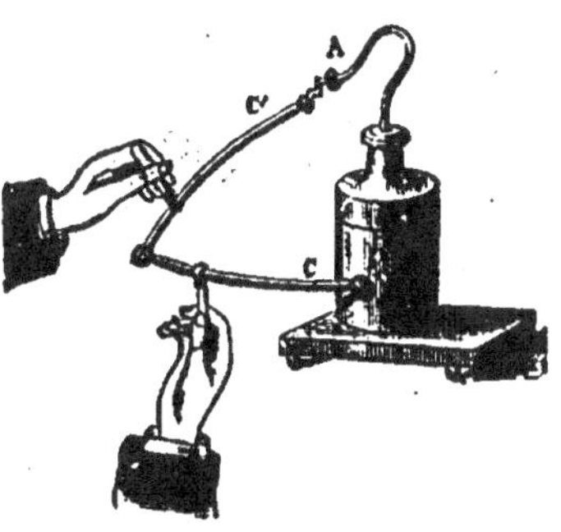

Fig. 440.

575. L'électricité se porte sur la lame isolante. — Un condensateur à plateaux et à lames de verre étant chargé et les plateaux étant d'abord en contact avec le verre, si l'on vient à écarter les plateaux, leurs pendules ne divergent que faiblement. On décharge avec la main les plateaux écartés, puis on les ramène en contact avec le verre. En réunissant alors les deux plateaux par l'excitateur, on obtient une vive étincelle. Les électricités adhéraient donc en grande partie au verre.

Bouteille à armatures mobiles. — La bouteille à armatures mobiles sert aussi à montrer que *les électrités adhèrent à la lame isolante.* L'armature intérieure D est un vase conique en métal qui entre dans un gobelet de verre S; celui-ci est reçu par un vase métallique C,

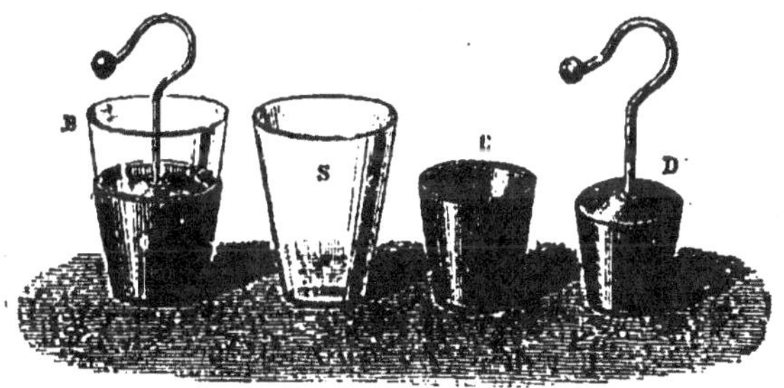

Fig. 441.

constituant l'armature extérieure. Après avoir chargé le condensateur ainsi formé, on le pose sur un gâteau isolant et on enlève à la main successivement le vase intérieur, puis le gobelet de verre; on décharge les deux armatures métalliques en les touchant. En remontant ensuite la bouteille, on obtient avec l'excitateur une étincelle presque aussi forte que si les armatures n'avaient pas été déchargées (fig. 441).

576. Étincelles résiduelles. — Une seule décharge ne ramène pas à l'état neutre un condensateur à lame isolante solide. Après quelque temps on peut obtenir une deuxième étincelle plus faible, puis, plus tard, une troisième... Ces étincelles sont dites *résiduelles*.

On explique les étincelles résiduelles en admettant que les électricités pénètrent dans l'isolant jusqu'à une certaine profondeur. La mauvaise conductibilité de l'isolant ne leur permet pas de se mouvoir assez rapidement pour se réunir complètement dans une première décharge.

577. Batterie. — Au lieu d'une bouteille de Leyde de grande dimension qui serait incommode, on emploie une *batterie* formée de

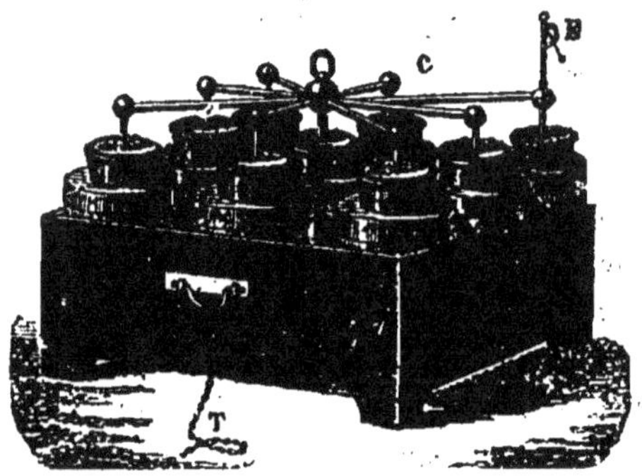

Fig. 442.

jarres. Les armatures internes, réunies par des tiges de métal, convergent vers une boule centrale que surmonte un anneau. Les jarres sont disposées dans une caisse en bois dont le fond, recouvert d'étain, relie les armatures externes à deux poignées métalliques fixées aux parois de la caisse. Les *armatures internes n'en forment ainsi qu'une;* il en est de même des armatures externes. Une machine à influence permet de charger rapidement une batterie. On relie l'anneau à l'un des pôles et une des poignées extérieures à l'autre pôle et au sol. Si l'attraction des deux électricités contraires qui imprègnent les deux faces d'une des lames isolantes devient trop forte, la paroi de verre est percée et la jarre hors d'usage. Pour se mettre en garde contre cette rupture, un électroscope à cadran E, placé sur l'armature interne, fait connaître à tout instant l'excès de potentiel de l'armature interne sur le sol (fig. 442).

578. Condensateurs de grande capacité. — Les condensateurs industriels sont formés de feuilles d'étain alternant avec des

feuilles de mica ou de papier paraffiné (fig. 443) ; les feuilles d'étain
d'ordre pair *a* sont reliées d'un côté en A et forment l'une des arma-

Fig. 443.

tures, les feuilles d'ordre impair *b* débordent de l'autre côté et
forment l'autre armature B. On obtient ainsi *une très grande capacité sous un petit volume.*

579. Énergie d'un condensateur; — La décharge donne lieu,
dans les corps qu'elle traverse, à diverses manifestations d'énergie.
Un condensateur a donc acquis par sa charge une *énergie potentielle.*
Cette énergie potentielle est égale à la somme des travaux qu'elle
effectue en s'annulant par la décharge.

L'énergie d'un condensateur est égale à la somme des énergies de
ses armatures. Désignons par V le potentiel du collecteur, par C sa
capacité, l'énergie du collecteur est $\frac{1}{2}QV = \frac{1}{2}CV^2$ puisque $Q = CV$;
le potentiel du condenseur étant nul, le terme relatif à son énergie
est également nul.

ÉLECTROSCOPE CONDENSATEUR

580. L'électroscope condensateur est un électroscope à feuilles d'or
dont la boule est remplacée par un disque métallique sur lequel
repose un second disque semblable, muni d'un manche isolant. Les
faces en regard des deux disques sont *séparément* recouvertes d'une
couche de vernis; les deux couches de vernis forment la lame isolante d'un condensateur ayant les disques pour armatures.

Usage. — L'électroscope condensateur sert à manifester et à comparer *des potentiels très faibles dus à des sources continues*, telles que
les éléments d'une pile. On met en contact la face inférieure du
disque inférieur avec l'un des pôles de la source et la face supérieure

du disque supérieur avec l'autre pôle[1] (fig. 444). Il y a condensation ; on soulève alors le disque supérieur[2] (fig. 445) : la charge du
disque inférieur devient libre et se répand sur tout l'électroscope. Une

Fig. 444.   Fig. 445.

source qui n'aurait donné à un électroscope ordinaire qu'un écart
inappréciable des feuilles d'or détermine, après condensation, une
divergence des feuilles mesurable.

On reconnaît le signe de l'électricité du disque inférieur comme
sur un électroscope ordinaire. En mettant le disque supérieur en
contact avec le bouton d'un électroscope, on constate qu'il porte une
charge contraire à celle du disque inférieur.

EFFETS DES DÉCHARGES ÉLECTRIQUES

L'énergie mécanique dépensée dans la charge des conducteurs
électrisés et des condensateurs s'y est accumulée sous forme d'éner-

___

(1) Ou avec le sol si le deuxième pôle est lui-même relié au sol.
(2) Comme les électricités contraires se portent sur la lame isolante, si le plateau supérieur était seul verni, on emporterait avec lui en le soulevant les électricités condensées
et le plateau inférieur resterait sans charge.

.gie électrique. Cette énergie électrique est une énergie potentielle qui se transforme dans la décharge et produit divers effets : *lumineux, calorifiques, chimiques, mécaniques, physiologiques.*

Un conducteur de potentiel V et de charge Q possède une énergie potentielle $\frac{QV}{2}$ qui se convertit en diverses énergies dans la décharge.

581. Effets lumineux. — L'étincelle est un phénomène lumineux qui accompagne le passage de l'électricité à travers un isolant entre deux conducteurs offrant une différence de potentiel suffisante. Les deux conducteurs sont mis en communication momentanée par l'étincelle et leurs potentiels s'égalisent.

La longueur de l'étincelle ou la **distance explosive** *croît avec la différence de potentiel* des conducteurs entre lesquels elle éclate. *Quelle que soit la capacité* de ces conducteurs, *une même distance explosive* correspond toujours *à une même différence de potentiel.*

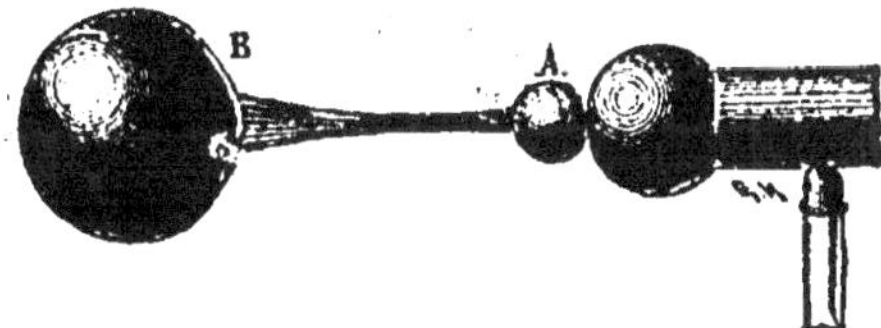

Fig. 446.

Une étincelle courte, éclatant entre des conducteurs de grande capacité, a la forme d'un trait rectiligne *épais* (fig. 446) ; si la distance

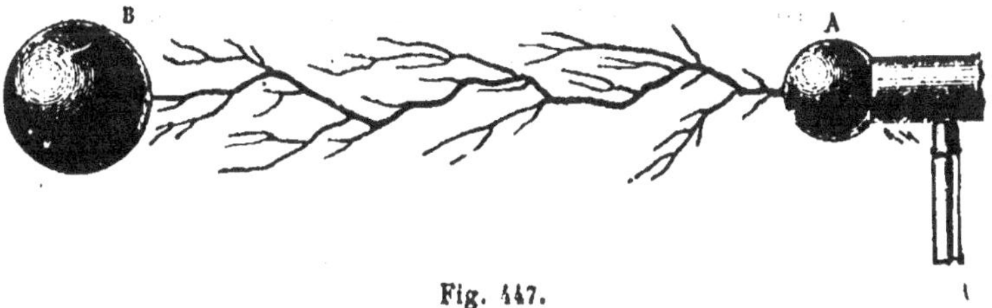

Fig. 447.

augmente et si la capacité des conducteurs diminue, le trait devient *grêle,* sinueux et ramifié (fig. 447).

Dans une machine électrique en fonctionnement, on remplace un flux d'étincelles grêles par des étincelles nourries et espacées en *augmentant la capacité des collecteurs* ; au lieu d'employer de grands cylindres comme dans la machine de Ramsdem, on obtient sous un petit volume des conducteurs de grande capacité en associant chaque collecteur à l'armature interne d'une *bouteille de Leyde* (fig. 448).

Ces armatures se chargent d'électricités contraires qui se réunissent à chaque étincelle éclatant entre les boules. En même temps, les électricités des armatures externes H et K, devenues libres, se

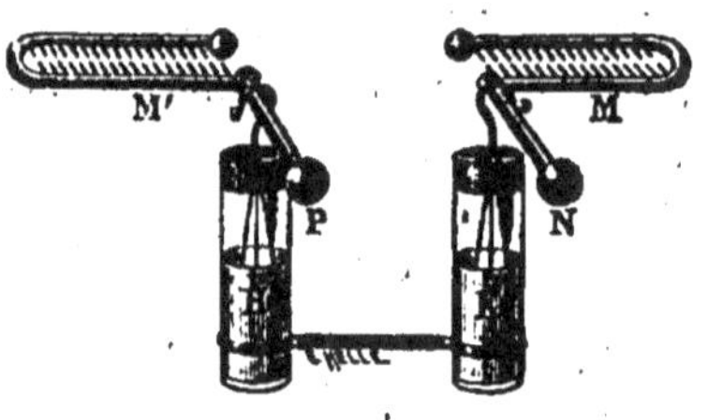

Fig. 448.

neutralisent à travers une bande métallique qui relie ces armatures.

La *durée* d'une étincelle est excessivement petite. L'étincelle entraîne des particules des corps entre lesquels elle jaillit. La *couleur de l'étincelle* dépend de la nature des particules arrachées aux conducteurs et portées à l'incandescence par la décharge.

Lueurs dans les gaz. — L'électricité qui s'écoule par une pointe offre, dans l'obscurité, une teinte violacée changeant de forme avec le signe de l'électricité (*aigrettes, points brillants*). Ces lueurs deviennent des effluves quand elles s'étalent, ce qui a lieu dans les gaz raréfiés ou, quelquefois à la pression ordinaire, entre de larges surfaces isolantes.

Comme on l'observe dans l'œuf électrique, la longueur de l'étincelle, pour une même différence de potentiel, est *beaucoup plus grande dans les gaz raréfiés* qu'à l'air libre. L'œuf électrique est un globe ovoïde de verre, porté sur un pied de cuivre et traversé à ses extrémités par deux tiges métalliques que terminent des boules ; l'une des tiges est mobile dans une boîte à cuir. Après avoir fait le vide jusqu'à une pression de quelques millimètres de mercure, si l'on dirige une décharge par les deux tiges, une gerbe violacée apparaît entre les deux boules intérieures (fig. 449). Ces lueurs prennent diverses couleurs dans les différents gaz.

Nous étudierons plus loin, à propos des effets de la bobine d'induction, les phénomènes que les décharges électriques produisent dans les gaz raréfiés, à mesure que le degré

Fig. 449.

de raréfaction s'accentue (*Tubes de Geissler, tubes de Crookes*). L'étincelle ne passe plus quand le vide est poussé trop loin.

Tubes étincelants. — On obtient un grand nombre d'étincelles par une seule décharge en multipliant les solutions de continuité du conducteur traversé. Les tubes étincelants sont des tubes de verre à l'intérieur desquels sont collés en spirale de petits losanges d'étain dont les pointes sont très rapprochées (fig. 450). Le tube est terminé à ses deux extrémités par deux pièces métalliques A et B que l'on relie aux deux armatures d'un condensateur. Des étincelles éclatent entre les intervalles successifs des losanges et donnent dans l'obscurité la sensation d'une ligne lumineuse continue.

582. Effets calorifiques. — **Inflammation.** — L'étincelle électrique est quelquefois utilisée pour produire l'inflammation de corps combustibles et particulièrement de mélanges gazeux, tels qu'un mélange d'hydrogène et d'oxygène. C'est ainsi qu'on réalise habituellement la *synthèse de l'eau dans l'eudiomètre*. Le **pistolet de Volta** sert à répéter une combustion analogue. Un vase métallique A, contenant un mélange d'air et de gaz d'éclairage, porte latéralement une tubulure dans laquelle est mastiqué un tube de verre (fig. 451); ce tube est traversé par une tige métallique D, qui se termine en E, à une petite distance de la paroi opposée (fig. 452). On enflamme le mélange gazeux en faisant jaillir une étincelle électrique dans l'intervalle de la tige et de la paroi. Le vif dégagement de chaleur qui accompagne cette combustion donne lieu à une grande expansion des gaz et à une projection du bouchon qui ferme le vase.

Fig. 450.

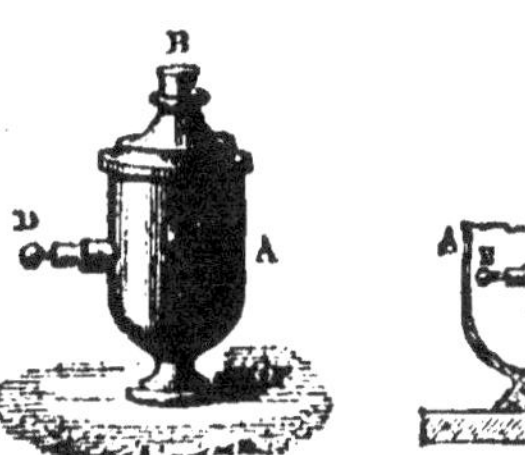

Fig. 451.

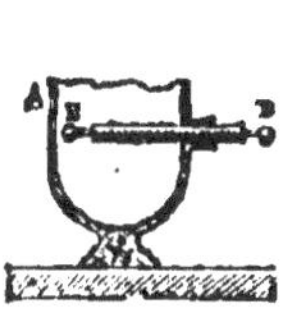

Fig. 452.

Echauffement des conducteurs. — Les décharges électriques dégagent de la chaleur dans les conducteurs qu'elles traversent. Pour diriger la décharge d'une batterie dans diverses substances, on se sert de l'excitateur universel. Cet appareil se compose de deux tiges métalliques montées à charnières et supportées par des pieds isolants (fig. 453). A leurs extré-mités voisines, ces tiges sont ter-minées par des boules et, par leurs extrémités opposées, elles sont reliées, au moyen de chaînes, aux armatures de la batterie. Une ta-blette T peut servir à recevoir les corps sur lesquels on veut opérer.

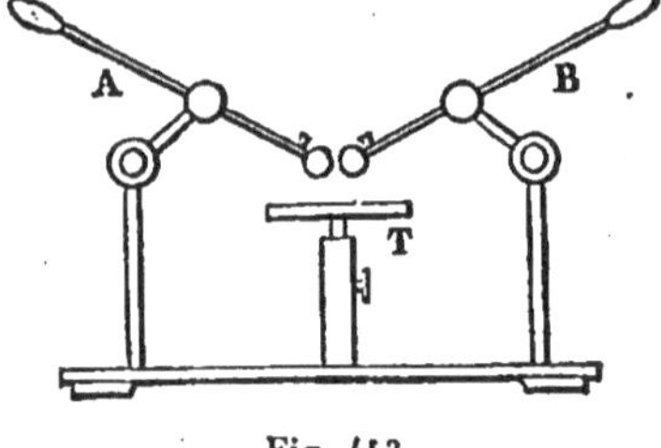

Fig. 453.

Un fil métallique fin *db*, tendu entre les deux boules, peut être fondu par la décharge. On laisse dans le circuit un intervalle d'air à travers lequel on effectue la décharge avec un excitateur à manches de verre (fig. 454).

La chaleur dégagée dans le circuit d'une décharge ne se distribue pas également dans les divers conducteurs, mais **proportionnellement**

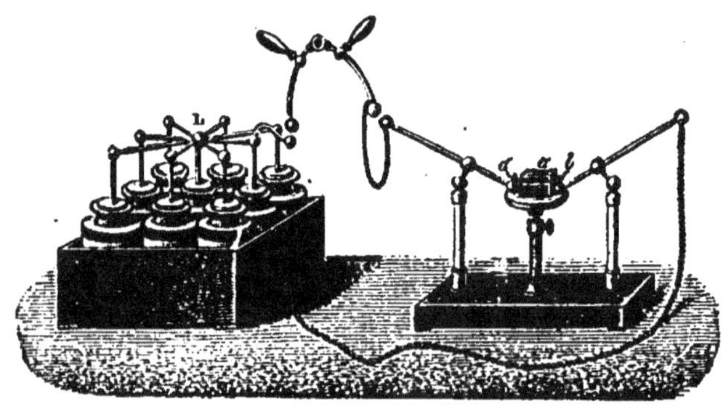

Fig. 454.

à la résistance qu'ils offrent au passage de l'électricité; un conduc-teur de petite section qui n'offre à la décharge qu'un passage insuffi-sant s'échauffe plus qu'un gros fil de même nature à travers lequel la circulation est plus libre.

La chaleur dégagée est *équivalente* à l'énergie potentielle dis-parue.

583. Effets chimiques. — L'aigrette et l'effluve électrique trans-forment l'oxygène en *ozone*, dont on reconnaît l'odeur quand on fait fonctionner une machine à influence.

. Par l'effet calorifique d'une longue série d'étincelles on décompose le gaz ammoniac et on double son volume. Ces mêmes étincelles peuvent combiner l'oxygène et l'azote mélangés et former du peroxyde d'azote.

L'électricité des décharges produit les effets d'électrolyse du courant de la pile, mais avec une bien moindre énergie.

584. Effets mécaniques. — Les effets mécaniques proviennent des obstacles apportés au passage de l'électricité et se produisent surtout quand la décharge rencontre des corps mauvais conducteurs. Si, par exemple, on fait passer une décharge de batterie entre deux tiges métalliques terminées en pointes qui comprennent en C,

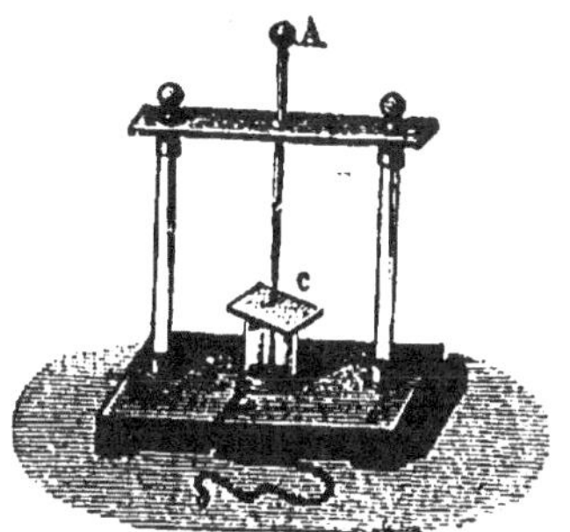

Fig. 455.

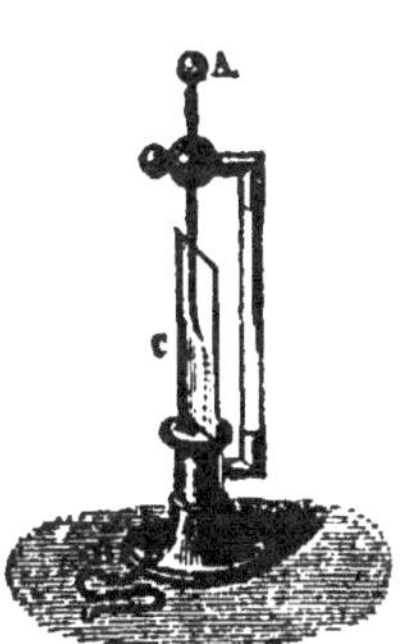

Fig. 456.

soit une lame de verre (fig. 455), soit une feuille de carton (fig. 456), le verre et le carton sont percés.

Il faut rapporter à un effet mécanique produit sur l'air le bruit qui accompagne une étincelle.

585. Effets physiologiques. — Une faible étincelle fait éprouver une sensation de légère piqûre, quand elle éclate entre un corps électrisé et la peau. Une forte étincelle donne lieu à une commotion.

Commotion par une décharge de condensateur. — Si l'on touche avec une main la panse et avec l'autre main le bouton d'une bouteille de Leyde chargée, la décharge a lieu par le corps qui est bon conducteur et communique une secousse au poignet, au coude, à l'épaule; elle peut même déterminer un fort ébranlement dans la poitrine.

En formant un cercle de personnes qui se tiennent la main, une commotion se fait sentir à toute la chaîne au moment où, la première tenant la panse, la dernière vient à toucher le bouton de la bouteille.

L'effet physiologique dépend de l'*énergie électrique* (**561**) de la décharge, c'est-à-dire de la chute de potentiel et de la quantité d'électricité. On peut impunément tirer des étincelles de 20 centimètres d'une machine électrique à faible débit, tandis qu'une étincelle d'un centimètre provenant d'une batterie fortement chargée peut devenir dangereuse.

ÉLECTRICITÉ ATMOSPHÉRIQUE

586. L'atmosphère est un champ électrique. — L'atmosphère est un champ électrique, car un conducteur y subit une influence électrique; ce champ peut être considéré comme produit par des *charges positives* situées à une grande hauteur. Un conducteur isolé et à l'état neutre, placé dans l'atmosphère par un temps serein, s'électrise *négativement* du côté du ciel et *positivement* du côté du sol. Son potentiel est positif, supérieur à celui du sol.

Un électroscope dont la tige verticale se prolonge par une pointe effilée se charge positivement, l'électricité négative s'écoule par la pointe.

ÉLECTRICITÉ DES ORAGES

587. Les orages sont des phénomènes électriques. — Les nuages orageux se comportent comme des conducteurs électrisés, les éclairs sont des traits de feu identiques aux étincelles électriques; le tonnerre est le bruit des éclairs.

Électrisation par l'influence d'un nuage orageux. — Un nuage orageux électrise un conducteur par influence. Pour réaliser une expérience proposée par Franklin[1], Dalibard, en 1752, éleva sur un support isolant une barre de fer de 13 mètres de hauteur, terminée en pointe. En passant au-dessus de la pointe, un nuage orageux attira l'électricité contraire à la sienne et repoussa l'électricité de même nom à l'extrémité inférieure de la barre. En effet, en approchant de cette extrémité une tige de cuivre communiquant avec le sol on en tira de longues étincelles.

(1) **Franklin** (Benjamin), né à Boston (États-Unis) (1706-1790).

Formation de nuages positifs et négatifs. — L'atmosphère se comporte comme si ses régions élevées étaient positives.

Pour cette raison, les particules d'eau d'un nuage s'électrisent négativement à la partie supérieure, positivement à la partie inférieure (**532**). Ce nuage restera négatif s'il communique un instant avec le sol, soit par contact avec le flanc d'une montagne, soit par une résolution partielle en pluie.

Ce nuage négatif charge positivement par influence un autre nuage qui communique momentanément avec le.sol.

588. Éclairs. — Des éclairs jaillissent entre deux nuages électrisés à des potentiels différents et suffisamment rapprochés, ou entre un nuage électrisé et le sol.

Tantôt l'éclair est un *sillon éblouissant*, nettement limité sur ses bords ; tantôt il rappelle les étincelles en zig-zag qui éclatent entre les pôles éloignés de fortes machines électriques ; tantôt c'est une *lueur diffuse*, illuminant subitement le ciel et due à une décharge masquée par des nuages ou produite au-dessous de l'horizon.

La *durée* d'un éclair est extrêmement courte. Sa *longueur* peut être très grande, surtout s'il est formé de traits éclatant entre des lambeaux de nuages et reproduisant le ruban de feu d'un tube étincelant.

589. Tonnerre. — L'éclair et le tonnerre sont *simultanés* ; mais tandis que la lumière de l'éclair franchit en un temps inappréciable l'intervalle qui nous sépare des nuages, le fracas de la décharge met trois secondes à parcourir un kilomètre ; il n'est entendu par conséquent qu'un certain temps après qu'on a vu l'éclair.

Quand une décharge éclate entre plusieurs nuages consécutifs, plusieurs détonations ont lieu à la fois, mais nous les percevons successivement, car elles nous arrivent de points inégalement distants. De là les *redondances* du tonnerre. Les réflexions multiples produisent aussi des roulements, habituels dans les pays de montagnes.

590. Foudre. — Une décharge due à un nuage électrisé s'appelle la foudre. Si une décharge jaillit entre un nuage et le sol, on dit que la *foudre tombe*. Elle frappe de préférence les points saillants où s'accumule l'électricité contraire attirée par le nuage orageux, tels que les sommets des montagnes, les édifices élevés, les cimes des arbres.

Les effets de la foudre sont les effets des décharges des batteries, mais beaucoup plus puissants : 1° **effets mécaniques**, spécialement sur les mauvais conducteurs : maisons écroulées, arbres brisés ; 2° **effets calorifiques** : incendies allumés par l'inflammation de substances combustibles, métaux fondus et volatilisés ; 3° **commotions** renversant les êtres animés et les frappant parfois instantanément de mort[1].

PARATONNERRES

591. Paratonnerre à tige. — (*Paratonnerre de Franklin*).

Description. — Ce paratonnerre est une tige de fer de 5 à 10 mètres terminée à sa partie supérieure par un cône de platine P et dressée verticalement sur le faîte du monument à préserver (fig. 457). La partie inférieure de la tige du paratonnerre se continue par un conducteur en fer CE, *ininterrompu*, qui suit le toit et les murs de l'édifice pour se rendre dans un puits S où il se ramifie (fig. 458). Ce conducteur est relié sur son trajet aux principales pièces métalliques de l'édifice. Si l'édifice porte plusieurs paratonnerres P et P', ils sont reliés entre eux par des tiges métalliques AC, CB.

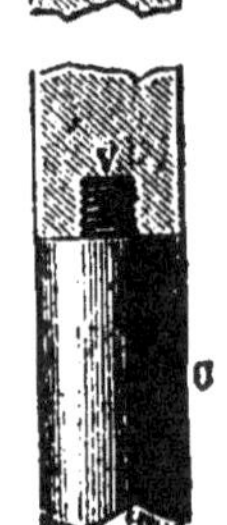

Fig. 457.

Les sections des tiges et des conducteurs doivent être suffisantes pour que le courant de décharge de la foudre ne les fonde pas et la communication avec le sol doit être établie avec le plus grand soin.

Action préservatrice. — Si l'on présente au collecteur d'une machine électrique en fonctionnement une *pointe* métallique tenue à la main (**548**), l'électricité qui s'écoule de la pointe sans étincelle et sans bruit neutralise l'électricité du collecteur, *le collecteur se décharge* (fig. 424). C'est de la même manière qu'un paratonnerre *prévient* les décharges en neutralisant sans bruit l'électricité des nuages ; l'écoulement par la pointe s'accuse par une aigrette visible dans l'obscurité.

(1) Par le *choc en retour*, un être vivant peut éprouver une commotion sans être directement frappé. Imaginons un nuage chargé positivement et voisin d'un corps A reposant sur le sol ; il attire de l'électricité négative sur ce corps et repousse dans le sol une charge égale positive. Si le nuage est étendu et vient à se décharger en un point éloigné, l'électricité accumulée sur le corps A en face du nuage retourne au sol et détermine un courant très brusque dont la commotion peut amener la mort.

Si la foudre éclate, le paratonnerre exerce une action *préserva-trice*, car sa tige sera frappée de préférence ; elle est en effet le point de l'édifice le plus voisin du nuage, le plus conducteur et le plus électrisé.

On calcule l'écartement de deux paratonnerres en *admet-*

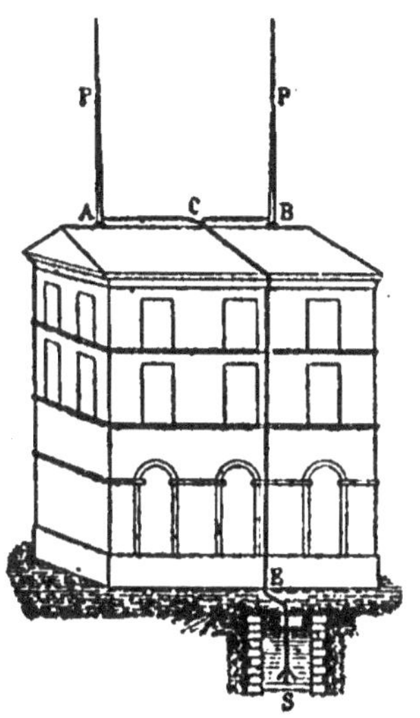

Fig. 458.

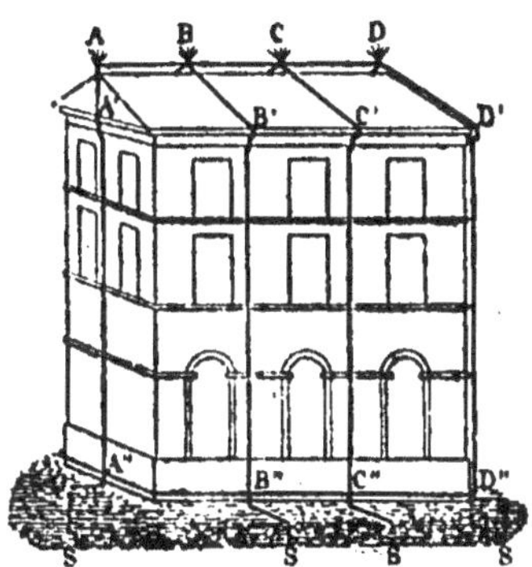

Fig. 459.

tant qu'un paratonnerre garantit à sa base une surface circulaire dont le rayon est double de la hauteur de la tige.

592. Paratonnerre à réseau (*Paratonnerre Melsens*). — Un conducteur entouré par une enceinte métallique reliée au sol *ne subissant aucune influence des corps électrisés extérieurs* (**543**), une telle enceinte forme le meilleur paratonnerre. On sait que la continuité de l'enceinte n'est pas nécessaire, un réseau à larges mailles suffit (fig. 420).

Description. — D'après cela, on enveloppe la surface extérieure de l'édifice de câbles métalliques AA'A″, BB'B″..., reliés de façon à former un *réseau* (fig. 459). Ces conducteurs sont mis en communication au moyen de puits avec une nappe d'eau souterraine. Les saillies de l'édifice, A, B, C, D, sont armées de pointes multiples de petite longueur, reliées au réseau métallique. Ces pointes laissent échapper sous forme d'aigrettes l'électricité développée sur l'édifice par l'influence des nuages orageux et préviennent les accumulations de charges qui produisent les coups de foudre.

MAGNÉTISME

AIMANTS

593. Certains échantillons d'un oxyde de fer naturel (Fe^3O^4) ont la propriété permanente d'attirer le fer et d'être attirés par lui. Ce sont des *aimants naturels* (pierre d'aimant). La cause de cette propriété est appelée **magnétisme**[1].

Les *aimants artificiels* sont des barreaux d'acier trempé auxquels on communique la même propriété permanente d'attirer le fer.

Substances magnétiques. — Le fer n'est pas la seule substance attirable par l'aimant ou *magnétique*; le *nickel*, le *cobalt* sont aussi magnétiques, mais à un degré bien moindre que le fer.

594. Pendule magnétique. — On peut mettre en évidence les attractions magnétiques à l'aide d'une petite balle de fer suspendue à l'extrémité d'un fil flexible (fig. 460). A l'approche d'un aimant, ce pendule est dévié de la verticale en b'. L'attraction par l'aimant augmente quand sa distance à la balle de fer diminue; le pendule peut être entraîné jusqu'au contact et adhérer à l'aimant.

L'attraction a lieu dans le vide comme dans l'air et à travers les corps non magnétiques, tels que le bois, le verre, le cuivre, le zinc, l'eau, etc. [2].

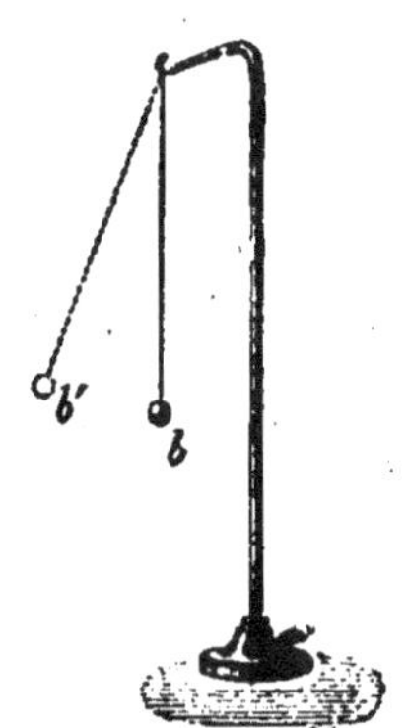

Fig. 460.

(1) Du nom de Magnésie, ville de Lydie, en Asie Mineure aux environs de laquelle les Grecs trouvaient la pierre d'aimant.
(2) Si l'on interpose une plaque de fer suffisamment épaisse entre le pendule et l'aimant, le pendule n'est plus attiré, le fer se comporte comme un écran magnétique.

595. Pôles. — En présentant successivement au pendule les différentes parties d'un aimant, on reconnaît que deux régions opposées appelées pôles exercent une action plus forte. Entre les deux se trouve une *région moyenne* sans action appréciable ou *neutre*. Sur un aimant d'acier ayant la forme d'un cylindre allongé, les régions d'action maximum sont voisines des extrémités de l'axe du cylindre.

Fig. 461.

L'existence des pôles et de la région moyenne se manifeste encore en roulant un aimant dans la *limaille de fer*: elle adhère en forme de houppes autour des deux centres voisins des extrémités vers lesquels se dirige l'attraction et ne s'attache pas à la région moyenne (fig. 461).

596. Orientation des aimants. — Quand on a suspendu en son milieu un fil de soie sans torsion, à l'aide d'un petit étrier de papier, de façon qu'il ne puisse se déplacer que dans un plan horizontal, un barreau aimanté *se dirige à peu près du nord au sud*. Tous les aimants prennent en un même lieu la même direction.

Fig. 462.

On se sert souvent d'**aiguilles aimantées**, lames minces d'acier taillées en losange très allongé et reposant par un petit godet ou *chape* en agate sur un pivot vertical très aigu (fig. 462).

597. Distinction des pôles. — Si, après avoir noirci l'extrémité qui pointe vers le nord, on dérange l'aimant de sa position d'équilibre et même si on le retourne, l'extrémité noircie revient toujours au nord. On appelle **pôle nord** cette extrémité, l'autre est le **pôle sud**. Bien que les deux pôles attirent également la limaille, ils ne sont pas identiques puisqu'ils prennent des directions opposées.

598. Actions réciproques des pôles de deux aimants. — De l'extrémité nord d'un aimant suspendu à un fil de soie (fig. 463)

ou d'une aiguille mobile sur un pivot approchons le pôle nord d'une
autre aiguille, les deux pôles nord se repoussent vivement, les deux

pôles sud mis en regard se
repoussent également, mais
un pôle nord attire un pôle sud.
Donc, *les pôles de même nom
se repoussent et les pôles de
nom contraire s'attirent.*

599. Aimants brisés. —
Il est impossible d'isoler les
deux pôles d'un aimant et d'obtenir séparément soit un pôle
nord, soit un pôle sud. En
effet, si l'on brise un barreau
aimanté, les deux fragments
plongés dans la limaille se

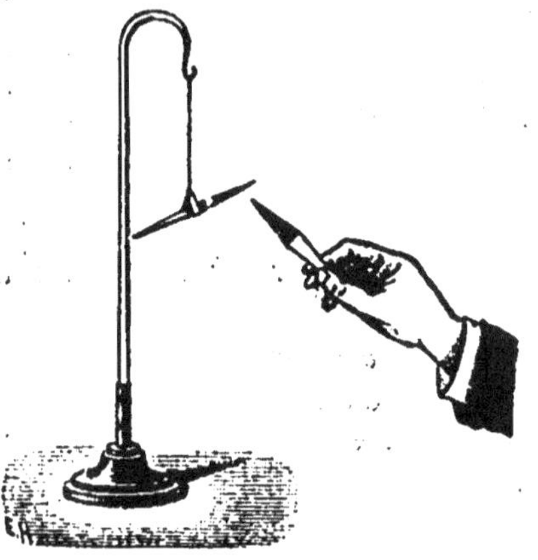

Fig. 463.

comportent comme deux aimants complets offrant chacun deux pôles
et une région neutre. *Les pôles voisins*, qui prennent naissance en un
point de rupture, *sont de noms contraires.* Chacun des deux fragments peut être à son tour subdivisé par la rupture en deux nouveaux aimants, etc. (fig. 464). En rapprochant les fragments ainsi
séparés, on forme une chaîne dont les pôles intermédiaires se réunissent et l'aimant primitif est reproduit.

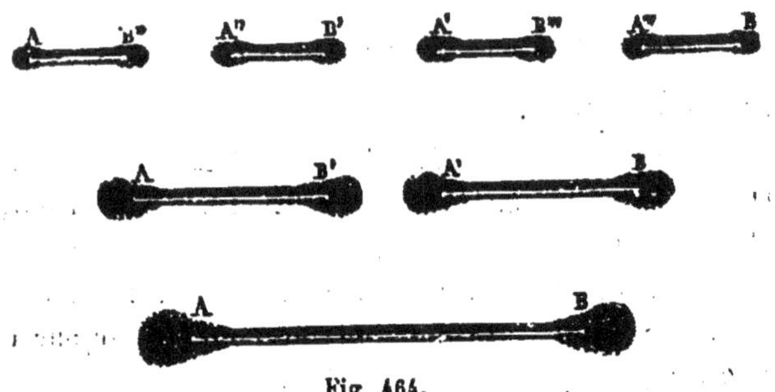

Fig. 464.

Cette expérience permet d'admettre, qu'avant la rupture, l'aimant
était formé d'une série de *petits aimants orientés*, ayant leurs pôles
nord vers l'extrémité nord et leurs pôles sud vers l'extrémité sud.
Les pôles intermédiaires se neutralisent et les extrémités polaires
exercent seules une action extérieure.

600. Lois des actions magnétiques. — D'après les expériences de Coulomb, *les actions répulsives ou attractives qui s'exercent entre deux pôles ont lieu suivant la droite qui les joint, elles varient en raison inverse du carré de leurs distances.*

Sans connaître la nature du magnétisme, on dit que deux pôles d'action identique renferment des *masses* magnétiques égales et on appelle masse double ou triple la masse magnétique d'un pôle qui exerce la même action que la réunion de deux ou trois pôles identiques.

AIMANTATION PAR INFLUENCE

601. Champ magnétique. — On appelle champ magnétique d'un aimant ou d'un système d'aimants la portion de l'espace dans laquelle se manifestent leurs actions magnétiques. Comme ces forces décroissent très vite quand la distance augmente, un champ magnétique est pratiquement un espace limité.

Sur notre globe, une aiguille aimantée se dirige, elle se trouve donc dans un champ magnétique, bien qu'on ne voie pas d'aimant à proximité. Ce champ magnétique se nomme le *champ magnétique terrestre.*

Aimantation par influence. — Une substance magnétique placée dans un champ magnétique *devient un aimant.* Ainsi un mor-

Fig. 465.

ceau de fer pur ou *fer doux*, placé à une petite distance d'un aimant, sur son prolongement, attire *immédiatement* la limaille à ses extrémités, c'est-à-dire devient un aimant offrant une région moyenne et deux pôles (fig. 465). En approchant une petite aiguille aimantée, on reconnaît que les pôles en regard b et A sont de noms contraires; ces deux pôles s'attirent. Le fer doux ab pourra agir sur un autre barreau de fer doux placé à sa suite qui s'aimantera dans le même sens, mais moins fortement. L'aimantation cesse dès qu'on éloigne l'aimant AB, sans que ab garde son **magnétisme temporaire.**

L'attraction d'un aimant sur une substance magnétique ne s'exerce entre réalité qu'entre deux aimants, puisque la substance magnétique s'aimante par influence au moment de son attraction.

L'aimantation d'un barreau par influence augmente quand la dis-

tance diminue et, si l'attraction des deux pôles en regard est supérieure au poids du fer *a*, celui-ci *reste suspendu* au
barreau A. On suspendra de même à *a* un autre
barreau plus petit *a'* et ainsi de suite (fig. 466).

602. Aimantation de l'acier. — Un barreau
d'acier placé en prolongement de l'aimant AB
(fig. 465) s'aimante moins rapidement et moins
énergiquement que le fer doux, mais il conserve
une portion notable de son magnétisme, après
que l'influence a cessé (**magnétisme rémanent**).

Force coercitive. — Les variétés de fer qui
conservent après l'influence une partie de leur
magnétisme sont dites douées de *force coercitive*.
Très faible pour le fer doux, la force coercitive
est beaucoup plus forte pour l'acier qui est du fer
combiné avec une faible proportion de carbone.

Fig. 466.

La force coercitive de l'acier est maximum lorsque, après avoir été
chauffé au rouge, il est *trempé* par un refroidissement brusque.

MÉTHODES D'AIMANTATION

603. Les aimants industriels sont en acier trempé. Un barreau
d'acier soumis à la simple influence magnétique d'un aimant ne
prend qu'une faible aimantation. Cette aimantation est accrue si,
pendant l'influence, le barreau subit des chocs, des vibrations, des
frictions. Les méthodes usuelles d'aimantation par les aimants sont
des méthodes de friction.

Aimantation par la simple touche (fig. 467). — La simple

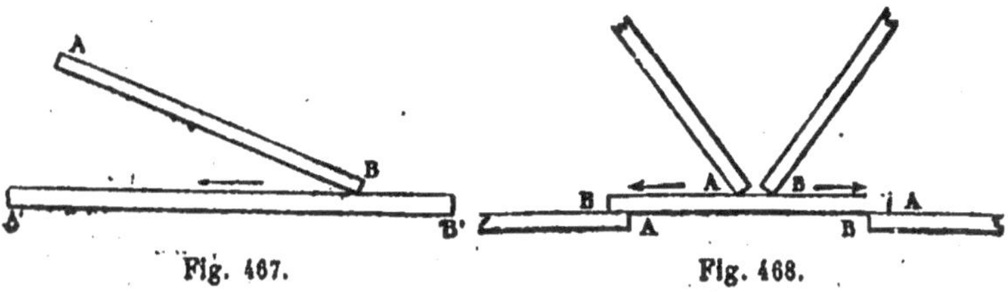

Fig. 467.   Fig. 468.

touche consiste à frotter un barreau d'acier A'B' avec un pôle d'ai-

mant B (par exemple un pôle sud) d'une extrémité à l'autre, *toujours
dans le même sens*. Ce pôle sud fait naître un pôle nord à l'extrémité
dont il s'éloigne à la fin de chaque friction.

Aimantation par la touche séparée (fig. 468). — Au milieu
du barreau à aimanter on applique les pôles opposés de deux barreaux et on les écarte *simultanément*, l'un dans un sens, l'autre en
sens contraire jusqu'aux extrémités ; là, on enlève les deux barreaux,
on les reporte au milieu et on les écarte de nouveau en effectuant toujours les déplacements *dans le même sens*. Un pôle A développe *un
pôle contraire à l'extrémité qu'il quitte* à la fin de chaque friction. Les
aimants mobiles sont inclinés d'environ 30° sur le barreau à aimanter
et on augmente leur effet en faisant reposer pendant l'aimantation
les extrémités du barreau à aimanter sur des pôles fixes, contraires à
ceux qu'on va développer.

Quand l'aimantation est mal faite, un barreau peut acquérir plus de deux
pôles. Dans un barreau présentant des pôles supplémentaires ou **points**

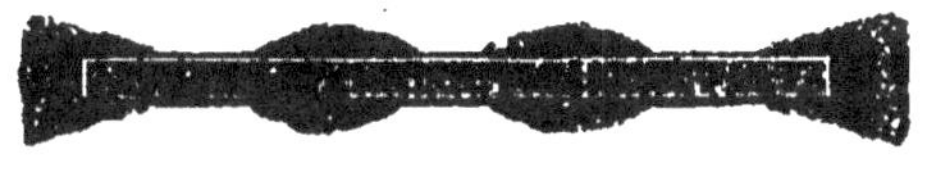

Fig. 469.

conséquents, deux pôles consécutifs sont toujours de signes contraires
(fig. 469).

604. Aimantation par les courants. — Les courants électriques sont capables de fournir des champs magnétiques intenses et
servent à former des aimants réguliers et puissants. Nous étudierons
plus loin ce procédé d'aimantation.

605. Aimantation maximum et aimantation permanente.
— Un certain nombre de frictions avec de forts aimants donnent à
un barreau d'acier son magnétisme *maximum*. Après l'aimantation,
le magnétisme du barreau diminue progressivement jusqu'à un état
permanent. Un acier conserve une fraction d'autant plus grande de
son aimantation maximum qu'il a été plus fortement trempé.

Variation de l'aimantation avec la température. — L'aimantation d'un aimant diminue quand la température s'élève, mais reprend
sa valeur par le refroidissement. Cependant, à une température très

élevée, un aimant perd son aimantation. Le fer doux cesse aussi au rouge d'être attiré par un aimant.

MAGNÉTISME TERRESTRE

606. L'action de la Terre sur un aimant est seulement directrice. — Un barreau d'une substance non magnétique suspendu par son centre de gravité reste en équilibre dans toutes les positions qu'on lui donne, car son poids est équilibré par la résistance du point de suspension. Un barreau aimanté suspendu par son centre de gravité est également soustrait à l'action de la pesanteur, mais *il s'oriente,* ce qui prouve qu'il est soumis à d'autres forces que son poids. On attribue ces forces à une action magnétique de la Terre.

L'action de la Terre n'est pas une force unique appliquée en un point de l'aimant, car cette force aurait une composante horizontale et une composante verticale ou au moins l'une de ces deux composantes.

La force n'a pas de composante verticale. — En effet, un barreau d'acier placé sur l'un des plateaux d'une balance fait équilibre à une même tare *avant* et *après* son aimantation.

La force n'a pas de composante horizontale. — Un barreau aimanté NS posé sur un disque de liège qui flotte sur l'eau *s'oriente* (fig. 470), mais *il ne subit pas de translation,*

Fig. 470.

comme cela aurait lieu si une force horizontale agissait constamment sur l'aiguille.

607. Couple terrestre. — Un barreau aimanté librement suspendu par son centre de gravité et par conséquent soustrait à l'action de la pesanteur, est soumis à l'action de deux forces égales, parallèles et dirigées en sens contraires, dont l'ensemble constitue le *couple terrestre.* En effet, l'action est simplement directrice, comme l'est l'action d'un *couple.*

Le barreau ne peut être en équilibre que si les deux forces parallèles et opposées du couple sont en prolongement l'une de l'autre sur la ligne de leurs points d'application. De là vient l'orientation du barreau. Les deux composantes verticales du couple ne peuvent avoir d'action sur le plateau d'une balance puisqu'elles sont égales et contraires.

Nous préciserons la signification du mot pôle en appelant *pôles* les points d'application des forces du couple terrestre. L'*axe magnétique* est la ligne qui joint les deux pôles ; la ligne des pôles ou l'axe magnétique d'un barreau aimanté suspendu par son centre de gravité prend la direction du couple.

608. Méridien magnétique. — En un lieu déterminé, on appelle **méridien magnétique** du lieu, *le plan vertical qui passe par l'axe magnétique* d'un aimant librement suspendu.

609. Inclinaison. — Une aiguille aimantée, librement suspendue par son centre de gravité s'oriente dans le méridien magnétique, mais elle ne se tient pas horizontale. Dans nos régions, sa partie *nord plonge au-dessous de l'horizon.* On appelle *inclinaison,* en un lieu déterminé, *l'angle de la direction nord de l'axe magnétique d'une aiguille aimantée avec une horizontale menée dans la partie nord du méridien magnétique.* La direction de l'axe magnétique d'une aiguille aimantée librement suspendue est la direction de la force magnétique terrestre.

610. Déclinaison. — Une aiguille aimantée soutenue par son centre de gravité s'incline. Habituellement on *l'équilibre,* c'est-à-dire qu'on ramène l'axe magnétique à l'horizontalité par un contrepoids appliqué à une distance convenable du point de suspension.

On appelle *déclinaison* en un lieu déterminé *l'angle de la partie nord de l'axe magnétique d'une aiguille aimantée horizontale avec la trace* sur le plan horizontal de l'aiguille *de la partie nord du méridien géographique*(1).

On définit encore la déclinaison l'angle dièdre de la partie nord du méridien magnétique et de la partie nord du méridien géographique. Cet angle dièdre a pour mesure l'angle plan de l'axe magnétique et de la trace du méridien géographique.

   611. Boussoles. — On appelle boussoles des instruments qui permettent de *déterminer la direction nord-sud* ou qui peuvent servir

---

(1) Les *pôles géographiques* sont les deux points de la surface du globe que rencontre l'axe terrestre, c'est-à-dire la ligne autour de laquelle la Terre exécute sa rotation diurne. Le *méridien géographique* ou astronomique d'un lieu est un plan passant par la verticale du lieu et l'axe terrestre. Le Soleil traverse ce méridien à midi.

d'indicateurs de route. L'usage d'une boussole suppose la connaissance de la déclinaison au lieu où on l'emploie.

Dans la **boussole d'arpenteur** (fig. 471), une aiguille équilibrée, en
forme de losange allongé, est *mobile dans un plan rendu horizontal*
avec un niveau à bulle d'air. Son axe de figure ou la grande diagonale du losange se meut en regard d'une circonférence divisée. Si la

Fig. 471.

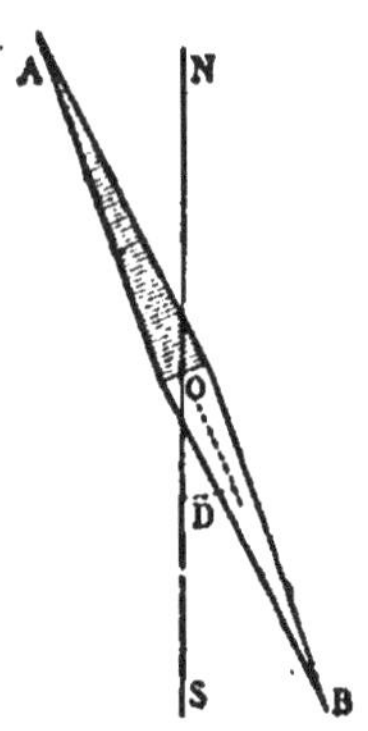

Fig. 472.

ligne des pointes AB coïncide sensiblement avec l'axe magnétique de
l'aiguille, on dirige la division 0 — 180 ou NS de la graduation de
telle façon que l'angle AON de la partie nord de la ligne des pointes
et de la partie nord de la ligne NS soit de 15°, à gauche de N, si
l'angle de déclinaison au lieu considéré est de 15° à l'ouest.

Parallèlement à l'un des bords de la boite
et, par conséquent, parallèlement à la
droite NS, est fixée une lunette viseur LL'.
L'opération précédente a eu pour effet de
diriger l'axe du viseur vers le nord.

Boussole marine. — C'est une aiguille
fixée sur une lame circulaire de mica divisée
en degrés et reposant sur un pivot. Par
une suspension à la Cardan, le pivot reste
vertical malgré les oscillations du navire; il
occupe le centre d'une boîte sur laquelle est
marquée une ligne fixe dite *ligne de foi,*
dirigée suivant l'axe du navire.

Supposons que la route à suivre ait une

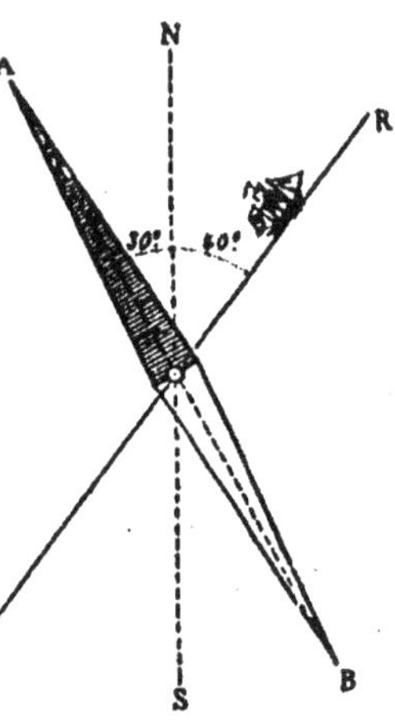

Fig. 473.

direction OR (fig. 473) et fasse un angle de 40° à l'est avec la ligne
nord-sud NS et que la déclinaison soit de 30° à l'ouest; OA étant la
direction de l'aiguille, le gouvernail devra être manœuvré de façon
que la direction nord de la ligne de foi fasse un angle de 70° avec
l'extrémité nord de l'aiguille.

612. Variations de la déclinaison et de l'inclinaison. —

1° Aux différents lieux du globe. — On peut se représenter d'une
façon approchée les variations de la déclinaison et de l'inclinaison en imagi-

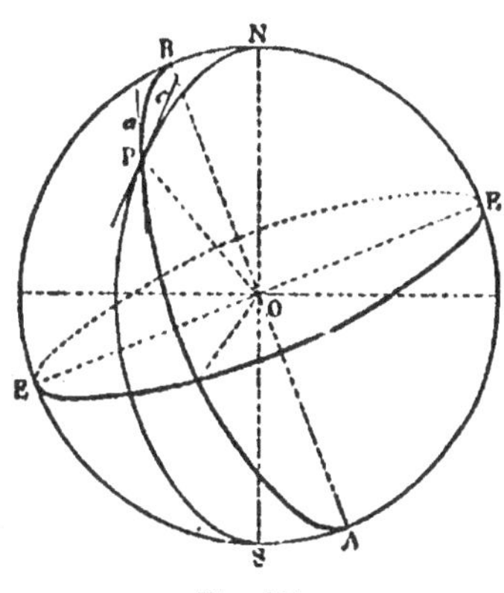

Fig. 474.

nant à l'intérieur du globe un axe magnétique AB peu incliné sur l'axe géographique NS et en traçant sur la
sphère terrestre des méridiens et des
parallèles par rapport à cet axe (fig. 474).

La déclinaison en un point P est
l'angle aPc du méridien magnétique
ABP et du méridien géographique NSP.
Un *méridien magnétique* forme une
ligne d'égale déclinaison. La déclinaison est nulle dans le méridien magnétique NBS *qui contient à la fois
l'axe magnétique AB et l'axe géographique* NS ; l'aiguille aimantée s'y
dirige exactement du nord au sud. En
Europe, *la déclinaison est occidentale*,
la partie nord du méridien magnétique
s'y trouvant à l'ouest du méridien astronomique; de l'autre côté du grand cercle
de déclinaison nulle, par exemple en Chine, la déclinaison est orientale.

Les *parallèles magnétiques* sont les lignes d'égale inclinaison. L'*équateur
magnétique* EOE' réunit les points où l'inclinaison est nulle, une aiguille
aimantée soutenue par son centre de gravité s'y tient horizontale; l'inclinaison est égale à 90° aux *pôles magnétiques* A et B, points où l'axe magnétique
perce le globe; ces points sont peu éloignés des pôles géographiques : l'aiguille aimantée s'y tient verticale. De l'équateur magnétique aux pôles magnétiques l'inclinaison croît de 0° à 90°. Au nord de l'équateur magnétique,
le pôle nord d'une aiguille aimantée plonge au-dessous de l'horizon; au sud
de l'équateur magnétique, c'est le pôle sud qui plonge.

2° En un lieu déterminé. — En un lieu déterminé, outre de petites
variations annuelles, diurnes et accidentelles, il y a des variations *séculaires*,
consistant en une oscillation lente du méridien de déclinaison nulle. La déclinaison était orientale à Paris à la fin du xvi° siècle; nulle vers le milieu du
xviii°, elle devint ensuite occidentale, atteignit son maximum occidental vers
1815 avec 24°; elle est encore actuellement *occidentale* et continue à diminuer
(elle est de 15° environ)[1].

(1) La déclinaison à Paris était de 14° 36' le 1er janvier 1904.

L'inclinaison était de 75° à Paris en 1671, depuis elle diminue; sa valeur actuelle est environ 65° [1].

FLUX MAGNÉTIQUE

613. Lignes de force. Si dans un champ magnétique (601) on pouvait isoler un pôle magnétique, ce pôle éprouverait de la part des masses magnétiques du champ une action résultante qui le pousserait dans une direction déterminée. Si ce pôle isolé était mobile, il suivrait une trajectoire appelée *ligne de force*.

Cette trajectoire peut être pratiquement déterminée. La direction de la force en un point est en effet la direction d'une aiguille aimantée *très courte*, suspendue par son centre de gravité, pour être soustraite à l'action de la pesanteur. Des forces magnétiques égales et contraires sont appliquées aux deux pôles de cette aiguille aimantée et *son axe magnétique prend* **la direction de la force** au point où l'aiguille se trouve.

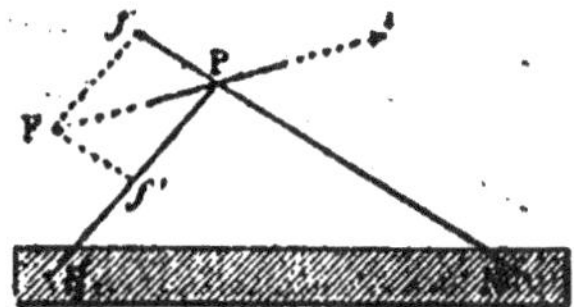

Fig. 475.

Supposons par exemple que le champ magnétique est simplement dû à un aimant droit (fig. 475). Une petite aiguille aimantée étant placée en P, chacun de ses pôles est soumis à deux actions f et f' exercées par les pôles N et S de l'aimant droit; ces deux forces ont une résultante F. Les résultantes F ont la même valeur et la même direction aux deux pôles de l'aiguille aimantée qui est très courte, mais leurs sens sont opposés. Elles forment un couple qui oriente l'axe magnétique de l'aiguille suivant la ligne de force au point P.

On convient de donner un sens à la ligne de force, *du pôle sud au pôle nord* de l'axe magnétique de l'aiguille orientée.

Champ magnétique uniforme. — Un champ magnétique dans lequel la *force magnétique reste en tout point constante en grandeur et en direction* est dit uniforme. Dans un champ magnétique uniforme, les lignes de force sont des *droites parallèles*.

Le *champ magnétique terrestre* est uniforme dans une portion restreinte de l'espace.

____

[1] L'inclinaison à Paris était de 64° 44' le 1er janvier 1904.

614. Spectres magnétiques. — Les spectres magnétiques donnent le moyen de révéler matériellement la distribution et le trajet des lignes de force d'un champ magnétique.

On pose sur un aimant une feuille de carton lisse sur laquelle on sème avec un tamis de fine limaille de fer; si l'on fait sauter les grains de limaille par de légères secousses; ils se distribuent en traînées figurant des courbes régulières qui constituent un *spectre magnétique*.

Chaque particule de limaille devient par influence un aimant à pôles très rapprochés sur lesquels agissent deux forces égales formant un couple. L'*axe magnétique* de la particule, qui est sa plus grande dimention, s'oriente suivant la *ligne de force*. Les particules aimantées s'attirent par leurs pôles contraires et forment des chaînes continues.

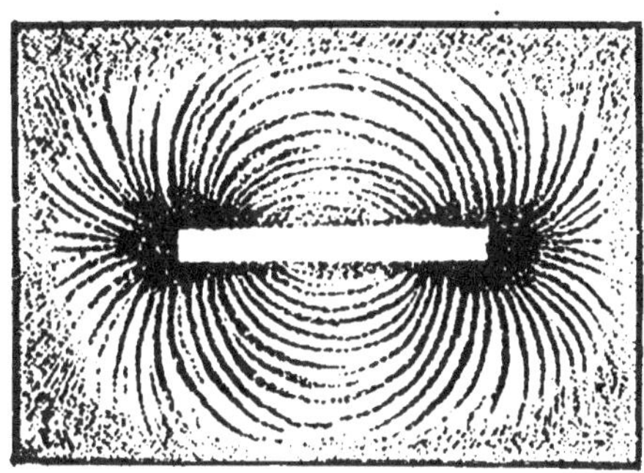

Fig. 476.

Exemples de spectres magnétiques. — *Aimant droit.* — La figure 476 représente le tracé des lignes de force dans un plan passant par les deux pôles; ces lignes *semblent partir d'une extrémité* de l'aimant et, après s'être épanouies dans diverses directions, *retourner à l'autre pôle.*

Pôle d'un aimant. — En saupoudrant de limaille de fer un carton appliqué normalement à l'axe magnétique sur le pôle d'un aimant droit, on voit les lignes de force *rayonner* dans tous les sens autour du pôle.

Aimant en fer à cheval. — Les chaînes de limaille vont d'un pôle à l'autre; plus les pôles sont rapprochés, plus les lignes de force sont resserrées entre ces pôles et plus elles sont rares à l'extérieur.

615. Flux de force magnétique. — Dans l'étude des phénomènes magnétiques dus à un aimant, il est commode d'attribuer aux lignes de force une *existence indépendante* de la limaille qui sert à les représenter et de les supposer espacées entre elles comme elles le sont dans le spectre magnétique de l'aimant. D'après le sens adopté pour les lignes de force (**613**), les lignes de force vont, *à l'extérieur* d'un aimant, *du pôle nord au pôle sud*, en divergeant du pôle nord pour converger au pôle sud.

On admet que toutes ces courbes *se ferment* en se continuant *à l'intérieur* de l'aimant, du *pôle sud au pôle nord*[1]; comme les lignes extérieures passent toutes à l'intérieur, c'est à l'intérieur qu'elles sont le plus serrées.

Les courbes fermées des lignes de force parcourent un circuit dans l'aimant et dans l'espace environnant.

Les lignes de force d'un spectre magnétique étant beaucoup plus rapprochées au voisinage des pôles où la force magnétique est plus grande[2], on a été amené à caractériser la force magnétique en un point *par le nombre de lignes de force* ou le *flux de force* qui traverse un centimètre carré perpendiculaire à la force magnétique en ce point.

Un champ magnétique est un espace dans lequel se propage un flux magnétique, dû aux aimants qui constituent le champ. Dans un champ uniforme (**613**) le flux est constant en grandeur et en direction. Les lignes de force du flux sont dans ce cas des droites parallèles équidistantes.

616. Propriétés des lignes de force magnétique. — Les phénomènes magnétiques s'expliquent facilement en attribuant au flux de force des propriétés particulières.

1° Le flux de force magnétique doit être considéré comme *circulant sans perte*, quels que soient les milieux qu'il rencontre.

2° Il choisit *la route la plus courte* au point de vue magnétique, c'est-à-dire celle qui lui offre le moins de résistance. Ce sont les substances magnétiques qui offrent le moins de résistance.

3° Par l'effet des actions magnétiques des systèmes en présence, les lignes de force *font effort pour se raccourcir.*

---

(1) Le sens adopté pour les lignes de force à l'extérieur de l'aimant, du pôle nord au pôle sud par le milieu environnant, est celui du *pôle sud au pôle nord* des particules de limaille aimantées par influence ; le sens à l'intérieur de l'aimant est aussi celui *du pôle sud au pôle nord* des particules magnétiques de la substance magnétique orientées par l'aimantation.

(2) L'écartement à l'extérieur des courbes des lignes de force (fig. 476) ne provient pas d'une solution de continuité de la force dans le champ magnétique, mais de l'action mutuelle des particules de limaille.

Nous allons déduire quelques conséquences des propriétés des lignes de force magnétique.

617. Distribution des lignes de force dans l'influence magnétique.

— Les lignes de force sont modifiées dans leur distribution par l'introduction d'une substance magnétique dans un champ magnétique.

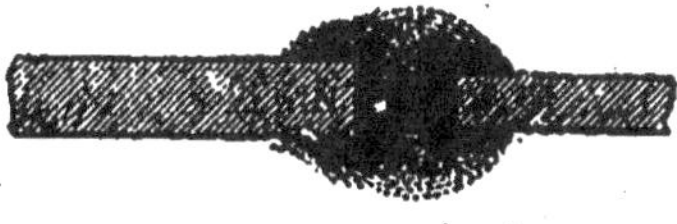

Fig. 477.

1° Approchons *un barreau de fer doux d'un pôle d'un aimant droit* (fig. 477). Comme le fer offre au flux un passage plus facile que l'air, les lignes de force, au lieu de s'épanouir en sortant du pôle nord de l'aimant, convergent vers le fer doux et l'aimantent de façon à entrer par son pôle sud pour sortir par son pôle nord.

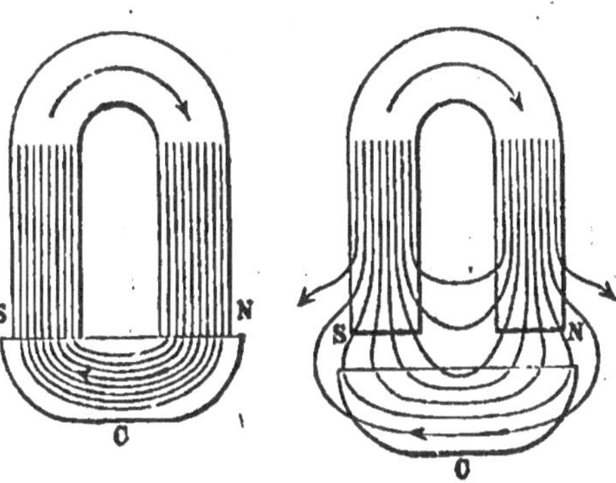

Fig. 479.   Fig. 478.

2° Approchons *un barreau de fer doux des pôles d'un aimant en fer à cheval*, la plupart des lignes de forces passent dans le fer doux qui s'aimante (fig. 478).

3° Disposons *un cylindre creux de fer doux entre deux pôles contraires d'un aimant* (fig. 480). Les lignes de force qui vont d'un pôle à l'autre s'inclinent afin de traverser pour la plupart la masse du cylindre.

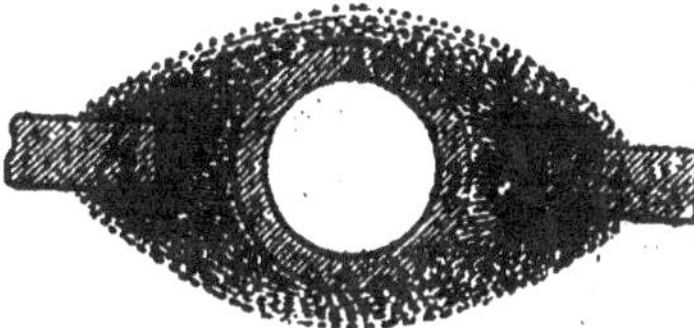

Fig. 480.

618. Orientation d'une substance magnétique dans un champ magnétique.

— Si une substance magnétique placée dans un champ magnétique est *libre de s'orienter*, elle s'aimante de façon à *diriger sa plus grande dimension suivant les lignes de force du champ*, afin de diminuer le trajet des lignes de force à travers les substances non magnétiques.

1° C'est ainsi qu'une particule de limaille d'un spectre magnétique (**614**), en s'aimantant dans un champ magnétique, dirige sa plus grande dimension suivant la ligne de force.

2° Disposons un barreau de fer F entre les pôles d'un aimant en fer à cheval (fig. 481), les lignes de force se déforment pour passer en plus grand

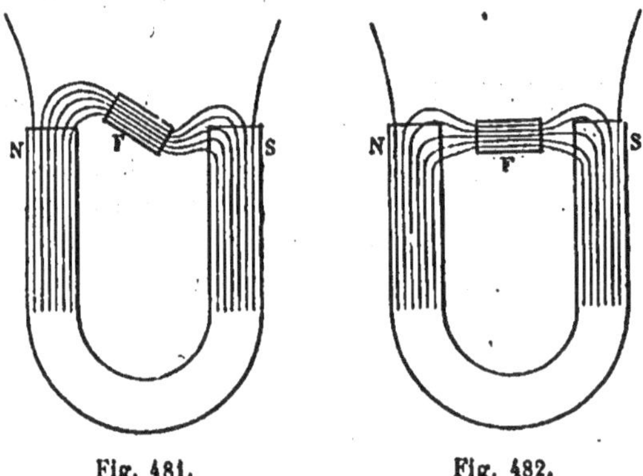

Fig. 481.   Fig. 482.

nombre par le barreau F; si le barreau est libre de se mouvoir, il se place parallèlement aux lignes de force (fig. 482).

619. Attractions par raccourcissement des lignes de forces. — Les lignes de force ayant une tendance à se raccourcir afin de diminuer leur trajet à travers les substances non magnétiques qui leur offrent une plus grande résistance, les pôles de noms contraires s'attirent.

1° C'est ainsi que dans la figure 477, *le pôle sud* du barreau de fer doux aimanté par influence *est attiré par le pôle nord* de l'aimant en regard.

2° Dans le cas du barreau de fer doux approché des pôles d'un aimant en fer à cheval, ce barreau dans lequel circulent les lignes de force *vient s'appliquer sur les pôles* de l'aimant, il prend alors le nom de **contact** (fig 479).

620. Circuits magnétiques fermés. — Quand le contact attiré par un aimant en fer à cheval est venu adhérer aux pôles, les lignes de force forment dans la substance magnétique des courbes fermées qui constituent des circuits magnétiques. Il ne sort plus de lignes de force dans le milieu extérieur si le contact est assez épais pour livrer passage à toutes les lignes de force de l'aimant (fig. 479).

De même dans le cas du cylindre creux de fer doux placé entre deux pôles contraires (fig. 480), il ne se montre pas de ligne de force dans la cavité si l'épaisseur du cylindre est suffisante, le cylindre se comporte comme un écran magnétique et une aiguille aimantée suspendue à l'intérieur d'un tel cylindre, n'éprouve pas d'action d'un aimant extérieur.

Anneau fermé. — Un anneau fermé peut être aimanté de façon à ne pas présenter de pôles et à ne pas agir sur des masses magnétiques extérieures, toutefois il est parcouru par un flux magnétique qui reste entièrement à l'intérieur ; si on le brise, chacun des fragments offre des pôles.

Conservation des aimants. — L'aimantation d'un barreau aimanté abandonné à lui-même va en s'affaiblissant. Cette *désaimantation* est favorisée par les chocs, les vibrations et les variations brusques de température ;

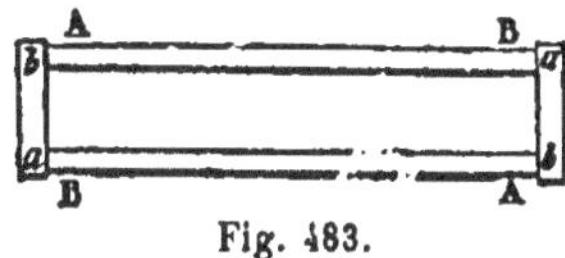

Fig. 483.

toutefois, elle n'a pas lieu si aucune ligne de force ne s'échappe à l'extérieur. On réalise à peu près cette condition en conservant dans une boîte des barreaux aimantés AB, placés parallèlement deux à deux, les pôles de noms contraires étant en regard et réunis par des contacts de fer doux appelés *contacts* (fig. 483).

Les contacts s'aimantent par influence et forment un circuit magnétique.

Fig. 484.

Les aimants à grande *force portante* sont des aimants à fer à cheval dont le circuit magnétique est fermé par un contact O en fer doux. On mesure la force portante en suspendant au contact un seau S dans lequel on place des poids (fig. 484).

ÉLECTRICITÉ DYNAMIQUE

621. L'électricité dynamique a pour objet l'étude du **courant électrique.**

Pour produire un courant électrique il faut une *source d'électricité* qui élève le potentiel d'une charge électrique et lui communique ainsi une *énergie potentielle* comme une pompe élève une masse d'eau à un certain niveau d'où elle peut retomber.

Une **source d'électricité** présente deux *pôles* ou deux conducteurs à des potentiels différents : un pôle positif où le potentiel est plus élevé et un pôle négatif où le potentiel est plus bas. En réunissant les deux pôles on forme un circuit dans lequel se produit un mouvement d'électricité qu'on appelle **courant électrique.**

L'élévation du potentiel d'une charge électrique a lieu *aux dépens d'une énergie particulière*, chimique, calorifique ou mécanique [1]. Les différentes sources d'électricité se distinguent par la nature de l'énergie dépensée pour entretenir leur fonctionnement.

Le courant électrique est accompagné de diverses manifestations d'énergie. L'électricité dynamique s'occupe des *diverses formes que prend l'énergie développée par un courant électrique.*

PILE VOLTAÏQUE

La pile est une *source d'électricité qui transforme de l'énergie chimique en énergie électrique.*

---

[1] Suivant la nature de l'énergie dépensée, les sources d'électricité sont *chimiques* (dans la pile voltaïque), ou *calorifiques* (piles thermoélectriques), ou *mécaniques* (machines électrostatiques et machines d'induction).

622. Description de l'élément de Volta. — L'élément de pile de Volta comprend une lame de zinc Z et une lame de cuivre C plongées dans une dissolution étendue d'acide sulfurique (fig. 485). Deux fils de cuivre fixés l'un A au cuivre, l'autre B au zinc constituent les deux *pôles*.

Charges électrostatiques aux pôles. — Un élément de pile ainsi formé et posé sur un support isolant présente à ses deux pôles des *charges électriques opposées*. Il n'apparaît pourtant pas d'étincelle quand on rapproche les deux fils jusqu'au contact, car les charges des deux pôles sont excessivement faibles.

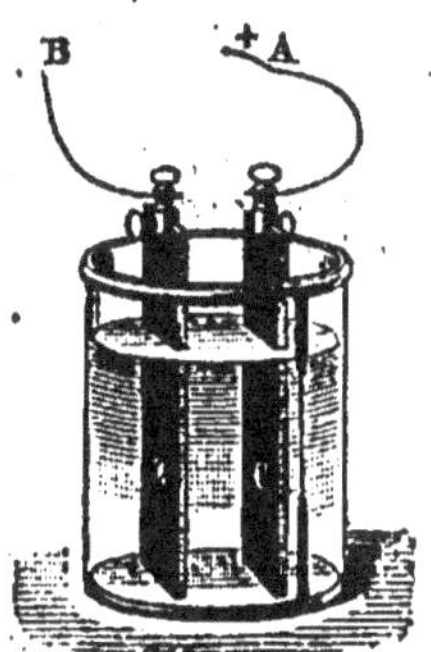

Fig. 485.

Ces charges étant trop faibles pour être constatées directement avec un électroscope ordinaire, on les met en évidence avec un électroscope

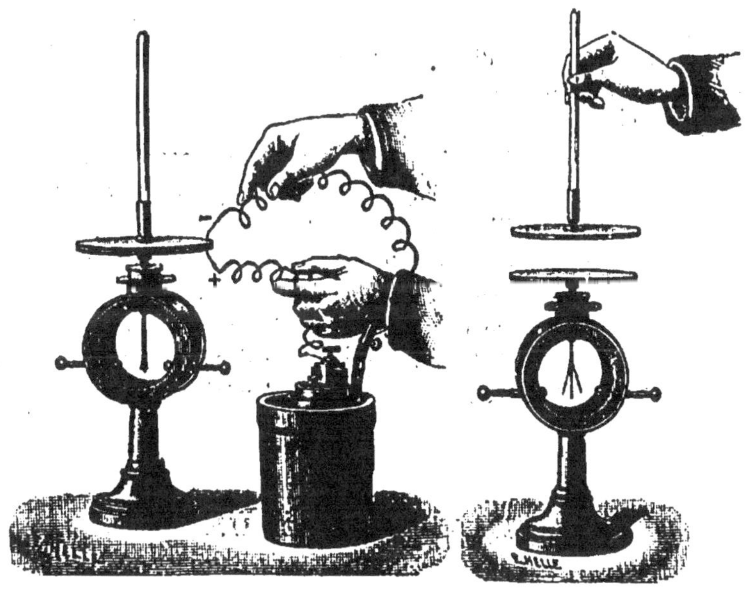

Fig. 486.   Fig. 487.

condensateur (580). A cet effet, on réunit par des fils métalliques isolés les plateaux de l'électroscope aux deux pôles de l'élément (fig. 486), puis on supprime les communications. En soulevant le plateau supérieur, on voit les feuilles d'or diverger (fig. 487). Le plateau relié au pôle zinc (métal le plus attaqué par l'eau acidulée), a une charge négative. Le plateau relié au pôle cuivre a une charge positive. Le pôle zinc est appelé *pôle négatif*, le pôle cuivre est appelé *pôle positif*.

Différence de potentiel aux deux pôles. — Les deux pôles présentent une *différence de potentiel* qui caractérise l'élément de pile, elle ne dépend que de la *nature* des lames plongées et du liquide qui les baigne [1]. *Elle ne varie pas avec la grandeur, la forme, la distance des lames*. En outre, *elle ne dépend pas de la charge absolue de l'élément*. C'est ainsi qu'on ne la modifie pas quand on rend nulle la charge de l'un des pôles en le mettant en communication avec le sol [2]. Le pôle dit positif est celui dont le potentiel est le plus haut, le pôle négatif est celui dont le potentiel est le plus bas.

En résumé, *les deux pôles d'un élément de pile se comportent comme deux conducteurs offrant une différence de potentiel constante*, ou comme les deux pôles d'une machine électrique en fonctionnement.

623. Pile de plusieurs éléments. — Formons séparément plusieurs éléments semblables et réunissons-les en *série* : le pôle positif

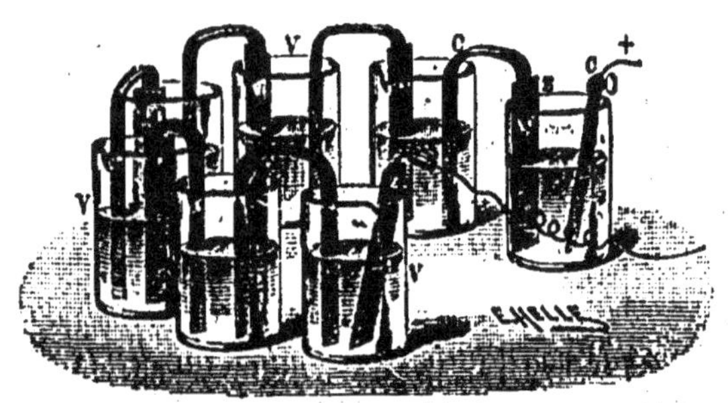

Fig. 488.

d'un élément étant relié au pôle négatif de l'élément suivant (fig. 488). Le pôle zinc du premier élément et le pôle cuivre du dernier, laissés libres, forment les *pôles de la pile*. Ces pôles offrent des potentiels plus élevés que les pôles des éléments pris isolément.

(1) Volta a démontré que le contact de deux corps *hétérogènes* établit une différence de potentiel entre ces deux corps. La différence des potentiels extrêmes aux deux pôles d'une pile est la somme des différences aux contacts successifs.

(2) En électrisant l'élément, on peut donner le même signe aux charges des deux pôles sans que la différence de potentiel change.

En admettant, d'après l'observation faite plus haut, que la différence de potentiel entre les deux pôles d'un élément ne dépend pas de la charge communiquée extérieurement à ces pôles, on peut calculer la différence de potentiel aux deux pôles extrêmes d'une pile de n éléments.

Soit V le potentiel du pôle négatif du premier élément (fig. 489), le potentiel du pôle positif[1] de cet élément est $V + E$; le pôle négatif du deuxième

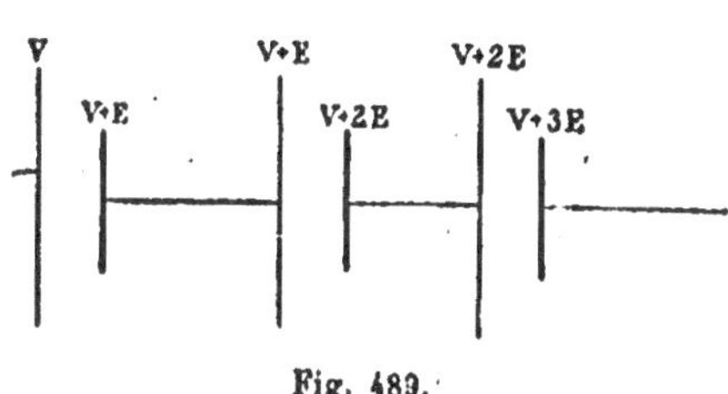

Fig. 489.

élément a le même potentiel $V + E$, le potentiel du pôle positif de cet élément sera $V + 2E$, puisqu'une différence de potentiel E s'établit entre les deux pôles, quel que soit l'état électrique déjà existant. De même, le potentiel du pôle positif du troisième élément sera $V + 3E$..., le potentiel du pôle positif du n^e élément est $V + nE = V'$.

La différence de potentiel aux deux pôles extrêmes d'une pile est $V' - V = nE$ ou la somme des différences aux pôles des éléments qui la composent.

Quand ces éléments sont ainsi disposés les uns à la suite des autres dans le même ordre, on peut, avec un très grand nombre d'éléments qui n'offrent séparément qu'une très petite différence de potentiel, obtenir une pile présentant à ses pôles des différences de potentiels importantes.

La *valeur absolue* des potentiels aux deux pôles d'une pile change avec le mode d'isolement de la pile[2].

La différence des potentiels aux deux pôles extrêmes d'une pile de n éléments de même constitution est toujours nE et la différence de potentiel entre deux éléments consécutifs est E.

624. Courant électrique. — Quand on réunit les fils métalliques qui forment les deux pôles d'une pile (fig. 490 et 491), les potentiels

---

(1) On convient de figurer un élément par 2 traits parallèles, le pôle positif est représenté par une ligne courte et grosse, le pôle négatif par une ligne longue et fine.

(2) Quand la pile est bien isolée et son milieu relié au sol, le pôle positif a un potentiel $\frac{1}{2}nE$ et le pôle négatif un potentiel $-\frac{1}{2}nE$, le milieu a un potentiel nul (la différence entre les deux pôles est nE).

L'extrémité négative communiquant avec le sol et prenant le potentiel zéro, l'extrémité positive isolée prend le potentiel $+ nE$, le milieu a le potentiel $\frac{1}{2}nE$ (la différence entre les deux pôles est nE.

de ces deux pôles *tendent à s'égaliser* (553). Le potentiel du pôle positif étant supérieur au potentiel du pôle négatif, l'électricité positive

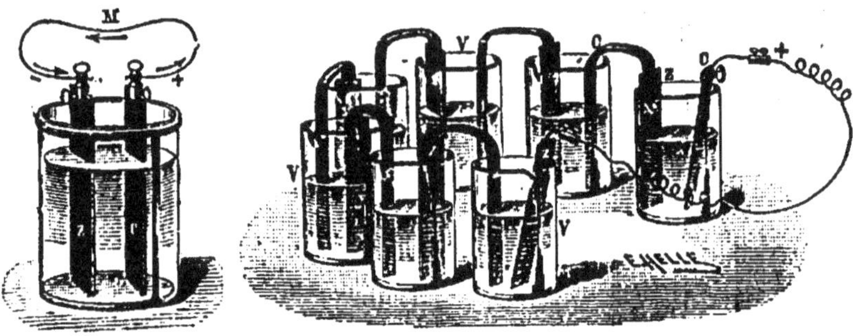

Fig. 490.   Fig. 491.

tombe, en suivant le conducteur extérieur, du pôle positif au pôle négatif. Cette chute d'électricité ne pourrait cesser que si le potentiel devenait le même dans tout le circuit; mais *l'égalisation n'a pas lieu*, car une dépense d'énergie chimique dans la pile maintient constante la différence de potentiel des deux pôles.

Un mouvement *continu* ou un *courant d'électricité* parcourt donc la pile et le conducteur interpolaire.

625. Sens du courant. — On convient d'adopter pour *sens du courant* le sens du déplacement de l'électricité positive, il a lieu du pôle positif au pôle négatif dans le circuit interpolaire extérieur et du pôle négatif au pôle positif dans l'intérieur de la pile.

La différence de potentiel aux deux pôles d'une pile étant la cause du courant, cette différence est appelée **force électromotrice**.

Si l'on vient à interrompre le circuit, le courant électrique cesse; il se reproduit dès qu'on rétablit la communication.

626. Premiers modèles de pile. — **Pile à colonnes de Volta.** — Sur un socle isolant on empile les uns sur les autres en colonne verticale : *un disque de cuivre, un disque de drap mouillé d'eau acidulée, un disque de zinc* (fig. 492), puis un disque de cuivre, un disque de drap, un disque de zinc; on répète la même succession un certain nombre de fois, on termine par un disque de zinc auquel on fixe un fil de cuivre, ce fil de cuivre relié au dernier zinc est le pôle négatif. Le premier cuivre forme le pôle positif (fig. 493).

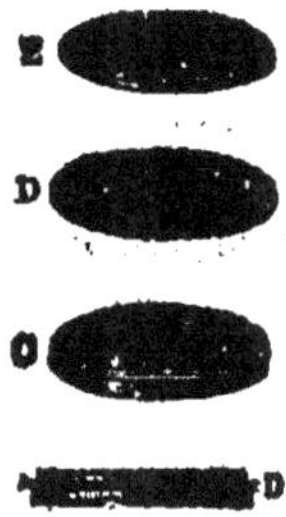

Fig. 492

Le poids des disques a l'inconvénient d'exprimer le liquide des rondelles de drap et de le faire ruisseler sur la surface extérieure, ce qui établit des communications entre les couples.

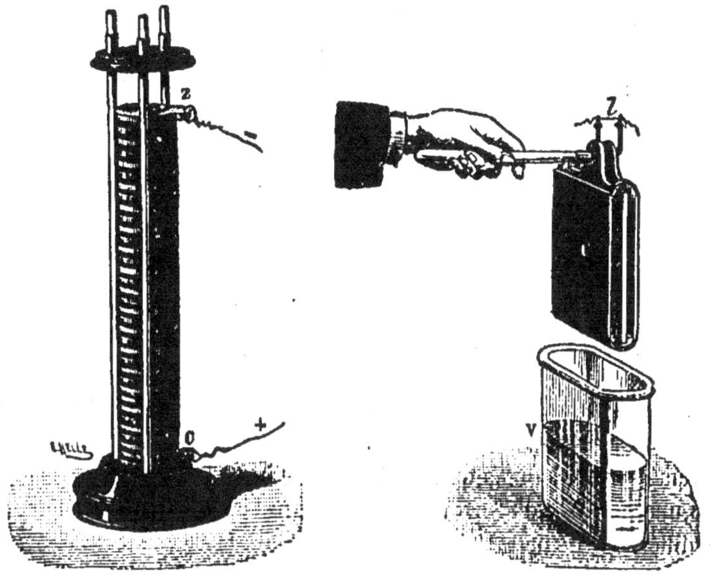

Fig. 493.   Fig. 494.

La **pile à auges** est une pile à colonnes couchée horizontalement. Elle consiste en une caisse rectangulaire en bois partagée en auges étroites par des cloisons formées chacune d'une lame de zinc soudée à une lame de cuivre. Les doubles lames se succèdent comme dans la pile à colonnes. Chaque auge renferme de l'eau acidulée par de l'acide sulfurique.

Dans la **pile à tasses** (fig. 491), chaque vase contient de l'eau acidulée et reçoit une lame de zinc et une lame de cuivre séparées par le liquide. Comme les différences de potentiel ne dépendent pas de la grandeur des surfaces, il n'est pas nécessaire que le cuivre et le zinc de deux éléments consécutifs soient en contact sur toute leur étendue, on les réunit par un fil de cuivre.

La **pile de Wollaston** est également formée de vases séparés. Dans chacun d'eux, la lame de cuivre C est repliée autour du zinc Z dont la sépare une *mince* couche d'eau acidulée (fig. 494).

Les éléments à un seul liquide donnent un courant qui *s'affaiblit rapidement* (**658**). Les éléments les plus constants renferment deux liquides (**660**).

EFFETS DU COURANT ÉLECTRIQUE

627. Le *circuit fermé* constitué par une pile et les conducteurs interpolaires est le siège de manifestations particulières d'énergie

accompagnant la chute de l'électricité d'un potentiel élevé à un potentiel inférieur. Ces effets du courant électrique forment deux groupes :

1° *Effets dans les conducteurs traversés par les courants.* Les effets
produits dans les conducteurs eux-mêmes sont des effets *calorifiques*,
des effets *lumineux*, des effets *chimiques*, des effets *physiologiques*.

2° *Effets à distance.* Les effets produits à distance sont des effets
magnétiques.

628. Comparaison des décharges et des courants de pile.

— Avec des conducteurs portés à des potentiels différents par une
machine électrique, nous avons observé précédemment des transmis-
sions très rapides d'électricité, que nous avons appelées *décharges*
(574). Les phénomènes des décharges et les phénomènes du courant
no diffèrent que par la durée. Ils sont dus tous les deux à une différence de potentiel entre deux conducteurs que l'on réunit. Dans les
décharges, le courant est brusque, l'égalisation de potentiel s'établit
très rapidement. Le mouvement électrique qui s'établit quand on
réunit les deux pôles d'une pile dont les charges *se renouvellent* au
fur et à mesure de la dépense donne lieu à un *courant continu*.

Assimilation hydraulique.

— C'est à l'hydraulique qu'est
empruntée l'expression du courant électrique, adoptée dès le début
de l'étude de l'électricité dynamique pour désigner le mouvement qui
se produit dans le circuit d'une pile. L'analogie s'est montrée d'autant
plus frappante qu'on a suivi de plus près le mécanisme du courant
électrique; aussi l'assimilation d'un courant électrique à un courant
liquide peut nous guider dans l'étude et la mesure des effets du courant électrique.

C'est ainsi que dans les deux
sortes de courants, la différence des niveaux, le débit et
la résistance du circuit interviennent d'une façon analogue:

I. Entre 2 réservoirs dans
lesquels la surface liquide est
à la même hauteur, il ne peut
s'établir de courant. Un courant liquide s'établit dans

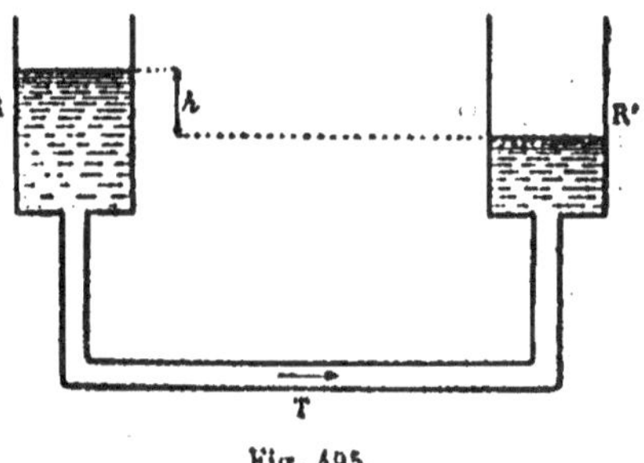

Fig. 495.

une conduite T entre deux réservoirs R et R' à niveaux constants et
différents (fig. 495). Ce courant dépend de la pression due à la *diffé-*

rence h des niveaux et il est caractérisé par le *débit*, c'est-à-dire par la quantité de liquide qui traverse en une seconde chaque section du tuyau. Le tuyau dans lequel la circulation a lieu intervient par l'obstacle qu'il oppose à l'écoulement ou par sa *résistance*.

Pour une même différence des niveaux, il ne passe qu'une petite quantité d'eau par seconde dans un tuyau long et étroit; par un tube court et de grand diamètre le débit est beaucoup plus considérable;

II. Pour le courant électrique nous aurons de même à considérer : 1° une force électromotrice ou une pression électrique proportionnelle à **la différence de potentiel** aux deux pôles de la pile; 2° un **débit** ou la quantité d'électricité qui traverse par seconde chaque section du circuit; 3° une **résistance** due au circuit.

FORCE ÉLECTROMOTRICE, INTENSITÉ RÉSISTANCE

MESURE DE LA FORCE ÉLECTROMOTRICE D'UN ÉLÉMENT DE PILE

629. La différence de potentiel aux deux pôles d'une pile étant la même (**623**) quand l'un des pôles est en communication avec le sol ou quand les deux pôles sont isolés, on pourrait mettre le pôle négatif d'un élément de pile en communication avec le sol et relier le pôle positif au bouton d'un *électroscope gradué*; l'écart des feuilles d'or ferait connaître le potentiel. Les électroscopes ordinaires ne sont pas assez sensibles pour présenter un écart appréciable avec un seul élément ; mais comme la différence de potentiel est proportionnelle au nombre des éléments (**623**), on peut former une pile de n éléments identiques associés en série, joindre au sol le pôle négatif et relier le pôle positif au bouton de l'électroscope. La déviation est alors mesurable.

En répétant l'expérience avec une pile formée d'éléments différents des précédents, mais pris encore identiques et *en même nombre n*, on observe une autre déviation de l'électroscope.

Le rapport des forces électromotrices des deux éléments considérés est égal au rapport des charges successives de l'électroscope.

La force électromotrice d'un élément de pile ne dépend que de la nature des métaux et des liquides ; elle ne dépend pas de ses dimensions. La concentration des liquides n'a que peu d'importance.

L'unité de force électromotrice adoptée est le **volt**; le volt est un peu supérieur à la différence de potentiel des deux pôles d'un éléِment de Volta.

Nous verrons plus loin un moyen plus commode et plus rapide de mesurer la force électromotrice d'un élément de pile en faisant usage d'un *voltmètre*.

MESURE DU DÉBIT D'UN COURANT

La quantité d'électricité qui traverse un circuit ne peut être évaluée que par ses effets; la connaissance de quelques-uns de ces effets nous est donc dès maintenant nécessaire.

630. Méthode électrochimique du débit. — Décomposition de l'eau par un courant. — En plongeant dans l'eau acidulée par de l'acide sulfurique deux plaques de platine reliées respectivement aux pôles d'une pile, on voit se dégager des bulles de gaz sur les deux plaques. Pour la mesure du débit d'un courant, on fait la décomposition dans un voltamètre.

Voltamètre. — Un voltamètre est un vase contenant de l'eau acidulée et dont le fond est traversé par deux fils de communication isolés qui portent les plaques de platine ou **électrodes**. Chaque élec-

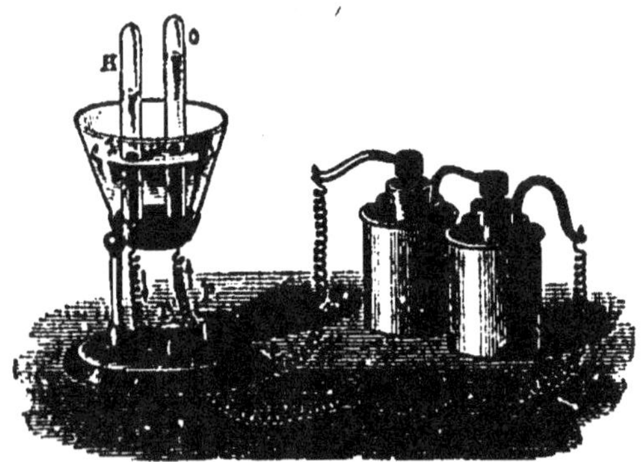

Fig. 496.

trode est couverte par une éprouvette pleine de liquide (fig. 496). Les deux éléments de l'eau se portent **séparément** sur les deux électrodes. A l'électrode qui est reliée au pôle négatif et qui est dite négative, il se dégage de *l'hydrogène*. Le gaz dégagé à l'électrode positive est de *l'oxygène*.

Voltamètres en série. — Si plusieurs voltamètres se suivent dans un circuit, la *même quantité d'hydrogène* se dégage dans tous, quelles que soient la forme, la grandeur et la distance des électrodes. Le courant décompose donc la même quantité d'eau en tous les points de son circuit.

Voltamètres parallèles. — Bifurquons en A le circuit d'une pile en deux branches exactement semblables qui se réunissent de nouveau en B, et intercalons trois voltamètres : l'un en V, dans la partie non bifurquée, les deux autres V' et V", *identiques*, dans les deux bran-

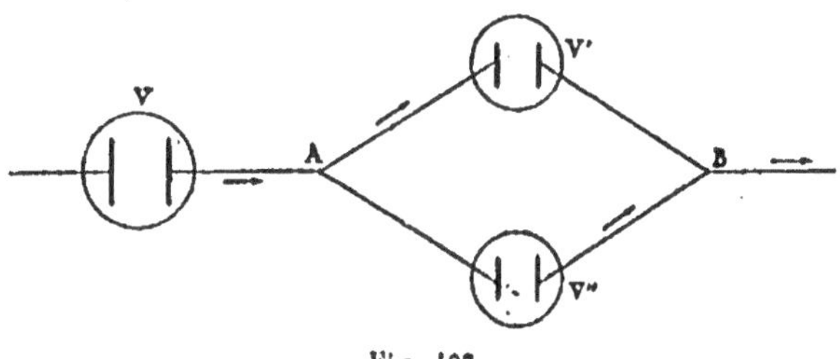

Fig. 497.

ches (fig. 497). Il est naturel d'admettre que la quantité d'électricité qui passe en V' ou V" est la même et qu'elle est la moitié de celle qui passe en V. Or, le volume d'hydrogène dégagé en V' ou V" est le même et il est la moitié du volume qui est dégagé en même temps en V [1].

Par conséquent, *le poids d'hydrogène dégagé dans un voltamètre est proportionnel à la quantité d'électricité qui y passe.*

Lorsque le poids d'hydrogène dégagé est proportionnel au temps pendant le passage du courant, on dit que le courant est *constant*.

631. Intensité. — On appelle intensité d'un courant constant la *quantité d'électricité qui passe par seconde dans chaque section trans- versale du circuit.* Le rapport des intensités de deux courants est égal au rapport des poids d'hydrogène dégagés par ces courants en un même temps.

(1) Si les deux branches sont différentes, les volumes d'hydrogène dégagés y sont différents, mais leur somme est toujours égale au volume dégagé en V.

Unité d'intensité. — L'unité d'intensité adoptée s'appelle **ampère**[1]. C'est l'intensité d'un courant constant qui dégage dans un voltamètre à eau acidulée $\dfrac{1}{96\,600}$ de gramme d'hydrogène par seconde; un courant qui dégage $\dfrac{10}{96\,600}$ de gramme d'hydrogène par seconde est un courant de 10 ampères.

Unité de quantité d'électricité. — L'unité de quantité, appelée **coulomb**, est la quantité d'électricité qui passe par seconde dans chaque section transversale du circuit quand l'intensité est un ampère. Un coulomb dégage dans un voltamètre $\dfrac{1}{96\,600}$ de gramme d'hydrogène.

En désignant par I l'intensité d'un *courant constant*, la quantité Q d'électricité qui passe par chaque section du circuit pendant t secondes est représentée par $Q = It$.

Si *le courant est variable*, la quantité d'électricité qui dégage dans un voltamètre pendant un certain temps $\dfrac{1}{96\,600}$ de gramme d'hydrogène est encore un coulomb.

632. Mesure électromagnétique du débit. — La mesure des intensités par le voltamètre n'est pas toujours possible, car l'introduction d'un liquide dans un circuit affaiblit notablement l'intensité; *la méthode électromagnétique*, basée sur l'action mutuelle d'un courant et d'un aimant, *convient à tous les courants*.

Pour mesurer le débit d'un courant par la méthode électromagnétique, on se sert d'un galvanomètre.

Galvanomètre. — Un galvanomètre consiste en un fil conducteur, couvert de soie pour l'isolement, enroulé un grand nombre de fois

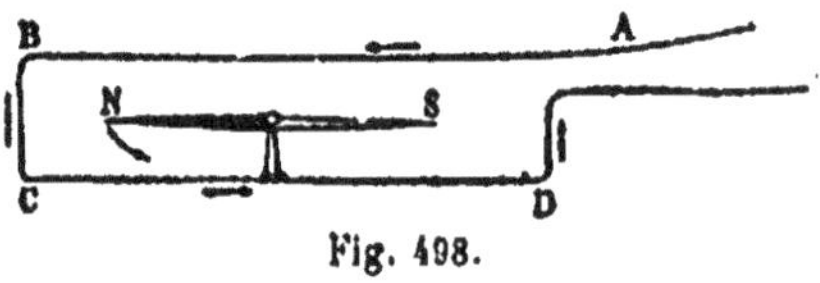

Fig. 498.

dans le même sens sur un cadre orienté dans le méridien magnétique et entourant une aiguille aimantée mobile en son centre autour d'un

(1) **Ampère**, né près de Lyon, créateur de l'électrodynamique (1775-1836).

axe vertical (fig. 498). Quand on fait passer un courant dans le fil du cadre, l'*aiguille aimantée est déviée;* on peut déduire l'intensité du courant de la *grandeur* de la déviation.

Les petites déviations d'un galvanomètre sont proportionnelles aux intensités. — Quand on fait en sorte que les déviations restent très petites, elles sont proportionnelles aux intensités. En effet, si l'on désigne par α, α', α'' les déviations dues à des courants différents et par p, p', p'' les poids d'hydrogène dégagés en une seconde par les mêmes courants dans un voltamètre qui fait partie du circuit à la suite du galvanomètre, les déviations α sont proportionnelles aux poids p d'hydrogène correspondants, c'est-à-dire aux intensités (**631**)[1].

En réglant le courant pour qu'il dégage $\dfrac{1}{96\,600}$ de gramme d'hydrogène par seconde, la déviation de l'aiguille aimantée correspondra à une intensité d'un ampère. Une déviation dix fois plus grande correspond à un courant de dix ampères.

RÉSISTANCE D'UN CIRCUIT

633. L'intensité du courant fourni par une pile constante varie quand on modifie la nature et les dimensions du circuit interpolaire. Le courant s'affaiblit ou semble éprouver un accroissement de **résistance** quand on augmente la longueur d'un conducteur ou quand on diminue sa section, sans changer sa nature.

Résistances égales. — Deux conducteurs sont dits avoir des résistances *égales* s'ils produisent *le même affaiblissement* d'un courant quand on les substitue l'un à l'autre dans son circuit.

Résistances multiples. — Deux résistances égales placées bout à bout dans un même circuit forment une résistance qu'on appelle *double; n* résistances égales consécutives forment une résistance qu'on dit *n* fois plus grande.

---

(1) Un galvanomètre, comme un voltamètre, donne une indication constante pour un même courant quelle que soit sa position dans le circuit, ce qui confirme que l'*intensité* d'un courant *est la même en tous les points d'un circuit.* La quantité d'électricité qui traverse en un même temps différentes sections du circuit étant la même, il n'y a accumulation d'électricité en aucun point du circuit (comme pour un liquide qui s'écoule entre deux réservoirs).

Unité de résistance. — L'unité de résistance, appelée **ohm**, est un étalon réalisé matériellement comme le mètre; il a la résistance d'une colonne de mercure pur à 0°, de 106,3 centimètres de longueur et 1 millimètre carré de section.

On forme en fil de maillechort des résistances égales à l'ohm. Le fil, *bien isolé*, est enroulé sur une bobine de bois B; ses extrémités sont soudées en *s* à deux grosses tiges de cuivre *t* sans résis-

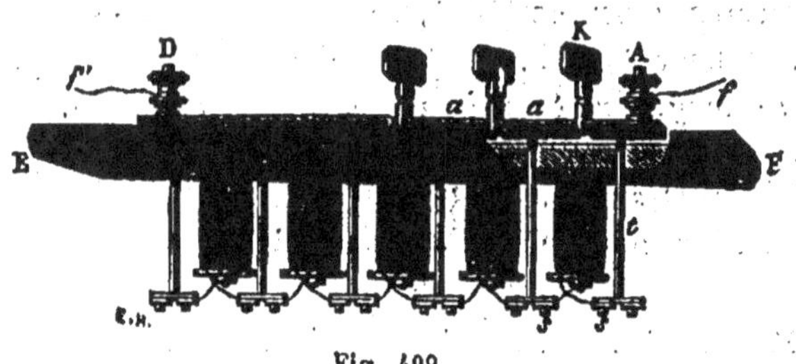

Fig. 499.

tance appréciable, qui établissent les communications (fig. 499).

Boîtes de résistances. — On construit des résistances de 1, 2, 3, 5, 10... 100 ohms et on les réunit dans des *boîtes* (fig. 500).

Dans une *boîte de résistances*, chaque bobine est recouverte de fil isolé. Les extrémités des fils de deux bobines consécutives aboutissent par une tige *t* à un bloc de laiton *a*, de résistance négligeable, fixé sur le couvercle en ébonite E de la boîte (fig. 499). Toutes les bobines sont traversées par le courant quand on attache aux blocs extrêmes les deux fils de la pile. On *supprime* une bo-

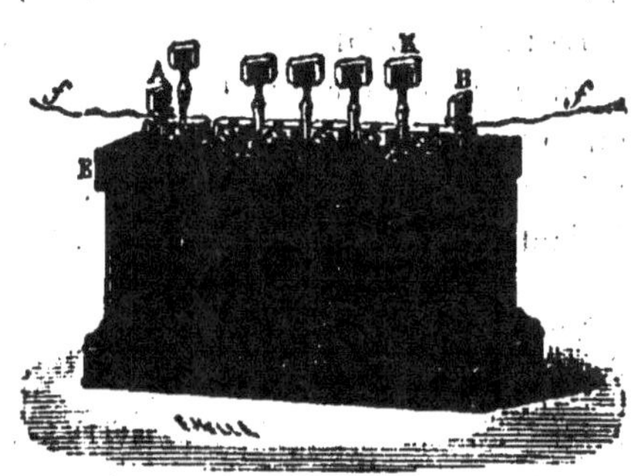

Fig. 500.

bine du circuit *en insérant une fiche* de laiton K dans un intervalle ménagé entre les deux blocs qui comprennent cette bobine; la résistance des blocs et de la fiche étant extrêmement faible par rapport à la résistance de la bobine, tout le courant passe directement par la fiche d'un bloc au suivant. *Les bobines traversées correspondent aux fiches enlevées.*

634. Mesure d'une résistance. — On évalue en ohms la résistance d'un conducteur. Pour cela, on l'introduit dans un circuit qui comprend une pile *constante* et un galvanomètre. Après avoir observé la déviation de l'aiguille, on substitue au conducteur, des boîtes de résistances qui donnent le nombre d'ohms et de fractions d'ohms nécessaires *pour obtenir la même déviation.*

Résistance d'un conducteur quelconque. — On reconnaît expérimentalement que la résistance d'un conducteur est *proportionnelle à sa longueur, en raison inverse de sa section* [1]. Elle a pour expression $r = \rho \dfrac{l}{s}$; ρ est un facteur qui dépend de la substance du conducteur, il se nomme *résistance spécifique.*

635. Résultats. — *Les métaux qui conduisent le mieux la chaleur sont aussi ceux qui conduisent le mieux l'électricité. L'argent et le cuivre sont les meilleurs conducteurs.*

La résistance d'un métal *augmente avec la température ;* pour la plupart des métaux purs, l'accroissement est d'environ 0,37 pour 100° ; les métaux du commerce et les alliages ont une résistance supérieure à celle des métaux purs. La résistance du maillechort (cuivre, zinc et nickel) varie peu avec la température.

La résistance des solutions salines ou acides est beaucoup plus grande que celle des métaux. L'eau distillée et les corps dits isolants ont une résistance extrêmement grande par rapport à celle des métaux et des solutions salines. La résistance des liquides et des isolants *diminue quand la température s'élève.*

Voici, en ohms, les résistances à 0° de quelques conducteurs ayant 1 mètre de longueur et 1 millimètre carré de section :

Argent.	0,017	Mercure	0,94
Cuivre.	0,018	Charbon de cornue.	703
Fer	0,107	Acide azotique	21 500

636. Résistance d'un élément de pile. — Le courant électrique ayant à traverser les éléments de pile aussi bien que le circuit interpolaire, chaque élément de pile contribue par *sa résistance* propre à diminuer le débit.

____

(1) La résistance d'un tube en hydraulique est de même proportionnelle à la longueur, en raison inverse de la section et proportionnelle à un coefficient spécifique.

La résistance d'un élément de pile provient spécialement des *liquides* qui entrent dans sa constitution. Comme, pour un liquide, la résistance spécifique ρ est incomparablement plus grande que pour les métaux, on cherche à diminuer la résistance r de chacun des liquides $\left(r = \rho \dfrac{l}{s} \right)$ *en réduisant* autant que possible l'*écartement* l des plaques métalliques qui le limitent et *en augmentant* s, c'est-à-dire l'*étendue* de ces plaques. Ces conditions étaient remplies dans l'élément de Wollaston décrit plus haut (**626**); on les réalise avec des éléments Bunsen de grandes dimensions et surtout dans les accumulateurs (**662**).

Résistance totale d'un circuit. — Étant donné un circuit formé d'éléments de pile et de conducteurs variés, on pourrait évaluer séparément la résistance des diverses parties solides ou liquides d'après leurs dimensions et leurs résistances spécifiques. La somme de toutes les résistances représente la résistance totale du circuit :

$$ R = \rho \frac{l}{s} + \rho' \frac{l'}{s'} + \rho'' \frac{l''}{s''} + \cdots $$

LOI D'OHM

637. Une source d'électricité est caractérisée par sa force électromotrice et sa résistance; le circuit extérieur par sa résistance seule.

L'intensité d'un courant augmente lorsque la force électromotrice augmente et que la résistance totale du circuit diminue. Il y a entre ces trois grandeurs : *force électromotrice* ou différence de potentiel aux pôles de la pile ouverte, *intensité du courant* et *résistance du circuit* une relation simple connue sous le nom de loi d'Ohm [1]. En voici l'énoncé : **L'intensité d'un courant** *est proportionnelle à la* force électromotrice *de la source électrique qui produit le courant et* en raison inverse de **la résistance totale** *du circuit.*

L'intensité 1 *en ampères est le quotient de la force électromotrice*

(1) **Ohm**, né à Erlangen (1787-1854).

E *en volts par la résistance totale* R *en ohms* (la résistance totale du circuit comprend la résistance intérieure entre les pôles de la source et la résistance des conducteurs interpolaires) :

$$I = \frac{E}{R}.$$

La loi d'Ohm justifie l'assimilation que nous avons faite d'un courant électrique à un courant liquide, car en hydraulique le débit par seconde est proportionnel à la différence des niveaux des deux réservoirs entre lesquels l'écoulement a lieu et en raison inverse de la résistance des tubes de communication.

APPLICATIONS DE LA LOI D'OHM

638. Groupement des éléments d'une pile. — Nous supposerons que l'on dispose de n éléments *identiques* et qu'on cherche à les grouper de façon à obtenir une intensité maximum dans un circuit donné. Quel que soit le groupement, *chaque élément agit comme s'il était seul.*

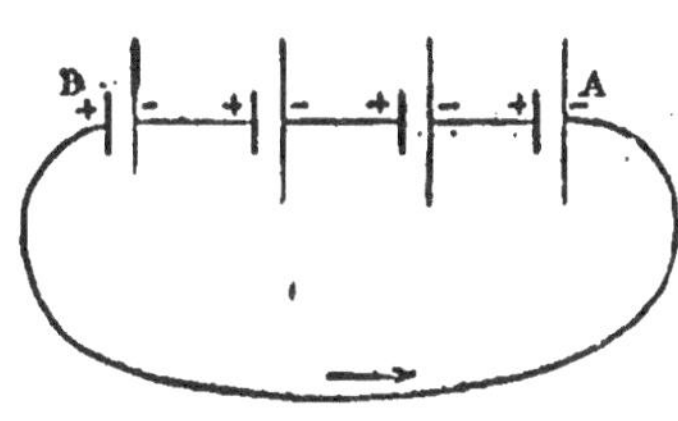

Fig. 501.

I. **Groupement en série.** (fig. 501). — *Le pôle positif de chaque élément est relié au pôle négatif de l'élément suivant.*

Soit E la force électromotrice d'un élément, nE sera la force électromotrice totale, car les forces électromotrices agissent toutes dans le même sens *et s'ajoutent* comme les pressions d'une série de pompes qui élèvent l'eau *par degrés successifs*, pour pousser un courant liquide dans un tuyau résistant (fig. 502).

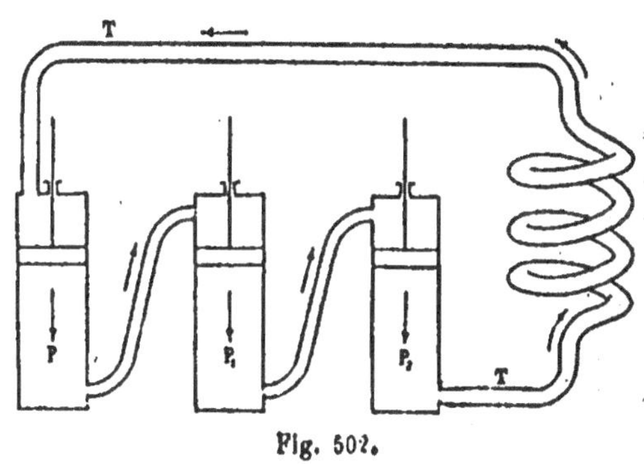

Fig. 502.

Les résistances intérieures des éléments s'ajoutent, car le courant les traverse tous. En appelant h la résistance de chaque élément, nh sera la résistance de la pile.

Désignons par r la résistance interpolaire, la résistance totale sera $R = nh + r$. D'après la loi d'Ohm, on aura :

$$I = \frac{nE}{nh + r}.$$

Si la résistance extérieure est considérable et si la résistance de la pile est négligeable, $I = \frac{nE}{r}$, l'intensité est proportionnelle au nombre des éléments [1].

Avec une résistance extérieure négligeable, $I = \frac{E}{h}$, l'intensité est indépendante du nombre des éléments, et il n'y a pas avantage à user du groupement en série.

S'il y a dans le circuit n' éléments de résistance h' et de force électromotrice E' opposés à la pile principale, la force électromotrice résultante est $nE - n'E'$;

$$I = \frac{nE - n'E'}{nh + n'h' + r}.$$

II. Groupement en batterie ou en surface (fig. 503). — *Tous les pôles de même nom sont réunis entre eux*, les pôles positifs aboutissent en B et ont le même potentiel, les pôles négatifs concourent en A et ont de leur côté un même potentiel.

La force électromotrice est *la même que celle d'un seul élément*, de même que des pompes qui élèvent séparément l'eau à un même niveau et aboutissent à une même conduite élèvent l'eau à ce niveau commun (fig. 504).

La résistance intérieure de l'élément *unique* formé par les éléments associés est inversement proportionnelle à la surface

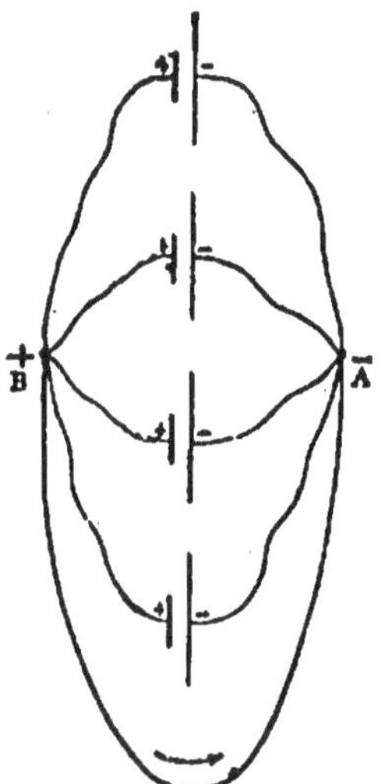

Fig. 503.

<hr>

(1) Dans ce cas, si le conducteur extérieur est formé d'un fil unique de section uniforme, l'intensité du courant est proportionnelle à la section du fil et en raison inverse de sa longueur, ce qui justifie la relation $r = \rho \frac{l}{s}$.

des lames plongées [1]. Comme cette surface est n fois plus grande qu'avec un élément simple, la résistance intérieure de la pile est $\frac{h}{n}$.

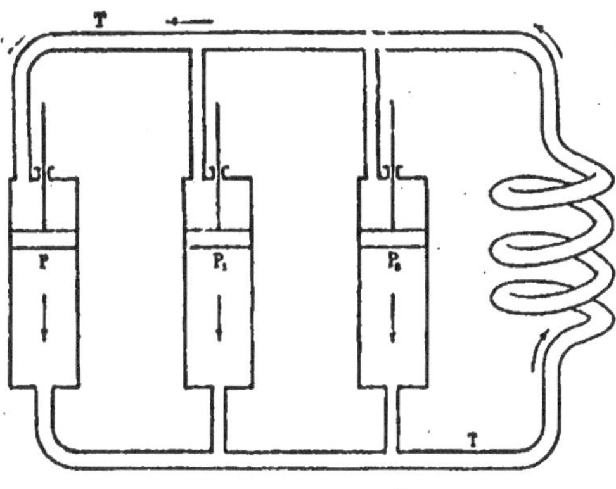

Fig. 504.

Désignons par r la résistance du conducteur interpolaire ACB la résistance totale sera $R = \frac{h}{n} + r$.

D'après la loi, d'Ohm :

$$I = \frac{E}{\frac{h}{n} + r}.$$

Pour une résistance extérieure très petite, ce mode d'association convient, car l'intensité est alors égale à $\frac{nE}{h}$ et par conséquent proportionnelle au nombre des éléments.

Avec une résistance extérieure très grande par rapport à la résistance de la pile, $I = \frac{E}{r}$, l'intensité est indépendante du nombre des éléments et le groupement en surface n'est pas avantageux.

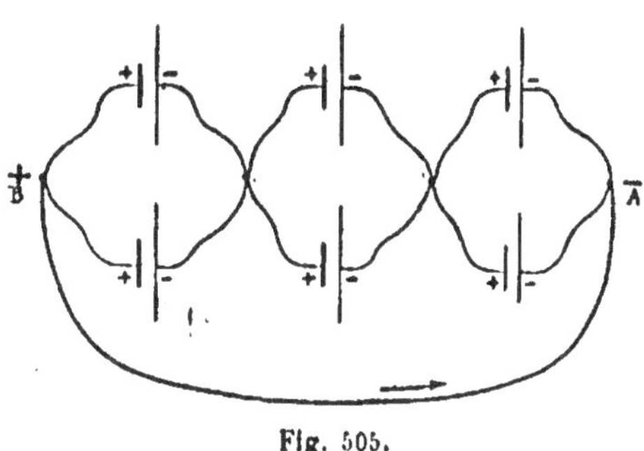

Fig. 505.

III. **Groupement mixte** (fig. 505). — *On forme un certain nombre de batteries que l'on associe ensuite en série* [2]. Soit m le nombre des

<hr>

(1) Cette disposition donne le même résultat que si on employait un élément unique de grande surface; elle évite l'emploi de trop grandes plaques dont le transport serait incommode.

(2) Nous supposons que les batteries sont toutes formées d'un *même nombre* d'éléments.

éléments d'une batterie, p le nombre des batteries ; $mp = n$.

Chaque batterie a une force électromotrice E et une résistance $\dfrac{h}{m}$,

la pile a une force électromotrice pE et une résistance $\dfrac{ph}{m}$,

$$I = \frac{p\mathrm{E}}{\dfrac{ph}{m} + r}.$$

On démontre que l'intensité est maximum quand **la résistance de la pile** $\dfrac{ph}{m}$ **est égale à la résistance extérieure** r; on choisit le groupement qui réalise *le mieux* cette condition : groupement en série pour une résistance extérieure considérable et groupement en surface pour une résistance extérieure très faible.

639. Débit des machines électrostatiques. — Les machines électrostatiques en activité produisent un courant électrique comme les piles. Lorsque l'on réunit les deux pôles par un fil conducteur, le courant parcourt un circuit fermé qui comprend deux parties : 1° une partie extérieure, du pôle positif au pôle négatif de la machine; 2° une partie intérieure, du pôle négatif au pôle positif à travers la machine elle-même.

Si le conducteur intercalé entre les deux pôles est le fil d'un galvanomètre très sensible, à spires bien isolées, la déviation de l'aiguille est proportionnelle à la vitesse de la rotation, comme le débit de la machine. Cette déviation reste *extrêmement faible*, elle correspond seulement à quelques millièmes d'ampère; cela prouve que l'*intensité du courant* fourni par une machine électrostatique est *très petite*, bien que cette source d'électricité présente une force électromotrice de plusieurs milliers de volts et donne de longues étincelles. Il en résulte que la résistance propre ou intérieure d'une machine électrostatique atteint habituellement plusieurs millions d'ohms.

Les **piles**, au contraire, ont un *débit considérable* avec une très petite force électromotrice. Leur circuit ne présente, en effet, qu'une faible résistance.

EFFETS CALORIFIQUES DES COURANTS

640. Nous avons déjà observé la chaleur développée dans un conducteur que parcourt la décharge d'un condensateur; les courants continus élèvent aussi la température des conducteurs qu'ils traversent [1]. Un fil de fer tendu entre les deux pôles d'une forte pile rougit, il peut fondre et brûler s'il est assez fin et assez court.

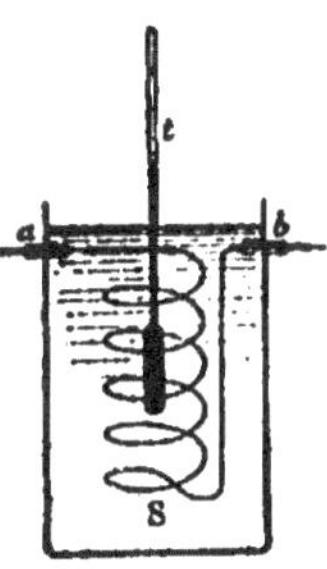

Fig. 506.

Chaleur dégagée dans un conducteur. — Dans un calorimètre contenant un poids d'eau connu, Joule fit plonger un fil métallique S enroulé en spirale et traversé par un *courant constant* (fig. 506). La chaleur gagnée par le calorimètre ne provenait que de la chaleur dégagée *dans le fil*.

On évitait en effet des dérivations du courant dans le liquide en prenant pour liquide du calorimètre un mauvais conducteur tel que l'eau distillée, l'alcool ou l'essence de térébenthine.

La chaleur dégagée par le courant est égale au produit de l'élévation de température du calorimètre par la capacité calorifique de tout ce qui s'échauffe (laiton du calorimètre, fil, thermomètre).

Résultats. — La chaleur dégagée dans un conducteur est *indépendante du sens du courant, proportionnelle au carré de l'intensité, à la résistance du conducteur et au temps.*

Soit I l'intensité du courant en ampères, r la résistance du conducteur en ohms, t le temps en secondes, W le nombre de calories dégagées, J l'équivalent mécanique de la calorie en joules (J = 4,17), le *travail équivalent à la chaleur dégagée* est représenté en joules par JW.

On trouve :
$$JW = I^2 rt.$$

Travail développé dans le circuit entier. — La loi de l'échauffement d'un conducteur par un courant ou *loi de Joule* a été

[1] La température s'élève jusqu'à ce que le conducteur perde en une seconde par le milieu ambiant autant de chaleur que le courant lui en fournit dans le même temps.

vérifiée pour tous les conducteurs liquides ou solides. Si r, r'...,. désignent les résistances des différents conducteurs d'un circuit, et R la résistance totale, le travail développé dans tout le circuit est

$$I^2 rt + I^2 r't + \ldots = I^2 (r + r' + \ldots) t = I^2 Rt.$$

Comme d'après la loi d'Ohm $IR = E$ (E force électromotrice de la pile) $I^2 Rt$ peut s'écrire EIt ou EQ, puisque $It = Q$ (**631**). D'où l'énoncé suivant :

Le travail développé dans tout le circuit (évalué en joules) est égal au produit EQ de la force électromotrice de la pile (en volts) par le nombre de coulombs qui ont traversé le circuit.

Par seconde, le travail développé est EI et s'appelle la *puissance de la pile*. Il s'exprime en **watts**.

Analogie hydraulique. — Signalons l'analogie que l'expression EQ du travail électrique présente avec le travail d'un liquide pesant tombant d'une hauteur II. Pour un poids P de liquide, ce travail est IIP.

642. Distribution relative de la chaleur dans un circuit. — Puisque sur un même circuit les quantités de chaleur dégagées dans deux résistances r et r' sont $I^2 rt$ et $I^2 r't$ ou en raison directe de r et de r', *la chaleur totale dégagée dans les différents conducteurs d'un circuit se répartit proportionnellement à leurs résistances* [1].

A égalité de longueur et de diamètre, un fil métallique est d'autant plus échauffé par un courant que sa résistance spécifique est plus

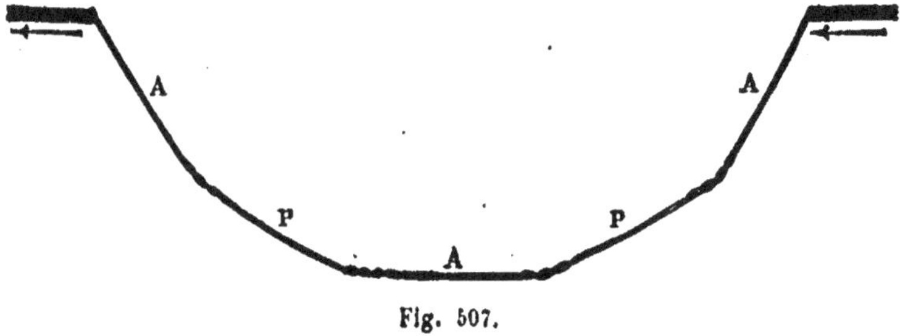

Fig. 507.

grande. Si l'on transmet un courant d'intensité suffisante à travers un conducteur formé de chaînons égaux *alternativement en argent et en platine* (fig. 507), les chaînons de platine sont portés au rouge

---

[1] Il en est de même pour la chaleur dégagée dans le circuit d'une décharge.

tandis que les chaînons d'argent, moins résistants, restent sombres.

Le cuivre étant parmi les conducteurs usuels celui dont la résistance spécifique est la plus faible, de *gros fils de cuivre* n'offrent qu'une résistance négligeable et ne s'échauffent que très peu.

Pour une même intensité du courant, *un fil fin s'échauffe plus* qu'une même longueur de gros fil de même substance : 1° parce que la chaleur dégagée y est plus forte (la résistance variant en raison inverse de la section); 2° parce que son poids étant moindre, sa capacité c³ ᵣrifique est plus faible, ce qui détermine une température plus élo⁻ pour une même production de chaleur.

643. Chaleur perdue dans la pile. — La chaleur dégagée dans un circuit par un courant comprend deux parties : la chaleur absorbée par le circuit extérieur et la chaleur retenue par la pile; celle-ci est dépensée en pure perte.

La répartition de la chaleur dans le circuit total étant proportionnelle aux résistances, si la résistance extérieure est négligeable, la chaleur est entièrement retenue par la pile; elle est développée, au contraire, tout entière dans le circuit extérieur si la résistance de la pile est très petite. La résistance intérieure d'une pile diminue quand les dimensions des éléments augmentent; d'après cela, pour produire des effets calorifiques intenses dans des fils métalliques dont la résistance est toujours faible par rapport à la résistance des liquides d'une pile, on donne aux métaux plongés dans les éléments une *grande surface*, on réduit en outre l'épaisseur des liquides interposés et on associe les éléments en batterie.

644. Applications des effets calorifiques du courant. — L'incandescence des fils fins de platine est utilisée dans les opérations chirurgicales (*galvanocautères*).

Dans l'éclairage par incandescence, de fins filaments de charbon sont traversés par un courant et portés dans le vide à une température assez élevée pour devenir lumineux.

EFFETS CHIMIQUES DU COURANT

645. Les conducteurs métalliques solides n'éprouvent aucune modification chimique par le passage du courant électrique; il en est

de même des conducteurs métalliques liquides, tels que le mercure
ou les métaux fondus; les autres conducteurs liquides sont décomposés lorsque *le courant les traverse*[1]. La décomposition par le courant est nommée **électrolyse**. La substance décomposée est un
électrolyte. Les **électrodes** sont les plaques conductrices qui comprennent le liquide. L'électrode reliée au pôle positif est dite *positive*, l'électrode négative reliée au pôle négatif est dite *négative*.

646. Décomposition de l'eau. — La première décomposition
électrochimique qui ait été observée est la décomposition de l'eau.
Elle se fait dans un **voltamètre**. C'est un vase de verre dont le fond
est traversé par deux lames de platine E et E' fixées dans un mastic
isolant G et reliées par des fils métalliques à deux bornes P et P'
fixées sur un socle (fig. 508). On verse dans le voltamètre de l'eau

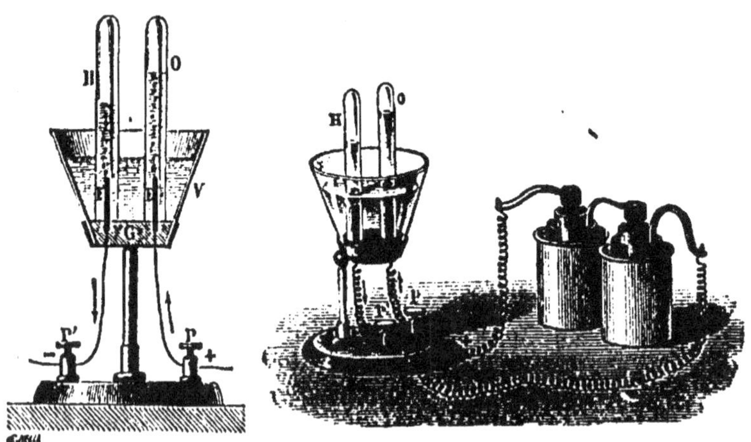

Fig. 508. Fig. 509.

acidulée avec de l'acide sulfurique et on recouvre chacune des lames
d'une éprouvette pleine du même liquide. On met en communication
les deux bornes P et P' avec les deux pôles d'une pile (fig. 509). Dès
que le circuit est fermé, de nombreuses bulles de gaz se dégagent sur
les deux électrodes de platine et gagnent le haut des éprouvettes. Ce
sont les éléments de l'eau, **ils sont séparés :** l'*hydrogène* (gaz
combustible brûlant avec une flamme pâle) se dégage exclusivement
à l'électrode négative; l'*oxygène* (gaz non combustible, rallumant une

(1) Les conducteurs liquides que le courant ne traverse pas, tels que l'eau distillée,
l'essence de térébenthine, l'alcool, l'éther, etc., ne sont pas décomposés par le courant.

allumette qui a encore un point en ignition) se dégage à l'électrode positive. Le volume de l'hydrogène est *double* de celui de l'oxygène. Le dégagement aux deux électrodes cesse dès que l'on interrompt le courant et reprend si le circuit est de nouveau formé.

Décomposition des composés binaires métalliques. — Les oxydes, chlorures, sulfures... sont décomposés par le courant. Le métalloïde se rend à l'électrode positive, le métal à l'électrode négative. C'est ainsi que sont décomposés les chlorures métalliques anhydres *rendus conducteurs* par fusion ou leurs solutions aqueuses. Ils donnent du chlore à l'électrode positive, du métal à l'électrode négative; on prend dans ce cas pour électrode positive une électrode de charbon, que le chlore n'attaque pas.

Décomposition des sels oxygénés. — Prenons pour exemple le sulfate de cuivre SO^4Cu. Dans un tube à deux branches (fig. 510) on

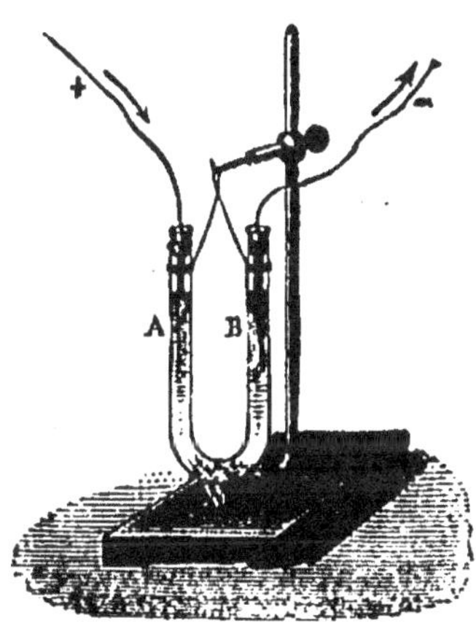

verse une dissolution du sulfate et on plonge dans chacune des branches une lame de platine communiquant avec l'un des pôles d'une pile. L'électrode négative B se recouvre d'un enduit rouge de cuivre métallique; de l'acide sulfurique et de l'oxygène (SO^4) apparaissent à l'électrode positive A ; la liqueur devient acide autour de cette électrode, et il s'y dégage de l'oxygène.

Fig. 510.

647. Dans toute électrolyse, *les produits de la décomposition n'apparaissent qu'aux électrodes.*

La décomposition des composés binaires métalliques et celle des sels oxygénés sont comprises dans un même énoncé en regardant ces différents corps comme formés d'un *métal* uni, soit à un radical métalloïde tel que Cl, Br, I, O, S... soit à un radical acide comme SO^4, AzO^3... *Le métal seul se rend à l'électrode négative,* les autres parties constituantes du composé ou *le radical à l'électrode positive.*

LOIS DE L'ÉLECTROLYSE

648. I. Lorsque plusieurs appareils à décomposition contenant tous le même électrolyte se suivent en série dans un circuit, le poids du métal (ou de l'hydrogène) *séparé dans chacun d'eux est le même en un même temps*[1]. Si ces appareils sont des voltamètres à eau acidulée on a dans tous le même volume d'hydrogène dégagé. Avec des voltamètres à azotate d'argent, on a dans tous le même poids d'argent déposé.

II. Pour un même électrolyte, *les poids de métal séparés sont proportionnels à l'intensité du courant* qui le traverse et à la durée du passage du courant[2]. Ce poids peut se représenter par εIt.

ε est le poids mis en liberté par un coulomb ou par un courant d'un ampère en une seconde. Dans la décomposition de l'eau, le poids d'hydrogène ε est $\dfrac{1}{96\,600}$ de gramme.

96 600 coulombs mettent en liberté 1 gramme d'hydrogène.

III. *Les poids des métaux ou d'hydrogènes séparés* par une même quantité d'électricité dans divers composés qui ont servi d'électrolytes *ont la même valence*.

96 600 coulombs séparent un gr. d'hydrogène ou H dans H^2SO^4;

108 gr. d'argent ou Ag dans $AgAzO^3$; $\dfrac{1}{2}$ Cu dans $CuSO^4$.

Les poids des électrolytes décomposés par un même courant dans plusieurs appareils à décomposition qui se suivent en série seront par exemple :

$$KCl,\ HCl,\ AgAzO^3,\ HAzO^3,\ \tfrac{1}{2}Ag^2SO^4,\ \tfrac{1}{2}H^2SO^4,\ \tfrac{1}{2}CuSO^4,\ \tfrac{1}{2}MgCl^2,$$

$$\tfrac{1}{3}AuCl^3,\ \tfrac{1}{4}PtCl^4,\ \text{etc.}$$

(1) Ces appareils à décomposition peuvent différer par l'écartement et la surface des électrodes, par la conductibilité du liquide. Intercalés séparément et *successivement* dans un même circuit, ils déposeraient des poids différents de métal ou dégageraient des poids différents d'hydrogène, parce qu'ils diminueraient inégalement l'intensité du courant.

(2) Rappelons en effet (**630**) que si l'on bifurque un circuit en formant de A en A' deux dérivations (fig. 497) et si l'on introduit trois voltamètres, l'un V dans le circuit principal et les deux autres V' et V'' identiques dans les dérivations, les poids décomposés en V' et V'' sont les mêmes et égaux à la moitié du poids décomposé en V.

649. Mesure de l'intensité d'un courant par l'électrolyse.
— Puisqu'il faut 96 600 coulombs pour séparer 1 gramme d'hydrogène et p.96 600 pour séparer p grammes, si un courant d'intensité I dégage en t secondes p grammes d'hydrogène, la quantité d'électricité It est égale à p.96 600

L'équation I$t = p$.96 600 fera connaître I.

650. Effets chimiques dans la pile. -- Dans ce qui précède, nous avons supposé les appareils à décomposition disposés dans le circuit extérieur. Le courant électrolyse tous les liquides qu'il traverse, dans les éléments, *comme dans des voltamètres extérieurs.*

Soit une pile dont chaque couple est formé d'une lame de zinc et d'une lame de platine plongeant dans l'eau acidulée par de l'acide sulfurique, il se produit dans chaque couple une électrolyse de l'eau lorsque le circuit est fermé : H² se dégage sur le platine, SO⁴ se porte sur le zinc et le transforme en sulfate.

Si la pile est formée d'éléments associés en série, la dépense de zinc est la même dans tous. Avec 10 éléments, il y a 10.33 grammes de zinc dissous pour 1 gramme d'hydrogène dégagé dans un voltamètre extérieur. La dépense est donc *proportionnelle au nombre* des éléments.

Dans toutes les décompositions, qu'elles aient lieu à l'intérieur ou à l'extérieur de la pile, l'hydrogène et les métaux suivent le courant, c'est-à-dire se portent à la cathode ou *électrode de sortie* du courant (négative dans le voltamètre, positive dans l'élément); l'oxygène et les radicaux acides vont à l'anode ou *électrode d'entrée.*

ACTIONS SECONDAIRES

651. Les éléments séparés exercent fréquemment sur les électrodes ou sur l'électrolyte des réactions qu'on appelle *secondaires.*

Décomposition du sulfate de cuivre. — Dans la décomposition du sulfate de cuivre entre des électrodes de platine, le radical SO⁴ isolé à l'anode se complète aux dépens de l'eau à laquelle il emprunte H² pour former SO⁴H², tandis que l'oxygène de l'eau se dégage.

Si le métal de l'anode est du cuivre, c'est en dissolvant du cuivre et en reformant du sulfate de cuivre que SO⁴ se complète; il n'y a plus alors de dégagement d'oxygène, le cuivre de l'anode, dite anode soluble, se dissout en quantité égale au cuivre déposé à la cathode.

Décomposition d'un sulfate alcalin. — Si l'on décompose une solution de sulfate de sodium (SO^4Na^2) dans un tube en U entre des électrodes de platine, SO^4 se rend à l'anode et Na^2 à la cathode.

A l'anode, SO^4 se complète en prenant H^2 à l'eau pour former de l'*acide sulfurique* et dégage O.

A la cathode, Na^2 décompose aussi l'eau en prenant O pour former de *la soude* et dégage H^2.

Du sirop de violettes étant versé dans le tube en U, on le voit rougir autour de l'anode et verdir autour de la cathode.

Décomposition de l'eau acidulée sulfurique. — La décomposition d'une eau qui a été acidulée avec de l'acide sulfurique peut être considérée comme une décomposition de l'acide sulfurique SO^4H^2 en H^2 à la cathode et SO^4 à l'anode.

Par une action secondaire, SO^4 se complète à l'anode en empruntant H^2 à l'eau et en dégageant O. Il y a ainsi décomposition apparente de l'eau en H^2 à la cathode et O à l'anode.

POLARISATION D'UN VOLTAMÈTRE

652. Un voltamètre V étant traversé par le courant d'une pile E, de l'hydrogène se dégage dans l'éprouvette à électrode négative N, de l'oxygène dans l'éprouvette à électrode positive P (fig. 511). Si, à un certain moment, on intercepte en O la communication avec la pile ; si l'on réunit par O' les deux électrodes du voltamètre à un galvanomètre, le nouveau circuit PO'GN devient le siège d'un courant accusé par le galvanomètre et ce courant, dit **secondaire**, traverse le voltamètre en sens contraire du courant primitif de la pile ou courant **primaire**.

En effet, le voltamètre a pris deux pôles comme un élément de pile, il a une force électromotrice E', on dit que ses *électrodes sont polarisées.*

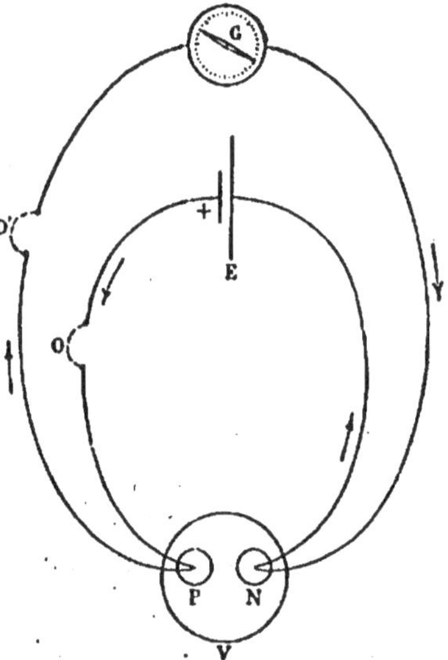

Fig. 511.

Le courant secondaire décompose à son tour l'eau acidulée du voltamètre, dégage de l'oxygène e.. .ï (qui de cathode est devenue anode) de l'hydrogène en P (qui d'anode est devenue cathode) et ces nouveaux gaz se combinent aux gaz primitivement séparés pour reformer de l'eau. Quand les gaz primitivement dégagés par le courant primaire ont ainsi graduellement disparu, la force électromotrice E' s'est annulée et le courant secondaire cesse.

L'électricité mise en circulation dans le circuit secondaire *est égale* à celle qui avait séparé les gaz dans le courant primaire.

La force électromotrice E' du voltamètre est opposée à la force électromotrice E de la pile et s'en retranche *pendant le passage* même du courant primaire. La force électromotrice efficace dans le circuit total est E — E' et l'intensité du courant a pour valeur :

$$I = \frac{E - E'}{R}$$

R résistance totale du circuit (piles, voltamètres et fils).

APPLICATIONS DE L'ÉLECTROLYSE

653. Préparation des métaux alcalins. — Les alcalis et les oxydes terreux passèrent pour indécomposables jusqu'au moment où Davy appliqua le courant à la décomposition de la potasse.

Décomposition de la potasse. — Un fragment P d'hydrate de potasse humide est placé sur une lame de platine AB communiquant

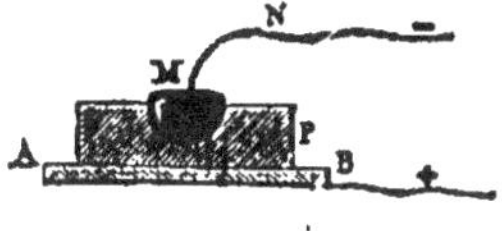

Fig. 512.

avec le pôle positif d'une forte pile (fig. 512) ; dans une cavité creusée à la partie supérieure de la potasse et contenant du mercure M, on plonge un fil de platine N relié au pôle négatif de la pile.

Le circuit étant fermé, il se dégage de l'oxygène sur l'électrode positive. A l'électrode négative, le potassium forme un amalgame. Cet amalgame donne le potassium par distillation du mercure.

On obtient le *calcium*, le *magnésium*, l'*aluminium*, en employant comme électrolytes les chlorures de ces métaux rendus conducteurs par fusion et en y plongeant des électrodes de charbon.

654. Galvanoplastie. — La galvanoplastie est l'art de déposer par électrolyse sur un corps servant de moule un métal contenu dans une dissolution saline. Nous allons supposer qu'il s'agit de reproduire par un dépôt de cuivre le relief d'un objet.

Préparation d'un moule. — On forme un moule en creux de l'objet à reproduire, avec de la cire ou de la gutta-percha ramollie par la chaleur et appliquée avec pression sur l'objet. On détache le moule après refroidissement et on le rend conducteur du courant, sur les parties à reproduire, en l'enduisant avec une brosse fine d'une couche de plombagine en poudre impalpable.

Dépôt de cuivre sur le moule. — On suspend le moule M dans un bain saturé de *sulfate de cuivre* acidulé par de l'acide sulfurique et on le relie métalliquement au pôle négatif d'une pile; une plaque de cuivre E qui plonge dans le bain communique avec le pôle positif de la pile (fig. 513). Le circuit étant fermé, le sulfate est décomposé, le cuivre se dépose sur le moule à la *cathode* et le recouvre dans tous ses détails, tandis que l'acide sulfurique et l'oxygène vont dissoudre sur l'*anode soluble* E un poids de cuivre égal à celui du dépôt. Le bain reste ainsi saturé et le courant est constant. La couche est proportionnelle à la durée; on détache le métal quand il est assez épais.

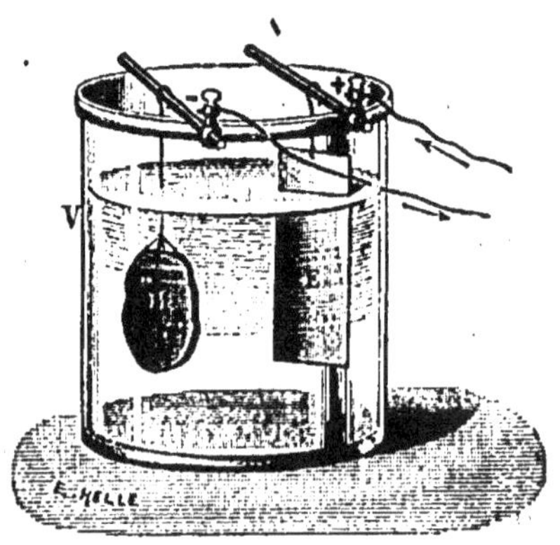

Fig. 513.

Applications industrielles de la galvanoplastie. — Les bois gravés ne supporteraient pas longtemps sans déformation la pression des tirages, on les remplace par des reproductions galvaniques obtenues en cuivrant un moule du dessin gravé; ces *clichés* sont plus résistants et l'on peut d'ailleurs les renouveler. Les clichés galvaniques servent aussi pour le tirage des timbres-poste.

655. Dorure, argenture, nickelage. — On a recours à l'électrolyse pour déposer sur un métal une mince couche adhérente d'un *métal précieux* (or, argent) ou *peu oxydable* (nickel).

La pièce est d'abord soigneusement nettoyée, elle est ensuite *suspendue à la cathode dans un bain à réaction alcaline.* Pour la dorure et l'argenture, ce bain est du cyanure d'or ou d'argent dissous dans du cyanure de potassium; pour le nickelage, c'est du sulfate double de nickel et d'ammonium. L'anode est une *électrode soluble* du métal à déposer.

Au sortir du bain, la pièce est mate, on lui donne du brillant par le *brunissage,* c'est-à-dire par le frottement avec une pierre d'agate arrondie sertie dans un manche en bois.

656. Électrochimie. — L'électrochimie a pour objet la préparation par électrolyse de différents corps simples ou composés. Nous avons indiqué plus haut la préparation des métaux alcalins et alcalino-terreux (**653**).

L'*aluminium pur* s'obtient par la décomposition électrolytique de l'alumine.

Le *cuivre* est d'autant plus conducteur qu'il est plus pur. On emploie exclusivement pour les circuits électriques du cuivre de haute conductibilité obtenu par électrolyse. Pour obtenir du *cuivre pur*, on prend comme électrode positive dans un bain de sulfate de cuivre une plaque de cuivre contenant plus de 95 pour cent de cuivre et *par le courant on transporte le métal* sur une électrode négative formée d'une lame mince de cuivre pur. Les métaux étrangers tombent au fond du bain. On prépare ainsi de larges plaques de cuivre très pur.

CONSTRUCTION DES ÉLÉMENTS DE PILE

657. Zinc amalgamé. — Le zinc est le métal qu'on emploie comme métal négatif dans les piles. Mais le zinc commercial est attaqué par l'eau acidulée, *même à circuit ouvert*; il contient en effet des métaux étrangers tels que le plomb, l'arsenic et il se forme à sa surface des *couples locaux.* En effet, chaque grain moins attaquable que le zinc devient une électrode positive et le zinc voisin une électrode négative, de là une usure du zinc en pure perte.

Le zinc amalgamé[1], *comme le zinc pur*, ne se laisse pas attaquer par l'eau acidulée, il n'y a dépense de zinc qu'à circuit fermé et *il ne se dégage pas d'hydrogène sur le zinc.*

658. Affaiblissement du courant d'un élément de Volta. — La déviation d'un galvanomètre placé dans le circuit d'un élément de Volta décroît rapidement après l'établissement du courant. *Cela tient surtout à une diminution de la force électromotrice.* Par suite de la décomposition de l'eau qui accompagne le fonctionnement de l'élément, de l'hydrogène se dépose sur la cathode de cuivre, ce qui diminue la force électromotrice effective. La différence de potentiel aux deux pôles devient alors notablement inférieure à la valeur initiale.

Ajoutons que le zinc se transforme en sulfate de zinc qui remplace l'acide sulfurique et augmente la résistance de l'élément.

Dépolarisation de la plaque positive. — On évite la polarisation du cuivre en le débarrassant du dépôt d'hydrogène.

On peut opérer *mécaniquement* en agitant le liquide ou en brossant la lame positive.

Les *nettoyages chimiques* sont préférables; ils consistent à absorber l'hydrogène par des réactifs riches en oxygène : acide nitrique, acide chromique, sulfate de cuivre, etc.

659. Éléments à un liquide. — L'élément au *bichromate* de *potasse* est un élément à **dépolarisant chimique liquide** (fig. 514). Il consiste en une bouteille en verre contenant une dissolution de bichromate de potasse additionnée d'acide sulfurique; une lame Z de zinc amalgamé sert d'électrode négative, deux lames de charbon de cornue, conducteur de l'électricité, forment l'électrode positive. Le bichromate est réduit par l'hydrogène dégagé dans le fonctionnement de l'élément.

Fig. 514.

(1) On amalgame le zinc en le décapant avec de l'eau acidulée et en le frottant ensuite avec du mercure. On renouvelle l'opération quand le zinc de la couche amalgamée a été dissous par le courant. Le mercure de l'amalgame tombe au fond de l'élément sans prendre part aux actions chimiques.

L'élément *Leclanché* est un élément à dépolarisant chimique solide. L'électrode positive consiste en une plaque de charbon de cornue entourée de *bioxyde de manganèse* qui est réduit par l'hydrogène. Une baguette de zinc forme l'électrode positive. Le liquide est une r ,lution de chlorhydrate d'ammoniaque.

660. Éléments à deux liquides. — L'électrode positive est placée dans un vase poreux contenant le liquide dépolarisant.

Élément Daniell [1] (fig. 515). — C'est l'élément le plus constant. L'électrode négative est un cylindre creux de zinc fendu longitudinalement, plongé dans une solution étendue d'acide sulfurique. L'électrode positive est une lame de cuivre plongeant dans le dépolarisant qui est une solution *saturée* de **sulfate de cuivre**, contenue dans un cylindre de porcelaine poreuse. Le vase poreux est facilement traversé par l'"électricité, car il se laisse pénétrer par les liquides tout en s'opposant à leur mélange.

L'hydrogène dégagé pendant le fonctionnement disparaît en réduisant le sulfate de cuivre.

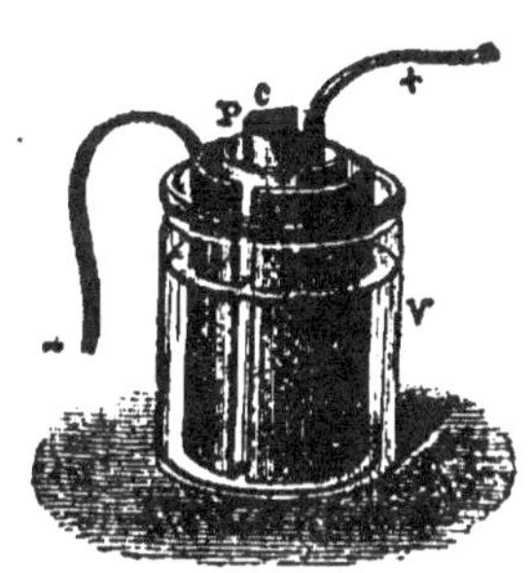

Fig. 515.

Constantes de l'élément. — L'élément Daniell a pour force électromotrice 1;1. La pile Daniell ne convient pas pour les forts courants à cause de sa résistance; on l'emploie en télégraphie.

Élément Bunsen (fig. 516). — Le pôle négatif *n* est fixé sur un

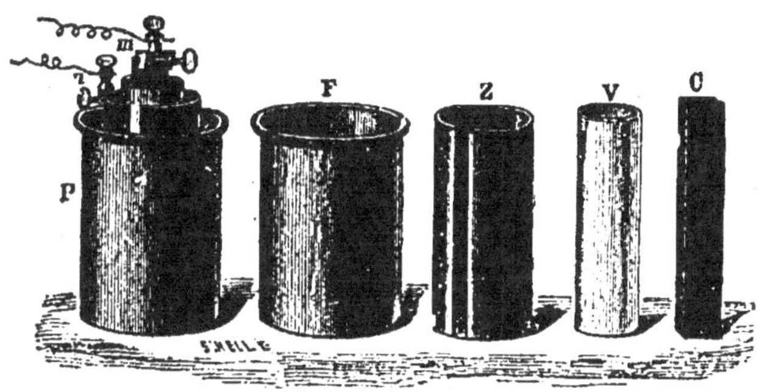

Fig. 516.

cylindre Z de zinc amalgamé placé dans un bocal en grès contenant

(1) **Daniell,** chimiste écossais (1790-1845).

de l'eau acidulée sulfurique. Au centre du bocal un vase poreux renferme un prisme de charbon C plongé dans le dépolarisant qui est de l'acide nitrique fumant. La borne m fixée au charbon est le pôle positif. L'hydrogène disparaît ici en réduisant l'acide nitrique.

Constantes de l'élément. — Force électromotrice 1;0. Résistance intérieure faible. C'est une pile qui convient pour les forts courants.

ORIGINE DE L'ÉNERGIE ÉLECTRIQUE D'UNE PILE

661. La connaissance des réactions chimiques d'un élément de pile fait voir que, dans leur ensemble, ces réactions *dégagent de la chaleur.* Dans un voltamètre, les réactions *absorbent de la chaleur.*

On a démontré expérimentalement que c'est à la chaleur dégagée par les réactions chimiques d'une pile *qu'est empruntée l'énergie distribuée par le courant* lorsque le circuit est fermé.

Rôle d'une pile. — La pile est donc un appareil qui consomme de l'énergie chimique et la convertit en énergie électrique. *L'énergie électrique n'est qu'un intermédiaire,* elle se répartit sous diverses formes dans le circuit : énergie *thermique* dans les conducteurs, énergie *chimique* dans les voltamètres, énergie *mécanique* dans les moteurs électriques, etc.

Comparaison industrielle d'une pile et d'une machine à vapeur. — Dans une machine à vapeur on utilise la combustion du charbon et on convertit une énergie chimique en énergie mécanique. Dans une pile, on utilise la combustion du zinc et on convertit une énergie chimique en diverses énergies par l'intermédiaire du courant.

PILES SECONDAIRES

662. Un voltamètre à eau, après l'électrolyse, est devenu un véritable élément de pile, de force électromotrice E' (652). Si l'on vient à réunir par des conducteurs les pôles de cet élément, un courant appelé **courant secondaire** ou de décharge, parcourt son circuit et traverse le voltamètre *en sens contraire* du courant **primaire**, ou courant de charge, qui avait produit l'électrolyse.

Accumulateurs. — Les accumulateurs sont des **voltamètres à électrodes de plomb** plongées dans l'eau acidulée. Ils peuvent four nir un courant secondaire *intense* et *de longue durée* [1].

La force électromotrice d'un accumulateur chargé est un peu supérieure à deux volts; par le *rapprochement des lames et leur grande surface* (636), on rend la résistance intérieure très faible. Ils conservent leur charge sans grande perte quand leur circuit est ouvert, et même, quand un temps assez long sépare la charge et la décharge, un accumulateur restitue habituellement un nombre de coulombs peu inférieur à celui qu'il a reçu pendant sa charge.

On charge une pile d'accumulateurs avec une source électrique qui doit présenter à ses deux pôles *au moins autant de fois 2 volts* qu'il y a dans la pile d'accumulateurs disposés en série.

Les accumulateurs se comportent comme s'ils emmagasinaient une grande quantité d'électricité, ils jouent pratiquement le rôle de condensateurs de très grande capacité et ils rendent de grands services comme **réservoirs d'énergie.**

Chargés par des machines dynamoélectriques, ils servent à suppléer ces machines elles-mêmes en cas d'arrêt accidentel. Ils sont employés pour l'*éclairage des trains* de chemins de fer, pour le fonctionnement des *hélices des sous-marins*, pour la *traction des tramways*, etc.

COURANTS THERMOÉLECTRIQUES

663. La chaleur dégagée par les actions chimiques n'est pas le seul moyen d'entretenir un courant ; l'action directe de la chaleur permet d'arriver au même résultat.

Dans un circuit formé d'un conducteur unique *parfaitement homogène*, on peut chauffer l'un quelconque des points sans qu'il se produise de courant électrique.

Dans un circuit formé de différents métaux à la même température, il ne se produit aucun courant; mais un courant prend naissance dès qu'on chauffe un des points de contact.

---

(1) Les éléments secondaires au plomb s'améliorent par l'usage. Par des charges et des décharges successives, les surfaces des électrodes deviennent poreuses et permettent aux actions chimiques d'avoir lieu profondément. La durée des charges et des décharges augmente graduellement et, par suite le débit électrique.

Expérience de Seebeck[1]. — Soit un circuit formé d'un barreau de bismuth BB', soudé à une lame d'antimoine AA', qui forme avec lui un rectangle. On dirige les longs côtés du rectangle dans le méridien magnétique, après avoir placé à l'intérieur une aiguille aimantée mobile sur un pivot (fig. 517).

Si l'on chauffe légèrement l'une des deux soudures avec une lampe à alcool, la déviation de l'aiguille accuse un courant qui va *du bis-*

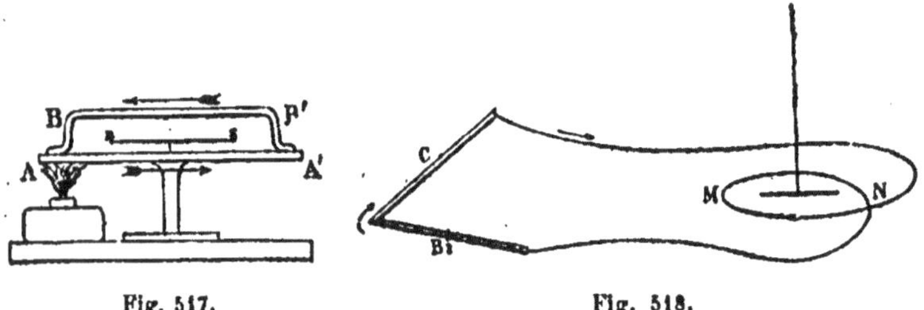

Fig. 517.   Fig. 518.

muth à l'antimoine à travers la soudure chaude. Si l'on avait refroidi la même soudure, il se serait produit un courant inverse.

On fait encore l'expérience en soudant à un barreau de bismuth un fil de cuivre qui s'enroule sur le cadre d'un galvanomètre (fig. 518). Quand on chauffe le contact bismuth-cuivre, le courant parcourt le circuit dans le sens CNM (du bismuth au cuivre à travers la soudure chauffée).

Le sens du courant dépend de la nature des deux métaux associés.

664. Pile thermoélectrique. — On forme un certain nombre de couples à métaux alternés : bismuth, cuivre; bismuth, cuivre... On réunit le premier bismuth au dernier cuivre. Si l'on chauffe à T^0 les soudures de rang impair en maintenant froides, par exemple à 0^0, les soudures de rang pair, on obtient un courant égal à la somme des courants des différents couples, car les courants partiels sont tous de même sens (fig. 519).

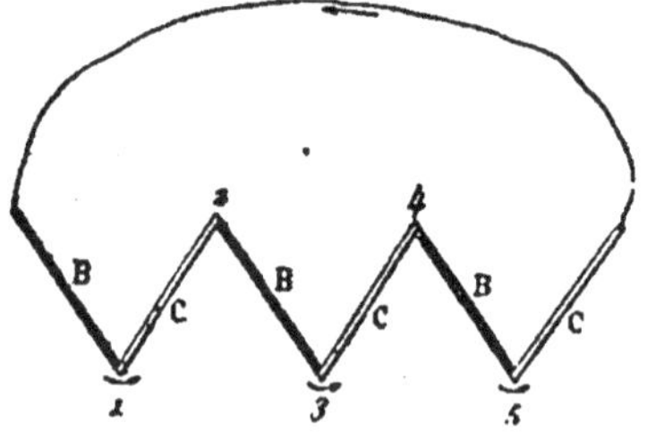

Fig. 519.

(1) **Seebeck**, physicien allemand (1770-1831).

Les éléments ayant été ainsi associés en série, l'intensité du courant est donnée par la formule :

$$I = \frac{nE}{nh + r}$$

E est la force électromotrice d'un couple, nE la force électromotrice d'une pile formée de n couples identiques, h la résistance intérieure d'un élément de pile et r la résistance extérieure (**638**)

La résistance intérieure étant négligeable pour des couples formés de barreaux métalliques gros et courts, on a sensiblement $I = \dfrac{nE}{r}$ (**638**); l'intensité varie dans ce cas en raison inverse de la résistance du circuit extérieur.

Les forces électromotrices thermoélectriques sont très faibles. La force électromotrice d'un élément Daniell est 180 fois plus grande que celle d'un élément bismuth-cuivre dont les soudures sont à 100° et 0°.

Une pile thermoélectrique de ce genre est donc une pile de petite résistance et de faible force électromotrice. Son courant ne peut servir à vaincre de grandes résistances; l'interposition d'une petite colonne liquide l'annule presque, et il faudrait un très grand nombre d'éléments pour décomposer l'eau. Toutefois, d'après l'équation $I = \dfrac{nE}{r}$, pour une très faible résistance extérieure, le courant peut prendre une valeur importante.

En raison du grand affaiblissement de l'intensité que causerait la résistance d'un fil long et fin, le cadre des galvanomètres employés pour l'étude des courants thermoélectriques ne doit être recouvert que d'un petit nombre de tours de gros fil (**682**).

MESURE DES TEMPÉRATURES

665. — **Pile thermoélectrique de Melloni.** — Les piles thermoélectriques ont été appliquées à la mesure des températures. La *pile thermoélectrique* de Melloni, utilisée en chaleur rayonnante (**284**) pour la mesure des faibles différences de température, est formée par une chaîne de barreaux de bismuth alternant avec des barreaux d'antimoine; son circuit est fermé par un galvanomètre de *faible résistance*. Les soudures de même parité sont

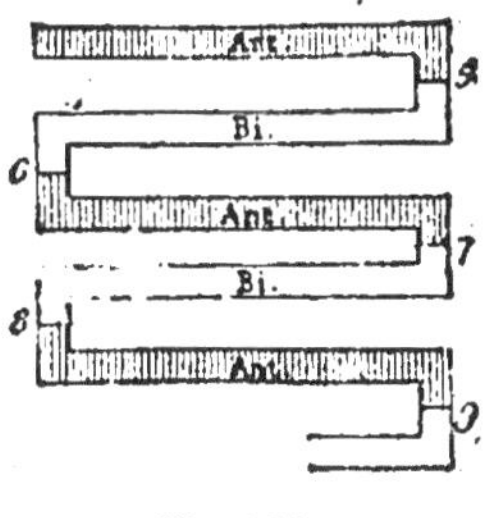

Fig. 520.

placées d'un même côté (fig. 520). Quand on fait tomber un faisceau calorifique sur l'une des faces de la pile, l'autre face restant à une température invariable, l'aiguille du galvanomètre est déviée par un courant dont la force électromotrice est proportionnelle à la différence de température des deux faces de la pile. Si la déviation ne dépasse pas un petit nombre de degrés, elle est proportionnelle à cette différence de température.

Pyromètre électrique (Pyromètre Le Chatelier). — Cet appareil, destiné à la mesure des hautes températures, consiste en un circuit comprenant un galvanomètre et un couple *platine-platine rhodié* dont l'une des soudures est portée dans le foyer dont on veut évaluer la température, tandis que l'autre soudure reste à la température ambiante. Une graduation a été établie en observant les déviations du galvanomètre quand la soudure chauffée est plongée successivement dans des bains de températures connues : plomb fondu (325°), argent fondu (945°), or fondu (1050°), etc.

ÉLECTROMAGNÉTISME

Les actions magnétiques qu'un courant exerce en dehors de son circuit forment l'objet de l'électromagnétisme. Les phénomènes électromagnétiques ont pour origine l'expérience d'Œrsted [1].

666. Expérience d'Œrsted. — C'est en 1819 qu'Œrsted découvrit l'action d'un courant sur une aiguille aimantée. En disposant dans le méridien magnétique un fil métallique rectiligne et horizontal AB, au-dessus d'une aiguille aimantée mobile sur un pivot et en équilibre, l'aiguille *est déviée* et prend une position NS dès qu'on fait passer un courant dans le fil (fig. 521). L'action cesse et l'aiguille reprend sa position parallèle au fil si on ouvre le circuit.

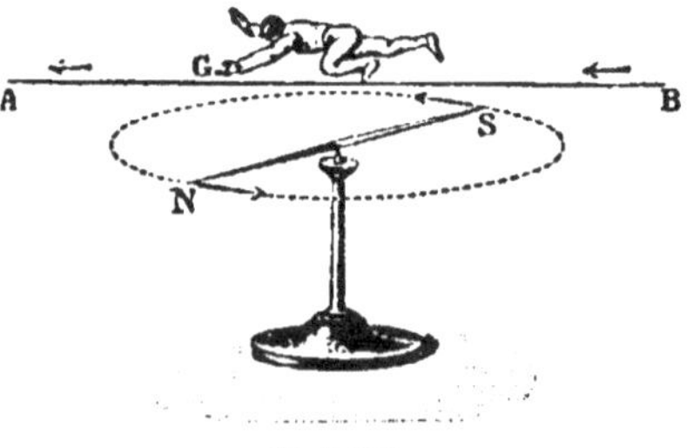

Fig. 521.

(1) **Œrsted**, né à Copenhague (1777-1851).

Règle d'Ampère. — L'orientation des pôles dépend de la position du conducteur et du sens du courant; d'après une règle formulée par Ampère, *le pôle* nord *de l'aimant se porte à la gauche du courant.* La droite et la gauche du courant sont la droite et la gauche d'un observateur couché le long du conducteur, *nageant dans le sens du courant,* la face tournée vers l'aimant.

La déviation de l'aiguille aimantée est d'autant plus grande que le conducteur horizontal traversé par le courant est plus voisin de l'aiguille et que le courant est plus fort. L'aiguille *tend à se mettre en croix* avec le courant.

Action de la Terre. — L'action directrice de la terre limite la déviation. L'aiguille s'écarte du méridien magnétique jusqu'à ce que l'effet du courant soit équilibré par l'action du couple terrestre qui tend à ramener l'aiguille et qui croît avec la déviation.

Une aiguille aimantée se met toujours en **croix** avec le courant, si elle est mobile autour d'un axe qui passe par son centre de gravité et est parallèle à la force magnétique terrestre; elle est alors soustraite à la fois à l'action de la pesanteur et au magnétisme terrestre.

667. Champ magnétique d'un courant. — L'action d'un courant sur un aimant établit qu'un courant crée autour de lui un champ magnétique. Comme pour les aimants, ce champ magnétique est encore révélé par des spectres magnétiques.

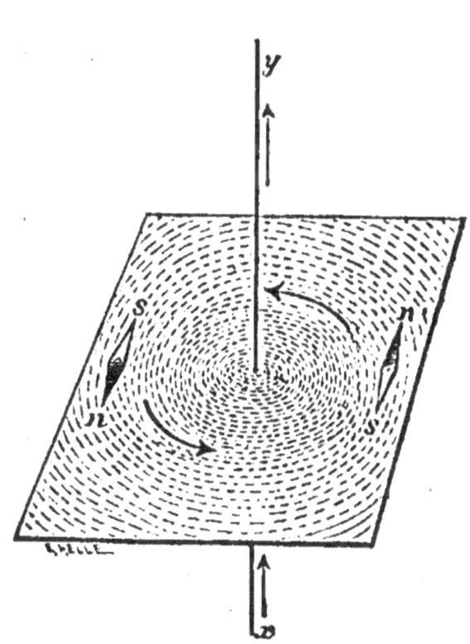

Fig. 522.

Spectre magnétique d'un courant rectiligne. — On saupoudre de limaille de fer une feuille de carton horizontale traversée par un conducteur vertical xy, que parcourt un fort courant. Les particules de limaille deviennent de petits aimants sous l'influence du courant; et, si l'on facilite le groupement par de petites secousses, elles se disposent *en circonférence ayant pour centre la trace du fil* (fig. 522) et figurant les lignes de force du champ magnétique. Ce spectre magné-

tique reste le même quand on fait glisser le carton le long du fil en
le maintenant dans un plan perpendiculaire au fil. La direction des
aiguilles aimantées *ns*, *n's'* indique de quelle façon s'orientent les
pôles des particules [1].

Dans l'expérience d'Œrsted, la ligne des pôles se place de façon à
être tangente à la ligne de force au point où est l'aimant.

668. Action magnétique d'un circuit plan. — Un circuit
plan entourant une aiguille
aimantée exerce sur elle, par
tous ses éléments, une action
de même sens.

En effet, si l'on fait suivre
au nageur d'Ampère successivement toutes les parties du
circuit, en lui faisant regar-
der constamment l'aimant, sa
gauche se maintient du même
côté du cadre et toutes les
parties *s'accordent* à pousser le
pôle nord de ce côté (fig. 523).

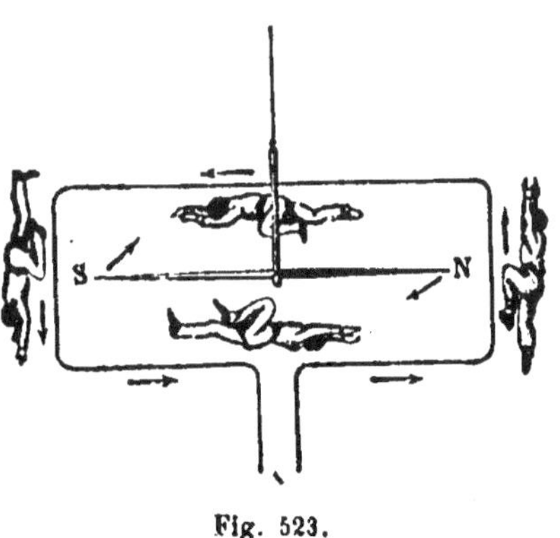

Fig. 523.

Spectre magnétique d'un circuit plan. — On obtient la direction
des lignes de force d'un circuit en plaçant son plan verticalement et
on jetant de la limaille
sur un carton horizontal
traversé par le cadre
(fig. 524). Aux points
où le cadre perce le car-
ton, les courbes sont
circulaires; dans la par-
tie centrale, elles sont à
peu près rectilignes et
parallèles. Le spectre
est semblable à celui
que produirait une lame

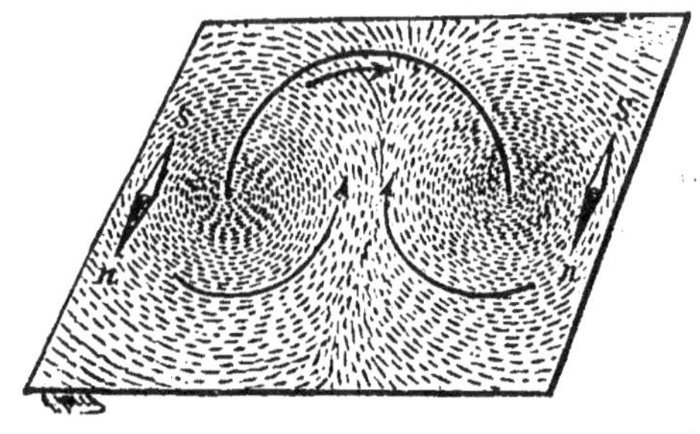

Fig. 524.

de fer de faible épaisseur, *limitée par le contour du circuit, aimantée traversalement, c'est-à-dire normalement au plan du circuit,*

---

(1) Les flèches figurent les directions des lignes de force; ces lignes parcourent les
petits aimants formés par la limaille du pôle sud au pôle nord.

positivement sur l'une de ses faces, négativement sur l'autre, et ayant sa face nord ou positive à la gauche du courant. Cette lame aimantée se nomme un **feuillet magnétique**.

L'assimilation [1] d'un courant et d'un feuillet magnétique permet d'expliquer les actions électromagnétiques d'un courant comme on explique les actions magnétiques d'un aimant.

669. Supports des courants mobiles. — Pour rendre un courant mobile on se sert d'un support spécial (fig. 525).

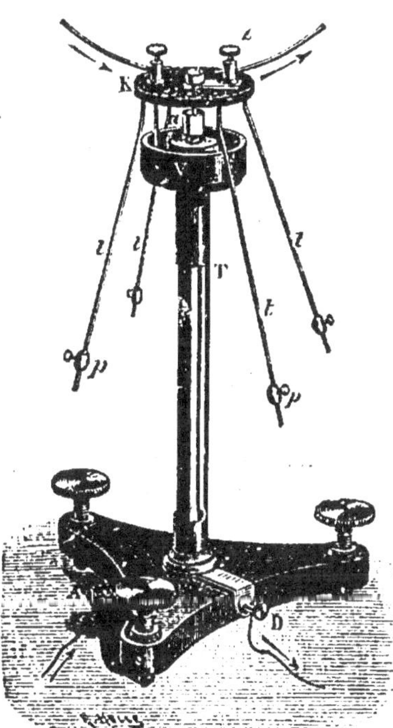

Sur un socle à vis calantes sont fixées deux bornes A et D ; entrant en A le courant se dirige dans une tige de laiton centrale surmontée d'une coupe en acier a qui renferme du mercure. De la coupe, le courant suit le conducteur mobile et revient dans le mercure d'un godet annulaire en ébonite V. Le fond du godet communique par des vis en fer avec un cylindre creux de laiton T

Fig. 525.

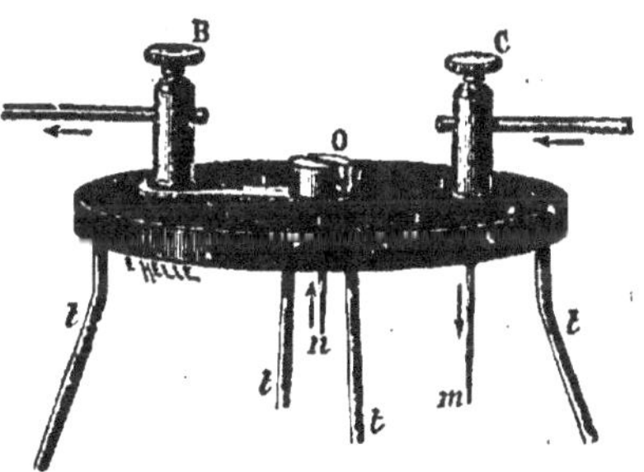

Fig. 526.

qui entoure la tige centrale sans la toucher et est relié à la borne de sortie D.

L'équipage mobile (fig. 526) est formé d'un disque en ébonite portant deux bornes B et C, auxquelles aboutit le conducteur en expérience. Une lame métallique relie la borne B au centre O, qui repose par une pointe n sur le fond de la coupe a ; la borne C se continue

(1) Cette assimilation est limitée aux actions exercées à distance par un circuit fermé.

par une autre pointe plus longue *m* qui plonge dans le mercure du godet V. Le courant suit ainsi la route *an*OB... C*m*V.

Des tiges *t*, munies de curseurs *p* et fixées au disque d'ébonite, sont réglées pour rendre le disque horizontal et descendre le centre de gravité de l'équipage au-dessous de la pointe qui sert de pivot.

670. Orientation d'un cadre traversé par un courant. — Soit un cadre mobile autour d'un axe vertical. Tant qu'il n'est pas traversé par un courant, le circuit mobile reste en équilibre dans toute position. Si l'on y fait passer un courant, le cadre s'oriente (fig. 527), quelle que soit sa forme, *perpendiculairement à la direction de l'aiguille de déclinaison* au lieu où l'on se trouve. Le circuit se comporte en effet comme un feuillet magnétique dont les axes sont parallèles entre eux et perpendiculaires au plan du cadre. Ces axes se dirigent dans le méridien magnétique.

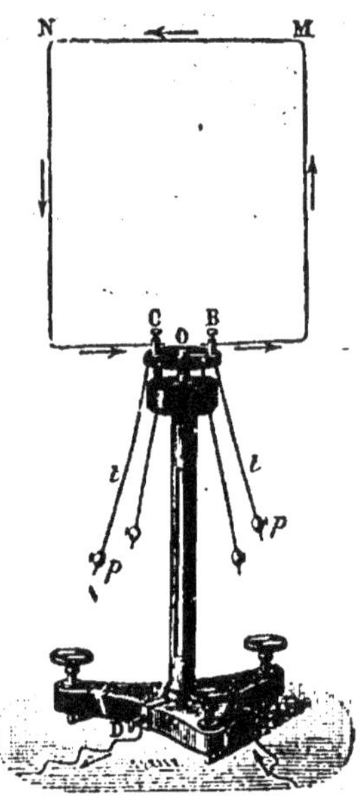

Fig. 527.

Le courant a donc une face nord et une face sud. *Un observateur qui se place devant la face nord y voit le courant circuler en sens inverse du mouvement des aiguilles d'une montre.*

671. Systèmes astatiques. — Les équipages mobiles représentés par les figures 528 et 529 ne sont pas susceptibles d'être diri-

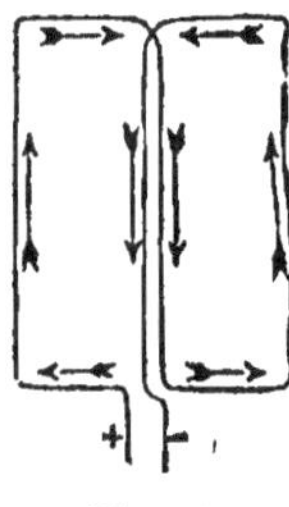

Fig. 528.

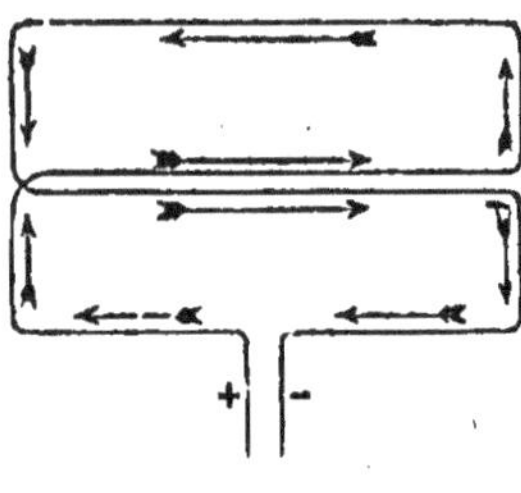

Fig. 529.

gés. Ils comprennent deux surfaces *égales* sur le contour desquelles le même courant circule *en sens contraire* et sont équivalents à un système *astatique* de deux feuillets également aimantés. Ces deux surfaces sont symétriquement placées par rapport à l'axe de rotation.

672. Action d'un barreau aimanté sur un cadre. — Si l'on approche un barreau aimanté d'un courant mobile autour d'un axe vertical, il y a répulsion lorsque les faces en regard de l'aimant et du courant sont de même nom, attraction quand elles sont de noms contraires.

673. Solénoïdes. — Un solénoïde est un ensemble de courants

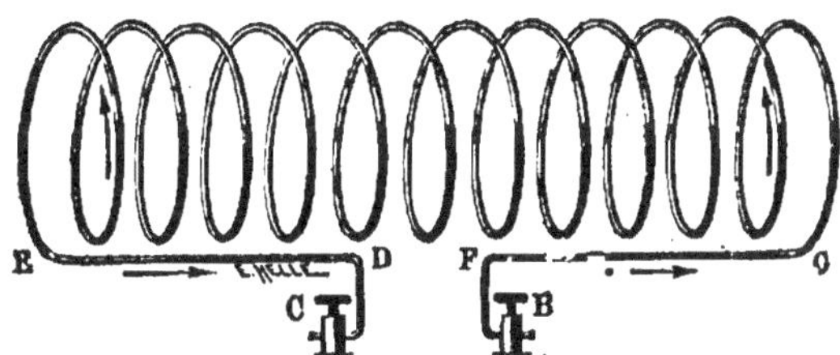

Fig. 530.

circulaires égaux et de même sens, très voisins, parallèles et équidistants, ayant leurs centres sur une droite. On le réalise pratiquement en enroulant un fil conducteur en hélice (fig. 530).

674. Spectre d'un solénoïde. — Suivant l'axe d'un solénoïde hori-

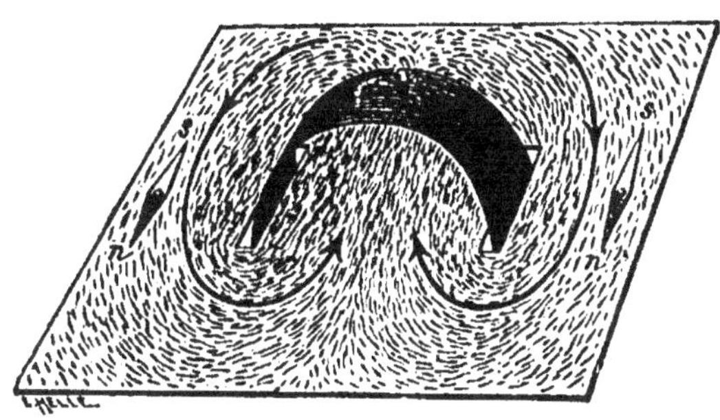

Fig. 531.

zontal, plaçons un carton sur lequel nous jetons de la limaille : les lignes de force sont *continues* et *fermées* (fig. 531). Elles forment à

l'intérieur un *flux de lignes de force* parallèles à l'axe, elles divergent aux extrémités, et entourent le solénoïde en sortant par l'extrémité nord pour rentrer par l'extré-
mité sud. Un solénoïde se comporte
comme un aimant. Il s'oriente et
exerce des actions attractives.

**675. Orientation d'un solé-
noïde.** — Si l'on suspend horizontalement un solénoïde sur le support
à colonnes et si on l'abandonne, on
le voit s'orienter comme chacun des
courants circulaires qui le composent,
*l'axe du solénoïde prend la direction
de l'aiguille de déclinaison.* C'est
toujours la même extrémité du solénoïde qui se dirige vers le nord : on
l'appelle *pôle nord*. On nomme *pôle
sud* l'extrémité qui regarde le sud
(fig. 532).

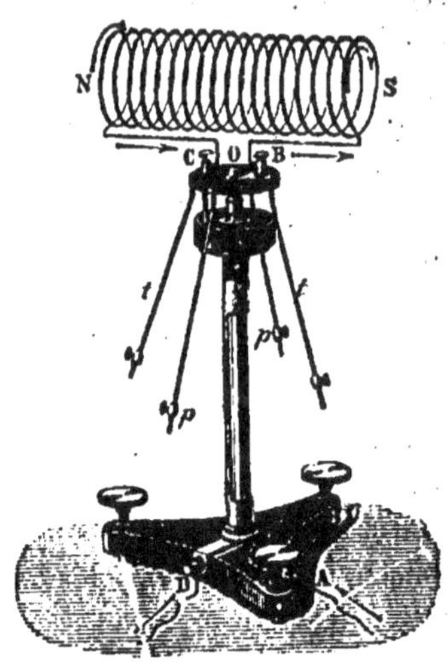

Fig. 532.

Le pôle nord est à la gauche du courant, ou, ce qui revient au
même, un observateur qui fait face au pôle *nord* N, y voit le courant
circuler en *sens inverse* du mouvement des aiguilles d'une montre.

Le solénoïde se retourne si l'on renverse le sens du courant. Il perd
ses propriétés magnétiques, si l'on cesse d'y faire passer le courant.

L'axe d'un solénoïde entièrement libre et soutenu par son centre
de gravité prend la direction de l'aiguille d'inclinaison.

676. Action d'un aimant sur un solénoïde. — Au pôle nord d'un

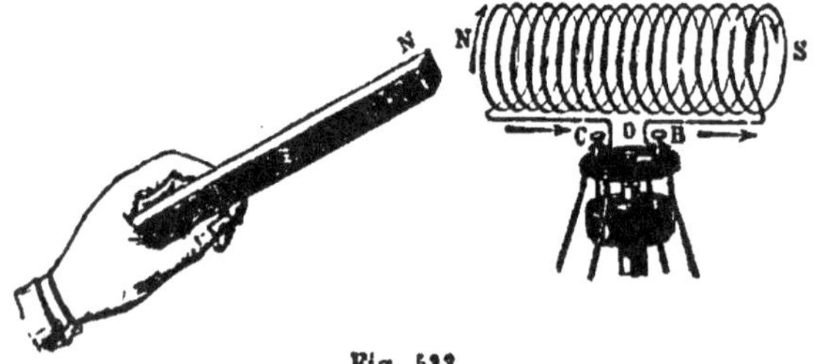

Fig. 533.

solénoïde mobile on présente le pôle nord d'un aimant : il y a répulsion (fig. 533); il y a attraction si on lui présente le pôle sud.

Action d'un courant sur un solénoïde. —Sur un solénoïde mobile, orienté dans le méridien magnétique, on fait agir un courant rectiligne fixe xy, parallèle à l'axe du solénoïde : le pôle nord du solénoïde est dévié à la gauche du courant et tend à se mettre en croix avec lui

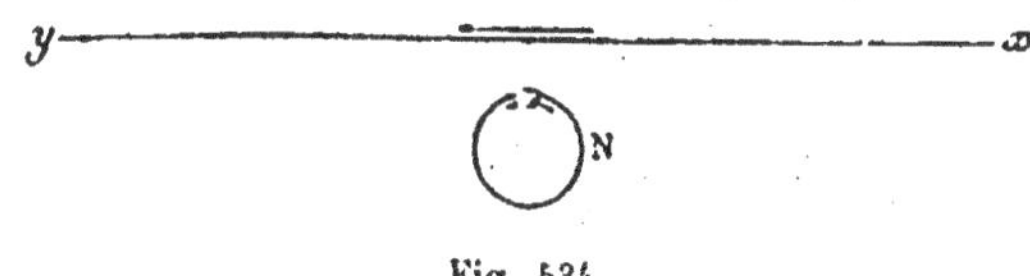

Fig. 534.

(fig. 534). L'action directrice de la Terre limite la déviation, comme elle limite la déviation d'un aimant par un courant.

Action mutuelle de deux solénoïdes. — Un solénoïde mobile autour d'un axe vertical ayant pris la direction de l'aiguille de déclinaison, de l'un de ses pôles on approche un pôle d'un autre solénoïde

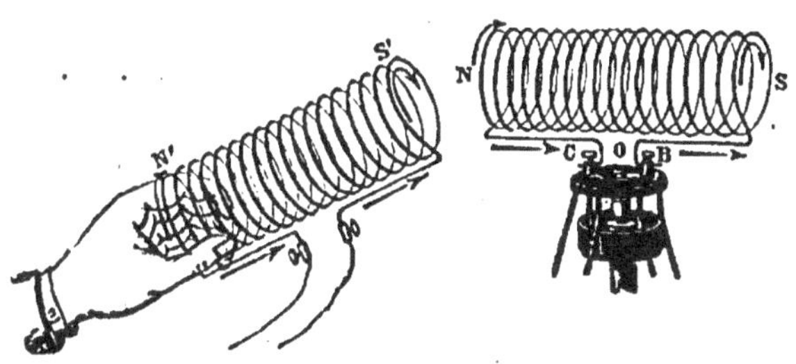

Fig. 535.

tenu à la main (fig. 535) : *les pôles de même nom se repoussent, les pôles de noms contraires s'attirent* comme les pôles de deux aimants.

677. Les expériences précédentes établissent *l'identité des effets magnétiques d'un aimant et d'un solénoïde.* L'assimilation se poursuit dans toutes ses conséquences. Les actions à distance des aimants sont celles des solénoïdes et inversement. On peut donc parler des courants d'un aimant, ce sont ceux d'un solénoïde *équivalent.* Un observateur placé en face du pôle nord d'un aimant voit ces courants *fictifs* circuler en sens inverse des aiguilles d'une montre.

678. Déplacement d'un système magnétique dans un champ magnétique. — La loi générale des déplacements par actions magnétiques et électromagnétiques peut être formulée dans un énoncé qui résume toutes les actions particulières.

Le système magnétique mobile, aimant ou courant, se déplace dans un champ magnétique de telle façon que le **flux total** qu'il embrasse et qui va de sa face négative à sa face positive **devienne maximum.**

Le flux total embrassé par le système magnétique mobile comprend deux parties : 1° *le flux propre* à ce système magnétique qui va de sa face sud à sa face nord; 2° *un flux dû au champ magnétique extérieur* [1].

679. Cette règle est d'accord avec les résultats trouvés pour les orientations des aimants et des courants et pour leurs actions mutuelles.

Par exemple, un aimant ou un courant *mobile dans le champ magnétique terrestre* s'oriente de telle façon que son propre flux soit dirigé dans le sens du flux terrestre et alors en même temps il enve· loppe le flux terrestre.

Prenons encore un courant circulaire mobile autour d'un axe vertical et approchons en un autre courant circulaire soutenu par un support fixe. *Le circuit mobile tend à se placer parallèlement au circuit fixe*, de manière que les deux courants aient le même sens. Le flux dirigé de la face négative à la face positive du circuit mobile sera maximum puisqu'il comprendra le propre flux du circuit mobile et le flux du circuit parallèle.

Si les pôles opposés de deux solénoïdes s'attirent, cela tient à ce que les flux tendent à se diriger *parallèlement et dans le même sens* sur les extrémités en regard.

ÉLECTRODYNAMIQUE

680. Ampère, auquel est due l'assimilation des courants et des aimants, n'avait pas suivi l'ordre du chapitre précédent; il avait pris

---

(1) Au point de vue pratique, il y a lieu de faire remarquer que le déplacement devra faire croître le flux magnétique extérieur *enveloppé* si ce flux pénètre par la face négative du système mobile et, au contraire, le faire décroître s'il pénètre par la face positive.

pour point de départ les actions mutuelles des courants. Nous allons rappeler ses trois expériences fondamentales[1] :

1° **Expérience des courants parallèles.** — *Deux courants parallèles et de même sens s'attirent. Deux courants parallèles et de sens contraires se repoussent.*

Prenons un circuit rectangulaire, soutenu par le support déjà décrit et pouvant tourner autour d'un axe vertical. D'une branche verticale du rectangle on approche un conducteur vertical traversé par un courant : il y a *attraction* si les deux conducteurs parallèles voisins *sont de mêms sens*; il y a *répulsion* s'ils *sont de sens contraires.*

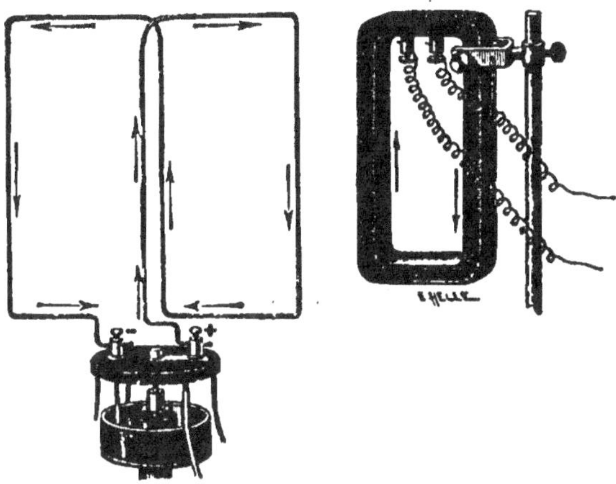

Fig. 536.

On augmente l'action en prenant pour conducteur fixe un fil de cuivre recouvert de soie, enroulé un certain nombre de fois sur un cadre rectangulaire (fig. 536).

Pour éviter les perturbations dues à une action de la Terre sur le cadre mobile, on emploie un conducteur mobile *astatique.*

2° **Expérience des courants angulaires.** — *Deux courants rectilignes faisant un angle s'attirent s'ils s'éloignent ou s'approchent tous les deux de leur point de croisement ou de leur perpendiculaire commune* (fig. 537); *ils se rapprochent si l'un s'en rapproche tandis que l'autre s'en éloigne* (fig. 538).

(1) Ces expériences fondamentales, spécialement intéressantes au point de vue historique, se rattachent directement à l'électromagnétisme en substituant aux circuits les aimants équivalents.

Pour la démonstration, on fait usage d'un cadre mobile, tel que
celui de la figure 529 ; on
place le conducteur fixe
au-dessus du côté hori-
zontal supérieur et dans un
plan parallèle ; le cadre
tourne jusqu'à ce que le courant horizontal supérieur
soit devenu parallèle au
conducteur fixe et de même
sens.

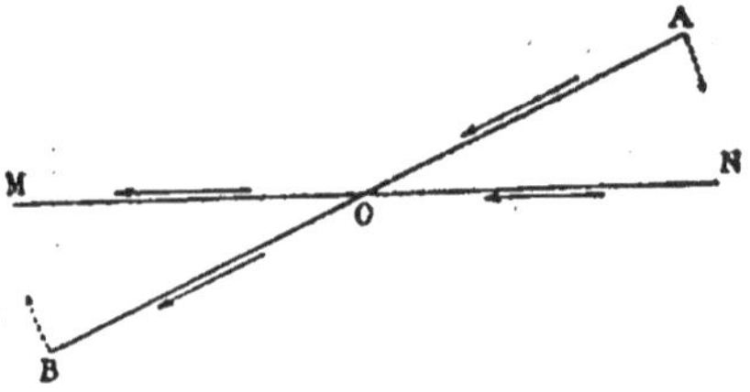

Fig. 537.

**3° Expérience des cou-
rants sinueux.** — *Deux
courants égaux et de sens
contraires produisent des
actions égales et contraires
dont l'effet total est nul.*

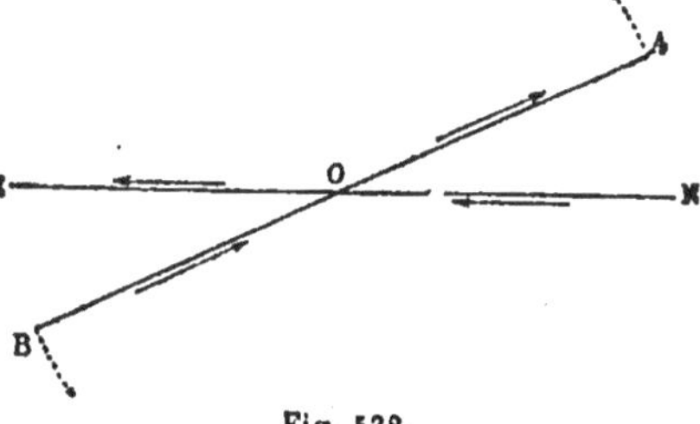

Fig. 538.

*Un courant sinueux pro-
duit le même effet qu'un courant rectiligne de même intensité et
de même sens, ayant les mêmes extrémités et dont il s'écarte très
peu.*

En présentant à un conducteur mobile le système d'un fil conducteur replié dont les deux branches très
voisines sont parcourues par des courants contraires (fig. 539), ce système n'a
pas d'action. Le résultat est le même si
l'on remplace l'un des deux fils par un
fil sinueux qui s'écarte très peu du fil
rectiligne (fig. 540); les actions de la
partie rectiligne et de la partie sinueuse
sont donc égales.

681. Les actions électrodynamiques,
comme les actions électromagnétiques,
sont en réalité des **actions magnétiques**,
puisqu'un conducteur rectiligne traversé
par un courant crée autour de lui un
champ magnétique. Aussi toutes ces
actions diminuent-elles d'intensité quand

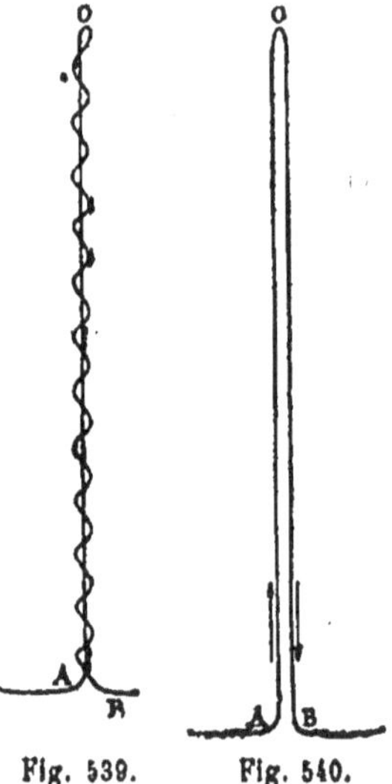

Fig. 539.   Fig. 540.

la distance entre les conducteurs augmente. Ces actions s'exercent aussi à travers différents corps non magnétiques interposés entre les conducteurs : lames de verre, bois, métaux, etc.

D'ailleurs les propriétés des lignes de force (**616**) donnent une explication des expériences fondamentales d'Ampère.

Considérons en particulier le cas des courants parallèles.

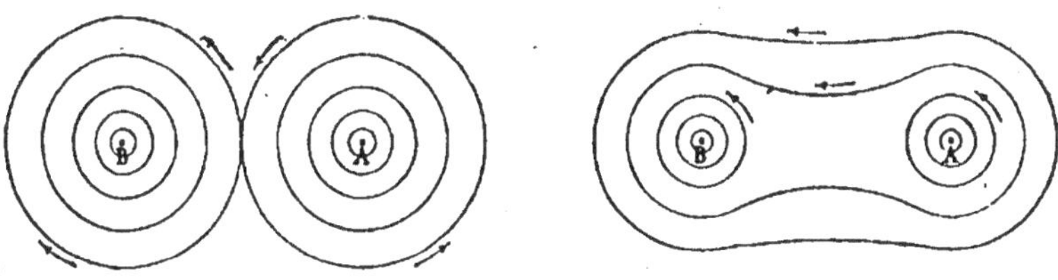

Fig. 541.   Fig. 542.

1° Supposons deux conducteurs **parallèles et de même sens**, projetés en A et B sur un plan perpendiculaire à leur direction. Si nous figurons sur ce plan les lignes de force qu'ils produiraient *séparément* (fig. 541), nous voyons qu'en A et B, sur la ligne AB, à égale distance de A et de B et au voisinage, les particules de limaille sont soumises à des forces égales et contraires; elles ne s'orientent pas, donc les lignes de force y disparaissent. L'ensemble des lignes de force résultantes prend l'aspect de la figure 542, elles se réunissent à une certaine distance de A et de B et leur tendance à se raccourcir rapproche les deux conducteurs.

2° Supposons les conducteurs **parallèles et de sens contraires**. La figure 543 représente les lignes de force qu'ils produiraient séparément.

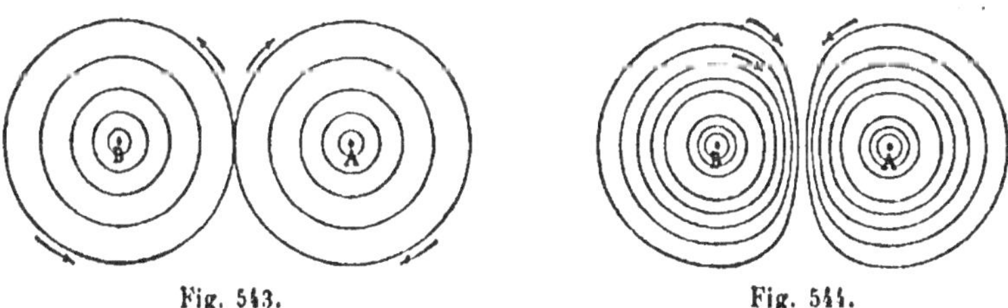

Fig. 543.   Fig. 544.

Nous voyons qu'entre A et B, sur la ligne AB, à égale distance de A et de B, et au voisinage, les particules de limaille seraient soumises à des forces égales et de même sens qui s'ajoutent. Les lignes de force se serrent comme aux points où la force augmente et elles se déforment (fig. 544). Pour se raccourcir en reprenant la forme circulaire, elles tendent à écarter les conducteurs.

GALVANOMÈTRES

On appelle galvanomètres des appareils électromagnétiques construits pour mettre en évidence l'**existence** des courants, en déterminer le sens et en mesurer l'**intensité**.

L'action des courants sur les aimants a conduit à la construction de galvanomètres à cadre fixe et à *aimant mobile*. L'action des aimants sur les courants a de même conduit à la construction de galvanomètres à aimant fixe et à *cadre mobile*.

GALVANOMÈTRES A AIMANT MOBILE

682. Si l'on répète l'expérience d'Œrsted, *la déviation* de l'aiguille aimantée *fait conclure à l'existence d'un courant*. On en détermine le sens par la règle d'Ampère.

Sans le magnétisme terrestre, le moindre courant mettrait l'aimant en croix avec le conducteur parcouru par le courant.

Quand l'aimant reste soumis à l'action de la Terre, sa déviation *croît avec l'intensité* et ne devient voisine de 90° que pour un courant très fort. La grandeur de la déviation permet de mesurer l'intensité.

Avec la disposition de l'expérience d'Œrsted, l'angle d'écart serait inappréciable pour un courant faible, mais on augmente l'effet du courant par l'emploi d'un *multiplicateur* et on diminue l'action antagoniste de la Terre en rendant l'aimant *astatique*.

Multiplicateur. — Un multiplicateur est un cadre aplati placé verticalement sur lequel s'enroule un grand nombre de fois un fil métallique isolé (fig. 545). Un aimant est mobile horizontalement autour d'un axe vertical au centre du cadre. On fait passer un courant dans le fil.

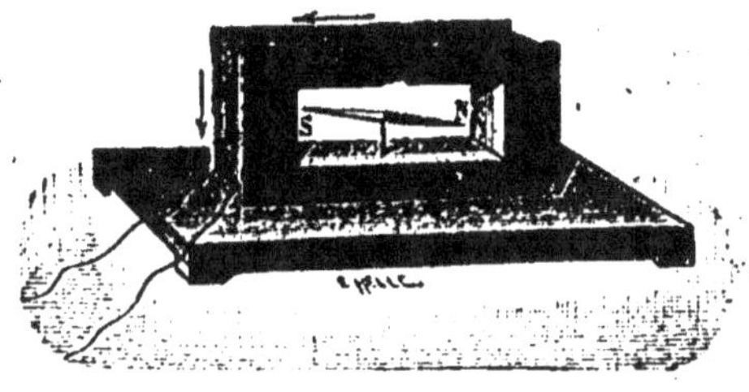

Fig. 545.

L'action est *multipliée*, car le courant circule dans le même sens dans toutes les parties du fil et, d'après la règle d'Ampère (**668**), toutes les actions du courant sont concordantes pour diriger *du même côté le pôle nord d'un aimant placé à l'intérieur du cadre.*

L'action du multiplicateur n'est pas proportionnelle au nombre des spires; car la distance des spires à l'aimant augmente avec leur nombre; en outre, l'addition au circuit du fil enroulé sur le cadre diminue l'intensité et par conséquent l'effet de chacune des spires.

Pour mesurer un courant, dans un circuit *très résistant*, on peut, sans accroître sensiblement la résistance totale, enrouler sur le cadre un *très grand nombre de spires* de fil fin. Si le circuit n'a qu'une *faible résistance*, le cadre ne doit offrir qu'un petit nombre de spires de *gros fil.*

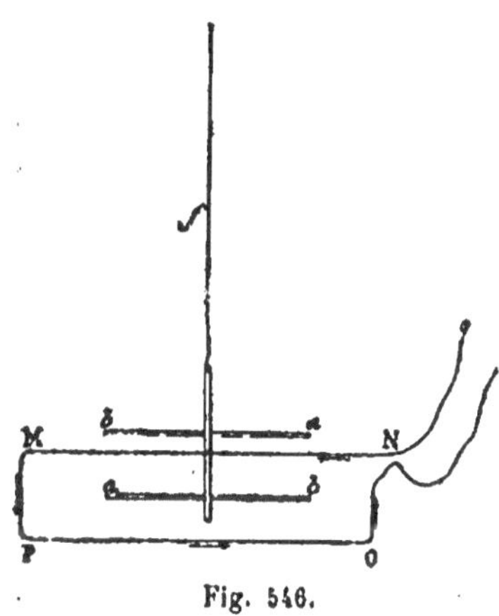

Fig. 546.

Système astatique. L'usage d'un système astatique permet de réduire l'effet du couple directeur terrestre sans affaiblir l'action du courant.

Au lieu d'une seule aiguille aimantée on emploie un système de deux aiguilles parallèles liées invariablement à une même tige métallique rigide; les deux aiguilles tendent à prendre des orientations opposées, car leurs pôles de noms contraires *a* et *b* se regardent et l'action directrice est diminuée (fig. 546). Si le système des deux aiguilles occupait tout entier l'intérieur du multiplicateur, l'action de celui-ci serait diminuée comme l'action de la Terre, mais on place l'une des aiguilles à l'intérieur et l'autre au-dessus et en dehors. Les quatre côtés du cadre poussent en avant le pôle nord de l'aiguille intérieure. Sur l'aiguille extérieure, l'action du côté le plus voisin MN est de même sens, et, vu sa proximité, cette action est supérieure à l'action des trois autres côtés qui est inverse. L'aiguille extérieure accroît donc plutôt qu'elle ne diminue l'action du courant[1].

(1) Un pareil système serait indifférent à l'action terrestre si les deux aiguilles avaient une aimantation identique et le moindre courant mettrait les aiguilles en croix avec le cadre. On conserve une légère direction en aimantant un peu plus l'une des aiguilles.

683. Galvanomètre de Nobili. — *Description* (fig. 547). — Un fil de cuivre recouvert de soie est enroulé sur un multiplicateur supportant un cercle divisé que parcourt l'aiguille supérieure. Les extrémités du fil aboutissent à deux bornes assujetties sur une planchette isolante et auxquelles on relie le circuit.

Le système astatique est soutenu par un fil de cocon fixé supérieurement à un crochet qu'on fait monter ou descendre légèrement par un bouton [1].

Une cage de verre recouvre le multiplicateur et le système astatique, et les met à l'abri des poussières et des courants d'air.

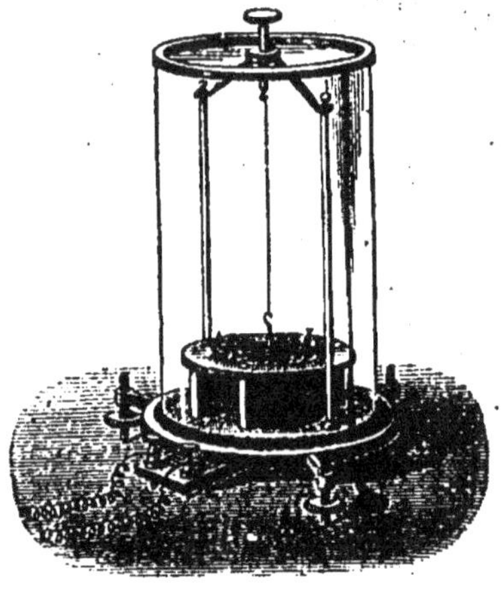

Fig. 547.

Observation. — Pour faire une observation, *on soulève* les aiguilles et afin que leur mouvement se fasse librement, on tourne les vis calantes du pied de l'instrument jusqu'à ce que la tige qui supporte les aiguilles occupe exactement *le milieu de l'ouverture* pratiquée pour leur livrer passage au centre du cercle. Ensuite, en faisant tourner le multiplicateur autour d'un axe vertical, on amène *le zéro de la division* du cercle au-dessous de la pointe de l'aiguille extérieure.

Pour déterminer *le sens* d'un courant sans avoir à se préoccuper du sens de l'aimantation des aiguilles, on fait passer dans l'instrument un courant de sens connu. A cet effet, on forme un petit élément avec de l'eau ordinaire où plongent un fil de zinc et un fil de cuivre et on relie les deux pôles aux bornes du galvanomètre.

684. Galvanomètre à deux cadres. — On obtient une action plus énergique du courant en plaçant chacune des deux aiguilles du système astatique au centre du cadre d'un multiplicateur. Les actions concordent pour dévier du même côté le système astatique si le courant traverse les deux cadres en sens contraires (fig. 548).

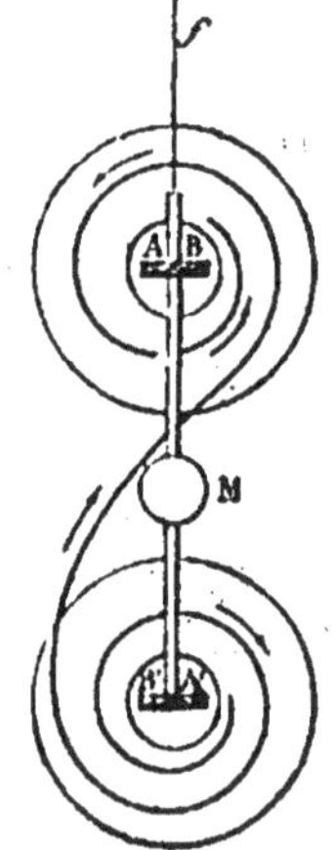

Fig. 548.

(1) Ce mouvement permet de laisser reposer l'aiguille supérieure sur le cercle pour le transport de l'instrument.

685. Lecture par réflexion. — Au lieu d'établir par une graduation une table faisant connaître l'intensité du courant qui correspond à chaque déviation, on n'opère que sur des écarts angulaires très faibles. Ces écarts sont *proportionnels aux intensités* (**632**). On observe avec précision de faibles déviations en les amplifiant par réflexion.

La tige qui soutient le système astatique se prolonge au-dessus de l'aiguille supérieure et porte un petit miroir concave *m* (fig. 549). Sous une échelle divisée horizontale [1] G portée par une colonne S se trouve, en face du miroir

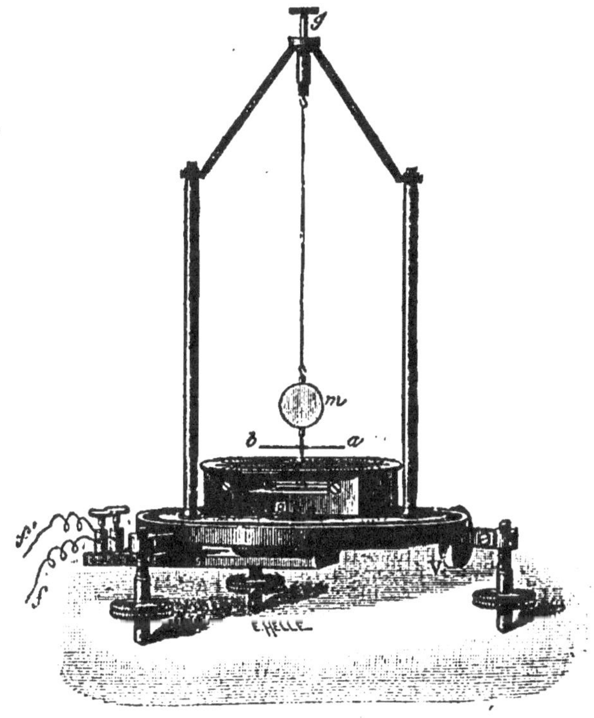

Fig. 549.

une *ouverture circulaire* occupant le centre de courbure du miroir concave et livrant passage à un faisceau de lumière; un fil fin de platine est tendu verticalement au centre de l'ouverture (fig. 550). Un miroir plan K mobile autour de deux axes perpendiculaires permet de diriger le faisceau lumineux sur le miroir concave.

On obtient par réflexion sur l'échelle transparente G *un cercle lumineux traversé par un trait noir*, image obscure du fil. L'image du fil se déplace quand l'aiguille est déviée. Placé derrière l'échelle, l'observateur suit les déplacements du trait sur les divisions (fig. 551).

(1) Pour de très petits angles d'écart, une échelle divisée *horizontale* donne sensible-ment les mêmes résultats qu'une échelle *circulaire* (**400**).

L'angle dont tourne le rayon réfléchi est double de l'angle de rotation du miroir.

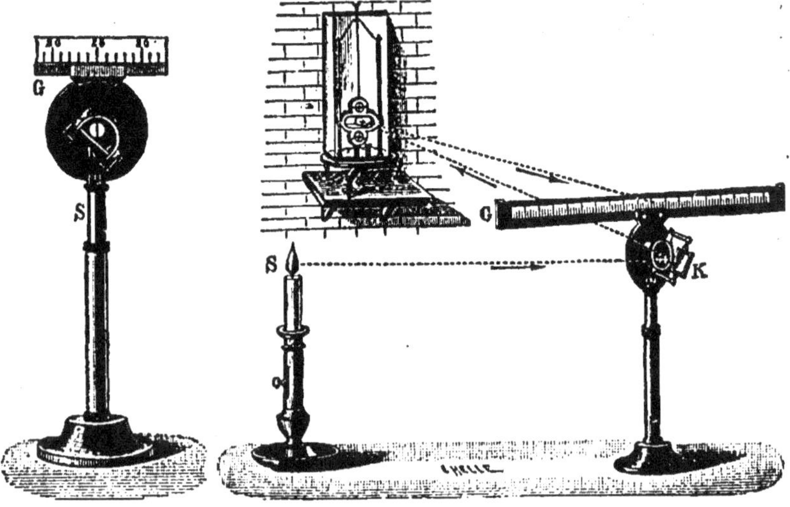

Fig. 550.

Fig. 551.

GALVANOMÈTRE A CADRE MOBILE

686. Dans le galvanomètre à cadre mobile un aimant fixe agit sur un cadre multiplicateur mobile (fig. 552).

Description. — Habituellement, l'aimant fixe est un aimant en fer à cheval, à branches verticales N et S. Le multiplicateur est un cadre rectangulaire aplati ABCD, composé de tours de fil isolé; ce cadre est mobile autour d'un axe vertical, formé par deux fils métalliques fins f, tendus en prolongement l'un de l'autre. Ces fils servent à soutenir le cadre et à conduire le courant. Dans sa position d'équilibre ABCD, au repos, le plan du cadre est orienté dans le plan vertical des deux branches de l'aimant.

Fonctionnement. — Les lignes de force qui établissent une liaison magnétique entre les branches verticales de l'aimant vont à travers l'air de son extrémité nord à son extrémité sud, elles sont sensiblement perpendiculaires aux branches et par conséquent horizontales.

Si, par les fils de suspension, on fait passer un courant dans le cadre, le cadre tourne *pour orienter ses lignes de force parallèlement aux lignes de force de l'aimant* et il tend à placer sa face nord en regard du pôle sud de l'aimant. De cette façon le flux de force enveloppé par le circuit est *maximum*, le flux du courant ayant le même sens que le flux magnétique extérieur (fig. 553).

La *torsion des fils* de suspension, produite par la rotation du cadre, limite la déviation; si elle reste petite, cette déviation est proportion-

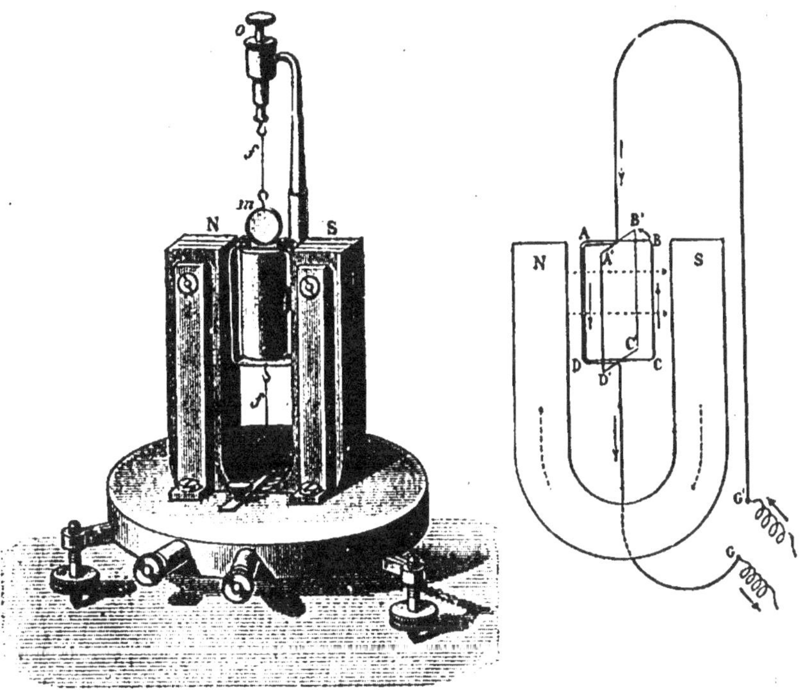

Fig. 552.   Fig. 553.

nelle à l'intensité du courant qui parcourt le cadre. On observe la déviation par réflexion sur un petit miroir *m* fixé au cadre (fig. 552).

L'appareil est rendu plus sensible en disposant à l'intérieur du cadre un cylindre vertical de fer doux soutenu par un support *indépendant*. Le cylindre s'aimante par influence et accroît la force magnétique qui agit pour dévier le cadre.

GALVANOMÈTRES INDUSTRIELS

687. Pour les usages industriels, on emploie des galvanomètres moins sensibles et plus robustes que les galvanomètres de haute pré-

cision. Ils sont construits de façon à être facilement transportables, à fonctionner dans toutes les orientations et à ne pas être influencés par des courants ou des aimants voisins.

On leur donne le nom d'**ampèremètres** ou de **voltmètres**.

Habituellement, les galvanomètres industriels sont formés d'une aiguille de fer doux aa' placée au centre du champ magnétique de deux aimants NS, N'S'; l'aiguille de fer doux s'aimante par influence et se dirige suivant les lignes de force du champ magnétique, c'est-à-dire parallèlement à la ligne des pôles. Autour de l'aiguille de fer doux est enroulé un fil conducteur sur une bobine B; quand un courant traverse ce fil, l'axe de l'aiguille tend à se placer suivant l'axe de la bobine, c'est-à-dire suivant la direction des lignes

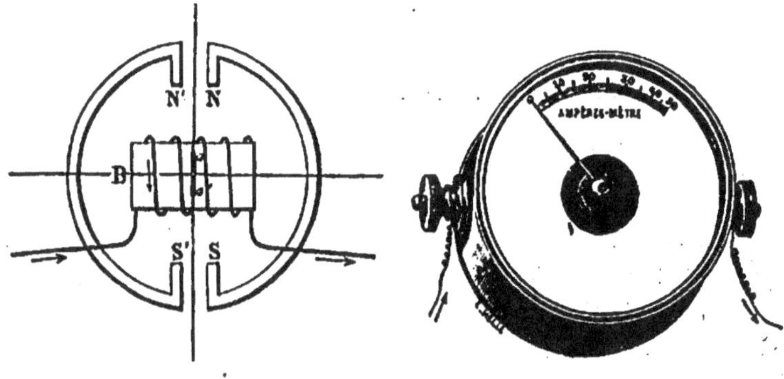

Fig. 554.   Fig. 555.

de force du courant. Comme l'action des aimants s'oppose à l'action du courant, l'aiguille ne s'oriente suivant l'axe de la bobine que si l'intensité du courant est très forte (fig. 554).

Les ampèremètres et les voltmètres ne diffèrent entre eux que par la résistance du fil de la bobine B et par la graduation.

688. Ampèremètres. — Un ampèremètre est un *galvanomètre de petite résistance*. Intercalé dans un circuit, l'appareil n'apporte pas de résistance appréciable. Il est gradué en ampères (fig. 555).

Pour graduer un ampèremètre on dirige un courant bien constant, à la fois dans l'ampèremètre et dans un voltamètre à azotate d'argent. Le poids p d'argent déposé en t secondes fait connaître l'intensité I en ampères par la relation :

$$It = p\,\frac{96\,600}{108}.$$

689. Voltmètres. — Un voltmètre est un *galvanomètre de grande résistance.*

Si l'on introduit dans un circuit un galvanomètre dont la résistance est très grande par rapport à la résistance du reste du circuit, y compris l'élément de pile, le dénominateur R dans l'équation d'Ohm $I = \dfrac{E}{R}$ reste sensiblement le même quand on fait varier l'élément de pile. Les *intensités* observées I et I' sont alors *proportionnelles aux forces électromotrices* E et E' de deux éléments.

Ce galvanomètre permet ainsi de comparer des forces électromotrices et il prend le nom de voltmètre. On gradue un voltmètre en volts avec des piles de force électromotrice connue[1].

UNITÉS ÉLECTRIQUES

690. Dans l'étude des phénomènes électrostatiques et des courants brusques des décharges électriques, trois des unités électriques pratiques ont été présentées : le *coulomb*, le *volt* et le *farad*. Ces unités étant empruntées à l'électricité dynamique, nous avons eu l'occasion de les retrouver à propos de la mesure des courants des piles et d'en ajouter 2 autres, l'*ampère* et l'*ohm*. Il n'est pas inutile de les grouper et de préciser leur définition.

Les grandeurs qui sont le plus fréquemment employées en électricité sont au nombre de 5 : intensité I, quantité Q, force électromotrice E, résistance R et capacité C.

Les noms attribués à ces unités rappellent les physiciens qui ont le plus contribué à la formation de la science électrique (Coulomb, Volta, Ampère, Ohm et Faraday).

L'*ampère*, unité d'intensité, est *l'intensité d'un courant constant* qui met en liberté par seconde une masse d'hydrogène égale à $\dfrac{1}{96\,600}$ de gramme ou qui dépose $\dfrac{108}{96\,600}$ gramme d'argent ($1^{\text{millig}}118$).

Le *coulomb*, unité de quantité, est *la quantité d'électricité* qui met en liberté pendant un temps quelconque une masse d'hydrogène

---

[1] Le courant qui traverse un voltmètre est très faible et chacune des spires n'exerce pour sa part qu'une très petite action, mais comme il y a un très grand nombre de spires sur le cadre, l'effet total peut être aussi grand que dans un ampèremètre. Dans un ampèremètre, une spire est parcourue par un fort courant, mais il n'y a que quelques spires.

égale à $\frac{1}{96\,600}$ de gramme. Un courant d'un ampère, conformément à la relation $Q = It$ débite un coulomb par seconde.

Le *volt*, unité de force électromotrice, est, d'après la relation $IEt = EQ$, *la force électromotrice* d'une pile qui développe dans son circuit un travail d'un joule quand son circuit est traversé par un coulomb.

L'*ohm*, unité de résistance, est, d'après la loi d'Ohm $I = \dfrac{E}{R}$, *la résis-* *tance* d'un circuit parcouru par un courant d'un ampère quand la force électromotrice de la pile est un volt. Un ohm est représenté matériellement par une colonne de mercure pur à $0°$ de 1 millimètre carré de section et de 106,3 centimètres de longueur.

Le *farad*, unité de capacité, est d'après la relation $Q = CV$, *la capa-* *cité* d'un conducteur auquel une charge d'un coulomb donne un potentiel d'un volt.

AIMANTATION PAR LES COURANTS

691. Aimantation par un courant. — Un corps magnétique s'aimante dans le champ magnétique d'un courant électrique comme il s'aimanterait dans un champ magnétique dû à un aimant : *l'axe magnétique de l'aimant formé est dirigé suivant les lignes de force du champ.*

Si l'on met une aiguille d'acier en croix avec un courant électrique, celui-ci transforme l'aiguille en un aimant dont les pôles se placent comme ceux d'un aimant libre soumis à l'action du courant (**666**); *le pôle nord* de l'aimant créé est à *la gauche du courant* (fig. 556).

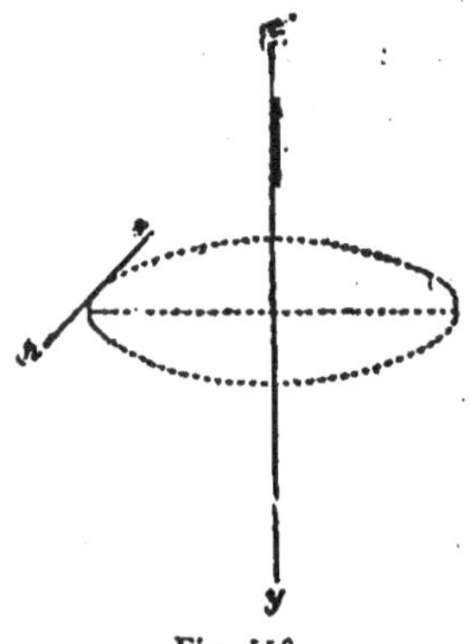

Fig. 556.

On détermine une aimantation énergique en plaçant le barreau à l'intérieur d'un tube de verre creux sur lequel est enroulé en hélice un fil traversé par un courant; toutes les spires agissent en concordance (**668**), l'aimantation augmente avec le nombre des spires et avec l'intensité du courant. Les lignes de force du champ magnétique du courant étant parallèles à l'axe de l'hélice à l'intérieur de celle-ci, l'axe magnétique de l'aimant est également parallèle à l'axe de l'hélice.

Les pôles de l'aimant sont de même signe que ceux des mêmes

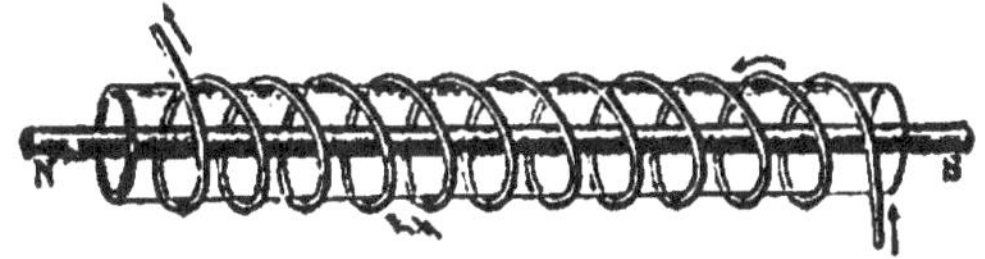

Fig. 557.

extrémités de la bobine magnétisante (fig. 557). *Le pôle nord de l'aimant se trouve à l'extrémité nord de la bobine.*

692. Points conséquents. — Si, après avoir d'abord enroulé le fil conducteur dans un certain sens, on change le sens de l'enroulement (fig. 558),

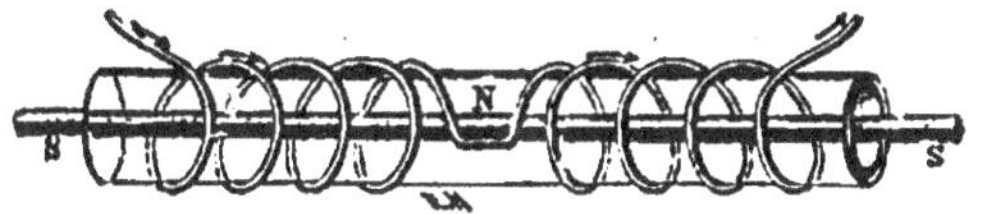

Fig. 558.

une aiguille d'acier placée dans le tube pendant le passage du courant présente, outre les pôles des extrémités, autant de points conséquents qu'il y a de changements de sens.

693. Aimantation du fer doux. — Un barreau de *fer doux* placé dans l'intérieur d'une bobine parcourue par un courant, s'aimante comme l'acier ; mais son aimantation cesse avec le courant.

Electroaimants. — La propriété que présente le fer doux de s'aimanter *temporairement* dans une bobine pendant le passage d'un courant est appliquée dans la construction des électroaimants.

Un électroaimant consiste en *un noyau de fer doux sur lequel s'enroule un fil de cuivre* isolé. Quand le courant passe dans le fil, le barreau s'aimante ; un pôle nord prend naissance à l'extrémité nord de la bobine, un pôle sud à l'extrémité sud. L'aimantation *cesse avec le courant ;* elle change de sens avec lui.

Une des formes les plus usuelles des électroaimants est la **forme** en fer à cheval. Un fil de cuivre isolé s'enroule sur chacune des extrémités et passe d'une branche à l'autre sans recouvrir la partie courbe. L'enroulement doit avoir lieu sur les deux branches de façon que les actions soient concordantes. *Sur le noyau redressé, le sens de l'enroulement serait le même;* mais il paraît de sens contraire à un observateur qui voit à la fois les deux pôles (fig. 559).

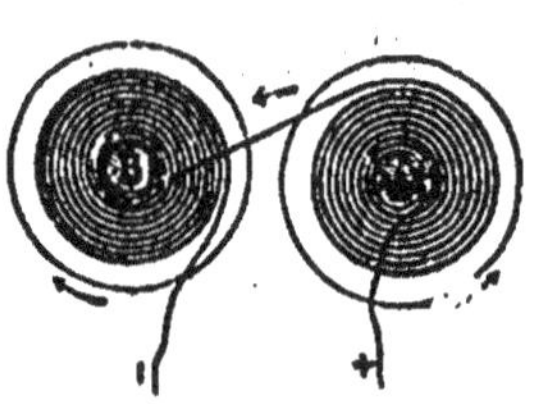

Fig. 559.

Les électroaimants sont susceptibles d'acquérir une puissance *bien supérieure* à celle des aimants d'acier; ils servent à produire les champs magnétiques les plus intenses. En outre, leur aimantation peut être *modifiée à volonté,* en ouvrant, fermant, diminuant, augmentant, renversant le courant.

On rend manifeste la puissance des électroaimants en réunissant les deux pôles par une pièce de fer doux K ou *contact,* à laquelle on peut faire porter une charge considérable lorsque le courant passe dans la bobine magnétisante (fig. 560).

Au lieu de courber en fer à cheval le fer de l'électroaimant, on se contente souvent de fixer sur une traverse de fer doux, appelée *culasse,* deux noyaux de fer doux parallèles (fig. 561). On enroule le fil successivement sur chacun des noyaux.

Fig. 560.

Magnétisme rémanent. — On nomme magnétisme rémanent une aimantation faible que conserve le fer d'un électro-aimant après la rupture du courant. On l'observe surtout si le fer n'est pas très pur. Quand l'armature vient en contact

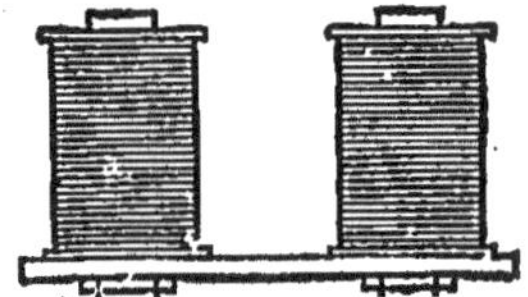

Fig. 561.

direct avec le noyau, le magnétisme rémanent empêche l'armature de se détacher après l'ouverture du circuit. On évite cette adhérence *en interposant une feuille de carton* entre l'électroaimant et son armature. L'acier et surtout l'acier trempé se distinguent du fer en ce qu'ils conservent une notable partie de leur aimantation après la rupture du courant.

694. Loi des électroaimants. — L'aimantation augmente avec l'intensité du courant, mais elle n'augmente pas indéfiniment. Lorsque le maximum d'aimantation d'un barreau magnétique est atteint, on dit que le barreau est aimanté *à saturation*. Quand le noyau d'un électroaimant est loin de sa saturation, son degré d'aimantation est proportionnel à la force magnétisante de la bobine. Cette *force magnétisante* est indépendante de la section du fil, de sa forme et de sa nature ; elle est proportionnelle à *l'intensité i* du courant et au *nombre n* de spires. Un courant de 25 ampères circulant dans 4 spires développe la même force magnétisante qu'un seul ampère parcourant cent spires. La force magnétisante est dite dans les deux cas de cent *ampères tours*.

695. Flux de force d'un électroaimant. — L'introduction d'un noyau de fer doux dans une bobine parcourue par un cou-

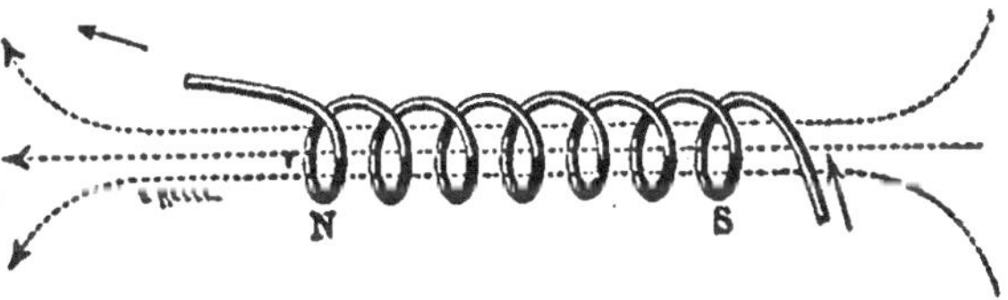

Fig. 562.

rant a pour effet d'*augmenter considérablement* le nombre des lignes de force ou le *flux de force* qui traverse la bobine (fig. 562 et 563).

On admet que les lignes de force extérieures à l'électroaimant se continuent dans le noyau en suivant son axe, exactement comme elles traversent un solénoïde sans noyau. Le flux qui traverse un centimètre carré de la section transversale du noyau mesure *l'intensité de l'aimantation*.

Supposons un noyau de diamètre suffisant pour remplir exactement une bobine ; on appelle *perméabilité du fer* le rapport entre le flux

qui traverse la bobine lorsqu'elle renferme le noyau et le flux qui la
traversait avant l'introduction du noyau. La perméabilité du fer

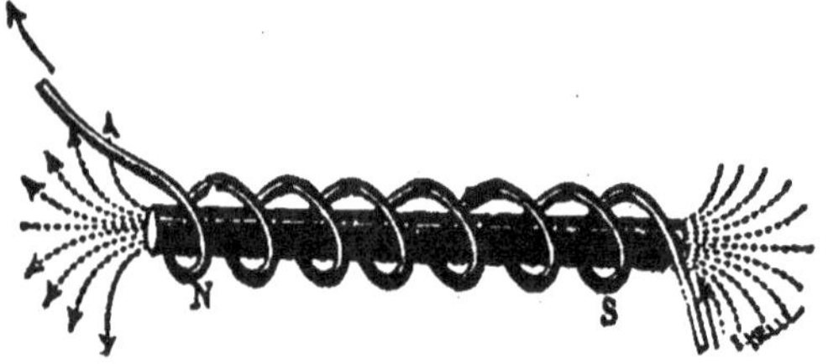

Fig. 563.

varie entre 100 et 2000. La perméabilité de l'air est prise égale à
l'unité.

696. Circuit magnétique. — Le flux de force qui parcourt le *circuit
magnétique* d'un électroaimant est le même dans tout le circuit; pour une
même force magnétisante, *il n'est pas fixe*, il est égal au quotient de la force
magnétisante par la résistance magnétique.

La résistance magnétique est la somme des résistances magnétiques du
circuit; un intervalle d'air présente une très forte résistance magnétique et
réduit dans une forte proportion le flux magnétique qui parcourt un circuit
magnétique. En approchant une armature d'un électroaimant, on diminue
la résistance magnétique du circuit et on augmente notablement le flux qui
passe à travers le noyau de l'électroaimant.

Différence entre un aimant et un électroaimant. Dans un aimant
permanent en acier, le flux magnétique *est fixe*. Quand on approche une
armature d'un aimant permanent en fer à cheval, le flux de force parcourt
l'armature au lieu de se répandre à travers l'espace à la sortie des branches.

APPLICATIONS DES ÉLECTROAIMANTS

697. Sonnerie électrique à trembleur (fig. 564). — Une
sonnerie électrique se compose d'un électroaimant à fer à cheval et
d'une armature à marteau qui peut frapper un timbre.

Description. — L'électroaimant est assujetti sur une planchette
verticale. En face de ses pôles est disposée une armature de fer doux
e que supporte une lame métallique élastique fixée inférieurement.
L'armature se prolonge par une tige munie du marteau M. Au repos,
le fer doux se trouve à une petite distance de l'électroaimant et la

lame élastique le maintient appuyé contre un ressort *r* qui établit la communication avec l'un des pôles d'une pile.

La lame élastique communique avec l'autre pôle de la pile par le fil de l'électroaimant.

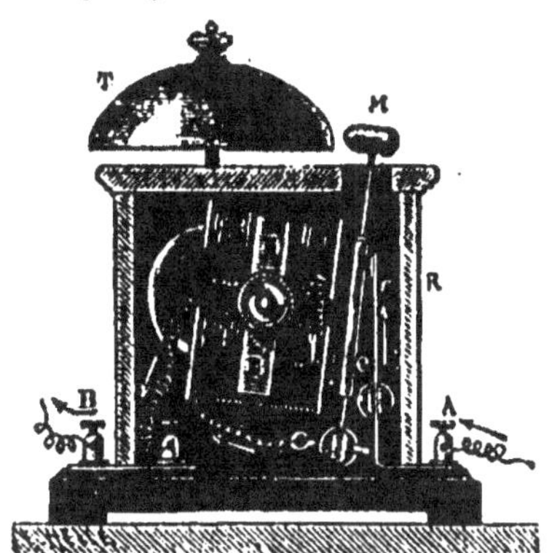

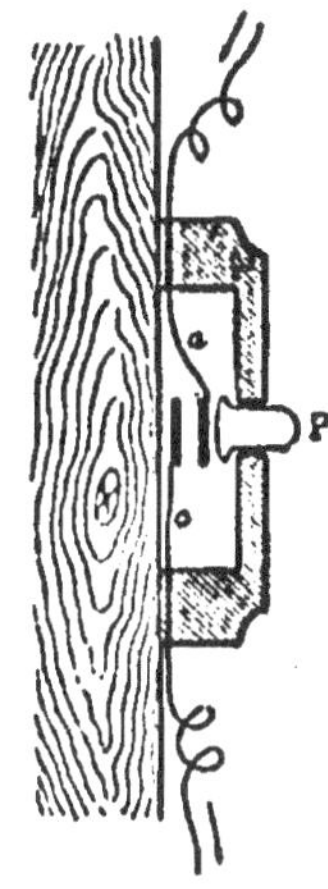

Fig. 564. Fig. 565.

Fonctionnement. — Quant le circuit de la pile est fermé, le courant arrive en A, *passe du ressort r à la pièce de fer doux e,* traverse le fil de l'électroaimant et retourne à la pile par B; le pass... du courant aimante l'électroaimant, le fer doux *e attiré s'écarte du ressort r.* Le courant étant alors interrompu, l'électroaimant se désaimante et' l'attraction cesse. L'action de la lame élastique rétablit le contact entre le fer doux et le ressort, ce qui ferme de nouveau le circuit et ainsi de suite. On obtient de cette façon une succession de chocs contre le timbre.

Pour faire fonctionner la sonnerie d'un point situé à distance, on

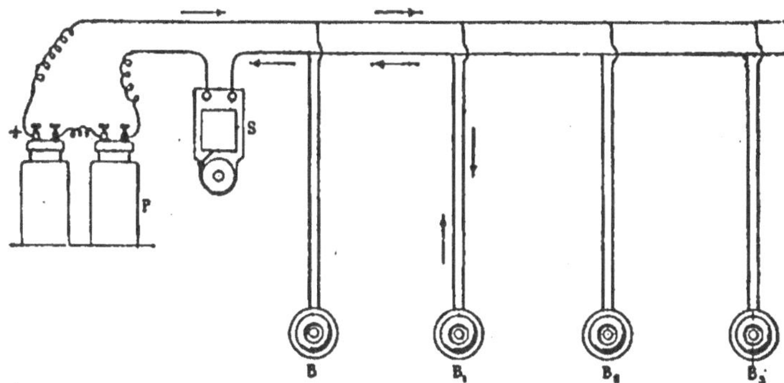

Fig. 566.

la fait communiquer avec la pile par un fil qui passe en ce point et y présente une interruption ; il suffit pour produire un appel, de fermer le circuit en appuyant sur un *bouton* P qui met en contact les deux tronçons *a* et *c* du fil (fig. 565).

La figure 566, représente la disposition relative de la sonnerie, des fils conducteurs et des boutons d'appel B, B₁, B₂, B₃, pour une installation où une même sonnerie est commandée par des boutons placés respectivement dans les différentes pièces d'un appartement.

698. Télégraphie électrique. — C'est sur le fait de l'*aimantation* du fer doux par le passage d'un courant et de sa *désaimantation* lors de l'interruption qu'est fondé le télégraphe électrique.

L'ensemble d'un télégraphe électrique comprend : 1° une *pile*, 2° des *fils de ligne* reliant les stations ; 3° un *manipulateur* servant à transmettre les signaux ; 4° un *récepteur* recevant les signaux.

Pile. — On se sert de piles formées d'un grand nombre d'éléments constants, tels que des éléments Daniell disposés en série. La résistance des éléments est sans inconvénient, car le circuit télégraphique est lui-même résistant (**638**).

Fil de ligne. — Le fil de ligne *f* réunit le manipulateur de la station de départ au récepteur de la station d'arrivée. Il est fixé sur des poteaux (fig. 567) à l'aide de pièces isolantes en porcelaine A.

Au lieu de fil de cuivre dont la résistance à la rupture est insuffisante, on a employé pendant longtemps un fil de fer galvanisé de 4 milimètres de diamètre ; actuellement on se sert surtout d'alliages de cuivre.

Manipulateur de Morse [1] (fig. 568). — C'est un interrupteur de courant de forme très simple. Il consiste en un levier métallique mobile autour

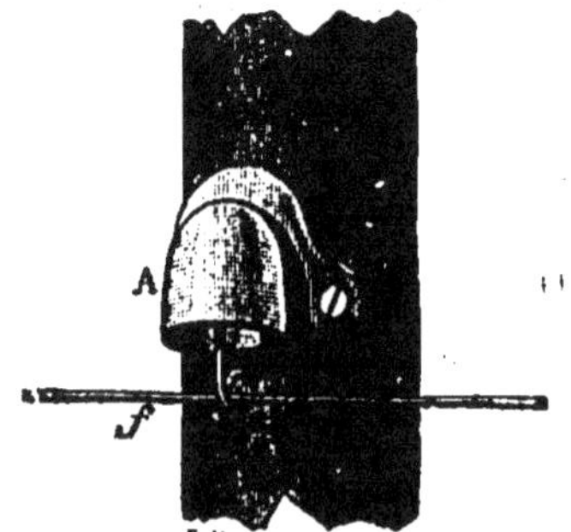

Fig. 567.

d'un axe horizontal A qui est en communication permanente avec le fil de ligne L ; une borne *d* fixée sur le socle de l'appareil communique avec le pôle positif de la pile. Un ressort *f* maintient le levier

1. **Morse,** né à Charlestown (1791-1863).

à distance de la borne *d*. Quand on appuie sur la poignée M, le levier s'abaisse et une pointe métallique *l* vient toucher la borne *d* et fermer le circuit.

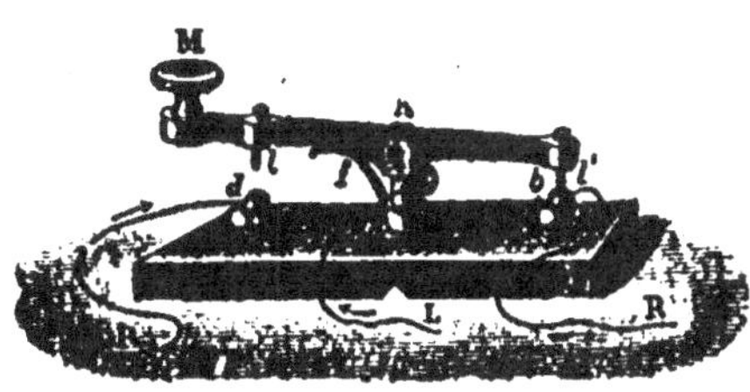

Fig. 568.

Récepteur de Morse. — L'appareil qui inscrit les signaux envoyés par le multiplicateur se compose d'un levier horizontal MN dont une extrémité porte une pièce de fer doux D qui sert d'*armature* à un électroaimant vertical. Le levier oscille autour d'un axe fixe O et se termine par une pointe *p* qui lui est adaptée obliquement (fig. 569). Quand le courant passe dans l'électroaimant, celui-ci s'aimante, *attire l'armature*; la pointe *p* de l'extrémité du levier est soulevée

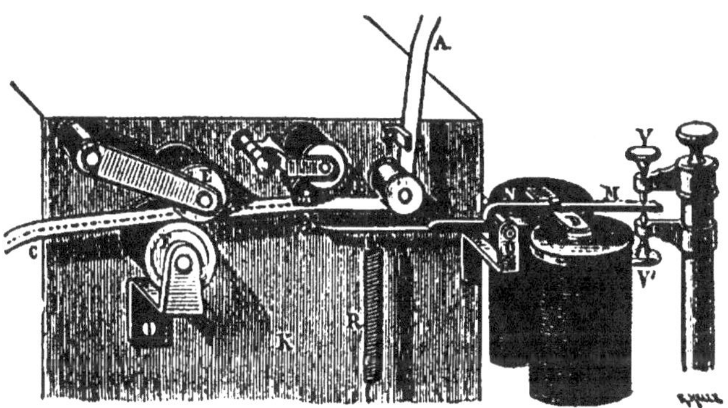

Fig. 569.

contre un ruban de papier AC emmagasiné sur un dévidoir et entraîné entre deux cylindres pleins E et F qui tournent autour de leurs axes par l'action d'un appareil d'horlogerie contenu dans la boîte K. Par la pression de la pointe, la bande de papier est appuyée contre une petite roue *m* ou *molette* imprégnée d'encre d'imprimerie qui trace sur le papier des traits d'une longueur variable avec la durée de l'attraction de l'armature. La molette est encrée par un tampon en feutre qui repose sur elle. Un guide B, très mobile sur son axe, maintient la bande A tendue au-dessous de la molette.

L'électroaimant se désaimante dès que le courant n'y passe plus. Un *ressort antagoniste* R écarte alors la pointe *p* de la bande de papier et ramène le levier à sa position normale. Le jeu du levier est limité par deux vis V et V' contre lesquelles vient buter le prolongement M du levier.

Signes. — On n'emploie que deux signes : *le point* qui correspond à un passage du courant extrêmement court et le *trait*, plus étendu. En combinant ces deux signes de différentes manières on a formé un *alphabet de convention* universellement adopté. Les mots sont séparés par un intervalle plus grand que les signes qui forment les lettres.

Communication par un seul fil. — *Un seul fil suffit* pour établir la communication télégraphique entre deux stations. A la station de départ on joint le pôle négatif de la pile *à la terre* par une plaque de cuivre qui plonge dans l'eau d'un puits. Le pôle positif va au manipulateur. Un fil de ligne *isolé* réunit le manipulateur au récepteur de la station d'arrivée. A la sortie du récepteur, le fil se termine par une plaque de cuivre plongeant aussi dans l'eau d'un puits. Cette disposition économise la moitié du fil et permet l'emploi de piles moins puissantes, car la terre offre au courant moins de résistance qu'un fil métallique.

Installation des postes télégraphiques (fig. 570). — Deux stations télégraphiques sont réunies par un fil de ligne. Chacune des stations

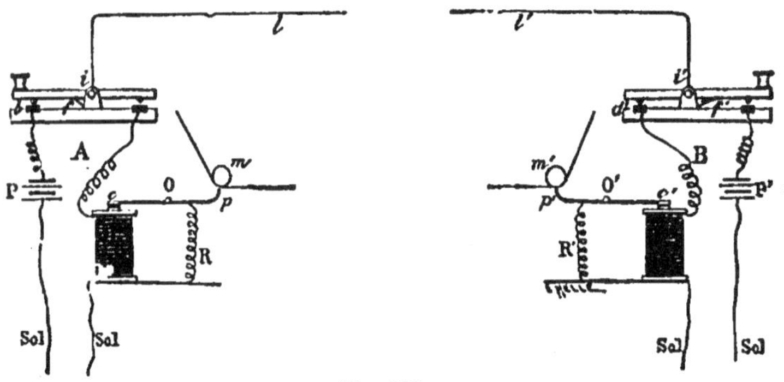

Fig. 570.

comprend une pile, un récepteur et un manipulateur et peut successivement lancer ou recevoir une dépêche.

Si le manipulateur est au repos à la station B et abaissé à la station A, le courant passe en A de la pile P au levier *b*, puis en *i*, au fil de ligne *ll'*, gagne le récepteur de la station B en passant par *i'* et *d'* et enfin se rend au sol. Le contact *c'* est attiré et la pointe *p'* appuie contre la molette *m'*. La station B *reçoit une dépêche* (fig. 570).

Si le manipulateur était au repos à la station A et abaissé à la station B, le courant de la pile P' animerait l'électroaimant du récepteur de la station A; la station B *enverrait une dépêche*.

Le circuit des piles est ouvert et aucun courant ne traverse la ligne lorsque les stations sont au repos.

Câbles souterrains et sous-marins. — Le fil des lignes souterraines est formé de plusieurs fils de cuivre tordus ensemble et recouverts d'une couche épaisse de gutta-percha que protège une enveloppe de plomb.

Les câbles des lignes sous-marines (fig. 571) sont formés d'un faisceau de sept fils de cuivre C assemblés en cordelette, recouverts d'une épaisse couche isolante G, et protégés par un revêtement extérieur de fils de fer F. Ces derniers sont environnés chacun d'un ruban de chanvre goudronné et tournés en spirale autour du noyau du câble.

Fig. 571.

INDUCTION

On donne le nom de courant induit à un *courant développé* dans un circuit, *sous l'influence de courants ou d'aimants*.

INDUCTION PAR LES COURANTS

699. Soient deux conducteurs parallèles (fig. 572). Le premier B est intercalé dans un circuit *inducteur* qui renferme une pile P et un interrupteur *g*, le second B' appartient à un circuit *induit* fermé sur lui-même sans pile et comprenant un galvanomètre G.

I. Induction par fermeture ou ouverture. — 1° Quand on *ferme* le circuit du conducteur B, un courant de durée très courte circule dans B' en sens inverse du courant inducteur. Ce courant inverse est appelé *courant induit de fermeture.*

L'aiguille du galvanomètre n'est déviée que momentanément, elle revient au zéro et y demeure fixe aussi longtemps que le courant reste établi sans changement en B ;

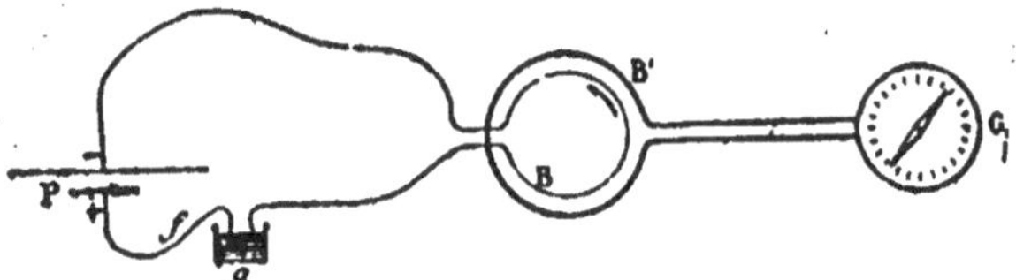

Fig. 572.

2° Si l'on ouvre le circuit inducteur, l'aiguille du galvanomètre est déviée de nouveau dans le circuit B'. Ce *courant induit de rupture,* de durée très courte, est **direct,** ou de même sens que le courant inducteur.

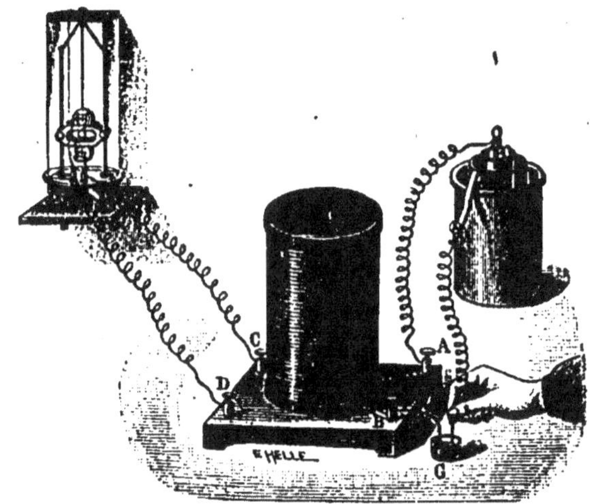

Fig. 574.

Les phénomènes sont aisés à produire avec des circuits inducteur et induit formés de fils très longs, recouverts de soie et enroulés sur une même bobine. Dans la figure 574, le circuit de la pile se rend par les bornes A et B à la bobine inductrice, le fil de la bobine induite est relié au galvanomètre par les bornes C et D. Les courants induits croissent avec l'intensité du courant inducteur et avec la longueur des fils enroulés sur la bobine.

II. Induction par accroissement ou diminution d'intensité.
— Si le circuit inducteur comprend une résistance que l'on peut faire varier rapidement, il se produit dans le circuit induit un courant. **inverse** quand on *augmente* l'intensité du courant inducteur, un courant **direct** quand on *diminue* son intensité.

Le premier groupe d'expériences était un cas particulier du second : car fermer un courant inducteur, c'est faire croître son intensité à partir de zéro; l'ouvrir, c'est réduire son intensité jusqu'à zéro.

III. Induction par approche ou éloignement. — Le courant inducteur étant établi, si l'on *éloigne* la bobine induite, elle devient le siège d'un courant induit **direct**.

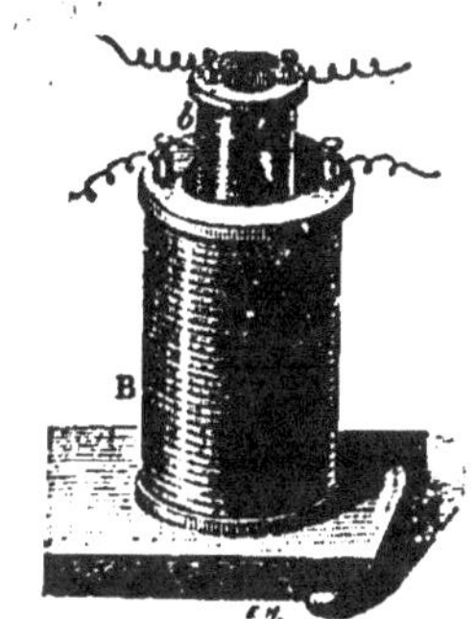

Fig. 575.

Par le *rapprochement* des bobines, la bobine induite devient le siège d'un courant induit **inverse**.

L'expérience se fait avec une bobine *b* qui s'engage dans une autre de plus grand diamètre B (fig. 575). L'aiguille du galvanomètre se maintient au zéro tant que la distance des deux bobines reste constante.

Résumé. — Tout courant qui commence, **augmente d'intensité ou s'approche, fait** naître dans un circuit voisin parallèle un courant induit **inverse** du sien.

Tout courant qui finit, **diminue d'intensité ou s'éloigne**, fait naître dans un circuit parallèle un courant induit **direct**.

INDUCTION PAR LES AIMANTS

700. Des aimants produisent des phénomènes d'induction et le sens des courants est le même que celui qu'on obtient avec des solénoïdes qui ont les mêmes pôles.

I. Induction par approche ou éloignement. — A l'intérieur d'une bobine creuse reliée à un galvanomètre, introduisons un solénoïde communiquant avec une pile, nous savons (**699, III**) que la bobine sera parcourue par un courant induit **inverse** du courant du

solénoïde (fig. 576). En introduisant dans la bobine un aimant, on
a de même un courant inverse du courant du solénoïde équivalent
(677).

Un courant induit **direct** prend naissance quand on retire le solénoïde ou l'aimant.

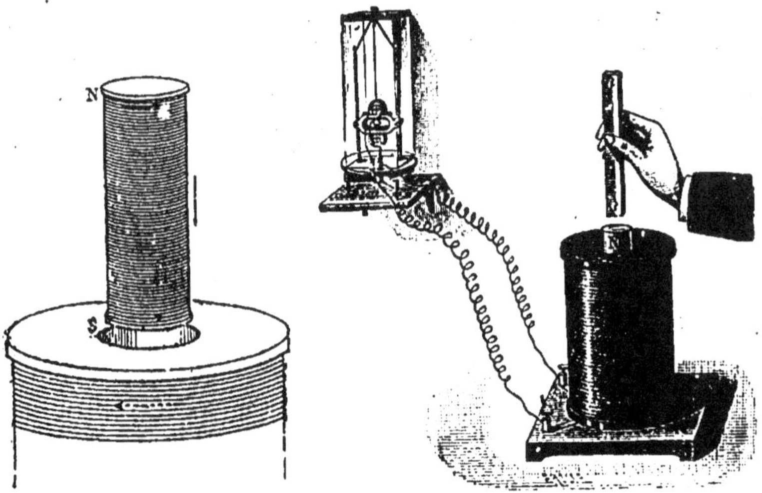

Fig. 576.   Fig. 577.

II. Induction par aimantation ou désaimantation. — Un
courant induit prend naissance dans une bobine quand on aimante
un noyau de fer placé suivant son axe, il est **inverse** des courants du
solénoïde équivalent. On pourra produire l'aimantation en approchant
un aimant du noyau (fig. 577). On a un courant induit **direct** quand
on éloigne l'aimant.

On peut encore produire l'aimantation d'un noyau de fer doux en
le logeant dans une bobine à deux fils dont l'un sera parcouru par un
courant et jouera le rôle d'hélice magnétisante et dont l'autre servira
de fil induit. Les courants du fer doux et ceux de l'hélice magnétisante qui l'entoure sont de même sens, ils ajoutent leurs effets inducteurs sur la bobine induite.

Relativement au courant de l'hélice magnétisante, les courants
induits sont **directs** à l'ouverture, **inverses** à la fermeture ;
on constate qu'*avec le noyau* intérieur les courants induits sont
beaucoup plus intenses que ceux qui sont dus à l'action de l'hélice
seule.

III. Induction par variation d'un aimant.

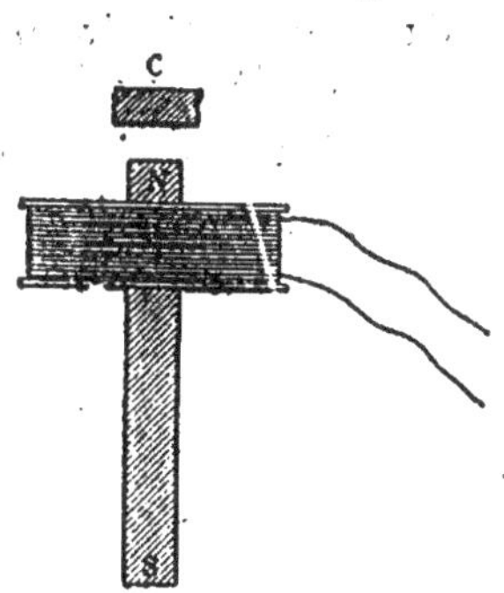

Fig. 578.

— Un aimant a été placé dans l'axe d'une bobine qui joue le rôle de bobine induite. Si l'on *approche* du pôle un contact de fer doux C, celui-ci s'aimante et renforce par réaction les pôles de l'aimant. De là un courant induit *inverse* dans la bobine (fig. 578). Si l'on éloigne le contact de fer doux, un courant induit *direct* circule dans la bobine.

INDUCTION D'UN COURANT SUR SON CIRCUIT

701. En variant d'intensité, un courant exerce une induction non seulement sur un circuit voisin, mais aussi sur son propre circuit. Cette induction est surtout marquée lorsque le circuit renferme une bobine de fil enroulé en hélice. L'induction d'un circuit sur lui-même se nomme **self-induction.**

Un courant qui *commence* fait ainsi naître par induction dans son circuit un courant **inverse** qui se retranche du courant principal et diminue son intensité. C'est le *courant de self-induction de fermeture.* Il retarde l'établissement de l'état définitif ou permanent du courant.

Si le courant *cesse,* il se produit un courant **direct** qui s'ajoute au courant principal et augmente son intensité. C'est le *courant de self-induction d'ouverture.*

Analogies hydrauliques. — Les analogies avec des courants liquides se poursuivent dans les courants de self-induction. A partir de l'instant où un courant d'eau est établi, il faut un certain temps pour que la vitesse d'écoulement prenne sa valeur définitive. Quand l'écoulement est brusquement interrompu, le courant ne disparaît pas instantanément et un *choc violent* a lieu en vertu de la vitesse acquise.

Effets de la self-induction d'ouverture. — C'est à la self-induction d'ouverture qu'est dû le *renforcement* de l'étincelle et de la commotion à la rupture d'un circuit qui renferme une bobine.

Supposons un circuit comprenant un long fil intercalé entre les deux pôles d'une pile; il se manifeste d'ordinaire à la rupture une faible étincelle. Si l'on *enroule* le fil sur une bobine, l'intensité du courant permanent ne change pas, puisque la résistance du circuit n'a pas varié ; cependant l'étincelle qui jaillit à la rupture est beaucoup *plus forte* que précédemment.

Le circuit qui comprend la bobine étant fermé, si l'on prend dans les mains les deux extrémités du fil interpolaire primitivement réunies en I et si on les écarte brusquement (fig. 579), de façon que le corps de l'opérateur ferme le circuit, on éprouve une *commotion bien supérieure* à celle qui était ressentie avant l'enroulement du fil.

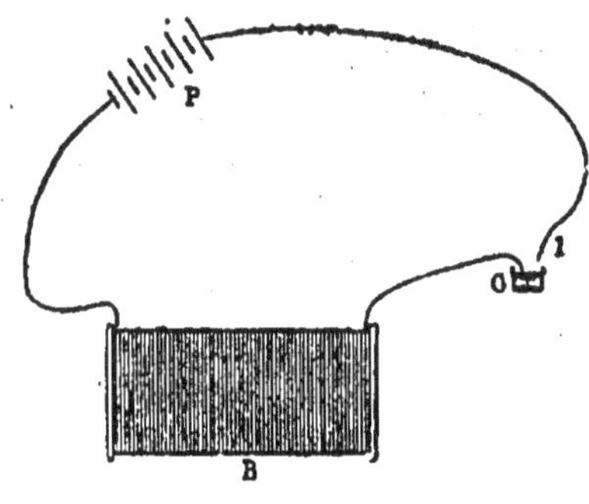

Fig. 579.

La self-induction est accrue par les conditions qui favorisent l'induction, aussi l'étincelle et la commotion sont-elles renforcées à la rupture, quand on plonge un *noyau de fer doux* dans la bobine.

EFFETS DES COURANTS INDUITS

702. — Les courants induits produisent *tous les effets des courants des piles :* effets calorifiques, chimiques, lumineux, magnétiques.

Ils suivent les mêmes lois ; la force électromotrice qui prend naissance dans une spire induite est indépendante des forces électromotrices des autres spires ; la force électromotrice totale est donc la somme des forces électromotrices partielles. La loi d'Ohm s'applique à un courant induit comme à un courant de pile.

LOI DE LENZ

703. — Un circuit parcouru par un courant induit exerce des actions électromagnétiques sur le système inducteur. *Le sens du courant induit est tel que son action électromagnétique s'oppose au phénomène qui produit l'induction.* C'est la loi de Lenz[1]. Vérifions-la par des exemples.

[1] **Lenz,** physicien russe.

1° Le courant induit qui prend naissance dans le rapprochement d'un circuit inducteur et d'un circuit induit *parallèles* est inverse ou de sens contraire au courant inducteur, il s'oppose donc au mouvement d'approche qui produit l'induction.

2° On approche de l'extrémité d'une bobine le pôle sud d'un aimant, le courant induit qui prend naissance dans la bobine est inverse des courants de l'aimant, il présente donc une face sud au pôle sud de l'aimant, ce qui provoque une répulsion et contrarie le mouvement.

La loi de Lenz permet de prévoir le sens du courant induit. Elle fait en outre connaître la source de l'énergie du courant induit.

Source de l'énergie électrique d'un courant induit. — Pour vaincre la résistance qu'un courant induit oppose par son action électromagnétique au mouvement du système inducteur, il faut *dépenser du travail*. Ce travail entretient l'énergie électrique du courant induit. Cette énergie électrique est convertie à son tour en énergies variées dans le circuit induit.

Le travail dépensé dans le fonctionnement des machines magnétoélectriques nous présentera plus loin une application importante de cette transformation d'un travail mécanique en énergie électrique.

704. Courants d'induction dans les masses métalliques. Expérience de Foucault (fig. 580). — Entre les deux pôles très rapprochés A et B d'un électroaimant on fait tourner un disque de cuivre plein D. Tant que l'électroaimant n'est pas aimanté, le disque tourne très aisément. Si l'on vient à faire passer un fort courant dans la bobine de l'électroaimant, le disque métallique en mouvement devient le siège de courants induits qui prennent naissance dans sa masse et s'opposent à son déplacement d'après la loi de Lenz. La résistance électrique du disque étant très faible, ces courants sont intenses et leurs réactions électromagnétiques considérables. Le maintien de la rotation du disque exige alors une grande dépense de travail mécanique [1]. Cet appareil se comporte comme un *frein magnétique*.

Amortissement des oscillations d'une aiguille aimantée. — Les oscillations d'un barreau aimanté s'éteignent très vite quand ce barreau oscille au voisinage d'une masse de cuivre. C'est qu'en effet les

(1) Les courants induits échauffent le disque dans lequel ils circulent ; la chaleur produite est équivalente au travail dépensé pour entretenir son mouvement de rotation.

courants induits produits dans la masse de cuivre par le déplacement de l'aimant exercent sur l'aimant une action électromagnétique qui s'oppose à son mouvement. On réduit la durée des mesures

Fig. 580.

galvanométriques en enroulant le fil sur un cadre en cuivre
rouge qui amortit rapidement les oscillations de l'aiguille intérieure.

LOIS DE L'INDUCTION

705. Un aimant et un courant produisent un champ magnétique
dans l'espace qui les environne. Les phénomènes d'induction dépendent de *la variation du flux de force magnétique* dans la région occupée par le circuit induit. La considération du flux de force qui émane
du système magnétique inducteur permet de formuler d'une façon
simple les conditions de production des courants induits, et de calculer leur force électromotrice.

Conditions de production des courants induits. — Un circuit
fermé situé dans un champ magnétique enveloppe une portion du flux

de force issu du système magnétique et le flux intercepté varie avec la position relative du système magnétique et du circuit.

À toute variation du flux de force embrassé par un circuit correspond la production dans ce circuit d'un courant électrique induit qui a la même durée que la variation du flux.

Le flux magnétique peut être dû à un courant aussi bien qu'à un aimant puisqu'un courant fermé équivaut à un aimant, et offre comme lui un flux de force dirigé intérieurement de sa face négative à sa face positive.

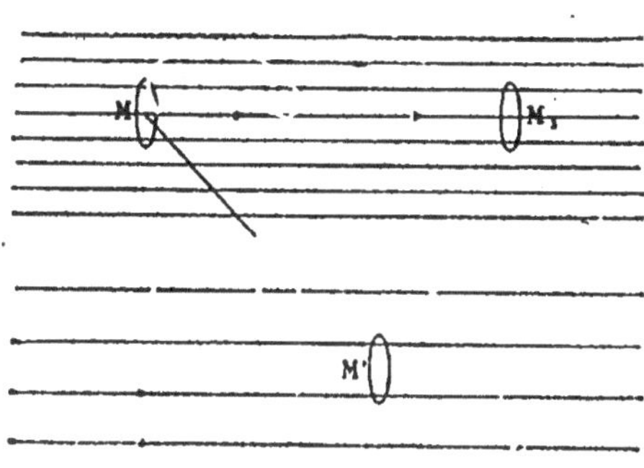

Fig. 581.

Les courants de self-induction sont compris dans la loi énoncée puisque les variations d'intensité d'un courant modifient le flux enveloppé par le circuit.

Tout déplacement ou toute déformation d'un circuit qui ne change pas le flux de force enveloppé ne donne pas lieu à un courant induit.

Ainsi un cadre n'est le siège d'aucun courant induit s'il est transporté *parallèlement à lui-même* de M en M_1 dans un champ magnétique uniforme où les lignes de force sont *équidistantes* et *parallèles*. Un courant induit prend naissance si le cadre vient à tourner.

Dans un champ magnétique variable, on obtiendra un courant en transportant parallèlement un circuit d'une position M à une autre parallèle M' où le flux est différent (fig. 581).

706. Sens des courants induits. — Conformément à la loi de Lenz, un courant induit s'oppose au phénomène inducteur qui lui donne naissance. Il en résulte que *le flux magnétique d'un courant induit contrarie la variation du flux magnétique inducteur.* Le flux induit aura donc le même sens qu'un flux inducteur décroissant, il sera de sens contraire à un flux inducteur croissant.

Du sens du flux induit on déduit le *sens du courant induit* puisque le flux d'un courant va de la face sud à la face nord du circuit parcouru par le courant.

Exemples. — 1° Approchons d'un pôle nord N un cadre fermé (fig. 582); en passant de MM' en $M_1M'_1$, le cadre est vu de N sous un angle qui va en augmentant, il intercepte donc sur les lignes de force qui divergent du pôle un *flux croissant*, il est par conséquent parcouru par un courant induit. Le flux induit est contraire à ce flux croissant, il a la direction des flèches f; la face nord du courant regarde donc le pôle nord de l'aimant.

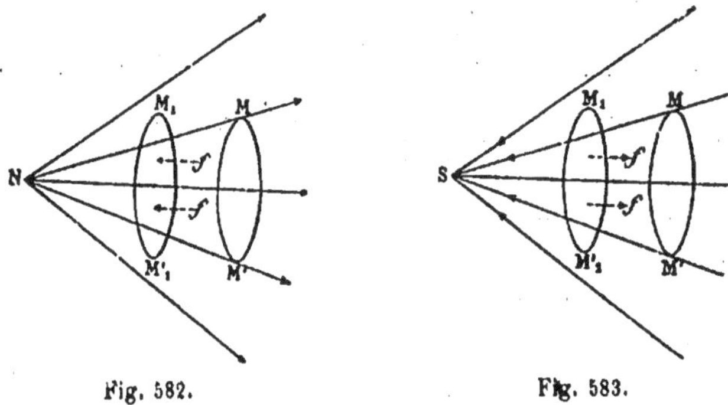

<table>
<tr><td>Fig. 582.</td><td>Fig. 583.</td></tr>
</table>

2° Approchons le circuit MM' d'un pôle sud S (fig. 583); le flux intercepté est convergent; il diminue [1] par conséquent de MM' en $M_1M'_1$; la face sud du courant induit est dirigée vers le pôle S.

3° Approchons un circuit MM' de la face nord d'un courant parallèle, le flux qu'il intercepte est divergent et croissant. Le circuit induit présente sa face nord au circuit inducteur.

707. Force électromotrice induite. — La loi générale de l'induction dans un circuit fermé s'exprime en fonction du flux de force inducteur : *La force électromotrice créée dans un circuit est à chaque instant proportionnelle à la variation par seconde du flux de force qui le traverse.*

La **quantité totale d'électricité** qui circule dans un circuit induit est proportionnelle au quotient obtenu en divisant par la résistance du circuit *la différence des flux de force enveloppés par le courant* au commencement et à la fin du courant. Elle ne dépend *ni de la durée de la variation, ni de la loi de cette variation.*

____

(1) Le flux intercepté par un circuit doit être considéré comme allant en augmentant si sa valeur algébrique augmente, c'est-à-dire si c'est un flux positif qui croît ou un flux négatif qui décroît en valeur absolue.

BOBINE D'INDUCTION

708. La bobine d'induction, appelée aussi bobine de Ruhmkorff[1], est un appareil qui produit des courants induits de haut potentiel par les variations rapides de l'intensité du champ magnétique d'un électroaimant.

Description. — La bobine d'induction ne diffère d'un appareil de démonstration à deux fils des courants induits (fig. 574) que par les dimensions relatives des deux fils.

Le *fil inducteur* est un gros fil enroulé sur une bobine cylindrique de faible diamètre, il n'a qu'une petite longueur. On y fait passer le courant de quelques accumulateurs.

Autour de la bobine inductrice et séparé d'elle par un tube d'ébonite est enroulé un fil de cuivre fin, recouvert de soie et verni, d'un très grand nombre de spires. Ce fil est le *fil induit*, son diamètre ne dépasse pas $\frac{1}{4}$ ou $\frac{1}{5}$ de millimètre, mais sa longueur peut être très considérable.

La bobine inductrice est traversée suivant son axe par un *noyau de fer doux*. Ce noyau a pour effet d'augmenter considérablement le flux de force (**695**) enveloppé par les spires de la bobine induite, il est formé d'un faisceau de fils de fer fins, isolés les uns des autres, dont l'aimantation et la désaimantation ont lieu plus rapidement qu'avec un noyau plein.

Fonctionnement. — Toute fermeture du circuit inducteur (*circuit primaire*) fait naître dans le circuit induit (*circuit secondaire*) un courant inverse et toute ouverture y développe un courant direct (**699**).

La force électromotrice créée dans chaque spire du fil induit croît avec le *flux de force* qu'elle enveloppe et avec la *rapidité* (**707**) d'apparition et de disparition de ce flux. Les forces électromotrices développées dans les différentes spires sont de même sens et s'ajoutent, et les spires induites se comportent comme des éléments de pile disposés en série. La force électromotrice induite totale est donc proportionnelle au nombre des spires.

(1) **Ruhmkorff**, constructeur d'instruments de physique à Paris (1803-1877).

709. Propriétés des courants d'ouverture et de fermeture. — Si les deux extrémités du fil induit sont réunies par un conducteur, et si une ouverture du circuit inducteur suit une fermeture, le circuit induit est traversé par *deux courants de sens contraires dont les débits sont égaux*. Cette égalité résulte de ce que les deux courants sont dus à l'apparition et à la disparition d'un *même* flux de force (**707**).

Deux courants direct et inverse successifs produisent par conséquent la même déviation de l'aiguille d'un galvanomètre, mais *la différence de potentiel maximum est beaucoup plus grande pour le courant direct* ou d'ouverture. Cela provient de ce que le self-induction de fermeture (**701**) retarde l'établissement du courant inducteur, ce qui prolonge le courant induit de fermeture. La disparition du flux de force inducteur est au contraire *beaucoup plus rapide* que son établissement. En raison de la haute différence de potentiel qu'ils atteignent, les courants induits **directs** sont capables de traverser un *intervalle d'air* ménagé entre les extrémités du fil induit. On n'a d'étincelle induite qu'à l'ouverture du courant inducteur.

Pôles positif et négatif d'une bobine d'induction. — Les courants inverses étant arrêtés *par une interruption*, il en résulte que *sans appareil redresseur* le courant qui se propage suivant les étincelles a une direction constante. On peut donc parler des pôles positif et négatif d'une bobine d'induction comme de ceux d'une machine électrique.

710. Description des divers organes. — Interrupteur. — L'interrupteur des petites bobines d'induction fonctionne habituellement par le jeu même de l'appareil.

Interrupteur à trembleur (fig. 584). — Le courant inducteur arrive

Fig. 584.

par le support AB, passe dans une lame élastique qui porte un contact
en fer doux c, il gagne la vis V dont la pointe i touche la lame élastique et se rend dans le fil inducteur; le noyau s'aimante, attire le
contact, et produit une interruption en i. L'élasticité du ressort lui
fait reprendre sa position primitive ce qui ferme de nouveau le circuit.

Fig. 585.

Interrupteur de Foucault (fig. 585). — Foucault a rendu l'interruption *plus brève* en la produisant avec une pointe de platine qui
sort d'un godet à mercure.

Le marteau c forme l'extrémité d'un levier transversal porté par
un ressort vertical a, l'autre extrémité est terminée par une pointe en
platine p qui plonge dans un godet à mercure. Le courant inducteur
arrive par une borne A, traverse la spirale inductrice, monte le long
du ressort a, passe à la pointe p par l'une des branches du levier; du
godet à mercure il aboutit à la borne B. Le circuit étant fermé, le
noyau attire le marteau c, ce qui soulève l'extrémité opposée l du
levier et fait sortir la pointe du godet. Le courant étant interrompu,
l'action du ressort ramène la pointe dans le mercure et ferme de nouveau le circuit. On réduit l'étincelle de rupture entre la pointe de
platine et le mercure en recouvrant le mercure d'une couche d'eau ou
d'alcool; la *rapidité* de l'interruption se trouve encore accrue et par
conséquent la *force électromotrice* maximum du courant induit.

Condensateur. — A la rupture du circuit inducteur, un courant de self-induction *direct* s'ajoute au courant inducteur qui finit, *prolonge sa durée*

ainsi que la durée de l'aimantation du noyau. Il en résulte plus de lenteur dans la variation du flux de force enveloppé par les spires induites et une diminution de la force électromotrice induite.

Entre deux points A et B, *de part et d'autre de l'interruption du courant*, on intercale en dérivation un condensateur de très grande surface C, formé de feuilles d'étain et de papier paraffiné superposées (fig. 586).

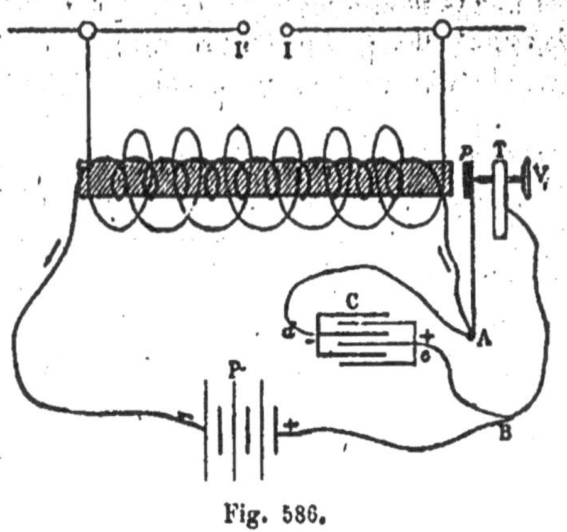

Fig. 586.

Les feuilles conductrices impaires sont réunies en *d* et communiquent en A avec l'une des extrémités du fil inducteur, les feuilles paires, réunies en *e* aboutissent en B à l'autre extrémité.

Rôle du condensateur. — A la rupture du courant inducteur, le condensateur se charge. Sa grande capacité empêche la différence de potentiel à l'interruption (entre le contact *p* et la pointe de la vis V) de devenir aussi forte, l'*étincelle de self-induction diminue*. L'électricité accumulée dans le condensateur ne pouvant pas franchir l'interruption, l'électricité positive de la décharge suit les spires de la bobine en *sens inverse* du courant inducteur, ce qui désaimante plus rapidement le noyau de fer doux.

En faisant usage d'un condensateur *mobile*, on reconnaît que les étincelles de la bobine induite *augmentent beaucoup de longueur* par l'adjonction du condensateur au circuit inducteur.

711. Effets de la bobine d'induction. — Les effets de la bo-

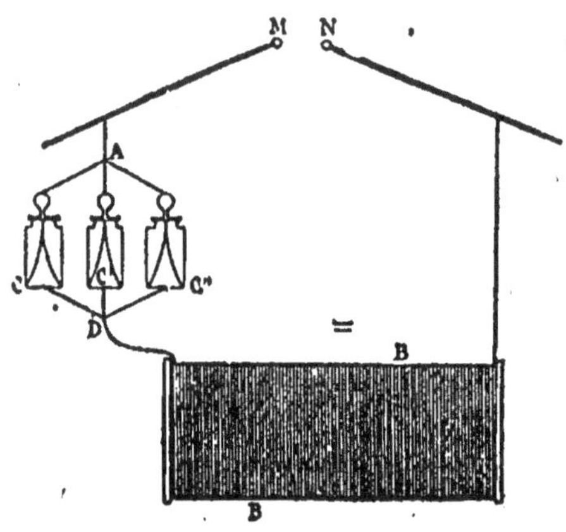

Fig. 587.

bine d'induction sont ceux des machines électrostatiques et ils peuvent être beaucoup plus puissants.

La bobine d'induction est utilisée pour ozoniser l'air, pour obtenir des étincelles appliquées à l'analyse spectroscopique ou à des actions chimiques, pour enflammer des mines à distance, charger des bouteilles de Leyde, produire des effets de lumière à travers des gaz raréfiés, exercer des effets physiologiques.

Charge d'une bouteille de Leyde ou d'une batterie. — La différence de potentiel aux deux extrémités du fil induit change constamment de signe, de telle sorte qu'une batterie ne se chargerait pas si l'on mettait simplement ses armatures en communication avec les deux extrémités du fil induit, mais si l'on ménage dans le circuit induit une interruption entre M et N (fig. 587), le *courant induit direct passe seul* et la bouteille se charge. A chaque étincelle de l'excitateur MN, la batterie reçoit une même quantité d'électricité.

TÉLÉPHONES

Un téléphone est un appareil capable de transmettre la parole à distance entre deux stations S et S'. On parle en S dans un transmetteur et on écoute en S' dans un récepteur. Un fil métallique relie le transmetteur au récepteur.

712. Téléphone magnétique. — Dans le téléphone magnétique, le transmetteur et le récepteur sont identiques. Le téléphone de Graham Bell consiste en un *barreau aimanté* droit A, entouré à l'une de ses extrémités polaires d'une *bobine* B de fil fin recouvert de soie. A une très petite distance de ce pôle, une *petite plaque* circulaire de tôle mince M est fixée par ses bords sur une portée pratiquée dans une gaîne en bois qui enveloppe l'appareil (fig. 588). Les fils *f* de la bobine du transmetteur se prolongent au delà des bornes *a* par un double fil qui se rend à la bobine du récepteur. La bobine du transmetteur, le double fil et la bobine du récepteur ne forment qu'un seul circuit.

Fig. 588.

Si l'on parle à la station S dans un cornet E qui surmonte la plaque du transmetteur, les vibrations de l'air se communiquent à la plaque M qui se rapproche et s'éloigne alternativement de l'aimant sans le toucher[1], en modifie l'aimantation et fait varier le flux de force qui traverse la bobine (**700**). De là une production de courants induits intermittents qui se propagent dans les deux fils de ligne et arrivent à la bobine du téléphone récepteur de la station S' (fig. 589). Ces courants produisent des *variations de magnétisme* de l'aimant correspondant et déterminent dans la plaque des vibrations identiques à celles de la plaque du transmetteur[2]. En approchant l'oreille

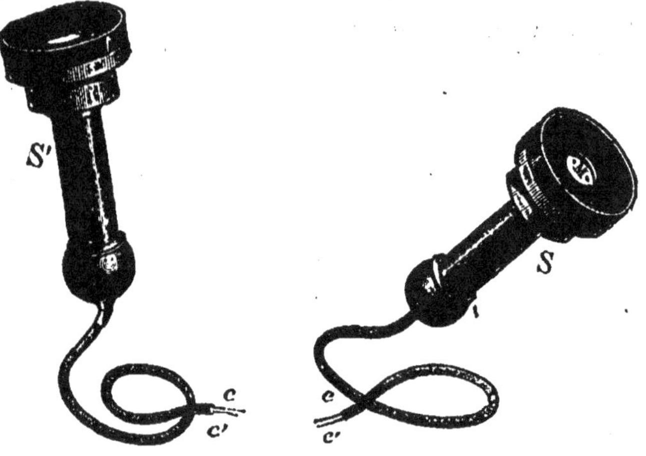

Fig. 589.

du cornet du récepteur, on entend les sons émis dans le cornet du transmetteur.

Les courants induits du téléphone transmetteur sont très faibles et le son produit au récepteur est peu intense.

713. Téléphone à pile. — Le téléphone à pile donne des sons plus intenses que le téléphone magnétique et permet la transmission à de très grandes distances.

Voici son principe. Un téléphone intercalé dans le circuit d'une pile à courant constant ne fait entendre aucun son. Mais une variation d'intensité due à une variation de résistance modifie le magnétisme de l'aimant et fait vibrer la plaque. Dans le téléphone à pile, le trans-

---

(1) Une vis permet de régler le téléphone en faisant avancer ou reculer l'aimant par rapport à la plaque vibrante.

(2) Le nombre de vibrations est le même dans le transmetteur et dans le récepteur; la *hauteur* du son n'est donc pas modifiée. *L'amplitude* est moindre au récepteur qu'au transmetteur. Le *timbre* est altéré par des harmoniques propres à la rondelle vibrante.

metteur n'est plus un téléphone, c'est un microphone et le récepteur est un téléphone.

Le **microphone** le plus simple consiste en un crayon de charbon de cornue CD taillé en pointe à ses deux extrémités et suspendu dans deux cavités A et B creusées dans des supports de charbon (fig. 590). Le crayon et ses supports font partie d'un circuit comprenant une pile P et le téléphone récepteur T. Les supports A et B sont fixés à une mince planchette *devant laquelle il suffit de parler* pour détermi- ner de *légers déplacements* des points de contact du crayon avec

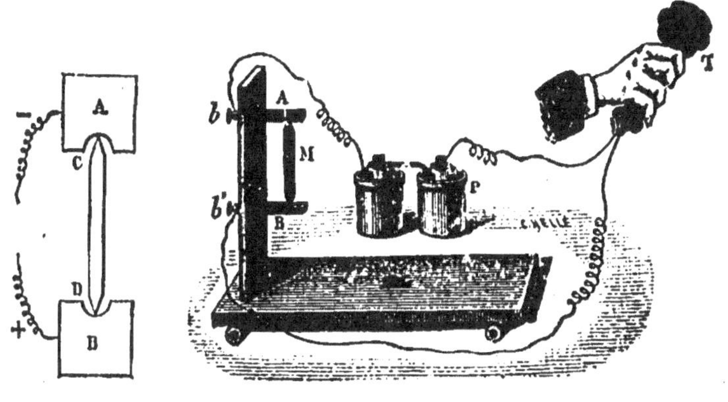

Fig. 590.   Fig. 591.

ses supports (fig. 591). Les variations de résistance qui en résul- tent déterminent dans le circuit de la pile des variations de l'intensité du courant et modifient le magnétisme de l'aimant; la plaque du téléphone reproduit par ses vibrations les sons émis. L'appareil est assez sensible pour qu'on perçoive la marche d'un insecte sur la plan- chette.

MACHINES D'INDUCTION

714. Les générateurs de courants fondés sur l'induction transfor- ment du travail mécanique en énergie électrique.

Ces appareils comprennent : 1° un système **inducteur** établissant un champ magnétique; 2° un système **induit** formé de conducteurs qui interceptent dans le champ magnétique un flux de force qui varie pendant le déplacement relatif du système inducteur et du système induit; 3° un **collecteur** qui recueille les courants induits.

Les réactions électromagnétiques des courants induits sur le système inducteur déterminent des résistances au déplacement (*loi de Lenz*) qui nécessitent une dépense de travail. Ce travail entretient l'énergie électrique induite (**703**) et lui est équivalent.

Suivant que les inducteurs sont des aimants permanents ou des électroaimants, la machine d'induction est dite *magnétoélectrique* ou *dynamoélectrique*.

On distingue deux classes d'appareils :

I. Des machines à *courants continus* telles que la machine de Gramme dont le courant conserve le même sens.

II. Des machines à *courants alternatifs* dont le courant est variable et change de sens à des intervalles de temps égaux et très rapprochés.

Ces appareils ont remplacé les piles dans un grand nombre d'applications industrielles.

MACHINE DE GRAMME

715. Description. — La machine de Gramme consiste en un circuit mobile dans un champ magnétique.

Circuit mobile. — Sur un *anneau* ou cylindre creux de fer doux est enroulé un fil conducteur isolé, subdivisé en bobines aplaties P_1 P_2 P_3..., qui renferment toutes un même nombre de spires et sont réunies par leurs extrémités de manière à former un circuit unique. Les plans des spires se coupent sur l'axe de l'anneau.

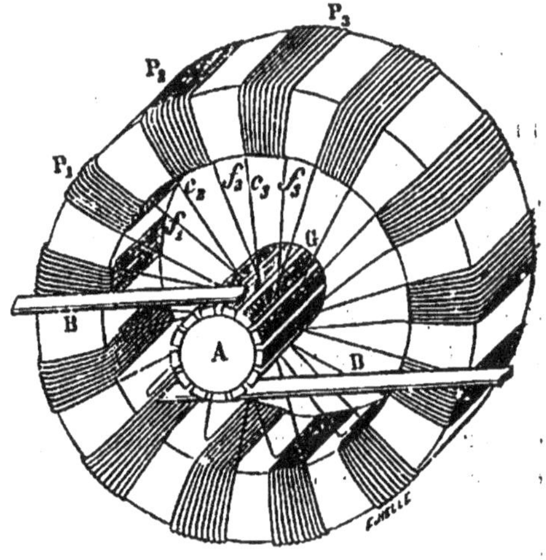

Fig. 192.

Le point de jonction de deux bobines consécutives, telles que P_2 et P_3, se trouve à la réunion du fil f_2 qui termine P_2 et du fil c_3 qui

Fig. 593.

commence P_3; il est soudé à une *barre de cuivre*, parallèle à l'axe de rotation et encastrée sur son pourtour. Ces barres métalliques, isolées les unes des autres, forment les génératrices d'un cylindre qui constitue le collecteur G (fig. 592).

Deux frotteurs B ou **balais** conducteurs s'appuient constamment sur le collecteur et sont en contact avec deux ou trois génératrices du collecteur correspondant aux extrémités du diamètre vertical de l'anneau. Chacun des balais est relié à une borne à laquelle s'attache un des fils d'un circuit extérieur.

La figure 593 représente l'anneau tout formé et son aspect extérieur.

Champ magnétique. — Le champ magnétique est une cavité cylindrique creusée dans les pôles opposés d'un aimant ou électroaimant fixe en fer à cheval (fig. 594). L'anneau y est logé, son axe de rotation coïncide avec celui de la cavité cylindrique.

Dans les machines industrielles l'électroaimant inducteur E se compose de deux noyaux en fer autour desquels est enroulé le circuit excitateur ; les noyaux sont réunis en bas par une culasse ; ils sont

Fig. 594.

terminés en haut par des pièces polaires évidées en deux demi cylindres N et S entre lesquels tourne l'anneau (fig. 595).

Fig. 595.

Flux de force du champ magnétique. — Les lignes de force de l'aimant fixe ne vont pas en ligne droite, comme elles le feraient à travers l'air, du pôle nord au pôle sud; chacune d'elles s'incline en sortant du pôle nord (**617**) et se bifurque dans la masse de fer de l'anneau pour gagner circulairement le pôle sud (fig. 596).

Aucune ligne de force ne pénètre dans la cavité de l'anneau. Le flux de force n'a à franchir qu'une petite épaisseur d'air, appelée *entrefer*, comprise entre les pôles de l'aimant et l'anneau.

En raison de sa forme, que l'anneau tourne ou reste immobile, les lignes de force gardent une trajectoire invariable dans l'espace occupé par l'anneau.

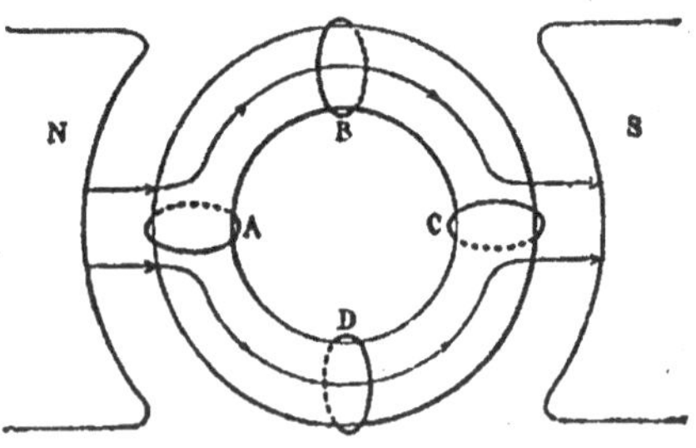

Fig. 596.

716. Fonctionnement. — On donne à l'anneau un mouvement autour de son axe. La rotation de l'anneau dans le champ magnétique de l'aimant fixe engendre un courant induit que l'on utilise dans un circuit extérieur relié aux deux balais B.

Figurons par une flèche le sens de la rotation imprimée directement à l'anneau par une force motrice extérieure. Un courant induit prend naissance dans une spire qui tourne avec l'anneau; en effet, *le flux qui la traverse est constamment variable*. Le flux augmente quand la spire s'éloigne de la position 1; il devient *maximum* dans

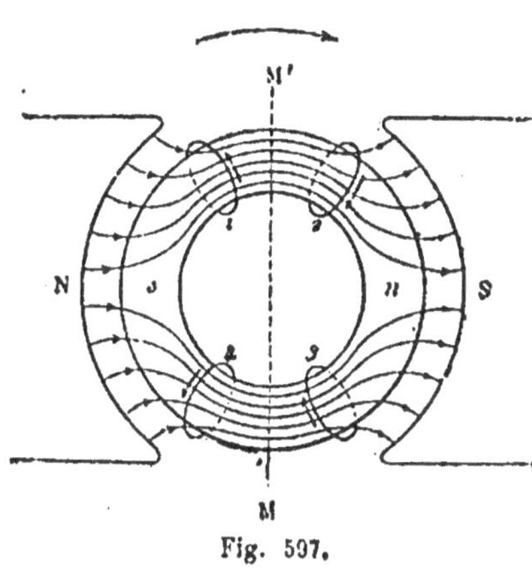

Fig. 597.

le plan MM' où les lignes de force de l'anneau présentent leur maximum de concentration. Le flux diminue ensuite quand la spire s'éloigne du plan MM', il devient *nul dans un plan horizontal* perpendiculaire à MM'.

Nous déterminerons le sens du courant induit pour 4 spires, désignées par les chiffres 1, 2, 3, 4; les spires 1 et 2 situées au-dessus du plan horizontal et les spires 3 et 4

dans des positions symétriques des premières par rapport à ce plan (fig. 597).

Spire 1. — La spire 1 se rapprochant de M', le flux inducteur qu'elle enveloppe va *en croissant*; d'après la loi de Lenz, le flux induit qui y prend naissance doit traverser la spire *en sens inverse* du flux inducteur; pour cela, la spire 1 présentera à M' sa face sud et son courant induit sera *centrifuge* sur la partie antérieure de la figure.

Spire 2. — La spire 2 s'éloigne de M', le flux inducteur qu'elle enveloppe *décroît*; son flux induit la traverse *dans le même sens* que le flux inducteur décroissant, la spire 2 présente à M' sa face sud (l'observateur supposé en M' s'est retourné) et son courant induit est *centripète* sur la partie antérieure de la figure.

Spire 3. — La spire 3 s'approche de M, le flux inducteur qu'elle enveloppe *croît*; son flux induit la traverse *en sens inverse* du flux inducteur; la spire 3 présente à M sa face nord et son courant induit est *centripète* en avant de la figure.

Spire 4. — La spire 4 s'éloigne de M, le flux qu'elle enveloppe *décroît*; son flux induit la traverse *dans le sens* du flux inducteur; la spire 4 présente à M sa face nord et son courant induit est *centrifuge* en avant de la figure.

717. Courant induit total. — A un moment donné, si l'on considère toutes les spires qui recouvrent l'anneau, les spires situées à *gauche* du plan MM′ sont parcourues par des courants de même sens (*centrifuges*), qui s'ajoutent puisque toutes les spires communiquent entre elles. Les spires situées à *droite* du plan MM′ sont parcourues par des courants contraires aux précédents (*centripètes*).

Tout étant symétrique de part et d'autre du plan MM′, le courant induit total de gauche est égal au courant induit total de droite et ces deux courants se détruiraient pour une vitesse quelconque si le fil qui entoure l'anneau était simplement fermé sur lui-même. C'est le cas de deux piles égales, opposées par leurs pôles de même nom, dans un circuit simple fermé.

Captage du courant par le collecteur. — Deux piles égales et opposées P et P′ donnent des courants qui s'ajoutent dans un circuit extérieur AMB; elles se comportent alors comme groupées en surface (**638**) (fig. 598). De même si l'on relie les balais par un conducteur extérieur à l'anneau, les spires de droite et de gauche donnent des courants égaux qui s'ajoutent dans ce circuit. Les balais sont alors les *pôles* de la machine. Une machine de Gramme fournit ainsi dans un

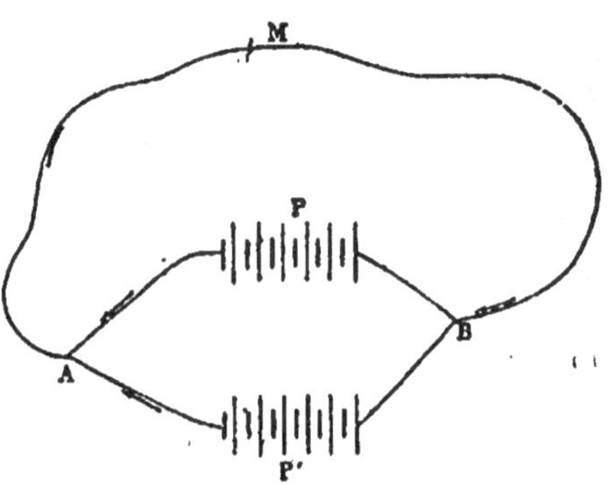

Fig. 598.

circuit extérieur un courant continu qui reste constant tant que la vitesse de rotation ne change pas.

Ligne neutre. — La ligne verticale MM′ perpendiculaire à la ligne des pôles de l'aimant est la ligne où le flux inducteur est maximum. C'est de part et d'autre de cette ligne, appelée ligne neutre, que les courants changent de sens, et c'est sur les génératrices correspondantes du collecteur qu'on établit le contact des balais (fig. 595).

Autoexcitation des machines à courants continus. — L'électroaimant E d'une machine à courants continus peut être animé par une machine auxiliaire ou *excitatrice*; le circuit inducteur est ainsi complètement indépendant du circuit induit (fig. 599).

On évite la complication d'une source auxiliaire en dirigeant dans l'électroaimant le courant même de l'anneau. L'anneau, l'électroaimant et le circuit extérieur ne forment alors qu'un seul circuit (fig. 600); on les dit associés *en série*.

Quand l'anneau est mis en mouvement, la petite aimantation rémanente (**693**) que conservent les noyaux de l'électroaimant, suffit pour produire par induction dans l'anneau un courant *d'abord faible* qui augmente à son tour l'aimantation de l'électroaimant et l'accroît graduellement jusqu'à sa valeur de régime. La machine est alors dite *amorcée*.

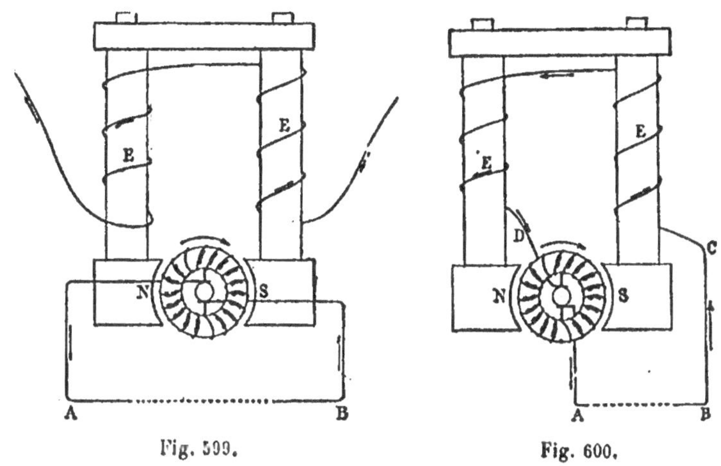

Fig. 599.   Fig. 600.

Nombre de spires de l'anneau. — Suivant l'emploi de la machine, sa construction change. En effet, comme dans le cas des piles (**638**), il convient d'augmenter le nombre des spires de l'anneau si la résistance extérieure est forte (on obtient ainsi une machine à *haut potentiel*) ou de prendre un petit nombre de spires à gros fil si la résistance extérieure est faible (machine à *faible potentiel* et à grand débit).

MOTEURS ÉLECTRIQUES

718. Réversibilité de la machine de Gramme. — Conformément à la loi de Lenz, *on dépense de l'énergie mécanique* dans une machine de Gramme pour faire tourner l'anneau entre les pôles de l'aimant inducteur; le courant qui prend naissance dans les spires de l'anneau est recueilli aux deux balais qui frottent sur le collecteur et utilisé sous diverses formes dans le circuit extérieur : le travail mécanique dépensé a été *converti en énergie électrique*.

Inversement, si par les deux balais, on dirige dans les spires de l'anneau un courant suffisamment intense, *de même sens* que le courant précédemment produit (**716**), les spires éprouvent de la part du champ magnétique fixe une action électromagnétique qui les fait tourner, *en sens contraire* du mouvement qui donnait naissance à ce courant par induction. La machine devient un **moteur** capable d'entraîner divers appareils reliés à son axe. L'énergie électrique du courant est alors en partie *transformée en travail mécanique*.

La possibilité d'obtenir, soit la transformation d'un travail mécanique en énergie électrique, soit la transformation d'une énergie électrique en travail, constitue ce que l'on appelle la *réversibilité*.

Le courant qu'on dirige dans l'anneau peut être emprunté à une machine de Gramme qu'on appelle *génératrice;* la machine qui reçoit le courant et fonctionne comme moteur s'appelle *réceptrice*.

719. Fonctionnement du moteur de Gramme. — Dans la figure 601, le sens du courant qui arrive par les balais et parcourt les spires de l'anneau est supposé centrifuge sur la partie antérieure des spires de gauche et par conséquent centripète sur la partie antérieure des spires de droite. La circulation du courant *en sens contraires* dans les spires de gauche et dans les spires de droite détermine un mouvement de rotation continu de l'anneau.

Conformément à la règle générale des actions électromagnétiques (**678**), le déplacement d'une spire dans un champ magnétique doit être tel que *le flux de force qu'elle enveloppe* et qui va de sa face sud à sa face nord, *tende à devenir maximum*.

Considérons un groupe *de quatre spires* : d'une part, deux spires 1 et 2 situées au dessus du plan horizontal NS qui passe par l'axe de rotation de l'anneau et d'autre part, deux spires 3 et 4 symétriques des premières par rapport à ce plan.

D'après le sens du courant qui la traverse, la spire de gauche 1, présente sa face sud à la partie

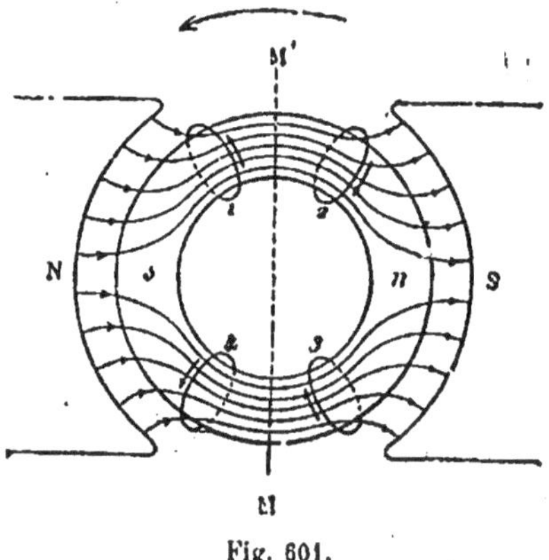

Fig. 601.

M' du plan vertical MM'; par conséquent, le flux qu'elle enveloppe et qui est dû à l'anneau pénètre par sa face nord ; la spire 1 doit se déplacer de façon à faire décroître ce flux en valeur absolue et s'éloigner de la verticale vers la gauche (fig. 601).

La spire de droite 2 présente sa face sud à la partie M' du plan vertical MM' ; son flux propre étant de même sens que le flux de l'anneau, elle doit se déplacer vers la gauche en se rapprochant du plan vertical MM' afin de faire croître le flux de l'anneau qu'elle enveloppe.

Pour les spires 3 et 4, les déplacements sont tels qu'ils entraînent l'anneau *dans le même sens*.

En fixant une poulie P sur l'axe de rotation on transmet par une courroie C le travail du moteur (fig. 595).

Intensité du courant dans le circuit du moteur. — Si l'on employait une force mécanique extérieure pour faire tourner la réceptrice dans le sens où le courant la fait tourner, elle fonctionnerait comme une génératrice de *force électromotrice d'induction* E'.

Cette force électromotrice d'induction E' se produit pendant la rotation du moteur ; elle est *contraire* à la force électromotrice E de la génératrice dont le courant produit la rotation ; la force électromotrice résultante dans le circuit est donc E — E'.

R étant la résistance du circuit, on a pour l'intensité du courant

$$I = \frac{E - E'}{R}.$$

720. Avantages des moteurs électriques. — La génératrice peut être mise en mouvement par une machine à vapeur qui dépense du charbon ou par une *force naturelle* telle que la force du vent ou une chute d'eau. Si le courant de la génératrice est transmis par des fils métalliques à une réceptrice éloignée actionnant des outils, on dira qu'il y a *transport de travail à distance*. Ce transport a lieu par des conducteurs flexibles qui facilitent les changements de directions et de niveaux ; en outre, il permet d'utiliser des énergies parfois éloignées des centres industriels.

COURANTS ALTERNATIFS

721. Un courant variable qui reprend la même valeur à des intervalles de temps égaux est appelé *périodique* : la **période** est l'intervalle qui sépare deux valeurs égales de l'intensité.

Si le courant périodique a un certain sens pendant une partie de la période et le sens opposé pendant le reste de la période, le courant est dit **alternatif**. En portant le temps sur un axe horizontal et l'intensité du courant sur des verticales, les ordonnées i situées au-dessus et au-dessous de l'axe horizontal correspondent aux deux sens successifs du courant.

Tout circuit qui passe *périodiquement* par les mêmes positions dans un champ magnétique invariable est le siège d'un courant alternatif.

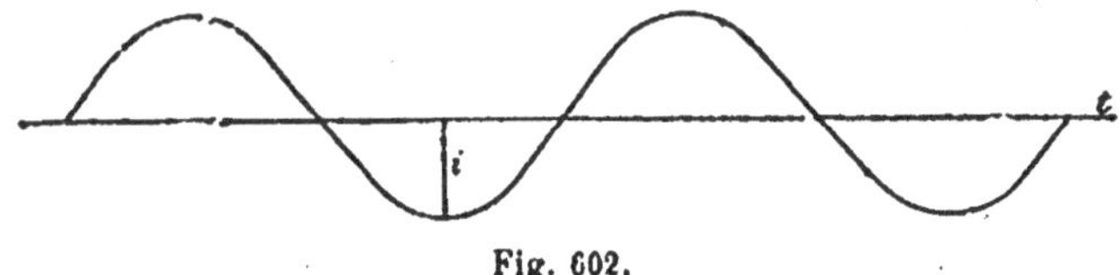

Fig. 602.

Voici un exemple dans lequel la courbe représentative a une forme régulière. Le courant a un sens pendant une *demi période*, le sens opposé pendant la demi période suivante et *les intensités sont égales et opposées à tout intervalle d'une demi période* (fig. 602).

Les deux extrémités d'une des bobines aplaties que porte un anneau de Gramme en rotation uniforme sont reliées à *deux bagues distinctes* montées sur l'axe de rotation de l'anneau; si l'on fait frotter un balai conducteur sur chacune de ces deux bagues, le courant recueilli dans le fil extérieur qui réunit les deux balais est alternatif. La période est la durée d'un tour de l'anneau. A son passage supérieur dans le plan vertical MM', la bobine embrasse un flux de force maximum, le courant induit correspondant est nul. Il augmente jusqu'à un maximum qui est atteint après un quart de tour au passage dans le plan horizontal où le flux embrassé est nul. Le courant induit diminue ensuite jusqu'à zéro pour le passage inférieur dans le plan vertical MM'. A partir de là, le courant change de sens, atteint le même maximum que précédemment en sens inverse, puis redevient nul à la fin de la période, au nouveau passage supérieur dans le plan vertical MM'.

Un courant alternatif dans la bobine mobile peut être continu dans le circuit extérieur si un commutateur *redresse le courant*. Dans la machine de Gramme, le jeu du collecteur spécial rend le courant continu dans le circuit extérieur.

Pour l'usage direct du courant alternatif, un commutateur est superflu.

EFFETS DES COURANTS ALTERNATIFS

722. — Pour nous rendre compte du parti qu'on peut tirer des courants alternatifs, répétons avec un courant alternatif les expériences que l'on réalise habituellement avec un courant continu.

1° Un courant alternatif circulant dans un **galvanomètre** ne produit aucune déviation. On n'observe qu'une vibration de l'aiguille ou du cadre autour de la position de repos. Cette vibration est due à des oscillations très rapides et très courtes de la partie mobile.

2° Si l'on fait passer un courant alternatif dans un **voltamètre à eau acidulée**, on obtient à chaque électrode un mélange d'hydrogène et d'oxygène dans les proportions constitutives de l'eau (*gaz tonnant*). Le courant alternatif réalise donc des effets chimiques, mais il ne sépare pas les éléments; il est donc inutilisable pour l'électrolyse, la galvanoplastie et la charge des accumulateurs.

3° L'échauffement d'un fil, l'illumination d'une lampe à incandescence ou d'une lampe à arc montrent que les **effets calorifiques** d'un courant alternatif ne se distinguent pas de ceux d'un courant continu. Cela s'explique, car l'échauffement d'un conducteur, analogue à un frottement, ne dépend pas de la direction du courant électrique.

Un courant alternatif *ne peut être défini par son intensité*, puisque cette intensité oscille continuellement entre une valeur positive maximum et une valeur négative maximum en passant par zéro. C'est par son *effet calorifique* qu'un courant alternatif est caractérisé.

On appelle **intensité efficace** d'un courant alternatif l'intensité d'un courant continu qui développe *la même quantité de chaleur dans le même temps dans une même résistance*, ou qui alimente le même nombre de lampes à incandescence dans un même circuit.

EFFETS D'INDUCTION D'UN COURANT ALTERNATIF

723. — Dans ses variations, un courant alternatif produit directement des effets d'induction sur un circuit voisin, sans qu'un interrupteur soit nécessaire comme avec un courant continu. Le *courant induit* est lui-même *alternatif* et *de même période* que le courant inducteur, mais son maximum a lieu au moment où l'inducteur s'annule, tandis qu'il devient nul quand l'inducteur est maximum. C'est à ces effets d'induction, appliqués dans les transformateurs, que les courants alternatifs doivent la facilité de leur emploi.

724. Transformateurs. — Soit un circuit *primaire à fil gros* et court et un *circuit secondaire à fil fin* et long dont les enroulements sont superposés; si l'on dirige dans le fil primaire un courant alternatif de grande intensité et de faible différence de potentiel, il détermine dans le fil secondaire un *courant alternatif induit de faible intensité et de grande différence de potentiel*, comme dans l'usage habituel d'une bobine d'induction. Si le circuit secondaire a 100 fois plus de spires que le circuit primaire, la différence de potentiel induite dans le secondaire sera 100 fois plus grande que celle du primaire.

Procédons d'une autre façon: faisons d'abord passer dans le fil fin un courant alternatif de faible intensité et de grande différence de potentiel, le fil court sera le siège d'un courant induit également alternatif. Ce *courant induit aura une grande intensité et une faible force électromotrice.* En effet, les courants induits dus aux très nombreuses spires du long fil s'ajoutent dans chacune dès spires du fil court, ce qui donne lieu à un débit important; mais la force électromotrice induite ne peut être que faible, étant la somme de différences de potentiel établies dans un petit nombre de spires.

Dans ces deux opérations, le même circuit a été tour à tour primaire et secondaire. Dans tous les cas, un courant d'énergie EI engendre un autre courant d'énergie égale E'I'. Un transformateur permet de faire varier à volonté les deux facteurs du *produit constant* EI. Par exemple, E étant grand et I petit dans l'un des deux courants, E' pourra être petit et I' grand dans l'autre.

Ainsi, après avoir produit directement avec un alternateur un courant *alternatif de haut voltage* qui est avantageux pour le transport économique du courant à grande distance, mais qui est dangereux pour l'utilisation, on le transforme chez l'abonné en le faisant passer dans le long fil d'un transformateur. On recueille aux bornes du fil court du même transformateur un courant *alternatif de petit voltage*[1].

Les transformateurs industriels consistent en deux circuits distincts, bien isolés l'un de l'autre, enroulés sur un anneau en fils de fer analogue à l'anneau d'une machine de Gramme. L'un des cir-

---

[1] Pour effectuer cette transformation avec un courant continu, il faudrait faire tourner un moteur par le courant continu de haut voltage et s'en servir pour entraîner une dynamo qui produirait le courant de faible voltage.

cuits est composé d'un *petit nombre de spires de gros fil*, l'autre circuit comprend *un grand nombre de spires de fil fin*. Il n'y a dans cet appareil aucune pièce mobile, et son emploi offre plus de sécurité que celui d'une machine tournante. Le circuit magnétique est complètement fermé dans l'anneau et les lignes de force ne sortent pas à l'extérieur. La bobine d'induction (708) est un transformateur à circuit magnétique ouvert.

EFFETS LUMINEUX DU COURANT

Les effets lumineux du courant électrique comprennent :

1° Les effets lumineux des **décharges électriques**, qui sont des courants de courte durée produits par des sources de haut potentiel;

2° Les effets lumineux des **courants**, soit *continus*, tels que les courants des piles et de la machine de Gramme, soit *alternatifs*, comme les courants des alternateurs.

DÉCHARGES DANS LES GAZ RARÉFIÉS

725. A propos des machines électrostatiques et des condensateurs, les effets des décharges électriques ont été passés en revue, mais l'étude des décharges électriques dans les gaz raréfiés a été laissée incomplète (581).

Cela tient à ce que si l'on peut employer les décharges des machines électrostatiques pour produire les effets lumineux des gaz raréfiés, la commodité de l'usage de la bobine d'induction fait souvent donner la préférence à ce dernier appareil.

Le gaz raréfié est contenu dans une ampoule ou un *tube de verre*, fermé à la lampe. A l'intérieur de ce tube pénètrent deux fils de platine soudés au verre; ces fils servent d'*électrodes* et communiquent avec les deux pôles d'une bobine d'induction.

726. Tube de Geissler. — Si la pression du gaz est réduite à environ un centimètre de mercure, le tube à gaz raréfié est appelé tube de Geissler. La décharge électrique y *passe beaucoup plus facilement que dans l'air à la pression ordinaire;* l'intervalle compris entre les électrodes est occupé par une colonne lumineuse; à un certain degré de raréfaction (quelques dixièmes de millimètres de

mercure), la colonne présente une *stratification* formée d'une série
de zônes alternativement brillantes et obscures; l'électrode négative
ou cathode est entourée d'un petit espace obscur (fig. 603).

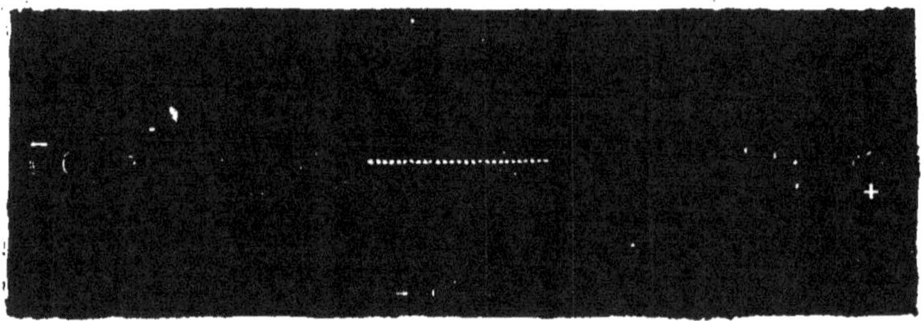

Fig. 603.

727. Tube de Crookes (fig. 604). — En poussant la raréfaction
jusqu'à environ un millionième
d'atmosphère, on obtient un
tube de Crookes. La décharge
électrique y *passe beaucoup
plus difficilement que dans un
tube de Geissler;* en outre, la
colonne lumineuse diminue de
longueur et l'espace obscur de
la cathode s'étend jusqu'à remplir presque tout le tube. Il

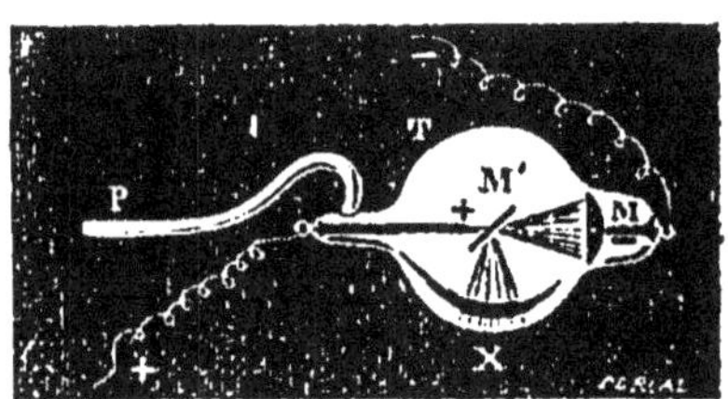

Fig. 604.

ne subsiste plus qu'une faible lueur autour de l'anode.

Les tubes de Crookes donnent naissance à plusieurs espèces de
rayonnements; les plus importants sont les *rayons cathodiques* et les
rayons de Röntgen.

728. Rayons cathodiques. — De la cathode d'un tube de Crookes
part un rayonnement qui parcourt le tube. Ce rayonnement, appelé
rayonnement cathodique, est invisible pour notre œil, il *illumine* bril-
lamment certaines substances telles que le diamant, la craie qu'on
place sur son trajet; il échauffe vivement les obstacles qu'il rencontre
et en venant frapper le verre d'un tube, en face de la cathode, il
éclaire la paroi d'une fluorescence verdâtre en même temps qu'il
l'échauffe.

Les rayons cathodiques franchissent de petites épaisseurs de métal
et on peut les faire sortir du tube de Crookes après leur avoir fait
traverser une mince lame d'aluminium. Ils manifestent alors facile-

ment leurs propriétés; ils *déchargent les corps électrisés* en rendant conducteur de l'électricité l'air intermédiaire; ils *impressionnent des plaques photographiques* et *excitent la fluorescence.*

Les rayons cathodiques ne paraissent pas propager des vibrations transversales de l'éther comme les rayons lumineux, ils se comportent comme les trajectoires de *petits projectiles émis par la cathode;* ces projectiles sont électrisés et forment un courant électrique qui est **dévié par un aimant.**

729. Rayons de Röntgen. — En 1895, M. Röntgen remarqua qu'un écran au platinocyanure de baryum, peu éloigné d'un tube de

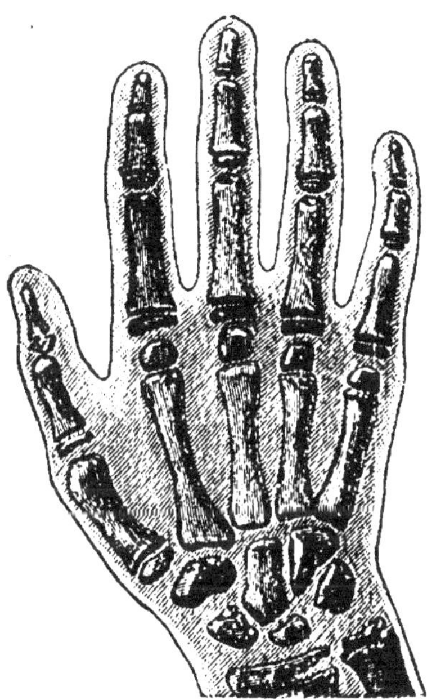

Fig. 605.

Crookes enfermé dans une boîte en carton, s'illuminait dès que le tube fonctionnait. Cet effet *n'était pas dû à la lumière verte* dont brillait la paroi du tube opposée à la cathode, car cette lumière était arrêtée par le carton; il provenait de rayons spéciaux créés par les rayons cathodiques, en frappant les parois de verre du tube[1]. Ces parois émettent des rayons de Röntgen ou rayons X qui se propagent à l'extérieur. Invisibles comme les rayons cathodiques, les rayons X *excitent la fluorescence, impressionnent des plaques photographiques, déchargent les corps électrisés.*

Ils ont une *pénétration bien supérieure* à celle des rayons cathodiques, traversent le bois, le papier, le diamant; le verre et le quartz sont opaques.

La propriété spéciale qu'ils ont *de traverser les tissus mous* du corps humain, tandis qu'ils sont *arrêtés par les os,* les a fait appliquer à l'exa-

---

(1) Dans les tubes des figures 604 et 606, les rayons cathodiques se concentrent au centre de la surface sphérique concave de la cathode dont ils émanent normalement; de là, ils rencontrent une anode plane de platine, l'échauffent et lui donnent la propriété d'émettre des rayons X qui traversent la paroi.

men **radioscopique**, si précieux pour le diagnostic chirurgical. La fig. 605 montre la silhouette d'une main qui a été placée à plat devant un écran fluorescent au platino-cyanure de baryum. La main est éclairée par un tube de Crookes et l'écran est interposé entre la mai

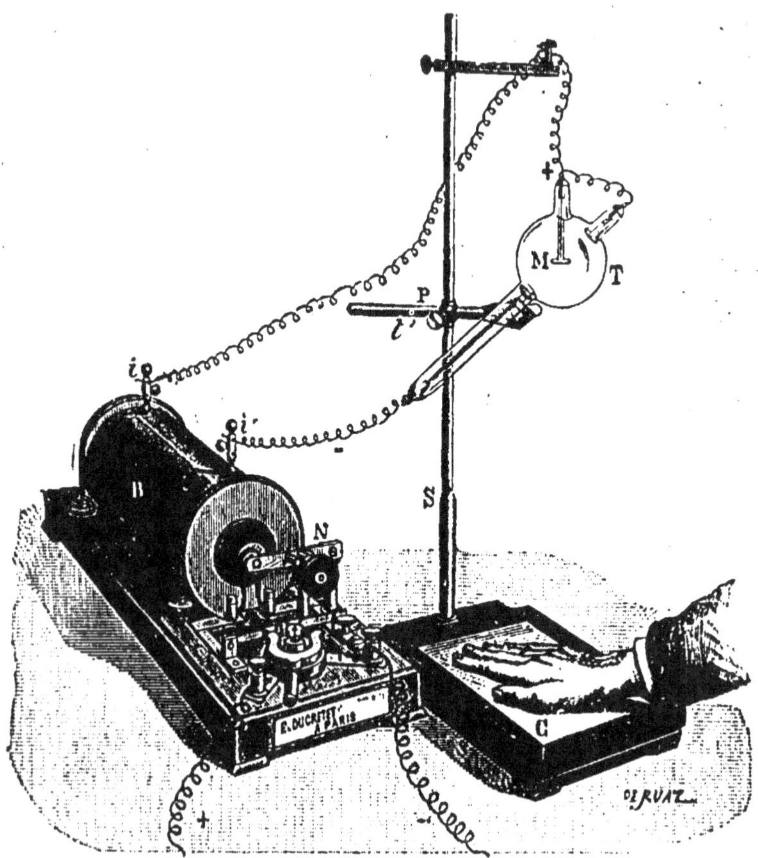

Fig. 606.

et l'observateur. *Les os donnent une ombre*; et les tissus, beaucoup plus transparents, font une pénombre.

Pour faire une **radiographie**, le tube de Crookes est placé à 20 centimètres environ au-dessus d'une table. Sur cette table repose une plaque photographique sensible enveloppée de papier noir qui la protège contre la lumière (fig. 606). Si l'on applique la main sur la plaque, les rayons X traversent les tissus et sont arrêtés par les os. Après un certain temps d'exposition on développe l'image dans une chambre obscure. On obtient un cliché négatif sur lequel l'ombre des os se détache en blanc dans un fond noir.

Les rayons de Röntgen se propagent constamment en ligne droite, comme les rayons cathodiques, sans se réfléchir ni se réfracter. Toutefois, ils ne paraissent pas être, comme les rayons cathodiques, des radiations matérielles avec émission de petits projectiles. Ils appartiendraient au groupe des **vibrations de l'éther**; leurs vibrations seraient beaucoup plus rapides que celles des rayons N.

Certains métaux, tels que l'*uranium*, le *thorium* et surtout le **radium**, émettent par eux-mêmes à la fois des rayons cathodiques et des rayons X, sans le secours de la source électrique qui est indispensable pour animer un tube de Crookes.

730. Tube de Hittorf. — On appelle ainsi un tube à électrodes comme un tube de Geissler et un tube de Crookes, mais où le vide a été poussé jusqu'à la limite extrême qu'on peut atteindre. *L'étincelle de décharge ne passe plus* et tous les phénomènes disparaissent.

ARC VOLTAÏQUE

731. Étincelle de fermeture. — La différence de potentiel aux deux pôles d'un élément de pile est trop faible (**622**) pour qu'une étincelle éclate quand on rapproche les pôles. Il faut un très grand nombre d'éléments associés *en série* pour obtenir à la fermeture une étincelle à travers une mince couche d'air. Avec 1000 éléments Daniell, l'étincelle *de fermeture* est encore à peine visible.

Étincelle de rupture. — Si l'on a mis en contact les deux pôles d'une pile, on obtient une étincelle à *la rupture* même avec un petit nombre d'éléments. Au moment de la séparation, les particules en contact forment un conducteur très résistant qui s'échauffe fortement. Des particules incandescentes sont transportées par le courant et prolongent les conducteurs. Une étincelle éclate, *notablement renforcée* par le courant de self-induction d'ouverture (**701**).

Si le courant est assez fort, l'étincelle persiste et produit une lumière continue, pourvu que les extrémités des conducteurs soient maintenues à une distance suffisamment petite.

732. Arc voltaïque. — La lumière de l'étincelle de rupture est particulièrement brillante avec des *conducteurs de charbon*. On met en contact deux tiges de charbon, encastrées dans des montures métalliques et communiquant avec les pôles d'une pile de 45 volts au moins. Les pointes rougissent et, si le courant est assez intense, on peut les écarter un peu sans que le courant cesse de passer. Les

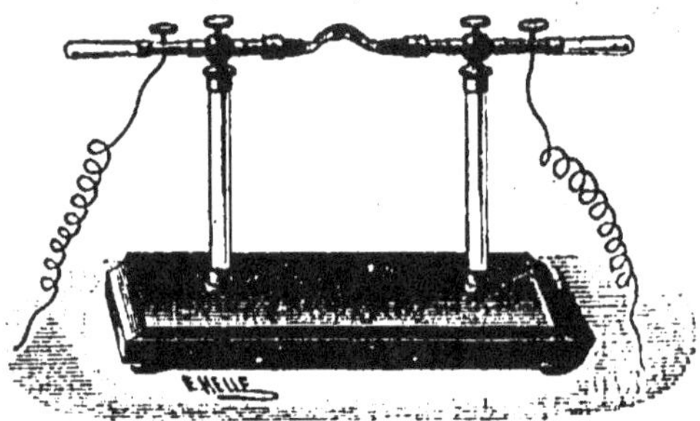

Fig. 607.

extrémités voisines brillent d'une belle lumière blanche due à leur incandescence et entre elles jaillit une lumière violacée ayant la forme d'un arc (fig. 607), appelé **arc voltaïque**. La flamme de l'arc constitue un conducteur incandescent formé par les gaz de la combustion et les particules de charbon transportées d'un pôle à l'autre.

En projetant avec une lentille sur un écran l'image de l'arc et des charbons, on voit que l'arc a beaucoup moins d'éclat que les pointes de charbon. En outre, le *charbon positif* est plus chaud et plus lumineux que le négatif, il rougit sur une plus grande longueur.

Dans l'air, les charbons brûlent et s'usent. A égalité de diamètre, le charbon positif *s'use deux fois plus vite* que le négatif et il *se creuse en cratère* tandis que le négatif se taille en pointe et bourgeonne (fig. 608).

La résistance de l'arc augmente avec l'écart des charbons. A un certain moment, le courant ne passe plus, l'arc s'éteint ; pour le rétablir, il faut rapprocher les charbons jusqu'au contact, puis les écarter de nouveau lentement.

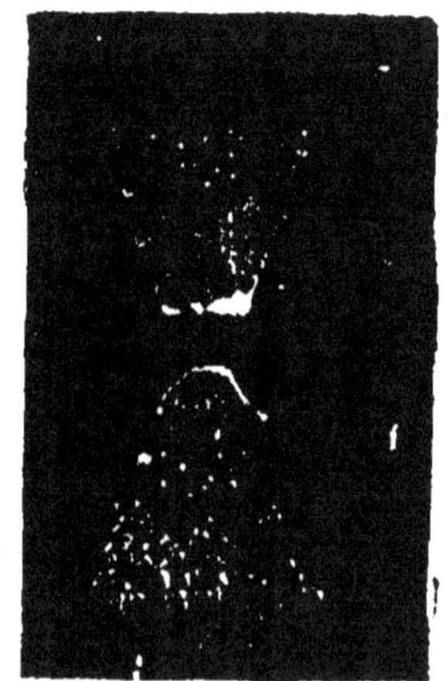

Fig. 608.

Dans le vide, l'usure est moins rapide, mais elle a encore lieu par un *transport de matière* du charbon positif au charbon négatif.

La **température** de l'arc voltaïque est très élevée. Elle atteint et dépasse 3500°.

La **lumière** émise par l'arc est très riche en rayons très réfrangibles, elle paraît bleue par rapport à celle du soleil. Au spectroscope, les charbons présentent un spectre continu comme les solides incandescents (472). L'arc donne les raies brillantes des vapeurs qu'il renferme.

ÉCLAIRAGE ÉLECTRIQUE

L'énergie électrique est utilisée pour l'éclairage sous deux formes :

1° L'*arc voltaïque* qui jaillit quand on écarte l'un de l'autre deux charbons placés dans le circuit d'un fort courant.

2° L'incandescence *sans combustion* d'un filament conducteur et réfractaire plongé dans le vide.

732. Éclairage par l'arc voltaïque. — Dans l'éclairage par l'arc voltaïque on met *en haut le charbon positif* afin que sa concavité lumineuse envoie ses rayons vers le sol sans être gênée par l'ombre du charbon négatif[1].

On maintient à peu près constante la longueur de l'arc voltaïque à l'aide de **régulateurs**: ce sont des mécanismes qui rapprochent automatiquement les charbons d'une quantité égale à leur usure.

Avec des *courants alternatifs* les charbons s'usent également et conservent tous les deux une forme conique.

Les crayons de charbon actuellement employés pour la production de l'arc voltaïque sont formés de charbons pulvérisés et agglomérés.

Quand on faisait usage de la pile pour produire l'arc voltaïque, on employait des éléments Bunsen que l'on groupait en *série* au nombre de 50 à 100. Actuellement on se sert presque exclusivement de machines d'induction à courants continus ou à courants alternatifs.

Bougies électriques (fig. 609). — L'emploi des bougies électriques permet de *maintenir* l'arc voltaïque sans mécanisme.

[1] Pour les expériences ordinaires de fusion et de volatilisation, le charbon positif est mis en bas et on donne à son extrémité libre la forme d'un creuset.

Une bougie électrique se compose de deux crayons de charbon de 25 centimètres de longueur et 4 millimètres de diamètre, *parallèles*, séparés par un mélange isolant de sulfate de chaux et de sulfate de baryte. Le courant arrive par la borne A, suit le charbon *c*, enflamme une amorce de pâte de charbon réunissant les pointes de charbon et redescend par *c'* et B. L'arc ne jaillit qu'aux extrémités, le mastic isolant disparaît par la chaleur en même temps que les charbons et se maintient un peu au-dessous des pointes.

On emploie des courants *alternatifs* avec lesquels les charbons s'usent également vite. Le point lumineux s'abaisse graduellement.

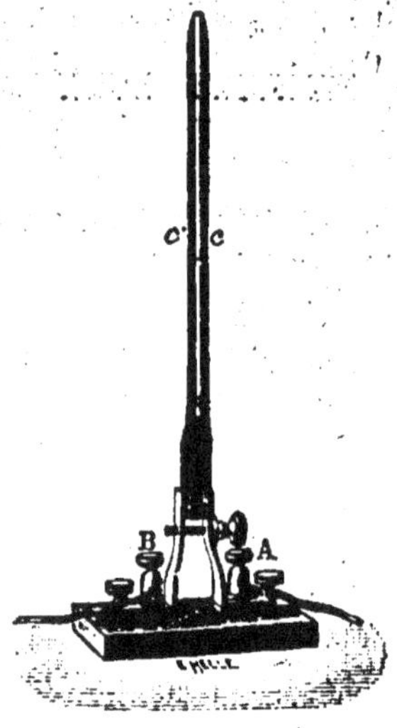

Fig. 609.

734. Éclairage par incandescence. — Par le passage d'un courant électrique on porte un fil conducteur fin à une température assez élevée pour qu'il devienne lumineux.

Lampes à incandescence (fig. 610). — On emploie dans les lampes à incandescence un *filament de charbon* très mince; à l'air il brûlerait, on le place dans le vide pour éviter sa combustion. Le filament est enfermé dans une ampoule de verre complètement scellée où l'on a fait un *vide presque parfait* avec une pompe à mercure. Le courant arrive par deux fils de platine qui traversent les parois de l'ampoule et sont fixés aux deux extrémités du filament de charbon.

Rouge d'abord, la lumière passe au blanc pour des intensités croissantes. Les lampes à incandescence ne dégagent extérieurement que peu de chaleur et ne donnent pas d'émanations qui contribuent à vicier l'atmosphère.

Les filaments se rompent après un certain temps d'usage; toutefois une lampe bien construite a une durée moyenne de 1000 heures.

Fig. 610.

EFFETS PHYSIOLOGIQUES DES COURANTS

735. Commotion au contact des deux pôles d'une pile. — Tenant à la main un des pôles d'une pile on éprouve une *secousse* si l'on vient à fermer le circuit en touchant l'autre pôle avec l'autre main, surtout si les mains ont été mouillées d'eau salée pour diminuer la résistance de l'épiderme[1]. Tant que le circuit reste fermé, le courant passe d'une façon continue dans le corps qui est bon conducteur et on n'éprouve alors aucune sensation particulière[2]. Mais une commotion se fait encore sentir quand on vient à ouvrir le circuit.

Ces commotions de fermeture et d'ouverture croissent avec le nombre des éléments : une faible pile ne donne qu'un frémissement dans les articulations des doigts, la commotion est douloureuse avec une pile d'une centaine d'éléments Bunsen; avec plusieurs centaines d'éléments, elle peut devenir dangereuse. La commotion se produit sans que les éléments aient besoin de présenter une grande surface, on la ressent aisément avec une pile à colonne de 50 éléments.

736. Expérience de Galvani. — Les phénomènes de commotion s'observent encore après la mort, tant que dure l'*irritabilité*. Ils persistent assez longtemps chez les animaux à sang froid.

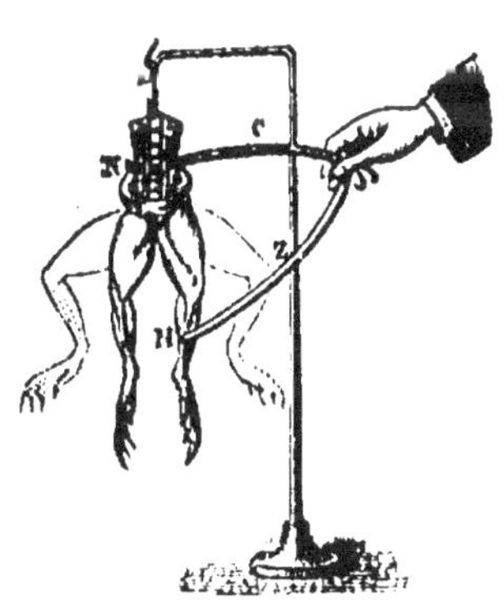

Fig. 611.

L'expérience se fait aisément avec une grenouille. On coupe en deux, vers la région lombaire, la colonne vertébrale d'une grenouille, on dépouille rapidement la partie inférieure : entre les *deux nerfs lombaires* qui paraissent comme des fils blancs sur les côtés de la colonne vertébrale, on engage un fil de *cuivre* C qui les touche et s'attache à un fil de *zinc* recourbé Z, assez long pour être mis en

(1) La résistance opposée par le corps comprend : 1° la résistance des tissus; 2° la résistance de l'épiderme qui est *extrêmement grande* si la peau est sèche.

(2) Sauf une sensation de brûlure qui dépend de l'intensité du courant et de la nature des électrodes.

contact avec les muscles de l'une des jambes (fig. 611). A chaque contact, les jambes se replient et s'agitent. Ces effets se reproduisent à chaque nouveau contact pendant 20 à 30 minutes.

Les deux métaux de l'arc métallique forment avec le corps de la grenouille un circuit traversé par un courant. Des secousses ont lieu à la fermeture du circuit.

Cette expérience due à Galvani[1], servit de point de départ aux recherches qui conduisirent Volta à la découverte de la pile.

737. Action des courants induits. — L'électrisation par les courants induits répétés se nomme souvent *faradisation*, elle se fait en mettant en communication deux points du corps avec les extrémités du fil induit d'une bobine d'induction ou d'une machine à courants alternatifs.

Avec de très petites bobines d'induction dont les étincelles n'ont que quelques millimètres, les commotions n'offrent aucun danger.

Des machines à courants alternatifs de 1000 volts, de grosses bobines d'induction fonctionnant avec quelques accumulateurs donneraient des secousses foudroyantes. Quand on augmente la fréquence, on accroît l'intensité des effets jusqu'à un maximum qui correspond à environ 3000 périodes par seconde. Au delà de 3000 périodes, l'action décroît. Vers 10 000 et au dessus, les courants alternatifs sont des courants de très haute fréquence, ils ne donnent plus de secousses (**742**).

(1) **Galvani**, né à Bologne (1737-1798).

ONDÈS ÉLECTRIQUES

738. On a observé des **vibrations électriques** comparables aux vibrations sonores et aux vibrations lumineuses. Mais, tandis que toute source sonore ou lumineuse est le siège d'un mouvement vibratoire, *ce n'est que dans des conditions particulières* que des vibrations électriques prennent naissance. C'est ainsi que les courants électriques continus ne sont pas susceptibles d'être assimilés à des phénomènes vibratoires.

L'étude des vibrations électriques comprend l'exposé des circonstances de *leur production*, l'indication de leurs applications, en particulier de la *télégraphie sans fil*, enfin la réalisation du phénomène des *interférences*.

DÉCHARGE OSCILLANTE D'UN CONDENSATEUR

Des vibrations électriques *isochrones* accompagnent les étincelles d'une machine électrique, d'une bouteille de Leyde, d'une bobine d'induction. D'une manière générale, des vibrations se produisent dans les décharges ordinaires des condensateurs.

La décharge d'un condensateur est continue ou oscillante; cela dépend, d'une part, de la *capacité* des armatures, et, d'autre part, de la *résistance* et de la *self-induction* du circuit que parcourt la décharge.

739. Décharge continue. — Si le circuit de décharge est suffisamment résistant, la décharge est continue d'une armature à l'autre. D'abord nul, le courant de décharge croît jusqu'à un maximum, puis diminue et s'annule. L'étincelle est grêle ; vue dans un miroir plan à rotation rapide, elle est *unique* et allongée dans le sens de la rotation du miroir.

740. Décharge oscillante. — Lorsque le circuit de la décharge ne comprend que de grosses tiges métalliques de petite résistance, l'étincelle donne sur le miroir tournant une suite de *traits lumineux distincts, équidistants*, très rapprochés et de plus en plus faibles. Une seule étincelle présente ainsi parfois une centaine de ces traits consécutifs. Ces traits correspondent à des courants qui circulent alternativement dans un sens et dans l'autre. Cela tient à ce que celle des deux armatures du condensateur qui était primitivement positive devient négative, puis redevient positive et ainsi de suite. Les changements de signe se succèdent à des intervalles de temps *extrêmement courts*, de $\frac{1}{10\,000}$ de seconde ou moins ; c'est à cause de la persistance des impressions sur la rétine que la succession des étincelles de décharge *se fond à la vue simple en une étincelle unique.*

La fréquence des courants alternatifs d'une étincelle *est d'autant plus grande que la capacité du condensateur et la self-induction du circuit de décharge* sont plus faibles. Cette fréquence est appelée une haute fréquence par comparaison avec les courants alternatifs industriels dont le nombre de périodes par seconde ne dépasse guère une centaine.

EFFETS D'INDUCTION DES DÉCHARGES OSCILLANTES

741. C'est par leurs effets d'induction que les décharges oscillantes sont particulièrement intéressantes. Comme chacune de ces décharges est composée de courants distincts qui se succèdent à des intervalles très petits, *les variations* de ces courants *sont extrêmement rapides* et elles donnent lieu à des *forces électromotrices d'induction élevées* (**707**).

Cette induction a lieu *à travers l'air* et *à travers les diélectriques* à la façon de l'induction par approche ou par éloignement décrite à propos des expériences fondamentales de l'induction. Les décharges de haute fréquence permettent d'obtenir des effets d'induction puissants et à grande distance.

742. Courants de Tesla et d'Arsonval. — M. Tesla et M. d'Arsonval ont dirigé la décharge oscillante d'un condensateur dans le gros fil d'un *transformateur*. Le second fil du transformateur est le siège de courants induits de même fréquence que la décharge du condensateur et que les courants du fil primaire.

Si le 2ᵉ fil est *long et fin*, les courants induits acquièrent une différence de potentiel supérieure à celle qu'ils possèdent déjà et produisent de grands effets dans des circuits résistants.

Si le 2ᵉ fil est, comme le fil primaire, *gros et court*, les courants induits ne gagnent pas en force électromotrice, mais en intensité.

La disposition expérimentale suivante (fig. 612) réalise d'une façon *continue* la production des courants de haute fréquence.

Une bobine d'induction, animée par un courant continu qui traverse un interrupteur sert à charger un condensateur C. La décharge du condensateur passe dans une 2ᵉ bobine d'induction.

Les extrémités des fils induits *l* et *m* de la première bobine sont reliées aux armatures du condensateur C. Une coupure *eg* ne laisse passer que le courant induit direct, ce qui permet la charge du condensateur (**711**). Le condensateur se décharge entre les deux boules *a* et *b* d'un excitateur; la décharge traverse le fil primaire gros et court I d'une bobine d'induction sans noyau.

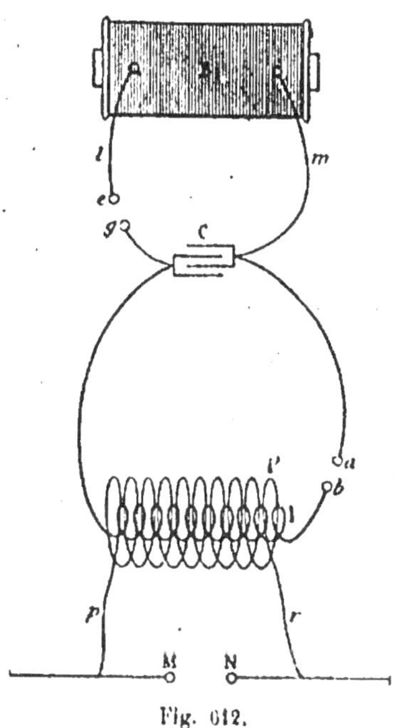

Fig. 612.

Chaque fois que le condensateur C se décharge en *ab*, les courants de haute fréquence d'une décharge déterminent, dans le fil induit *i'* *long et fin* de la bobine, des courants induits de *même fréquence* et d'une force électromotrice très considérable.

La grandeur de la force électromotrice est due : 1° à ce que la variation des courants successifs d'une décharge est très rapide; 2° à ce que le fil induit comprend un très grand nombre de spires dont les différences de potentiel s'ajoutent.

Les extrémités *p* et *r* du fil induit *i'* aboutissent à deux conducteurs métalliques M et N.

Si le fil induit est *gros et court*, on a encore la *même fréquence* et une intensité qui peut devenir importante.

Propriétés des courants de haute fréquence. — 1° *Fil induit long et fin*. On obtient de longues étincelles en écartant les boules M et N. En remplaçant les deux boules par deux disques verticaux qu'on éloigne, un tube à gaz raréfié placé entre les deux disques s'illumine.

2° *Fil induit gros et court*. — Si le fil primaire de la seconde bobine d'induction est une spirale AB qui n'est pas entourée par un fil induit long et fin tel que *i'*, mais par une seule spire for-

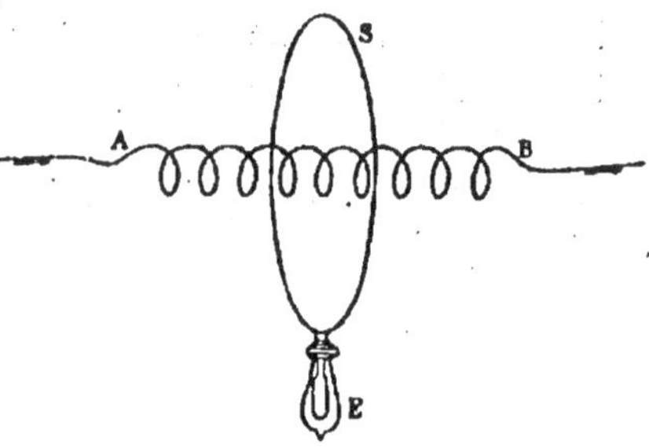

Fig. 613.

mée d'un gros fil de cuivre et d'une lampe à incandescence (fig. 613), cette lampe s'allume. Les forces électromotrices dues aux différentes spires inductrices s'ajoutent en effet dans une spire unique induite *de petite résistance*, ce qui augmente l'intensité.

Les propriétés physiologiques de ces courants ont été trouvées et utilisées par M. d'Arsonval.

RADIOCONDUCTEURS

Dans les expériences précédentes, les effets d'induction des courants de haute fréquence n'étaient encore produits qu'à de petites distances, la découverte des *radioconducteurs* a permis d'observer la *propagation des effets d'induction à grande distance.*

743. Expériences de M. Branly. — Nous avons vu qu'on distingue en électricité des corps *conducteurs* et des corps *isolants*; un conducteur laisse passer l'électricité, un isolant l'arrête. M. Branly a fait connaître en 1890 une *troisième classe* de corps qui sont à *volonté* conducteurs ou isolants.

Pour montrer cette conductibilité spéciale, on introduit de la limaille métallique, sans pression notable, dans un tube de verre V,

entre deux tiges métalliques *a* et *b* (fig. 614 et 615), et on l'intercale
dans le *circuit d'un élément de pile avec un galvanomètre*. Le courant
de l'élément est arrêté par une limaille
convenablement choisie, et le galvanomètre reste au zéro. Si l'on fait alors
fonctionner dans le voisinage, ou même
à 50 et 100 mètres, une machine de
Wimshurst munie de son condensateur,
ou encore un excitateur à boules de bobine d'induction, *dès qu'une étincelle
éclate*, la déviation du galvanomètre indique que la limaille est devenue *brusque-*

Fig. 614.　　　　　　　　　　　Fig. 615.

ment conductrice. Cela tient à la production de courants induits de
grande force électromotrice dus à la décharge oscillatoire de l'étincelle ; ces courants traversent le circuit du **tube à limaille**. La conductibilité *persiste* après que les étincelles ont cessé. Pour la démonstration devant un auditoire, le galvanomètre est avantageusement

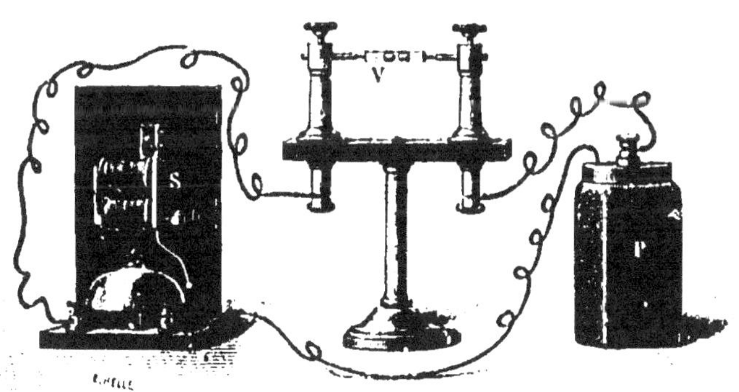

Fig. 616.

remplacé par une sonnerie (fig. 616) qui reste d'abord silencieuse.
Elle se fait entendre dès qu'une étincelle éclate dans le voisinage. Un
choc sur le tube rétablit la résistance de la limaille, et la sonnerie
cesse de fonctionner.

L'action exercée à distance par l'étincelle sur le tube à limaille est *renforcée* quand on met une **longue tige métallique** en contact avec l'excitateur.

Les substances qui jouissent de la propriété de passer ainsi de l'état de corps isolants à l'état de corps conducteurs, sont dites des *radioconducteurs*. Ce nom rappelle que leur conductibilité s'établit sous l'influence de la vibration électrique qui émane d'une étincelle. Parmi les radioconducteurs, les uns sont visiblement discontinus comme les limailles métalliques; d'autres, comme une colonne de billes d'acier superposées, ou comme une tige métallique reposant sur un disque d'acier, n'offrent pas de discontinuité apparente.

L'effet se produit à l'air libre, mais il a encore lieu à travers les cloisons et les murs[1]; toutefois un radioconducteur enfermé avec son circuit dans une *enveloppe métallique* bien close n'est pas influencé[2]. Quelques centimètres d'eau de mer exercent la même protection.

Nous voyons qu'un radioconducteur intercalé dans un circuit de pile se comporte d'abord comme un isolant et maintient le circuit ouvert, puis il devient conducteur et ferme le circuit dès qu'une étincelle éclate. On a ainsi le moyen de *déterminer à distance, sans fil intermédiaire, à un instant donné*, même à travers des obstacles, les divers effets du courant : aimantation, incandescence, électrolyse, explosions, effets lumineux, etc.

La conductibilité d'un radioconducteur disparaît par un *choc*. Cela permet de rendre l'usage des radioconducteurs *intermittent* comme celui des électroaimants; par une étincelle on ferme un circuit, et on l'ouvre par un choc.

TÉLÉGRAPHIE SANS FIL

744. La télégraphie par signaux de Chappe, la télégraphie optique sont des télégraphies sans fil. L'idée d'une télégraphie électrique sans fil aurait pu suivre les expériences d'induction de Faraday. En effet, un circuit inducteur agissait *à distance* sur un circuit induit indépendant, et pouvait y développer des effets de courant élec-

---

(1) Cette transmission n'est que relative, car, en faisant usage de radioconducteurs très sensibles, MM. Branly et G. Le Bon ont observé que les ondes électriques ne pénétraient pas dans une enceinte de ciment de Portland dont les parois n'avaient que 30 centimètres d'épaisseur.

(2) L'enveloppe métallique ne doit pas présenter de *fente*. De très petits trous sont sans effet et une cage à mailles serrées exerce la même protection qu'un métal continu.

trique par le jeu d'un manipulateur ouvrant ou fermant à volonté le

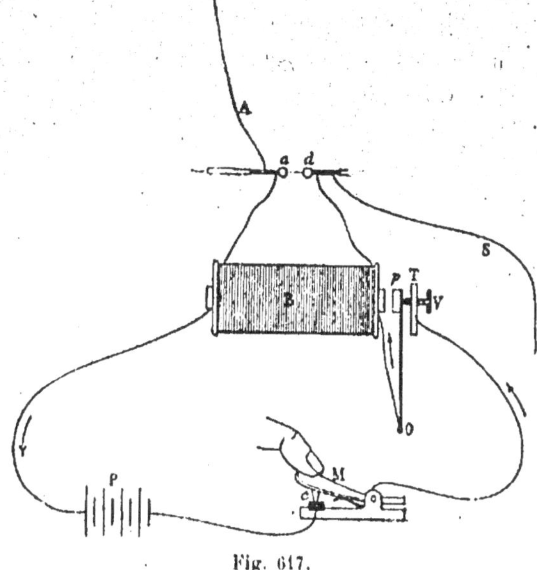

Fig. 617.

circuit inducteur. Mais la distance à laquelle doivent se trouver les

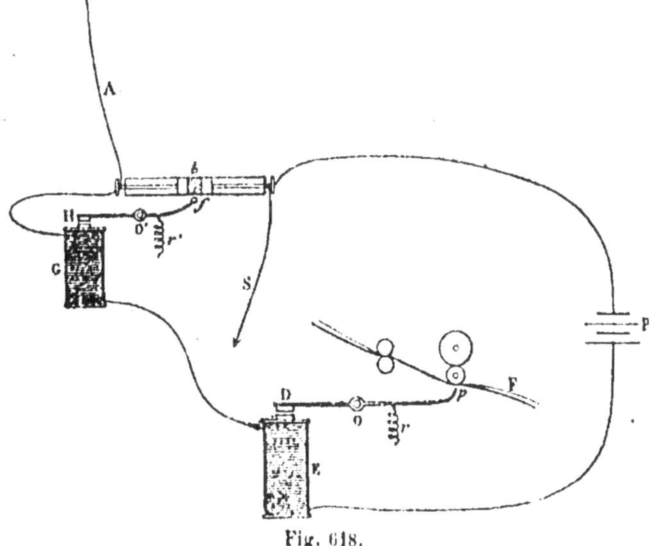

Fig. 618.

deux circuits pour qu'il y ait une action, est trop faible pour qu'on
puisse utiliser de cette façon les phénomènes ordinaires d'induction.

C'est en mettant à profit la production de la conductibilité d'un *radio-conducteur* par l'induction d'une décharge oscillante et la suppression de cette conductibilité par un choc que M. Marconi a réalisé la transmission des signaux entre deux stations éloignées et sans fil intermédiaire. En remplaçant le galvanomètre des premières expériences de M. Branly par un *récepteur Morse*, il a obtenu l'inscription des dépêches[1].

Sans explication théorique nouvelle, les figures 616 et 617 font comprendre l'installation d'un poste transmetteur et d'un poste récepteur.

Poste transmetteur (fig. 617). — En appuyant avec le doigt sur un manipulateur M, on ferme pendant un instant très court le circuit inducteur d'une bobine d'induction; le circuit induit se termine à ses extrémités par les deux boules *a* et *d* d'un excitateur.

L'étincelle qui éclate entre *a* et *d* est le siège de courants oscillatoires de haute fréquence qui produisent à grande distance des courants induits dans le circuit d'un tube à limaille au poste récepteur.

La boule *d* est reliée au sol (ce qui augmente sa capacité et la force de l'étincelle), la boule *a* est reliée à un long fil métallique appelé *antenne*, qui augmente la portée des effets d'induction.

Poste récepteur (fig. 618). — Les deux p   s d'une pile P sont fermés par un tube à limaille *b* qui communique par l'une de ses extrémités avec le sol et par l'autre extrémité avec une antenne A. Une *étincelle* du poste transmetteur *rend conducteur à distance* le tube à limaille, ce qui ferme le circuit de la pile.

À ce moment, l'électroaimant E d'un récepteur Morse attire un contact D; la pointe *p* est soulevée et appuie sur le papier F qui se déroule. De là un *point*.

En même temps, un autre électroaimant G, placé dans le même circuit que l'électroaimant E, s'anime, agit sur un contact H. L'attraction du contact détermine le choc d'un frappeur *f* sur le tube; la conductibilité du tube à limaille est immédiatement supprimée.

Les mêmes effets se répètent par une nouvelle étincelle brève du transmetteur, de là un nouveau point. On obtient quelques points très rapprochés ou un *trait* en prolongeant l'appui du doigt sur le

(1) Les essais de M. Marconi ont été reproduits dans les différents pays; en France, M. Ducretet est le premier qui ait construit des appareils utilisables pour des postes de télégraphie sans fil.

manipulateur M. Les points et les traits reproduisent l'alphabet Morse.

Récepteur de M. Branly. — La figure 619 représente un récepteur plus simple que le précédent et en même temps *plus sensible* et *plus rapide* dans son fonctionnement.

Le radioconducteur employé n'est plus un tube à limaille, mais un

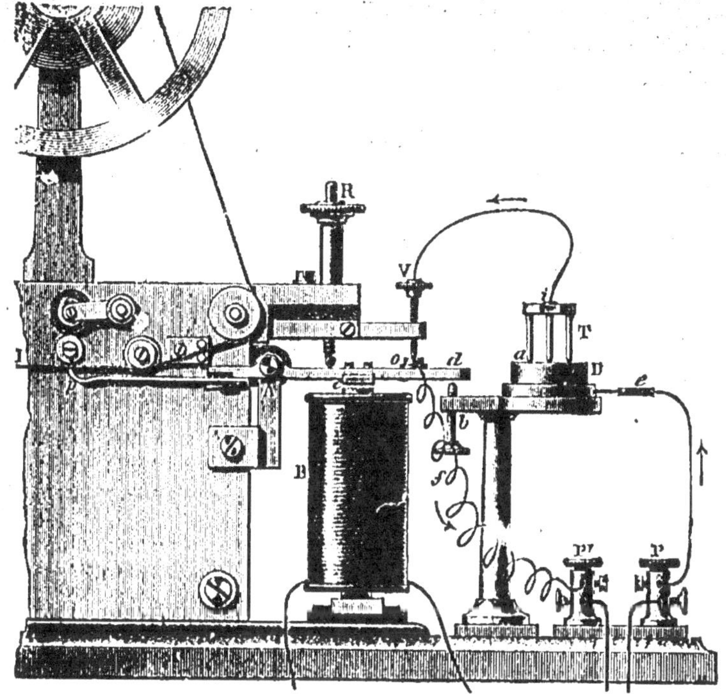

Fig. 619.

trépied-disque. Il est formé d'un *trépied* T à pointes *d'acier poli* (ou de cobalt poli) reposant sur un *disque d'acier* également poli.

Le courant d'une pile arrive par une borne P, il va au disque D puis au trépied T par les pointes a; de là il se rend à une vis V qui appuie sur une plaquette de platine o. Un fil f le conduit à la borne de sortie P'.

La fermeture du circuit par une étincelle s'opère au contact des pointes a et du disque.

A ce moment, l'électroaimant B du Morse est traversé par un courant, il attire le contact c ce qui éloigne la plaquette o de la vis V et *ouvre le circuit* du radioconducteur. La pointe p d'une extrémité du levier se soulevant quand la palette cd de l'autre extrémité s'abaisse, un point est marqué sur le papier à dépêches I, si une étincelle brève a éclaté au poste transmetteur.

L'extrémité *d* de la palette de contact vient frapper sur la tête d'une vis *b* qui sert de butoir et limite la course. Ce choc se transmet au trépied-disque et *supprime sa conductibilité*.

Une nouvelle étincelle brève entraîne l'inscription d'un nouveau point, une étincelle plus prolongée fait marquer un trait.

Placé dans un circuit qui renferme simplement un élément de pile et un *téléphone*, le trépied-disque permet d'accroître la distance de transmission. Les signaux ne sont plus inscrits; *le choc est superflu*, les variations de conductibilité des contacts font *entendre* au téléphone les points et les traits. Il est alors avantageux de remplacer le trépied à pointes d'acier par un trépied à pointes fines d'aluminium; il repose encore sur un disque en acier poli.

La télégraphie sans fil permet actuellement de correspondre sûrement à une distance d'au moins 400 kilomètres. Les vibrations électriques se propagent dans toutes les directions et un récepteur à radioconducteur peut recevoir la dépêche s'il se trouve dans le rayon d'action. Cette dissémination *indiscrète* est un inconvénient dans diverses circonstances; elle devient un avantage s'il s'agit de propager en tous sens des avertissements qui émanent d'un poste central.

EXPÉRIENCES DE HERTZ

L'observation par *le miroir tournant* de l'étincelle de décharge d'un condensateur avait démontré *le caractère oscillatoire* de cette étincelle et l'*isochronisme* des ocillations. C'est à Hertz[1] que l'on doit d'avoir précisé la nature vibratoire de la décharge par la réalisation du phénomène des *interférences*. Il a de plus observé le phénomène de la *résonnance*. La production des interférences prouve qu'une vibration électrique est formée de *deux parties égales symétriques*, comme une vibration sonore et une vibration lumineuse.

Hertz a en même temps établi que la propagation des vibrations électriques se fait par l'**éther**, c'est-à-dire par le même milieu que la propagation des vibrations lumineuses. Il a de plus reconnu que les vibrations électriques sont **transversales** comme les vibrations lumineuses. Il résulte de l'ensemble de ses recherches que la seule différence entre les vibrations électriques et les vibrations lumineuses,

(1) **Hertz**, physicien allemand (1857-1893).

est la **durée de la période**. Les phénomènes vibratoires de l'Optique sont en effet tous reproduits avec les vibrations électriques.

On peut donc considérer des ondes électriques comme on considère des ondes lumineuses; les expressions *période*, *longueur d'onde*, *surface d'onde*, n'ont pas besoin de nouvelles définitions.

Excitateur de Hertz. — La période des vibrations de la décharge d'une bouteille de Leyde dans les dispositifs de Tesla et de d'Arsonval ne descend guère au-dessous de $\dfrac{1}{100.000}$ de seconde; *en réduisant la capacité et la self-induction* des deux conducteurs qui déterminent la décharge, Hertz est parvenu à obtenir des périodes dix mille fois plus courtes.

Il s'est servi pour cela d'un simple excitateur à boules de dimensions convenables relié au fil induit d'une bobine d'induction

Fig. 620.

(fig. 620). Quand la différence de potentiel entre les deux boules en regard est devenue suffisamment grande, une étincelle éclate et livre passage à l'électricité des deux branches de l'excitateur.

Les *phénomènes d'induction* dus à ces décharges sont *très accusés* à cause de l'extrême fréquence de leurs vibrations et, en un point quelconque de la salle d'expériences, il suffit de rapprocher deux surfaces métalliques pour voir jaillir entre elles une étincelle.

Résonnateur de Hertz. — L'organe *fondamental* des expériences de Hertz est son résonnateur. En formant un cadre circulaire avec un gros fil métallique dont les extrémités se terminaient, l'une par une

petite boule d, l'autre par une vis e mobile dans un écrou (fig. 621),
Hertz a reconnu, en faisant varier la distance de
la pointe à la boule, que *pour un certain rayon
du cadre*, à une même distance de l'excitateur,
l'étincelle induite était *maximum*. Il en a conclu
que le cadre offrait alors le phénomène de la résonnance et qu'il était le siège de vibrations de
même période que les vibrations inductrices.
C'est en effet un phénomène analogue au phénomène du renforcement d'un son par un résonnateur de dimensions convenablement choisies.

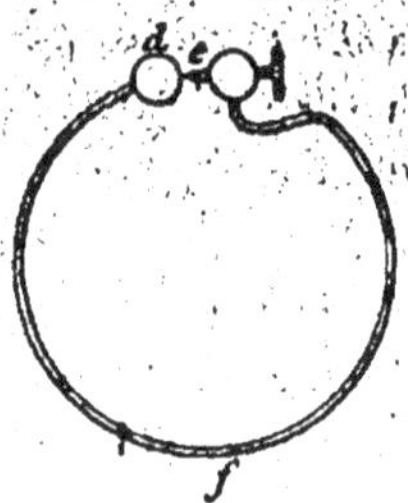

Fig. 621.

INTERFÉRENCES PAR RÉFLEXION

Les vibrations électriques peuvent se réfléchir, se réfracter, elles
permettent de reproduire le phénomène des interférences.

En faisant éclater l'étincelle de l'excitateur devant un obstacle
réfléchissant, tel qu'une *large plaque métallique*, on observe comme
en Acoustique (**383**) et en Optique (**518**) la production de **nœuds** et
de **ventres fixes**.

La surface réfléchissante est un nœud; un premier ventre se recon-
naît à une certaine distance qui est égale à $\frac{\lambda}{4}$, le quart de la longueur
d'onde de la vibration de l'étincelle; on trouve un nœud à la distance
$2\frac{\lambda}{4}$, un ventre à la distance $3\frac{\lambda}{4}$, un nœud à la distance $4\frac{\lambda}{4}$ etc...

Hertz trouvait la position des ventres en cherchant avec son résonnateur accordé les points où l'étincelle, entre la boule d et la pointe e,
était maximum. Il obtenait les nœuds aux points où l'étincelle était
minimum.

Les radioconducteurs se prêtent à la détermination expérimentale
des nœuds et des ventres. Toutefois, leur extrême sensibilité rend
souvent leur emploi difficile.

La *distance de deux nœuds consécutifs* est $\frac{\lambda}{2}$; elle est égale à la moitié de la longueur d'onde de la vibration. De la relation $\lambda = VT$, on
déduit la vitesse de propagation V, si T est connu. Une expression
théorique, $T = 2\pi\sqrt{CL}$, donnait T d'après les valeurs de la capacité
C et de la self-induction L des branches de l'excitateur, on trouvait

aussi pour V la vitesse même de la propagation de la lumière, 300 mille kilomètres. Cette concordance indiquait que la propagation des vibrations se faisait par l'éther.

C'était afin d'obtenir une valeur de λ qui ne fût pas trop grande et qui permît de mesurer facilement la distance de deux nœuds consécutifs que Hertz avait réduit préalablement la période. Dans ses expériences, la *longueur d'onde atteignait encore plusieurs mètres.*

En réduisant les dimensions de l'excitateur, on est arrivé à des longueurs d'ondes électriques beaucoup plus courtes que celles de Hertz; on est descendu jusqu'à 6 millimètres. Mais il faut remarquer que, dans ces conditions, la distance à laquelle l'induction est observable se trouve *considérablement diminuée* parce que la quantité d'électricité de la décharge devient très faible. Ajoutons en terminant qu'en réduisant cette dernière longueur d'onde à une valeur cent fois plus petite environ, on obtiendrait des vibrations de l'éther qui seraient *calorifiques.* Il n'y aurait plus de lacune entre le spectre électrique et le spectre lumineux.

TABLE DES MATIÈRES

NOTIONS DE MÉCANIQUE

PHYSIQUE

PESANTEUR

CHALEUR

ACOUSTIQUE

ONDES, INTERFÉRENCES

ONDES LUMINEUSES

ÉLECTRICITÉ

ÉLECTRICITÉ STATIQUE

MAGNÉTISME

ÉLECTRICITÉ DYNAMIQUE